科学与工程
计算技术丛书

MATLAB
电磁场与微波技术仿真

（第2版）

梅中磊 李月娥 马阿宁◎编著

清华大学出版社
北京

内 容 简 介

本书利用 MATLAB 开展电磁场与微波技术领域的仿真研究。全书共分 11 章,内容包括 MATLAB 在场论中的应用,利用 MATLAB 绘制电磁场中的线和面,利用 MATLAB 实现各种媒质中的射线追踪,PDETool 在二维电磁问题中的应用,MATLAB 符号工具箱及其在电磁领域中的应用,MATLAB 偏微分方程工具箱的电磁应用,MATLAB 中的特殊函数,MATLAB 与人工电磁材料,优化工具箱及其在电磁问题中的应用,MATLAB 与天线和天线阵分析,MATLAB 的动画演示,常用电磁代码及 MATLAB 实现。附录包括傅里叶变换的形式及其关系,利用 MATLAB 实现傅里叶变换和拉普拉斯变换,TM 和 TE 模式,MATLAB 计算雷达散射截面,近远场转换,Kramers-Kronig 公式等。

本书通过专题形式组织内容,便于读者按需阅读。读者只要有《电磁场与电磁波》一书的基础知识,便可以根据自己的兴趣和爱好,自由选择章节学习。读者在使用本书的时候,如果能够打开 MATLAB 环境,边学习知识,边动手实践,则学习效果更佳。书中绝大多数 MATLAB 代码均来自科研一线,具有实用性;所列举的例子很多是科技前沿内容,如电磁超表面、无线输电线圈互感计算、电磁隐形衣、电磁黑洞、涡旋电磁场、超级透镜等,便于开展研究性学习。书中部分内容,如绘制电力线和磁力线、射线追踪、傅里叶变换的几种形式及其区别等,独具特色,此前尚未见到全面、系统的论述。

本书适合电子信息类、电气类专业的本科生使用,尤其适合开展研究性教学的基础理论班、创新人才培养基地等使用,对于大学生科研有积极的促进作用。本书所提供的 MATLAB 代码,是作者长期工作在科研一线的积累,具有实用性,因此,也可以作为电磁场与微波技术、无线电物理等相关专业研究生、博士生的参考教材。

图书在版编目(CIP)数据

MATLAB 电磁场与微波技术仿真/梅中磊,李月娥,马阿宁编著. —2 版. —北京:清华大学出版社,2024.2
(科学与工程计算技术丛书)
ISBN 978-7-302-65474-2

Ⅰ. ①M… Ⅱ. ①梅… ②李… ③马… Ⅲ. ①Matlab 软件-应用-电磁场-仿真 ②Matlab 软件-应用-微波技术-仿真 Ⅳ. ①O441.4-39 ②TN015-39

中国国家版本馆 CIP 数据核字(2024)第 044913 号

策划编辑:盛东亮
责任编辑:钟志芳
封面设计:李召霞
责任校对:李建庄
责任印制:丛怀宇

出版发行:清华大学出版社
　　　　网　　　址:https://www.tup.com.cn,https://www.wqxuetang.com
　　　　地　　　址:北京清华大学学研大厦 A 座　　　邮　　编:100084
　　　　社 总 机:010-83470000　　　　　　　　　　邮　　购:010-62786544
　　　　投稿与读者服务:010-62776969,c-service@tup.tsinghua.edu.cn
　　　　质量反馈:010-62772015,zhiliang@tup.tsinghua.edu.cn
　　　　课件下载:https://www.tup.com.cn,010-83470236
印 装 者:三河市天利华印刷装订有限公司
经　　　销:全国新华书店
开　　　本:203mm×260mm　　　　印　　张:25.5　　　　　字　　数:668 千字
版　　　次:2020 年 6 月第 1 版　　2024 年 4 月第 2 版　　　印　　次:2024 年 4 月第 1 次印刷
印　　　数:1~1500
定　　　价:89.00 元

产品编号:103152-01

序言

　　致力于加快工程技术和科学研究的步伐——这句话总结了 MathWorks 坚持超过三十年的使命。

　　在这期间,MathWorks 有幸见证了工程师和科学家使用 MATLAB 和 Simulink 在多个应用领域中的无数变革和突破:汽车行业的电气化和不断提高的自动化;日益精确的气象建模和预测;航空航天领域持续提高的性能和安全指标;由神经学家破解的大脑和身体奥秘;无线通信技术的普及;电力网络的可靠性;等等。

　　与此同时,MATLAB 和 Simulink 也帮助无数大学生在工程技术和科学研究课程里学习关键的技术理念并应用于实际问题,培养他们成为栋梁之材,更好地投入科研、教学以及工业应用中,指引他们致力于学习、探索先进的技术,融合并应用于创新实践。

　　如今,工程技术和科研创新的步伐令人惊叹。创新进程以大量的数据为驱动,结合相应的计算硬件和用于提取信息的机器学习算法。软件和算法几乎无处不在——从孩子的玩具到家用设备,从机器人和制造体系到每种运输方式——让这些系统更具功能性、灵活性、自主性。最重要的是,工程师和科学家推动了这些进程,他们洞悉问题,创造技术,设计革新系统。

　　为了支持创新的步伐,MATLAB 发展成为一个广泛而统一的计算技术平台,将成熟的技术方法(比如控制设计和信号处理)融入令人激动的新兴领域,如深度学习、机器人、物联网开发等。对于现在的智能连接系统,Simulink 平台可以让你实现模拟系统,优化设计,并自动生成嵌入式代码。

　　"科学与工程计算技术丛书"系列主题反映了 MATLAB 和 Simulink 汇集的领域——大规模编程、机器学习、科学计算、机器人等。我们高兴地看到"科学与工程计算技术丛书"支持 MathWorks一直以来追求的目标——助你加速工程技术和科学研究。

　　期待着您的创新!

Jim Tung

MathWorks Fellow

FOREWORD

To Accelerate the Pace of Engineering and Science. These eight words have summarized the MathWorks mission for over 30 years.

In that time, it has been an honor and a humbling experience to see engineers and scientists using MATLAB and Simulink to create transformational breakthroughs in an amazingly diverse range of applications: the electrification and increasing autonomy of automobiles; the dramatically more accurate models and forecasts of our weather and climates; the increased performance and safety of aircraft; the insights from neuroscientists about how our brains and bodies work; the pervasiveness of wireless communications; the reliability of power grids; and much more.

At the same time, MATLAB and Simulink have helped countless students in engineering and science courses to learn key technical concepts and apply them to real-world problems, preparing them better for roles in research, teaching, and industry. They are also equipped to become lifelong learners, exploring for new techniques, combining them, and applying them in novel ways.

Today, the pace of innovation in engineering and science is astonishing. That pace is fueled by huge volumes of data, matched with computing hardware and machine-learning algorithms for extracting information from it. It is embodied by software and algorithms in almost every type of system—from children's toys to household appliances to robots and manufacturing systems to almost every form of transportation—making those systems more functional, flexible, and autonomous. Most important, that pace is driven by the engineers and scientists who gain the insights, create the technologies, and design the innovative systems.

To support today's pace of innovation, MATLAB has evolved into a broad and unifying technical computing platform, spanning well-established methods, such as control design and signal processing, with exciting newer areas, such as deep learning, robotics, and IoT development. For today's smart connected systems, Simulink is the platform that enables you to simulate those systems, optimize the design, and automatically generate the embedded code.

The topics in this book series reflect the broad set of areas that MATLAB and Simulink bring together: large-scale programming, machine learning, scientific computing, robotics, and more. We are delighted to collaborate on this series, in support of our ongoing goal: to enable you to accelerate the pace of your engineering and scientific work.

I look forward to the innovations that you will create!

Jim Tung
MathWorks Fellow

第2版前言

距离《MATLAB 电磁场与微波技术仿真》的出版大致有 3 个年头了。三年以来,本书受到了电磁场与微波技术领域广大科研工作者、研究生、本科生及其他有相关需求的读者的广泛关注。在此,我们对读者的厚爱表示深深的感谢。同时,我们也深刻认识到,编写一部好的电磁场与微波技术的教材或者参考书,对于读者的学习,是多么重要!

三年以来,我们在教学方面又取得了新的成绩:"电磁场与电磁波"课程荣获国家级一流本科课程(线下);"太赫兹时域光谱检测与成像"同样获批国家级金课(虚拟仿真实验);我们负责的教学研究项目,新工科背景下电磁场与微波技术课程群建设,荣获甘肃省教学成果一等奖。所有这些荣誉,都令我们信心满满,在教学的道路上继续奋力前行。

信息技术的发展一日千里!三年以来,电磁场与微波技术领域也发生了巨大的变化,新的成果层出不穷,新的应用方兴未艾。为了反映该领域的新成果,同时,也为了比较彻底地消除第 1 版中的错误,应清华大学出版社盛东亮主任的邀请,我们对本书第 1 版进行了修订。主要内容包括:

(1) 修订了第 1 版中的错误,包括错别字、部分程序代码问题等,替换了文中的部分图片。

(2) 针对近年来全息技术在人工电磁超表面中的应用,增加了计算全息的内容,包括全息技术的分类、离轴全息成像、G-S 算法及其实现、基于瑞利-索末菲公式实现全息成像、利用快速傅里叶变换加速全息成像等。特别地,利用全息技术,实现了涡旋电磁波的产生和检测等。

(3) 无线能量收集装置的研究也是当前的研究热点。结合整流天线的应用,利用 MATLAB 编程计算了常用整流二极管的输入阻抗等重要参数,为从事相关领域研究的初学者提供了参考。

(4) 变分法是电磁领域的一个重要方法,也是有限元等数值计算方法的基础。为了方便广大读者更好地学习变分法,第 2 版中新增了利用符号工具箱进行变分法计算的例题和代码。

(5) 均匀分层媒质的反射和透射计算属于电磁领域的一个经典内容。本书第 1 版给出了相关的理论推导,并给出了正入射情况下的计算代码;第 2 版中,我们针对斜入射的情况,提供了计算样例,对于初学者来讲是非常可贵的。

(6) 对有限差分法的内容进行了更新和补充。

我们编写教材的初衷,在很大程度上是为了帮助初学者,使他们能够站在前人的肩膀上,从而为深入学习和研究打下基础。本书的大多数内容,都是本团队科研工作的经验积累,很多代码是科研中科学计算的真实代码。电磁理论的学习比较抽象、枯燥,通过 MATLAB 的图形展示、动画播放、手动操作等,可以有效地提升学习兴趣和学习效果。本书编排采用专题形式,方便广大读者结合自己的研究领域,定向学习和研究。

除有限差分法由李月娥老师编写之外,其余新增内容都由梅中磊老师补充。冯俊朗、柳柠等同学校对了新增内容。

当然,限于编者能力,第 2 版中难免仍然存在疏漏之处,恳请广大读者批评指正。

梅中磊

2023 年 12 月于兰州

第1版前言

电磁场与微波技术是电子信息类专业所必修的基础知识,其中涉及许多抽象的电力线、等势面和场分布等概念,具有"难教""难学""难考""难用"的特点,是很多人学习路上的拦路虎。但该领域知识的应用又非常广泛!在通信领域,5G(甚至6G)通信技术的提出和逐步商业化,急需具备电磁场与微波技术的专门人才;在国防领域,飞机隐身和雷达探测、电磁弹射技术等都涉及电磁场与微波技术的内容;在航空、航天领域,GPS技术、深空通信、可见光通信等离不开电磁场与微波技术的知识;在集成电路领域,包括人工智能(AI)芯片等复杂电路的设计等,其物理实现必须考虑电磁场与微波技术的知识;就连与生活密切相关的无线输电、WiFi连接、电动汽车等也都离不开电磁场与微波技术的支撑。近代科学的发展也表明,电磁场与电磁波、微波技术的基础理论是一些交叉学科的生长点和新兴边缘学科发展的基础。

MATLAB是一种面向科学与工程计算的高级工具,它的图形功能强大,工具箱众多,易于上手,容易理解,同时,应用人群众多,学习资源丰富。很多高校都开设MATLAB课程,用于科学计算、课程设计、辅助专业课程教学等。MATLAB也是诸多科研人员开展科学研究的强大工具,在全球知名高校和企业中,获得了良好的口碑。因此,将其引入电磁场与微波技术的教学实践中,从最基本的科学运算、等势面的绘制及电磁场方程的求解等方面着手,给出MATLAB在教学和科研实践中的应用实例,并通过MATLAB实现抽象概念的可视化、繁杂计算的简单化、复杂图形的具体化、科学计算的简便化,一定能够提高学习者的感性认识和学习兴趣,提高学习效果。

本人从1995年前后接触MATLAB,我的切身体会是:MATLAB对于电磁场与微波技术领域的教学,有着"四两拨千斤"的神奇效果;而对于从事科研工作的人员来讲,MATLAB是必不可少的科研利器。因此,我在2018年编写的《电磁场与电磁波》一书中,刻意加入了MATLAB代码部分,用于展示电力线、求解方程组的解、展示特殊函数、描绘天线方向图等,收到了很好的效果。这种"手脑并举"开展学习的方法,也是我们一直倡导的方法。

2012年8月,我指导2009级本科生杨帆在国际著名的物理学刊物《物理评论快报》上发表论文——直流电型隐形装置,被该杂志以封面图片形式报道,引起广泛关注。我清楚记得,当时给杨帆所在班级的全部同学都布置了绘制电力线的工作,但最终只有该同学完全实现。这也从一个侧面解释了为什么杨帆同学能够在科研领域取得如此骄人的成绩。

2013年10月,本人再次指导本科生马骞同学在《物理评论快报》上发表论文,针对拉普拉斯方程的有源隐形和伪装的实验。该项工作被BBC网站、光明日报所报道。和杨帆同学相似,马骞同学的MATLAB知识也非常扎实。

在本人后面的教学和科研过程中,还涌现出了刘玉沙、曹剑锋、王金旺、白国栋、鲁翠等若干本科生同学,他们都在电磁场和微波技术领域做出了很好的成绩。我们曾经把这些教学经验加以总结,并申请到了甘肃省教学成果二等奖,即研究型教学在"电磁场理论"课程中的实践及示范应用;2017年,还获得了兰州大学教学成果一等奖,即让科研成为教与学的桥梁——以"电磁场理论"为例践行科研与教学的良性互动。我们负责建设的"电磁场与电磁波"是甘肃省精品课程,我们的教学团队也荣获甘肃省教学团队荣誉称号。

第1版前言

本书作者均为兰州大学一线教师,梅中磊、李月娥老师还曾当选兰州大学"我最喜爱的十大教师",长期从事"电磁场与电磁波""微波技术""数学物理方法"等的教学,同时,开展电磁场与微波技术领域的科研工作,指导相关专业的研究生,并取得了可喜的成果。2014年,我们的科研项目——基于人工电磁材料的电磁操控技术和隐形机理研究,获得甘肃省高校科技进步一等奖;我们培养的杨帆、白国栋、鲁翠三名研究生,他们发表的论文先后获得甘肃省优秀硕士学位论文。在指导研究生的过程中,我们也发现,不同学校培养的学生,其能力千差万别,所学的知识各不相同,要在研究生一年级阶段将电磁场与微波技术的知识打好基础,不是容易的事情。如果能够将专业知识的学习和科研工具的培训融合在一起,则一定会起到"事半功倍"的效果;而且,通过课题组的科研项目实践来培养和训练研究生,不仅可以节约师生的时间,还有利于学生及早融入课题、提高学习效率。

经过多年的教学和科研实践,同时考虑上面所讲的背景因素,我们深感到有必要把自己的相关体会和经验融入教材中,并展现给广大同仁,希望能给其他高校的教学提供启示;同时,对广大科技人员学习电磁场与微波技术的专业知识,提供我们力所能及的帮助;再加上清华大学出版社首席策划盛东亮的撮合,我们最终有机会撰写《MATLAB电磁场与微波技术仿真》一书,并在该出版社出版。本书可供各高校学生辅助学习《电磁场与电磁波》使用,也可以作为开展虚拟电磁实验的教材使用。本书对于开设有"基础理论班""拔尖人才培养基地""研究性教学"等项目的学校,更具有参考价值。

本书具有以下特色:

(1)通过专题形式组织内容,便于读者按需阅读。各章节之间的逻辑联系不强,不必顺序阅读。读者只要有《电磁场与电磁波》一书的基础知识,便可以根据自己的兴趣和爱好,自由选择章节学习。

(2)电磁场与微波技术专业知识和核心MATLAB命令交叉介绍,便于学习。读者在使用本书的时候,如果能够打开MATLAB环境,边学习知识,边动手实践,则学习效果更佳。

(3)书中绝大多数MATLAB代码均来自科研一线,具有实用性;所列举的例子很多是科技前沿内容,便于开展研究性学习。对大多数读者来讲,仔细研读本书之后,就具备了开展电磁场和微波技术领域科学研究的基础条件。

(4)部分内容,如绘制电力线和磁力线、射线追踪等,独具特色,此前尚未见到全面、系统的论述。

(5)采用浸入式场景设置,让读者直面电磁场与微波技术领域的各种问题,方便自学。对于指导电磁场与微波技术领域的研究生学习和科研,可以起到事半功倍的效果。

本书由梅中磊、李月娥、马阿宁编写。梅中磊负责第2~8章和附录的编写,并协助完成了第9章电磁超表面远区方向图的实现;李月娥编写了第10、11章,并协助完成了第9章天线阵的阵因子和方向图绘制;马阿宁编写了第1、9章。在教材编写过程中,梅中磊负责全书的统稿和校验工作,兰州大学信息学院硕士研究生陈文琼、李辉、石泽山、赵灿星、赵银瑞、祁部雄、李怡然、张金秀、黄金城、傅艺祥、张朵等对书中的部分章节文本、绘图、公式录入提供了帮助;文中部分材料来源于梅中磊教授指导的本科毕业论文;兰州大学教务处对教材的编写给予了资金支持(兰州大学教材建设基金资助）。在此对他们表示衷心的感谢！

　　本书中所涉及的 MATLAB 代码，大多数都在 MATLAB R2013a 上运行通过；部分代码如 MATLAB 天线工具箱需要更高版本的支持。

　　由于受水平、时间、篇幅所限，书中难免存在一些疏漏或欠妥之处，恳请广大读者批评指正。我们将对这套图书进行不断更新，以保持内容的先进性和适用性。欢迎全国同行及关注电子信息领域教育与发展前景的广大有识之士对我们的工作提出宝贵意见和建议。

编　者

2020 年 2 月

目录

第 1 章　MATLAB 在场论中的应用 ································· 1

1.1　标量函数及其可视化 ······································· 1

1.1.1　标量的定义 ·· 1

1.1.2　MATLAB 中 plot 函数简介 ······················· 1

1.1.3　使用 plot 函数绘制一维标量函数 ················· 2

1.1.4　MATLAB 环境下二维和三维标量函数的可视化 ······ 3

1.2　矢量函数及其可视化 ······································· 9

1.2.1　矢量的定义 ·· 9

1.2.2　MATLAB 中 meshgrid 函数简介 ··················· 9

1.2.3　MATLAB 中 quiver 函数简介 ····················· 10

1.2.4　MATLAB 中 streamline 函数简介 ················· 11

1.2.5　矢量函数的可视化 ··································· 12

1.3　梯度及其可视化 ·· 13

1.3.1　梯度的概念 ··· 13

1.3.2　MATLAB 中 gradient 函数简介 ··················· 14

1.3.3　标量函数梯度矢量的可视化 ························· 14

1.4　散度及其可视化 ·· 16

1.4.1　通量与散度 ··· 16

1.4.2　MATLAB 中 divergence 函数简介 ················· 17

1.4.3　矢量场散度的可视化 ································· 17

1.5　旋度及其可视化 ·· 18

1.5.1　环流与旋度 ··· 18

1.5.2　MATLAB 中 curl 函数简介 ······················· 20

1.5.3　矢量场旋度的可视化 ································· 20

1.6　拉普拉斯算子 ·· 21

1.6.1　标量场和矢量场的拉普拉斯运算 ··················· 21

1.6.2　MATLAB 中 del2 函数简介 ······················· 22

1.6.3　拉普拉斯矩阵的可视化 ······························· 23

1.7　小结 ·· 24

第 2 章　利用 MATLAB 绘制电磁场中的线和面 ················· 25

2.1　电力线和磁力线的概念 ····································· 25

2.1.1　电力线和磁力线 ····································· 25

2.1.2　标量电势函数和等势面(线) ························· 27

2.1.3　电力线和磁力线方程 ································· 28

目录

2.2 基于 quiver 函数的力线绘制方法 ……………………………………………………… 28

    2.2.1 MATLAB 中 quiver 函数简介 ……………………………………………… 29

    2.2.2 使用 quiver 函数绘制电力线 ……………………………………………… 29

    2.2.3 矩形波导中的电力线绘制 …………………………………………………… 31

2.3 基于 streamline 函数的力线绘制方法 …………………………………………… 35

    2.3.1 streamline 函数及其应用 ………………………………………………… 35

    2.3.2 利用 streamline 函数绘制电力线 ……………………………………… 36

2.4 基于力线方程的力线绘制方法 ……………………………………………………… 37

    2.4.1 ode45 函数及其应用 ………………………………………………………… 37

    2.4.2 利用电力线方程绘制电力线 ……………………………………………… 39

2.5 等势面(线)绘制方法 ……………………………………………………………… 41

    2.5.1 利用 contour 函数绘制二维等势线 …………………………………… 41

    2.5.2 利用 isosurface 函数绘制三维等势面 ……………………………… 42

    2.5.3 绘制三维等势面的其他方法 ……………………………………………… 43

2.6 利用描点法绘制力线 ………………………………………………………………… 44

2.7 小结 …………………………………………………………………………………… 46

第 3 章 射线追踪理论及其 MATLAB 实现 ……………………………………………… 47

3.1 从费马原理到哈密顿原理 …………………………………………………………… 47

    3.1.1 泛函及其极值 ………………………………………………………………… 47

    3.1.2 费马原理和光线方程 ……………………………………………………… 49

    3.1.3 光射线的哈密顿函数和正则方程 ……………………………………… 50

    3.1.4 其他形式的哈密顿函数和正则方程 …………………………………… 51

3.2 色散方程及其求解 …………………………………………………………………… 51

    3.2.1 非均匀材料的色散方程 …………………………………………………… 52

    3.2.2 均匀材料的色散方程 ……………………………………………………… 54

    3.2.3 色散方程的特征线法分析 ………………………………………………… 55

    3.2.4 媒质分界面的处理 ………………………………………………………… 56

3.3 隐形衣中的射线追踪 ………………………………………………………………… 57

    3.3.1 隐形衣中的哈密顿函数 …………………………………………………… 57

    3.3.2 球形隐形衣的射线追踪 …………………………………………………… 59

    3.3.3 柱状隐形衣的射线追踪 …………………………………………………… 63

3.4 人工"黑洞"中的射线追踪 ………………………………………………………… 67

    3.4.1 "黑洞"中的哈密顿函数和正则方程 ………………………………… 67

    3.4.2 MATLAB 代码 ……………………………………………………………… 68

3.5 龙伯透镜、麦克斯韦鱼眼透镜和伊顿透镜的射线追踪实现 …………………… 70

3.5.1 透镜中的哈密顿函数和正则方程 ………………………………… 70

3.5.2 龙伯透镜的射线追踪分析 ………………………………………… 71

3.5.3 麦克斯韦鱼眼透镜的射线追踪分析 ……………………………… 72

3.5.4 伊顿透镜的射线追踪分析 ………………………………………… 73

3.6 小结 …………………………………………………………………………… 75

第4章 PDETool 在二维电磁问题中的应用 ……………………………………… 76

4.1 电磁场定解问题的提法 ……………………………………………………… 76

4.1.1 定解问题 …………………………………………………………… 76

4.1.2 静电场边值问题 …………………………………………………… 77

4.1.3 静磁场边值问题 …………………………………………………… 78

4.1.4 稳恒电场边值问题 ………………………………………………… 79

4.1.5 时变场边值问题 …………………………………………………… 80

4.1.6 金属柱状波导中的边值问题 ……………………………………… 81

4.1.7 博格尼斯函数满足的方程 ………………………………………… 84

4.2 PDETool 简介 ……………………………………………………………… 87

4.2.1 PDETool 的界面简介 ……………………………………………… 87

4.2.2 边界条件的设置 …………………………………………………… 88

4.2.3 方程形式的设置 …………………………………………………… 89

4.2.4 解的表示方式 ……………………………………………………… 91

4.3 静态场问题求解 ……………………………………………………………… 92

4.4 波动问题求解 ………………………………………………………………… 94

4.5 本征值问题求解 ……………………………………………………………… 95

4.6 利用 PDETool 分析二维电磁隐形衣 ……………………………………… 97

4.6.1 静电型隐形装置 …………………………………………………… 97

4.6.2 静磁型隐形装置 …………………………………………………… 100

4.7 小结 …………………………………………………………………………… 101

第5章 MATLAB 符号工具箱及其应用 ………………………………………… 102

5.1 MATLAB 符号工具箱简介 ………………………………………………… 102

5.1.1 基本操作命令 ……………………………………………………… 102

5.1.2 表达式化简和替换 ………………………………………………… 103

5.1.3 微积分运算 ………………………………………………………… 105

5.1.4 方程求解 …………………………………………………………… 106

5.1.5 特殊函数 …………………………………………………………… 108

5.1.6 绘制符号函数的图像 ……………………………………………… 109

5.2 变换电磁理论 ………………………………………………………………… 111

目录

5.3　基于符号工具箱的变换电磁理论推演 ……………………………………………… 113

　　5.3.1　正交坐标系与直角坐标系下材料张量的转换 ……………………………… 113

　　5.3.2　变换电磁理论的符号推演 …………………………………………………… 114

　　5.3.3　介电常数张量的对角化 ……………………………………………………… 116

5.4　椭球坐标系的 MATLAB 辅助分析 …………………………………………………… 117

　　5.4.1　椭球坐标系中的坐标平面 …………………………………………………… 117

　　5.4.2　与直角坐标系的关系 ………………………………………………………… 120

　　5.4.3　椭球坐标系中的拉梅系数和拉普拉斯运算 ………………………………… 120

5.5　内部匀质化理论及其 MATLAB 分析 ………………………………………………… 121

　　5.5.1　双层圆柱等效介电常数的分析 ……………………………………………… 121

　　5.5.2　双层球结构 …………………………………………………………………… 125

　　5.5.3　双层椭球结构的等效介电常数 ……………………………………………… 127

5.6　无限大半平面的衍射——特殊函数的应用 …………………………………………… 130

5.7　变分法及其在电磁理论中的应用 ……………………………………………………… 132

　　5.7.1　泛函取极值的必要条件 ……………………………………………………… 132

　　5.7.2　求解泛函极值的瑞利-里兹方法 …………………………………………… 133

　　5.7.3　利用符号工具箱实现瑞利-里兹方法求解 ………………………………… 134

5.8　小结 ……………………………………………………………………………………… 138

第6章　电磁理论中特殊函数以及基于 MATLAB 的应用 ……………………………… 139

6.1　柱坐标系下的分离变量法与系列柱函数 …………………………………………… 139

　　6.1.1　拉普拉斯方程的分离变量法 ………………………………………………… 139

　　6.1.2　亥姆霍兹方程的分离变量法 ………………………………………………… 142

　　6.1.3　用 MATLAB 绘制贝塞尔函数等曲线 ……………………………………… 147

　　6.1.4　用 MATLAB 求解贝塞尔函数及其导数的根 ……………………………… 147

　　6.1.5　行波和驻波的 MATLAB 展示 ……………………………………………… 149

　　6.1.6　加载介质的开放式圆柱谐振腔及其应用 …………………………………… 150

　　6.1.7　贝塞尔波束简介 ……………………………………………………………… 153

6.2　球坐标系下的分离变量法与特殊函数 ……………………………………………… 153

　　6.2.1　拉普拉斯的分离变量法 ……………………………………………………… 153

　　6.2.2　轴对称情况下势函数的通解表达式 ………………………………………… 155

　　6.2.3　亥姆霍兹方程的分离变量法 ………………………………………………… 156

　　6.2.4　利用 MATLAB 绘制勒让德多项式的曲线 ………………………………… 158

　　6.2.5　球形谐振腔中的模式分析 …………………………………………………… 160

6.3　施图姆-刘维尔本征值问题与特殊函数 ……………………………………………… 164

　　6.3.1　施图姆-刘维尔本征值问题及其性质 ……………………………………… 164

6.3.2　施图姆-刘维尔方程的标准化 ······················· 164

6.3.3　特殊函数本征值问题 ································· 165

6.4　椭圆积分 ··· 168

6.4.1　椭圆积分的相关定义 ································· 168

6.4.2　MATLAB 环境下的对应函数简介 ····················· 168

6.4.3　椭圆积分在电磁场中的应用与 MATLAB 辅助计算 ········ 169

6.5　小结 ··· 174

第 7 章　电磁优化问题及 MATLAB 下优化工具的使用 ············· 175

7.1　电磁理论中的优化问题 ································· 175

7.1.1　微带天线的优化问题 ······························· 175

7.1.2　多层吸波材料的设计问题 ··························· 175

7.1.3　全介质电磁隐形装置的设计问题 ····················· 176

7.2　遗传算法应用 ··· 176

7.2.1　概念和术语 ······································· 176

7.2.2　遗传算法运算流程 ································· 177

7.2.3　遗传算法的函数实现 ······························· 177

7.3　遗传算法的图形界面 ··································· 179

7.3.1　问题设置和结果显示 ······························· 179

7.3.2　遗传算法选择项设置 ······························· 181

7.4　利用遗传算法寻找函数的最小值 ························· 183

7.4.1　利用图形界面寻找 Rastrigin 函数的最小值 ············· 183

7.4.2　利用脚本寻找 Rastrigin 函数的最小值 ················· 185

7.5　利用遗传算法设计多层吸波材料 ························· 186

7.5.1　分层媒质的传输线表示 ····························· 186

7.5.2　单层媒质构造吸波材料 ····························· 187

7.5.3　多层吸波材料的"基因表示" ······················· 189

7.5.4　多层吸波材料的遗传算法设计 ······················· 192

7.5.5　均匀介质层的斜入射传输线理论模型计算 ············· 195

7.6　其他优化算法及其应用 ································· 197

7.7　小结 ··· 197

第 8 章　MATLAB 与人工电磁材料 ··························· 198

8.1　人工电磁材料的定义 ··································· 198

8.2　人工电磁材料的分类 ··································· 199

8.3　人工电磁材料的代表性应用 ····························· 200

8.3.1　高性能天线 ······································· 200

目录

8.3.2　电磁隐形衣 ································· 201

8.3.3　亚波长成像 ································· 203

8.3.4　利用人工电磁材料产生涡旋电磁波 ·············· 206

8.3.5　相关领域的类比实验 ························· 207

8.4　人工电磁材料的实现方法 ···························· 207

8.4.1　利用金属丝和分裂环谐振器实现人工电磁材料 ····· 207

8.4.2　利用亚波长金属贴片实现人工电磁材料 ·········· 208

8.4.3　利用石墨烯加工电磁超材料 ··················· 208

8.4.4　直流电型电磁超材料 ························· 209

8.4.5　传输线型超材料 ····························· 209

8.4.6　两种或者多种媒质混合获得人工电磁材料 ········ 210

8.4.7　利用全介质谐振实现人工电磁材料 ·············· 211

8.4.8　利用分层各向同性材料组合各向异性人工电磁材料 · 211

8.4.9　实现人工电磁材料的其他方法 ················· 212

8.5　二维超材料——人工电磁超表面 ······················ 212

8.5.1　广义的斯奈尔定律 ··························· 212

8.5.2　电磁超表面的相控阵解释 ····················· 213

8.6　媒质的频散及其复介电常数 ·························· 215

8.6.1　洛伦兹模型 ································· 215

8.6.2　德鲁德模型 ································· 217

8.6.3　洛伦兹-德鲁德模型 ··························· 218

8.6.4　基于MATLAB实现含模型数据拟合 ·············· 219

8.7　等效媒质的几个解析公式 ···························· 221

8.7.1　Clausius-Mossotti公式 ······················· 221

8.7.2　Maxwell-Garnett公式 ························· 222

8.7.3　Bruggeman公式 ······························ 223

8.7.4　推广的Maxwell-Garnett公式 ··················· 224

8.7.5　Polder-van Santen公式 ······················· 224

8.7.6　其他公式 ··································· 224

8.8　基于MATLAB的等效参数提取方法 ··················· 224

8.8.1　空间测量法 ································· 225

8.8.2　波导测量法 ································· 225

8.8.3　利用散射参数提取等效参数的MATLAB代码 ······ 227

8.9　利用MATLAB实现计算全息成像 ······················ 230

8.9.1　全息成像的三种类型 ························· 230

8.9.2 基于瑞利-索末菲公式的标量衍射理论 ············· 231

8.9.3 离轴全息及其实现 ············· 234

8.9.4 G-S 算法简介 ············· 238

8.9.5 MATLAB 数值仿真实现相位型全息图 ············· 239

8.9.6 利用全息技术生成涡旋波束 ············· 244

8.10 小结 ············· 254

第 9 章 MATLAB 在天线分析中的应用 ············· 255

9.1 天线方向图及其绘制 ············· 255

9.1.1 天线方向图 ············· 255

9.1.2 利用 polar 函数绘制天线二维方向图 ············· 256

9.1.3 利用 surf 函数绘制天线三维方向图 ············· 257

9.2 天线阵及其方向图的绘制 ············· 258

9.2.1 天线阵和阵因子 ············· 258

9.2.2 四元端射式天线阵的方向图绘制 ············· 260

9.2.3 天线阵方向图随各参数的变化动态 ············· 262

9.3 电磁超表面远区方向图的 MATLAB 绘制方法 ············· 263

9.4 Antenna Toolbox 的应用简介 ············· 265

9.4.1 Antenna Toolbox 中 pattern 函数简介 ············· 265

9.4.2 天线的设计与分析 ············· 268

9.4.3 天线阵的设计与分析 ············· 274

9.5 利用 MATLAB 计算整流天线中肖特基二极管的输入阻抗 ············· 280

9.5.1 肖特基二极管的电路模型 ············· 281

9.5.2 利用 ode113 等函数计算二极管输入阻抗等参数 ············· 282

9.6 小结 ············· 284

第 10 章 MATLAB 的动画演示及其在电磁理论中的应用 ············· 285

10.1 动画演示函数简介 ············· 285

10.2 驻波与行波 ············· 286

10.3 电磁波的反射与透射 ············· 288

10.3.1 垂直极化波斜入射到两种介质界面 ············· 289

10.3.2 平行极化波斜入射到两种介质界面 ············· 292

10.3.3 电磁波入射到介质——理想导体界面 ············· 296

10.4 电磁波的极化 ············· 301

10.4.1 线性极化波 ············· 301

10.4.2 圆极化波 ············· 303

10.4.3 椭圆极化波 ············· 304

目录

10.5 矩形波导中传输的电磁波 ································· 307

10.6 谐振腔中的谐振模式 ···································· 310

10.7 小结 ·· 313

第 11 章 基于 MATLAB 的常用电磁代码及其应用 ·················· 314

11.1 有限差分法 ·· 314

11.1.1 差分的基本概念 ································ 314

11.1.2 二维静态电磁场差分方程的导出 ····················· 315

11.1.3 二维静态电磁场差分方程的求解 ····················· 317

11.1.4 TM 模差分方程的导出 ··························· 323

11.1.5 TE 模差分方程的导出 ··························· 325

11.2 矩量法 ··· 328

11.2.1 矩量法原理 ·································· 328

11.2.2 MATLAB 编程流程图 ···························· 329

11.2.3 矩量法解决静电场问题 ·························· 330

11.2.4 半波对称振子天线的 Pocklington 方程和 Hallén 方程 ········· 334

11.3 有限元法 ·· 338

11.3.1 有限元法的基本原理 ···························· 338

11.3.2 有限元法案例求解 ····························· 342

11.4 时域有限差分法 ····································· 346

11.4.1 FDTD 法基本原理 ····························· 346

11.4.2 Mur 吸收边界条件 ···························· 348

11.4.3 MATLAB 程序和结果可视化 ························ 349

11.5 小结 ·· 351

附录 A 傅里叶变换的几种形式及其关系 ······················· 352

A.1 傅里叶积分定理 ····································· 352

A.2 几种不同形式的傅里叶变换 ····························· 352

A.3 傅里叶变换与"相量" ································· 353

A.4 两种形式傅里叶变换的后果 ····························· 354

附录 B 近远场转换 ·· 357

附录 C 编制函数对 MATLAB 绘制的图形进行美化和修饰 ·············· 359

附录 D 基于几何光学的透镜的简单设计 ······················· 361

D.1 偏折透镜 ·· 361

D.2 聚焦透镜 ·· 361

D.3 单曲面聚焦介质透镜的设计理论 ·························· 362

附录 E 傅里叶变换及其 MATLAB 实现 ························· 363

目录

附录 F 拉普拉斯变换及其 MATLAB 实现 ……………………………………… 367

附录 G TM 和 TE 电磁模式 ……………………………………………………… 370

附录 H 雷达散射截面及其 MATLAB 计算 ……………………………………… 372

    H.1 雷达散射截面的定义 ……………………………………………… 372

    H.2 二维情况下的散射宽度计算 ……………………………………… 373

    H.3 利用 MATLAB 计算散射宽度 ……………………………………… 374

附录 I 球贝塞尔函数及其导数的根 ……………………………………………… 376

附录 J 科学研究中的几种特殊绘图形式 ……………………………………… 377

    J.1 双 y 轴曲线 ……………………………………………………… 377

    J.2 对数坐标曲线 ……………………………………………………… 378

    J.3 绘制带误差的曲线 ………………………………………………… 379

附录 K 介电常数的 Kramers-Kronig 公式 ……………………………………… 381

    K.1 线性、时不变、因果系统 ………………………………………… 381

    K.2 介电常数所满足的 K-K 关系 …………………………………… 382

参考文献 ……………………………………………………………………………… 384

物理学中把某个物理量在空间一个区域内的分布称为场。从取值性质来看，场可以分成两大类：一类是每个点对应一个数值，这种场统称为标量场，如温度场、密度场等；另一类是每个点对应一个矢量，这种场称为矢量场，如引力场、梯度场、电场、磁场等。场本身的性质与坐标选择无关，但对各种场的分析和计算应该选择适当的坐标系，本章均以直角坐标系为例，分析场的梯度、散度和旋度等特性。同时，详细介绍标量场的梯度、矢量场的散度和旋度的MATLAB处理方法。

1.1 标量函数及其可视化

将各种物理量以直观、易懂、易读的形式展现出来，具有非常重要的作用，尤其是在处理复杂、多维的物理量时，更是如此。MATLAB强大的图像处理功能，使其在标量函数或标量场可视化方面得到了广泛应用。

1.1.1 标量的定义

标量是只有数值大小，没有方向的物理量，其运算遵循一般的代数法则，亦称"无矢量"。无论选取什么坐标系，标量的数值恒定不变。物理学中常见的标量有质量、密度、温度、功、能量、路程、速率、体积、时间、热量、电阻、功率、弹性势能、引力势能、电势能等。

有的标量也有正负之分，但其含义不同。标量的正负也只代表大小，与方向无关。有的标量用正负来表示大小，如重力势能和电势能；有的标量用正负来表示性质，如电荷量，正电荷表示物体带正电，负电荷表示物体带负电；有的标量用正负来表示趋向，如功，功的正负表示能量转化的趋向，力对物体做正功，物体的动能增加(增加趋向)，力对物体做负功，则物体的动能减小(减少趋向)。

如果在空间任意一点都对应有一个标量形式的物理量，如温度，就构成了标量场。在数学上，这就是一个标量的点函数。MATLAB中提供了很多函数，可以实现标量场的可视化。

1.1.2 MATLAB中plot函数简介

MATLAB中plot函数常常被用于绘制各种二维图像，其用法是多种多样

的,此处介绍利用 plot 函数绘制二维点图和线图。其基本格式如下:

```
plot(X,Y,LineSpec)
```

其中,X 由所有输入点坐标的 X 值组成,Y 是与 X 对应的纵坐标所组成的矢量或矩阵。若 Y 和 X 为同维矢量,则以 X 为横坐标,Y 为纵坐标绘制连线图。若 X 是矢量,Y 是行数或列数与 X 长度相等的矩阵,则绘制多条不同色彩的连线图,X 被作为这些曲线的共同横坐标。若 X 和 Y 为同型矩阵,则以 X 和 Y 为对应元素分别绘制曲线,曲线条数等于矩阵列数。LineSpec 是用户指定的绘图样式,主要选项如表 1-1 所示。

表 1-1　LineSpec 的主要选项

Spec	r	g	b	c	m	y	k	w					
颜色	红	绿	蓝	青	品红	黄	黑	白					
Spec	+	o	*	.	x	s	d	^	v	>	<	p	h
符号	加号	圆圈	星号	点	十字	矩形	菱形	上三角形	下三角形	右三角形	左三角形	五边形	六边形
Spec	—	--	:	-.									
线型	实线	虚线	点	点线									

注意:在同时绘制多条曲线时,如果没有指定曲线属性,plot 按顺序循环使用当前坐标系中颜色和线型两个属性。

1.1.3　使用 plot 函数绘制一维标量函数

作为一个最简单的开始,首先利用 plot 函数绘制一维的标量函数。代码如下:

```
x = 0:pi/1000:2 * pi;      % x 取值范围由 0 到 2π,pi/1000 是递增的步长
y = sin(2 * x + pi/4);     % 表示 y 的函数表达式是正弦函数
plot(x,y)                  % 绘制函数
```

MATLAB 显示结果如图 1-1(a)所示。

接下来,稍微增加一些难度,利用 plot 函数绘制具有特定颜色和线型的曲线。

```
x = 0:pi/20:2 * pi;
y = sin(2 * x + pi/4);
plot(x,y,'-- or')          % 坐标点为圆圈标志,且线型为虚线
```

MATLAB 显示结果如图 1-1(b)所示。

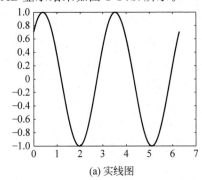

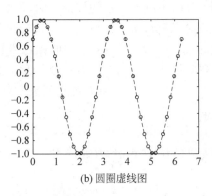

(a) 实线图　　　　　　　　　　(b) 圆圈虚线图

图 1-1　函数 $\sin(2 * x + \mathrm{pi}/4)$ 曲线图

当然,也可以利用一条 plot 指令一次绘制多条曲线。示例如下:

```
x = 0:pi/100:2 * pi;              % 表示 x 从 0 到 2π
y1 = sin(x);                      % 表示 y1 的函数
y2 = sin(x - 0.25);               % 表示 y2 的函数
y3 = sin(x - 0.5);                % 表示 y3 的函数
figure
plot(x, y1, x, y2, '--', x, y3, '.')      % 绘制 y1, y2, y3 的函数图像
```

MATLAB 显示结果如图 1-2 所示。

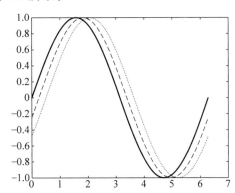

图 1-2　函数 $\sin(x)$、$\sin(x-0.25)$ 和 $\sin(x-0.5)$ 的曲线图

1.1.4　MATLAB 环境下二维和三维标量函数的可视化

MATLAB 提供了众多函数,可以实现标量场或者标量函数的可视化,接下来就对其进行一一介绍。

1. 利用 mesh 和 surf 函数绘制三维曲面

MATLAB 中提供了 mesh 和 surf 函数绘制三维曲面图。其中,mesh 函数用于绘制三维的网格图,可以用三维网格图表示绘制要求不是特别精细的三维曲面;surf 函数用于绘制三维曲面图,各线条之间的面元用颜色填充。其调用格式如下:

```
mesh(x,y,z,c)
surf(x,y,z,c)
```

通常情况下,x、y、z 为维数相同的矩阵;x、y 为网格坐标阵;z 是网格点上的高度矩阵;c 是用来定义相应点颜色等属性的数组,即由数组 c 指定的颜色绘制网格图或曲面图。当 c 省略时,MATLAB 默认 $c=z$,即对于颜色的设定是正比于高度的,以便绘制出层次分明的三维图形。当 x、y 省略时,把 z 矩阵的列下标当作 x 轴坐标,把 z 矩阵的行下标当作 y 轴坐标,然后绘制三维曲面图。当 x、y 为矢量时,要求 x 的长度必须等于 z 矩阵的列数,y 的长度必须等于 z 矩阵的行数。

另外,MATLAB 中还包含了两个和 mesh 函数相似的函数,即带等高线的三维网格曲面函数 meshc 和带底座的三维网格曲面函数 meshz。其用法与 mesh 函数相类似,区别在于 meshc 还在 xOy 平面上绘制曲面在 z 轴方向的等高线,meshz 还在 xOy 平面上绘制曲面的底座。

同样地,surf 函数也有两个类似的函数 surfc 和 surfl,分别用于绘制具有等高线的曲面和具有光照效果的曲面。

以标量函数 $z=\sqrt{x^2+y^2}$ 为例,利用 mesh 和 surf 函数绘制曲面图。MATLAB 程序代码如下:

```
x = linspace( - 2,2,25);              % 在 - 2 到 2 之间取 25 个点
y = linspace( - 2,2,25);              % 在 - 2 到 2 之间取 25 个点
[xx,yy] = meshgrid(x,y);              % 生成网格采样点
zz = sqrt(xx.^2 + yy.^2);             % 生成矩阵 z
mesh(xx,yy,zz);                       % 画出立体网状图
```

MATLAB 显示结果如图 1-3(a)所示。

```
x = linspace( - 2,2,25);              % 在 - 2 到 2 之间取 25 个点
y = linspace( - 2,2,25);              % 在 - 2 到 2 之间取 25 个点
[xx,yy] = meshgrid(x,y);              % 生成网格采样点
zz = sqrt(xx.^2 + yy.^2);             % 生成矩阵 z
surf(xx,yy,zz);                       % 画出着色的三维曲面
```

MATLAB 运行结果如图 1-3(b)所示。为了便于对照,图 1-3(c)和图 1-3(d)还给出了利用 meshz 函数和 surfc 函数绘制的同一个函数。

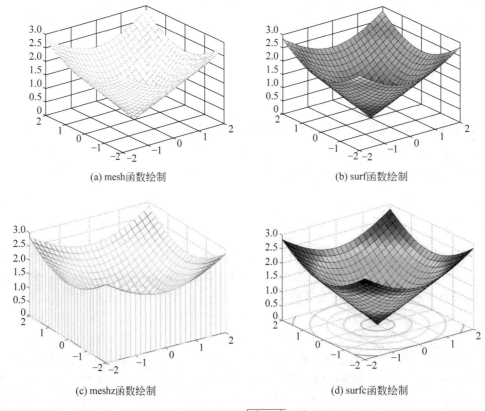

(a) mesh函数绘制

(b) surf函数绘制

(c) meshz函数绘制

(d) surfc函数绘制

图 1-3   函数 $z=\sqrt{x^2+y^2}$ 立体曲面图

需要注意的是,mesh 和 surf 命令都可以绘出某一区间内的完整曲面。它们的调用方法类似,但是 mesh 命令绘制的图形是一个由纵横交错的彩色曲线组成的网格图,而 surf 命令绘制得到的是着色的三维曲面。

2. 利用 contour 函数绘制二维和三维等高线图

MATLAB 中的 contour 和 contour3 函数分别用于绘制标量函数的二维和三维等高线图。其基

本的语法格式如下：

```
contour(x,y,z)
contour3(x,y,z)
```

与 mesh 函数和 surf 函数相同，通常情况下，*x*、*y*、*z* 为维数相同的矩阵；*x*、*y* 为网格坐标阵；*z* 是网格点上的高度矩阵。以标量函数为例绘制等高线图，其数学表达式为

$$z = x\mathrm{e}^{-(x^2+y^2)} \tag{1-1}$$

MATLAB 主要代码如下：

```
[X,Y] = meshgrid([ - 2:0.25:2]);      % 创建 X - Y 网格坐标平面
Z = X. * exp( - (X.^2 + Y.^2));        % 计算函数值
contour(X,Y,Z);                        % 绘制二维等高线
figure;                                % 重建新的图形窗口
contour3(X,Y,Z,30);                    % 绘制三维等高线
```

图 1-4(a)和图 1-4(b)分别给出了上述标量函数的三维和二维等高线图。

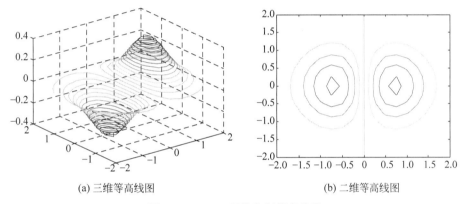

(a) 三维等高线图   (b) 二维等高线图

图 1-4　contour 函数绘制等高线图

3. 利用 pcolor 函数绘制伪彩色图

MATLAB 中利用 pcolor 函数绘制伪彩色图，用于以二维平面图表现三维图形的效果，用颜色来代表三维图形的高度。其调用格式如下：

1) pcolor(C)

绘制指定颜色 *C* 的伪彩色图，参量 *C* 为矩阵，其元素都线性地映射于当前色图下标。

2) pcolor(X,Y,C)

绘制指定颜色 *C* 和相应网格线间间距的伪彩色图，*X* 和 *Y* 为指定网格间间距的矢量或矩阵。

若 *X*、*Y* 为矩阵，则 *X*、*Y* 与 *C* 维数相同；若 *X*、*Y* 为矢量，则 *X* 的长度为矩阵 *C* 的列数，*Y* 的长度为矩阵 *C* 的行数。以标量函数为例绘制伪彩色图，其数学表达式为

$$Z = \sqrt{X^2 + Y^2} \tag{1-2}$$

程序代码如下：

```
[X,Y] = meshgrid([0:20]);             % 创建 X - Y 网格坐标平面
Z = sqrt(X.^2 + Y.^2);                % 计算函数值
figure;
hold on
```

```
pcolor(X,Y,Z);                          % 绘制伪彩色图
plot([0:20],[0:20],'r + ');             % 绘制 X = Y 对应的点
colorbar;                               % 显示色阶,默认为 jet
```

MATLAB 程序运行结果如图 1-5 所示。

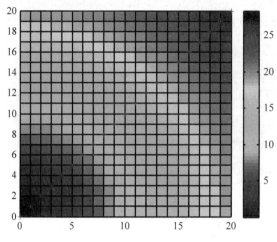

图 1-5   pcolor 函数绘制伪彩色图

4. 使用 isosurface 函数绘制三维隐函数图

isosurface 函数是 MATLAB 中用于绘制三维隐函数图形的工具。其调用格式如下:

```
fv = isosurface(X,Y,Z,V,isovalue);
```

基于 isovalue 中指定的数值,计算体数据 V 并绘制等势面,即等势面连接具有指定 V 值的点; V 是关于网格数据 (X,Y,Z) 的体数据,isovalue 是给定的等势面数值。

isosurface 函数还可以得到等势面的顶点和面,然后调用 patch 函数直接画出来。上面语句中,fv 就是函数返回的包含有顶点和面的结构。下面举例说明该函数的用法。具体实现代码如下:

```
[X,Y,Z] = meshgrid(linspace( - 10,10));     % 形成网格数据(X,Y,Z)
V = X.^2 + Y.^2 - Z.^2;                      % 形成体数据 V
isosurface(X,Y,Z,V,1);                       % 绘制三维隐函数图形 X.^2 + Y.^2 - Z.^2 = 1
axis equal
colormap([1 0 0]);                           % 改变图形颜色为红色
brighten(0.5);                               % 进行增亮
camlight right;                              % 设置光源位置
lighting phong;                              % 设置光照模式
figure(2);
fv = isosurface(X,Y,Z,V,1);                  % 计算等势面所对应的面元和顶点
p = patch(fv);                               % 绘制等势面
set(p,'FaceColor','red','EdgeColor','none'); % 修饰等势面
axis equal                                   % 等比例显示
```

MATLAB 运行结果如图 1-6 所示。

5. 使用 peaks 函数演示三维曲面

MATLAB 中还包含了 peaks 函数,即多峰函数,可用于三维曲面的演示。在命令框中可以直接

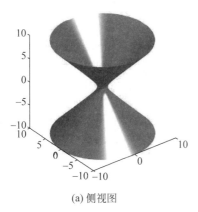

(a) 侧视图

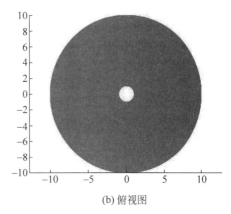

(b) 俯视图

图 1-6　isosurface 函数绘制三维图形

输入 peaks 绘制,产生一个凹凸有致的曲面,包含三个局部极大点和三个局部极小点,如图 1-7(a)所示。也可以对 peaks 函数取点,再以不同的方法进行绘制,图 1-7(b)和图 1-7(c)分别给出了利用 meshc 和 meshz 函数绘制的效果图。

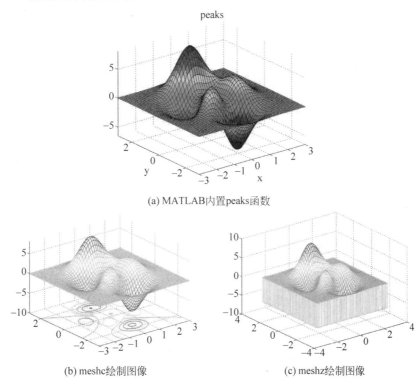

(a) MATLAB内置peaks函数

(b) meshc绘制图像　　　　　　　　　(c) meshz绘制图像

图 1-7　利用 peaks 函数进行三维曲面演示

程序代码如下:

```
[x,y,z] = peaks;                        % 调用 peaks 函数,得到相关数据
peaks;                                  % 绘制 peaks 函数图像
meshz(x,y,z);                           % 利用所得数据绘制图像
meshc(x,y,z);                           % 绘制 meshc 函数图像
axis([ - inf inf - inf inf - inf inf]);
```

6. 采用 slice 函数绘制切片图

MATLAB 中提供了 slice 函数绘制立体切片图。slice 函数通过体数据展示正交切片平面,可通过三维实体的四维切片色图展示四维图像,用三维实体上的颜色描述函数值的变化情况。其基本调用格式如下:

```
slice(X,Y,Z,V,XI,YI,ZI)
```

利用体数据 V 沿着由数组 XI,YI,ZI 定义的表面绘制切片图,V 的大小决定了每一点的颜色。以式(1-3)这个标量函数为例,介绍 slice 函数的用法。其表达式为

$$v = xyze^{(-x^2-y^2-z^2)} \tag{1-3}$$

主要程序代码如下:

```
[x,y,z] = meshgrid( - 2:0.2:2, - 2:0.25:2, - 2:0.16:2);      %产生三维立体网格
v = x. * y. * z. * exp( - (x.^2 + y.^2 + z.^2));             %在网格上定义函数
xslice = [ - 1.2:0.8:2]; yslice = 2; zslice = [ - 2,0];       %定义切片位置
slice(x,y,z,v,xslice,yslice,zslice)                          %绘制切片图
xlabel('x'); ylabel('y'); zlabel('z');                       %标注坐标轴标号
colormap hsv;                                                %设置调色板为 hsv
```

MATLAB 运行结果如图 1-8 所示。从图中可以看出,对于函数 v,程序沿着 x 方向有 5 个切片,位置分别在 $x=-1.2, x=-0.4, x=0.4, x=1.2, x=2.0$ 这 5 个平面;同样的道理,函数在 y 方向和 z 方向分别有一个和两个切片,即 $y=2, z=-2, z=0$。在每个切片上,MATLAB 使用颜色来表示函数 v 的变化。

7. 使用 NaN 函数裁剪图形

MATLAB 中定义了 NaN(Not a Number)对象,可以用于表示不可使用的数据。利用这个特性,可将图形中需要裁剪的部分对应的函数值设置为 NaN,这样在绘制函数图形时,函数值为 NaN 对应的部分将不被显示出来,以达到裁剪的目的。例如,绘制两个大小不同的球面,将大球裁掉一部分,以便看到里面的小球,如图 1-9 所示。其实现程序代码如下:

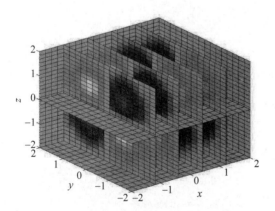

图 1-8　利用 slice 函数绘制三维切片图

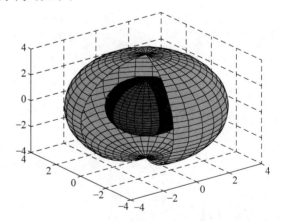

图 1-9　利用 NaN 进行图形的裁剪

```
[x,y,z] = sphere(30);
z1 = z;
z1(:,1:6) = NaN;                                   %将大球的一部分裁掉
```

```
c1 = ones(size(z1));
surf(4 * x,4 * y,3 * z1,c1);              %绘制大球
hold on
z2 = z;
c2 = 2 * ones(size(z2));
c2(:,1:6) = 3 * ones(size(c2(:,1:6)));
surf(2 * x,2 * y,2 * z2,c2);              %绘制小球
colormap([0,1,0;0.5,0,0;1,0,0]);
grid on
hold off
```

1.2 矢量函数及其可视化

MATLAB 环境中提供了系列函数,可以完成对矢量函数或者矢量场的绘制工作。例如,利用 quiver 函数绘制箭头图,利用 streamline 函数绘制流线等。

1.2.1 矢量的定义

在数学中,矢量指既有大小,又有方向的量,它可以形象化地表示为带箭头的线段。箭头代表矢量的方向,线段长度代表矢量的大小。与矢量对应的量就是 1.1 节中所讲的只有大小没有方向的标量。物理学中常见的矢量有力、力矩、线速度、角速度、位移、加速度、动量、冲量、角动量、场强等。

矢量函数是以数量为自变量,以矢量为因变量的函数。例如,$\vec{r}=\vec{r}(t)$,其中 $\vec{r}$ 为矢量,t 为数量,它的每一个自变量对应的因变量都是一个以原点为始点的径矢。如果在空间任意一点,都有一个矢量形式的物理量,则构成一个矢量场,如速度场等。在数学上,可以用矢量函数来表示矢量场,它可以看作由三个标量函数组成。

1.2.2 MATLAB 中 meshgrid 函数简介

在利用 MATLAB 进行三维图形的绘制过程中,往往需要一些采样点,然后根据这些采样点绘制出整个图形。在进行三维绘图操作时,涉及 x、y、z 三组数据,而 x、y 这两组数据可以看作在 xOy 平面内对坐标进行采样得到的坐标对 (x,y)。meshgrid 函数是用于生成网格采样点的函数,也称为格点矩阵。其基本格式如下:

```
[X,Y] = meshgrid(x,y)
```

例如,下面的代码用于产生一个二维格点矩阵。

```
x = - 3:1:3;
y = - 2:1:2;
[X,Y] = meshgrid(x,y);
```

这里 meshgrid(x,y) 的作用是分别产生以矢量 x 为行,矢量 y 为列的两个大小相同的矩阵,其中 X 的行是从 -3 开始到 3,每间隔 1 记下一个数据,并把这些数据汇集成矩阵 X;同理,Y 的列则是从 -2 到 2,每间隔 1 记下一个数据,并汇集成矩阵 Y。MATLAB 运行结果如下:

```
X =
    - 3    - 2    - 1     0     1     2     3
    - 3    - 2    - 1     0     1     2     3
```

```
            -3      -2      -1       0       1       2       3
            -3      -2      -1       0       1       2       3
            -3      -2      -1       0       1       2       3
    Y =
            -2      -2      -2      -2      -2      -2      -2
            -1      -1      -1      -1      -1      -1      -1
             0       0       0       0       0       0       0
             1       1       1       1       1       1       1
             2       2       2       2       2       2       2
```

另外,[X,Y]=meshgrid(x)与[X,Y]=meshgrid(x,x)是等同的,而[X,Y,Z]=meshgrid(x,y,z)是生成三维数组,可用来计算三变量的函数和绘制三维立体图。

1.2.3 MATLAB 中 quiver 函数简介

quiver 是 MATLAB 中使用箭头绘制二维矢量场的函数,使用该函数可以绘制矢量。其基本格式如下:

```
quiver(x,y,u,v,scale)
```

该调用格式表示通过在(x,y)指定的位置绘制小箭头来表示以该点为起点的矢量(u,v),通过"处处绘箭头"就得到了二维的矢量场。二维矩阵 x、y、u、v 具有一一对应的关系,因此它们的行数、列数必须对应相等。scale 表示箭头长度是否做伸缩。scale=0.5 表示箭头长度缩减一半;scale=2 表示箭头长度扩大 2 倍;scale=0 表示禁止箭头自动伸缩功能。

下面的 MATLAB 代码展示了一个简单的箭头图绘制情况。

```
x = [0 0 0 0];
y = x;
u = [1 -1 0 0];
v = [0 0 1 -1];
quiver(x,y,u,v);
```

该程序是绘制沿 x、y 方向的 4 个矢量,这 4 个矢量皆从$(0,0)$出发,分别指向$(1,0)$、$(-1,0)$、$(0,1)$、$(0,-1)$。MATLAB 显示结果如图 1-10(a)所示。但从图 1-10(a)中可以发现箭头并没有完

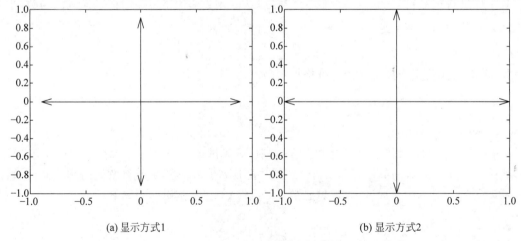

(a) 显示方式1   (b) 显示方式2

图 1-10 quiver 函数的简单应用

全指到(1,0)、(−1,0)、(0,1)、(0,−1),如果需要箭头完全指到这 4 个点,需要改变 scale 参数,将其设为 1,即箭头长度不做伸缩,如 quiver(x,y,u,v,1)。其显示结果如图 1-10(b)所示。

quiver 函数的另一种调用格式为 quiver(u,v),其作用是在 xOy 平面上绘制矢量(u,v),由于没有指定矢量的起点,所以 MATLAB 将在 xOy 平面上均匀地取若干格点作为起点。

```
u = [1 1 1; 1 1 1];
v = u;
quiver(u,v);
```

MATLAB 显示结果如图 1-11 所示。

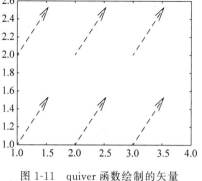

图 1-11　quiver 函数绘制的矢量

1.2.4　MATLAB 中 streamline 函数简介

streamline 是从二维或三维矢量数据中绘制流线的函数。其基本格式如下:

1) streamline(x,y,u,v,startx,starty)

该函数用于从二维矢量数据 u、v 绘制流线。定义矢量 u 和 v 位置坐标的 x 和 y 数组必须是单调的,但不需要均匀间隔,且 x 和 y 必须有相同数量的元素,就像 meshgrid 生成的一样,startx 和 starty 定义流线的起始位置。

2) streamline(x,y,z,u,v,w,startx,starty,startz)

上述函数是基于三维矢量数据 u、v、w 绘制流线,起点坐标为 startx、starty、startz。

下面的程序用于演示 streamline 函数如何绘制流线图。

```
[x,y] = meshgrid(0:0.1:1,0:0.1:1);
u = x;
v = − y;
figure
quiver(x,y,u,v)                %绘制箭头图
startx = 0.1:0.1:1;
starty = ones(size(startx));    %定义起点坐标
streamline(x,y,u,v,startx,starty)  %绘制流线图
```

MATLAB 显示结果如图 1-12 所示。

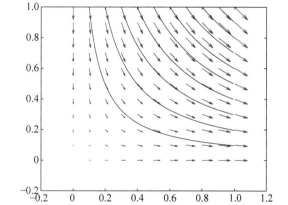

图 1-12　streamline 函数绘制的流线

1.2.5　矢量函数的可视化

基于以上 MATLAB 的相关函数介绍,可以利用这些函数将各种矢量函数的图形绘制出来,从而使得读者对矢量函数有深刻的认识。接下来通过几个例子说明如何利用 MATLAB 对矢量函数进行可视化。

下面的代码直接给出矢量函数的两个分量,然后用 quiver 绘制箭头图。

```
[x,y] = meshgrid(0:0.2:2,0:0.2:2);    %生成所需的网格采样点,x 与 y 在 0 到 2 区间,每隔
                                       %0.2 取一个点,这样就在 0 到 2 中产生 100 个采样点
u = cos(x). * y;                       %定义 u 分量
v = sin(x). * y;                       %定义 v 分量
quiver(x,y,u,v)                        %绘制二维矢量场图
```

MATLAB 显示结果如图 1-13 所示。

也可以使用符号变量定义函数,然后将其离散化,再绘制矢量图。在特定情况下,这个方法非常有效。

```
syms x y real                           %定义符号变量 x、y
F = [cos(x + 2 * y),sin(x - 2 * y)];    %定义矢量函数
[X,Y] = meshgrid( - 2:.25:2);           %生成网格
Fxf = inline(vectorize(F(1)),'x','y');  %使用内联函数 inline 构造函数 Fxf
Fyf = inline(vectorize(F(2)),'x','y');  %使用内联函数 inline 构造函数 Fyf
Fx = Fxf(X,Y);                          %计算网格数据对应的 Fx 的值
Fy = Fyf(X,Y);                          %计算网格数据对应的 Fy 的值
quiver(X,Y,Fx,Fy,'k')                   %画出二维矢量场
axis tight;                             %坐标轴范围与数据范围一致,紧凑模式
set(gca,'position',[0 0 1 1])           %去掉图像白边
```

MATLAB 显示结果如图 1-14 所示。

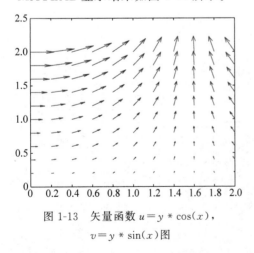

图 1-13　矢量函数 $u = y * \cos(x)$,
$v = y * \sin(x)$ 图

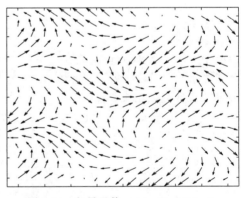

图 1-14　矢量函数 $u = \cos(x + 2 * y)$,
$v = \sin(x - 2 * y)$ 图

类似于 quiver 函数,quiver3 函数可以用来绘制三维矢量场图。其代码如下:

```
[x,y] = meshgrid( - 3:.5:3, - 3:.5:3);    %生成所需的网格采样点,x 与 y 在 - 3 到 3 区间
z = y.^2 - x.^2;                          %定义函数
[u,v,w] = surfnorm(z);                    %取三维曲面的法线
quiver3(z,u,v,w)                          %绘制三维矢量场图
```

注意：quiver3 函数用法与 quiver 类似，用于三维矢量场图的绘制。

MATLAB 显示结果如图 1-15 所示。

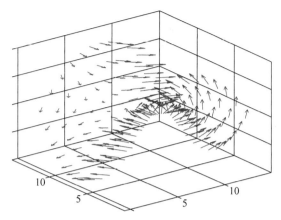

图 1-15　函数 $z = y^2 - x^2$ 的三维法线方向矢量场图

1.3　梯度及其可视化

在场论中可知，标量函数在空间某一点处的变化率是一个矢量。该矢量的大小表示标量函数在此点的变化率；该矢量的方向表示变化率取最大值时的方向。这种空间变化率就是梯度的概念。

1.3.1　梯度的概念

设函数 $z = f(x, y)$ 在平面区域 D 内具有一阶连续偏导数，则对于每一点 $(x, y) \in D$，都可定出一个矢量 $\dfrac{\partial f}{\partial x} \boldsymbol{e}_x + \dfrac{\partial f}{\partial y} \boldsymbol{e}_y$ 称为函数 $z = f(x, y)$ 在点 $D(x, y)$ 的梯度，记作 grad $f(x, y)$，即 grad $f(x, y) = \dfrac{\partial f}{\partial x} \boldsymbol{e}_x + \dfrac{\partial f}{\partial y} \boldsymbol{e}_y$，梯度的方向是函数 $f(x, y)$ 在这一点增长最快的方向。因此，函数在某点的梯度是这样一个矢量，它的方向与取得最大方向导数的方向一致，而它的模为方向导数的最大值。由梯度的定义可知，梯度的模为 $|\text{grad } f(x, y)| = \sqrt{\left(\dfrac{\partial f}{\partial x}\right)^2 + \left(\dfrac{\partial f}{\partial y}\right)^2}$。

在三维情况下，如果采用直角坐标系，类似地有

$$\text{grad } f = \nabla f = \frac{\partial f}{\partial x} \boldsymbol{e}_x + \frac{\partial f}{\partial y} \boldsymbol{e}_y + \frac{\partial f}{\partial z} \boldsymbol{e}_z \tag{1-4}$$

式(1-4)中用到了哈密顿(Hamilton)算子 ∇，它是一阶矢量微分算子，在直角坐标系中定义为

$$\nabla = \boldsymbol{e}_x \frac{\partial}{\partial x} + \boldsymbol{e}_y \frac{\partial}{\partial y} + \boldsymbol{e}_z \frac{\partial}{\partial z} \tag{1-5}$$

哈密顿算子既是一个矢量，又对其后面的量进行微分运算。可以把哈密顿算子当作一个助记符来使用，则式(1-4)就可以看作"矢量"与标量的形式上的数乘运算，它依然反映的是标量函数在某点的变化率。利用直角坐标系和柱坐标系下坐标变量之间的关系和链式求导规则，可以得到在柱坐标系下，梯度的表示为

$$\nabla f = \boldsymbol{e}_\rho \frac{\partial f}{\partial \rho} + \boldsymbol{e}_\varphi \frac{1}{\rho} \frac{\partial f}{\partial \varphi} + \boldsymbol{e}_z \frac{\partial f}{\partial z} \tag{1-6}$$

同样地,在球坐标系有

$$\nabla f = \boldsymbol{e}_r \frac{\partial f}{\partial r} + \frac{\boldsymbol{e}_\theta}{r} \frac{\partial f}{\partial \theta} + \frac{\boldsymbol{e}_\varphi}{r\sin\theta} \frac{\partial f}{\partial \varphi} \tag{1-7}$$

1.3.2　MATLAB 中 gradient 函数简介

gradient(F,v)是 MATLAB 中求标量函数 F 在笛卡儿坐标系中相对于矢量$\boldsymbol{v}$ 的梯度矢量的函数。该函数的基本格式如下:

1) Fx＝gradient(F)

该函数的返回值为 F 的一维数值梯度,输出 Fx 对应于$\frac{\partial F}{\partial x}$,即 x(水平)方向上的差分,且相邻点之间的间距假定为 1。

2) [Fx,Fy]＝gradient(F)

其返回值为 $\boldsymbol{F}$ 的二维数值梯度的 x 和 y 分量,其中 $\boldsymbol{F}$ 为一个二维矩阵。附加输出 Fy 对应于$\frac{\partial \boldsymbol{F}}{\partial y}$,即 y(垂直)方向上的差分,每个方向上的点之间的间距假定为 1。

3) [Fx,Fy,Fz,…,Fn]＝gradient(F)

其返回值为 $\boldsymbol{F}$ 的 n 维数值梯度的 n 个分量,其中 $\boldsymbol{F}$ 是一个 n 维矩阵。注意,[Fx,Fy,Fz,…,Fn]＝gradient(F,h),使用 h 作为每个方向上的点之间的均匀间距,而 [Fx,Fy,Fz,…,Fn]＝gradient(F,hx,hy,…,hn)为 $\boldsymbol{F}$ 的每个维度上的间距指定一个参数。

以下是利用符号工具箱函数求标量函数梯度的一个例子。

```
syms x y z                          %定义符号变量
f = 2 * y * z * sin(x) + 3 * x * sin(z) * cos(y);  %定义函数
gradient(f,[x,y,z])                 %利用符号计算函数的梯度
```

运行结果如下:

```
ans =
3 * cos(y) * sin(z) + 2 * y * z * cos(x)
2 * z * sin(x) - 3 * x * sin(y) * sin(z)
2 * y * sin(x) + 3 * x * cos(y) * cos(z)
```

上面的例子是用符号工具箱计算函数 f 的梯度,通过它输出的结果可以看出,gradient 函数能够得到已知标量函数的梯度的"解析"表达形式。这对于辅助求解梯度很有帮助。此外,既然得到了梯度的解析形式,那么一定可以将其用箭头图的形式绘制出来。下面的例子就给出了这种方式。

1.3.3　标量函数梯度矢量的可视化

已经知道,标量函数的梯度场是一个矢量场。因此,可以用 gradient 计算其梯度,并利用 quiver 函数进行可视化展示。例如,计算函数$-(\sin(x)+\sin(y))^2$ 的二维梯度,并绘制其梯度矢量。

```
syms x y                            %定义符号变量
F = - (sin(x) + sin(y))^2;          %定义函数
```

```
g = gradient(F,[x,y]);              % 计算梯度的表达式
[X,Y] = meshgrid( - 1:.1:1, - 1:.1:1);   % 产生网格
G1 = subs(g(1),[x y],{X,Y});        % 用{X,Y}替换所有出现的[x,y],然后计算 g(1)
G2 = subs(g(2),[x y],{X,Y});        % 用{X,Y}替换所有出现的[x,y],然后计算 g(2)
quiver(X,Y,G1,G2);                  % 绘制梯度对应的箭头图
```

MATLAB 显示结果如图 1-16 所示。

程序运行结束后,可以在 MATLAB 命令行窗口输入 g,即显示梯度的符号形式结果,则窗口所显示的信息如下:

```
g =
 - 2 * cos(x) * (sin(x) + sin(y))
 - 2 * cos(y) * (sin(x) + sin(y))
```

这恰恰是上述函数梯度的两个分量。基于这个观察,大家更容易理解上述代码的含义。

众所周知,梯度的方向与等高线相垂直。因此,可以对一个标量函数计算梯度并验证其与等高线的正交性。例如,计算函数 $x\mathrm{e}^{-x^2-y^2}$ 的二维梯度,并在相同图窗中绘制等高线和梯度矢量。

```
v = - 2:0.2:2;                      % 定义矢量 v
[x,y] = meshgrid(v);                % 利用 v 产生网格
z = x. * exp( - x.^2 - y.^2);       % 计算网格格点上的函数值
[px,py] = gradient(z,.2,.2);        % 数值方法计算梯度
figure
contour(x,y,z);                     % 绘制函数 z 的等高线
hold on;                            % 保持模式打开
quiver(x,y,px,py);                  % 绘制梯度的箭头图
hold off;                           % 保持模式关闭
```

MATLAB 显示结果如图 1-17 所示。

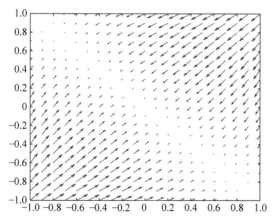

图 1-16　函数 $-(\sin(x)+\sin(y))^2$ 的梯度图

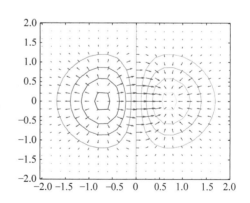

图 1-17　函数 $x\mathrm{e}^{-x^2-y^2}$ 的等高线和梯度矢量图

下面的例子用于计算函数 $\sqrt{x^2+y^2}$ 的二维梯度,并在相同图窗中绘制等高线和梯度矢量。

```
x = linspace( - 2,2,25);            % 在 - 2 到 2 取 25 个点
y = linspace( - 2,2,25);            % 在 - 2 到 2 取 25 个点
[xx,yy] = meshgrid(x,y);            % 生成网格采样点
zz = sqrt(xx.^2 + yy.^2);           % 生成矩阵 z
h = contour(xx,yy,zz,12);           % 以 12 个等高线层级绘制矩阵 z 的等高线图
clabel(h);                          % 写等高线的值
```

```
[dx,dy] = gradient(zz,.2,.2);           % 求梯度
hold on;                                 % 做下一幅图时保持原来图像
quiver(xx,yy,dx,dy);                     % 画矢量图箭头
axis equal;                              % 等比例显示
```

MATLAB 显示结果如图 1-18 所示。从中可以看出,等高线是一系列同心圆,梯度的方向与等高线互相垂直。这正客观反映了所给函数的等高线特征和梯度的特性。

以上通过几种方法展示了梯度的计算及其可视化。可以对比各种方法的异同和优缺点,从而更加深入体会 MATLAB 中各种函数的意义。

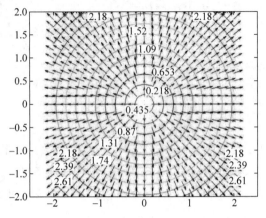

图 1-18　函数 $\sqrt{x^2+y^2}$ 的等高线和梯度矢量图

1.4　散度及其可视化

矢量场的散度反映的是矢量场有无"源"和"汇"。散度大于零,说明矢量场在此处有"源",矢量的力线从此处发出;反之,散度小于零,说明矢量场在此处有"汇",矢量的力线从外部流入该点;散度等于零,说明矢量的力线从该点穿过。MATLAB 可以计算矢量函数的散度并做可视化处理。

1.4.1　通量与散度

设 S 为一空间曲面,dS 为曲面 S 上的面元,取一个与此面元相垂直的单位矢量 e_n,则称矢量 d$S = e_n$dS 为面元矢量。e_n 的取法有两种情形:一是 dS 为开曲面 S 上一个面元,这个开曲面由一条闭合曲面 C 围成,选择闭合曲面 C 的绕行方向后,按照右手螺旋规则规定 e_n 的方向;另一种情形是 dS 为闭合曲面上的一个面元,则一般取 e_n 的方向为闭合曲面的外法线矢量。在矢量场 F 中,任取一面元矢量 dS,矢量 F 与面元矢量 dS 的标量积 $F \cdot$ dS 定义为矢量 F 穿过面元矢量 dS 的通量。将曲面 S 上无穷多个面元的通量 $F \cdot$ dS 相加,则得到矢量 F 穿过曲面 S 的通量,即

$$\psi = \oiint F \cdot \mathrm{d}S = \oiint F \cdot e_n \mathrm{d}S \tag{1-8}$$

在电场中,电位移矢量 D 在某一曲面 S 上的面积分就是矢量 D 通过该曲面的电通量,在磁场中,磁感应强度 B 在某一曲面 S 上的面积分就是矢量 B 通过该曲面的磁通量。

在矢量场 F 中的任一点 M 处做一个包围该点的任意闭合曲面 S,当 S 所限定的体积 ΔV 以任意方式趋于 0,则比值 $\dfrac{\oiint F \cdot \mathrm{d}S}{\Delta V}$ 的极限称为矢量场 F 在点 M 处的散度,并记作 div$F$,即 div$F = \lim\limits_{\Delta V \to 0} \dfrac{\oiint F \cdot \mathrm{d}S}{\Delta V}$,这种定义方式和坐标系无关。而直角坐标系下的散度定义式为 div$F = \nabla \cdot F = \dfrac{\partial F_x}{\partial x} + \dfrac{\partial F_y}{\partial y} + \dfrac{\partial F_z}{\partial z}$。可以证明,在极限存在的情况下,两种定义是等价的。因此也常直接用 $\nabla \cdot F$ 代表 F 的散度。由散度的定义可知,div$F$ 表示在某点处的单位体积内发散出来的矢量 F 的通量,所以 div$F$ 描

述了通量源的密度。举例来说,假设将太空中各个点的热辐射强度矢量看作一个矢量场,那么某个热辐射源(如太阳)周边的热辐射强度矢量都指向外,说明太阳是不断产生新的热辐射的源头,其散度大于零。从定义中还可以看出,散度是矢量场的一种强度性质,就如同密度、浓度、温度一样,它对应的广延性质是一个封闭区域表面的通量。

不同坐标系下矢量场的散度可以归纳表示如下。

1) 直角坐标系

$$\nabla \cdot \boldsymbol{F} = \left(\boldsymbol{e}_x \frac{\partial}{\partial x} + \boldsymbol{e}_y \frac{\partial}{\partial y} + \boldsymbol{e}_z \frac{\partial}{\partial z} \right) \cdot (F_x \boldsymbol{e}_x + F_y \boldsymbol{e}_y + F_z \boldsymbol{e}_z)$$

$$= \frac{\partial F_x}{\partial x} + \frac{\partial F_y}{\partial y} + \frac{\partial F_z}{\partial z} \tag{1-9}$$

2) 柱坐标系

$$\nabla \cdot \boldsymbol{F} = \frac{1}{\rho} \left[\frac{\partial}{\partial \rho}(\rho F_\rho) + \frac{\partial F_\varphi}{\partial \varphi} + \rho \frac{\partial F_z}{\partial z} \right] \tag{1-10}$$

3) 球坐标系

$$\nabla \cdot \boldsymbol{F} = \frac{1}{r^2 \sin\theta} \left[\sin\theta \frac{\partial}{\partial r}(r^2 F_r) + r \frac{\partial}{\partial \theta}(\sin\theta F_\theta) + r \frac{\partial F_\varphi}{\partial \varphi} \right] \tag{1-11}$$

由上述散度的物理含义,即"散度是单位体积的通量""散度表示通量体密度",则很容易得到场论中的一个非常重要的积分定理,即高斯定理

$$\int_V \nabla \cdot \boldsymbol{F} \, \mathrm{d}V = \oiint_S \boldsymbol{F} \cdot \mathrm{d}\boldsymbol{S} \tag{1-12}$$

可以用一句话来表示高斯定理,即通量等于散度的体积分。它表示矢量场沿任意闭合曲面的通量,都等于该矢量场的散度场在曲面所包围空间内的体积分。

1.4.2 MATLAB 中 divergence 函数简介

divergence 是计算矢量场相对于笛卡儿坐标的散度的函数,其基本格式如下:

1) div＝divergence(x,y,z,u,v,w)

该函数用于计算包含矢量分量 u、v 和 w 的三维矢量场的散度。数组 x、y 和 z 用于定义矢量分量 u、v 和 w 的坐标,它们必须是单调的,但无须间距均匀。x、y 和 z 必须具有相同数量的元素,像由 meshgrid 生成一样。

2) div＝divergence(x,y,u,v)

计算分量为 u、v 的二维矢量场的散度。x、y 是矢量场 u 和 v 所定义的格点坐标矩阵。

1.4.3 矢量场散度的可视化

矢量数据表示每个点的模和方向,最好通过流线图(流粒子、流带和流管)、圆锥图和箭头图显示。然而,大多数可视化绘图都综合使用多种方法,以便最好地展示数据的内容。下面的例子对矢量函数 $\boldsymbol{F} = [\cos(x+2*y), \sin(x-2*y)]$ 进行求散度的操作,并将结果作图显示出来。

```
syms x y z real                              % 定义符号变量
F = [cos(x + 2 * y),sin(x - 2 * y)];         % 定义函数 F
g = divergence(F,[x y])                      % 求函数 F 的散度,符号形式
divF = matlabFunction(g);                    % 将散度转换为函数形式
x = linspace( - 2.5,2.5,20);
[X,Y] = meshgrid(x,x);                       % 定义网格
Fx = cos(X + 2 * Y);                         % F 的 x 分量
Fy = sin(X - 2 * Y);                         % F 的 y 分量
div_num = divF(X,Y);                         % 散度的数值形式
pcolor(X,Y,div_num);                         % 绘制散度
shading interp;                              % 插值
colorbar;                                    % 绘制色条
hold on;                                     % 保持绘图模式打开
quiver(X,Y,Fx,Fy,'k','linewidth',1);         % 绘制箭头图
```

MATLAB 窗口显示的散度函数结果如下:

$$g = - 2 * \cos(x - 2 * y) - \sin(x + 2 * y)$$

它表示的是函数 **F** 的散度的符号表示形式。绘制的图像如图 1-19 所示。

上面的代码中,首先利用 MATLAB 下的符号工具箱函数,对函数 **F** 进行符号形式的散度计算,然后将得到的散度结果 g 显示在 MATLAB 窗口,并将其转换为函数形式。最后利用 pcolor 和 quiver 函数将二者绘制在一个图像里面。在本书的后续章节,还会较为详细地介绍符号工具箱的应用。从图 1-19 可知,散度大于零的地方,即图中的白色区域,箭头呈现发散的情形,表明在对应的区域有"源";散度小于零的地方,即图中黑色区域,箭头呈现汇聚状态,表明在该区域有"汇"。

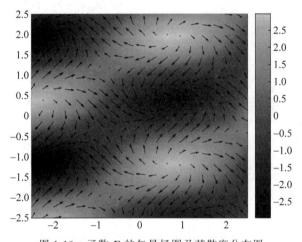

图 1-19 函数 **F** 的矢量场图及其散度分布图

1.5 旋度及其可视化

旋度也是反映矢量场特性的一个重要物理量。矢量场在某处的旋度反映矢量场在该点处是否有旋涡源。可以利用 MATLAB 计算矢量场的旋度,并利用相关函数将其可视化呈现出来。

1.5.1 环流与旋度

矢量场沿着场中的一条闭合路径 C 的积分 $\Gamma = \oint F \cdot dl$ 称为矢量场 **F** 沿着闭合路径 C 的环流。其中,dl 是路径上的线元矢量,其大小为 dl,方向沿路径 C 的切线方向。矢量场的环流与矢量场穿过闭合曲面的通量一样,都是描述矢量场性质的重要的量。例如,在电磁场中,根据安培环路定理可知,磁场强度 **H** 沿闭合路径 C 的环流就是通过以路径 C 为边界的曲面 S 的总电流。因此,如果矢量

场的环流不等于 0，则认为场中有产生该矢量的源。但这种源与通量源不同，它既不发出矢量线也不汇聚矢量线。也就是说，这种源所产生的矢量场的矢量线是闭合曲线，通常称为旋涡源。

从矢量分析的要求来看，希望知道在每一点附近的环流状态，为此，在矢量场 $\boldsymbol{F}$ 中的任一点 M 处做一面元 ΔS，取 $\boldsymbol{e}_n$ 为此面元的法向单位矢量。当面元 ΔS 保持以 $\boldsymbol{e}_n$ 为法线方向而向点 M 处无限缩小时，极限 $\lim\limits_{\Delta S \to 0} \dfrac{\oint \boldsymbol{F} \cdot \mathrm{d}\boldsymbol{l}}{\Delta S}$ 为矢量场 $\boldsymbol{F}$ 在点 M 处沿着方向 $\boldsymbol{e}_n$ 的环流面密度，记作 $\mathrm{rot}\boldsymbol{F} = \lim\limits_{\Delta S \to 0} \dfrac{\oint \boldsymbol{F} \cdot \mathrm{d}\boldsymbol{l}}{\Delta S}$。矢量场 $\boldsymbol{F}$ 在点 M 处的旋度是一个矢量，它的方向沿着使环流面密度取得最大值的面元法线方向，大小等于该环流量密度的最大值，即 $\mathrm{rot}\boldsymbol{F} = \boldsymbol{e}_n \lim\limits_{\Delta S \to 0} \dfrac{\oint \boldsymbol{F} \cdot \mathrm{d}\boldsymbol{l} \, |_{\max}}{\Delta S}$。式中，$\boldsymbol{e}_n$ 是环流面密度取得最大值的面元正法线单位矢量。

矢量场的旋度是用来描述场围绕中心旋转的程度的量，就是看某一个矢量绕中心转圈的部分是多少。而散度描述的是某一个矢量的发散程度，也就是远离中心或者指向中心的部分是多少。在同一点上，某一矢量的旋度和散度分别用切向分量（绕圈）和径向分量（发散）表示。从物理直观上看，取旋度是在取那些环绕的场线，而取散度则是在取那些发散开来的场线；从几何直观上看，刚好是环绕的场线和发散的场线。

在不同的坐标系下，旋度的表示如下。

1）直角坐标系

$$\nabla \times \boldsymbol{F} = \begin{vmatrix} \boldsymbol{e}_x & \boldsymbol{e}_y & \boldsymbol{e}_z \\ \dfrac{\partial}{\partial x} & \dfrac{\partial}{\partial y} & \dfrac{\partial}{\partial z} \\ F_x & F_y & F_z \end{vmatrix} = \left(\dfrac{\partial F_z}{\partial y} - \dfrac{\partial F_y}{\partial z} \right) \boldsymbol{e}_x + \left(\dfrac{\partial F_x}{\partial z} - \dfrac{\partial F_z}{\partial x} \right) \boldsymbol{e}_y + \left(\dfrac{\partial F_y}{\partial x} - \dfrac{\partial F_x}{\partial y} \right) \boldsymbol{e}_z$$

(1-13)

2）柱坐标系

$$\nabla \times \boldsymbol{F} = \begin{vmatrix} \dfrac{\boldsymbol{e}_r}{\rho} & \boldsymbol{e}_\varphi & \dfrac{\boldsymbol{e}_z}{\rho} \\ \dfrac{\partial}{\partial \rho} & \dfrac{\partial}{\partial \varphi} & \dfrac{\partial}{\partial z} \\ F_\rho & \rho F_\varphi & F_z \end{vmatrix}$$

$$= \dfrac{\boldsymbol{e}_\rho}{\rho} \left[\dfrac{\partial F_z}{\partial \varphi} - \rho \dfrac{\partial F_\varphi}{\partial z} \right] + \boldsymbol{e}_\varphi \left[\dfrac{\partial F_\rho}{\partial z} - \dfrac{\partial F_z}{\partial \rho} \right] + \dfrac{\boldsymbol{e}_z}{\rho} \left[\dfrac{\partial (\rho F_\varphi)}{\partial \rho} - \dfrac{\partial F_\rho}{\partial \varphi} \right]$$

(1-14)

3）球坐标系

$$\nabla \times \boldsymbol{F} = \begin{vmatrix} \dfrac{\boldsymbol{e}_r}{r^2 \sin\theta} & \dfrac{\boldsymbol{e}_\theta}{r \sin\theta} & \dfrac{\boldsymbol{e}_\varphi}{r} \\ \dfrac{\partial}{\partial r} & \dfrac{\partial}{\partial \theta} & \dfrac{\partial}{\partial \varphi} \\ F_r & r F_\theta & r \sin\theta F_\varphi \end{vmatrix} = \dfrac{\boldsymbol{e}_r}{r^2 \sin\theta} \left[r \dfrac{\partial (\sin\theta F_\varphi)}{\partial \theta} - r \dfrac{\partial F_\theta}{\partial \varphi} \right]$$

$$+ \dfrac{\boldsymbol{e}_\theta}{r \sin\theta} \left[\dfrac{\partial F_r}{\partial \varphi} - \sin\theta \dfrac{\partial (r F_\varphi)}{\partial r} \right] + \dfrac{\boldsymbol{e}_\varphi}{r} \left[\dfrac{\partial (r F_\theta)}{\partial r} - \dfrac{\partial F_r}{\partial \theta} \right]$$

(1-15)

与之前论述相似,可以从旋度的定义得到场论中的另外一个积分定理,即斯托克斯定理

$$\int_S (\nabla \times \boldsymbol{F}) \cdot \mathrm{d}\boldsymbol{S} = \oint_l \boldsymbol{F} \cdot \mathrm{d}\boldsymbol{l} \tag{1-16}$$

其中:$\boldsymbol{F}$ 是任一矢量场;l 是绕开曲面 $\boldsymbol{S}$ 边缘的闭合路径,且 l 的绕行方向与曲面 $\boldsymbol{S}$ 的外法线方向之间符合右手螺旋规则。

斯托克斯定理也可以用一句话来描述:环流等于旋度的通量。也就是说,矢量场 $\boldsymbol{F}$ 沿任一闭合回路的环流,等于该矢量场的旋度场在环路所支撑的曲面上的通量。

1.5.2　MATLAB 中 curl 函数简介

curl 是 MATLAB 中求矢量函数旋度的函数。其基本格式如下:

```
curl(V,X)
```

该函数用于求矢量场 $\boldsymbol{V}$ 关于矢量 $\boldsymbol{X}$ 的旋度,此处的 $\boldsymbol{V}$ 和 $\boldsymbol{X}$ 均为三维矢量。

下面的代码用于计算矢量场 $\boldsymbol{V}$ 关于矢量 $\boldsymbol{X}=(x,y,z)$ 的旋度。

```
syms x y z
V = [x^3 * y^2 * z,y^3 * z^2 * x,z^3 * x^2 * y];
X = [x y z];
curl(V,X)
```

MATLAB 显示结果如下:

```
ans =
x^2 * z^3 - 2 * x * y^3 * z
x^3 * y^2 - 2 * x * y * z^3
 - 2 * x^3 * y * z + y^3 * z^2
```

众所周知,对一个标量函数的梯度进行旋度计算,结果为 0。换句话说,标量函数的梯度场是无旋的。下面的代码就直接利用 MATLAB 验证上述结论的正确性。

```
syms x y z
f = x^2 + y^2 + z^2;
vars = [x y z];
curl(gradient(f,vars),vars)
```

MATLAB 显示结果如下:

```
ans =
 0
 0
 0
```

1.5.3　矢量场旋度的可视化

下面的代码中对矢量函数 $\boldsymbol{F}=[\cos(x+2*y),\sin(x-2*y)]$,求其旋度并作图。程序首先利用 MATLAB 下的符号工具箱函数,对函数 $\boldsymbol{F}$ 进行解析形式的旋度计算,然后将得到的旋度结果 $\boldsymbol{G}$ 转换为函数形式。最后,利用 pcolor 和 quiver 函数将二者绘制在一个图像里面。由于题目给出的是二维函数,因此其旋度只有 z 分量,其他两个分量为 0。在本书的后续章节还会较为详细地介绍符号

工具箱的应用。

```
syms x y z real                              % 定义符号变量
F = [cos(x + 2 * y),sin(x - 2 * y)];         % 定义函数 F
G = curl([F,0],[x y z])                      % 计算 F 的旋度,并赋予 G
curlF = matlabFunction(G(3));                % 将 G 的 z 分量赋予 curlF
x = linspace( - 2.5,2.5,20);
[X,Y] = meshgrid(x,x);                       % 定义网格
Fx = cos(X + 2 * Y);                         % 计算 F 的 x 分量
Fy = sin(X - 2 * Y);                         % 计算 F 的 y 分量
rot = curlF(X,Y);                            % 计算旋度的值
pcolor(X,Y,rot);                             % 绘制旋度
shading interp;                              % 颜色做插值
colorbar;                                    % 绘制色条
hold on;                                     % 保持模式打开
quiver(X,Y,Fx,Fy,'k','linewidth',1);         % 绘制箭头图,并设置颜色为黑色,线宽为 1
```

上述程序的运行结果如图 1-20 所示。从中可以看出,旋度大于 0 的地方,即图中的白色区域,箭头呈现逆时针旋转的情形;旋度小于 0 的地方,即图中黑色区域,箭头呈现顺时针旋转的状态。考虑到图中显示的是 z 方向的旋度(其他两个方向为 0),利用右手螺旋规则可以看出这个现象是正确的,真实反映了相关区域的旋涡源状态。与图 1-19 对比,大家能够更加清晰地了解散度和旋度的区别。

通过上述代码,还能够比较清楚地了解解析函数和数值函数的区别。代码中 curlF 是解析函数,而 rot 则是数值函数;正如 **F** 是解析函数,而 Fx、Fy 则是数值函数。

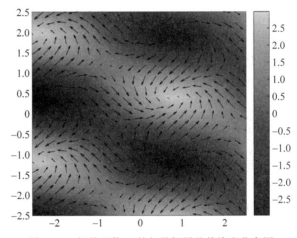

图 1-20 矢量函数 **F** 的矢量场图及其旋度分布图

1.6 拉普拉斯算子

拉普拉斯算子有很多用途,在物理中,常用于波动方程、热传导方程和亥姆霍兹方程的数学模型;在静电学中,拉普拉斯方程和泊松方程的应用随处可见;在数学中,经拉普拉斯算子运算为 0 的函数称为调和函数。拉普拉斯算子可以表示为

$$\nabla^2 \equiv \Delta \equiv \nabla \cdot \nabla \equiv \frac{\partial^2}{\partial x^2} + \frac{\partial^2}{\partial y^2} + \frac{\partial^2}{\partial z^2} \tag{1-17}$$

需要指出的是,在上式中,前三个算子表示与坐标系无关,最后一个算子给出的是直角坐标系下的表达形式,可以看作具体的二阶偏微分运算。在不同的坐标系下,拉普拉斯算子的运算是不同的,可以利用各个坐标系下坐标变量之间的关系和链式求导规则,得到不同坐标系下的运算形式。

1.6.1 标量场和矢量场的拉普拉斯运算

拉普拉斯算子可以作用在标量函数上,也可以作用在矢量函数上。下面分别给出标量函数和矢

量函数在不同坐标系下的拉普拉斯运算的表达形式。

1. 标量函数的拉普拉斯运算

如果将拉普拉斯算子作用到标量函数上,就得到标量函数的拉普拉斯运算,可以表示为

$$\nabla^2 f = \frac{\partial^2 f}{\partial x^2} + \frac{\partial^2 f}{\partial y^2} + \frac{\partial^2 f}{\partial z^2} \tag{1-18}$$

在柱坐标系和球坐标系下,该运算可以分别表示为

$$\nabla^2 f = \frac{1}{\rho}\left[\frac{\partial}{\partial \rho}\left(\rho\,\frac{\partial f}{\partial \rho}\right) + \frac{1}{\rho}\frac{\partial^2 f}{\partial \varphi^2} + \rho\,\frac{\partial^2 f}{\partial z^2}\right] \tag{1-19}$$

$$\nabla^2 f = \frac{1}{r^2 \sin\theta}\left[\sin\theta\,\frac{\partial}{\partial r}\left(r^2\,\frac{\partial f}{\partial r}\right) + \frac{\partial}{\partial \theta}\left(\sin\theta\,\frac{\partial f}{\partial \theta}\right) + \frac{1}{\sin\theta}\frac{\partial^2 f}{\partial \varphi^2}\right] \tag{1-20}$$

2. 矢量函数的拉普拉斯运算

矢量函数也可以进行拉普拉斯运算。在直角坐标系下,只要分别对矢量函数的各个直角分量进行拉普拉斯运算并求和即可,即

$$\nabla^2 \boldsymbol{A} = \boldsymbol{e}_x \nabla^2 A_x + \boldsymbol{e}_y \nabla^2 A_y + \boldsymbol{e}_z \nabla^2 A_z \tag{1-21}$$

在柱坐标系和球坐标系下,矢量函数的拉普拉斯运算不再那么简单。此时,一个矢量场的拉普拉斯算子的定义为

$$\nabla^2 \boldsymbol{F} = \nabla(\nabla \cdot \boldsymbol{F}) - \nabla \times (\nabla \times \boldsymbol{F}) \tag{1-22}$$

通过计算该矢量场相关的梯度、散度和旋度,即可求得该矢量的拉普拉斯运算结果。由于前面已经给出了各种坐标系下的散度、旋度的表达式,因此式(1-22)是可以计算的。

下面的 MATLAB 代码对矢量函数 $\boldsymbol{V}$ 进行矢量的拉普拉斯运算,并显示最终的结果。

```
syms x y z
V = [x^2 * y,y^2 * z,z^2 * x];
vars = [x y z];
gradient(divergence(V,vars)) - curl(curl(V,vars),vars)
```

MATLAB 显示结果如下:

```
ans =
 2 * y
 2 * z
 2 * x
```

1.6.2　MATLAB 中 del2 函数简介

MATLAB 中 del2 是离散拉普拉斯算子,它利用差分运算得到微分运算的近似值。其基本格式如下:

1) L=del2(U)

该函数返回标量函数 U 的拉普拉斯微分运算的离散逼近,所有点之间的离散化间距取默认值,即 $h=1$。

2) L=del2(U,h)

同样地,函数返回标量场 U 的拉普拉斯运算的近似值。所有维度上的点指定了一个均匀的标量

间距 h 。

3）L＝del2(U,hx,hy,$\cdots$,hN)

与前面类似,指定 hx,hy,$\cdots$,hN 为 U 的每个维度上的点之间的间距。

需要注意的是

$$L_{i,j} = \frac{1}{4}(U_{i,j+1} + U_{i+1,j} + U_{i-1,j} + U_{i,j-1}) - U_{i,j} \tag{1-23}$$

因此,根据有限差分的理论,del2 得到的是拉普拉斯运算的 1/4 的近似值,而不是运算本身。可以结合第 11 章有限差分法做更深层次的理解。

1.6.3　拉普拉斯矩阵的可视化

下面的 MATLAB 代码用于计算一个余弦函数的一维拉普拉斯矩阵。

```
x = linspace( - 2 * pi,2 * pi);          % 定义 x 矢量
U = cos(x);                              % 计算 cos(x)
L = 4 * del2(U,x);                       % 计算 U 的拉普拉斯,注意系数 4
plot(x,U,x,L,' -- ')                     % 画出 U 和 U 的拉普拉斯曲线
legend('U(x)','L(x)','Location','Best')  % 给出图例
```

MATLAB 运行结果如图 1-21 所示。从中明显可以看出,$\cos x$ 进行拉普拉斯运算后,得到的结果与其本身反相,即 $\Delta \cos x = -\cos x$ 。这显然是正确的。

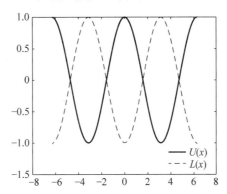

图 1-21　余弦函数的离散拉普拉斯方程

对于多元函数来讲,也可以计算其对应的拉普拉斯运算的结果。下面的代码就用于计算并绘制二元函数的离散拉普拉斯运算结果。

```
[x,y] = meshgrid( - 5:0.25:5, - 5:0.25:5);   % 定义函数在 x、y 方向的区域
U = 1/3. * (x.^4 + y.^4);                    % 定义函数 U
h = 0.25;                  % U 中各点的间距在所有方向上都相等,所以可以指定一个间距 h
L = 4 * del2(U,h);         % 计算 U 的拉普拉斯变换
figure;
surf(x,y,L);
grid on;
title('Plot of $ \Delta U(x,y) = 4x^ 2 + 4y^2 $ ','Interpreter','latex')
xlabel('x');
ylabel('y');
zlabel('z');
view(35,14);
```

MATLAB 运行结果如图 1-22 所示。

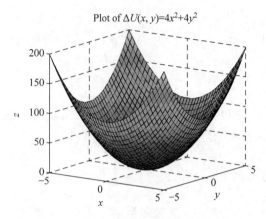

图 1-22　多元函数的离散拉普拉斯运算

1.7　小结

　　电磁场与微波技术的数学基础就是场论,主要涉及标量场(标量函数)、矢量场(矢量函数)的概念以及它们的性质,如标量场的梯度、矢量场的散度和旋度,以及它们的拉普拉斯运算等。本章从数学的角度出发,基于 MATLAB 环境,介绍了标量函数、矢量函数的可视化表示方法,以及针对标量函数和矢量函数的梯度、散度、旋度和拉普拉斯运算。本章的内容为后续章节的开展打下了重要基础。

第2章 利用MATLAB绘制电磁场中的线和面

　　无论是电场还是磁场,都属于矢量场的范畴,因此都可以用力线的形式来直观表示,这就是平常所说的电力线和磁力线。而对于静电场来讲,由于其具有无旋的性质,因此也属于保守场或有势场,可以用电势函数来计算场分布。电势函数是空间的标量函数,可以用等势面(三维情形)或者等势线(二维)来直观地表示。本章就详细介绍电磁场中线和面的 MATLAB 绘制方法。

2.1　电力线和磁力线的概念

　　为了形象直观地描述空间中的矢量场,人们引入了力线的概念。对于经过空间中任意一点的力线,其切线方向就是这一点的矢量所对应的方向。一般来讲,过空间中的任意一点只有一条力线(源或者汇除外)。力线的概念对于理解矢量场的特性有很大的帮助作用。例如,如果力线都从空间某一点发出,则这一点一定是矢量的源头,它所对应的散度为正;反之,力线汇聚的地方一定对应于矢量的汇,其散度在该点为负值;无源、无汇的地方,力线从该点经过,且矢量场对应于该点的散度为 0。同样的道理,如果力线首尾相连成闭合曲线,则其环流一定不为 0,该矢量场应该是有旋场。

　　如图 2-1 所示对应的四点中,前三个点矢量场的散度分别是大于、等于、小于0;第四个点附近对应的旋度不为 0。由此可见,如果能够精确绘制并仔细观察电场或者磁场的力线形式,就可以定性地了解电场或者磁场的性质,这对于初学者尤为重要。

图 2-1　空间中经过(环绕)某一点的力线的形式

2.1.1　电力线和磁力线

　　静电荷在空间某一点所产生的电场强度是一个矢量,既有大小,又有方向,且在空间有一定的分布(处处是箭头)。因此,电场强度是一个典型的矢量场,可以用电力线形象、直观地表示。过空间任意一点的电力线切线方向就是该点的电场强度所对应的箭头方向。通过电力线分布,就可以直观地知道电场强度的特点。图 2-2 所示是几种简单带电体的电力线图。由图 2-2 可见,电力线总是从正电荷发出(或来自无穷远处),终止于负电荷(或无穷远处)。因此,电场强度场是有源(汇)的;正(负)电荷就是源(汇)。但不管电力线形状如何复杂,没有一条电力线是封闭曲线(保持方向一致),所以说电场强度是无旋的。由图 2-2 中还可以看见,点电荷的电场的图像很像蒲公英的种子球,而无限长均匀直线电荷的电场的图像则类似刷试管的试管刷。

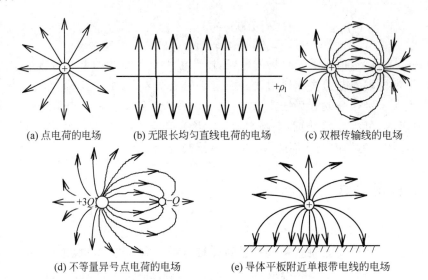

(a) 点电荷的电场　　　(b) 无限长均匀直线电荷的电场　　　(c) 双根传输线的电场

(d) 不等量异号点电荷的电场　　　(e) 导体平板附近单根带电线的电场

图 2-2　几种简单带电体的电力线图

从电力线的图像特点可知,静电场是"有源(散)无旋"场,用数学语言表示为

$$\nabla \cdot \boldsymbol{E} = \frac{\rho}{\varepsilon_0} \tag{2-1}$$

$$\nabla \times \boldsymbol{E} = 0 \tag{2-2}$$

利用矢量分析中的高斯定理和斯托克斯定理,上面两个微分表达式还可以用等价的积分表达式表示,即

$$\oint_S \boldsymbol{E} \cdot \mathrm{d}\boldsymbol{S} = \int_V \nabla \cdot \boldsymbol{E} \, \mathrm{d}V = \frac{1}{\varepsilon_0} \int_V \rho \mathrm{d}V = \frac{Q}{\varepsilon_0} \tag{2-3}$$

$$\oint_l \boldsymbol{E} \cdot \mathrm{d}\boldsymbol{l} = \int_S (\nabla \times \boldsymbol{E}) \cdot \mathrm{d}\boldsymbol{S} = 0 \tag{2-4}$$

　　实际应用中,当然也可以绘制电位移矢量 $\boldsymbol{D}$ 所对应的力线,即电位移线,在此不做赘述。

　　类似的道理,稳恒电流所产生的静磁场也是一个矢量场,同样可以用磁力线来表示。具体应用时,可以用磁场强度($\boldsymbol{H}$)或者磁感应强度(磁通密度,$\boldsymbol{B}$)表示。图 2-3 给出了几种简单电流分布所对应的磁力线的形式。

　　从图 2-3 中可以明显看出,磁感应线均围绕电流呈闭合曲线(有些在无穷远处封闭);对于磁力线,无法找到它从哪里发出,又终止到哪里,而这正反映了磁场的"有旋无散"的性质,即

$$\nabla \times \boldsymbol{B} = \mu_0 \boldsymbol{J} \tag{2-5}$$

$$\nabla \cdot \boldsymbol{B} = 0 \tag{2-6}$$

或者用等价的积分表达形式表示为

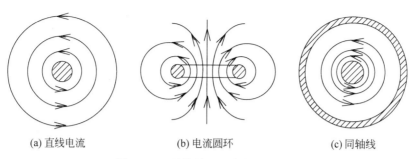

(a) 直线电流　　　　　　(b) 电流圆环　　　　　　(c) 同轴线

图 2-3　几种简单电流分布的磁力线

$$\oint_l \boldsymbol{B} \cdot \mathrm{d}\boldsymbol{l} = \mu_0 I \tag{2-7}$$

$$\oint_S \boldsymbol{B} \cdot \mathrm{d}\boldsymbol{S} = 0 \tag{2-8}$$

事实上,磁感应线无始无终的特点恰恰反映了自然界中不存在"磁单极子"的特性。

2.1.2　标量电势函数和等势面(线)

如前所述,静电场的特点是"有散无旋"。根据矢量分析的理论,关于静电场有如下几个等价的结论。

(1) 静电场是无旋的。

(2) $\nabla \times \boldsymbol{E} = 0$。

(3) 电场强度的环路积分为 $0\left(\oint_l \boldsymbol{E} \cdot \mathrm{d}\boldsymbol{l} = 0 \right)$。

(4) 电场强度的曲线积分与路径无关$\left(\int_G^P \boldsymbol{E} \cdot \mathrm{d}\boldsymbol{l} = f(G,P) \right)$。

(5) 势函数存在,即 $\boldsymbol{E} = -\nabla \phi$。

(6) 静电场是有势场(保守场、无旋场)。

也就是说,(1)⇔(2)⇔(3)⇔(4)⇔(5)⇔(6)。

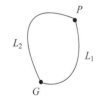

图 2-4　连接 GP 的任意两条曲线

在静电场中任意选择两点 G 和 P。连接 GP 的曲线应该有无数条,从中任意选择两条,如图 2-4 所示。则根据上述结论(3),即

$$\oint_l \boldsymbol{E} \cdot \mathrm{d}\boldsymbol{l} = \int_{L_1:G \to P} \boldsymbol{E} \cdot \mathrm{d}\boldsymbol{l} + \int_{L_2:P \to G} \boldsymbol{E} \cdot \mathrm{d}\boldsymbol{l} = 0$$

于是

$$\int_{L_1:G \to P} \boldsymbol{E} \cdot \mathrm{d}\boldsymbol{l} = -\int_{L_2:P \to G} \boldsymbol{E} \cdot \mathrm{d}\boldsymbol{l} = \int_{L_2:G \to P} \boldsymbol{E} \cdot \mathrm{d}\boldsymbol{l} = C$$

可见,电场强度沿任意闭合环路的积分值为 0,说明电场强度沿开放曲线的积分与路径无关,而只与积分的起点和终点有关。这就是上述第四个等价关系。因此,如果在静电场中选择任意一点 G,将其固定下来并作为参考点(也称为零电势点、地或者电势参考点),则对于空间任意一点 P,都可以定义一个标量函数,该标量函数的函数值只与 P 点的位置有关,是数学上的标量点函数,也就是所讲的标量场,在这里就是电势场。电势满足

$$\phi_P = \int_P^G \boldsymbol{E} \cdot \mathrm{d}\boldsymbol{l} \tag{2-9}$$

注意,由于历史的原因,往往定义从 P 到 G 的积分为电势函数的值(这正是 $\boldsymbol{E}=-\nabla\phi$ 中负号存在的直接结果)。电势函数是一个标量函数,所以,在三维空间,可以将电势相同的点连接起来,从而构成一个等势面,即

$$\phi(x,y,z)=C \tag{2-10}$$

这就是等势面的方程。

如果考虑二维情形,即 $z=0$,则上述等势面退化为等势线,满足

$$\phi(x,y,0)=C \tag{2-11}$$

从电势的定义很容易得到

$$\boldsymbol{E}=-\nabla\phi \tag{2-12}$$

由矢量分析的知识并结合式(2-12)可知,电场强度的方向一定垂直于等势面,且从电势较高的地方指向电势较低的方向。

2.1.3　电力线和磁力线方程

下面推导电力线方程,因磁力线方程与此完全类似,不再赘述。设想空间过某点有一条电力线,过这一点截取电力线的一个线元矢量 $\mathrm{d}\boldsymbol{l}$,由于该矢量的方向与此处电场强度的方向相同,则有

$$\mathrm{d}\boldsymbol{l}=k\boldsymbol{E}$$

其中:k 为比例系数。

在直角坐标系下,有

$$\mathrm{d}\boldsymbol{l}=\sum_i \mathrm{d}l_i \boldsymbol{e}_i = \mathrm{d}x\boldsymbol{e}_x + \mathrm{d}y\boldsymbol{e}_y + \mathrm{d}z\boldsymbol{e}_z$$

$$\boldsymbol{E}=E_x\boldsymbol{e}_x + E_y\boldsymbol{e}_y + E_z\boldsymbol{e}_z$$

考虑到两个矢量对应的分量相同,因此消去 k 后,可得电力线的微分方程为

$$\frac{\mathrm{d}x}{E_x}=\frac{\mathrm{d}y}{E_y}=\frac{\mathrm{d}z}{E_z} \tag{2-13}$$

在实际应用中,可以采用含参量形式的电力线方程。此时,可以取

$$\frac{\mathrm{d}x}{E_x}=\frac{\mathrm{d}y}{E_y}=\frac{\mathrm{d}z}{E_z}=\mathrm{d}t$$

于是,可以得到如下三个常微分方程:

$$\frac{\mathrm{d}x}{\mathrm{d}t}=E_x, \quad \frac{\mathrm{d}y}{\mathrm{d}t}=E_y, \quad \frac{\mathrm{d}z}{\mathrm{d}t}=E_z \tag{2-14}$$

因为电场强度的分布是已知的,所以对上述常微分方程组联立求解,并给定初始坐标 $x(t=0),y(t=0)$,$z(t=0)$,可得到空间坐标的含参形式,即 $x(t),y(t),z(t)$。绘制不同时刻的空间坐标,通过描点法即可获得相应的电力线图像。对于简单的电场强度表达式,式(2-14)可以得到解析形式;当电场分布复杂时,可以采用数值求解的方法,得到对应的力线分布,如采用 MATLAB 下的 ode45 系列函数等。

2.2　基于 quiver 函数的力线绘制方法

MATLAB 下可以采用多种方式绘制电力线,基于 quiver 函数的方法最为简单、直接,它也经常作为其他力线绘制方法的基础。因此,首先介绍 quiver 函数的力线绘制方式。

2.2.1 MATLAB中quiver函数简介

MATLAB中quiver函数可用来画二维箭头图。其基本格式如下：

```
quiver(X,Y,U,V)
```

实际上，quiver函数首先在坐标系内绘制一个二维的格点图，其对应的坐标为X和Y，然后根据函数给出的矢量的两个分量U和V，在每个格点位置绘制箭头。如此得到的箭头方向就是该点的矢量方向，箭头的长度就是矢量的大小。通过"处处绘制箭头"就得到了二维的矢量场。二维矩阵 $\boldsymbol{X}$、$\boldsymbol{Y}$、$\boldsymbol{U}$、$\boldsymbol{V}$ 具有一一对应的关系，因此它们的尺寸是相同的。

quiver函数一般配合meshgrid函数使用。其中，meshgrid用于产生"格点"对应的坐标矩阵。例如，有一个均匀的矢量场，其在空间任意一点的分量形式可以表示为$(1,1)$，即矢量大小为$\sqrt{2}$，方向为第1、4象限的对角线方向，则绘制该箭头图的可执行的代码如下：

```
[X,Y] = meshgrid( -2:.2:2);
% 以横、纵方向绘制直角坐标系下的网格,x、y两个方向都从 -2 取到2,步长为 0.2
% 横、纵坐标都存储在 X 和 Y 两个矩阵中
U = ones(size(X));
% 定义矢量的 x 分量,每个格点处大小为1;U 的大小与 X 矩阵大小一致,矩阵元素均为1
V = ones(size(Y));
% 定义矢量的 y 分量,每个格点处大小为1;V 的大小与 Y 矩阵大小一致,矩阵元素均为1
quiver(X,Y,U,V);
% 绘制每个格点位置处的矢量,于是得到"箭头"
```

运行结果如图2-5所示。

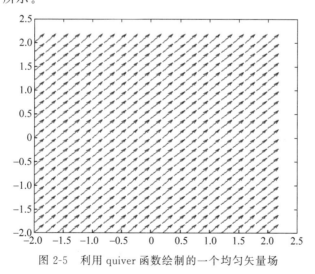

图 2-5　利用 quiver 函数绘制的一个均匀矢量场

在具体应用中，如果给出了电场强度的分布公式，就可以用quiver函数绘制电力线。

2.2.2 使用quiver函数绘制电力线

1. 解析法绘制点电荷对的电力线

以两点电荷系统为例，场点 $P(x,y)$ 的电势可表示为(如果仅仅为了绘制电力线，可以不考虑系

数 $q_1/4\pi\varepsilon$)

$$\phi = \frac{1}{\sqrt{(x+a)^2+y^2}} + \frac{Q^*}{\sqrt{(x-a)^2+y^2}} \tag{2-15}$$

其中,两个点电荷分别位于$(-a,0),(a,0),Q^*=q_2/q_1$,则由 $\mathbf{E}=-\nabla\phi$ 得到的场强 $\mathbf{E}$ 在 xOy 平面只有两个分量,即

$$E_x = -\partial\phi/\partial x, \quad E_y = -\partial\phi/\partial y \tag{2-16}$$

将式(2-15)代入式(2-16),得

$$\left. \begin{aligned} E_x &= \frac{x+a}{[(x+a)^2+y^2]^{3/2}} + Q^* \frac{x-a}{[(x-a)^2+y^2]^{3/2}} \\ E_y &= \frac{y}{[(x+a)^2+y^2]^{3/2}} + Q^* \frac{y}{[(x-a)^2+y^2]^{3/2}} \end{aligned} \right\} \tag{2-17}$$

当然,直接利用点电荷所产生的电场强度公式,并利用叠加原理,也可以得到上式的结果。

下面的程序中,设置 $a=\sqrt{2}$,两点电荷等量异号,并利用 quiver 函数绘制电力线。具体代码如下:

```
x = ( - 1:.125:1);
y = ( - 1:.125:1);
[X,Y] = meshgrid(x,y);                          % 设置网格区域
EX = (X - sqrt(2))./(Y.^2 + (X - sqrt(2)).^2).^(3/2) - (X + sqrt(2))./(Y.^2 + (X + sqrt(2)).^2).^(3/2);
                                                % 电场强度 x 分量
EY = (Y)./(Y.^2 + (X - sqrt(2)).^2).^(3/2) - (Y)./(Y.^2 + (X + sqrt(2)).^2).^(3/2);
                                                % 电场强度 y 分量
quiver(X,Y,EX,EY);                              % 绘制电力线
axis([ - 1 1 - 1 1]);                           % 设置显示范围
```

MATLAB 的显示结果如图 2-6 所示。由图 2-6 可见,quiver 函数绘制的力线图很像在磁场中通过实验绘制磁力线的形式。众所周知,可以在磁场中放置一张硬纸片,然后在纸上均匀地撒一些铁屑,轻轻地敲击纸片边沿,就可以看到铁屑会在磁场中磁化,每个铁屑都成了一个小指南针,它们在外磁场中受力偏转,而偏转方向正好就是当地的磁力线方向。于是,所有铁屑的分布就是硬纸片上的磁力线分布。利用 quiver 函数绘制力线,无须考虑力线的起始和终止位置,改变格点的疏密可以调整箭头的疏密,就像做实验绘制力线一样。其缺点是力线不连续,美观性较差。因此,往往采用这种方法作为绘制电力线的基础,先观察力线的大致分布,然后再采用其他的方法,如后面要讲到的 streamline 等更加精细地描绘力线。

2. 数值法绘制点电荷对的电力线

既然已知电势函数的分布,因此,也可以利用数值法计算梯度得到电场强度,然后再利用 quiver 函数绘制电力线。与前面的解析法相比,编制程序时仅仅需要电势函数,所以更加简洁。程序如下所示。为了与上面的图片有差异,程序中还特地绘制了相应的 10 条等势线(具体方法参见后面章节)。

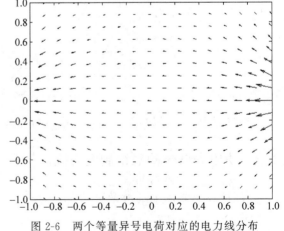

图 2-6　两个等量异号电荷对应的电力线分布

```
x = ( - 1:.125:1);
y = ( - 1:.125:1);
[X,Y] = meshgrid(x,y);            % 创建网格
Phi = (1./sqrt(Y.^2 + (X - sqrt(2)).^2) - 1./sqrt(Y.^2 + (X + sqrt(2)).^2));
                                  % 电势函数的表达式
[DX,DY] = gradient( - Phi);        % 数值计算电势的负梯度,即电场强度,并存储在 DX、DY 中
contour(X,Y,Phi,10);              % 绘制等势线,一共 10 条
hold on;                          % 告诉 MATLAB 使用叠加绘图模式,不要覆盖前面的图像
quiver(X,Y,DX,DY);               % 绘制电力线,并与前面的等势线叠加在一幅图中
axis([ - 1 1 - 1 1]);            % 设置显示范围 x、y 都是从 - 1 到 1
```

运行结果如图 2-7 所示。

3. 无限长带电直导线的电力线和等势线分布

对于无限长的带电直导线,其对应的电势分布为

$$\phi = -\frac{\rho_l}{2\pi\varepsilon_0}\ln r + c = -\frac{\rho_l}{4\pi\varepsilon_0}\ln(x^2 + y^2) + c \tag{2-18}$$

其中:ρ_l 是线电荷密度;c 是与电势参考点相关的常数。

不妨设置 $c=0$,且忽略系数 $\rho_l/4\pi\varepsilon_0$(该系数不影响电力线的形状和分布),则可以用如下程序绘制得到相应的电力线和等势线分布。

```
[X,Y] = meshgrid( - 3:.4:3, - 3:.4:3);    % 设置绘制区域的网格
phi = - log(X.^2 + Y.^2);               % 给出电势的表达式,忽略系数
[EX,EY] = gradient( - phi,.4,.4);        % 利用数值法求电势的负梯度,得到电场强度
contour(X,Y,phi);                        % 绘制等势线
hold on                                  % 叠加绘图模式,后面绘制的图与前面的图叠加
quiver(X,Y,EX,EY);                       % 在网格中绘制电力线
axis image;                              % x、y 方向等比例显示,不做拉伸、压缩处理
```

运行结果如图 2-8 所示。

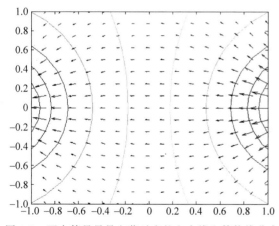

图 2-7　两个等量异号电荷对应的电力线和等势线分布

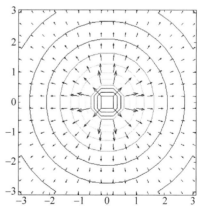

图 2-8　无限长带电直导线周围的电力线和等势线分布

2.2.3　矩形波导中的电力线绘制

1. 矩形波导中的模式及场分布

矩形波导是横截面为矩形的空心金属波导管,如图 2-9 所示。在其横截面上,波导长度为 a,高

度为 b。设波导中填充材料的介电常数为 ε,磁导率为 μ,波导用良导体制成,通常可视为理想导体($\sigma = \infty$)。

矩形波导中传输的电磁波可以分为两种模式,即 TE 模式和 TM 模式。当波导中传播 TM 电磁波时,磁场分量位于垂直于电磁波传播方向的横截面内,即 $H_z = 0$,也称为 E 波;当波导中传播 TE 电磁波时,电场分量位于垂直于电磁波传播方向的横截面内,即 $E_z = 0$,也称为 H 波。利用纵向场法,可以得到如下的场分布。

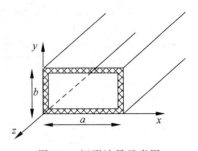

图 2-9　矩形波导示意图

对于 TM 模式,有

$$E_z = E_0 \sin\frac{m\pi}{a}x \sin\frac{n\pi}{b}y\, e^{j\omega t - \gamma z} \tag{2-19}$$

$$\left.\begin{array}{l} \boldsymbol{E}_T = -\dfrac{\gamma}{k_c^2}\nabla_T E_z \\[3mm] \boldsymbol{H}_T = \dfrac{j\omega\varepsilon}{\gamma}\boldsymbol{e}_z \times \boldsymbol{E}_T = \dfrac{1}{Z_E}\boldsymbol{e}_z \times \boldsymbol{E}_T \end{array}\right\} \tag{2-20}$$

其中:$\nabla_T = \dfrac{\partial}{\partial x}\boldsymbol{e}_x + \dfrac{\partial}{\partial y}\boldsymbol{e}_y$,表示二维(横向)梯度运算,$Z_E$ 为波阻抗。

由此可以看出,当纵向场分量 E_z 已知时,电磁场的各个分量都可以得到。这就是纵向场名字的由来。利用式(2-19)和式(2-20),可以得到 TM 模式的各个场分量分布为

$$\left.\begin{array}{l} E_x = -\dfrac{\gamma}{k_c^2}\dfrac{m\pi}{a}E_0 \cos\dfrac{m\pi}{a}x \sin\dfrac{n\pi}{b}y\, e^{j\omega t - \gamma z} \\[3mm] E_y = -\dfrac{\gamma}{k_c^2}\dfrac{n\pi}{b}E_0 \sin\dfrac{m\pi}{a}x \cos\dfrac{n\pi}{b}y\, e^{j\omega t - \gamma z} \\[3mm] H_x = \dfrac{j\omega\varepsilon}{k_c^2}\dfrac{n\pi}{b}E_0 \sin\dfrac{m\pi}{a}x \cos\dfrac{n\pi}{b}y\, e^{j\omega t - \gamma z} \\[3mm] H_y = -\dfrac{j\omega\varepsilon}{k_c^2}\dfrac{m\pi}{a}E_0 \cos\dfrac{m\pi}{a}x \sin\dfrac{n\pi}{b}y\, e^{j\omega t - \gamma z} \end{array}\right\} \tag{2-21}$$

其中:$k_c^2 = k^2 + \gamma^2$,γ 为电磁波沿 z 方向的传输常数;$k = \omega\sqrt{\varepsilon\mu}$,为波数。

同样的道理,对于 TE 模式,相应的纵向场公式为

$$H_z = H_0 \cos\frac{m\pi}{a}x \cos\frac{n\pi}{b}y\, e^{j\omega t - \gamma z} \tag{2-22}$$

$$\left.\begin{array}{l} \boldsymbol{H}_T = -\dfrac{\gamma}{k_c^2}\nabla_T H_z \\[3mm] \boldsymbol{E}_T = -\dfrac{j\omega\mu}{\gamma}\boldsymbol{e}_z \times \boldsymbol{H}_T = -Z_H \boldsymbol{e}_z \times \boldsymbol{H}_T \end{array}\right\} \tag{2-23}$$

2. 绘制矩形波导端面的电力线和磁力线

当给出了各个模式的电场和磁场分布之后,便可以利用 quiver 函数绘制电力线和磁力线。这里,考虑端面也就是 $z = 0$ 处的力线分布。此时,无须考虑纵向场的分布,而只需考虑横向电磁场的分布情况。为简化编程,仍旧将各个场量的公共系数设置为 1。

1）TM 模式矩形波导的电力线

参照式（2-21），设置 $t=0$，$z=0$，且考虑 $\gamma/k_c^2=1$，下面给出绘制电力线的实例。程序代码如下：

```
a = 2;                                              % 矩形波导的横截面宽度
b = 1;                                              % 矩形波导的横截面高度
E0 = 1;                                             % 电场幅度为1
m = 2;n = 2;                                        % 电磁波的模式为 TM22
[X,Y] = meshgrid(0:0.1:2,0:0.1:1);                 % 设置波导横截面的网格
Ex = - m * pi/a * E0 * cos(m * pi/a * X). * sin(n * pi/b * Y);    % 电场的 x 分量
Ey = - n * pi/b * E0 * sin(m * pi/a * X). * cos(n * pi/b * Y);    % 电场的 y 分量
quiver(X,Y,Ex,Ey);                 % 绘制电力线
hold on;                           % 告诉 MATLAB 使用叠加绘图模式,而不是覆盖模式
plot(0:0.1:2,zeros(1,21),'r','LineWidth',4);       % 以下用于绘制波导截面形状,先绘制底边
plot(0:0.1:2,b * ones(1,21),'r','LineWidth',4);    % 绘制上面的边
plot(zeros(1,11),0:0.1:1,'r','LineWidth',4);       % 绘制左边
plot(a * ones(1,11),0:0.1:1,'r','LineWidth',4);    % 绘制右边
axis image;                        % 等比例显示 x 轴和 y 轴,不压缩或者拉伸
```

为了便于观察，程序中还绘制了矩形的端面形状，可以根据个人需要进行取舍。图 2-10 给出了最终的结果。

2）TM 模式矩形波导的磁力线

参照式（2-21），设置 $t=0$，$z=0$，且考虑 $\mathrm{j}\omega\varepsilon/k_c^2=1$，下面给出绘制磁力线的实例。程序代码如下：

```
a = 2;                                              % 矩形波导的横截面宽度
b = 1;                                              % 矩形波导的横截面高度
E0 = 1;                                             % 电场幅度为1
m = 2;n = 2;                                        % 电磁波的模式为 TM22
[X,Y] = meshgrid(0:0.1:2,0:0.1:1);                 % 设置波导横截面的网格
Hx = n * pi/b * E0 * sin(m * pi/a * X). * cos(n * pi/b * Y);     % 磁场 x 分量
Hy = - m * pi/a * E0 * cos(m * pi/a * X). * sin(n * pi/b * Y);   % 磁场 y 分量
quiver(X,Y,Hx,Hy);                 % 绘制磁力线
hold on;                           % 打开叠加绘图模式
plot(0:0.1:2,zeros(1,21),'r','LineWidth',4);       % 以下用于绘制波导截面形状,先绘制底边
plot(0:0.1:2,b * ones(1,21),'r','LineWidth',4);    % 绘制上面的边
plot(zeros(1,11),0:0.1:1,'r','LineWidth',4);       % 绘制左边
plot(a * ones(1,11),0:0.1:1,'r','LineWidth',4);    % 绘制右边
axis image;                        % 等比例显示 x 轴和 y 轴,不压缩或者拉伸
```

图 2-11 给出了 TM_{22} 模式的磁力线分布图。结合上面两图的力线形状，还可以更直观地理解下标中 $m=2$，$n=2$ 的确切含义。

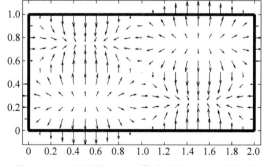

图 2-10　矩形波导 TM_{22} 模式对应的电力线分布

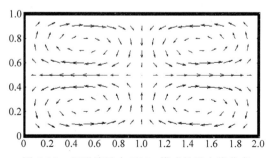

图 2-11　矩形波导中 TM_{22} 模式的磁力线分布

3）TE 模式矩形波导的电力线

下面的程序利用数值法计算得到横向电场分布,并绘制电力线。

```
a = 2;                                              % 矩形波导的横截面宽度
b = 1;                                              % 矩形波导的横截面高度
H0 = 1;                                             % 磁场幅度为 1
m = 2;n = 2;                                        % 电磁波的模式为 TE₂₂
[X,Y] = meshgrid(0:0.1:2,0:0.1:1);                 % 设置波导横截面的网格
Hz = H0 * cos(m * pi/a * X). * cos(n * pi/b * Y);  % 纵向磁场的表达式
[Hx,Hy] = gradient(Hz,0.1,0.1);                     % 求梯度得到横向磁场
Hx = - Hx;Hy = - Hy;                % 考虑系数中的负号,各分量取反
Ex = Hy;                            % 考虑横向磁场与纵向场单位矢量叉乘,得到电场
Ey = - Hx;
quiver(X,Y,Ex,Ey);                  % 绘制电力线
hold on;                            % 打开叠加绘图模式
plot(0:0.1:2,zeros(1,21),'r','LineWidth',4);        % 以下用于绘制波导截面形状,先绘制底边
plot(0:0.1:2,b * ones(1,21),'r','LineWidth',4);     % 绘制上面的边
plot(zeros(1,11),0:0.1:1,'r','LineWidth',4);        % 绘制左边
plot(a * ones(1,11),0:0.1:1,'r','LineWidth',4);     % 绘制右边
axis image;                                         % 等比例显示 x 轴和 y 轴,不压缩或者拉伸
```

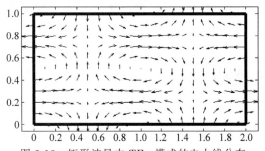

图 2-12　矩形波导中 TE₂₂ 模式的电力线分布

程序的运行结果如图 2-12 所示。

4）TE 模式矩形波导的磁力线

参照式(2-23)可以看出,如果给出的是纵向磁场,那么对它求梯度,并忽略公共系数,就可以直接得到横向磁场的分布。就像利用电势求梯度得到电场强度然后再绘制电力线的方法一样。基于这个考虑,参考式(2-22)和式(2-23),设置 $t=0,z=0$,就可以得到 TE 模式下的横截面磁力线分布。在此基础上,还可以得到横向电场的分布。上面绘制 TE 模式的电力线就是这种形式。下面的程序给出磁力线绘制方法。

```
a = 2;                                              % 矩形波导的横截面宽度
b = 1;                                              % 矩形波导的横截面高度
H0 = 1;                                             % 磁场幅度为 1
m = 2;n = 2;                                        % 电磁波的模式为 TE₂₂
[X,Y] = meshgrid(0:0.1:2,0:0.1:1);                 % 设置波导横截面的网格
Hz = H0 * cos(m * pi/a * X). * cos(n * pi/b * Y);  % 纵向磁场分量的表达式
[Hx,Hy] = gradient(Hz,0.1,0.1);                     % 求梯度得到横向磁场
Hx = - Hx;Hy = - Hy;                % 考虑系数中的负号,可以省略
quiver(X,Y,Hx,Hy);                  % 绘制磁力线
hold on;                            % 打开叠加绘图模式
plot(0:0.1:2,zeros(1,21),'r','LineWidth',4);        % 以下用于绘制波导截面形状,先绘制底边
plot(0:0.1:2,b * ones(1,21),'r','LineWidth',4);     % 绘制上面的边
plot(zeros(1,11),0:0.1:1,'r','LineWidth',4);        % 绘制左边
plot(a * ones(1,11),0:0.1:1,'r','LineWidth',4);     % 绘制右边
axis image;                                         % 等比例显示 x 轴和 y 轴,不压缩或者拉伸
```

程序的运行结果如图 2-13 所示。

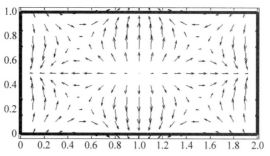

图 2-13　矩形波导中 TE_{22} 模式的磁力线分布

2.3　基于 streamline 函数的力线绘制方法

本节介绍利用 streamline 函数绘制力线的方法。首先介绍流线函数的应用,然后再给出具体的实例,演示如何利用该函数绘制不同的电力线。

2.3.1　streamline 函数及其应用

可以利用 MATLAB 流线图绘制函数 streamline 绘制矢量函数,streamline 函数可以工作在二维和三维场景。例如,三维情况下的基本格式如下:

```
streamline(X,Y,Z,U,V,W,sx,sy,sz)
```

其中,(X,Y,Z) 为空间的格点位置坐标,由网格函数 meshgrid 生成;(U,V,W) 为对应矢量场的三个分量;$(\text{sx},\text{sy},\text{sz})$ 为所绘制的流线起点。

可以使用 MATLAB 内置的风场数据来演示 streamline 的使用方法。代码如下:

```
load wind;                                    % 导入风场数据
[sx sy sz] = meshgrid(80,20:10:50,0:5:15);    % 设置流线的起始位置
streamline(x,y,z,u,v,w,sx,sy,sz);             % 基于风场数据,在空间绘制流线
view(3);                                       % 从三维空间观察流线
```

程序运行结果如图 2-14 所示。

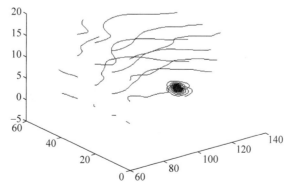

图 2-14　MATLAB 内置风场数据的流线展示

图 2-14 中选择了以 $x=80$ 平面上的 16 个点为流线起点,并分别绘制出 16 条流线。

2.3.2 利用 streamline 函数绘制电力线

使用 streamline 函数当然也可以绘制电场强度。此时,需要首先得到分布在二维或者三维空间中的电场强度。仍以式(2-15)～式(2-17)描述的点电荷对为例,分别考虑两点电荷系统异量同号、异量异号时的电力线分布,不妨考虑 $Q^* = \pm 2$,并且假定两点电荷位于$(\pm 1, 0)$。对于初始电力线位置的考虑,因电力线起于正电荷,止于负电荷,当起始点距电荷很近时,认为各起始点绕电荷均匀分布。因此,取围绕点电荷的一个小圆为参考,以一固定角度为间隔,将圆周均分,则可以设定电力线在正、负电荷周围的起点坐标。图 2-15 给出了起始点选择的示意图。

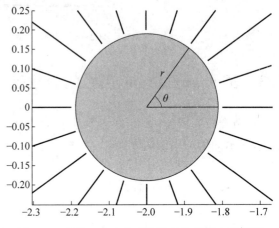

图 2-15 围绕一个点电荷所选择的起始点示意图

需要指出的是,若电力线分布在正电荷周围,从正电荷发出,则绘制流线时取场分布为$[E_x, E_y]$;若电力线分布在负电荷周围,终止于负电荷,则绘制流线时取$[-E_x, -E_y]$。下面的第二个例子即给出了这种情况(否则无法正常绘制流线)。

1. 两个不等量同号电荷对应的电力线分布

程序代码如下:

```
x = -4:0.02:4;y = x;                        % 生成一系列坐标 x,y
[X,Y] = meshgrid(x,y);                      % 生成网格数据
R1 = sqrt((X + 1).^2 + Y.^2);               % 场点距离左侧电荷的距离
R2 = sqrt((X - 1).^2 + Y.^2);               % 场点距离右侧电荷的距离
phi = 1./R1 + 2./R2;                        % 计算电势(Q* = q2/q1 = 2),忽略系数
[Ex,Ey] = gradient( - phi);                 % 取梯度计算电场
hold on;                                    % 叠加绘图模式
r0 = 0.1;                                   % 电场线起点所在圆半径
th = 20:20:360 - 20;                        % 以 20°为间隔,均分圆周
th = th * pi/180;                           % 转换角度为弧度
xl = r0 * cos(th) - 1;                      % 左侧电荷起点横坐标
yl = r0 * sin(th);                          % 左侧电荷起点纵坐标
h = streamline(X,Y,Ex,Ey,xl,yl);           % 绘制左侧电荷对应的流线,即为电场线
xr = - xl;                                  % 右侧电荷对应的起始点横坐标
yr = yl;                                    % 右侧电荷对应的起始点纵坐标
h = streamline(X,Y,Ex,Ey,xr,yr);           % 绘制右侧电荷对应的流线
axis image;                                 % 等比例绘制图像
```

上述程序运行后,所得到的两个不等量同号电荷所生成的电力线如图 2-16 所示。

2. 两个不等量异号电荷对应的电力线分布

程序代码如下:

```
x = - 4:0.02:4;y = x;                           % 生成一系列坐标 x,y
[X,Y] = meshgrid(x,y);                          % 生成网格数据
R1 = sqrt((X + 1).^2 + Y.^2);                   % 场点距离左侧电荷的距离
R2 = sqrt((X - 1).^2 + Y.^2);                   % 场点距离右侧电荷的距离
phi = 1./R1 - 2./R2;                            % 计算电势(Q* = q2/q1 = - 2),忽略系数
[Ex,Ey] = gradient( - phi);                     % 取梯度计算电场
hold on;                                        % 叠加绘图模式
r0 = 0.1;                                        % 电场线起点所在圆半径
th = 20:20:360 - 20;                            % 以 20°为间隔,均分圆周
th = th * pi/180;                               % 转换角度为弧度
xl = r0 * cos(th) - 1;                          % 左侧电荷起点横坐标
yl = r0 * sin(th);                              % 左侧电荷起点纵坐标
h = streamline(X,Y,Ex,Ey,xl,yl);               % 绘制左侧电荷对应的流线,即为电场线
xr = - xl;                                       % 右侧电荷对应的起始点横坐标
yr = yl;                                         % 右侧电荷对应的起始点纵坐标
h = streamline(X,Y, - Ex, - Ey,xr,yr);          % 绘制右侧电荷对应的流线
axis image;                                      % 等比例绘制图像
```

运行上述代码,所得到的两个不等量异号电荷所生成的电力线如图 2-17 所示。

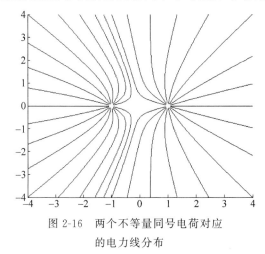
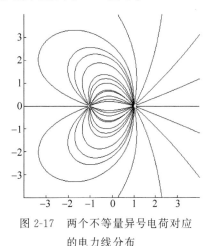

图 2-16　两个不等量同号电荷对应　　　　图 2-17　两个不等量异号电荷对应
　　　　　的电力线分布　　　　　　　　　　　　　　的电力线分布

如前所述,当使用 streamline 函数绘制异号电荷对应的电力线分布时,对于放置在右侧的负电荷,绘制流线图时,需要将计算所得的电场强度分别取反,才能够绘制出电力线。这是因为电力线是进入负电荷的,因此围绕负电荷绘制发出的流线,不可能得到任何曲线。为了解决这个问题,必须人为改变电场强度的方向,使得"流入"的电力线变为"流出",才能得到正确的结果。

2.4　基于力线方程的力线绘制方法

2.4.1　ode45 函数及其应用

由式(2-14)可知,电力线(磁力线)的方程可以用下面的微分方程组表示。为了更清楚地表示变量之间的关系,可将电场强度的各个分量写成空间坐标的显式函数,且其为已知函数,即

$$\left.\begin{array}{l} \dfrac{\mathrm{d}x}{\mathrm{d}t}=E_x(x,y,z)\\[2mm] \dfrac{\mathrm{d}y}{\mathrm{d}t}=E_y(x,y,z)\\[2mm] \dfrac{\mathrm{d}z}{\mathrm{d}t}=E_z(x,y,z) \end{array}\right\} \tag{2-24}$$

上面的式子是一个包含三个未知函数的一阶常微分方程组。这种类型的微分方程组有如下特点：其左侧为待求函数关于参变量 t 的一阶导数；右侧为各个待求函数(也可以包含参量 t)的已知函数，即 $y'=f(t,y)$，其中 y 是一个未知函数组成的矢量，$f(t,y)$ 为已知函数组成的相同大小的矢量。具体到力线方程组中，$y(1)=x$；$y(2)=y$；$y(3)=z$。这种方程组可以使用 MATLAB 下的 ode45 等函数进行数值求解，求解得到的是未知函数随参变量 t 的变化规律。ode 系列函数包括 ode23、ode45、ode15s 等。求常微分方程的数值解时首选 ode45 函数。其基本用法如下：

```
[T Y] = ode45(odefun; tspan; y0)
```

在输入参数中，odefun 为函数句柄，主要用于描述类似于式(2-24)类型的常微分方程组；tspan 为参数 t 的变化区间，由使用者根据情况自行确定；y_0 为初始位置矢量，描述 $t=0$ 时各个待求函数的函数值。在返回参数中，T 为参变量 t 所对应的离散时间点序列，是一个列矢量；Y 为对应于时间点序列 T 的待求函数值矩阵，Y 中的每一列对应于一个未知函数在不同时刻的函数值。

在具体应用的时候，核心问题是编制函数 odefun，从而描述出式(2-24)所对应的方程组。下面的例子给出了一个具体的实例。

$$\left.\begin{array}{ll} y_1'=y_2y_3 & y_1(0)=0\\ y_2'=-y_1y_3 & y_2(0)=1\\ y_3'=-0.51y_1y_2 & y_3(0)=1 \end{array}\right\} \tag{2-25}$$

首先定义函数 myfunc，用于描述上述常微分方程组。程序如下：

```
function dy = myfunc(t,y)          % 定义函数,y是未知函数矢量,dy是导数矢量
dy(1,1) = y(2) * y(3);             % 常微分方程 1
dy(2,1) = - y(1) * y(3);           % 常微分方程 2
dy(3,1) = - 0.51 * y(1) * y(2);    % 常微分方程 3
```

需要注意的是，函数的返回值必须是一个列矢量，其中的每个元素对应于一个常微分方程的右侧表达式。输入参数 y，同样是一个矢量，其中的元素分别对应于未知函数 y_1,y_2,y_3。读者可以对比上述常微分方程组，从而加深对该函数的深入了解。

接下来，就可以在主程序中对该微分方程组进行数值求解。得到相关函数之后，还可以通过 plot 函数将图形绘制出来。如下面的代码所示，其中，参变量 t 的取值范围为 $[0,12]$。

```
[T Y] = ode45(@myfunc,[0 12],[0 1 1]);   % 数值求解微分方程组,初值为[0 1 1]
plot(T,Y(:,1),'-',T,Y(:,2),'-.',T,Y(:,3),'.');
                                          % Y(:,1)包含的是对应于 T 的函数值,其他类同
```

在上面的例子中，ode45 求得三个函数如下。

(1) $y_1(t)$，其自变量 t 存放在矢量 $\boldsymbol{T}$ 中，函数值存放在 $\boldsymbol{Y}$ 矩阵的第一列即 $Y(:,1)$ 中。

(2) $y_2(t)$，其自变量 t 存放在矢量 $\boldsymbol{T}$ 中，函数值存放在 $\boldsymbol{Y}$ 矩阵的第二列即 $Y(:,2)$ 中。

(3) $y_3(t)$，其自变量 t 存放在矢量 $\boldsymbol{T}$ 中，函数值存放在 $\boldsymbol{Y}$ 矩阵的第三列即 $Y(:,3)$ 中。

绘制出的函数图像如图 2-18 所示。

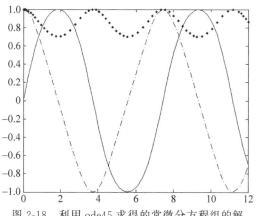

图 2-18　利用 ode45 求得的常微分方程组的解

把代码中的 ode45 改为 ode23 等函数,也可以得到类似的结果,感兴趣的读者可以尝试一下。

2.4.2　利用电力线方程绘制电力线

了解电力线的方程,并且熟悉了在 MATLAB 下 ode45 函数的应用之后,就可以利用电力线方程绘制电力线。需要指出的是,利用 ode45 函数求解一次,只可以绘制一条电力线,其初始位置为 $(x(0),y(0),z(0))$,由求解方程组的初始条件确定。因此,要绘制一幅比较完美的电力线分布图,需要多次调用 ode45 函数,并且赋予不同的初始位置。

接下来,仍旧以等量同号和等量异号的双电荷系统为例,详细讲解绘制过程。这个时候,式(2-17)给出的就是电场强度的分布。和使用 quiver 函数一样,依旧省略了电场强度表达式中的常数。为了选择初始位置,围绕两个点电荷,各选择一个小圆,然后将圆周均分为若干份,选择圆周上的点作为初始点。图 2-15 给出了初始位置选择的示意图。

1. 等量同号电荷的电力线分布

下面的代码定义了电力线方程所对应的函数。

```
function dy = dcxfun(t,y)
a = 2;                                          % 电荷的位置
% 下面语句右边给出了电场强度的表达式,参见式(2-17)
dy = [(y(1) + a)./(sqrt((y(1) + a).^2 + y(2).^2).^3) + (y(1) - a)./(sqrt((y(1) - a).^2 +
    y(2).^2).^3);y(2)./(sqrt((y(1) + a).^2 + y(2).^2).^3) + y(2)./(sqrt((y(1) - a).^2 +
    y(2).^2).^3)];
end
```

绘制电力线的主程序如下:

```
a = 2;                                          % 电荷位于( - a,0)和(a,0)两点
r = 0.1 * a;                                     % 起始点所在圆的半径
k = 20;                                          % 电场线条数
hold on;                                         % 叠加绘图模式,保证所有电力线都能显示
theta = linspace(0,2 * pi - 2 * pi/k,k);         % 电场线起始点对应的圆周上的角度分布
y1 = r * sin(theta);                             % 初始点的纵坐标
x1 = - a + r * cos(theta);                       % 左边圆周初始点的横坐标
x2 = a + r * cos(theta);                         % 右边圆周初始点的横坐标
```

```
x0 = [x1 x2];                                    % 两个圆上的初始 x 坐标合并成一个矢量
y0 = [y1 y1];                                    % 两个圆上的初始 y 坐标合并成一个矢量
for i = 1:2 * k                                  % 分别绘制每一条电力线
[t,Y] = ode15s('dcxfun',[0:0.01:10],[x0(i),y0(i)]);   % 数值求解
plot(Y(:,1),Y(:,2),'k','linewidth',2);           % 绘制电力线
end
```

程序运行结果如图 2-19 所示,这是非常典型的等量同号电荷所对应的电力线分布。

注意,上面使用了 ode15s 函数进行数值求解,求解区间是[0,10]。求解之后的 **Y** 矩阵里面包含了位置函数 $x(t)$、$y(t)$ 的数值,因此,分别以它们的值作为横、纵坐标,即可绘制出电力线。当然,如果读者感兴趣,也可以单独绘制出 $x(t)$ 或者 $y(t)$ 随参量 t 变化的函数形式,只不过在此不需要罢了。

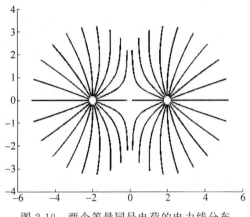

图 2-19   两个等量同号电荷的电力线分布

2. 等量异号电荷的电力线分布

同样的道理,定义电力线的函数如下:

```
function dy = dcxfun(t,y)
a = 2;                                           % 电荷的位置
% 下面语句右边给出了电场强度的表达式,参见式(2-17)
dy = [(y(1) + a)./(sqrt((y(1) + a).^2 + y(2).^2).^3) - (y(1) - a)./(sqrt((y(1) - a).^2 +
    y(2).^2).^3);y(2)./(sqrt((y(1) + a).^2 + y(2).^2).^3) - y(2)./(sqrt((y(1) - a).^2 +
    y(2).^2).^3)];
end
```

利用类似的方法,可以绘制电力线。当绘制等量异号电荷的时候,对于右边电荷发出的电力线,数值求解会出现非常慢的情况,且程序给出警告性错误。此时,可以利用对称性绘制右侧的电力线。绘制电力线的主程序如下:

```
a = 2;                                           % 电荷位于( - a,0)和(a,0)两点
r = 0.1 * a;                                     % 起始点所在圆的半径
k = 20;                                          % 电场线条数
hold on;                                         % 叠加绘制模式,保证所有的电力线都显示
theta = linspace(0,2 * pi - 2 * pi/k,k);         % 电场线起始点对应的圆周上的角度分布
y1 = r * sin(theta);                             % 初始点的纵坐标
x1 = - a + r * cos(theta);                       % 左边圆周初始点的横坐标
x2 = a + r * cos(theta);                         % 右边圆周初始点的横坐标
x0 = [x1 x2];                                    % 两个圆上的初始 x 坐标合并成一个矢量
y0 = [y1 y1];                                    % 两个圆上的初始 y 坐标合并成一个矢量
for i = 1:k                                      % 分别绘制每一条电力线
[t,Y] = ode15s('dcxfun',[0 12],[x0(i),y0(i)]);   % 数值求解
plot(Y(:,1),Y(:,2),'k','linewidth',2);           % 绘制左侧对应的 k 条电力线
plot( - Y(:,1),Y(:,2),'k','linewidth',2);        % 利用对称性,绘制右侧的电力线
end
```

运行上述代码,绘制出的电力线如图 2-20 所示。

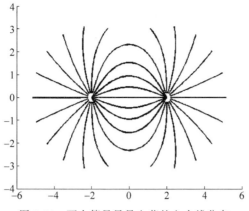

图 2-20　两个等量异号电荷的电力线分布

2.5　等势面(线)绘制方法

等势面(线)对于理解电势等标量函数的分布具有重要意义。所以,接下来介绍绘制等势线和等势面的函数,并给出具体实例。

2.5.1　利用 contour 函数绘制二维等势线

在 MATLAB 下,可以使用 contour 函数绘制二维的等势面,也就是等势线。其基本格式如下:

[c, h] = contour(X, Y, Z, v)

其中,Z 是关于 X、Y 的二元标量函数;v 是一个数或者矢量,表示要绘制的等势线的具体数值,也即该命令绘出的是 $Z(X,Y) = v$ 对应的等势线。X、Y 以及 Z 均是相同大小的二维矩阵。返回变量 c 中包含了等势线的数值、该等势线所包含的点数以及各个点的位置坐标。表 2-1 给出了 c 的组成结构。h 是返回句柄,用于对相应的等势线进行后期修饰。

表 2-1　contour 函数对应的返回变量 c 的组成结构

电势值 V1	X1	X2	⋯	电势值 V2	X1	X2	⋯	电势值 V3	X1	X2
包含的点数 Num1	Y1	Y2	⋯	包含的点数 Num2	Y1	Y2	⋯	包含的点数 Num3	Y1	Y2

下面的代码就描述了如何对等量同号的点电荷系统绘制 xOy 平面内的等势线,即等势线。

```
q1 = 2;                           %电荷 1 的电量
q2 = 2;                           %电荷 2 的电量
a = 2;                            %两个电荷的位置,( - a,0),(a,0)
x = linspace( - 5,5,500);         %x 轴范围,从 - 5 到 5,划分成 500 个点
y = linspace( - 5,5,500);         %y 轴范围,从 - 5 到 5,划分成 500 个点
[X,Y] = meshgrid(x);             %创建 xOy 平面内的网格
r1 = sqrt((X - a).^2 + Y.^2);    %到右边电荷的距离
r2 = sqrt((X + a).^2 + Y.^2);    %到左边电荷的距离
Z = q1./r1 + q2./r2;             %xOy 平面内任意一点的电势分布
v = linspace(1,3,5);             %绘制 1 到 3 的 5 条等势线:1,1.4,1.8,2.2,2.6,3
[c,h] = contour(X,Y,Z,v);        %绘制等势线,并提取相应等势线的数据,存入矩阵 c
clabel(c,h);                     %给各条等势线标注电势值
```

程序运行结果如图 2-21 所示。

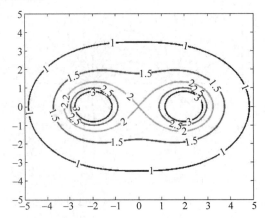

图 2-21   利用 contour 函数绘制的等量同号电荷对应的等势线

2.5.2   利用 isosurface 函数绘制三维等势面

在 MATLAB 下,isosurface 函数可以绘制等势面。其基本格式如下:

    [f,v] = isosurface(X,Y,Z,V)

其中,V 是定义在坐标位置 X、Y、Z 处的一个标量函数,在这里就是电势函数。X、Y、Z 和 V 是相同尺寸的三维矩阵。函数的返回值 f、v 是 MATLAB 下的一个结构变量,包含等势面所对应的面元和顶点,可以传递给 patch 函数,对所得等势面进行修饰。

例如,对于放置在 $(-a,0,0)$,$(a,0,0)$ 处的两个点电荷,其带电量均为 2 库仑,要绘制对应的等势面,可以采用如下的代码(忽略常数系数因子):

```
q1 = 2;                              % 电荷 1 的电量
q2 = 2;                              % 电荷 2 的电量
a = 2;                               % 两个电荷之间的位置,( - a,0,0),(a,0,0)
x = linspace( - 5,5,50);            % x 轴范围,从 - 5 到 5,划分成 50 个点
[X,Y,Z] = meshgrid(x);              % 在 xyz 坐标系内,构建一个立体网格
r1 = sqrt((X - a).^2 + Y.^2 + Z.^2); % 计算到右边电荷(a,0,0)的距离
r2 = sqrt((X + a).^2 + Y.^2 + Z.^2); % 计算到左边电荷( - a,0,0)的距离
U = q1./r1 + q2./r2;                % 电势的分布
[f,v] = isosurface(X,Y,Z,U,1.6);    % 计算等势面所对应的面元和顶点
p = patch('Faces',f,'Vertices',v);  % 绘制等势面
set(p,'FaceColor','red','EdgeColor','none'); % 修饰等势面,这里面元为红色,无边沿色
view(3);                            % 默认为三维视角
axis equal;                         % 等比例显示
camlight;                           % 设置光线
```

程序运行结果如图 2-22 所示。

当有多个等势面存在时,可能会出现等势面互相包裹的情况,导致内部的等势面无法看到。此时,可以采用下面的方式,将外部的等势面设置为无面元颜色,而将相邻的面元边沿设置为有颜色,从而可以透视看到内部的结构,如图 2-23 所示。例如,可以在上面的 set 命令之后,再增加以下几条

语句,即可实现上述效果。

```
hold on;                                        % 叠加绘制模式
p = patch(isosurface(X,Y,Z,U,1.2));             % 计算等势面并绘制,返回句柄 p
set(p,'FaceColor','none','EdgeColor','black');  % 对等势面进行修饰,无面元色,边沿为黑色
```

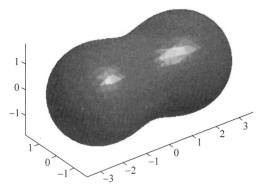

图 2-22　利用 isosurface 函数绘制的等势面

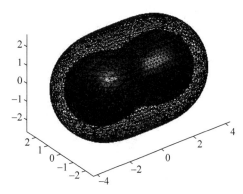

图 2-23　两个等势面的嵌套

2.5.3　绘制三维等势面的其他方法

利用 isosurface 函数绘制等势面尽管很方便,但是存在等势面相互遮挡的问题,一般只能同时绘制少数几个面。在某些情况下,可以通过 surf 函数绘制曲面的方法来绘制等势面。例如,图 2-21 表示两个等量同号电荷之间的等势线,根据轴对称,就可以通过将等势线绕 x 轴旋转的方式得到等势面。这个过程如图 2-24 所示。

下面的代码可以直接放在 2.5.1 节中 contour 函数绘制等势线之后,将各条等势线旋转成面,从而用 surf 函数绘制出等势面。为了展现各个等势面之间的包裹情况,程序中设置 xOy 平面上方的等势面值为 NaN,从而不予绘制。这样就可以直接透视看出等势面的分布,如图 2-25 所示。

```
hold on;                              % 设置图像重叠模式
for i = 1:5                           % 分别处理 5 条等势线
    potential = c(1,1);              % 该条等势线的电势值
    num = c(2,1);                    % 该条等势线对应的点数
    xc = c(1,2:1 + num);            % 该条等势线上,每个点对应的横坐标
    yc = c(2,2:1 + num);            % 该条等势线上,每个点对应的纵坐标
    c(:,1:1 + num) = [ ];           % 用过的数据,暂时删除
    th0 = linspace(0,2 * pi,20);    % 对应本条等势线旋转的角度
    XX = xc' * ones(size(th0));     % 对应本条等势线旋转后的横坐标
    YY = yc' * cos(th0);            % 对应本条等势线旋转后的纵坐标
    ZZ = yc' * sin(th0);            % 对应本条等势线旋转后的 z 轴坐标
    ZZ(ZZ > 0) = NaN;              % xOy 平面上方的等势面不显示,以便观察立体结构
    surf(XX,YY,ZZ);                % 绘制等势面
    shading interp;               % 
end
axis equal;                          % 等比例显示
view(3);                             % 设置三维视角
```

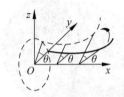

图 2-24　旋转等势线的示意图

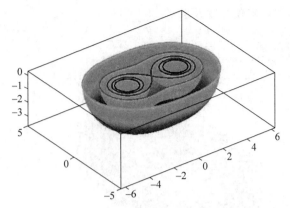

图 2-25　立体等势面示意图

2.6　利用描点法绘制力线

在电场、磁场等矢量场已经确定的情况下,利用描点法绘制力线,也是一个不错的选择。图 2-26 给出了绘制力线的示意图。在空间任意选择一个点作为起始点,如(x_0, y_0, z_0),则该点的矢量大小和方向确定,不妨设为 $\boldsymbol{F}(x_0, y_0, z_0)$ 和 $\boldsymbol{e}_F(x_0, y_0, z_0)$。其中

$$e_F(x_0, y_0, z_0) = \frac{\boldsymbol{F}(x_0, y_0, z_0)}{F(x_0, y_0, z_0)} \tag{2-26}$$

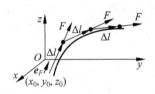

图 2-26　描点法绘制力线
的示意图

是该点矢量对应的单位矢量。设想沿该矢量的方向在空间移动 Δl 的距离,则移动到空间的另外一点$(x_0 + \Delta x, y_0 + \Delta y, z_0 + \Delta z)$。与上述过程类似,同样可以获得该点的矢量大小和方向,即 $F(x_0 + \Delta x, y_0 + \Delta y, z_0 + \Delta z)$ 和 $e_F(x_0 + \Delta x, y_0 + \Delta y, z_0 + \Delta z)$。重复上述过程,直至绘制出一条完整的力线。只要 Δl 取得足够小,就可以获得足够精细的力线分布。

下面的 MATLAB 程序就是用描点法绘制磁力线的一个例子。程序中,磁场分布采用一个半径为 a,载流为 I 的电流环在周围产生的磁场,即磁偶极子的磁场,在球坐标系下有如下分布(具体推导过程参见第 6 章相关内容):

$$B_r = \frac{\mu_0 I a}{\pi} \frac{a\cos\theta}{\sqrt{r^2 + a^2 + 2ar\sin\theta}} \left[\frac{E(k)}{r^2 + a^2 - 2ar\sin\theta} \right] \tag{2-27a}$$

$$B_\theta = \frac{\mu_0 I a}{\pi} \frac{1}{\sqrt{r^2 + a^2 + 2ar\sin\theta}} \frac{1}{2a\sin\theta} \left[\frac{a^2 + r^2 - 2a^2\sin^2\theta}{r^2 + a^2 - 2ar\sin\theta} E(k) - K(k) \right] \tag{2-27b}$$

其中,$k^2 = \dfrac{4ar\sin\theta}{r^2 + a^2 + 2ar\sin\theta}$,$E(k)$ 与 $K(k)$ 是 MATLAB 下内置的椭圆积分函数,具体介绍也可参考第 6 章。

```
I = 1e6;                        % 设置电流的大小
mu0 = 4 * pi * 1e-7;            % 真空中的磁导率
C = mu0/pi * I;                 % 归并常数
a = 1;                          % 线圈半径
aplha = 0:pi/40:2 * pi;         % 以下语句用于绘制载流圆环,设置角度
x0 = a * cos(aplha);            % 计算 x 坐标
```

```matlab
y0 = a * sin(aplha);                          % 计算 y 坐标
plot(x0,y0,'-');                              % 绘制圆环
hold on;
r(1) = 0.5 * a;                               % 起始点,球坐标系下:(0.5a,pi/2,0),即 xOz 平面上的点
t(1) = pi/2;                                  % 起始点,球坐标系下:(0.5a,pi/2,0),即 xOz 平面上的点
k = sqrt(4 * a. * r(1) * sin(t(1))./(r(1).^2 + a.^2 + 2. * a. * r(1) * sin(t(1))));   % 计算 k
K = ellipticK(k.^2);                          % 椭圆积分
E = ellipticE(k.^2);                          % 椭圆积分
Br(1) =                                       % 磁场 r 分量
C * a. * (a. * cos(t(1)))./(sqrt(r(1).^2 + a.^2 + 2. * a. * r(1). * sin(t(1)))). * (E./(r(1).^2
+ a.^2 - 2. * a. * r(1). * sin(t(1))));
Bt(1) =                                       % 磁场 theta 分量
C * a. * (1./(sqrt(r(1).^2 + a.^2 + 2. * a. * r(1). * sin(t(1)))). * (1./(2 * a. * sin(t(1)))). * ((a.^2 + r
(1).^2 - 2. * a.^2. * sin(t(1)).^2)./(r(1).^2 + a.^2 - 2. * a. * r(1). * sin(t(1)). * E - K));
B(1) = sqrt(Br(1).^2 + Bt(1).^2);             % 计算磁场 B 的大小
eBr(1) = Br(1)/B(1);                          % 计算单位矢量,r 分量
eBt(1) = Bt(1)/B(1);                          % 计算单位矢量,theta 分量
l = a/1000;                                   % 力线长度增量,即 deltaL
for i = 2:1:1000                              % 逐点绘制力线
    r(i) = r(i-1) + l * eBr(i-1);             % 下一点的 r 值
    t(i) = t(i-1) + l * eBt(i-1)/r(i-1);      % 下一点的 theta 值
    k = sqrt(4 * a. * r(i) * sin(t(i))./(r(i).^2 + a.^2 + 2. * a. * r(i) * sin(t(i))));
                                              % 计算新点的磁场
    K = ellipticK(k.^2);
    E = ellipticE(k.^2);
    Br(i) = C * a. * (a. * cos(t(i)))./(sqrt(r(i).^2 + a.^2 + 2. * a. * r(i). * sin(t(i)))). * (E./(r(i).^2 +
a.^2 - 2. * a. * r(i). * sin(t(i))));
    Bt(i) = C * a. * (1./(sqrt(r(i).^2 + a.^2 + 2. * a. * r(i). * sin(t(i)))). * (1./(2 * a. * sin(t(i)))).
* ((a.^2 + r(i).^2 - 2. * a.^2. * sin(t(i)).^2)./(r(i).^2 + a.^2 - 2. * a. * r(i). * sin(t(i)). * E - K));
    B(i) = sqrt(Br(i).^2 + Bt(i).^2);
    eBr(i) = Br(i)/B(i);                      % 计算单位矢量
    eBt(i) = Bt(i)/B(i);                      % 计算单位矢量,并重复下一个点
end
th0 = 0:pi/3:2 * pi;                          % 以下代码用于将一条磁力线绕 z 轴旋转
r = r';                                       % 力线上各点的 r 值
t = t';                                       % 力线上各点的 theta 值
x = r. * sin(t);    z = r. * cos(t);          % 转换为直角坐标
ZZ(:,1:7) = z * ones(size(th0));              % 旋转之后,各条力线的 z 坐标
XX(:,1:7) = x * cos(th0(1:7));                % 旋转之后,各条力线的 x 坐标
YY(:,1:7) = x * sin(th0(1:7));                % 旋转之后,各条力线的 y 坐标
plot3(XX,YY,ZZ,'b')                           % 绘制上半平面力线
plot3(XX,YY,-ZZ,'r')                          % 绘制下半平面力线
view(124,6);                                  % 设置视角
axis equal;                                   % 等比例显示
box off;                                      % 关闭以坐标轴为长宽高的长方体盒子
```

绘制的力线结果如图 2-27 所示。

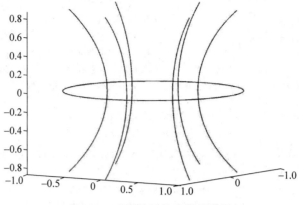

图 2-27　磁偶极子的力线示意图

2.7　小结

　　本章首先介绍了静电场(或者静磁场)情况下电场(磁场)的性质,给出了电势和等势面的定义、电(磁)力线的方程和其性质等。然后,采用 quiver 函数、streamline 函数以及电力线方程等多种形式绘制了电力线。最后,介绍了利用 contour 函数和 isosurface 函数绘制等势面的方法。在开始学习 MATLAB 进行电磁场仿真的时候,不必拘泥于函数的格式和详细含义,可以将相关函数直接复制到 MATLAB 环境下进行尝试。经过多次动手实践,即可理解相关内容。另外,文中给出的代码比较简洁,重在实现功能,而没有做过多的外观上的修饰,读者可以在自行绘制出图像之后,再进一步对其美化,从而提升绘图技能。

第

3

章

射线追踪理论及其MATLAB实现

当物体的尺寸远远大于电磁波的波长时,可以采用几何光学的方法对电磁问题进行近似分析。在这种情况下,用光线来表示电磁波的传输。传统的透镜、成像等都是这方面的典型应用。当材料特性比较复杂时,如非均匀材料、各向异性材料等,其中光线的传播路径不是直线,通常要使用射线追踪理论研究光线在这些媒质中的传播特性。本章重点介绍媒质中的色散方程、光学哈密顿函数、哈密顿正则方程等,并介绍利用 MATLAB 数值分析光线路径的方法。作为实例,介绍了电磁隐形衣、光学"黑洞"以及三种经典透镜中光线的追踪方法和结果。

3.1 从费马原理到哈密顿原理

媒质中光线的传播满足费马原理,基于费马原理即可得到光射线方程。这个原理与分析力学中的哈密顿原理有相似之处,因此,可以利用类比的方法得到光学哈密顿函数和哈密顿正则方程。

3.1.1 泛函及其极值

在介绍费马原理之前,首先介绍一下与其密切相关的泛函的概念、泛函取极值的条件、欧拉-拉格朗日方程以及哈密顿正则方程等。

1. 泛函的定义

设对于某一函数集合内的任意一个函数 $y(x)$,按照一定的规则,都有另一个数 $J[y]$ 与之对应,则称 $J[y]$ 为 $y(x)$ 的泛函。这里的函数集合,即泛函的定义域,通常要求 $y(x)$ 满足一定的边界条件并且具有连续的二阶导数。这样的 $y(x)$ 称为可取函数,通常也称为变量函数。泛函的形式可以多种多样,用积分定义的泛函应用最为广泛,即

$$J[y] = \int_{x_0}^{x_1} F(x,y,y')\mathrm{d}x \tag{3-1}$$

其中: F 是它的宗量的已知函数; y' 表示对自变量 x 求导数。

从上述定义可以看出,只有当可取函数 $y(x)$ 作为一个整体全部给定时(而不是仅已知个别点的函数值),泛函才有确定的值,这与复合函数是完全不同的。

如果泛函的变量函数是一个二元函数,如 $u(x,y)$,则可以定义泛函为

$$J[u] = \iint_S F(x,y,u,u_x,u_y)\mathrm{d}x\mathrm{d}y \tag{3-2}$$

也可以定义多个函数所构成的泛函,如

$$J[x,y,z] = \int_{t_0}^{t_1} L(t,x,y,z,\dot{x},\dot{y},\dot{z})\mathrm{d}t \tag{3-3}$$

其中:L 为已知函数(之所以使用 L,是为了与分析力学中的表达形式相一致);x、y、z 都是变量 t 的函数,且 $\dot{x} = \dfrac{\mathrm{d}x}{\mathrm{d}t}$,其他加点变量含义相同。

泛函(3-3)也可以简写为

$$J[\boldsymbol{r}] = \int_{t_0}^{t_1} L(t,\boldsymbol{r},\dot{\boldsymbol{r}})\mathrm{d}t \tag{3-4}$$

如果 t 表示时间,x、y、z 表示空间坐标,那么加点变量就是质点的速度矢量。在很多条件下,光线就可以看作一个质点以一定速度运动形成的轨迹。因此,掌握式(3-3)或式(3-4)所表示的泛函,对于理解光线和费马原理尤为重要。

2. 泛函的极值

与一元函数可以取极小值类似,泛函也可以在定义域的某个特定函数上取极小值。"当变量函数为 $y(x)$ 时,泛函 $J[y]$ 取极小值"的含义就是:对于极值函数 $y(x)$ 及其"附近"的变量函数 $y(x) + \delta y(x)$,恒有 $J[y+\delta y] \geqslant J[y]$。

所谓函数 $y(x) + \delta y(x)$ 在另一个函数 $y(x)$ 的"附近",指的是 $|\delta y(x)| < \varepsilon$,$\varepsilon$ 是一个任意小的正数。有时还要求 $|\delta y'(x)| < \varepsilon$。这里的 $\delta y(x)$ 称为函数 $y(x)$ 的变分。

3. 泛函取极值的必要条件

众所周知,一元函数取极值的条件是函数在该点对应的一阶导数为 0,该极值点称为函数的驻点。泛函也有类似的性质。考虑泛函的全部变量函数都通过两个定点,即 $y(x_0) = a$,$y(x_1) = b$,则可以证明,泛函取极值的必要条件为 $\delta J = 0$,即泛函的一阶变分等于 0,具体可以表示为

$$\frac{\partial F}{\partial y} - \frac{\mathrm{d}}{\mathrm{d}x}\frac{\partial F}{\partial y'} = 0 \tag{3-5}$$

也称泛函在极值函数处是"驻定"的。式(3-5)称为欧拉-拉格朗日方程,一般来讲,这是一个二阶常微分方程。

当泛函的变量函数为二元函数时,对应的必要条件为

$$\frac{\partial F}{\partial u} - \frac{\partial}{\partial x}\frac{\partial F}{\partial u_x} - \frac{\partial}{\partial y}\frac{\partial F}{\partial u_y} = 0 \tag{3-6}$$

对于多个函数构成的泛函 $\int_{t_0}^{t_1} L(t,x,y,z,\dot{x},\dot{y},\dot{z})\mathrm{d}t$,其所对应的必要条件为

$$\frac{\partial L}{\partial x} - \frac{\mathrm{d}}{\mathrm{d}t}\frac{\partial L}{\partial \dot{x}} = 0; \quad \frac{\partial L}{\partial y} - \frac{\mathrm{d}}{\mathrm{d}t}\frac{\partial L}{\partial \dot{y}} = 0; \quad \frac{\partial L}{\partial z} - \frac{\mathrm{d}}{\mathrm{d}t}\frac{\partial L}{\partial \dot{z}} = 0 \tag{3-7}$$

或者简写为

$$\frac{\partial L}{\partial \boldsymbol{r}} - \frac{\mathrm{d}}{\mathrm{d}t}\frac{\partial L}{\partial \dot{\boldsymbol{r}}} = 0 \tag{3-8}$$

4. 哈密顿函数和正则方程

泛函理论具有重要的应用价值。在分析力学中,哈密顿最小作用原理就是基于泛函理论表示的。该原理表明:在一个力学体系内,质点所有可能的运动中,真实运动使得哈密顿作用量取极值。如果定义体系的作用量泛函为

$$I = \int_{t_0}^{t_1} L(t, \boldsymbol{q}, \dot{\boldsymbol{q}}) dt = \int_{t_0}^{t_1} L(t, q_1, q_2, \cdots, q_n, \dot{q}_1, \dot{q}_2, \cdots, \dot{q}_n) dt$$

那么,取该泛函的变分为0,即可得到质点的真实运动轨迹 $\boldsymbol{q}(t)$,即

$$\delta I = \delta \int_{t_0}^{t_1} L(t, \boldsymbol{q}, \dot{\boldsymbol{q}}) dt = 0$$

其中: $L = T - V$ 是拉格朗日函数,表示体系动能 T 和势能 V 的差值; $\boldsymbol{q}$ 表示广义坐标; $\dot{\boldsymbol{q}}$ 表示广义速度。

类比式(3-7)和式(3-8),即可得到其对应的欧拉-拉格朗日方程如下:

$$\frac{\partial L}{\partial q_i} - \frac{d}{dt} \frac{\partial L}{\partial \dot{q}_i} = 0 \quad i = 1, 2, \cdots, n \tag{3-9}$$

这是关于广义坐标的二阶常微分方程组。

在分析力学中,还可以采用哈密顿正则方程来表示体系的运动。此时,对式(3-9)采用勒让德变换,定义体系的广义动量,即

$$p_i = \frac{\partial L}{\partial \dot{q}_i} \quad i = 1, 2, \cdots, n \tag{3-10}$$

并定义系统所对应的哈密顿函数为

$$H(t, q_i, p_i) = \sum_i \dot{q}_i p_i - L \quad i = 1, 2, \cdots, n \tag{3-11}$$

则下面的方程组成立:

$$\left. \begin{aligned} \frac{dq_i}{dt} &= \frac{\partial H}{\partial p_i} \\ \frac{dp_i}{dt} &= -\frac{\partial H}{\partial q_i} \end{aligned} \right\} \quad i = 1, 2, \cdots, n \tag{3-12}$$

方程组(3-12)称为哈密顿正则方程组。与方程组(3-9)相比,方程的个数增加了一倍,但是阶数降为一阶。求解式(3-12)即可得到质点的运动轨迹。

3.1.2 费马原理和光线方程

众所周知,光线在真空中是沿直线传播的。光线为什么会沿直线传播?光在普通媒质中,尤其是非均匀介质或各向异性材料中是如何传播的?这些问题都可以由费马原理来解释。

费马原理表明:在连接空间任意两点 A、B 的所有曲线中,光线实际经过的路线所对应的光程取极值。如果定义光程为如下的泛函,即

$$J[\boldsymbol{r}] = \int_A^B n(\boldsymbol{r}) ds \tag{3-13}$$

费马原理意味着光程对应的变分为0,即

$$\delta J = \delta \int_A^B n(\boldsymbol{r}) ds = 0$$

其中：n 是折射率分布；ds 是沿曲线的弧长；$n(r)ds$ 表示光程的微元。

式(3-13)实际上表示的是一个三元函数的泛函。该泛函可取函数的集合为连接 A、B 的任意曲线，其取极值时的函数(曲线)正好是实际的光线。在真空或均匀介质中，由于折射率是 1 或常数，且两点之间线段最短，所以光线只能沿连接 A、B 的直线传播。当介质不均匀分布或者为各向异性材料时，必须利用泛函求极值的方法确定光线在其中的传播路径，这就是射线追踪的理论基础。

可以将上述泛函的极值曲线也就是光线用弧长表示为参数方程，则式(3-13)还可以写作

$$J[r] = \int_A^B n(r(s)) \sqrt{\frac{dr}{ds} \cdot \frac{dr}{ds}} \, ds \tag{3-14}$$

其中

$$\left| \frac{dr}{ds} \right| = 1$$

根据式(3-7)或式(3-8)，式(3-14)所对应的欧拉-拉格朗日方程为

$$\frac{d}{ds}\left(n \frac{dr}{ds} \right) = \nabla n \tag{3-15}$$

式(3-15)就是非均匀各向同性介质中的光线方程。

3.1.3　光射线的哈密顿函数和正则方程

类比分析力学的方法，可以采用式(3-10)和式(3-11)得到光线对应的哈密顿函数。但简单的推演发现，哈密顿函数 $H \equiv 0$，这意味着直接套用分析力学的结论得不到相应的正则方程。通常情况下，这是由于光线参数选择不当造成的。如果不用弧长作为参数描述光线，例如采用空间坐标 z 作为光线的参数，就可以修正上述问题。此时光程的表达式为

$$J = \int_A^B n(x,y,z) \sqrt{1+\dot{x}^2+\dot{y}^2} \, dz \tag{3-16}$$

其中：$\dot{x} = \frac{dx}{dz}$，$\dot{y} = \frac{dy}{dz}$。

上式中被积函数可以看作系统的拉格朗日函数 L，其所对应的欧拉-拉格朗日方程为

$$\frac{\partial}{\partial x}n(x,y,z) = \frac{1}{\sqrt{1+\dot{x}^2+\dot{y}^2}} \frac{d}{dz}\left[n(x,y,z) \frac{\dot{x}}{\sqrt{1+\dot{x}^2+\dot{y}^2}} \right]$$

$$\frac{\partial}{\partial y}n(x,y,z) = \frac{1}{\sqrt{1+\dot{x}^2+\dot{y}^2}} \frac{d}{dz}\left[n(x,y,z) \frac{\dot{y}}{\sqrt{1+\dot{x}^2+\dot{y}^2}} \right]$$

在这种情况下，继续应用勒让德变换，取

$$p_x = \frac{\partial L}{\partial \dot{x}}, \quad p_y = \frac{\partial L}{\partial \dot{y}} \tag{3-17}$$

则系统所对应的哈密顿函数可以表示为

$$H(x,y,p_x,p_y,z) = \dot{x}p_x + \dot{y}p_y - L \tag{3-18}$$

这也就是

$$H(x,y,p_x,p_y,z) = -\sqrt{n^2 - p_x^2 - p_y^2} \tag{3-19}$$

且有下面的常微分方程组成立

$$\left.\begin{aligned}
\frac{\mathrm{d}x}{\mathrm{d}z} &= \frac{\partial H}{\partial p_x} \\[4pt]
\frac{\mathrm{d}y}{\mathrm{d}z} &= \frac{\partial H}{\partial p_y} \\[4pt]
\frac{\mathrm{d}p_x}{\mathrm{d}z} &= -\frac{\partial H}{\partial x} \\[4pt]
\frac{\mathrm{d}p_y}{\mathrm{d}z} &= -\frac{\partial H}{\partial y}
\end{aligned}\right\} \tag{3-20}$$

3.1.4　其他形式的哈密顿函数和正则方程

实际应用中,考虑到 3.1.3 节中的分析方式对 z 坐标有特殊的对待,没有注意到空间坐标的平等性,因此,人们往往选择其他形式的哈密顿函数。例如,对弧长作为参数的光程进行参数变换,不妨取 $\mathrm{d}t = n\,\mathrm{d}s$,并考虑 $\left|\dfrac{\mathrm{d}\boldsymbol{r}}{\mathrm{d}s}\right| = 1$,则式(3-13)变为

$$J[\boldsymbol{r}] = \int_A^B n(\boldsymbol{r}(s))\,\frac{\mathrm{d}\boldsymbol{r}}{\mathrm{d}s} \cdot \frac{\mathrm{d}\boldsymbol{r}}{\mathrm{d}s}\,\mathrm{d}s = \int_A^B n(\boldsymbol{r}(s))\left(\frac{\mathrm{d}\boldsymbol{r}}{\mathrm{d}t}\frac{\mathrm{d}t}{\mathrm{d}s}\right) \cdot \left(\frac{\mathrm{d}\boldsymbol{r}}{\mathrm{d}t}\frac{\mathrm{d}t}{\mathrm{d}s}\right)\mathrm{d}s = \int_A^B n^2(\boldsymbol{r}(t))\,\frac{\mathrm{d}\boldsymbol{r}}{\mathrm{d}t} \cdot \frac{\mathrm{d}\boldsymbol{r}}{\mathrm{d}t}\,\mathrm{d}t$$

事实上,令上述泛函取极值(费马原理),并采用勒让德变换,就可以得到

$$H(t,x,y,z,p_x,p_y,p_z) = \frac{p_x^2 + p_y^2 + p_z^2}{4n^2(x,y,z)} \tag{3-21}$$

同样,有如下的哈密顿正则方程成立:

$$\left.\begin{aligned}
\frac{\mathrm{d}x}{\mathrm{d}t} &= \frac{\partial H}{\partial p_x} \\[4pt]
\frac{\mathrm{d}y}{\mathrm{d}t} &= \frac{\partial H}{\partial p_y} \\[4pt]
\frac{\mathrm{d}z}{\mathrm{d}t} &= \frac{\partial H}{\partial p_z} \\[4pt]
\frac{\mathrm{d}p_x}{\mathrm{d}t} &= -\frac{\partial H}{\partial x} \\[4pt]
\frac{\mathrm{d}p_y}{\mathrm{d}t} &= -\frac{\partial H}{\partial y} \\[4pt]
\frac{\mathrm{d}p_z}{\mathrm{d}t} &= -\frac{\partial H}{\partial z}
\end{aligned}\right\} \tag{3-22}$$

由上面的推导过程可知,在光学里面,哈密顿函数不是唯一的。在后面的章节中,还会给出哈密顿函数的其他形式及其具体获得过程,并给出它们之间的联系。

3.2　色散方程及其求解

前面给出了哈密顿函数的几种表达形式及其由来。事实上,在多数情况下,光学哈密顿函数还可以通过媒质中的色散方程获得。本节首先推导一般材料中的色散方程,然后利用特征线方程对其

进行求解。在多数情况下,利用色散方程获得哈密顿函数,进而得到哈密顿正则方程的做法,更容易理解,也是常用的方法。

3.2.1 非均匀材料的色散方程

考虑一种一般类型的各向异性材料,且材料分布不均匀,电磁参数随空间位置的不同而有一些缓慢的变化。假设电磁场在该材料中传输时具有如下类似均匀平面波的形式:

$$E(r) = E_0(r) \cdot \exp[-jk_0\phi(r)]$$

$$H(r) = H_0(r) \cdot \exp[-jk_0\phi(r)]$$

(3-23)

其中:$-k_0\phi(r)$表示电磁波的相位;$k_0 = 2\pi/\lambda_0$是真空中的波数;λ_0是真空中的波长;$\phi(r)$是一个标量函数,表示波程。

对于位置矢量r,有

$$r = xe_x + ye_y + ze_z$$

显然,在各向同性材料中,波程可以表示为

$$\phi(r) = \int n(r) \cdot ds$$

对式(3-23)计算旋度,有

$$\nabla \times E(r) = \nabla \times \{E_0(r) \cdot \exp[-jk_0\phi(r)]\}$$

(3-24)

考虑到

$$\nabla \times (fA) = \nabla f \times A + f \nabla \times A$$

则式(3-24)可以写为

$$\nabla \times E(r) = \nabla\{\exp[-jk_0\phi(r)]\} \times E_0(r) + [\nabla \times E_0(r)]\exp[-jk_0\phi(r)]$$

$$= [-jk_0\nabla\phi(r) \times E_0(r)]\exp[-jk_0\phi(r)] + [\nabla \times E_0(r)]\exp[-jk_0\phi(r)]$$

如果考虑波长很短,即$\lambda_0 \to 0$,则$k_0 = 2\pi/\lambda_0 \to +\infty$;且材料是空间位置的缓变函数,因此可以忽略上式中的第二项,而仅仅考虑第一项,于是有

$$\nabla \times E(r) = [-jk_0\nabla\phi(r) \times E_0(r)]\exp[-jk_0\phi(r)]$$

将结果代入麦克斯韦方程组,并考虑无源情况,即

$$\begin{cases} \nabla \times H = j\omega D \\ \nabla \times E = -j\omega B \end{cases}$$

则有

$$k_0\nabla\phi(r) \times E_0(r) = \omega\mu \cdot H_0(r)$$

(3-25)

同理,有

$$k_0\nabla\phi(r) \times H_0(r) = -\omega\varepsilon \cdot E_0(r)$$

(3-26)

式(3-25)和式(3-26)可以表示为

$$\begin{bmatrix} \nabla[k_0\phi(r)]\times & -\omega\mu \cdot \\ +\omega\varepsilon \cdot & \nabla[k_0\phi(r)]\times \end{bmatrix} \begin{bmatrix} E_0(r) \\ H_0(r) \end{bmatrix} = 0$$

(3-27)

其中

$$\nabla\left[k_0\phi(\boldsymbol{r})\right]\times=k_0\begin{bmatrix}0 & -\phi_z & \phi_y \\ \phi_z & 0 & -\phi_x \\ -\phi_y & \phi_x & 0\end{bmatrix}$$

假设材料的电磁参数形式为

$$\boldsymbol{\mu}=\mu_0\begin{bmatrix}\mu_1 & 0 & 0 \\ 0 & \mu_2 & 0 \\ 0 & 0 & \mu_3\end{bmatrix},\quad \boldsymbol{\varepsilon}=\varepsilon_0\begin{bmatrix}\varepsilon_1 & 0 & 0 \\ 0 & \varepsilon_2 & 0 \\ 0 & 0 & \varepsilon_3\end{bmatrix}$$

则式(3-27)可以进一步详细表示为

$$\begin{bmatrix}0 & -k_0\phi_z & k_0\phi_y & -\omega\mu_0\mu_1 & 0 & 0 \\ k_0\phi_z & 0 & -k_0\phi_x & 0 & -\omega\mu_0\mu_2 & 0 \\ -k_0\phi_y & k_0\phi_x & 0 & 0 & 0 & -\omega\mu_0\mu_3 \\ \omega\varepsilon_0\varepsilon_1 & 0 & 0 & 0 & -k_0\phi_z & k_0\phi_y \\ 0 & \omega\varepsilon_0\varepsilon_2 & 0 & k_0\phi_z & 0 & -k_0\phi_x \\ 0 & 0 & \omega\varepsilon_0\varepsilon_3 & -k_0\phi_y & k_0\phi_x & 0\end{bmatrix}\begin{bmatrix}E_{0x} \\ E_{0y} \\ E_{0z} \\ H_{0x} \\ H_{0y} \\ H_{0z}\end{bmatrix}=0$$

或

$$\begin{bmatrix}0 & -\phi_z & \phi_y & -Z_0\mu_1 & 0 & 0 \\ \phi_z & 0 & -\phi_x & 0 & -Z_0\mu_2 & 0 \\ -\phi_y & \phi_x & 0 & 0 & 0 & -Z_0\mu_3 \\ \dfrac{1}{Z_0}\varepsilon_1 & 0 & 0 & 0 & -\phi_z & \phi_y \\ 0 & \dfrac{1}{Z_0}\varepsilon_2 & 0 & \phi_z & 0 & -\phi_x \\ 0 & 0 & \dfrac{1}{Z_0}\varepsilon_3 & -\phi_y & \phi_x & 0\end{bmatrix}\begin{bmatrix}E_{0x} \\ E_{0y} \\ E_{0z} \\ H_{0x} \\ H_{0y} \\ H_{0z}\end{bmatrix}=0$$

此方程要有非零解,则其系数行列式必须为 0,于是可以得到如下的方程:

$$\varepsilon_1\mu_1\phi_x^4+\varepsilon_2\mu_2\phi_y^4+\varepsilon_3\mu_3\phi_z^4+(\varepsilon_1\mu_2+\varepsilon_2\mu_1)\phi_x^2\phi_y^2+(\varepsilon_1\mu_3+\varepsilon_3\mu_1)\phi_x^2\phi_z^2+$$

$$(\varepsilon_2\mu_3+\varepsilon_3\mu_2)\phi_y^2\phi_z^2-$$

$$\varepsilon_1\mu_1(\varepsilon_2\mu_3+\varepsilon_3\mu_2)\phi_x^2-\varepsilon_2\mu_2(\varepsilon_1\mu_3+\varepsilon_3\mu_1)\phi_y^2-\varepsilon_3\mu_3(\varepsilon_1\mu_2+\varepsilon_2\mu_1)\phi_z^2+$$

$$\varepsilon_1\varepsilon_2\varepsilon_3\mu_1\mu_2\mu_3=0 \tag{3-28}$$

式(3-28)就是一般各向异性材料中的色散方程。

如果考虑非磁性材料,则上式中的磁导率均为 1,于是有

$$\varepsilon_1\phi_x^4+\varepsilon_2\phi_y^4+\varepsilon_3\phi_z^4+(\varepsilon_1+\varepsilon_2)\phi_x^2\phi_y^2+(\varepsilon_1+\varepsilon_3)\phi_x^2\phi_z^2+(\varepsilon_2+\varepsilon_3)\phi_y^2\phi_z^2-$$

$$\varepsilon_1(\varepsilon_2+\varepsilon_3)\phi_x^2-\varepsilon_2(\varepsilon_1+\varepsilon_3)\phi_y^2-\varepsilon_3(\varepsilon_1+\varepsilon_2)\phi_z^2+\varepsilon_1\varepsilon_2\varepsilon_3=0 \tag{3-29}$$

对于单轴晶体,$\varepsilon_2=\varepsilon_3$,则式(3-29)变为

$$(\phi_x^2+\phi_y^2+\phi_z^2-\varepsilon_2)(\varepsilon_1\phi_x^2+\varepsilon_2\phi_y^2+\varepsilon_2\phi_z^2-\varepsilon_1\varepsilon_2)=0 \tag{3-30}$$

当材料为各向同性材料时,$\varepsilon_1 = \varepsilon_2 = \varepsilon_3$,于是有

$$\phi_x^2 + \phi_y^2 + \phi_z^2 - \varepsilon = 0 \tag{3-31}$$

上式也就是

$$|\nabla\phi|^2 = n^2 \tag{3-32}$$

式(3-32)就是大家所熟知的程函方程,其中 n 是各向同性材料的折射率。

上述各方程都可以用下面的函数形式来描述,即

$$H(x, y, z, \phi, \phi_x, \phi_y, \phi_z) = 0 \tag{3-33}$$

在 3.2.3 节将会对式(3-33)进行特征线分析。

关于式(3-28)的推导,也可以使用 MATLAB 进行符号计算。具体代码如下:

```
syms phix phiy phiz Z0 mu1 mu2 mu3 eps1 eps2 eps3        % 定义符号变量
A = [0 - phiz phiy - Z0 * mu1 0 0;                       % 定义系数矩阵
phiz 0 - phix 0 - Z0 * mu2 0;
- phiy phix 0 0 0 - Z0 * mu3;
1/Z0 * eps1 0 0 0 - phiz phiy;
0 1/Z0 * eps2 0 phiz 0 - phix;
0 0 1/Z0 * eps3 - phiy phix 0];
det(A)                                                   % 计算系数行列式的值
```

MATLAB 计算结果如下:

eps1 * mu1 * phix^4 + eps2 * mu2 * phiy^4 + eps3 * mu3 * phiz^4 + eps1 * mu2 * phix^2 * phiy^2 + eps2 * mu1 * phix^2 * phiy^2 + eps1 * mu3 * phix^2 * phiz^2 + eps3 * mu1 * phix^2 * phiz^2 + eps2 * mu3 * phiy^2 * phiz^2 + eps3 * mu2 * phiy^2 * phiz^2 − eps1 * eps2 * mu1 * mu3 * phix^2 − eps1 * eps3 * mu1 * mu2 * phix^2 − eps1 * eps2 * mu2 * mu3 * phiy^2 − eps2 * eps3 * mu1 * mu2 * phiy^2 − eps1 * eps3 * mu2 * mu3 * phiz^2 − eps2 * eps3 * mu1 * mu3 * phiz^2 + eps1 * eps2 * eps3 * mu1 * mu2 * mu3

对比上面的结果和式(3-28),可以发现二者完全一致。

3.2.2 均匀材料的色散方程

需要说明的是,3.2.1 节的推导过程是电磁场在几何光学情况下的近似;但是当材料为均匀分布时,由于材料中有严格的均匀平面波存在,故上述推导严格成立,且有

$$k_0\phi(\boldsymbol{r}) = \boldsymbol{k} \cdot \boldsymbol{r} = k_x x + k_y y + k_z z$$

$$k_0\nabla\phi(\boldsymbol{r}) = k_0\phi_x\boldsymbol{e}_x + k_0\phi_y\boldsymbol{e}_y + k_0\phi_z\boldsymbol{e}_z = \boldsymbol{k}$$

此时,对于各向异性的非磁性材料,将方程(3-29)两边同乘以 k_0^6,则有

$$k_1^2 k_x^4 + k_2^2 k_y^4 + k_3^2 k_z^4 + (k_1^2 + k_2^2)k_x^2 k_y^2 + (k_1^2 + k_3^2)k_x^2 k_z^2 + (k_2^2 + k_3^2)k_y^2 k_z^2 -$$
$$k_1^2(k_2^2 + k_3^2)k_x^2 - k_2^2(k_1^2 + k_3^2)k_y^2 - k_3^2(k_1^2 + k_2^2)k_z^2 + k_1^2 k_2^2 k_3^2 = 0 \tag{3-34}$$

其中

$$k_i^2 = k_0^2 \varepsilon_i \quad i = 1, 2, 3$$

对于单轴晶体,$\varepsilon_2 = \varepsilon_3$,则上式变为

$$(k_x^2 + k_y^2 + k_z^2 - k_2^2)(k_1^2 k_x^2 + k_2^2 k_y^2 + k_2^2 k_z^2 - k_1^2 k_2^2) = 0 \tag{3-35}$$

所以

$$k_x^2 + k_y^2 + k_z^2 = k_2^2 \tag{3-36}$$

或者

$$k_1^2 k_x^2 + k_2^2 k_y^2 + k_2^2 k_z^2 = k_1^2 k_2^2$$

也就是

$$\frac{k_x^2}{k_2^2} + \frac{k_y^2 + k_z^2}{k_1^2} = 1 \tag{3-37}$$

式(3-36)和式(3-37)对应的分别是寻常光(o 光)和非寻常光(e 光)的色散方程。

3.2.3 色散方程的特征线法分析

在数学上,形如式(3-33)的微分方程可以用特征线的方法求解。将其重写为

$$H(x, y, z, \phi, \phi_x, \phi_y, \phi_z) = 0$$

可以简写为

$$H(\boldsymbol{r}, \phi, \boldsymbol{p}) = 0 \tag{3-38}$$

其中: $\boldsymbol{p} = \nabla\phi = (\phi_x, \phi_y, \phi_z)$,称为光学方向余弦,并将其视为自由变量。

$\boldsymbol{p}$ 的方向与等相位面垂直,也就是波矢的方向。由于 $k_0\boldsymbol{p} = k_0 \nabla\phi = \boldsymbol{k}$,所以 $\boldsymbol{p}$ 也可以看作相对于真空中的波数 k_0 做归一化的波矢量。

可以设想构造一条所谓的特征线,其可以用一个含参的曲线来表述,即 $\boldsymbol{r}(\tau)$,且对于特征线上的各点,方程(3-38)恒成立。所以有

$$\frac{\mathrm{d}H}{\mathrm{d}\tau} = \frac{\partial H}{\partial \boldsymbol{r}} \cdot \frac{\mathrm{d}\boldsymbol{r}}{\mathrm{d}\tau} + \frac{\partial H}{\partial \phi} \frac{\partial \phi}{\partial \boldsymbol{r}} \cdot \frac{\mathrm{d}\boldsymbol{r}}{\mathrm{d}\tau} + \frac{\partial H}{\partial \boldsymbol{p}} \cdot \frac{\mathrm{d}\boldsymbol{p}}{\mathrm{d}\tau} = 0 \tag{3-39}$$

也即

$$\frac{\mathrm{d}H}{\mathrm{d}\tau} = \left(\frac{\partial H}{\partial \boldsymbol{r}} + \frac{\partial H}{\partial \phi} \frac{\partial \phi}{\partial \boldsymbol{r}}\right) \cdot \frac{\mathrm{d}\boldsymbol{r}}{\mathrm{d}\tau} + \frac{\partial H}{\partial \boldsymbol{p}} \cdot \frac{\mathrm{d}\boldsymbol{p}}{\mathrm{d}\tau} = 0 \tag{3-40}$$

为了保证上式成立,可以考虑

$$\frac{\mathrm{d}\boldsymbol{r}}{\mathrm{d}\tau} = \frac{\partial H}{\partial \boldsymbol{p}} \tag{3-41}$$

$$\frac{\mathrm{d}\boldsymbol{p}}{\mathrm{d}\tau} = -\left(\frac{\partial H}{\partial \boldsymbol{r}} + \frac{\partial H}{\partial \phi} \frac{\partial \phi}{\partial \boldsymbol{r}}\right) \tag{3-42}$$

当然有

$$\frac{\mathrm{d}\phi}{\mathrm{d}\tau} = \frac{\partial \phi}{\partial \boldsymbol{r}} \cdot \frac{\mathrm{d}\boldsymbol{r}}{\mathrm{d}\tau} = \boldsymbol{p} \cdot \frac{\partial H}{\partial \boldsymbol{p}} \tag{3-43}$$

于是

$$\phi = \int \boldsymbol{p} \cdot \frac{\partial H}{\partial \boldsymbol{p}} \mathrm{d}\tau \tag{3-44}$$

由 3.2.1 节的推证过程可知,一般情况下,H 中不显含 ϕ,因此,上面的方程组可以简化为

$$\begin{cases} \dfrac{\mathrm{d}\boldsymbol{r}}{\mathrm{d}\tau} = \dfrac{\partial H}{\partial \boldsymbol{p}} \\ \dfrac{\mathrm{d}\boldsymbol{p}}{\mathrm{d}\tau} = -\dfrac{\partial H}{\partial \boldsymbol{r}} \end{cases} \tag{3-45}$$

通过对上面常微分方程组的求解,即可得到特征线,在几何光学里面,也就是光线。方程组(3-45)就是哈密顿正则方程。所以色散方程(3-38)的左侧函数即可看作哈密顿函数。

需要指出的是,色散方程(3-33)不是唯一的。例如,可以考虑

$$H' = f(H) = 0 \tag{3-46}$$

其中:f 为已知函数。

则式(3-33)和式(3-46)对应的是同一色散方程。可以证明,此时,对上述方程进行特征线分析,所得特征线不变,只不过特征线的参量进行了变换而已。

$$\frac{\mathrm{d}\boldsymbol{r}}{\mathrm{d}\tau} = \frac{\partial H'}{\partial \boldsymbol{p}} = \frac{\mathrm{d}f}{\mathrm{d}H}\frac{\partial H}{\partial \boldsymbol{p}}$$

$$\frac{\mathrm{d}\boldsymbol{p}}{\mathrm{d}\tau} = -\frac{\partial H'}{\partial \boldsymbol{r}} = -\frac{\mathrm{d}f}{\mathrm{d}H}\frac{\partial H}{\partial \boldsymbol{r}} \tag{3-47}$$

可知,只要定义考虑 $\mathrm{d}\tau' = \mathrm{d}\tau\,\dfrac{\mathrm{d}f}{\mathrm{d}H}$,则可以将原参量变换为新参量,而特征线的方程不变。

同样的道理,如果选择 $H' = f(\boldsymbol{r}, \boldsymbol{p})H(\boldsymbol{r}, \phi, \boldsymbol{p}) = 0$,其中 f 为任意一个已知的二元函数,则

$$\begin{cases} \dfrac{\mathrm{d}H}{\mathrm{d}\tau} = \dfrac{\partial H'}{\partial \boldsymbol{p}} = \dfrac{\partial f}{\partial \boldsymbol{p}}H + f\dfrac{\partial H}{\partial \boldsymbol{p}} = f\dfrac{\partial H}{\partial \boldsymbol{p}} \\[2mm] \dfrac{\mathrm{d}\boldsymbol{p}}{\mathrm{d}\tau} = -\dfrac{\partial H'}{\partial \boldsymbol{r}} = -\dfrac{\partial f}{\partial \boldsymbol{r}}H - f\dfrac{\partial H}{\partial \boldsymbol{r}} = -f\dfrac{\partial H}{\partial \boldsymbol{r}} \end{cases} \tag{3-48}$$

类似地,可以选择 $\mathrm{d}\tau' = f\mathrm{d}\tau$,从而改变曲线参数的选择,但并不改变相应的特征线。上式中用到了 $H(\boldsymbol{r}, \phi, \boldsymbol{p}) = 0$ 的条件。

例如,对于程函方程,即式(3-31)或式(3-32)

$$\phi_x^2 + \phi_y^2 + \phi_z^2 = n^2$$

显然,有

$$\frac{\phi_x^2 + \phi_y^2 + \phi_z^2}{4n^2} - \frac{1}{4} = 0$$

那么根据特征线法的推证,可以选择哈密顿函数为等号左侧的函数,即

$$H = \frac{\phi_x^2 + \phi_y^2 + \phi_z^2}{4n^2} - \frac{1}{4}$$

观察上面的结果,其与式(3-21)除了一个常数外,完全相同。换句话说,用色散方程的方法也可以得到哈密顿函数的表达式。事实上,当两个哈密顿函数相差一个常数时,二者对应的正则方程,即式(3-45)完全相同。后面章节中,也会采用类似手段舍去此类常数。

3.2.4 媒质分界面的处理

在真空中光线沿一条直线传播,很容易进行射线追踪。但在两种媒质的分界面处,由于材料的特性发生了变化,光线一般会发生方向偏转。因此,在分界面处必须确定界面两侧 $\boldsymbol{p}$ 的大小和方向关系。在这种情况下,可以假设媒质1中的波矢 $\boldsymbol{p}_1$(相对于真空中的波数归一化处理)已知,需要得到光线在媒质2中的波矢 $\boldsymbol{p}_2$。从3.2.1节中推导色散方程的过程来看,射线追踪时,一般是把电磁波看作准平面波,所以界面两侧必须满足切向波矢的连续性,也就是

$$(\boldsymbol{p}_1 - \boldsymbol{p}_2) \times \boldsymbol{n} = 0 \tag{3-49}$$

且在媒质 2 中,色散方程必然成立,即

$$H(\boldsymbol{p}_2) = 0 \tag{3-50}$$

此外,考虑光线是从媒质 1 进入媒质 2,还应该有

$$\frac{\partial H}{\partial \boldsymbol{p}} \cdot \boldsymbol{n} > 0 \tag{3-51}$$

其中:$\boldsymbol{n}$ 是两种媒质分界面的单位法矢量,$\boldsymbol{n} = (n_x, n_y, n_z)$,其方向是从媒质 1 指向媒质 2。图 3-1 给出了各个物理量的相互关系。

一般情况下,波矢 $\boldsymbol{p}_1$ 已知时,通过式(3-49)、式(3-50)和式(3-51),可以唯一确定 $\boldsymbol{p}_2$。当光线进入媒质 2 后,就可以将入射点作为起始点,将 $\boldsymbol{p}_2$ 作为起始波矢,从而继续进行射线追踪的过程。

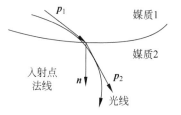

图 3-1　光线在两种媒质分界面的情况

3.3　隐形衣中的射线追踪

电磁隐形衣是由特殊设计的电磁材料构成的,一般是非均匀各向异性的磁性材料,它可以包裹在物体周围,实现对目标的隐形。在电磁隐形衣内部,材料可以导引电磁波绕过被隐形的物体;而在外部,隐形衣不对外界电磁场产生任何扰动。本节首先推导隐形衣中的哈密顿函数,由此得到光线的哈密顿正则方程,并利用数值方法对射线方程进行求解。射线追踪的结果表明了电磁隐形装置的有效性。

3.3.1　隐形衣中的哈密顿函数

在电磁领域,可以使用变换光学理论来设计各种电磁隐形装置。变换光学本质上就是广义的坐标变换或者空间变换,它涉及两个变换空间,一个是虚拟空间,另一个是物理空间。虚拟空间也就是所希望模拟的电磁空间,而物理空间就是变换以后电磁器件实际上存在的空间。因为麦克斯韦方程组的协变性,可以通过在物理空间中填充某种经过变换后所得的具有特殊参数的材料来获得虚拟空间中的场分布效果,从而设计出种类繁多的特殊电磁器件,如隐形衣。

下面以图 3-2 所示的任意隐形斗篷作为示例简单说明变换光学的原理。

图 3-2(a)所示是虚拟空间,此处以真空为例;图 3-2(b)所示是实际的物理空间,为填充有物理材料的实际空间。在虚拟空间,光线显然是沿着直线传播的。如果将虚拟空间中的任意点 $P(x, y, z)$ 通过变换函数 $X' = X'(x, y, z)$ 映射为物理空间中的点 $P'(x', y', z')$,从而使图 3-2(a)所示的一个闭合单连通区域从中间撕裂开,形成图 3-2(b)所示的复连通区域;同时,保持两个空间的外边界一致,

(a) 虚拟空间　　　　　　　　　　　　(b) 物理空间

图 3-2　变换光学原理示意图

从而保证边界的连续性,不会因为变换的引入而使得边界处产生反射。在这种情况下,如果根据一定的变换规则在图 3-2(b)中的套层区域填充特殊材料,则就可以实现封闭区域外场的无扰动传播,从而达到隐形的目的。

当虚拟空间和物理空间都以直角坐标系进行表示时,根据麦克斯韦方程组的协变性,变换后的电磁材料参数有如下关系式

$$\boldsymbol{\varepsilon}'(x',y',z') = \frac{\boldsymbol{A} \cdot \boldsymbol{\varepsilon}(x,y,z) \cdot \boldsymbol{A}^{\mathrm{T}}}{\det(\boldsymbol{A})}, \quad \boldsymbol{\mu}'(x',y',z') = \frac{\boldsymbol{A} \cdot \boldsymbol{\mu}(x,y,z) \cdot \boldsymbol{A}^{\mathrm{T}}}{\det(\boldsymbol{A})} \tag{3-52}$$

式(3-52)就是虚拟空间与物理空间材料分布的变换公式。其中,$\boldsymbol{A}$ 是雅可比矩阵,$\boldsymbol{A} = \partial X'/\partial X = \partial(x',y',z')/\partial(x,y,z)$,体现了两个空间的变换关系。从式(3-52)可以看出,隐形材料对应的介电常数和磁导率都是对称的张量形式,二者都是空间坐标的函数且大小相同(相对值)。

接下来考虑光线在这种所谓的“变换媒质”中的传播特性。依然采用类似于 3.2.1 节的方法,假设光以准平面波的形式传播,并考虑缓变条件,则由麦克斯韦方程组可得

$$\begin{bmatrix} \nabla[k_0\phi(r)]\times & -\omega\boldsymbol{\mu}\cdot \\ +\omega\boldsymbol{\varepsilon}\cdot & \nabla[k_0\phi(r)]\times \end{bmatrix} \begin{bmatrix} \boldsymbol{E}_0(r) \\ \boldsymbol{H}_0(r) \end{bmatrix} = 0 \tag{3-53}$$

与 3.2.1 节不同的是,其中

$$\boldsymbol{\mu} = \mu_0\boldsymbol{N} = \mu_0\begin{bmatrix} n_{11} & n_{12} & n_{13} \\ n_{12} & n_{22} & n_{23} \\ n_{13} & n_{23} & n_{33} \end{bmatrix}, \quad \boldsymbol{\varepsilon} = \varepsilon_0\boldsymbol{N} = \varepsilon_0\begin{bmatrix} n_{11} & n_{12} & n_{13} \\ n_{12} & n_{22} & n_{23} \\ n_{13} & n_{23} & n_{33} \end{bmatrix} \tag{3-54}$$

因此,在电磁隐形衣内部,相对介电常数张量和磁导率张量相同,用矩阵 $\boldsymbol{N}$ 表示,且

$$\nabla[k_0\phi(r)]\times = k_0\begin{bmatrix} 0 & -\phi_z & \phi_y \\ \phi_z & 0 & -\phi_x \\ -\phi_y & \phi_x & 0 \end{bmatrix} \tag{3-55}$$

如果用分量表示,式(3-53)也就是

$$\begin{bmatrix} 0 & -k_0\phi_z & k_0\phi_y & -\omega\mu_0 n_{11} & -\omega\mu_0 n_{12} & -\omega\mu_0 n_{13} \\ k_0\phi_z & 0 & -k_0\phi_x & -\omega\mu_0 n_{12} & -\omega\mu_0 n_{22} & -\omega\mu_0 n_{23} \\ -k_0\phi_y & k_0\phi_x & 0 & -\omega\mu_0 n_{13} & -\omega\mu_0 n_{23} & -\omega\mu_0 n_{33} \\ \omega\varepsilon_0 n_{11} & \omega\varepsilon_0 n_{12} & \omega\varepsilon_0 n_{13} & 0 & -k_0\phi_z & k_0\phi_y \\ \omega\varepsilon_0 n_{12} & \omega\varepsilon_0 n_{22} & \omega\varepsilon_0 n_{23} & k_0\phi_z & 0 & -k_0\phi_x \\ \omega\varepsilon_0 n_{13} & \omega\varepsilon_0 n_{23} & \omega\varepsilon_0 n_{33} & -k_0\phi_y & k_0\phi_x & 0 \end{bmatrix} \begin{bmatrix} E_{0x} \\ E_{0y} \\ E_{0z} \\ H_{0x} \\ H_{0y} \\ H_{0z} \end{bmatrix} = 0 \tag{3-56}$$

即

$$\begin{bmatrix} 0 & -\phi_z & \phi_y & -Z_0 n_{11} & -Z_0 n_{12} & -Z_0 n_{13} \\ \phi_z & 0 & -\phi_x & -Z_0 n_{12} & -Z_0 n_{22} & -Z_0 n_{23} \\ -\phi_y & \phi_x & 0 & -Z_0 n_{13} & -Z_0 n_{23} & -Z_0 n_{33} \\ \dfrac{1}{Z_0}n_{11} & \dfrac{1}{Z_0}n_{12} & \dfrac{1}{Z_0}n_{13} & 0 & -\phi_z & \phi_y \\ \dfrac{1}{Z_0}n_{12} & \dfrac{1}{Z_0}n_{22} & \dfrac{1}{Z_0}n_{23} & \phi_z & 0 & -\phi_x \\ \dfrac{1}{Z_0}n_{13} & \dfrac{1}{Z_0}n_{23} & \dfrac{1}{Z_0}n_{33} & -\phi_y & \phi_x & 0 \end{bmatrix} \begin{bmatrix} E_{0x} \\ E_{0y} \\ E_{0z} \\ H_{0x} \\ H_{0y} \\ H_{0z} \end{bmatrix} = 0 \tag{3-57}$$

式(3-57)有非零解的条件是系数行列式的值为0,于是得到

$$| \boldsymbol{A} | = (\boldsymbol{p} \boldsymbol{N} \boldsymbol{p}^{\mathrm{T}} - | \boldsymbol{N} |)^2 = 0 \tag{3-58}$$

为简单计算,并根据式(3-58),不妨考虑取

$$H = \boldsymbol{p} \boldsymbol{N} \boldsymbol{p}^{\mathrm{T}} - | \boldsymbol{N} | = 0 \tag{3-59}$$

式(3-59)就是隐形衣等器件中光射线所满足的哈密顿函数。利用哈密顿正则方程,则容易得到射线的轨迹。

上述推证相对比较复杂,可以使用MATLAB符号工具箱进行辅助推演。代码如下:

```
syms phix phiy phiz Z0 n11 n12 n13 n22 n23 n33        %定义符号变量
A = [ 0 - phiz phiy - Z0 * n11 - Z0 * n12 - Z0 * n13;  %定义系数矩阵
phiz 0 - phix - Z0 * n12 - Z0 * n22 - Z0 * n23;
 - phiy phix 0 - Z0 * n13 - Z0 * n23 - Z0 * n33;
1/Z0 * n11 1/Z0 * n12 1/Z0 * n13 0    - phiz  phiy
1/Z0 * n12 1/Z0 * n22 1/Z0 * n23 phiz   0    - phix;
1/Z0 * n13 1/Z0 * n23 1/Z0 * n33 - phiy  phix  0];
n = [n11 n12 n13;                                      %定义材料参数矩阵 N
n12 n22 n23;
n13 n23 n33;]
factor(det(A))                                         %计算行列式的值并做因式分解
B = [phix phiy phiz] * (n) * [phix phiy phiz].' - det(n)  %计算 pNp^T - det(N)
factor(det(A) - (B^2))                                 %对比二者差值是否为 0
```

MATLAB给出的系数矩阵的行列式的值如下:

(− n33 * n12^2 + 2 * n12 * n13 * n23 − 2 * n12 * phix * phiy − n22 * n13^2 − 2 * n13 * phix * phiz − n11 * n23^2 − 2 * n23 * phiy * phiz − n11 * phix^2 − n22 * phiy^2 − n33 * phiz^2 + n11 * n22 * n33)^2

MATLAB最终计算得到的差值为0。因此,式(3-59)是严格成立的。

3.3.2 球形隐形衣的射线追踪

1. 射线方程和起始条件

设计一个球形隐形装置,其内外半径分别为 a 和 b,并考虑如下形式的变换:

$$r' = \frac{b-a}{b} r + a, \quad \theta' = \theta, \quad \varphi' = \varphi \tag{3-60}$$

则利用变换光学的理论,可以得到

$$\boldsymbol{N} = \frac{b}{b-a} \left(\boldsymbol{I} - \frac{2ar - a^2}{r^4} \boldsymbol{x} \otimes \boldsymbol{x} \right) \tag{3-61}$$

$$| \boldsymbol{N} | = \left(\frac{b}{b-a} \right)^3 \left(\frac{r-a}{r} \right)^2 \tag{3-62}$$

其中: $\boldsymbol{I}$ 表示单位阵。

选择如下的哈密顿函数:

$$H = \frac{1}{2} \frac{b-a}{b} (\boldsymbol{p} \boldsymbol{N} \boldsymbol{p}^{\mathrm{T}} - | \boldsymbol{N} |) \tag{3-63}$$

并将式(3-61)代入,那么球形隐形衣中的哈密顿函数为

$$H = \frac{1}{2}\boldsymbol{p}\cdot\boldsymbol{p} - \frac{1}{2}\frac{2ar-a^2}{r^4}(\boldsymbol{x}\cdot\boldsymbol{p})^2 - \frac{1}{2}\left[\frac{b(r-a)}{r(b-a)}\right]^2 \tag{3-64}$$

于是有

$$\frac{\partial H}{\partial \boldsymbol{p}} = \boldsymbol{p} - \frac{2ar-a^2}{r^4}(\boldsymbol{x}\cdot\boldsymbol{p})\boldsymbol{x} \tag{3-65}$$

$$\frac{\partial H}{\partial \boldsymbol{x}} = -\frac{2ar-a^2}{r^4}(\boldsymbol{x}\cdot\boldsymbol{p})\boldsymbol{p} + \frac{3ar-2a^2}{r^6}(\boldsymbol{x}\cdot\boldsymbol{p})^2\boldsymbol{x} - \left(\frac{b}{b-a}\right)\left(\frac{ar-a^2}{r^4}\right)\boldsymbol{x} \tag{3-66}$$

其中：$\boldsymbol{x}$ 为 (x,y,z)；$\boldsymbol{p}$ 为 (p_x,p_y,p_z)。

那么上面的两个方程就写成了 6 个微分方程。由式(3-65)和式(3-66)，得

$$\frac{\mathrm{d}x}{\mathrm{d}t} = p_x - \frac{2ar-a^2}{b^4}(xp_x + yp_y + zp_z)x$$

$$\frac{\mathrm{d}y}{\mathrm{d}t} = p_y - \frac{2ar-a^2}{b^4}(xp_x + yp_y + zp_z)y$$

$$\frac{\mathrm{d}z}{\mathrm{d}t} = p_z - \frac{2ar-a^2}{b^4}(xp_x + yp_y + zp_z)z$$

$$\frac{\mathrm{d}p_x}{\mathrm{d}t} = \frac{2ar-a^2}{r^4}(xp_x + yp_y + zp_z)p_x - \frac{3ar-2a^2}{r^6}(xp_x + yp_y + zp_z)^2x + \left(\frac{b}{b-a}\right)\left(\frac{ar-a^2}{r^4}\right)x$$

$$\frac{\mathrm{d}p_y}{\mathrm{d}t} = \frac{2ar-a^2}{r^4}(xp_x + yp_y + zp_z)p_y - \frac{3ar-2a^2}{r^6}(xp_x + yp_y + zp_z)^2y + \left(\frac{b}{b-a}\right)\left(\frac{ar-a^2}{r^4}\right)y$$

$$\frac{\mathrm{d}p_z}{\mathrm{d}t} = \frac{2ar-a^2}{r^4}(xp_x + yp_y + zp_z)p_z - \frac{3ar-2a^2}{r^6}(xp_x + yp_y + zp_z)^2z + \left(\frac{b}{b-a}\right)\left(\frac{ar-a^2}{r^4}\right)z$$

解这 6 个微分方程，并考虑起始条件，就会得到光线在介质中的传播路径。

假设光线沿 x 方向入射，入射点分布在球形隐形衣外表面一个半径为 r_0 的圆上，即 $\boldsymbol{p}_1 = (1, 0, 0)$，如图 3-3 所示。球形隐形装置表面的单位法向矢量满足下面关系：

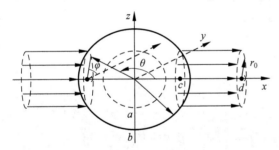

图 3-3　球形隐形衣的射线追踪示意

$$\left.\begin{array}{l} n_x = -\cos\theta \\ n_y = -\sin\theta\cos\varphi \\ n_z = -\sin\theta\sin\varphi \end{array}\right\} \tag{3-67}$$

其中的角度定义如图 3-3 所示。θ 为矢径与 x 轴正方向的夹角，φ 为矢径在 yOz 平面上的投影与 y 轴正方向的夹角。假设 $\boldsymbol{p}_2 = (p_x, p_y, p_z)$，并考虑在外表面处 $r = b$，则有

$$\left.\begin{array}{l} p_z n_y = p_y n_z \\ p_x n_z - p_z n_x = n_z \\ p_x^2 + p_y^2 + p_z^2 - \dfrac{2ab-a^2}{b^4}(xp_x + yp_y + zp_z)^2 - 1 = 0 \\[2mm] \dfrac{\partial H}{\partial \boldsymbol{p}}\cdot\boldsymbol{n} > 0 \end{array}\right\} \tag{3-68}$$

解这个方程组就会得到 p_x、p_y 和 p_z 的值，即

$$p_{x0} = \frac{-g + \sqrt{g^2 - 4hu}}{2h}$$

$$p_{y0} = \frac{n_{y0}}{n_{x0}}(p_{x0} - 1)$$

$$p_{z0} = \frac{n_{z0}}{n_{x0}}(p_{x0} - 1)$$

其中

$$h = 1 + \left(\frac{n_{y0}}{n_{x0}}\right)^2 + \left(\frac{n_{z0}}{n_{x0}}\right)^2 - mx_0^2 - my_0^2\left(\frac{n_{y0}}{n_{x0}}\right)^2 - mz_0^2\left(\frac{n_{z0}}{n_{x0}}\right)^2 - 2mx_0z_0\left(\frac{n_{z0}}{n_{x0}}\right) -$$

$$2my_0z_0\left(\frac{n_{y0}n_{z0}}{n_{x0}^2}\right) - 2mx_0y_0\left(\frac{n_{y0}}{n_{x0}}\right)$$

$$g = -2\left(\frac{n_{y0}}{n_{x0}}\right)^2 - 2\left(\frac{n_{z0}}{n_{x0}}\right)^2 + 2my_0^2\left(\frac{n_{y0}}{n_{x0}}\right)^2 + 2mz_0^2\left(\frac{n_{z0}}{n_{x0}}\right)^2 + 4my_0z_0\left(\frac{n_{y0}n_{z0}}{n_{x0}^2}\right) +$$

$$2mx_0z_0\left(\frac{n_{z0}}{n_{x0}}\right) + 2mx_0y_0\left(\frac{n_{y0}}{n_{x0}}\right)$$

$$u = \left(\frac{n_{y0}}{n_{x0}}\right)^2 + \left(\frac{n_{z0}}{n_{x0}}\right)^2 - my_0^2\left(\frac{n_{y0}}{n_{x0}}\right)^2 - mz_0^2\left(\frac{n_{z0}}{n_{x0}}\right)^2 - 2my_0z_0\left(\frac{n_{y0}n_{z0}}{n_{x0}^2}\right) - 1$$

把 $t=0$ 时 x、y、z、p_x、p_y 和 p_z 的值(初始条件)代入 6 个微分方程组就会解出 x、y、z 的解,这就是射线在介质中的传播轨迹,用 MATLAB 画出其轨迹就能得到射线在球形隐形介质中的传播路径。

2. MATLAB 代码

基于上面的分析,可以编制如下的 MATLAB 程序,实现球形隐形衣内部的射线追踪。从图 3-3 可以看出,一束光线从 $x=-d$ 处入射到 $x=-c$ 对应的球面上,然后进入隐形衣内部。在绘制过程中使用均分圆周的方法确定 30 个入射点位置,如图 3-3 所示。经过隐形衣的导引,光线从 $x=c$ 处出射。由于光线在真空中沿直线传播,所以在隐形衣外部采用直接绘制直线的方式绘制光线;在隐形衣表面处,通过进行波矢匹配计算得到进入隐形衣内部的波矢起始值;在隐形衣内部,采用哈密顿正则方程来描述光线路径,基于 ode45 函数进行数值求解;光线出射后,依然采用绘制直线的方法绘制光线。具体代码如下:

```
tspan = [0 20];                          % 设置光线对应的参数区间
no_lines = 30;                           % 设置光线条数
a = 2;                                   % 隐形衣内径
b = 4;                                   % 隐形衣外径
[x,y,z] = sphere(100);                   % 计算单位球面所对应的空间坐标
surf(a * x,a * y,a * z);hold on;         % 绘制内部的球面,并设置叠加绘图模式
surf(b * x,b * abs(y),b * z);            % 绘制外部球面.由于使用了绝对值,仅绘制半球面
shading interp;
light('Position',[ - 1,0,0]);            % 设置光照位置
lighting gouraud;                        % 设置光照模式
view( - 40,17);                          % 设置视角
r0 = 1;                                  % 入射点所在圆的半径为1
d = 6;
c = sqrt(b^2 - r0^2);                    % 入射点所在圆面到原点的距离
phi0 = linspace(0,2 * pi,no_lines);      % 在圆面上均匀选择 30 个点,作为入射点
```

```
theta0 = pi - asin(r0/b);                                    % 计算入射点对应的 theta 角度
Y0 = r0 * cos(phi0);                                         % 入射点的 y 坐标
Z0 = r0 * sin(phi0);                                         % 入射点的 z 坐标
X0 = linspace( - c, - c,no_lines);                           % 入射点的 x 坐标
xx = linspace( - d, - d,no_lines); zz = Z0;yy = Y0;         % 光线起始点的坐标
for l = 1:no_lines
line([X0(l),xx(l)],[Y0(l),yy(l)],[Z0(l),zz(l)],'color','g','linewidth',1.5);
                                                             % 绘制每条光线

end
for lp = 1:no_lines
x0 = X0(lp);y0 = Y0(lp); z0 = Z0(lp);                        % 每条光线的入射点坐标
ny0 = - sin(theta0) * cos(phi0(lp)); nx0 = - cos(theta0);nz0 = - sin(theta0) * sin(phi0(lp));
                                                             % 方向分量
m = (2 * a * b - a^2)/b^4;                                   % 定义常数
h = 1 + ny0^2/nx0^2 + nz0^2/nx0^2 - m * y0^2 * ny0^2/nx0^2 - m * z0^2 * (nz0^2/nx0^2) - 2 * m * x0 * z0 *
(nz0/nx0) - 2 * m * y0 * z0 * (ny0 * nz0/nx0^2) - m*x0^2 - 2 * m * x0 * y0 * ny0/nx0;
 % 定义 h
g = - 2 * ny0^2/nx0^2 - 2 * nz0^2/nx0^2 + 2 * m * y0^2 * ny0^2/nx0^2 + 2 * m * z0^2 * nz0^2/nx0^2 + 4 * m * y0 *
z0 * nz0 * ny0/nx0^2 + 2 * m * x0 * y0 * ny0/nx0 + 2 * m * x0 * z0 * nz0/nx0;
 % 定义 g
u = ny0^2/nx0^2 + nz0^2/nx0^2 - m * y0^2 * ny0^2/nx0^2 - m * z0^2 * (nz0^2/nx0^2) - 2 * m * y0 * z0 * (ny0 *
nz0/nx0^2) - 1;
 % 定义 u
kx0 = ( - g + sqrt(g^2 - 4 * h * u))/(2 * h);               % 计算波矢的起始 x 分量
ky0 = (ny0/nx0) * (kx0 - 1);                                % 计算波矢的起始 y 分量
kz0 = (nz0/nx0) * (kx0 - 1);                                % 计算波矢的起始 z 分量
Yi = [x0 y0 z0 kx0 ky0 kz0];                                % 起始矢量
options = odeset('RelTol',1e - 10,'AbsTol',[1e - 10]);      % ode45 函数的附加设置项
[T,Y] = ode45(@rayham,tspan,Yi,options);                    % 利用 ode45 函数进行计算
plot3(Y(:,1),Y(:,2),Y(:,3),'color','g','linewidth',1.5);   % 绘制光线
end
X0 = linspace(c,c,no_lines);                                % 以下用于绘制出射的光线
xx = linspace(d,d,no_lines);zz = Z0;yy = Y0;
for l = 1:no_lines
line([X0(l),xx(l)],[Y0(l),yy(l)],[Z0(l),zz(l)],'color','g','linewidth',1.5);
end
axis equal;                                                 % 设置三个方向等比例显示
```

上面代码执行后所得到的结果如图 3-4 所示。

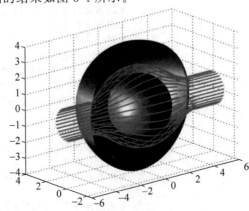

图 3-4　球形隐形衣射线追踪结果

另外,在 ode45 函数求解中,用到了描述哈密顿正则方程的函数 rayham。其定义如下。读者可以结合哈密顿方程的表达式,进一步加深理解。

```
function dy = rayham(t,y);
dy = zeros(6,1);
a = 2;b = 4;                                        % 内外半径数值
r = (y(1).^2 + y(2).^2 + y(3).^2).^(1/2);          % 球坐标系下矢径的大小
s = y(1) * y(4) + y(2) * y(5) + y(3) * y(6);       % 定义波矢与矢径的点积
dy(1) = y(4) - ((2 * a * r - a^2)/r^4) * s * y(1); % 哈密顿方程组的前三个方程
dy(2) = y(5) - ((2 * a * r - a^2)/r^4) * s * y(2);
dy(3) = y(6) - ((2 * a * r - a^2)/r^4) * s * y(3);

                                                    % 哈密顿方程组的后三个方程
dy(4) =
 - ((2 * a * r - a^2)/r^4) * s * y(4) + ((3 * a * r - 2 * a^2)/r^6) * (s^2) * y(1) - ((b/(b-a))^2) * ((a * r - a^
2)/r^4) * y(1);
dy(4) = - dy(4);
dy(5) = - ((2 * a * r - a^2)/r^4) * s * y(5) + ((3 * a * r - 2 * a^2)/r^6) * (s^2) * y(2) - ((b/(b-a))^2) * ((a * r
 - a^2)/r^4) * y(2);
dy(5) = - dy(5);
dy(6) = - ((2 * a * r - a^2)/r^4) * s * y(6) + ((3 * a * r - 2 * a^2)/r^6) * (s^2) * y(3) - ((b/(b-a))^2) * ((a * r
 - a^2)/r^4) * y(3);
dy(6) = - dy(6);
```

3.3.3 柱状隐形衣的射线追踪

1. 哈密顿正则方程

在柱坐标系下,选择柱状隐形衣的哈密顿函数为

$$H = \frac{1}{2}\frac{\rho - a}{\rho}(\boldsymbol{p}\boldsymbol{N}\boldsymbol{p}^{\mathrm{T}} - |\boldsymbol{N}|)$$

如果考虑采用如下的变换函数:

$$\rho' = \rho\frac{b-a}{b} + a, \varphi' = \varphi, z' = z \tag{3-69}$$

同样,利用变换光学理论,可以得到

$$\boldsymbol{N} = \frac{\rho - a}{\rho}\boldsymbol{T} - \frac{2a\rho - a^2}{\rho^3(\rho - a)}\boldsymbol{\rho} \otimes \boldsymbol{\rho} + \left(\frac{b}{b-a}\right)^2\frac{\rho - a}{\rho}\boldsymbol{Z}$$

其中

$$\boldsymbol{T} = \begin{bmatrix} 1 & 0 & 0 \\ 0 & 1 & 0 \\ 0 & 0 & 1 \end{bmatrix}, \quad \boldsymbol{Z} = \begin{bmatrix} 0 & 0 & 0 \\ 0 & 0 & 0 \\ 0 & 0 & 1 \end{bmatrix}, \quad \boldsymbol{\rho} = x\boldsymbol{e}_x + y\boldsymbol{e}_y$$

且有

$$|\boldsymbol{N}| = \left(\frac{b}{b-a}\right)^2\frac{\rho - a}{\rho}$$

那么哈密顿方程可以写成下面的形式:

$$H = \frac{1}{2}\boldsymbol{p}\boldsymbol{T}\boldsymbol{p}^{\mathrm{T}} - \frac{1}{2}\frac{2a\rho - a^2}{\rho^4}(\boldsymbol{\rho}\cdot\boldsymbol{p})^2 + \frac{1}{2}\left[\frac{b(\rho - a)}{\rho(b-a)}\right](\boldsymbol{p}\boldsymbol{Z}\boldsymbol{p}^{\mathrm{T}} - 1) \tag{3-70}$$

对 H 分别求偏导，得

$$\frac{\partial H}{\partial \boldsymbol{p}} = \boldsymbol{T}\boldsymbol{p}^{\mathrm{T}} - \frac{2a\rho - a^2}{\rho^4}(\boldsymbol{\rho} \cdot \boldsymbol{p})\boldsymbol{\rho} + \left[\frac{b(\rho - a)}{\rho(b - a)}\right]^2 \boldsymbol{Z}\boldsymbol{p}^{\mathrm{T}}$$

$$\frac{\partial H}{\partial \boldsymbol{x}} = \frac{3a\rho - 2a^2}{\rho^6}(\boldsymbol{\rho} \cdot \boldsymbol{p})^2\boldsymbol{\rho} - \frac{2a\rho - a^2}{\rho^4}(\boldsymbol{\rho} \cdot \boldsymbol{p})\boldsymbol{T}\boldsymbol{p}^{\mathrm{T}} + \left(\frac{b}{b - a}\right)^2 \frac{a\rho - a^2}{\rho^4}(\boldsymbol{p}\boldsymbol{Z}\boldsymbol{p}^{\mathrm{T}} - 1)\boldsymbol{\rho}$$

写成分量形式，有

$$\frac{\mathrm{d}x}{\mathrm{d}t} = p_x - \frac{2a\rho - a^2}{\rho^4}(xp_x + yp_y)x \tag{3-71}$$

$$\frac{\mathrm{d}y}{\mathrm{d}t} = p_y - \frac{2a\rho - a^2}{\rho^4}(xp_x + yp_y)y \tag{3-72}$$

$$\frac{\mathrm{d}z}{\mathrm{d}t} = \left[\frac{b(\rho - a)}{\rho(b - a)}\right]^2 p_z \tag{3-73}$$

$$\frac{\mathrm{d}p_x}{\mathrm{d}t} = -\frac{3a\rho - 2a^2}{\rho^6}(xp_x + yp_y)^2 x + \frac{2a\rho - a^2}{\rho^4}(xp_x + yp_y)p_x -$$
$$\left(\frac{b}{b - a}\right)^2 \frac{a\rho - a^2}{\rho^4}(p_z^2 - 1)x \tag{3-74}$$

$$\frac{\mathrm{d}p_y}{\mathrm{d}t} = -\frac{3a\rho - 2a^2}{\rho^6}(xp_x + yp_y)^2 y + \frac{2a\rho - a^2}{\rho^4}(xp_x + yp_y)p_y -$$
$$\left(\frac{b}{b - a}\right)^2 \frac{a\rho - a^2}{\rho^4}(p_z^2 - 1)y \tag{3-75}$$

$$\frac{\mathrm{d}p_z}{\mathrm{d}t} = 0 \tag{3-76}$$

考虑初始条件，数值求解这 6 个方程就会得到射线在柱形隐形介质中的传播路径。

假设 $\boldsymbol{n}$ 是两种媒质分界面单位法矢量，则在圆柱表面，对应的内法线矢量可以表示为

$$\left.\begin{array}{l} n_x = -\cos\varphi \\ n_y = -\sin\varphi \\ n_z = 0 \end{array}\right\} \tag{3-77}$$

假设入射光方向 $\boldsymbol{p}_1 = \left(\frac{\sqrt{2}}{2}, 0, \frac{\sqrt{2}}{2}\right)$，把 $\boldsymbol{n}$ 和 $\boldsymbol{p}_1$ 代入式(3-49)～式(3-51)这三个方程来确定射线在介质中的方向余弦 $\boldsymbol{p}$，得到

$$\left\{\begin{array}{l} n_x p_y - n_y p_x = -\frac{\sqrt{2}}{2} n_y \\ p_z = \frac{\sqrt{2}}{2} \\ p_x^2 + p_y^2 + p_z^2 - \frac{2ab - a^2}{b^4}(xp_x + yp_y)^2 - 1 = 0 \\ \frac{\partial H}{\partial \boldsymbol{p}} \cdot \boldsymbol{n} > 0 \end{array}\right. \tag{3-78}$$

解这个方程组就能得到 p_x、p_y 和 p_z 的初始值，即

$$p_{x0} = \frac{-g + \sqrt{g^2 - 4hu}}{2h}$$

$$p_{y0} = \frac{n_{y0}}{n_{x0}}\left(p_{x0} - \frac{\sqrt{2}}{2}\right)$$

$$p_{z0} = \frac{\sqrt{2}}{2}$$

其中

$$h = 1 + \left(\frac{n_{y0}}{n_{x0}}\right)^2 - mx_0^2 - my_0^2\left(\frac{n_{y0}}{n_{x0}}\right)^2 - 2mx_0y_0\left(\frac{n_{y0}}{n_{x0}}\right)$$

$$g = -\sqrt{2}\left(\frac{n_{y0}}{n_{x0}}\right)^2 + \sqrt{2}\,my_0^2\left(\frac{n_{y0}}{n_{x0}}\right)^2 + \sqrt{2}\,mx_0y_0\left(\frac{n_{y0}}{n_{x0}}\right)$$

$$u = \frac{1}{2}\left(\frac{n_{y0}}{n_{x0}}\right)^2 - \frac{my_0^2}{2}\left(\frac{n_{y0}}{n_{x0}}\right)^2 - \frac{1}{2}$$

$$m = \frac{2ab - a^2}{b^4}$$

2. MATLAB 代码

同球形隐形衣一样,把 $t=0$ 时 x、y、z、p_x、p_y 和 p_z 的值(初始条件)代入 6 个微分方程组就会解出 x、y、z 的方程,这就是光线在柱形隐形衣中的传播方程,用 MATLAB 画出其轨迹就能得到光线在柱形隐形衣中的传播路径。

为了方便演示,仅考虑光线在隐形衣内部的传输情况。图 3-5 给出了 $z=0$ 的平面上隐形衣外表面上分布的入射点和入射光线的示意图。如前所述,光线从真空中入射到隐形衣表面,入射光方向为 $\boldsymbol{p}_1 = \left(\frac{\sqrt{2}}{2}, 0, \frac{\sqrt{2}}{2}\right)$。下面的代码给出了射线追踪的全过程。

图 3-5　柱形隐形衣中 $z=0$ 平面上的入射点分布示意图

```
tspan = [ 0 150];                                      % 定义光线参数区间
no_lines = 20;                                         % 定义光线根数
a = 2;    b = 4;                                       % 内外半径
phi = linspace(0, 2 * pi, no_lines);                   % 角度分布,用于判断点是否在圆内,见 plot3 语句
[x, y, z] = cylinder(1);                               % 高度为 1,半径为 1 的柱面坐标
surf(a * x, a * y, 8 * z);                             % 绘制隐形衣内部表面,半径为 2,高度为 8
hold on;                                               % 设置为叠加绘制模式
surf(b * x, b * abs(y), 8 * z);                        % 绘制隐形衣外表面,使用绝对值仅绘制曲面一半
shading interp;
light('Position', [ - 1, 0, 0]);                       % 光源位置
lighting gouraud;                                      % 设置光照模式为 gouraud
colormap('Spring');                                    % 设置颜色图为 Spring
view( - 14, 17);                                       % 设置视角
phi00 = linspace(pi/2, 3 * pi/2, no_lines);            % 入射点对应的角度分布
y00 = b * sin(phi00); z00 = linspace(0, 0, no_lines); x00 = b * cos(phi00); % 入射点坐标
for lp = 4:length(x00) - 2
x0 = x00(lp); y0 = y00(lp); phi0 = phi00(lp); z0 = z00(lp);               % 选择入射点追踪
```

```
nx0 = - cos(phi0); ny0 = - sin(phi0); nz0 = 0;              % 法线方向
c = sqrt(2);                                                % 以下定义常数
m = (2 * a * b - a^2)/b^4;
h = 1 + ny0^2/nx0^2 - m * x0^2 - m * y0^2 * ny0^2/nx0^2 - 2 * m * x0 * y0 * ny0/nx0;
g = - c * (ny0^2/nx0^2) + c * m * y0^2 * (ny0^2/nx0^2) + c * m * x0 * y0 * ny0/nx0;
u = ny0^2/(2 * nx0^2) - (1/2) * m * y0^2 * (ny0^2/nx0^2) - 1/2;
kx0 = ( - g + sqrt(g^2 - 4 * h * u))/(2 * h);              % 计算波矢初值
ky0 = (ny0/nx0) * (kx0 - c/2);
kz0 = c/2;
Y0 = [x0 y0 z0 kx0 ky0 kz0];                               % 哈密顿方程初值
options = odeset('RelTol',1e - 10,'AbsTol',[1e - 10]);     % 求解参数设置
[T, Y] = ode45(@cylinderham, tspan, Y0, options);         % 数值求解
IN = inpolygon(Y(:,1),Y(:,2) ,[b * cos(phi)],[b * sin(phi)]);  % 判断光线是否在隐形衣内部
tmpx = Y(:,1); tmpy = Y(:,2); tmpz = Y(:,3);              % 光线坐标
plot3(tmpx(IN),tmpy(IN),tmpz(IN),'b','linewidth',2); hold on;  % 绘制内部光线
end
axis equal;                                                % 同比例显示
```

图 3-6(a)给出了柱状隐形衣的光线追踪的结果,图 3-6(b)给出了俯视观察的情景。

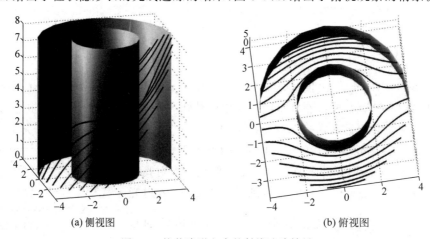

(a) 侧视图　　　　　　　　　　　　　　　(b) 俯视图

图 3-6　柱状隐形衣中的射线追踪结果

上面代码中所涉及的哈密顿方程组是通过使用函数 cylinderham 来具体描述的。其对应的代码如下:

```
function dy = cylinderham(t,y);
a = 2;b = 4;                                               % 隐形衣内外半径
r = (y(1)^2 + y(2)^2)^(1/2);                               % 柱坐标系下的变量定义
s = y(1) * y(4) + y(2) * y(5);                             % 定义表达式
dy = zeros(6,1);
dy(1) = y(4) - ((2 * a * r - a^2)/r^4) * s * y(1) + 0;     % 式(3-71)
dy(2) = y(5) - ((2 * a * r - a^2)/r^4) * s * y(2) + 0;     % 式(3-72)
dy(3) = 0 - ((2 * a * r - a^2)/r^4) * s * 0 + (b * (r - a)/(r * (b - a)))^2 * y(6);  % 式(3-73)
dy(4) = - ((2 * a * r - a^2)/r^4) * s * y(4) + ((3 * a * r - 2 * a^2)/r^6) * (s^2) *
y(1) + ((b/(b - a))^2) * ((a * r - a^2)/r^4) * y(1) * (y(6)^2 - 1);
dy(4) = - dy(4);                                           % 式(3-74)
dy(5) = - ((2 * a * r - a^2)/r^4) * s * y(5) + ((3 * a * r - 2 * a^2)/r^6) * (s^2) *
y(2) + ((b/(b - a))^2) * ((a * r - a^2)/r^4) * y(2) * (y(6)^2 - 1);
dy(5) = - dy(5);                                           % 式(3-75)
dy(6) = - ((2 * a * r - a^2)/r^4) * s * 0 + ((3 * a * r - 2 * a^2)/r^6) * (s^2) * 0 + ((b/(b - a))^2) * ((a * r -
```

```
a^2)/r^4) * 0 * (y(6)^2 - 1);
dy(6) = - dy(6);                                    % 式(3-76)
```

3. 通过射线追踪来深入理解变换光学理论

变换光学理论通过变换函数实现虚拟空间与物理空间的映射,同时也把虚拟空间中的电磁场映射为物理空间内的电磁场。依旧考虑柱状隐形装置。假设虚拟空间为真空,则光线沿直线传播,如图 3-7(a)所示。在实现柱状隐形衣映射的过程中,如式(3-69)所示,这些光线上的点也同样被映射到物理空间,形成物理空间的新的光线。图 3-7(b)给出了光线映射后的状况。可以看出,光线在隐形装置内部发生弯曲,光线绕过中间圆形区域;在隐形衣外部,光线未发生变化。

但正如前面的分析一样,物理空间中的电磁隐形装置可以通过射线追踪的方式加以理解。为此,选择隐形衣内部的 8 条光线进行射线追踪,如图 3-8 所示。注意到光线从真空入射到隐形衣表面上时,真空中的光线不发生变化。因此,可以利用隐形衣外表面上的入射点,获得虚拟空间中的光线。与此同时,还可以采用坐标变换的方法,即式(3-69),映射出物理空间的同一组光线。为了便于区别,映射过来的点都用空心圆点表示,如图 3-8 所示。从图中可以明确看出,采用变换光学理论和射线追踪方法与采用空间点映射的方法得到了相同的光射线。这个结论对于深入理解变换光学理论具有重要意义。

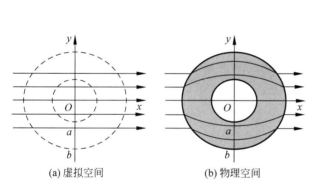

图 3-7 变换光学中光线的变化

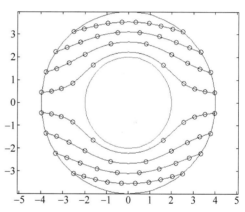

图 3-8 光线的坐标映射与射线追踪的对比

3.4 人工"黑洞"中的射线追踪

所谓人工"黑洞",是指具有特定电磁参数和分布的特殊材料,当光线入射到这种材料表面时,反射非常小,绝大部分能量进入材料内部并且被吸收。这个特性与天文学中的"黑洞"相类似,因此被称为人工"黑洞"。基于人工"黑洞"理论,可以设计性能优异的吸波材料等。

3.4.1 "黑洞"中的哈密顿函数和正则方程

由 3.2.1 节可知,在各向同性的非磁性材料中,程函方程可以表示为

$$|\nabla\phi|^2 = n^2 = \varepsilon \tag{3-79}$$

如果考虑二维情况,并考虑圆柱坐标系,有

$$\nabla\phi = e_r\frac{\partial\phi}{\partial r} + e_\varphi\frac{\partial\phi}{r\partial\varphi} = e_r p_r + e_\varphi\frac{p_\varphi}{r} \tag{3-80}$$

则程函方程可表示为

$$p_r^2 + \left(\frac{p_\varphi}{r}\right)^2 = \varepsilon \tag{3-81}$$

也就是

$$\frac{p_r^2}{2\varepsilon} + \frac{p_\varphi^2}{2r^2\varepsilon} = \frac{1}{2} \tag{3-82}$$

因此,可以考虑二维的哈密顿函数为

$$H(\boldsymbol{r},\boldsymbol{p}) = \frac{p_r^2}{2\varepsilon} + \frac{p_\varphi^2}{2r^2\varepsilon} \tag{3-83}$$

人工光学"黑洞"的介电常数 ε 满足下面的关系式:

$$\varepsilon(r) = \left(\frac{R}{r}\right)^n, 0 < r < R \tag{3-84}$$

其中: R 是光学黑洞的半径; n 是常数, n 取不同值,其对光线的吸收情况不同。

为了方便研究黑洞内部射线轨迹,选取简单的具有轴对称分布的圆形介质进行研究,则相应的哈密顿函数为

$$H = \frac{p_r^2}{2\varepsilon(r)} + \frac{P_\varphi^2}{2\varepsilon(r)r^2} \tag{3-85}$$

由哈密顿原理,可以得到如下 4 个微分方程:

$$\frac{\mathrm{d}r}{\mathrm{d}t} = \frac{r^n}{R^n}p_r \tag{3-86}$$

$$\frac{\mathrm{d}\varphi}{\mathrm{d}t} = \frac{r^n}{r^2R^n}p_\varphi \tag{3-87}$$

$$\frac{\mathrm{d}p_r}{\mathrm{d}t} = -\frac{nr^{n-1}p_r^2}{2R^n} - \frac{(n-2)r^{n-3}p_\varphi^2}{2R^n} \tag{3-88}$$

$$\frac{\mathrm{d}p_\varphi}{\mathrm{d}t} = 0 \tag{3-89}$$

利用式(3-86)~式(3-89),并结合 $t=0$ 时的初始条件,就可以求解得到光射线在"黑洞"中的轨迹方程。大多数情况下,可以使用 MATLAB 下的 ode45 等函数,利用数值计算得到射线轨迹。

3.4.2　MATLAB 代码

在下面的程序中,平行光线从 $x=-3$ 的位置发出,照射在半径为 2 的人工"黑洞"结构上,进入"黑洞"内部,并被"吸入"黑洞中心。由于黑洞边缘对应的折射率为 1,与空气匹配,因此在分界面处光线不发生偏折。但由于采用了柱坐标系,因此,需要对初始条件做深入考虑。图 3-9 给出了初始条件确定过程中所涉及的几何关系。假设黑洞半径为 R,对应入射点的极角为 φ,则初始位置为

$$r = R \tag{3-90}$$

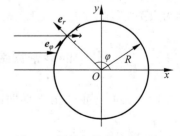

图 3-9　初始条件的确定示意图

$$\varphi = \pi + \arctan\left(\frac{y}{x}\right) \tag{3-91}$$

初始光学方向余弦为

$$p_r = \cos\varphi \tag{3-92}$$

$$p_\varphi = -R\sin\varphi \tag{3-93}$$

光线入射到"黑洞"的初始位置，即式(3-90)、式(3-91)是容易确定的。现简单论述一下初始光学方向余弦的确定。

用柱坐标系下的单位矢量与式(3-80)两端做点积运算，并考虑梯度的性质，可知

$$e_r \cdot \nabla\phi = \frac{\partial\phi}{\partial r} = p_r$$

$$re_\varphi \cdot \nabla\phi = \frac{\partial\phi}{\partial\varphi} = p_\varphi$$

由程函方程式(3-79)可知，$|\nabla\phi| = n$，且该梯度的方向就是光射线的方向，同时考虑在"黑洞"的边沿折射率为 1，半径为 R，于是

$$p_r = e_r \cdot \nabla\phi = 1 \cdot n \cdot \cos\varphi = \cos\varphi$$

$$p_\varphi = re_\varphi \cdot \nabla\phi = R \cdot 1 \cdot n \cdot \cos\left(\varphi + \frac{\pi}{2}\right) = -R\sin\varphi$$

基于 ode45 函数所编制的具体代码如下：

```
clc; clear;                                              % 清屏,清内存
tspan = [0 25];                                          % 设置光线对应的参数所在的区间
no_lines = 5;                                            % 设置光线数量
R = 2;                                                   % 设置黑洞半径
phi = linspace(0,2 * pi,100);
x = R * cos(phi); y = R * sin(phi);
plot(x,y,'r','linewidth',3);hold on;                    % 绘制黑洞对应的圆
theta = linspace(pi/2 + 0.2,pi - 0.1,no_lines);         % 光线入射点在圆周上的分布角度
for lp = 1:length(theta)
line([R * cos(theta(lp)), - 3],[R * sin(theta(lp)),R * sin(theta(lp))],'linewidth',2);
                                                        % 绘制空气中的光线
p1 = cos(theta(lp));                                     % 径向的光学方向余弦
p2 = - sin(theta(lp)) * R;                              % 角向的光学方向余弦
Y0 = [R theta(lp) p1 p2];                               % 初始位置和光学方向余弦
options = odeset('RelTol',1e - 10,'AbsTol',[1e - 10]);  % 求解参数设置
[T,Y] = ode45(@blackholeham,tspan,Y0,options);          % 利用 ode45 函数进行数值求解
plot(Y(:,1). * cos(Y(:,2)),Y(:,1). * sin(Y(:,2)),'linewidth',2);  % 绘制光线
end
axis equal;                                              % 设置 x、y 方向等比例绘制
```

在上述程序中，ode45 函数引用了描述哈密顿正则方程组的函数 blackholeham。该函数的实现代码具体如下：

```
function dy = blackholeham(t,y)
dy = zeros(4,1);
R = 2;
m = 4;                                                   % 折射率分布中的 m 值
dy(1) = (y(1)^m/R^m) * y(3);                            % 式(3-86)
dy(2) = y(1)^(m - 2) * y(4)/R^m;                        % 式(3-87)
```

```
dy(3) = - m * y(3)^2 * y(1)^(m-1)/2/R^m - (m-2) * y(4)^2 * y(1)^(m-3)/2/R^m;    % 式(3-88)
dy(4) = 0;                                                                       % 式(3-89)
```

改变上述函数中 m 的取值,可以实现不同的折射率分布,进而得到不同情况下的射线追踪情景。具体情况如图 3-10 所示。从图 3-10(a)中可以看出,光线进入"黑洞"内部之后,以螺旋形轨迹绕中心旋转并进入中心;当 m 增大时,如图 3-10(b)所示,螺旋的圈数减少,光线沿弧线射入圆心。因此,在圆心位置处布置吸波材料,即可将光线导入"黑洞"内部并吸收。

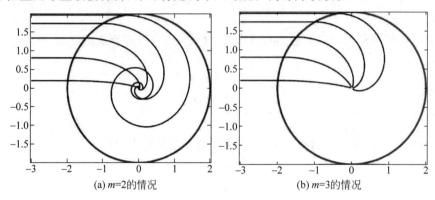

(a) $m=2$的情况   (b) $m=3$的情况

图 3-10   人工"黑洞"内部的射线追踪

3.5   龙伯透镜、麦克斯韦鱼眼透镜和伊顿透镜的射线追踪实现

龙伯透镜、麦克斯韦鱼眼透镜和伊顿透镜是光学器件中最具代表性的三种透镜,并具有重要的实际应用价值。通过射线追踪分析光线在这些透镜内部的传输轨迹,可以准确了解透镜的特性。本节针对二维情况,分析三种透镜的哈密顿函数和正则方程,采用 MATLAB 进行数值求解、射线追踪并绘制相应的射线轨迹。

3.5.1   透镜中的哈密顿函数和正则方程

对程函方程,考虑二维情况,并采用直角坐标系,则有

$$\left(\frac{\partial \phi}{\partial x}\right)^2 + \left(\frac{\partial \phi}{\partial y}\right)^2 = p_x^2 + p_y^2 = n^2 \tag{3-94}$$

因此,考虑采用如下形式的哈密顿函数:

$$H(x,y,p_x,p_y) = (p_x^2 + p_y^2 - n^2(x,y))/2 \tag{3-95}$$

其中: n 代表折射率; p 代表光学方向余弦。

在射线追踪过程中, n 是已知的关于 x、y 的函数。

由哈密顿函数,可得哈密顿正则方程为

$$\frac{\mathrm{d}x_i}{\mathrm{d}t} = \frac{\partial H}{\partial p_i} \quad i = x,y \tag{3-96}$$

$$\frac{\mathrm{d}p_i}{\mathrm{d}t} = -\frac{\partial H}{\partial x_i} \quad i = x,y \tag{3-97}$$

根据式(3-96)、式(3-97)并结合起始条件,即可求得光线的踪迹,完成射线追踪的过程。

3.5.2 龙伯透镜的射线追踪分析

在二维情况下,龙伯透镜为一单位圆,对应的折射率分布为

$$n = \sqrt{2 - x^2 - y^2} \tag{3-98}$$

可以看出,在单位圆上,折射率为1,与周围的环境相匹配;在圆心处,折射率取最大值$\sqrt{2}$。对于放置在单位圆上的点光源,龙伯透镜能够将其发出并进入透镜的光线准直,然后沿光源和圆心连线的方向平行出射;改变点光源的位置,平行光线的方向随之改变;由于光路可逆,当平行光线入射到龙伯透镜时,该透镜能够把平行光线汇聚在圆周上,且圆心和焦点的连线与光线相平行。正是由于这些特性,龙伯透镜在卫星通信中具有广泛的用途。

把折射率 n 的表达式代入式(3-95)中,得哈密顿函数的表达式为

$$H(x, y, p_x, p_y) = (p_x^2 + p_y^2 + x^2 + y^2 - 2)/2 \tag{3-99}$$

于是,对应的哈密顿正则方程为

$$\frac{dx}{dt} = \frac{\partial H}{\partial p_x} = p_x \tag{3-100}$$

$$\frac{dy}{dt} = \frac{\partial H}{\partial p_y} = p_y \tag{3-101}$$

$$\frac{dp_x}{dt} = -\frac{\partial H}{\partial x} = -x \tag{3-102}$$

$$\frac{dp_y}{dt} = -\frac{\partial H}{\partial y} = -y \tag{3-103}$$

对上述常微分方程组进行数值求解,即可得到龙伯透镜内的光线踪迹。下面的程序中,10 条光线从 $x=2$ 的位置发出,沿 x 轴负方向照射到龙伯透镜,然后经过透镜汇聚到$(-1,0)$的焦点位置。由于龙伯透镜与空气是匹配的,因此在交界面处波矢的方向不发生变化,光学方向余弦也保持不变,其数值为$(-1,0)$。

```
clc; clear;                                          % 清屏,清理内存
tspan = [0 1.6];                                     % 设置光线对应的参数区间
no_lines = 10;                                       % 设置光线条数为 10
a = 1;                                               % 设置半径为 1
y0 = linspace( - a,a,no_lines);   x0 = sqrt(1 - y0.^2);   % 设置光线照射到透镜上的位置坐标
x1 = ones(1,length(x0)) * 2 * a; y1 = y0;           % 设置空气中光线的初始位置坐标
line([x0;x1],[y0;y1],'color','g'); hold on;          % 绘制空气中的光线,绿色
phi = linspace(0,2 * pi,100);                         % 以下语句用于绘制龙伯透镜
x = a * cos(phi); y = a * sin(phi);
plot(x,y,'r','linewidth',3);                          % 绘制单位圆
for lp = 1:length(x0)
Y0 = [x0(lp) y0(lp) - 1 0];                          % 定义光线对应的起始位置和光学方向余弦
options = odeset('RelTol',1e - 5,'AbsTol',[1e - 6]);  % 设置求解参数
[T,Y] = ode45(@ham,tspan,Y0,options);               % 利用 ode45 函数进行数值求解
plot(Y(:,1),Y(:,2),'b'); hold on;                    % 绘制对应的光线,蓝色
end
axis equal;                                          % 设置 x、y 方向等比例显示
```

射线追踪的结果如图 3-11 所示。从图 3-11 中可以看出,水平入射的光线进入龙伯透镜后发生

弯曲,并被聚焦到龙伯透镜表面一点。

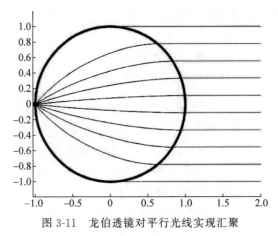

图 3-11　龙伯透镜对平行光线实现汇聚

在上述程序中,ode45 函数引用了描述哈密顿正则方程的函数 ham。该函数的实现代码如下:

```
function dy = ham(t,y)
dy = zeros(4,1);                    % dy 为一个列矢量
dy(1) = y(3);                       % 式(3-100)
dy(2) = y(4);                       % 式(3-101)
dy(3) = - y(1);                     % 式(3-102)
dy(4) = - y(2);                     % 式(3-103)
```

3.5.3　麦克斯韦鱼眼透镜的射线追踪分析

在二维情况下,麦克斯韦鱼眼透镜也是一个单位圆,对应的折射率分布为

$$n = \frac{2}{x^2 + y^2 + 1} \tag{3-104}$$

可以看出,在单位圆上,折射率为1,与周围的空气相匹配;在圆心处,折射率取最大值2。对于放置在单位圆上的点光源,麦克斯韦鱼眼透镜能够将光线汇聚到与光源相对应的单位圆上的另外一点,且二者连线经过圆心。改变点光源的位置,焦点位置随之改变。

把折射率 n 的表达式代入式(3-95)中,得哈密顿函数的表达式为

$$H(x, y, p_x, p_y) = \frac{1}{2} \left(p_x^2 + p_y^2 - \frac{4}{(x^2 + y^2 + 1)^2} \right) \tag{3-105}$$

于是,哈密顿正则方程为

$$\frac{\mathrm{d}x}{\mathrm{d}t} = \frac{\partial H}{\partial p_x} = p_x \tag{3-106}$$

$$\frac{\mathrm{d}y}{\mathrm{d}t} = \frac{\partial H}{\partial p_y} = p_y \tag{3-107}$$

$$\frac{\mathrm{d}p_x}{\mathrm{d}t} = -\frac{\partial H}{\partial x} = -\frac{8x}{(x^2 + y^2 + 1)^3} \tag{3-108}$$

$$\frac{\mathrm{d}p_y}{\mathrm{d}t} = -\frac{\partial H}{\partial y} = -\frac{8y}{(x^2 + y^2 + 1)^3} \tag{3-109}$$

对常微分方程式(3-106)～式(3-109)进行数值求解,即可得到麦克斯韦鱼眼透镜内的光线踪迹。在下面的程序中,15 条光线从单位圆上一点(1,0)发出,分别沿不同的方向射入麦克斯韦鱼眼透镜,经过透镜汇聚到(−1,0)的焦点位置。由于鱼眼透镜与空气是匹配的,因此在交界面处波矢的方向不发生变化,光学方向余弦也保持不变。

```
clc; clear;                                              % 清屏,清内存
tspan = [0 4];                                           % 设置光线对应的参数范围
no_lines = 15;                                           % 15 条光线
a = 1;                                                   % 透镜半径为 1
y0 = 0;  x0 = 1;                                         % 光源位置(1,0)
phi0 = linspace(pi/2,3 * pi/2,no_lines);                % 光源发出的光线的角度
phi = linspace(0,2 * pi,100);                           % 绘制透镜
x = a * cos(phi); y = a * sin(phi);
plot(x,y,'r − ','linewidth',3); hold on;               % 绘制单位圆
for lp = 1:no_lines
Y0 = [x0 y0 cos(phi0(lp)) sin(phi0(lp))];               % 起始位置和光学方向余弦
options = odeset('RelTol',1e − 7,'AbsTol',[1e − 8]);   % 设置求解参数
[T,Y] = ode45(@ham,tspan,Y0,options);                  % 数值求解光线轨迹
IN = inpolygon(Y(:,1),Y(:,2) ,[a * cos(phi)],[a * sin(phi)]);   % 判断光线是否在透镜内部
tmpx = Y(:,1); tmpy = Y(:,2);                          % 光线坐标
plot(tmpx(IN),tmpy(IN),'b','linewidth',2); hold on;    % 绘制内部光线
end
axis equal;                                             % x、y 方向等比例绘制
```

射线追踪的结果如图 3-12 所示。从图 3-12 中可以看出,位于圆周上的光源,其发出的光线,经过麦克斯韦鱼眼透镜之后,汇聚到圆周的另一点,二者的连线正好是圆的一条直径。

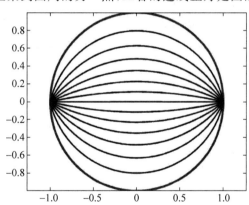

图 3-12 麦克斯韦鱼眼透镜射线追踪的结果

在上述程序中,ode45 函数引用了描述哈密顿正则方程的函数 ham。该函数的实现代码如下:

```
function dy = ham(t,y)
dy = zeros(4,1);                                        % dy 为一个列矢量
dy(1) = y(3);                                           % 式(3-106)
dy(2) = y(4);                                           % 式(3-107)
dy(3) =− 8 * y(1)./(y(1).^2 + y(2).^2 + 1).^3;        % 式(3-108)
dy(4) =− 8 * y(2)./(y(1).^2 + y(2).^2 + 1).^3;        % 式(3-109)
```

3.5.4 伊顿透镜的射线追踪分析

在二维情况下,伊顿透镜为一单位圆,对应的折射率分布为

$$n = \sqrt{\frac{2}{\sqrt{x^2 + y^2}} - 1} \tag{3-110}$$

由式(3-110)可见,在单位圆上,透镜折射率为1,与周围的环境相匹配;在圆心处,折射率为无穷大,具有奇异性。对于入射的光线,伊顿透镜能够在内部将光线绕圆心弯曲,并沿与入射方向平行但相反的方向出射。这个特性与三个两两垂直的镜面所构成的角反射器非常相似。

把折射率 n 的表达式代入式(3-95)中,得伊顿透镜的哈密顿函数的表达式为

$$H(x, y, p_x, p_y) = \frac{1}{2}\left(p_x^2 + p_y^2 - \frac{2}{\sqrt{x^2 + y^2}} + 1\right) \tag{3-111}$$

于是,对应的哈密顿正则方程为

$$\frac{dx}{dt} = \frac{\partial H}{\partial p_x} = p_x \tag{3-112}$$

$$\frac{dy}{dt} = \frac{\partial H}{\partial p_y} = p_y \tag{3-113}$$

$$\frac{dp_x}{dt} = -\frac{\partial H}{\partial x} = -\frac{x}{(x^2 + y^2)^{3/2}} \tag{3-114}$$

$$\frac{dp_y}{dt} = -\frac{\partial H}{\partial y} = -\frac{y}{(x^2 + y^2)^{3/2}} \tag{3-115}$$

对上述常微分方程组进行数值求解,即可得到伊顿透镜内的光线踪迹。在下面的程序中,10条光线从 $x = 2$ 的位置发出,沿 x 轴负方向照射到伊顿透镜,然后经过透镜弯曲后返回。由于伊顿透镜与空气相匹配,因此在交界面处波矢的方向不发生变化,光学方向余弦也保持不变。

```
clc; clear;                                            % 清屏,清内存
tspan = [0 3];                                         % 设置光线对应的参数区间
no_lines = 10;                                         % 设置 10 条光线
a = 1;                                                 % 透镜半径为 1
y0 = linspace(0, a * 0.95, no_lines);  x0 = sqrt(1 - y0.^2);   % 设置光线入射到透镜的位置
x1 = ones(1, length(x0)) * 2 * a; y1 = y0;            % 设置空气中相应光线的起始位置
line([x0;x1], [y0;y1], 'color', 'g', 'linewidth', 2); hold on;   % 绘制空气中的光射线
phi = linspace(0, 2 * pi, 50);                        % 绘制透镜
x = a * cos(phi); y = a * sin(phi);
plot(x, y, 'r', 'linewidth', 3);                     % 绘制透镜对应的单位圆
for lp = 1:no_lines
Y0 = [x0(lp) y0(lp) -1 0];                            % 设置起始位置和相应的光学方向余弦
options = odeset('RelTol', 1e-7, 'AbsTol', [1e-8]);  % 设置求解参数
[T, Y] = ode45(@ham, tspan, Y0, options);            % 利用 ode45 函数进行数值求解
IN = inpolygon(Y(:,1), Y(:,2), [a * cos(phi)], [a * sin(phi)]);
                                                      % 判断光线是否在透镜内部
tmpx = Y(:,1); tmpy = Y(:,2);                         % 光线坐标
plot(tmpx(IN), tmpy(IN), 'b', 'linewidth', 2); hold on;   % 绘制透镜内部光线
end
axis equal;                                            % 设置 x、y 方向等比例绘制
y0 = -y0;   x0 = x0;                                   % 将入射点位置关于 x 轴对称
x1 = ones(1, length(x0)) * 2 * a; y1 = y0;            % 设置空气对光光线的终止位置
line([x0;x1], [y0;y1], 'color', 'g', 'linewidth', 2); hold on;   % 绘制空气中反射回去的光射线
```

具体射线追踪的效果如图 3-13 所示。从图 3-13 中可以看出,水平光线从右侧(绿色光线,圆外上面部分)入射到伊顿透镜后,沿透镜中心弯曲并实现 180° 转向;光线从透镜出射,依旧呈平行状态

并沿原方向返回(红色光线,圆外下面部分)。

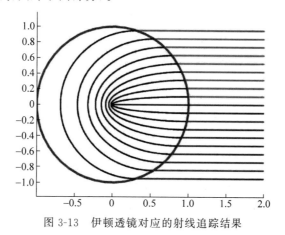

图 3-13　伊顿透镜对应的射线追踪结果

在上述程序中,ode45 函数引用了描述哈密顿正则方程组的函数 ham。该函数的实现代码具体如下:

```
function dy = ham(t,y)
dy = zeros(4,1);                                  % dy 为一个列矢量
dy(1) = y(3);                                      % 式(3-112)
dy(2) = y(4);                                      % 式(3-113)
dy(3) = - y(1)./(y(1).^2 + y(2).^2).^(3/2);        % 式(3-114)
dy(4) = - y(2)./(y(1).^2 + y(2).^2).^(3/2);        % 式(3-115)
```

3.6　小结

本章从一般材料中的麦克斯韦方程组出发,推导了电磁波的色散方程;以此为基础,构造光学哈密顿函数;利用特征线方法,得到了光线的哈密顿正则方程组。此方程组可以使用 MATLAB 中的 ode45 函数进行数值求解,进而得到材料中的光线轨迹。基于光学中的费马原理,并类比分析力学的哈密顿原理,也可以得到类似的结论。此外,对边界分界面上的波矢匹配等给出了结果。射线追踪是分析许多光学元器件的基础,具有重要的理论和应用价值。

在绝大多数情况下,由于问题的复杂性,利用解析方法分析求解电磁场分布是不现实的。因此,采用有限元等数值方法具有重要的现实意义和应用价值,在某些情况下甚至是唯一选择。MATLAB 环境中内置具有图形界面的、二维情况下的偏微分方程工具箱 PDETool,可以快速求解大多数二维电磁问题,通过后处理,还能够将结果以多种形式呈现出来。因此,本章将系统介绍 PDETool 的相关应用。首先介绍电磁场定解问题对应的数学基础,然后分门别类,通过具体实例分别介绍 PDETool 在各种情况下的应用。

4.1 电磁场定解问题的提法

4.1.1 定解问题

包括电磁场在内的许多物理问题,通过数学建模之后,都可以归纳为所谓的定解问题,如图 4-1 所示。定解问题一般包含一个微分方程,可以是常微分方程,也可以是偏微分方程。这些方程反映了物理量所必须遵从的客观规律。例如,在静电场中,静电势的分布一定满足泊松方程;在 RLC 电路中,电压和电流满足常微分方程等。这些方程因为没有任何条件的限制,因此被称为泛定方程,具有共性和普遍性,是所有类似问题中的物理量都必须遵守的规律。

$$\text{定解问题} \begin{cases} \text{泛定方程(物理规律、共性、普遍性)} \\ \text{定解条件(个性)} \begin{cases} \text{边界条件(环境因素)} \\ \text{初始条件(历史因素)} \end{cases} \end{cases}$$

图 4-1　定解问题

针对某一特定问题,物理量的分布需要满足泛定方程。但是,由于问题本身的特殊性,所以还有其个性的方面,这往往通过定解条件来描述。定解条件有两种:一种和时间相关,称为初始条件;另一种和空间相关,称为边界条件。在特定的时空下,物理量根据泛定方程设定的规律演进,就得到了满足定解条件的一个特定的场分布。

下面通过一个生活中的例子来理解定解问题。

一个人的成长,符合人作为一种生物的客观发展规律,即泛定方程。但是每个个体的成长都不一样,最终的结果也不尽相同。因此,个体的成长和他所处的环境(边界条件)和成长经历(初始条件)息息相关。人们常说,"近朱者赤,近墨者黑""常在河边走,哪有不湿鞋""孟母三迁"等,就是反映成长环境对人的影响;而"小时偷针,长大偷金""三岁看老"的说法,则是对初始条件的一个现实注解。因此,一个个体的成长历程,是他的"初始条件""边界条件""泛定方程"共同作用的结果。

在定解条件里面,边界条件的提法一般有三类。为简单起见,假定物理量分布用 $u(x,y,z,t)$ 来表示,那么,这三类边界条件可以表示为如图 4-2 所示的形式。

$$边界条件 \begin{cases} 第一类边界条件: u|_s = u(\zeta) \\ 第二类边界条件: \dfrac{\partial u}{\partial n}\Big|_s = f(\zeta) \\ 第三类边界条件: \begin{cases} u|_{s_i} = u(\zeta_i) \\ \dfrac{\partial u}{\partial n}\Big|_{s_j} = f(\zeta_j)(j \neq i) \end{cases} \end{cases}$$

图 4-2　三类边界条件

第一类边界条件是给定整个边界上的物理量的值 $u|_s = u(\zeta)$,其中 ζ 是边界 S 上的点,例如在静电场中给出边界上的电势值;第二类边界条件是给定整个边界上物理量的法向导数值 $\dfrac{\partial u}{\partial n}\Big|_s = f(\zeta)$,例如静电场中给定各导体的电荷面密度值 $\rho_S = -\varepsilon \dfrac{\partial \phi}{\partial n}$;第三类边界条件是混合型的,即在一部分边界上给定物理量的值 $u|_{s_i} = u(\zeta_i)$,而在另一部分边界上给定物理量法向导数值 $\dfrac{\partial u}{\partial n}\Big|_{s_j} = f(\zeta_j)(j \neq i)$。第一类边界条件也称为狄利克雷条件;第二类边界条件也称为诺依曼边界条件。

在定解问题中,如果物理量是时间的函数,则应包含初始条件。一般来讲,若泛定方程中物理量关于时间是一阶导数,则初始条件给出的是 $t=0$ 时的物理量分布,即 $u(x,y,z,0)$;若泛定方程中物理量关于时间是二阶导数,则初始条件除了要给出 $t=0$ 时的物理量分布外,还需要给出 $t=0$ 时其关于时间的一阶偏导数的分布,即 $u_t(x,y,z,0)$。

4.1.2　静电场边值问题

由第 2 章的论述可知,静电场是一种有散无旋场,即

$$\nabla \cdot \boldsymbol{E} = \frac{\rho}{\varepsilon_0} \tag{4-1}$$

$$\nabla \times \boldsymbol{E} = 0 \tag{4-2}$$

根据矢量分析的结论,一个标量场的(负)梯度场是无旋的。因此,可以将电场写成一个标量场的负梯度形式,即

$$\boldsymbol{E} = -\nabla \phi \tag{4-3}$$

式(4-3)中的标量函数 ϕ 就是大家所熟知的电势。将式(4-3)代入式(4-1),则有

$$\nabla^2 \phi = -\frac{\rho}{\varepsilon_0} \tag{4-4}$$

这是用电势表述的静电场的基本方程,称为电势的泊松方程。在无电荷的区域,即 $\rho = 0$ 时,

式(4-4)变为

$$\nabla^2 \phi = 0 \tag{4-5}$$

称为电势的拉普拉斯方程。它是电势的泊松方程所对应的二阶齐次微分方程。于是,对于给定电荷分布求解电场的问题可归结为求解电势的泊松方程或拉普拉斯方程。式(4-4)、式(4-5)就是静电场下电势所满足的泛定方程。将其附加图4-2所对应的三种边界条件,就得到三种定解问题,也称为边值问题(因为此时没有时间变量,所以没有初始条件)。静电势拉普拉斯方程所对应的三类边值问题如下。

(1) 第一类边值问题。

$$\begin{cases} \nabla^2 \phi = 0 \\ \phi \mid_s = \phi(\zeta) \end{cases} \tag{4-6}$$

(2) 第二类边值问题。

$$\begin{cases} \nabla^2 \phi = 0 \\ \dfrac{\partial \phi}{\partial n} \bigg|_s = f(\zeta) \end{cases} \tag{4-7}$$

(3) 第三类边值问题。

$$\begin{cases} \nabla^2 \phi = 0 \\ \phi \mid_{s_i} = \phi(\zeta) \\ \dfrac{\partial \phi}{\partial n} \bigg|_{s_j} = f(\zeta) \end{cases} \tag{4-8}$$

泊松方程的三类边值问题与此类似,在此不再赘述。

4.1.3 静磁场边值问题

1. 矢量势的情形

众所周知,静磁场是一种无散有旋场,也就是说

$$\nabla \times \boldsymbol{H} = \boldsymbol{J} \tag{4-9}$$

$$\nabla \cdot \boldsymbol{B} = 0 \tag{4-10}$$

由矢量分析的理论可知,任意一个矢量场 $\boldsymbol{A}$ 的旋度场也是无散的,即

$$\nabla \cdot (\nabla \times \boldsymbol{A}) = 0 \tag{4-11}$$

因此,可以把磁感应强度 $\boldsymbol{B}$ 看作一个矢量场 $\boldsymbol{A}$ 的旋度场,即

$$\boldsymbol{B} = \nabla \times \boldsymbol{A} \tag{4-12}$$

其中,矢量场 $\boldsymbol{A}$ 称为静磁场的矢量势。考虑到 $\boldsymbol{A}$ 的唯一性,人为增加一个条件,称为库仑规范,即

$$\nabla \cdot \boldsymbol{A} = 0 \tag{4-13}$$

考虑到材料均匀分布,且其本构方程为

$$\boldsymbol{B} = \mu \boldsymbol{H} \tag{4-14}$$

则有

$$\nabla \times \boldsymbol{B} = \mu \boldsymbol{J} \tag{4-15}$$

将式(4-12)代入式(4-15),并考虑库仑规范,则有

$$\nabla^2 \boldsymbol{A} = -\mu \boldsymbol{J} \tag{4-16}$$

式(4-16)即为静磁场中矢量势所满足的泛定方程,它是一个矢量形式的泊松方程。在直角坐标系下,式(4-16)可以表示为三个分量的标量形式的泊松方程,即

$$\nabla^2 A_i = -\mu J_i \quad (i = x, y, z) \tag{4-17}$$

式(4-16)、式(4-17)并附加图 4-2 列举的三类边界条件,就构成了关于矢量势的三类边值问题。

2. 磁标势的情形

由于矢量势 $\boldsymbol{A}$ 为一个矢量,通过其求解静磁场并不方便。因此,人们提出了磁标势的概念。大家知道,在没有电流分布的区域,有

$$\nabla \times \boldsymbol{H} = 0 \tag{4-18}$$

因此,类似于电势的做法,可以定义标量函数 ϕ_m,使得

$$\boldsymbol{H} = -\nabla \phi_m \tag{4-19}$$

考虑到式(4-10)和式(4-14),则有

$$\nabla \cdot \boldsymbol{H} = 0 \tag{4-20}$$

将式(4-19)代入式(4-20),则有

$$\nabla^2 \phi_m = 0 \tag{4-21}$$

这就是磁标势所满足的拉普拉斯方程。式(4-21)附加类似于式(4-6)~式(4-8)所对应的边界条件,即可得到磁标势所对应的三类边值问题。

4.1.4 稳恒电场边值问题

当导电媒质中有稳恒电流(大小和方向都不随时间变化的电流)存在时,该媒质中必然存在一个稳恒电场。稳恒电场是由分布在导电媒质表面或不连续处的电荷产生的,正是稳恒电场和电动势的存在,才推动载流子定向运动,并在电源处保持该电流从负极流向正极,从而实现媒质中电荷分布的动态平衡。从微观上看,载流子是定向运动的;从宏观上看,各个位置的电荷分布不随时间变化,具有静电场的性质。因此,在电源外部,必然有

$$\nabla \times \boldsymbol{E} = 0 \tag{4-22}$$

因此,与静电场完全相似,可以定义标量电势函数 ϕ,使得

$$\boldsymbol{E} = -\nabla \phi \tag{4-23}$$

考虑到电荷守恒定律,在稳恒情况下

$$\nabla \cdot \boldsymbol{J} = 0 \tag{4-24}$$

同时考虑导电媒质中满足欧姆定律,即

$$\boldsymbol{J} = \sigma \boldsymbol{E} \tag{4-25}$$

于是有

$$\nabla \cdot \boldsymbol{E} = 0 \tag{4-26}$$

将式(4-23)代入式(4-26),则有

$$\nabla^2 \phi = 0 \tag{4-27}$$

这就是稳恒电场中电势所满足的拉普拉斯方程。式(4-27)附加类似于式(4-6)～式(4-8)所对应的边界条件,即可得到电势所对应的三类边值问题。

4.1.5 时变场边值问题

在理想的各向同性介质中,麦克斯韦方程组为

$$\begin{cases} \nabla \times \boldsymbol{H} = \boldsymbol{J} + \dfrac{\partial \boldsymbol{D}}{\partial t} \\[2mm] \nabla \times \boldsymbol{E} = -\dfrac{\partial \boldsymbol{B}}{\partial t} \\[2mm] \nabla \cdot \boldsymbol{B} = 0 \\[2mm] \nabla \cdot \boldsymbol{D} = \rho \end{cases} \tag{4-28}$$

且 $\boldsymbol{D} = \varepsilon \boldsymbol{E}$,$\boldsymbol{B} = \mu \boldsymbol{H}$。将麦克斯韦方程组中的第一、第二方程取旋度并运用矢量微分恒等式,可得电场强度 $\boldsymbol{E}$、磁场强度 $\boldsymbol{H}$ 的波动方程分别为

$$\nabla^2 \boldsymbol{E} - \varepsilon\mu \frac{\partial^2 \boldsymbol{E}}{\partial t^2} = \frac{1}{\varepsilon} \nabla\rho + \mu \frac{\partial \boldsymbol{J}}{\partial t} \tag{4-29}$$

$$\nabla^2 \boldsymbol{H} - \varepsilon\mu \frac{\partial^2 \boldsymbol{H}}{\partial t^2} = -\nabla \times \boldsymbol{J} \tag{4-30}$$

对于无源区域,自由电流密度和自由电荷密度都为 0,即 $\boldsymbol{J} = 0$ 与 $\rho = 0$。于是有

$$\nabla^2 \boldsymbol{E} - \varepsilon\mu \frac{\partial^2 \boldsymbol{E}}{\partial t^2} = 0 \tag{4-31}$$

$$\nabla^2 \boldsymbol{H} - \varepsilon\mu \frac{\partial^2 \boldsymbol{H}}{\partial t^2} = 0 \tag{4-32}$$

在直角坐标系内,上述两个矢量场的波动方程均包含三个标量的波动方程。每一标量波动方程将只包含场矢量的一个分量。若用 ψ 表示其中任意一个分量,则可将它们统一写为

$$\frac{\partial^2 \psi}{\partial x^2} + \frac{\partial^2 \psi}{\partial y^2} + \frac{\partial^2 \psi}{\partial z^2} = \varepsilon\mu \frac{\partial^2 \psi}{\partial t^2} \tag{4-33}$$

上述波动方程式(4-31)～式(4-33)并配以边界条件和初始条件,就构成了时变场情形下的定解问题。

在大多数情况下,人们并不分析一般的时变电磁问题。相反,人们所重点研究的是所谓的时谐电磁场问题,即场量随时间做正弦变化(余弦变化)。在这种情形下,可以利用相量来表示电磁场的各个分量,且 $\frac{\partial}{\partial t} = j\omega$,于是,上述方程可以表示为

$$\nabla^2 \boldsymbol{E} + k^2 \boldsymbol{E} = 0 \tag{4-34a}$$

$$\nabla^2 \boldsymbol{H} + k^2 \boldsymbol{H} = 0 \tag{4-34b}$$

$$\frac{\partial^2 \psi}{\partial x^2} + \frac{\partial^2 \psi}{\partial y^2} + \frac{\partial^2 \psi}{\partial z^2} + k^2 \psi = 0 \tag{4-35}$$

其中: $k = \omega \sqrt{\varepsilon\mu}$,称为波数。

上述方程就是电场强度、磁场强度以及它们的各个分量所满足的亥姆霍兹方程。在此基础之上,可以得到亥姆霍兹方程边值问题。

4.1.6　金属柱状波导中的边值问题

1. 纵向场法简介

在时谐电磁场下,电磁波在无源柱状波导中传输时,对应的麦克斯韦方程组为

$$
\begin{cases}
\nabla \times \boldsymbol{H} = \mathrm{j}\omega\varepsilon\boldsymbol{E} \\
\nabla \times \boldsymbol{E} = -\mathrm{j}\omega\mu\boldsymbol{H} \\
\nabla \cdot \boldsymbol{H} = 0 \\
\nabla \cdot \boldsymbol{E} = 0
\end{cases}
\tag{4-36}
$$

在这种情况下,只要满足方程组的第一、第二式,则方程组的第三、第四式自然成立。

如图 4-3 所示,假设 z 轴为柱状波导的轴线,考虑到波沿柱状波导的 z 方向传播,则对应的电场、磁场可以表示为 $\boldsymbol{E}(x,y,z) = \boldsymbol{E}(x,y)\mathrm{e}^{(\mathrm{j}\omega t - \gamma z)}$,$\boldsymbol{H}(x,y,z) = \boldsymbol{H}(x,y)\mathrm{e}^{(\mathrm{j}\omega t - \gamma z)}$。其中,$\gamma = \alpha + \mathrm{j}\beta$ 称为传播常数,α 为衰减常数,β 为相移常数。在大多数情况下,金属波导的损耗比较小,因此 $\alpha = 0$,$\gamma = \mathrm{j}\beta$。

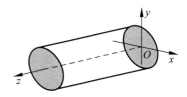

图 4-3　柱状波导示意图

将电场、磁场的表达式分别代入式(4-36)中的第一式和第二式,可得

$$
\frac{\partial E_z}{\partial y} + \gamma E_y = -\mathrm{j}\omega\mu H_x
\tag{4-37a}
$$

$$
\frac{\partial E_z}{\partial x} + \gamma E_x = \mathrm{j}\omega\mu H_y
\tag{4-37b}
$$

$$
\frac{\partial E_y}{\partial x} - \frac{\partial E_x}{\partial y} = -\mathrm{j}\omega\mu H_z
\tag{4-37c}
$$

$$
\frac{\partial H_z}{\partial y} + \gamma H_y = \mathrm{j}\omega\varepsilon E_x
\tag{4-37d}
$$

$$
\frac{\partial H_z}{\partial x} + \gamma H_x = -\mathrm{j}\omega\varepsilon E_y
\tag{4-37e}
$$

$$
\frac{\partial H_y}{\partial x} - \frac{\partial H_x}{\partial y} = \mathrm{j}\omega\varepsilon E_z
\tag{4-37f}
$$

对上面的 6 个方程,联立式(4-37a)和式(4-37e)得 H_x、E_y;联立式(4-37b)和式(4-37d)得 E_x、H_y,即

$$
E_x = -\frac{1}{k_c^2}\left(\gamma\frac{\partial E_z}{\partial x} + \mathrm{j}\omega\mu\frac{\partial H_z}{\partial y}\right)
\tag{4-38a}
$$

$$
E_y = \frac{1}{k_c^2}\left(-\gamma\frac{\partial E_z}{\partial y} + \mathrm{j}\omega\mu\frac{\partial H_z}{\partial x}\right)
\tag{4-38b}
$$

$$
H_x = \frac{1}{k_c^2}\left(\mathrm{j}\omega\varepsilon\frac{\partial E_z}{\partial y} - \gamma\frac{\partial H_z}{\partial x}\right)
\tag{4-38c}
$$

$$
H_y = -\frac{1}{k_c^2}\left(\mathrm{j}\omega\varepsilon\frac{\partial E_z}{\partial x} + \gamma\frac{\partial H_z}{\partial y}\right)
\tag{4-38d}
$$

其中：$k_c^2 = \gamma^2 + k^2$，称为截止波数。

检查可知，此时式(4-37c)和式(4-37f)仍然成立。由式(4-38)可知，只要知道了柱状波导中纵向的电磁场分量，则可以通过式(4-38)得到电磁场的横向各个分量。因此，这种方法被称为纵向场法。下面分别介绍如何求得纵向的电场和磁场分量。

2. TM 模式中纵向电场的边值问题

考虑一种特殊的电磁模式，即 $H_z = 0$。此时，磁场仅仅位于与传播方向垂直的横截面内，因此称为横磁模式，即 TM 模式，则

$$E_x = -\frac{\gamma}{k_c^2} \frac{\partial E_z}{\partial x} \tag{4-39a}$$

$$E_y = -\frac{\gamma}{k_c^2} \frac{\partial E_z}{\partial y} \tag{4-39b}$$

$$H_x = \frac{j\omega\varepsilon}{k_c^2} \frac{\partial E_z}{\partial y} \tag{4-39c}$$

$$H_y = -\frac{j\omega\varepsilon}{k_c^2} \frac{\partial E_z}{\partial x} \tag{4-39d}$$

仔细观察可知，式(4-39)可以用下面的矢量关系式表示为

$$\begin{cases} \boldsymbol{E}_T = -\dfrac{\gamma}{k_c^2} \nabla_T E_z \\ \boldsymbol{H}_T = \dfrac{j\omega\varepsilon}{\gamma} \boldsymbol{e}_z \times \boldsymbol{E}_T = \dfrac{1}{Z_{TM}} \boldsymbol{e}_z \times \boldsymbol{E}_T \end{cases} \tag{4-40}$$

其中：Z_{TM} 称为 TM 模式的波阻抗。

更为重要的是，式(4-40)与坐标系无关。因此，它既可以用于直角坐标系，也可以用于圆柱坐标系，还可以用于其他柱状坐标系，如椭圆柱坐标系等。因此，其具有普适性。

对于 TM 模式，关键是求解 E_z 的分布。由式(4-35)可知，在无源的情况下，电磁场的每个直角坐标分量都满足亥姆霍兹方程，所以

$$\frac{\partial^2 E_z}{\partial x^2} + \frac{\partial^2 E_z}{\partial y^2} + \frac{\partial^2 E_z}{\partial z^2} + k^2 E_z = 0 \tag{4-41}$$

由于 $E_z(x,y,z) = E_z(x,y) e^{j\omega t - \gamma z}$，代入式(4-41)，整理可得

$$\frac{\partial^2 E_z}{\partial x^2} + \frac{\partial^2 E_z}{\partial y^2} + k_c^2 E_z = 0 \tag{4-42}$$

或

$$\nabla_T^2 E_z + k_c^2 E_z = 0 \tag{4-43}$$

其中：$\nabla_T^2 = \dfrac{\partial^2}{\partial x^2} + \dfrac{\partial^2}{\partial y^2}$ 称为横向拉普拉斯算符。

由于波导为金属结构，E_z 为切向电场分量，所以有

$$E_z \mid_S = 0 \tag{4-44}$$

式(4-42)或者式(4-43)与式(4-44)就构成了纵向电场的边值问题。求解该边值问题，可以确定 E_z，再利用式(4-38)或者式(4-39)即可得到其他电磁场分量。

3. TE 模式中纵向磁场的本征值问题

现在考虑另外一种特殊的电磁模式,即 $E_z = 0$。此时,电场仅仅位于与传播方向垂直的横截面内,因此称为横电模式,即 TE 模式,则

$$E_x = -\frac{j\omega\mu}{k_c^2}\frac{\partial H_z}{\partial y} \tag{4-45a}$$

$$E_y = \frac{j\omega\mu}{k_c^2}\frac{\partial H_z}{\partial x} \tag{4-45b}$$

$$H_x = -\frac{\gamma}{k_c^2}\frac{\partial H_z}{\partial x} \tag{4-45c}$$

$$H_y = -\frac{\gamma}{k_c^2}\frac{\partial H_z}{\partial y} \tag{4-45d}$$

仔细观察可知,式(4-45)可以用下面的矢量关系式表示为

$$\begin{cases} \boldsymbol{H}_T = -\dfrac{\gamma}{k_c^2}\nabla_T H_z \\[2mm] \boldsymbol{E}_T = -\dfrac{j\omega\mu}{\gamma}\boldsymbol{e}_z \times \boldsymbol{H}_T = -Z_{TE}\boldsymbol{e}_z \times \boldsymbol{H}_T \end{cases} \tag{4-46}$$

其中: Z_{TE} 称为 TE 模式的波阻抗。

通过观察可得,式(4-46)同样与坐标系无关。因此,它既可以用于直角坐标系,也可以用于圆柱坐标系,还可以用于其他柱状坐标系,如椭圆柱坐标系等,因此也具有普适性。

对于 TE 模式,关键是求解 H_z 的分布。由式(4-35)可知,在无源的情况下,电磁场的每个直角坐标分量都满足亥姆霍兹方程,所以

$$\frac{\partial^2 H_z}{\partial x^2} + \frac{\partial^2 H_z}{\partial y^2} + \frac{\partial^2 H_z}{\partial z^2} + k^2 H_z = 0 \tag{4-47}$$

由于 $E_z(x,y,z) = E_z(x,y)e^{j\omega t - \gamma z}$,代入式(4-47),并整理,可得

$$\frac{\partial^2 H_z}{\partial x^2} + \frac{\partial^2 H_z}{\partial y^2} + k_c^2 H_z = 0 \tag{4-48}$$

或

$$\nabla_T^2 H_z + k_c^2 H_z = 0 \tag{4-49}$$

由于波导为金属结构,其表面法向磁场分量为 0,所以有

$$\left.\frac{\partial H_z}{\partial n}\right|_S = 0 \tag{4-50}$$

式(4-48)或者式(4-49)与式(4-50)就构成了纵向磁场的边值问题。求解该边值问题,可以得到纵向磁场的分布,并利用式(4-45)或式(4-46)进一步得到其他分量的值。

一般情况下,由式(4-38)可知,金属波导中传输的电磁模式是 TE 模式和 TM 模式的叠加。

将式(4-43)、式(4-49)进行变形,可以得到

$$\nabla_T^2 E_z = -k_c^2 E_z \quad \text{或} \quad \nabla_T^2 H_z = -k_c^2 H_z$$

也可以统一写为

$$L[\psi] = \lambda\psi, \quad \psi = H_z, E_z \tag{4-51}$$

其中：L 表示线性偏微分算符，在这里就是二维、横向拉普拉斯算符，且 $\lambda = -k_c^2$。

基于式(4-51)，也把纵向场所满足的定解问题称为本征值问题。

4.1.7 博格尼斯函数满足的方程

博格尼斯函数法将麦克斯韦方程组的求解转换为两个标量函数的求解问题，从而可以简化计算。这两个标量函数及其满足的边界条件构成了电磁场边值问题。

1. 相关定理简介

在时谐情况下，无源的麦克斯韦方程组为

$$\nabla \times \boldsymbol{E} = -j\omega\mu\boldsymbol{H} \tag{4-52a}$$

$$\nabla \times \boldsymbol{H} = j\omega\varepsilon\boldsymbol{E} \tag{4-52b}$$

此时，两个散度方程自然成立，所以不必单列。在任意正交坐标系下，电场和磁场可表示为

$$\boldsymbol{E} = \boldsymbol{e}_1 E_1 + \boldsymbol{e}_2 E_2 + \boldsymbol{e}_3 E_3 \tag{4-53a}$$

$$\boldsymbol{H} = \boldsymbol{e}_1 H_1 + \boldsymbol{e}_2 H_2 + \boldsymbol{e}_3 H_3 \tag{4-53b}$$

由于旋度的计算公式为

$$\nabla \times \boldsymbol{A} = \frac{1}{h_1 h_2 h_3} \begin{vmatrix} h_1 \boldsymbol{e}_1 & h_2 \boldsymbol{e}_2 & h_3 \boldsymbol{e}_3 \\ \dfrac{\partial}{\partial u_1} & \dfrac{\partial}{\partial u_2} & \dfrac{\partial}{\partial u_3} \\ h_1 A_1 & h_2 A_2 & h_3 A_3 \end{vmatrix} \tag{4-54}$$

结合式(4-54)，则可以将麦克斯韦方程组展开为下面的 6 个式子，即

$$\frac{\partial}{\partial u_2}(h_3 E_3) - \frac{\partial}{\partial u_3}(h_2 E_2) = -j\omega\mu h_2 h_3 H_1 \tag{4-55a}$$

$$\frac{\partial}{\partial u_3}(h_1 E_1) - \frac{\partial}{\partial u_1}(h_3 E_3) = -j\omega\mu h_3 h_1 H_2 \tag{4-55b}$$

$$\frac{\partial}{\partial u_1}(h_2 E_2) - \frac{\partial}{\partial u_2}(h_1 E_1) = -j\omega\mu h_1 h_2 H_3 \tag{4-55c}$$

$$\frac{\partial}{\partial u_2}(h_3 H_3) - \frac{\partial}{\partial u_3}(h_2 H_2) = j\omega\varepsilon h_2 h_3 E_1 \tag{4-55d}$$

$$\frac{\partial}{\partial u_3}(h_1 H_1) - \frac{\partial}{\partial u_1}(h_3 H_3) = j\omega\varepsilon h_3 h_1 E_2 \tag{4-55e}$$

$$\frac{\partial}{\partial u_1}(h_2 H_2) - \frac{\partial}{\partial u_2}(h_1 H_1) = j\omega\varepsilon h_1 h_2 E_3 \tag{4-55f}$$

正交坐标系下的拉梅系数定义为

$$h_i = \sqrt{\left(\frac{\partial x}{\partial u_i}\right)^2 + \left(\frac{\partial y}{\partial u_i}\right)^2 + \left(\frac{\partial z}{\partial u_i}\right)^2} \quad (i=1,2,3) \tag{4-56}$$

它反映的是正交坐标系下某一坐标变量发生变化时，对应的坐标线弧长变化的系数。

关于博格尼斯函数，有如下两个定理。

定理 1 若正交坐标系的拉梅系数满足以下两个条件：$h_3 = 1$，$\dfrac{\partial}{\partial u_3}\left(\dfrac{h_1}{h_2}\right) = 0$，则可找到两个标量

函数 $U(r)$、$V(r)$，使得 E_3 只是 U 的函数，H_3 只是 V 的函数，且有

$$E_1 = \frac{1}{h_1} \frac{\partial^2 U}{\partial u_1 \partial u_3} - \mathrm{j}\omega\mu \frac{1}{h_2} \frac{\partial V}{\partial u_2} \tag{4-57a}$$

$$E_2 = \frac{1}{h_2} \frac{\partial^2 U}{\partial u_2 \partial u_3} + \mathrm{j}\omega\mu \frac{1}{h_1} \frac{\partial V}{\partial u_1} \tag{4-57b}$$

$$E_3 = \frac{\partial^2 U}{\partial u_3^2} + k^2 U \tag{4-57c}$$

$$H_1 = \frac{1}{h_1} \frac{\partial^2 V}{\partial u_1 \partial u_3} + \mathrm{j}\omega\varepsilon \frac{1}{h_2} \frac{\partial U}{\partial u_2} \tag{4-57d}$$

$$H_2 = \frac{1}{h_2} \frac{\partial^2 V}{\partial u_2 \partial u_3} - \mathrm{j}\omega\varepsilon \frac{1}{h_1} \frac{\partial U}{\partial u_1} \tag{4-57e}$$

$$H_3 = \frac{\partial^2 V}{\partial u_3^2} + k^2 V \tag{4-57f}$$

其中，U 和 V 满足下列二阶偏微分方程：

$$\nabla_{\mathrm{T}}^2 U + \frac{\partial^2}{\partial u_3^2} U + k^2 U = 0 \tag{4-58a}$$

$$\nabla_{\mathrm{T}}^2 V + \frac{\partial^2}{\partial u_3^2} V + k^2 V = 0 \tag{4-58b}$$

函数 U 和 V 称为博格尼斯函数。上式中 ∇_{T}^2 为 u_1、u_2 的二维拉普拉斯运算，即

$$\nabla_{\mathrm{T}}^2 = \frac{1}{h_1 h_2} \left[\frac{\partial}{\partial u_1} \left(\frac{h_2}{h_1} \frac{\partial}{\partial u_1} \right) + \frac{\partial}{\partial u_2} \left(\frac{h_1}{h_2} \frac{\partial}{\partial u_2} \right) \right] \tag{4-59}$$

此时，式(4-57)描述的电磁场正是麦克斯韦方程组的解。因此，可以将 6 个场分量的求解问题简化为两个标量函数的求解问题，只要这两个标量函数满足式(4-58)。

定理 1 的条件的物理意义：

(1) $h_3 = 1$：有一个坐标方向是线性长度坐标。

(2) $\frac{\partial}{\partial u_3} \left(\frac{h_1}{h_2} \right) = 0$：说明拉梅系数 h_2、h_1 关于坐标变量 u_3 的函数形式是一致的。

满足定理 1 的两个条件的坐标系有所有柱坐标系(椭圆柱坐标系、圆柱坐标系等)和球坐标系。

定理 2 若正交坐标系满足定理 1 的两个条件，同时满足以下条件：$\frac{\partial}{\partial u_3}(h_1 h_2) = 0$，则标量函数 U 和 V 满足齐次标量亥姆霍兹方程

$$\nabla^2 U + k^2 U = 0 \tag{4-60a}$$
$$\nabla^2 V + k^2 V = 0 \tag{4-60b}$$

将定理 1 和定理 2 的条件结合起来，即 $h_3 = 1$，$\frac{\partial}{\partial u_3} \left(\frac{h_1}{h_2} \right) = 0$，$\frac{\partial}{\partial u_3}(h_1 h_2) = 0$。

其物理意义是：u_1 和 u_2 两个坐标标量对应的拉梅系数 h_1、h_2 与第三坐标变量 u_3 无关。

满足定理 2 的坐标系是一切柱坐标系。

2. 柱坐标系的情况

设其纵轴 $u_3 = z$，纵轴方向的等坐标面是一组与纵轴垂直的平行平面，即横截面。在横截面上

是任意二维曲线正交坐标系 u_1、u_2。$u_3=z$ 称为纵向，u_1、u_2 称为横向。在柱坐标系中，电磁波沿 z 方向传播且为正反两个方向的行波，纵向传播常数为 γ，即场的各分量与 z 的函数关系为 $\mathrm{e}^{\pm \gamma z}$，所以 $\dfrac{\partial^2}{\partial z^2}=\gamma^2$。若仅考虑正向传播的波，即 $\dfrac{\partial}{\partial z}=-\gamma$，则由式(4-57)可得

$$E_z = (k^2 + \gamma^2)U = k_{\mathrm{c}}^2 U \tag{4-61a}$$

$$H_z = (k^2 + \gamma^2)V = k_{\mathrm{c}}^2 V \tag{4-61b}$$

其中：$k_{\mathrm{c}}^2 = k^2 + \gamma^2$。

由上式可知，博格尼斯函数与柱状坐标系中的纵向电场、磁场分量仅差一个常数倍，且有

$$\nabla_{\mathrm{T}}^2 U + k_{\mathrm{c}}^2 U = 0 \tag{4-62a}$$

$$\nabla_{\mathrm{T}}^2 V + k_{\mathrm{c}}^2 V = 0 \tag{4-62b}$$

即它们分别满足二维的亥姆霍兹方程。依据式(4-57)，则横向分量为

$$E_1 = -\frac{\gamma}{h_1}\frac{\partial U}{\partial u_1} - \frac{\mathrm{j}\omega\mu}{h_2}\frac{\partial V}{\partial u_2} \tag{4-63a}$$

$$E_2 = -\frac{\gamma}{h_2}\frac{\partial U}{\partial u_2} + \frac{\mathrm{j}\omega\mu}{h_1}\frac{\partial V}{\partial u_1} \tag{4-63b}$$

$$H_1 = -\frac{\gamma}{h_1}\frac{\partial V}{\partial u_1} + \frac{\mathrm{j}\omega\varepsilon}{h_2}\frac{\partial U}{\partial u_2} \tag{4-63c}$$

$$H_2 = -\frac{\gamma}{h_2}\frac{\partial V}{\partial u_2} - \frac{\mathrm{j}\omega\varepsilon}{h_1}\frac{\partial U}{\partial u_1} \tag{4-63d}$$

仔细观察可知，上述公式实际上与纵向场法完全等效。

3. 球坐标系的情况

对于球坐标系，取 $u_1=\theta$，$u_2=\varphi$，$u_3=r$，则 $h_1=r$，$h_2=r\sin\theta$，$h_3=1$。因为球坐标系满足博格尼斯函数的定理 1，但不满足定理 2，所以函数 U 和 V 满足的偏微分方程不是标量亥姆霍兹方程。

球坐标系的横向拉普拉斯算符为

$$\nabla_{\mathrm{T}}^2 = \frac{1}{r^2\sin\theta}\frac{\partial}{\partial\theta}\left(\sin\theta\frac{\partial}{\partial\theta}\right) + \frac{1}{r^2\sin^2\theta}\frac{\partial^2}{\partial\varphi^2} \tag{4-64}$$

于是函数 U、V 满足的偏微分方程为

$$\frac{1}{r^2\sin\theta}\frac{\partial}{\partial\theta}\left(\sin\theta\frac{\partial U}{\partial\theta}\right) + \frac{1}{r^2\sin^2\theta}\frac{\partial^2 U}{\partial\varphi^2} + \frac{\partial^2 U}{\partial r^2} + k^2 U = 0 \tag{4-65}$$

这显然不是球坐标系下的拉普拉斯方程或者亥姆霍兹方程。考虑如下的变量替换：$U=rF$，$V=rF$，则有

$$\frac{\partial^2 U}{\partial r^2} = \frac{\partial^2 rF}{\partial r^2} = \frac{1}{r}\frac{\partial}{\partial r}\left(r^2\frac{\partial F}{\partial r}\right) \tag{4-66}$$

于是，上述方程变为

$$\frac{1}{r^2\sin\theta}\frac{\partial}{\partial\theta}\left(\sin\theta\frac{\partial F}{\partial\theta}\right) + \frac{1}{r^2\sin^2\theta}\frac{\partial^2 F}{\partial\varphi^2} + \frac{1}{r^2}\frac{\partial}{\partial r}\left(r^2\frac{\partial F}{\partial r}\right) + k^2 F = 0 \tag{4-67}$$

这正是球坐标系下的标量亥姆霍兹方程。求解该方程，得到函数 F，便可求得 U、V，进而利用博格尼斯函数法的公式得到电磁场的各个分量。

$$E_\theta = \frac{1}{r}\frac{\partial^2 U}{\partial r \partial \theta} - \mathrm{j}\omega\mu\,\frac{1}{r\sin\theta}\frac{\partial V}{\partial \varphi} \tag{4-68a}$$

$$E_\varphi = \frac{1}{r\sin\theta}\frac{\partial^2 U}{\partial r \partial \varphi} + \mathrm{j}\omega\mu\,\frac{1}{r}\frac{\partial V}{\partial \theta} \tag{4-68b}$$

$$E_r = \frac{\partial^2 U}{\partial r^2} + k^2 U \tag{4-68c}$$

$$H_\theta = \frac{1}{r}\frac{\partial^2 V}{\partial r \partial \theta} + \mathrm{j}\omega\varepsilon\,\frac{1}{r\sin\theta}\frac{\partial U}{\partial \varphi} \tag{4-68d}$$

$$H_\varphi = \frac{1}{r\sin\theta}\frac{\partial^2 V}{\partial r \partial \varphi} - \mathrm{j}\omega\varepsilon\,\frac{1}{r}\frac{\partial U}{\partial \theta} \tag{4-68e}$$

$$H_r = \frac{\partial^2 V}{\partial r^2} + k^2 V \tag{4-68f}$$

博格尼斯函数所满足的方程,并附加相应的边界条件,就构成了对应的边值问题。

4.2 PDETool 简介

PDETool 是 MATLAB 环境中提供的二维有限元工具箱,是图形界面,可以完成对大多数二维偏微分方程的求解。PDETool 的使用非常简单、直观,结果的呈现形式多种多样。通过在 MATLAB 命令行下输入 PDETool,即可进入相关图形界面。

4.2.1 PDETool 的界面简介

如图 4-4 所示为 PDETool 的工作界面。与常规窗口一样,有菜单栏、工具栏和状态栏等。中间部分是绘制图形建模的区域;在界面菜单栏下面有 12 个与数值求解密切相关的工具按钮。PDETool 的工作过程,从工具按钮左侧开始,依次向右展开。当所有类型的按钮都处理完毕后,PDETool 的结果也就呈现出来了。工具栏中的所有功能都可以在菜单栏中实现。

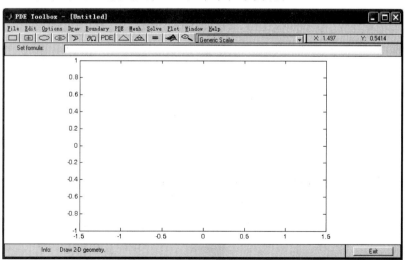

图 4-4 PDETool 的工作界面

图 4-5   PDETool 的工具按钮

如图 4-5 所示,从左至右,PDETool 的工具按钮分别代表:

(1) 图形绘制按钮,包括矩形绘图、已知矩形中心绘图、椭圆绘图、已知椭圆中心绘图、多边形绘图。这些按钮对应于绘制物理问题对应的边界,一共有 5 个。

(2) 边界条件设置按钮,用于设定边界条件,有 1 个。

(3) 偏微分方程形式设置按钮,根据具体情况设置偏微分方程及其系数,有 1 个。

(4) 有限元网格生成按钮,包括网格划分、网格细化,一共有 2 个。

(5) 数值求解按钮,用于启动数值求解过程,有 1 个。

(6) 绘图按钮,用于显示最终求解的结果,有 1 个。

(7) 放大镜按钮,使用得较少。

上述工具的使用,按照从左到右的顺序执行一遍,即可完成问题的求解(对于绘图按钮,按照实际需要选择,不需要全部使用)。由于使用了所见即所得的方法绘图,所以,关于图形的绘制,不再详细论述。但需要指出的是,PDETool 支持 CSG(Constructive Solid Geometry,构造实体几何法)建模,可以通过对简单几何图形进行并、交、补等集合操作,从而完成复杂几何图形的建模。在工作区中,12 个按钮下面显示的就是当前有效的集合运算操作。

为了方便具体应用,PDETool 内置了若干应用模式,如静电模式、静磁模式、稳恒电场模式等。通过工作区右端的下拉菜单,可以选择当前使用的应用模式。默认的应用模式为通用标量模式,可以完成所有功能。下面主要结合通用标量模式进行介绍。

4.2.2　边界条件的设置

绘制完图形后,单击边界条件设置按钮,即可启动对边界条件的设定。双击构成边界的任意一条边(根据边界的复杂程度,可能不止一条边需要设置边界条件),即进入边界条件设置页面。图 4-6 给出了第一类边界条件的设置情况。

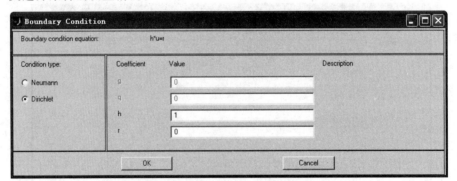

图 4-6   狄利克雷问题的边界条件设置

对于第一类边界条件,即狄利克雷条件,基本的方程为 $h*u=r$。如果是齐次狄利克雷问题,采用默认的设置即可,$h=1$,$r=0$,此时对应 $u|_s=0$。对于非齐次的狄利克雷问题,在 r 的一栏里面可以根据具体情况设置相应的数或函数。

图 4-7 给出了第二类边界条件的设置情况,其基本方程为 $n \cdot (c \nabla u) + qu = g$。对于齐次诺依曼条件,采用默认值即可,此时 $g = 0, q = 0$。考虑到一般情况下 $c = 1$(见后面方程形式设置),因此,有 $\dfrac{\partial u}{\partial n}\Big|_s = 0$。对于非齐次问题,将 g 对应的一栏设置为数或者边界坐标的函数即可,并设置 $q = 0$,则有 $\dfrac{\partial u}{\partial n}\Big|_s = f(\zeta)$。

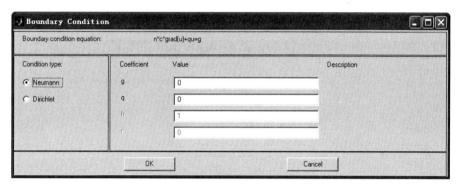

图 4-7 诺依曼边界条件的设置

需要说明的是,在 MATLAB 中,第二类和第三类边界条件是混合在一起的。因此,当 q 不为 0 时,边界上给出的是物理量及其偏导数线性组合后的具体数值或函数,事实上就是第三类边界条件。

4.2.3 方程形式的设置

按方程形式设定按钮,即可进行具体方程形式的设定。具体地,可以选择 4 种形式,即椭圆形、抛物线形、双曲线形和本征值问题。对于经常使用的几种方程,如前面提到的拉普拉斯方程、泊松方程、波动方程等,都可以通过设置基本方程的系数得到。

图 4-8 给出了椭圆形方程的参数设置,包含泊松方程和拉普拉斯方程。此时,对应的基本方程形式为

$$-\nabla \cdot (c \nabla u) + au = f$$

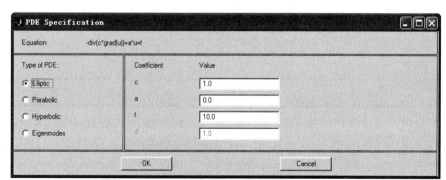

图 4-8 椭圆形方程的参数设置

若设置拉普拉斯方程,则设置 $c = 1, a = 0, f = 0$ 即可。

对于泊松方程,则设置 $c = 1, a = 0$,将 f 设置为相应的非齐次项,表示"源"。

抛物线形方程包含了物理中的输运方程。其基本形式为

$$\mathrm{d}u' - \nabla \cdot (c\,\nabla u) + au = f$$

公式中的撇号表示对时间求导数。如图 4-9 所示,方程中 f 的设置与方程是否齐次有关。齐次方程,选择零;非齐次方程,设置为非零数值。当使用默认的设置,即 $c=1, a=0, f=10, d=1$。则得到非齐次的输运方程为

$$u' - \Delta u = 10$$

由于在电磁场问题里基本上不涉及输运方程,所以不做详细介绍。

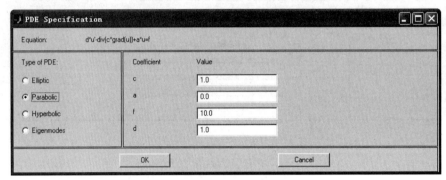

图 4-9　抛物线形方程的参数设置

双曲线形方程包含了波动方程。其基本形式为

$$\mathrm{d}u'' - \nabla \cdot (c\,\nabla u) + au = f$$

公式中的撇号表示对时间求导数。如图 4-10 所示,与输运方程不同,波动方程中的物理量关于时间是二阶导数。方程中 f 的设置与方程是否齐次有关。齐次方程,选择零;非齐次方程,设置为非齐次项。采用默认数值时,对应的波动方程为

$$u'' - \Delta u = 10$$

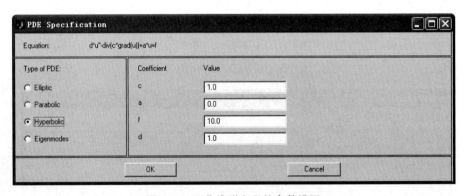

图 4-10　双曲线形方程的参数设置

本征值问题的设置如图 4-11 所示。此时,方程的基本形式为

$$-\nabla \cdot (c\,\nabla u) + au = \lambda \mathrm{d}u$$

采用默认设置,如图 4-11 所示,则有

$$-\Delta u = \lambda u \tag{4-69}$$

这就是典型的亥姆霍兹方程,其中 λ 就是本征值。利用本征值形式,可以求解金属波导中的本征模。

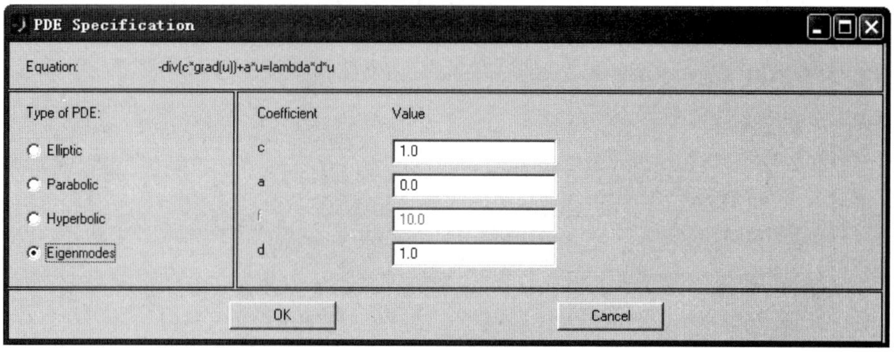

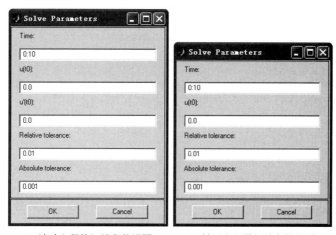

图 4-11　本征值问题的参数设置

需要说明的是,对于波动方程和输运方程,设置了边界条件之后,还需要进一步设定初始条件,这一点需要通过单击菜单项 Solve,然后选择 Parameters 命令实现,如图 4-12 所示。另外,通过这个界面还可以设置所求解的时间段和求解过程中的误差允许值等。从图中可以看出,由于波动方程对时间是二阶导数,因此,需要两个初始条件,可以认为是初始"位移"和初始"速度";而输运方程,因为关于时间是一阶导数,因此,只需要一个初始条件即可。采用默认设置,基本上可以解决大多数波动和输运问题。

(a) 波动方程的初始条件设置　　(b) 输运方程的初始条件设置

图 4-12　含时间变量的定解问题的初始条件的设定

4.2.4　解的表示方式

如上所述,在绘制了边界,设置了边界条件,规定了方程形式之后,单击网格初始化按钮,即可产生有限元的网格;如果网格不够细密,可以单击细化按钮;根据具体情况还可以多次单击该按钮,但细化网格的同时,程序运行的时间也较长。一般情况下,使用网格细化一次或两次即可。最后,单击求解按钮,就可得到有限元数值解。对于解的表示方式,可以通过单击绘图按钮来设定和修改,如图 4-13 所示。

屏幕左上角的 6 个复选框用于确定最终解的表现形式。其中,系统默认是 Color,即用伪彩色显示二元函数 $u(x,y)$。也可以根据自己的需要添加别的选择,例如,Contour 用于绘制等高线;Arrows 用

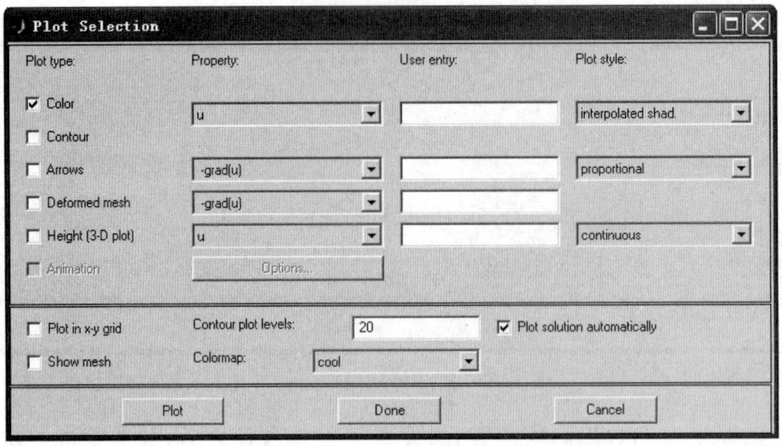

图 4-13　解的表现形式设置

于绘制力线；Deformed mesh 用网格显示函数；Height 使用高度显示函数；Animation 将结果用动画显示出来(仅适合波动方程和输运方程)。

除此之外,还可以对绘图的一些细节进行控制,如绘制坐标网格、等高线的层次等,可以通过屏幕下面的复选框进行选择。

在设置了函数的表现方式之后,通过单击 Plot 按钮,即可将数值求解的结果展现出来。屏幕右上角的 User entry 和 Plot style 等项目可以直接使用默认值。

4.3　静态场问题求解

考虑一个静电场问题,其对应的定解问题如下:

$$\begin{cases} \Delta u = 0 \\ u\mid_{x=0}=0, u\mid_{x=1}=0 \\ u\mid_{y=0}=0, u\mid_{y=1}=\sin(2\pi x) \end{cases}$$

这是一个典型的狄利克雷问题。题目给出了一个正方形边界四条边上的电势分布值,然后计算正方形区域内部的电势分布。

首先,用分离变量法对该问题进行求解,得到严格的解析解为

$$u = \frac{1}{\sinh(2\pi)}\sin(2\pi x)\sinh(2\pi y)$$

然后,利用 surf 函数和 pcolor 函数绘制该函数的图像,如图 4-14 所示。其代码大致如下:

```
x = linspace(0,1,100);              % x 取从 0 到 1 区间的 100 个点
y = linspace(0,1,100);              % y 取从 0 到 1 区间的 100 个点
[X,Y] = meshgrid(x,y);              % 绘制网格,并将格点坐标赋予 X 和 Y
u = 1/(sinh(2 * pi)) * sin(2 * pi * X). * sinh(2 * pi * Y);   % 计算电势值
surf(X,Y,u);                        % 绘制曲面图
shading interp;                     % 曲面色彩做插值
figure;                             % 创建新的图形窗口
pcolor(X,Y,u);                      % 绘制伪彩色图
shading interp;                     % 色彩做插值处理
colorbar;                           % 绘制带色阶的颜色条
```

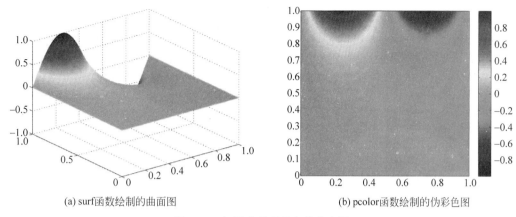

| (a) surf函数绘制的曲面图 | (b) pcolor函数绘制的伪彩色图 |

图 4-14　解析法得到的电势分布图

接下来,采用 PDETool 进行数值求解,并与解析法得到的结果做对照,如图 4-15 所示。步骤如下:

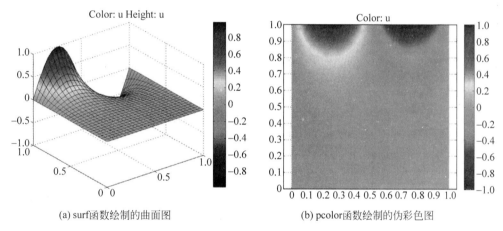

| (a) surf函数绘制的曲面图 | (b) pcolor函数绘制的伪彩色图 |

图 4-15　PDETool 得到的电势分布图

（1）在 MATLAB 命令行下,输入 PDETool,进入图形界面。

（2）在工具栏上单击矩形绘制按钮,绘制一个边长为 1 的正方形。

（3）单击边界条件设定按钮,进入边界条件设置状态;用双击正方形的边,根据题目设置狄利克雷边界条件。注意,对于第四个边界条件,应该输入对应的函数表达式。

（4）单击方程类型设置按钮,选择椭圆类型,并设置 f 为 0,表示齐次方程。

（5）单击网格生成按钮,产生有限元网格。

（6）单击细化网格按钮二次,对产生的网格进行细化。

（7）单击求解按钮,则系统进行数值求解过程,并给出所得解的伪彩色示意图。

（8）单击绘图按钮,选择 Height,可以得到解的高度图,即曲面图。

对照上述用解析法和数值法得到的图形,可以看出二者几乎完全一致,从而证明了数值法的正确性。

4.4　波动问题求解

考虑一个二维的波动问题,定解问题如下。该定解问题可以看作在一个边长为 1 的正方形谐振腔内,电磁场的纵向电场分量(E_z)随时间做简谐振动的情况。

$$\begin{cases} u_{tt} - \Delta u = 0 \\ u \mid_{t=0} = 0 \\ u_t \mid_{t=0} = 3 * \sin(\pi x) * \sin(\pi y) \\ u \mid_{x=0} = 0, u \mid_{x=1} = 0 \\ u_y \mid_{y=0} = 0, u_y \mid_{y=1} = 0 \end{cases}$$

首先,用分离变量法对该问题进行求解,得到严格的解析解为

$$u = \frac{3}{\sqrt{2}\,\pi} \sin(\pi x) \sin(\pi y) \sin(\sqrt{2}\,\pi t)$$

然后,利用 surf 函数绘制该函数在 $t=1$、2、3、4 这 4 个时刻的图像,如图 4-16 所示。

```
x = linspace(0,1,100);        % x 取从 0 到 1 区间的 100 个点
y = linspace(0,1,100);        % y 取从 0 到 1 区间的 100 个点
[X,Y] = meshgrid(x,y);        % 绘制网格,并将格点坐标赋予 X 和 Y
t = [1 2 3 4];
```

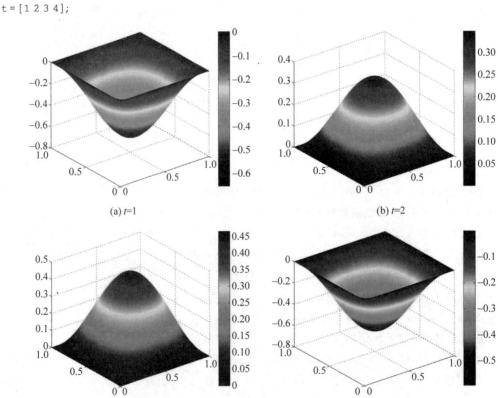

(a) $t=1$　　　　　　　　(b) $t=2$

(c) $t=3$　　　　　　　　(d) $t=4$

图 4-16　解析法得到的波动方程在 4 个时刻的图像

```
for  i = 1:4                                      % 循环 4 次,绘制 4 个时刻电场值
    u = 3/(sqrt(2) * pi * sin(pi * X). * sin(pi * Y) * sin(sqrt(2) * pi * t(i));
                                                  % 计算电势值
figure;
surf(X, Y, u);                                    % 绘制曲面图
shading interp;                                   % 曲面色彩做插值
colorbar;                                         % 绘制带色阶的颜色条
end
```

接下来,打开 PDETool 图形界面,对工具栏进行相关设置从而得到该问题的数值解,并绘制图形。具体步骤如 4.3 节所示。这里需要注意的是,对于波动方程,还需要对求解的参数进行设置,参见图 4-12(a)。在具体计算中,设置时间为 0~5s,步长为 0.01s。当数值计算结束后,可以单击绘图按钮,设置需要显示时刻的值。为便于对比,依然选择 1、2、3、4 这 4 个时刻的高度图,如图 4-17 所示。对于解析法和数值法的图像,可以看出二者吻合得很好。

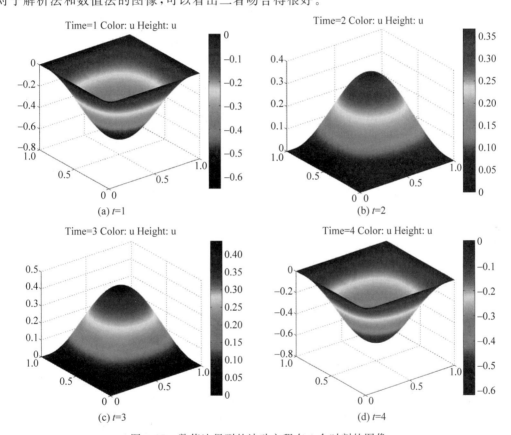

图 4-17　数值法得到的波动方程在 4 个时刻的图像

4.5　本征值问题求解

考虑如下本征值问题,它大致相当于圆形波导中的 TE 模式,其中的物理量 u 就是纵向磁场 H_z。

$$\begin{cases} \Delta u + k_c^2 u = 0 \\ \left. \dfrac{\partial u}{\partial r} \right|_{r=a} = 0 \end{cases} \tag{4-70}$$

首先,用分离变量法对该问题进行求解,得到严格的解析解为

$$u = \Lambda J_m(k_c r) \begin{cases} \cos m\varphi \\ \sin m\varphi \end{cases} \tag{4-71}$$

考虑到边界条件,则有

$$k_c = x_i^{(m)}/a$$

这就是上述本征值问题对应的本征函数和本征值。其中,$x_i^{(m)}$ 表示 m 阶贝塞尔函数的导数的第 i 个根。

用下面的 MATLAB 代码可以求解 H_{01} 模式的本征值和本征模,并利用 pcolor 函数绘制模式分布。注意,这里用到了 $J_0'(x) = -J_1(x)$ 的恒等式,从而求零阶贝塞尔函数的导数的根,就转换为了求一阶贝塞尔函数的根。此外,由于角向函数取正弦和余弦具有简并的特点,因此仅选择余弦函数作为实例。

```
a = 0.05;                              % 设置圆半径
r = linspace(0,a,100);                 % 沿径向取 100 个点
m = 0;                                 % 零阶模式
theta = linspace(0,2 * pi,100);        % 沿角向取 100 个点
[R,Theta] = meshgrid(r,theta);         % 绘制极坐标网格,并赋予 R、Theta 矩阵
kc01 = fzero(@(x) besselj(1,x),3)/a;   % 求一阶贝塞尔函数在 3 附近的根,得本征值
u = besselj(0,kc01 * R). * cos(m * Theta);  % 计算场分布
X = R. * cos(Theta); Y = R. * sin(Theta);   % 转换为直角坐标系
pcolor(X,Y,u);                         % 绘制伪彩色图
shading interp;                        % 颜色做插值处理
colorbar;                              % 绘制色阶
axis equal;                            % x、y 方向等比例显示
kc02 = fzero(@(x) besselj(1,x),6)/a;   % 求一阶贝塞尔函数在 6 附近的根,得本征值
u = besselj(0,kc02 * R). * cos(m * Theta);  % 计算场分布
figure;                                % 创建新窗口,绘制新的模式 H_02
pcolor(X,Y, - u);                      % 绘制伪彩色图
shading interp;
colorbar;
axis equal;
```

最终绘制的结果如图 4-18 所示。可以看出,由于 $m=0$,所以模式分布具有轴对称的特点,与角向变量无关。查看运行结果可以知道

$$k_c = 76.6341(H_{01}); \quad k_c = 140.3117(H_{02}) \tag{4-72}$$

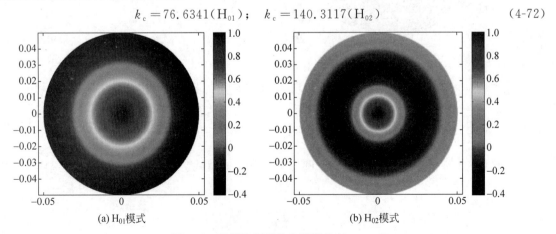

(a) H_{01}模式　　　　　　　　　　　(b) H_{02}模式

图 4-18　解析法得到的本征模分布

同样的道理,可以利用 PDETool 工具箱进行上述本征值问题的求解。需要指出的是,当使用本征模的方程形式时,需要设置本征值的扫描区间。在本例中,设置为[0,20000]。在绘制模式时,可以选择本征值,并绘制其所对应的本征函数。图 4-19 给出了具体的两个模式的结果。与图 4-18 对照,可以看出二者分布基本一致。由于式(4-71)中系数 A 的存在,因此,解析法和数值法得到的场值幅度不同,甚至正负恰好相反(见 H_{01} 模式),但这并不影响它们对应相同的模式。另外,从图 4-19 可知,数值法对应的两个本征模为

$$\lambda = 5876.1138(H_{01}); \quad \lambda = 19719.3202(H_{02}) \tag{4-73}$$

对比式(4-69)和式(4-70)可知,对于同一个本征值问题 $\lambda = k_c^2$。观察式(4-72)和式(4-73),并进行简单计算,即可发现解析法和数值法对应的本征值基本满足上述要求。

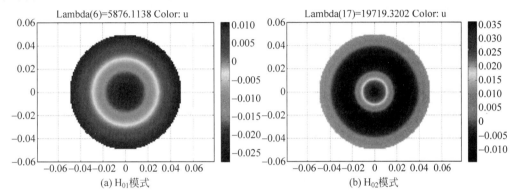

(a) H_{01}模式   (b) H_{02}模式

图 4-19 数值法得到的本征模分布

4.6 利用 PDETool 分析二维电磁隐形衣

除了上面介绍的简单情况,PDETool 还可以处理相对复杂的二维情况下的偏微分方程,如分区均匀的情况、非线性的情况等。本节介绍用 PDETool 分析静电型和静磁型隐形衣的情况。

4.6.1 静电型隐形装置

1. 理论推导

如图 4-20(a)所示,在无限大的背景材料(ε_b)中有一匀强电场 $\boldsymbol{E}_0$,垂直于电场方向,有一个半径为 a,介电常数为 ε_1 的介质柱。利用分离变量法,可以得到背景材料中的电势分布和电场强度分布。而且容易知道,由于介质柱的存在,在其周围电场强度会变得不均匀。或者说,可以通过背景材料中电场的均匀程度探测介质柱的存在。但是,如果经过精心设计,如图 4-20(b)所示,可以在介质柱外部增加一个内外半径分别为 a、b,介电常数为 ε_2 的介质套层,从而使得两个介质柱外的电场依然为匀强电场。此时,无法从外部电场的分布判断介质柱是否存在。换一种说法,介质套层作为一个静电隐形装置,将介质柱隐形了。

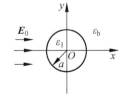

(a) 匀强电场中的介质柱   (b) 匀强电场中的双层介质柱

图 4-20 匀强电场中双层介质柱的情况

如图 4-20(b)所示,建立坐标系,假设各个区域中的电势分布为

$$
\begin{cases}
\phi_1 = Ar\cos\varphi \\
\phi_2 = \left(Br + \dfrac{C}{r}\right)\cos\varphi \\
\phi_b = \left(-E_0 r + \dfrac{D}{r}\right)\cos\varphi
\end{cases}
\tag{4-74}
$$

这里需要注意的是背景中的电势分布,它由两项组成,一项是均匀电场所对应的电势,另一项是双层介质柱被极化之后束缚电荷所产生的电势。如果 D 为零,则外部背景材料中只有前者,对应的电场分布为匀强电场。

在介质分界面上,有如下边界条件:

当 $r=a$ 时,$\phi_1 = \phi_2$ 且 $\varepsilon_1 \dfrac{\partial \phi_1}{\partial r} = \varepsilon_2 \dfrac{\partial \phi_2}{\partial r}$

当 $r=b$ 时,$\phi_2 = \phi_b$ 且 $\varepsilon_2 \dfrac{\partial \phi_2}{\partial r} = \varepsilon_b \dfrac{\partial \phi_b}{\partial r}$

将各个区域的电势表达式代入,则有

$$
\begin{cases}
Aa = Ba + C/a \\
\varepsilon_1 A = \varepsilon_2 (B - C/a^2) \\
Bb + C/b = -E_0 b + D/b \\
\varepsilon_2 (B - C/b^2) = \varepsilon_b(-E_0 - D/b^2)
\end{cases}
\tag{4-75}
$$

写成矩阵方程的形式为

$$
\begin{bmatrix}
a & -a & -\dfrac{1}{a} & 0 \\
\varepsilon_1 & -\varepsilon_2 & \dfrac{\varepsilon_2}{a^2} & 0 \\
0 & b & \dfrac{1}{b} & -\dfrac{1}{b} \\
0 & \varepsilon_2 & -\dfrac{\varepsilon_2}{b^2} & \dfrac{\varepsilon_b}{b^2}
\end{bmatrix}
\begin{bmatrix} A \\ B \\ C \\ D \end{bmatrix}
=
\begin{bmatrix} 0 \\ 0 \\ -E_0 b \\ -E_0 \varepsilon_b \end{bmatrix}
\tag{4-76}
$$

求解上述四元一次方程组,得到 D 的表达式为

$$
D = E_0 b^2 \frac{(b^2-a^2)\varepsilon_2^2 + a^2\varepsilon_1(\varepsilon_b+\varepsilon_2) + b^2\varepsilon_1(\varepsilon_2-\varepsilon_b) - (a^2+b^2)\varepsilon_b\varepsilon_2}{(b^2-a^2)\varepsilon_2^2 + a^2\varepsilon_1(\varepsilon_2-\varepsilon_b) + b^2\varepsilon_1(\varepsilon_2+\varepsilon_b) + (a^2+b^2)\varepsilon_b\varepsilon_2}
\tag{4-77}
$$

于是,背景材料中的电势分布可以确定;利用电势求梯度,还可以得到背景材料中的电场强度。事实上,当中心圆柱为导体柱时,相应结果可以用 $\varepsilon_1 \to \infty$ 来获得,于是

$$
D = E_0 b^2 \frac{a^2(\varepsilon_b+\varepsilon_2) + b^2(\varepsilon_2-\varepsilon_b)}{a^2(\varepsilon_2-\varepsilon_b) + b^2(\varepsilon_2+\varepsilon_b)}
$$

令 $D=0$,得到

$$
\varepsilon_2 = \frac{b^2-a^2}{b^2+a^2}\varepsilon_b
\tag{4-78}
$$

或

$$b^2 = a^2 \frac{\varepsilon_2 + \varepsilon_b}{\varepsilon_b - \varepsilon_2} \qquad (4-79)$$

这就是利用极化相消得到的隐形装置的设计公式。

2. PDETool 建模和数值计算

下面就以空气中的金属柱为例,利用 PDETool 实现对这个静电隐形装置的设计和数值仿真。假设金属柱半径 $a=0.2$,介质柱套的外半径 $b=0.3$,则利用式(4-78)易知,柱套的介电常数为 $\varepsilon_2=0.3846$。

首先,在 MATLAB 命令行下输入 PDETool;为了方便仿真,进入图形界面后,选择应用模式为静电场模式。实际上,正如前面所讲,各种应用模式是程序事先做了部分设置的通用标量模式。因此,读者也可以使用通用标量模式,这并不影响具体仿真过程。

其次,在绘图模式下,先后绘制矩形框 R1 和两个圆形 E1 和 E2;双击标签(R1 或者 E1、E2),可以修改几何图形的位置和尺寸;在 set formula 中,设置公式为 R1－E1＋(E2－E1),上述公式表示 R1 和 E2 都剪掉 E1 之后,再做并集运算,从而得到一个中间有一个圆孔的矩形区域,包围着这个小圆孔,有另一个大圆 E2。之所以要这样做,主要是为了在内部小圆上设置边界条件,如下所述。

接下来,在边界条件模式下,设置矩形区域的上下两条边为齐次诺依曼条件,矩形左右侧边界为狄利克雷条件,左侧电势为 5V,右侧电势为 0V,从而在空间形成了一个匀强电场。同时,设置内部圆孔的边界为狄利克雷条件,电势值为 2.5V(考虑对称性,并注意到导体为等势体)。

然后,进入微分方程设置模式,双击圆环区域,设置介电常数为 0.3846,电荷密度为 0;再双击矩形背景区域,设置介电常数为 1,电荷密度为 0。

接下来,单击"网格生成"图标,并根据情况对其细化。

最后,单击"求解"按钮,PDETool 即可得到电势分布的数值结果。

为了更好地显示隐形效果,单击"绘图"按钮,取消伪彩色图(Color),选择等势线(Contour)和箭头图(Arrows),于是得到图 4-21 所示的结果。

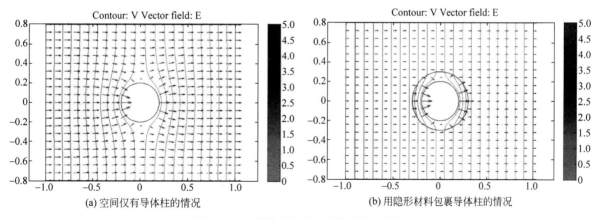

(a) 空间仅有导体柱的情况 　　　　　　　　(b) 用隐形材料包裹导体柱的情况

图 4-21　二维静电隐形衣的数值仿真效果

当空间中仅有导体柱时,对应的设置过程类似。

图 4-21 给出了具体仿真结果。其中,图 4-21(a)所示是空气中仅有导体柱的情景。可以看出,由于导体柱的存在,空间的等势线分布和电场强度分布都不再均匀;但是,当采用了隐形柱套包裹了导

体柱之后,由图 4-21(b)可见,空间背景中的电势分布和电场强度分布又变得均匀,所有的扰动都发生在柱套内部。因此,设计结果达到了隐形的目的。

从上述过程可知,柱套的介电常数小于 1。然而,在大多数情况下,自然界并不存在这种材料。尽管如此,随着技术的发展,有可能使用新型人工电磁材料等,利用人工方法合成这些材料。

4.6.2 静磁型隐形装置

1. 理论推导

美国《科学》杂志曾经报道了一种所谓的静磁"隐形衣",如图 4-22 所示。这是一种双层柱状结构,中心圆柱采用超导材料构成,即 $\mu_1=0$,从而任何磁场进入不到柱体内部;超导材料外部是一个内外半径分别为 a 和 b 的柱套,其磁导率为 μ_2。当在背景材料(μ_b)中施加一个垂直于柱轴方向的匀强磁场 $\boldsymbol{H}_0$ 时,该磁场不会受到任何扰动,就像背景材料中没有任何东西一样。结合 4.6.1 节的分析,这种套层结构就是静磁情形下的隐形装置。

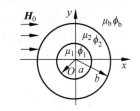

图 4-22 静磁隐形衣结构
示意图

如前所述,题目可以采用电、磁比拟的方法,设静磁隐形衣周围的磁标势分布为 $\phi_b=\left(-H_0 r+\dfrac{D}{r}\right)\cos\varphi$,则 D 可以利用边界条件匹配得到,如式(4-77)所示。考虑到超导材料 $\mu_1=0$,则 D 可以简化为

$$D=H_0 b^2 \frac{(b^2-a^2)\mu_2^2-(a^2+b^2)\mu_b\mu_2}{(b^2-a^2)\mu_2^2+(a^2+b^2)\mu_b\mu_2}=H_0 b^2 \frac{(b^2-a^2)\mu_2-(a^2+b^2)\mu_b}{(b^2-a^2)\mu_2+(a^2+b^2)\mu_b} \tag{4-80}$$

如果要实现隐形的功能,则 $D=0$,于是

$$\mu_2=\frac{b^2+a^2}{b^2-a^2}\mu_b \tag{4-81}$$

或

$$b^2=a^2 \frac{\mu_2+\mu_b}{\mu_2-\mu_b} \tag{4-82}$$

因此,若要实现这种静磁"隐形衣",其套层材料要满足式(4-81),或者其几何结构必须满足式(4-82)。具体应用的时候,需要隐藏的物体可以放置在超导材料内部而不被外界探测到。

2. PDETool 建模和数值计算

下面利用 PDETool 实现对这个静磁隐形衣的设计和数值仿真。假设超导材料的半径 $a=0.2$,介质柱套的外半径 $b=0.4$,则利用式(4-81)易知,柱套的磁导率为 $\mu_2=1.6667$。

首先,在 MATLAB 命令行下输入 PDETool;为了方便仿真,进入图形界面后,选择应用模式为静磁场模式。

其次,在绘图模式下,先后绘制矩形框 R1 和两个圆形 E1 和 E2;双击标签(R1 或者 E1、E2),可以修改几何图形的位置和尺寸;在 set formula 中,设置公式为 R1-E1+(E2-E1),上述公式表示 R1 和 E2 都剪掉 E1 之后,再做并集运算,从而得到一个中间有一个圆孔的矩形区域,包围着这个小圆孔,有另外一个大圆 E2。

接下来,在边界条件模式下,设置矩形区域的上下两条边为齐次诺依曼条件,矩形左右侧边界为狄利克雷条件,左侧磁势为5,右侧磁势为0,从而在空间形成了一个匀强磁场。同时,设置内部圆孔的边界为狄利克雷条件,磁势值为2.5。

然后,进入微分方程设置模式,双击圆环区域,设置磁导率为1.6667,电流密度为0;再双击矩形背景区域,设置磁导率为1,电流密度为0。

接下来,单击网格生成图标,并根据情况对其细化。

最后,单击"求解"按钮,PDETool即可得到磁势分布的数值结果。

为了更好地显示隐形效果,单击"绘图"按钮,取消伪彩色图(Color),选择等势线(Contour)和箭头图(Arrows),于是得到图4-23所示的结果。

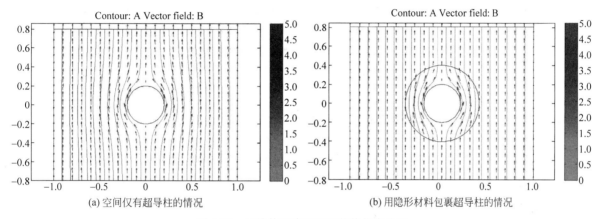

(a) 空间仅有超导柱的情况   (b) 用隐形材料包裹超导柱的情况

图4-23 二维静磁隐形衣的数值仿真效果

当空气中仅有超导圆柱时,对应的设置过程类似。

图4-23给出了具体仿真结果。其中,图4-23(a)所示是空气中仅有超导圆柱的情景。可以看出,由于超导圆柱的存在,空间的等势线分布和磁感应强度分布都不再均匀;但是,当采用了隐形柱套包裹了超导圆柱之后,由图4-23(b)可见,空间背景中的磁势分布和磁感应强度分布又变得均匀,所有的扰动都发生在柱套内部。因此,设计结果达到了隐形的目的。

从上述过程可知,柱套的磁导率大于1。与静电情况不同,可以采用铁磁性材料等实现该隐形装置并进行实验测量,这也就是美国《科学》杂志所报道的静磁隐形衣的工作内容。

4.7 小结

本章主要介绍了电磁场定解问题的提法,并给出了利用PDETool图形界面开展二维定解问题数值求解的步骤和方法。其核心在于理解定解问题的概念,包括各泛定方程的导出和意义、三类边界条件及其意义,以及初始条件等。需要指出的是,利用PDETool工具箱进行数值仿真后,可以将模型保存在一个m文件中,该m文件可以嵌套在个人的程序中使用,也可以加以修改。这就为复杂问题的仿真,尤其是需要大量修改参数并得到仿真结果的问题,提供了灵活的控制手段。此外,PDETool还支持非线性问题的仿真等。这些高级技巧,需要读者在掌握了基本原理之后再进一步体会。PDETool图形界面的使用,也是今后掌握大型商业仿真软件如COMSOL等的基础。

MATLAB 可以快速进行各种数值运算,尤其是矩阵运算。除此之外,MATLAB 还具有符号计算的功能。利用 MATLAB 符号工具箱,可以对函数进行微分、偏微分和极限计算,定积分和不定积分计算,还可以求解代数方程和微分方程,对函数做积分变换等。这些功能能够将部分烦琐的推演工作交由计算机处理,从而使人们专注于问题的本身,因此具有重要的应用。

5.1 MATLAB 符号工具箱简介

本节首先分类介绍符号工具箱相关的函数及其应用,然后结合具体的电磁问题进行符号工具的讲解。

5.1.1 基本操作命令

本节给出符号工具箱中最基本的函数并加以介绍。

1. syms 创建符号变量和函数

其基本格式如下:

```
syms var1 var2 … varN
syms f(var1,var2,…,varN)
```

例如,下面的命令就创建了两个符号变量 x 和 y。

```
syms x y
```

如果要创建一个函数,但不需要给定具体的表达式,则可以用如下形式的定义:

```
syms f(x,y)
```

也可以用如下的方式定义函数,并给定函数的具体表达式:

```
syms x y
f(x,y) = x + y
```

2. sym 创建符号变量或者符号数字

例如,可以使用下面的命令创建符号数字 2 和 2/5。

```
sym('2');  sym('2/5')
```

利用 x＝sym('x')命令则可以定义符号变量 x。

5.1.2　表达式化简和替换

本节给出符号工具箱中的表达式化简和替换用的函数并加以介绍。

1. pretty 将符号表达式以美观的形式呈现出来

基本格式如下：

```
pretty(x)
```

其中,x 为一个符号表达式。

```
syms a b c
x1 = ( - b + sqrt(b^2 - 4 * a * c))/(2 * a);
x2 = ( - b - sqrt(b^2 - 4 * a * c))/(2 * a);
pretty(x1); pretty(x2);
```

则显示结果如下：

$$\frac{-b-(b^2-4ac)^{1/2}}{2\,a}$$

$$\frac{-b+(b^2-4ac)^{1/2}}{2\,a}$$

可见,使用 pretty 呈现的结果更容易识别。上面的结果就是大家所熟知的一元二次方程的求根公式。

2. simplify 将表达式化简

基本格式如下：

```
simplify(S)
```

例如：

```
syms x
y = (cos(x))^2 + (sin(x))^2;
simplify(y)
```

结果为 1。

3. simple 寻找最简表达式

基本格式如下：

```
simple(S)
```

simple 利用内置的各种算法,尝试将表达式化简,并且将最简短的形式呈现出来。因此,是一个强有力的化简工具。

4. subs 替换命令

基本格式如下：

subs(s,old,new)

在表达式 s 中,用 new 表达式替换全部的 old 表达式,并重新计算表达式,返回 s 的一个副本。注意,s 本身并不发生变化。

或

subs(s)

将表达式 s 中的所有符号变量,根据上下文中的定义,或者用工作区中的数值替换,代入表达式 s 中,并进行计算。没有赋值的符号变量,依然看作变量。注意,替换之后,s 本身并不发生变化。

例如：

```
syms x
f = 2 * x^2 - 3 * x + 1;
subs(f,1/3)
ans = 2/9
```

经过上述替换,f 的表达式依旧是 2 * x^2-3 * x+1。

还可以替换一个多变量表达式中某个特定变量,代码如下：

```
syms x y
f = x^2 * y + 5 * x * sqrt(y);
subs(f,x,3);
ans = 9 * y + 15 * y^(1/2)
```

5. subexpr 公共表达式替换命令

基本格式如下：

[Y,sigma] = subexpr(X,'sigma')

将表达式 X 中的公共表达式,用符号变量 sigma 表示；简化之后的新的表达式,存放在符号变量 Y 中。

例如：

```
t = solve('a * x^3 + b * x^2 + c * x + d = 0');    % 求一元三次方程的根
[r,s] = subexpr(t,'s')                             % 对结果进行化简,提取公共表达式,用 s 表示
```

结果如下：

```
r =
 s^(1/3) - b/(3 * a) - ( - b^2/(9 * a^2) + c/(3 * a))/s^(1/3)
 ( - b^2/(9 * a^2) + c/(3 * a))/(2 * s^(1/3)) - s^(1/3)/2 + (3^(1/2) * (s^(1/3) +
 ( - b^2/(9 * a^2) + c/(3 * a))/s^(1/3)) * i)/2 - b/(3 * a)
 ( - b^2/(9 * a^2) + c/(3 * a))/(2 * s^(1/3)) - s^(1/3)/2 - (3^(1/2) * (s^(1/3) +
 ( - b^2/(9 * a^2) + c/(3 * a))/s^(1/3)) * i)/2 - b/(3 * a)

s =
 ((d/(2 * a) + b^3/(27 * a^3) - (b * c)/(6 * a^2))^2 + ( - b^2/(9 * a^2) + c/(3 * a))^3)^(1/2) -
 b^3/(27 * a^3) - d/(2 * a) + (b * c)/(6 * a^2)
```

作为对比,可以在 MATLAB 下显示 t 的表达式,可以发现:通过将三个根中的公用表达式用 s 表示出来,大大简化了 t 的形式。

5.1.3 微积分运算

本节给出符号工具箱中的微积分运算函数并加以介绍。

1. diff 微分运算

基本格式如下:

diff(expr),对表达式和默认的变量做导数运算。

diff(expr,n),对表达式及默认的变量做 n 阶导数运算。

diff(expr,var,n),对表达式及指定的变量做 n 阶导数运算。

例如:

```
syms x n
f = besselj(n,x);
diff(f)
ans =
(n * besselj(n,x))/x - besselj(n + 1,x)
```

上面的运算给出了贝塞尔函数的导数形式,这个结果在实际应用中也非常重要。例如,它可以把贝塞尔函数导数的根的问题转化为贝塞尔函数的根的问题,从而简化求解。

下面的例子给出了偏微分运算的情况。

```
syms x y
f = sin(x)^2 + cos(y)^2;
diff(f)
```

此时,因为没有给定求导变量,MATLAB 默认选择距离字母 x 最近的一个变量进行求导。

```
ans =
2 * cos(x) * sin(x)
```

也可以指定变量做偏微分运算。例如:

```
syms x y
f = sin(x)^2 + cos(y)^2;
diff(f,y)
```

则运行结果如下:

```
- 2 * cos(y) * sin(y)
```

如果要做高阶导数运算,只需要指定相应的变量,并给出阶数即可。例如:

```
syms x y
f = sin(x)^2 + cos(y)^2;
diff(f,y,2)
ans =
2 * sin(y)^2 - 2 * cos(y)^2
```

2. int 不定积分和定积分运算

基本格式如下：

int(expr,var)，对指定的表达式，针对指定的变量做不定积分。

int(expr,var,a,b)，对指定的表达式，针对指定的变量，做积分限为 a 和 b 的定积分。

例如：

```
syms x
f = sin(x)^2;
int(f)
ans =
x/2 - sin(2 * x)/4
```

再如：

```
syms x y n
f = x^n + y^n;
int(f)
ans = x * y^n + (x * x^n)/(n + 1)
```

MATLAB 根据距离字母 x 的距离，选择积分变量。也可以指定相应的变量，做不定积分。

例如：

```
syms x y n
f = x^n + y^n;
int(f,y)
ans = x^n * y + (y * y^n)/(n + 1)
```

如果进行定积分，只需将积分上下限传入到函数 int 的最后两个参数即可。

```
syms x y n
f = x^n + y^n;
int(f,1,10);
```

5.1.4　方程求解

本节给出符号工具箱中用来进行方程求解的函数并加以介绍。

1. solve 求解代数方程

基本格式如下：

S＝solve(eqn,var)，将 var 当作未知数，求解方程，并将结果赋予变量 S。

在只有一个符号变量的情况下，可以不注明未知数 var。例如：

```
syms x
solve(x^3 - 6 * x^2 == 6 - 11 * x);
```

注意：MATLAB 使用"＝＝"来定义一个方程，然后即可用 solve 进行求解。如果没有给出方程右侧的表达式，solve 认为右侧即为 0。例如：

```
syms x
solve(x^3 - 6 * x^2 - 6);
```

```
ans =
1
2
3
```

当方程中有多个符号变量时,必须指定对哪个变量进行求解。例如:

```
syms x y
solve(6 * x^2 - 6 * x^2 * y + x * y^2 - x * y + y^3 - y^2 == 0,y);
ans =
1
2 * x
- 3 * x
```

2. solve 求解代数方程或方程组

基本格式如下:

```
s = solve(eqns,vars)
syms x y z
[x y z] = solve(z == 4 * x,x == y,z == x^2 + y^2)
```

如果要改变 solve 返回的根的顺序,则可以在方程组后面把变量顺序指定。例如:

```
syms x y z
[y z x] = solve(z == 4 * x,x == y,z == x^2 + y^2,y,z,x)
```

3. dsolve 常微分方程求解

基本格式如下:

dsolve(eq,cond),对微分方程按照给定的初始(边界)条件进行求解。如果没有给定初始条件,则给出方程的通解形式。例如:

```
syms y(t)
dsolve(diff(y) == y)
ans =
 C5 * exp(t)
```

下面的代码给出了初始条件:

```
syms x(s) a
x = dsolve(diff(x) ==- a * x,x(0) == 1)
x =
  exp(- a * s)
```

dsolve 还可以求解常微分方程组,如下代码将求解之后的结果放入一个结构 S 中,并显示出来。

```
syms f(t) g(t)
S = dsolve(diff(f) == f + g,diff(g) ==- f + g,f(0) == 1,g(0) == 2);
[S.g;S.f]
```

输出结果如下:

```
ans =
 2 * exp(t) * cos(t) - exp(t) * sin(t)
 exp(t) * cos(t) + 2 * exp(t) * sin(t)
```

5.1.5 特殊函数

MATLAB 符号工具箱内置许多特殊函数,现将最基本的函数或与电磁理论相关的部分函数列举如下。

1. 特殊函数列表 mfunlist

用于显示所有的特殊函数列表。可以通过此命令了解 MATLAB 所包含的所有特殊函数。如下即给出了 MATLAB 的输出结果。其中,第一列表示函数名称,第二列表示参数,第三列是函数的英文解释。

bernoulli	n	Bernoulli Numbers
bernoulli	n,z	Bernoulli Polynomials
BesselI	x1,x	Bessel Function of the First Kind
BesselJ	x1,x	Bessel Function of the First Kind
BesselK	x1,x	Bessel Function of the Second Kind
BesselY	x1,x	Bessel Function of the Second Kind
Beta	z1,z2	Beta Function
binomial	x1,x2	Binomial Coefficients
EllipticF	z,k	Incomplete Elliptic Integral,First Kind
EllipticK	k	Complete Elliptic Integral,First Kind
EllipticCK	k	Complementary Complete Integral,First Kind
EllipticE	k	Complete Elliptic Integrals,Second Kind
EllipticE	z,k	Incomplete Elliptic Integrals,Second Kind
EllipticCE	k	Complementary Complete Elliptic Integral,Second Kind
EllipticPi	nu,k	Complete Elliptic Integrals,Third Kind
EllipticPi	z,nu,k	Incomplete Elliptic Integrals,Third Kind
EllipticCPi	nu,k	Complementary Complete Elliptic Integral,Third Kind
erfc	z	Complementary Error Function
erfc	n,z	Complementary Error Function's Iterated Integrals
Ci	z	Cosine Integral
dawson	x	Dawson's Integral
Psi	z	Digamma Function
dilog	x	Dilogarithm Integral
erf	z	Error Function
euler	n	Euler Numbers
euler	n,z	Euler Polynomials
Ei	x	Exponential Integral
Ei	n,z	Exponential Integral
FresnelC	x	Fresnel Cosine Integral
FresnelS	x	Fresnel Sine Integral
GAMMA	z	Gamma Function
harmonic	n	Harmonic Function
Chi	z	Hyperbolic Cosine Integral
Shi	z	Hyperbolic Sine Integral
GAMMA	z1,z2	Incomplete Gamma Function
L	n,x	Laguerre
L	n,x1,x	Generalized Laguerre
W	z	Lambert's W Function
W	n,z	Lambert's W Function
lnGAMMA	z	Logarithm of the Gamma function

Li	x	Logarithmic Integral
Psi	n,z	Polygamma Function
Ssi	z	Shifted Sine Integral
Si	z	Sine Integral
Zeta	z	(Riemann) Zeta Function
Zeta	n,z	(Riemann) Zeta Function
Zeta	n,z,x	(Riemann) Zeta Function

	Orthogonal Polynomials	
T	n,x	Chebyshev of the First Kind
U	n,x	Chebyshev of the Second Kind
G	n,x1,x	Gegenbauer
H	n,x	Hermite
P	n,x1,x2,x	Jacobi
P	n,x	Legendre

需要指出的是,符号工具箱所提供的函数,其自变量可以是符号变量或者表达式。这是与普通函数不同的。

2. 特殊函数计算 mfun

基本格式如下:

```
mfun(function,para1,para2,…,paran)
```

例如:mfun('besselj',0,0),返回值为1,表明 $J_0(0)=1$。

3. 正交多项式

在 MATLAB 中,内置了多种正交多项式。其格式如下:

(1) 车贝雪夫第一类、第二类多项式:T(n,x),U(n,x)。

(2) 厄米特多项式:H(n,x)。

(3) 拉盖尔多项式:L(n,x)。

(4) 广义拉盖尔多项式:L(n,a,x)。

(5) 勒让德多项式:P(n,x)。

在上面的公式中,n 表示整数,一般是多项式的阶数;x 是一个实数;广义拉盖尔多项式中的 a 是一个常数。

5.1.6　绘制符号函数的图像

本节给出符号工具箱中专门用于绘制符号函数图像的绘图函数,并对其应用加以介绍。

1. ezplot 绘制曲线

(1) ezplot(f,[xmin xmax]),在给定的自变量的区间绘制函数 f。如果不指定区间,默认的区间是 $[-2\pi,2\pi]$。例如:

```
syms x
ezplot(x^3 - 6 * x^2 + 11 * x - 6);
```

图 5-1(a)展示了 MATLAB 绘制的曲线效果。

(2) ezplot(f,[xmin,xmax,ymin,ymax]),在给定的变量的区间绘制 f 对应的隐函数。

例如：

```
syms x y
ezplot((x^2 + y^2)^4 == (x^2 − y^2)^2,[ −1 1])
```

图 5-1(b)展示了 MATLAB 绘制的曲线效果。

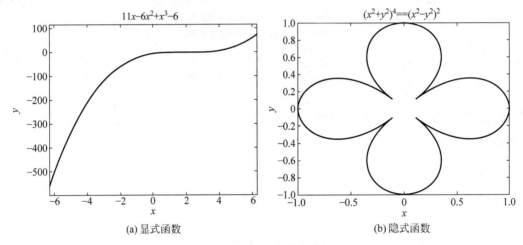

(a) 显式函数   (b) 隐式函数

图 5-1　ezplot 绘制曲线举例

(3) ezplot(x,y,[tmin,tmax]),在给定的参变量的区间绘制曲线。其中,x、y 均为 t 的函数。

例如：

```
syms t
x = t * sin(5 * t);
y = t * cos(5 * t);
ezplot(x,y,[0 5]);
```

图 5-2(a)给出了用 ezplot 具体绘制的曲线形状。

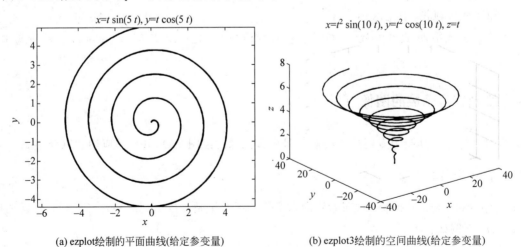

(a) ezplot绘制的平面曲线(给定参变量)   (b) ezplot3绘制的空间曲线(给定参变量)

图 5-2　给定参变量绘制曲线举例

2．ezplot3 绘制三维曲线

基本格式如下：

ezplot3(x,y,z,[tmin,tmax])，绘制参变量 t 确定的三维空间曲线。

例如：

```
syms t
ezplot3(t^2 * sin(10 * t),t^2 * cos(10 * t),t );
```

图 5-2(b)给出了用 ezplot3 绘制的曲线。

3．ezsurf 绘制曲面

基本格式如下：

(1) ezsurf(f,domain)，在指定的区域内绘制函数 f 对应的曲面。默认的区域是 $-2\pi < x < 2\pi$，$-2\pi < y < 2\pi$。

```
syms x y
ezsurf(x^2 + y^2)
```

图 5-3(a)就是 ezsurf 绘制的一个曲面示意。

(2) ezsurf(x,y,z,[smin,smax,tmin,tmax])，绘制由参变量 s 和 t 确定的曲面。

除了上述函数外，MATLAB 符号工具箱还提供了 ezcontour、ezcontourc、ezmesh、ezmeshc、ezploar、ezsurfc 等函数，供绘图使用。其基本格式与 ezsurf 等相似，应用起来非常方便。图 5-3(b)就是 ezmeshc 绘制的一个曲面。

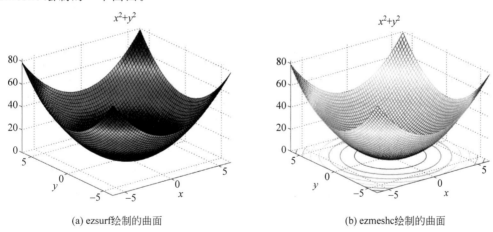

(a) ezsurf绘制的曲面　　　　　　　　　　(b) ezmeshc绘制的曲面

图 5-3　曲面绘制举例

5.2　变换电磁理论

如前所述，光学变换实际上是一个广义的坐标变换。它牵涉两个空间，如图 5-4 所示，一个是虚拟空间，也称为电磁空间，一般认为是真空(也可以包含介质)，用 $\boldsymbol{X}=(x,y,z)$ 表示；另一个是物理空间，也称为材料空间，用 $\boldsymbol{X}'=(x',y',z')$ 表示。光学变换的本质就是将虚拟空间的部分区域(图 5-4(a)中黑色实线包围的区域)映射到物理空间的另一个区域(图 5-4(b)中黑色粗实线与灰色细实线之间的部分),由于麦克斯韦方程组的协变性,此空间的映射可以用对应区域的材料电磁参数的改变来表示。从电磁理论的角度来看,物理空间中填充有适当介质的问题,与虚拟空间无介质填充的电磁问题完全等价。这样,人们就可以研究虚拟空间的电磁现象,而通过坐标变换将其变换到物理空间,并通过实际人工电磁材料来实现。在这个过程中,物理本质不变。这就是基于光学变换理论设计新型电磁器件的思路。假设光学变换前空间的电磁参数为$\boldsymbol{\varepsilon}$、$\boldsymbol{\mu}$,则变换后物理空间的电磁参数为

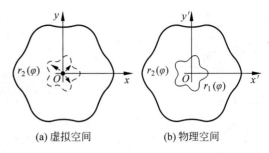

图 5-4 变换电磁理论牵涉的虚拟空间和物理空间

$$\boldsymbol{\varepsilon}' = \frac{\boldsymbol{A}\,\boldsymbol{\varepsilon}\,\boldsymbol{A}^{\mathrm{T}}}{\det(\boldsymbol{A})} \tag{5-1}$$

$\boldsymbol{\mu}$ 的变换公式同上。其中,$\boldsymbol{A} = \dfrac{\partial \boldsymbol{X}'}{\partial \boldsymbol{X}} = \dfrac{\partial(x',y',z')}{\partial(x,y,z)}$ 为雅可比矩阵。

当虚拟空间与物理空间都采用直角坐标系时,采用式(5-1)比较方便,直接可以得到物理空间的材料参数。但实际应用中,由于具体边界条件的限制,为方便起见,人们往往使用正交坐标系或者曲线坐标系,材料的参数也都使用相应坐标系下面的表示形式。因此,在使用光学变换的过程中,往往牵涉许多直角坐标系与曲线坐标系下的张量转换问题,比较烦琐。

假设附加在 $\boldsymbol{X}$ 和 $\boldsymbol{X}'$ 系上的正交坐标系为 $\boldsymbol{R} = (u_1,u_2,u_3)$ 与 $\boldsymbol{R}' = (u_1',u_2',u_3')$,它们与直角坐标系单位基矢之间的转换矩阵为

$$\boldsymbol{T} = \boldsymbol{\Lambda}\,(1/h_i)\left(\frac{\partial \boldsymbol{X}}{\partial \boldsymbol{R}}\right)^{\mathrm{T}} \tag{5-2}$$

其中:$\boldsymbol{\Lambda}$ 表示对角阵,其对角线上的元素为 $1/h_1$,$1/h_2$,$1/h_3$。

因此有

$$[e_1 e_2 e_3]^{\mathrm{T}} = \boldsymbol{T}[e_x e_y e_z]^{\mathrm{T}}$$

h_i 为对应于该正交坐标系的拉梅系数,有

$$h_i = \sqrt{\left(\frac{\partial x}{\partial u_i}\right)^2 + \left(\frac{\partial y}{\partial u_i}\right)^2 + \left(\frac{\partial z}{\partial u_i}\right)^2} \quad i=1,2,3 \tag{5-3}$$

则由链式求导法则可得

$$\boldsymbol{A} = \frac{\partial \boldsymbol{X}'}{\partial \boldsymbol{R}'}\frac{\partial \boldsymbol{R}'}{\partial \boldsymbol{R}}\frac{\partial \boldsymbol{R}}{\partial \boldsymbol{X}} \tag{5-4}$$

$$\det(\boldsymbol{A}) = \det\left(\frac{\partial \boldsymbol{X}'}{\partial \boldsymbol{R}'}\right)\det\left(\frac{\partial \boldsymbol{R}'}{\partial \boldsymbol{R}}\right)\det\left(\frac{\partial \boldsymbol{R}}{\partial \boldsymbol{X}}\right) \tag{5-5}$$

将上述公式代入式(5-1),并考虑到正交坐标系与直角坐标系之间基矢转换矩阵的正交性,则可以得到变换后的正交系下,材料的电磁参数表示形式为

$$\boldsymbol{\varepsilon}'_{\mathrm{ort}} = \frac{\boldsymbol{B}\left(\dfrac{\partial \boldsymbol{R}}{\partial \boldsymbol{X}}\right)\boldsymbol{\varepsilon}\left(\dfrac{\partial \boldsymbol{R}}{\partial \boldsymbol{X}}\right)^{\mathrm{T}}\boldsymbol{B}^{\mathrm{T}}}{\det\left(\dfrac{\partial \boldsymbol{X}'}{\partial \boldsymbol{R}'}\right)\det\left(\dfrac{\partial \boldsymbol{R}'}{\partial \boldsymbol{R}}\right)}\det\left(\frac{\partial \boldsymbol{X}}{\partial \boldsymbol{R}}\right) \tag{5-6}$$

若虚拟空间填充的介质为各向同性,则上式还可以进一步简化为

$$\boldsymbol{\varepsilon}'_{\text{ort}} = \boldsymbol{\varepsilon} \frac{\boldsymbol{B} \, \boldsymbol{\Lambda} \, (1/h_i^2) \boldsymbol{B}^{\text{T}}}{\det\left(\frac{\partial \boldsymbol{X}'}{\partial \boldsymbol{R}'}\right) \det\left(\frac{\partial \boldsymbol{R}'}{\partial \boldsymbol{R}}\right)} \det\left(\frac{\partial \boldsymbol{X}}{\partial \boldsymbol{R}}\right) \tag{5-7}$$

其中

$$\boldsymbol{B} = \boldsymbol{\Lambda}(h_i') \frac{\partial \boldsymbol{R}'}{\partial \boldsymbol{R}}$$

于是,材料在直角坐标系下的张量分量就可以通过坐标系的旋转而得到,即

$$\boldsymbol{\varepsilon}' = \boldsymbol{T}'^{\text{T}} \boldsymbol{\varepsilon}'_{\text{ort}} \boldsymbol{T}' \tag{5-8}$$

利用式(5-8),可以得到直角坐标系下的分量表示;利用式(5-9),可以得到正交坐标系下的分量表示。一般曲线系的推导,与此类似。需要注意的是,具体使用时,加撇或者不加撇都适用,即公式对虚拟空间和物理空间都是有效的。

$$\boldsymbol{\varepsilon}'_{\text{ort}} = \boldsymbol{T}' \boldsymbol{\varepsilon}' \boldsymbol{T}'^{\text{T}} \tag{5-9}$$

5.3   基于符号工具箱的变换电磁理论推演

如前所述,MATLAB具有功能强大的符号计算功能,能够进行如微积分、线性代数、积分变换、化简等操作。由于在光学变换中牵涉众多张量转换的操作,大多通过矩阵来进行,因此,利用MATLAB的符号工具箱,将会极大提高推算速度和准确度,对利用复杂变换设计新型电磁器件具有重要的意义。

5.3.1   正交坐标系与直角坐标系下材料张量的转换

作为一个简单的例子,对式(5-8)在柱坐标系的具体情况进行简单的推导。假设已经知道了柱坐标系下的材料表达式为 $\boldsymbol{\varepsilon} = \boldsymbol{\Lambda}(\varepsilon_r, \varepsilon_\varphi, \varepsilon_z)$,考虑用符号推演的方法得到其在直角坐标系下的表达式。对应的MATLAB代码如下:

```
syms x y z rho phi          % 坐标变量定义
syms er ep ez               % 材料参数定义
x = rho * cos(phi);         % 变量关系定义
y = rho * sin(phi);
R = [rho phi z];
X = [x; y; z];
T = jacobian(X,R);          % 雅可比矩阵计算
H = diag([1 1/rho 1]);      % 拉梅系数矩阵
T = H * T.';
epsilon = diag([er ep ez]);
epsilon = T.' * epsilon * T;  % 推算结果
simple(epsilon)             % 结果化简
```

式(5-10)就是根据MATLAB的输出表达式写出的具体结果。

$$\begin{bmatrix} \cos^2\theta\varepsilon_r + \sin^2\theta\varepsilon_\theta & \cos\theta\sin\theta(\varepsilon_r - \varepsilon_\theta) & 0 \\ \cos\theta\sin\theta(\varepsilon_r - \varepsilon_\theta) & \sin^2\theta\varepsilon_r + \cos^2\theta\varepsilon_\theta & 0 \\ 0 & 0 & \varepsilon_z \end{bmatrix} \tag{5-10}$$

可以看出,这个过程快速、准确。光学变换过程中牵涉众多此类变换,因此,使用符号工具箱,将

极大地提高推算效率,使研究者有更多的时间和精力投入变换本身的优化中去,而不是拘泥于烦琐的数学推导过程。当使用一般曲线坐标系时,这个优势更为突出。

类似地,假设已经知道了球坐标系下的材料表达式为 $\boldsymbol{\varepsilon}=\boldsymbol{\Lambda}(\varepsilon_r,\varepsilon_\theta,\varepsilon_\varphi)$,也可以用符号推演的方法得到其在直角坐标系下的表达式。对应的 MATLAB 代码如下:

```
syms x y z r phi theta          % 坐标变量定义
syms er et ep                   % 材料参数定义
x = r * sin(theta) * cos(phi);  % 变量关系定义,x
y = r * sin(theta) * sin(phi);  % 变量关系定义,y
z = r * cos(theta);             % 变量关系定义,z
R = [r theta phi];
X = [x; y; z];
T = jacobian(X, R);             % 雅可比矩阵计算
H = diag([1 1/r 1/(r * sin(theta))]);  % 拉梅系数矩阵
T = H * T.';
epsilon = diag([er et ep]);
epsilon = T.' * epsilon * T;    % 推算结果
simple(epsilon)                 % 结果化简
```

式(5-11)就是根据 MATLAB 的输出表达式写出的具体结果。

$$\begin{bmatrix} \sin^2\theta\cos^2\varphi\varepsilon_r+\cos^2\theta\cos^2\varphi\varepsilon_\theta+\sin^2\varphi\varepsilon_\varphi & \cos\varphi\sin\varphi(\sin^2\theta\varepsilon_r+\cos^2\theta\varepsilon_\theta-\varepsilon_\varphi) \\ & \sin\theta\cos\theta\cos\varphi(\varepsilon_r-\varepsilon_\theta) \\ \cos\varphi\sin\varphi(\sin^2\theta\varepsilon_r+\cos^2\theta\varepsilon_\theta-\varepsilon_\varphi) & \sin^2\theta\sin^2\varphi\varepsilon_r+\cos^2\theta\sin^2\varphi\varepsilon_\theta+\cos^2\varphi\varepsilon_\varphi \\ & \sin\theta\cos\theta\sin\varphi(\varepsilon_r-\varepsilon_\theta) \\ \sin\theta\cos\theta\cos\varphi(\varepsilon_r-\varepsilon_\theta) & \sin\theta\cos\theta\sin\varphi(\varepsilon_r-\varepsilon_\theta) \\ & \cos^2\theta\varepsilon_r+\sin^2\theta\varepsilon_\theta \end{bmatrix} \tag{5-11}$$

5.3.2 变换电磁理论的符号推演

本节采用 MATLAB 符号工具箱,对几种典型的变换光学理论设计的电磁装置进行电磁参数的推演。为方便起见,仅考虑介电常数。磁导率的考虑与之相似。

1. 柱状隐形装置

首先考虑 Pendry 等所设计的柱形隐形衣。采用柱坐标系的表示,隐形衣的内外半径分别是 a 和 b,对应的空间映射函数为

$$\rho'=\frac{b-a}{b}\rho+a, \quad \varphi'=\varphi, \quad z'=z$$

根据式(5-7),并在 MATLAB 下进行编程,得到柱坐标系下的材料电磁参数为

$$\boldsymbol{\Lambda}\left(\frac{(\rho'-a)}{\rho'},\frac{\rho'}{\rho'-a},\frac{(\rho'-a)b^2}{\rho'(b-a)^2}\right)\varepsilon \tag{5-12}$$

这个公式与文献中的结果完全一致。

完成上述符号计算的 MATLAB 代码如下:

```
syms x y z x1 y1 z1 rho phi rho1 phi1 eps a b c    % 坐标变量定义
x = rho * cos(phi); x1 = rho1 * cos(phi1);         % 直角坐标系与柱坐标系间的关系
```

```
y = rho * sin(phi); y1 = rho1 * sin(phi1);              %直角坐标系与柱坐标系间的关系
R = [rho phi z];     R1 = [rho1 phi1 z1];               %定义几个矢量
X = [x; y; z];       X1 = [x1; y1; z1];
det1 = det(jacobian(X1,R1));                            %计算行列式的值
rho1 = rho * (b - a)/b + a; phi1 = phi; z1 = z;         %虚拟空间与物理空间的变换关系
R1 = [rho1 phi1 z1];
T = jacobian(X,R);                                      %雅可比矩阵计算
H = diag([1 rho 1]);                                    %拉梅系数矩阵
H1 = diag([1 rho1 1]);                                  %拉梅系数矩阵
B = H1 * jacobian(R1,R);                                %计算矩阵 B
det2 = det(jacobian(R1,R));                             %计算行列式
eps1 = eps * B * inv(H * H) * B.' * det(jacobian(X,R))/det1/det2;   %光学变换的公式
clear phi1 z1 rho1                                      %清除物理空间的变量
syms phi1 z1 rho1                                       %重新定义这些变量
phi = phi1;z = z1;rho = (rho1 - a) * b/(b - a);         %虚拟空间与物理空间的变换关系
simple(subs(eps1))   %结果化简,并且将最终结果用物理空间的变量表示出来
```

2. 柱坐标系下的复杂变换

考虑另外一个比较复杂的情况,以验证方法的通用性。在柱坐标系下,采用的变换函数为

$$\begin{cases} \rho' = f(\rho) \\ \varphi' = g(\varphi) \\ z' = h(z) \end{cases} \tag{5-13}$$

下面是 MATLAB 代码,用于推导物理空间的电磁参数:

```
syms x y z x1 y1 z1 rho phi rho1 phi1 eps a b c        %坐标变量定义
x = rho * cos(phi); x1 = rho1 * cos(phi1);             %直角坐标系与柱坐标系间的关系
y = rho * sin(phi); y1 = rho1 * sin(phi1);             %直角坐标系与柱坐标系间的关系
R = [rho phi z];     R1 = [rho1 phi1 z1];              %定义矢量
X = [x; y; z];       X1 = [x1; y1; z1];
det1 = det(jacobian(X1,R1));                           %计算行列式的值
rho1 = sym('f(rho)');                                  %虚拟空间与物理空间的变换函数设置
phi1 = sym('g(phi)');
z1 = sym('h(z)');
R1 = [rho1 phi1 z1];                                   %再次给 R1 赋值,包含变换函数
T = jacobian(X,R);                                     %雅可比矩阵计算
H = diag([1 rho 1]);                                   %拉梅系数矩阵
H1 = diag([1 rho1 1]);                                 %拉梅系数矩阵
B = H1 * jacobian(R1,R);                               %定义 B 矩阵
det2 = det(jacobian(R1,R));
eps1 = eps * B * inv(H * H) * B.' * det(jacobian(X,R))/det1/det2;   %计算电磁参数
simple(eps1)                                           %简化表达式
```

根据运行结果整理的材料参数为

$$\boldsymbol{\varepsilon}' = \boldsymbol{\Lambda}\left(f'^2 \quad (fg')^2/\rho^2 \quad h'^2 \right) \frac{\varepsilon\rho}{ff'g'h'} \tag{5-14}$$

式(5-14)与理论推导结果相一致。将其中的不加撇变量用加撇变量表示出来,即可得到物理空间的具体表达式,可以直接指导设计和后续仿真。

3. 直角坐标系下的二维复杂映射

考虑直角坐标系下,二维情况中最一般的映射,也即虚拟空间和物理空间按照如下函数进行

变换：

$$\begin{cases} x' = f(x,y) \\ y' = g(x,y) \\ z' = z \end{cases} \tag{5-15}$$

那么根据变换光学理论,容易得到物理空间中的介电常数和磁导率。下面的 MATLAB 代码就可以完成上述功能。

```
syms x y z x1 y1 z1 eps          % 坐标变量定义
x1 = sym('f(x,y)');              % 定义变换函数
y1 = sym('g(x,y)');
z1 = z;
A = jacobian([x1 y1 z1],[x y z]); % 计算雅可比矩阵
eps1 = eps * A * A.'/(det(A));    % 应用式(5-1)
simple(eps1)                      % 化简表达式
```

根据 MATLAB 运行结果,写出介电常数张量为

$$\varepsilon \begin{bmatrix} \dfrac{f_x^2 + f_y^2}{g_y f_x - g_x f_y} & \dfrac{g_x f_x + g_y f_y}{g_y f_x - g_x f_y} & 0 \\[3mm] \dfrac{g_x f_x + g_y f_y}{g_y f_x - g_x f_y} & \dfrac{g_x^2 + g_y^2}{g_y f_x - g_x f_y} & 0 \\[3mm] 0 & 0 & \dfrac{1}{g_y f_x - g_x f_y} \end{bmatrix} \tag{5-16}$$

上述结果与理论推导完全一致。

本节内容采用 MATLAB 下的符号工具箱对光学变换所涉及的各个转换公式进行辅助推演。解析对比和数值仿真验证都证实了上述方法的有效性。该方法快速、高效、准确,可以将科研人员从烦琐的数学推导中解放出来。本节的结果对于应用复杂光学变换、光学变换函数的优化和新型电磁器件的设计有重要的指导作用。

5.3.3 介电常数张量的对角化

由变换光学的理论可知,其生成的材料都是非均匀各向异性的磁性材料,需要用人工电磁材料的方法实现。由式(5-1)可以看出,介电常数张量为对称矩阵,因此,在具体实现的时候,可以利用本征值问题将其在主轴坐标系中对角化。由于只需考虑三个方向的电磁响应特性,这将大大降低材料设计的难度,有利于加工人工电磁材料。

1. 一般情况下的张量对角化

假设光学变换理论中得到的材料的电磁参数为一满阵形式(对称阵),即

$$\boldsymbol{\varepsilon} = \begin{bmatrix} \varepsilon_{xx} & \varepsilon_{xy} & \varepsilon_{xz} \\ \varepsilon_{xy} & \varepsilon_{yy} & \varepsilon_{yz} \\ \varepsilon_{xz} & \varepsilon_{yz} & \varepsilon_{zz} \end{bmatrix} \tag{5-17}$$

利用下面的 MATLAB 代码可以计算该矩阵的本征值,并得到对应的本征矢量。由于表达式过长,所以不再列出。

```
syms epxx epxy epxz epyy epyz epzz                          % 定义符号变量
eps = [epxx epxy epxz; epxy epyy epyz; epxz epyz epzz];     % 式(5-17)
[V D] = eig(eps);                                           % 计算本征值和本征矢量
```

上面代码中，V 中的列矢量给出的就是本征矢量；D 中的对角线元素就是相应的本征值；以各个本征矢量（列矢量）为基所构成的新的坐标系就是主轴坐标系。具体在使用的时候，还可以将各个列矢量做归一化处理。

2. 直角坐标系中二维情况下的张量对角化

5.3.2 节中已经给定了直角坐标系中二维情况下最一般的变换光学的结果，也就是式(5-16)，也可以简写作式(5-18)。接下来，采用 MATLAB 符号工具箱找出其特征值和特征矢量。代码如下：

```
syms epxx epxy epyy epzz                          % 定义符号变量
eps = [epxx epxy 0; epxy epyy 0; 0 0 epzz];       % 式(5-18)
[V D] = eig(eps);                                 % 计算本征值和本征函数
```

$$\boldsymbol{\varepsilon} = \begin{bmatrix} \varepsilon_{xx} & \varepsilon_{xy} & 0 \\ \varepsilon_{xy} & \varepsilon_{yy} & 0 \\ 0 & 0 & \varepsilon_{zz} \end{bmatrix} \tag{5-18}$$

本征值矩阵 $\boldsymbol{D}$ 为

$$\boldsymbol{D} = \boldsymbol{\Lambda} \left(\varepsilon_{zz}, \frac{\varepsilon_{xx} + \varepsilon_{yy} - \sqrt{(\varepsilon_{xx} - \varepsilon_{yy})^2 + 4\varepsilon_{xy}^2}}{2}, \frac{\varepsilon_{xx} + \varepsilon_{yy} + \sqrt{(\varepsilon_{xx} - \varepsilon_{yy})^2 + 4\varepsilon_{xy}^2}}{2} \right) \tag{5-19}$$

对应的本征矢量矩阵 $\boldsymbol{V}$ 为

$$\boldsymbol{V} = \begin{bmatrix} 0 & \dfrac{\varepsilon_{xx} - \varepsilon_{yy} - \sqrt{(\varepsilon_{xx} - \varepsilon_{yy})^2 + 4\varepsilon_{xy}^2}}{2\varepsilon_{xy}} & \dfrac{\varepsilon_{xx} - \varepsilon_{yy} + \sqrt{(\varepsilon_{xx} - \varepsilon_{yy})^2 + 4\varepsilon_{xy}^2}}{2\varepsilon_{xy}} \\ 0 & 1 & 1 \\ 1 & 0 & 0 \end{bmatrix} \tag{5-20}$$

如前所述，以式(5-20)各个列矢量为基所构成的坐标系就是主轴坐标系。在这个坐标系下，介电常数张量最简，如式(5-19)所示。

5.4 椭球坐标系的 MATLAB 辅助分析

椭球坐标系是正交坐标系中较为复杂的一种，在研究包含椭圆边界的电磁问题时非常重要。下面将利用 MATLAB 符号工具箱来辅助学习椭球坐标系。

5.4.1 椭球坐标系中的坐标平面

解决椭球问题时，一般使用椭球坐标系。在这个坐标系中，空间任意一点可以用三个两两正交的曲面的交点表示出来。这三个曲面在直角坐标系中可以统一表示为

$$\frac{x^2}{a^2 + u} + \frac{y^2}{b^2 + u} + \frac{z^2}{c^2 + u} = 1 \tag{5-21}$$

其中：a、b、c 为已知常数，且假定 $a > b > c$。在 x、y、z 均为确定数值的时候，式(5-21)是关于 u 的方

程,其有三个不同的实根,分别为 ξ、η、ζ,这三个实根也是点 (x,y,z) 对应的椭球坐标 (ξ,η,ζ),并且这三个根分别有不同的取值范围,即

$$\xi \geqslant -c^2, \ -c^2 \geqslant \eta \geqslant -b^2, \ -b^2 \geqslant \zeta \geqslant -a^2$$

各自对应的曲面方程单独写作

$$\begin{cases} \dfrac{x^2}{a^2+\xi} + \dfrac{y^2}{b^2+\xi} + \dfrac{z^2}{c^2+\xi} = 1 \\[3mm] \dfrac{x^2}{a^2+\eta} + \dfrac{y^2}{b^2+\eta} + \dfrac{z^2}{c^2+\eta} = 1 \\[3mm] \dfrac{x^2}{a^2+\zeta} + \dfrac{y^2}{b^2+\zeta} + \dfrac{z^2}{c^2+\zeta} = 1 \end{cases} \tag{5-22}$$

ξ、η、ζ 为常数时,对应的平面分别为椭球面、单叶双曲面、双叶双曲面,并且均与下面的椭球面共焦,这个椭球面的表达式为

$$\frac{x^2}{a^2} + \frac{y^2}{b^2} + \frac{z^2}{c^2} = 1 \tag{5-23}$$

它对应的正是 $\xi = 0$ 的情形。

下面的 MATLAB 代码在直角坐标系中任意选择了一点 $(6,6,6)$,然后计算并绘制通过这一点的三个曲面。通过对这些曲面的观察,就容易理解椭球坐标系中三个坐标平面的形状和特征。需要指出的是,为了绘制式(5-22)所对应的各个坐标平面,采用了等势面的绘制方式。

```
a = 7;b = 5;c = 3;                                      % 设置椭球系的三个常数
x = 6;y = 6;z = 6;                                      % 任意选择一点(6,6,6)
syms u;                                                 % 定义符号变量 u
S = solve(x^2/(a^2 + u) + y^2/(b^2 + u) + z^2/(c^2 + u) == 1,u, 'Real',true);
                                                        % 求解 u 的三个实数解
S = double(S);                                          % 将解由符号形式转化为数值
ksi = S(1);eta = S(2);zeta = S(3);                      % 分别赋予 ksi,eta、zeta 等三个椭球系下的坐标
f1 = @(x,y,z) x.^2/(a^2 + ksi) + y.^2/(b^2 + ksi) + z.^2/(c^2 + ksi) - 1;   % 函数表达式
[x,y,z] = meshgrid( - 15:.2:15, - 15:.2:15, - 15:.2:15);   % 画图范围
v = f1(x,y,z);                                          % 定义三元函数 f1
h = patch(isosurface(x,y,z,v,0));                       % 绘制 v = 0 的等势面,即式(5-22)对应坐标平面
set(h, 'FaceColor', 'r', 'EdgeColor', 'none');          % 设置坐标面的属性
xlabel('x');ylabel('y');zlabel('z');                    % 标注坐标轴
hold on;                                                % 准备继续绘制其他曲面
% 以下用类似的方法,分别绘制 eta 和 zeta 等于常数的坐标曲面
f2 = @(x,y,z) x.^2/(a^2 + eta) + y.^2/(b^2 + eta) + z.^2/(c^2 + eta) - 1;   % 函数表达式
[x,y,z] = meshgrid( - 15:.5:15, - 15:.5:15, - 15:.5:15);   % 画图范围
v = f2(x,y,z);
h = patch(isosurface(x,y,z,v,0));
isonormals(x,y,z,v,h)
set(h, 'FaceColor', 'g', 'EdgeColor', 'none');
f3 = @(x,y,z) x.^2/(a^2 + zeta) + y.^2/(b^2 + zeta) + z.^2/(c^2 + zeta) - 1;   % 函数表达式
[x,y,z] = meshgrid( - 15:.2:15, - 15:.2:15, - 15:.2:15);   % 画图范围
v = f3(x,y,z);
h = patch(isosurface(x,y,z,v,0));
set(h, 'FaceColor', 'b', 'EdgeColor', 'none');
alpha(0.6);                                             % 曲面半透明
view(3); axis equal; camlight; lighting gouraud;       % 其他辅助设置
axis vis3d;
```

上述程序生成的图像如图 5-5 所示。为了方便观察,图中将各个坐标面做了单独呈现,并将最终结果放置在图中。

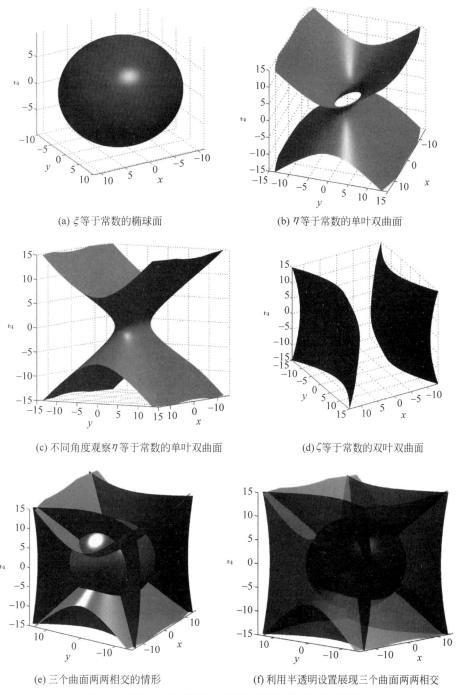

(a) ζ 等于常数的椭球面

(b) η 等于常数的单叶双曲面

(c) 不同角度观察 η 等于常数的单叶双曲面

(d) ζ 等于常数的双叶双曲面

(e) 三个曲面两两相交的情形

(f) 利用半透明设置展现三个曲面两两相交

图 5-5　椭球坐标系下的坐标平面及其两两相交的情形

5.4.2 与直角坐标系的关系

直角坐标系和椭球坐标系的关系为

$$
\begin{cases}
x = \pm\sqrt{\dfrac{(\xi+a^2)(\eta+a^2)(\zeta+a^2)}{(b^2-a^2)(c^2-a^2)}} \\[4mm]
y = \pm\sqrt{\dfrac{(\xi+b^2)(\eta+b^2)(\zeta+b^2)}{(c^2-b^2)(a^2-b^2)}} \\[4mm]
z = \pm\sqrt{\dfrac{(\xi+c^2)(\eta+c^2)(\zeta+c^2)}{(a^2-c^2)(b^2-c^2)}}
\end{cases}
\tag{5-24}
$$

由式(5-24)可以看出,对于特定的 ξ、η、ζ,一共有 8 个点与其对应。从图 5-5 可以看出,这 8 个点对称分布在 8 个卦限中。下面的 MATLAB 代码利用符号计算工具,得到式(5-24)的结果。它实际上是计算求解式(5-22)所对应的三元方程组所得到的。

```
syms a b c x y z ksi eta zeta           % 定义符号变量
                                         % 求解三元方程组,得到 x、y、z 的表达式
S = solve(x^2/(a^2 + ksi) + y^2/(b^2 + ksi) + z^2/(c^2 + ksi) == 1, ...
          x^2/(a^2 + eta) + y^2/(b^2 + eta) + z^2/(c^2 + eta) == 1, ...
          x^2/(a^2 + zeta) + y^2/(b^2 + zeta) + z^2/(c^2 + zeta) == 1);
                                         % 分别显示 x、y、z 的表达形式
pretty(S.x(1))                           % 用直观的形式,显示 x 的一个根,下同
pretty(S.y(1))
pretty(S.z(1))
```

正如前面所述,该方程组一共有 8 组根,为方便起见,程序仅仅显示了其中的一组。

5.4.3 椭球坐标系中的拉梅系数和拉普拉斯运算

拉梅系数是曲线坐标系中的重要元素,它反映了在空间任意一点,当只有一个坐标变量发生变化时(如 ξ、η、ζ),对应的弧长变化的系数。在椭球坐标系中,拉梅系数为

$$
h_\xi = \frac{\sqrt{(\xi-\eta)(\xi-\zeta)}}{2\sqrt{(\xi+a^2)(\xi+b^2)(\xi+c^2)}} = \frac{\sqrt{(\xi-\eta)(\xi-\zeta)}}{2R(\xi)}
\tag{5-25a}
$$

$$
h_\eta = \frac{\sqrt{(\eta-\xi)(\eta-\zeta)}}{2\sqrt{(\eta+a^2)(\eta+b^2)(\eta+c^2)}} = \frac{\sqrt{(\eta-\xi)(\eta-\zeta)}}{2R(\eta)}
\tag{5-25b}
$$

$$
h_\zeta = \frac{\sqrt{(\zeta-\xi)(\zeta-\eta)}}{2\sqrt{(\zeta+a^2)(\zeta+b^2)(\zeta+c^2)}} = \frac{\sqrt{(\zeta-\xi)(\zeta-\eta)}}{2R(\zeta)}
\tag{5-25c}
$$

其中

$$
R(s) = \sqrt{(s+a^2)(s+b^2)(s+c^2)}
\tag{5-26}
$$

下面的 MATLAB 代码利用符号工具箱推演了上述公式。

```
syms a b c x y z ksi eta zeta                          % 定义符号变量
S = solve(x^2/(a^2 + ksi) + y^2/(b^2 + ksi) + z^2/(c^2 + ksi) == 1, ...
          x^2/(a^2 + eta) + y^2/(b^2 + eta) + z^2/(c^2 + eta) == 1, ...
```

```
              x^2/(a^2 + zeta) + y^2/(b^2 + zeta) + z^2/(c^2 + zeta) == 1);   %求 x、y、z 的表达式
x = (S.x(1));                                                    %x 的表达式
y = (S.y(1));                                                    %y 的表达式
z = (S.z(1));                                                    %z 的表达式
R_ksi = sqrt((diff(x,ksi))^2 + (diff(y,ksi))^2 + (diff(z,ksi))^2);   %计算拉梅系数
R_eta = sqrt((diff(x,eta))^2 + (diff(y,eta))^2 + (diff(z,eta))^2);
R_zeta = sqrt((diff(x,zeta))^2 + (diff(y,zeta))^2 + (diff(z,zeta))^2);
pretty(simple(R_ksi))                                           %直观显示拉梅系数
pretty(simple(R_eta))
pretty(simple(R_zeta))
```

知道了拉梅系数,则很容易得到拉普拉斯算符在椭球坐标系下的表达式为

$$
\nabla^2\phi = \frac{4R(\xi)}{(\xi-\eta)(\xi-\zeta)}\left[\frac{\partial}{\partial\xi}R(\xi)\frac{\partial}{\partial\xi}\phi\right] + \frac{4R(\eta)}{(\eta-\xi)(\eta-\zeta)}\left[\frac{\partial}{\partial\eta}R(\eta)\frac{\partial}{\partial\eta}\phi\right] +
$$
$$
\frac{4R(\zeta)}{(\zeta-\xi)(\zeta-\eta)}\left[\frac{\partial}{\partial\zeta}R(\zeta)\frac{\partial}{\partial\zeta}\phi\right] \tag{5-27}
$$

5.5 内部匀质化理论及其 MATLAB 分析

越来越多的研究和实验表明,在基底材料中混合呈周期性排列且结构尺寸远远小于工作波长的其他材料,可以等效为新的均质材料,这也是设计和加工新型人工电磁材料的重要方法之一。利用均匀媒质来等效周期性亚波长结构的研究方法被称作等效媒质理论(Effective Medium Theory,EMT)。将混合材料做匀质化处理,有两种方法,即外部匀质化和内部匀质化。外部匀质化把一个非均匀材料向外等效为一个均匀材料;内部匀质化是针对具有复杂结构的混合材料而言,它是将这些具有复杂构造的"原子"结构等效为具有相同形状的均匀的"颗粒",等效的前提条件是它们对外部的电磁响应相同。图 5-6 给出了两种匀质化方法的差异。

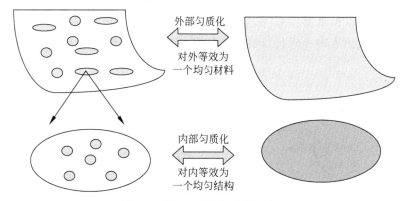

图 5-6　内部和外部匀质化示意图

5.5.1 双层圆柱等效介电常数的分析

对于双层圆柱的等效介电常数的分析,在准静态近似的情况下,首先利用圆柱坐标系内的分离变量法,将双层圆柱和相同外部尺寸的单个圆柱各处电势计算出来。其次基于内部匀质化原理,双层圆柱和相同尺寸的单个圆柱对外电场的响应是等效的,因此可以得到双层圆柱的等效介电常数。

1. 单层介质柱

首先来研究一个无限长圆柱介质置于均匀电场中时介质柱内外的电势分布。如图 5-7 所示,设在介电常数为 ε_b 的无限大均匀介质中存在电场强度 E_0,垂直于电场方向放置一根半径为 b 的无限长直介质圆柱体,其介电常数为 ε。下面来求解圆柱介质内外的电势。

根据拉普拉斯方程在柱坐标下分离变量的通解形式,可以得到介质柱内外的电势分布有如下形式:

$$\begin{cases} \phi_1 = \left(-E_0 r + \dfrac{B_1}{r} \right) \cos\varphi \\ \phi_2 = A_1 r \cos\phi \end{cases} \tag{5-28}$$

考虑到介质表面的边界条件,当 $r=b$ 时,$\phi_1 = \phi_2$ 且 $\varepsilon_b \dfrac{\partial \phi_1}{\partial r} = \varepsilon \dfrac{\partial \phi_2}{\partial r}$,可以得到如下两个方程:

$$\begin{cases} -E_0 b + \dfrac{B_1}{b} = A_1 b \\ -\varepsilon_b E_0 - \varepsilon_b \dfrac{B_1}{b^2} = \varepsilon A_1 \end{cases} \tag{5-29}$$

对式(5-29)进行求解,可得

$$B_1 = \frac{\varepsilon - \varepsilon_b}{\varepsilon + \varepsilon_b} E_0 b^2 = \frac{\varepsilon_r - 1}{\varepsilon_r + 1} E_0 b^2 \tag{5-30}$$

其中:$\varepsilon_r = \dfrac{\varepsilon}{\varepsilon_b}$,表示相对介电常数。

2. 双层介质柱

如图 5-8 所示,设在介电常数为 ε_b 的无限大均匀介质中存在电场强度 E_0,垂直于电场方向放置一根内半径为 a,外半径为 b 的无限长双层圆柱介质,其中内层介电常数为 ε_1,电势为 ϕ_1;外层介电常数为 ε_2,电势为 ϕ_2。

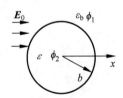

图 5-7 均匀电场中的介质柱

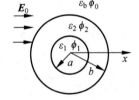

图 5-8 均匀电场中双层圆柱的模型

通过上一部分均匀电场中圆柱介质得到的结论,容易得到如下表达式:

$$\begin{cases} \phi_1 = A r \cos\varphi \\ \phi_2 = \left(B r + \dfrac{C}{r} \right) \cos\varphi \\ \phi_0 = \left(-E_0 r + \dfrac{D}{r} \right) \cos\varphi \end{cases} \tag{5-31}$$

依旧根据边界上电势和电位移矢量的法向分量连续,可以得到以下的边界条件:

（1）当 $r=a$ 时，有 $\phi_1=\phi_2$ 且有 $\varepsilon_1\dfrac{\partial\phi_1}{\partial r}=\varepsilon_2\dfrac{\partial\phi_2}{\partial r}$。

（2）当 $r=b$ 时，有 $\phi_2=\phi_0$ 且有 $\varepsilon_2\dfrac{\partial\phi_2}{\partial r}=\varepsilon_b\dfrac{\partial\phi_0}{\partial r}$。

将式(5-31)分别代入上述两个边界条件，可以得到 4 个方程，此问题有 4 个未知数，所以可以得到唯一解。4 个联立方程如下：

$$
\begin{cases}
Aa = Ba + C/a \\
\varepsilon_1 A = \varepsilon_2(B - C/a^2) \\
Bb + C/b = -E_0 b + D/b \\
\varepsilon_2(B - C/b^2) = \varepsilon_b(-E_0 - D/b^2)
\end{cases}
\tag{5-32}
$$

因为方程组(5-32)是由符号构成的，人工进行计算烦琐而且容易出现错误。利用 MATLAB 求解符号方程的途径是理想的方法。因此将方程(5-32)写成矩阵方程形式非常有助于利用 MATLAB 求解出未知数。将方程组(5-32)写成矩阵方程的形式为

$$
\begin{bmatrix}
a & -a & -\dfrac{1}{a} & 0 \\[2mm]
\varepsilon_1 & -\varepsilon_2 & \dfrac{\varepsilon_2}{a^2} & 0 \\[2mm]
0 & b & \dfrac{1}{b} & -\dfrac{1}{b} \\[2mm]
0 & \varepsilon_2 & -\dfrac{\varepsilon_2}{b^2} & \dfrac{\varepsilon_b}{b^2}
\end{bmatrix}
\begin{bmatrix}
A \\ B \\ C \\ D
\end{bmatrix}
=
\begin{bmatrix}
0 \\ 0 \\ -E_0 b \\ -E_0\varepsilon_b
\end{bmatrix}
\tag{5-33}
$$

内部匀质化原理的本质在于，在准静态近似下，无限长圆柱介质和双层圆柱之间存在一个等量关系，即 $B_1\equiv D$。此时，从外部来看，双层圆柱与单层圆柱的电磁响应是一模一样的，或者说二者是等效的。D 的表达式为

$$
D = E_0 b^2 \frac{b^2(\varepsilon_1+\varepsilon_2)(\varepsilon_2-\varepsilon_b) + a^2(\varepsilon_1-\varepsilon_2)(\varepsilon_2+\varepsilon_b)}{b^2(\varepsilon_1+\varepsilon_2)(\varepsilon_2+\varepsilon_b) + a^2(\varepsilon_1-\varepsilon_2)(\varepsilon_2-\varepsilon_b)}
\tag{5-34}
$$

根据式(5-30)，由于 $B_1\equiv D$，所以很容易得到

$$
\frac{\varepsilon_r-1}{\varepsilon_r+1}E_0 b^2 = D
\tag{5-35}
$$

为了表示方便和编程简单，设 $\overline{D}=D/E_0 b^2$，则有

$$
\varepsilon_r = \frac{1+\overline{D}}{1-\overline{D}}
\tag{5-36}
$$

使用 MATLAB 编写程序，将所求得的 D 的值代入式(5-36)，可以得到最终相对介电常数的值为

$$
\varepsilon_r = \frac{\varepsilon}{\varepsilon_b} = \frac{\varepsilon_2\left[b^2(\varepsilon_1+\varepsilon_2) + a^2(\varepsilon_1-\varepsilon_2)\right]}{\varepsilon_b\left[b^2(\varepsilon_1+\varepsilon_2) - a^2(\varepsilon_1-\varepsilon_2)\right]}
\tag{5-37}
$$

约去式(5-37)两边重复的 ε_b，ε 即为待求解的介电常数，即双层柱的等效介电常数

$$
\varepsilon = \frac{\varepsilon_2\left[b^2(\varepsilon_1+\varepsilon_2) + a^2(\varepsilon_1-\varepsilon_2)\right]}{b^2(\varepsilon_1+\varepsilon_2) - a^2(\varepsilon_1-\varepsilon_2)}
\tag{5-38}
$$

如果设内外层圆柱的半径比为 $r_{cs} = a/b$,则式(5-38)又可以进一步简化为

$$\varepsilon = \varepsilon_2 * \frac{\left[(\varepsilon_1 + \varepsilon_2) + r_{cs}^2(\varepsilon_1 - \varepsilon_2)\right]}{(\varepsilon_1 + \varepsilon_2) - r_{cs}^2(\varepsilon_1 - \varepsilon_2)} \tag{5-39}$$

下面的 MATLAB 代码就实现了上面的代数方程求解并进行化简的过程。

```
syms a ep_1 ep_2 ep_b b E0 b ep_e
A = [a        -a        -1/a         0;
     ep_1     -ep_2     ep_2/a^2     0;
     0        b         1/b         -1/b;
     0        ep_2      -ep_2/b^2    ep_b/b^2];     % 方程系数矩阵
m = [0;0; -E0 * b; -ep_b * E0];                     % 方程右侧部分
C = A\m;                                            % 左除的位置矢量
D = C(4);                                           % D 的结果
D_m = D/(E0 * b^2);                                 % 将 D 化简
[N1,D1] = numden(D_m)                               % D_m 的分子和分母,用于验证
ep_e = (1 + D_m)/(1 - D_m);                         % 等效介电常数
[N2,D2] = numden(ep_e)                              % ep_e 的分子和分母
```

3. 双层介质柱等效介电常数的变化曲线

在本部分使用银和二氧化硅两种物质来研究当内外层材料不同时,等效介电常数与内外层圆柱的半径比 r_{cs} 的关系。假设波长为 405nm,此时银的介电常数为 $\varepsilon_m = -4.70 + i0.22$,二氧化硅的介电常数为 $\varepsilon_d = 2.42$。

首先,当外层是银介质,内层是二氧化硅时,等效介电常数可以写作 $\varepsilon_{eff} = \varepsilon'_{eff} + i\varepsilon''_{eff}$ 的形式,在 MATLAB 中绘制这种情况下等效介电常数的实部 ε'_{eff} 与虚部 ε''_{eff} 随着内外层半径比的关系。变化趋势如图 5-9 所示。

从图 5-9 可以看出,这种情况下双层圆柱等效介电常数的虚部接近 0,而介电常数实部从 -4.70 到 2.42 变化,也就是说外层为金属介质时,等效介电常数的实部不可能超出其组成材料的介电常数的范围。

当内层是银介质,外层是二氧化硅时,等效介电常数也可以写作 $\varepsilon_{eff} = \varepsilon'_{eff} + i\varepsilon''_{eff}$ 的形式。同样地,在 MATLAB 中绘制这种情况下等效介电常数的实部 ε'_{eff} 与虚部 ε''_{eff} 随着内外层半径比 a/b 的关系。变化趋势如图 5-10 所示。

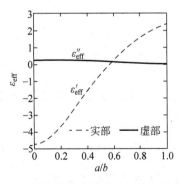

图 5-9　外层为银,内层为二氧化硅时介电
　　　　常数的变化趋势

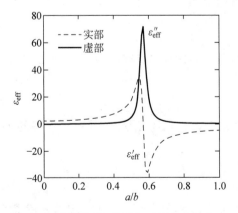

图 5-10　内层为银,外层为二氧化硅时介电
　　　　 常数的变化趋势

从图 5-10 可以看出,内层为银介质的情况下,介电常数的变化范围很广,其变化范围不单纯的是在两种材料的介电常数范围内,实际应用时可以根据设计的实际需要来确定内外层材料和内外圆柱半径比。

由上述计算可以看出,采用两种材料就可以搭配出诸多介电常数的组合,从而实现具有特殊功能的电磁器件。因此,内部匀质化方法是实现人工电磁材料的重要方法。

5.5.2 双层球结构

与上述做法相似,可以考虑双层介质球的等效介电常数。

1. 单层介质球的电势分布

首先研究在无限大均匀电场中放置的单层介质球的电势分布。如图 5-11 所示,设均匀电场的电场强度为 E_0,方向沿 z 轴方向。背景材料介电常数为 ε_b,电势为 ϕ_1;置于均匀电场中的单层介质球的介电常数为 ε,电势为 ϕ_2。

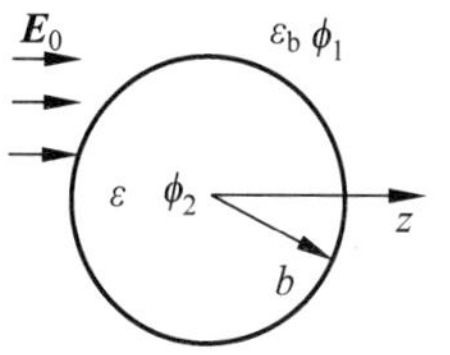

利用球坐标系下拉普拉斯方程的通解,各个区域的电势分布为

$$\begin{cases} \phi_1 = (-E_0 r + B_1 r^{-2})P_1(\cos\theta) \\ \phi_2 = A_1 r P_1(\cos\theta) \end{cases} \qquad (5\text{-}40)$$

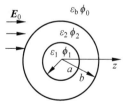

图 5-11 均匀电场中的
单层介质球

根据当 $r=b$ 时,$\phi_1 = \phi_2$ 且 $\varepsilon_b \dfrac{\partial \phi_1}{\partial r} = \varepsilon \dfrac{\partial \phi_2}{\partial r}$ 这个条件可以得到如下方程组:

$$\begin{cases} -E_0 b + \dfrac{B_1}{b^2} = A_1 b \\ -\varepsilon_b E_0 - 2\varepsilon_b \dfrac{B_1}{b^3} = \varepsilon A_1 \end{cases} \qquad (5\text{-}41)$$

求解方程组(5-41)可以得到

$$B_1 = \frac{\varepsilon - \varepsilon_b}{\varepsilon + 2\varepsilon_b}E_0 b^3 = \frac{\varepsilon_r - 1}{\varepsilon_r + 2}E_0 b^3 \qquad (5\text{-}42)$$

其中:$\varepsilon_r = \dfrac{\varepsilon}{\varepsilon_b}$,表示相对介电常数。

2. 双层介质球的电势分布

上一部分已经得到了单层介质球的电势分布的表达式,与求解双层柱的方法类似,本部分待求解的是双层介质球每层的电势分布,根据单层和双层之间存在的某些等量关系,就可以求得双层介质球的等效介电常数。

如图 5-12 所示,设在介电常数为 ε_b 的无限大均匀介质中存在电场强度 E_0,其中放置有一个内半径为 a,外半径为 b 的双层介质球,内层介电常数为 ε_1,电势为 ϕ_1;外层介电常数为 ε_2,电势为 ϕ_2。

根据上一部分得到的结论,可以很容易得到每层的电势表达式为

图 5-12 均匀电场中的
双层介质球

$$\begin{cases} \phi_1 = ArP_1(\cos\theta) \\ \phi_2 = [Br + Cr^{-2}]P_1(\cos\theta) \\ \phi_0 = [-E_0r + Dr^{-2}]P_1(\cos\theta) \end{cases} \tag{5-43}$$

根据边界上电势和电位移矢量的法向分量连续,可以得到如下边界条件:

(1) $r = a$ 时,$\phi_1 = \phi_2$ 且 $\varepsilon_1 \dfrac{\partial \phi_1}{\partial r} = \varepsilon_2 \dfrac{\partial \phi_2}{\partial r}$。

(2) $r = b$ 时,$\phi_2 = \phi_0$ 且 $\varepsilon_2 \dfrac{\partial \phi_2}{\partial r} = \varepsilon_b \dfrac{\partial \phi_0}{\partial r}$。

将上述边界条件应用到式(5-43)中,可以得到如下方程组:

$$\begin{cases} Aa = Ba + C/a^2 \\ \varepsilon_1 A = \varepsilon_2 (B - 2C/a^3) \\ Bb + C/b^2 = -E_0 b + D/b^2 \\ \varepsilon_2 (B - 2C/b^3) = \varepsilon_b(-E_0 - 2D/b^3) \end{cases} \tag{5-44}$$

为了方便在 MATLAB 中进行计算,将式(5-44)写成矩阵方程,其形式为

$$\begin{bmatrix} a & -a & -\dfrac{1}{a^2} & 0 \\ \varepsilon_1 & -\varepsilon_2 & \dfrac{2\varepsilon_2}{a^3} & 0 \\ 0 & b & \dfrac{1}{b^2} & -\dfrac{1}{b^2} \\ 0 & \varepsilon_2 & -\dfrac{2\varepsilon_2}{b^3} & \dfrac{2\varepsilon_b}{b^3} \end{bmatrix} \begin{bmatrix} A \\ B \\ C \\ D \end{bmatrix} = \begin{bmatrix} 0 \\ 0 \\ -E_0 b \\ -E_0 \varepsilon_b \end{bmatrix} \tag{5-45}$$

利用内部匀质化原理可以得知,当双层介质球与同等大小的单层介质球放入同样的均匀电场中时,在准静态近似下引起的响应必然是相同的。所以必有 $B_1 \equiv D$。因此可以得到

$$\frac{\varepsilon_r - 1}{\varepsilon_r + 2} E_0 b^3 \equiv D \tag{5-46}$$

为了表示方便,此处设 $\overline{D} = D/E_0 b^3$,可以得到

$$\varepsilon_r = \frac{1 + 2\overline{D}}{1 - \overline{D}} = \frac{1 + 2D/E_0 b^3}{1 - D/E_0 b^3} \tag{5-47}$$

利用 MATLAB 编程求解式(5-45),解出 D 的表达式为

$$D = E_0 b^3 \frac{b^3(\varepsilon_1 + 2\varepsilon_2)(\varepsilon_2 - \varepsilon_b) + a^3(\varepsilon_1 - \varepsilon_2)(\varepsilon_b + 2\varepsilon_2)}{b^3(\varepsilon_2 + 2\varepsilon_b)(\varepsilon_1 + 2\varepsilon_2) - 2a^3(\varepsilon_1 - \varepsilon_2)(\varepsilon_2 - \varepsilon_b)}$$

将 D 代入式(5-47)中,有

$$\varepsilon_r = \frac{\varepsilon}{\varepsilon_b} = \frac{\varepsilon_2[b^3(\varepsilon_1 + 2\varepsilon_2) + 2a^3(\varepsilon_1 - \varepsilon_2)]}{\varepsilon_b[b^3(\varepsilon_1 + 2\varepsilon_2) - a^3(\varepsilon_1 - \varepsilon_2)]} \tag{5-48}$$

观察式(5-48),约去公式左右两边的 ε_b,可以得到双层椭球的等效介电常数 ε 为

$$\varepsilon = \varepsilon_2 * \frac{[b^3(\varepsilon_1 + 2\varepsilon_2) + 2a^3(\varepsilon_1 - \varepsilon_2)]}{[b^3(\varepsilon_1 + 2\varepsilon_2) - a^3(\varepsilon_1 - \varepsilon_2)]} \tag{5-49}$$

下面的 MATLAB 代码可以实现上述方程组求解和等效介电常数计算的过程。

```
syms a ep_1 ep_2 ep_b b E0 b ep_e
A = [a          -a          -1/(a^2)        0;
     ep_1       -ep_2       2*ep_2/a^3      0;
     0          b           1/(b^2)         -1/(b^2);
     0          ep_2        -2*ep_2/b^3     2*ep_b/b^3];   % 定义系数矩阵
m = [0;0; -E0*b; -ep_b*E0];                                % 方程右侧部分
C = A\m;                                                   % 求未知数矢量[A B C D]^T
D = C(4);                                                  % D 的表达式
D_m = D/(E0*b^3);                                          % 简化 D
[N1,D1] = numden(D_m)                                      % 求 D_m 的分子和分母
ep_e = (1 + 2*D_m)/(1 - D_m);                              % 式(5-47)
[N2,D2] = numden(ep_e)                                     % 求 ep_e 的分子和分母,以便于验证
```

5.5.3 双层椭球结构的等效介电常数

1. 椭球形介质周围的势函数

接下来,采用类似的方法,考虑共焦双层椭球结构的情形。将双层椭球之间的边界定义为 ξ_1 和 ξ_2,且注意双层椭球共焦的条件为椭球的三个半轴 a_i、b_i、c_i 必须满足如下条件:

$$a_1^2 - a_2^2 = b_1^2 - b_2^2 = c_1^2 - c_2^2 = -\xi_2 \tag{5-50}$$

从式(5-50)可以明显看出 ξ_1 的值为 0。

如图 5-13 所示,双层椭球和同等大小的单层匀质椭球均被置于均匀外电场中。外电场 $\boldsymbol{E}$ 沿 x 轴方向。

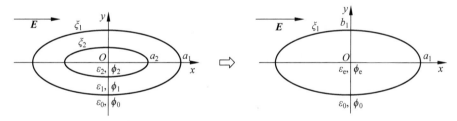

图 5-13 双层椭球及等效的单层匀质椭球示意

对于单层椭球而言,设无穷远处电势为 ϕ_∞,很容易得到其表达式为

$$\phi_\infty = -Ex = -E\sqrt{\frac{(\xi + a^2)(\eta + a^2)(\zeta + a^2)}{(b^2 - a^2)(c^2 - a^2)}} \tag{5-51}$$

而椭球附近电势可以表示为 $\phi = \phi_\infty F(\xi)$。朗道所编写的《连续介质的电动力学》一书中已经给出了 $F(\xi)$ 的最终表达式。$F(\xi)$ 为常数或为

$$F(\xi) = \int_\xi^\infty \frac{\mathrm{d}s}{(s + a^2)R(s)} \tag{5-52}$$

其中

$$R(s) = \sqrt{(s + a^2)(s + b^2)(s + c^2)}$$

由于受到式(5-50)所示的椭球共焦条件的限制,所以式(5-52)中的 a、b、c 可以替换成任意的 a_i、b_i、

c_i。此处用 a_1、b_1、c_1 代替,因此电势的表达式可以写作

$$\phi = \phi_\infty \left[C - \frac{D}{2} \int_\xi^\infty \frac{ds}{(s+a_1^2)R_1(s)} \right] \tag{5-53}$$

$$R_1(s) = \sqrt{(s+a_1^2)(s+b_1^2)(s+c_1^2)} \tag{5-54}$$

与双层球和双层柱相同,边界上的电势应是连续的,即 $C - \frac{D}{2} \int_\xi^\infty \frac{ds}{(s+a_1^2)R_1(s)}$ 在边界上连续。

另外,边界上的法向电位移也应该是连续的,电位移矢量 $\boldsymbol{D}$ 的法向部分表达式为

$$\boldsymbol{n} \cdot \boldsymbol{D} = -\varepsilon \frac{1}{h_\xi} \frac{\partial \phi}{\partial \xi} \tag{5-55}$$

其中:h_ξ 为椭球坐标系的度量系数,其表达式为

$$h_\xi = \frac{\sqrt{(\xi-\eta)(\xi-\zeta)}}{2R_1(\xi)} \tag{5-56}$$

将式(5-56)代入式(5-55)可以得到:要使法向电位移连续,也就是必须使表达式 $\varepsilon \left[C + \frac{D}{R_1(\xi)} - \frac{D}{2} \int_\xi^\infty \frac{ds}{(s+a_1^2)R_1(s)} \right]$ 在边界上连续。

2. 单层椭球的电势分布

如图 5-13 的右侧所示的单层匀质椭球,分析其每层的电势分布。注意到内层椭球 $F(\xi)$ 只能是常数,否则积分那一部分在原点处存在奇异值。所以根据上述分析可以很容易得到如下电势分布:

$$\begin{cases} \phi_e = -CEx \ (\xi \leqslant \xi_1) \\ \phi_0 = -Ex \left[1 - \frac{D}{2} \int_\xi^\infty \frac{ds}{(s+a_1^2)R_1(s)} \right] \ (\xi > \xi_1) \end{cases} \tag{5-57}$$

根据电势连续和法向电位移连续可以得到以下方程

$$C = 1 - \frac{D}{2} \int_{\xi_1}^\infty \frac{ds}{(s+a_1^2)R_1(s)} \tag{5-58a}$$

$$\varepsilon_e C = \varepsilon_0 \left[1 + \frac{D}{R_1(\xi_1)} - \frac{D}{2} \int_{\xi_1}^\infty \frac{ds}{(s+a_1^2)R_1(s)} \right] \tag{5-58b}$$

上述方程依旧是符号组成的方程,利用 MATLAB 解方程可以得到 D 的表达式为

$$D = \frac{2R_1(\xi_1)(\varepsilon_e - \varepsilon_0)}{2\varepsilon_0 + N_1 R_1(\xi_1)(\varepsilon_e - \varepsilon_0)} \tag{5-59}$$

其中

$$N_1 = \int_{\xi_1}^\infty \frac{ds}{(s+a_1^2)R_1(s)} = \frac{2}{a_1 b_1 c_1} N_1^x \tag{5-60}$$

其中:N_1^x 为 x 方向的退极化因子。

上述求解系数 D 的过程,可以用 MATLAB 代码计算如下:

```
syms ep_e ep_0 N1  R1              %定义符号变量
A = [1 N1/2;ep_e ep_0 * N1/2 - ep_0/R1];   %定义系数矩阵
m = [1;ep_0];                      %定义方程右侧的列矢量
C = A\m;                           %求解代数方程
D = C(2);                          %D 的表达式
pretty(D)                          %用直观的形式显示系数 D
```

3. 双层椭球的电势分布

图 5-13 中左侧双层椭球的电势分布与单层匀质椭球的电势分布是类似的,每层的电势为

$$\begin{cases} \phi_2 = -C_2 Ex \ (\xi \leqslant \xi_2) \\ \phi_1 = -Ex\left[C_1 - \dfrac{D_1}{2}\displaystyle\int_\xi^\infty \dfrac{\mathrm{d}s}{(s+a_1^2)R_1(s)}\right] \ (\xi_2 < \xi < \xi_1) \\ \phi_0 = -Ex\left[1 - \dfrac{D_0}{2}\displaystyle\int_\xi^\infty \dfrac{\mathrm{d}s}{(s+a_1^2)R_1(s)}\right] \ (\xi \geqslant \xi_1) \end{cases} \tag{5-61}$$

边界条件仍旧是边界上电势和法向电位移连续,由此可得以下方程组:

$$C_2 = C_1 - \frac{D_1}{2}\int_{\xi_2}^\infty \frac{\mathrm{d}s}{(s+a_1^2)R_1(s)} \tag{5-62a}$$

$$\varepsilon_2 C_2 = \varepsilon_1\left[C_1 + \frac{D_1}{R_1(\xi_2)} - \frac{D_1}{2}\int_{\xi_2}^\infty \frac{\mathrm{d}s}{(s+a_1^2)R_1(s)}\right] \tag{5-62b}$$

$$C_1 - \frac{D_1}{2}\int_{\xi_1}^\infty \frac{\mathrm{d}s}{(s+a_1^2)R_1(s)} = 1 - \frac{D_0}{2}\int_{\xi_1}^\infty \frac{\mathrm{d}s}{(s+a_1^2)R_1(s)} \tag{5-62c}$$

$$\varepsilon_1\left[C_1 + \frac{D_1}{R_1(\xi_1)} - \frac{D_1}{2}\int_{\xi_1}^\infty \frac{\mathrm{d}s}{(s+a_1^2)R_1(s)}\right] = \varepsilon_0\left[1 + \frac{D_0}{R_1(\xi_1)} - \frac{D_0}{2}\int_{\xi_1}^\infty \frac{\mathrm{d}s}{(s+a_1^2)R_1(s)}\right] \tag{5-62d}$$

观察式(5-57)与式(5-61)可以发现,常数 D 与 D_0 分别代表将匀质椭球与双层椭球放置于外加均匀电场中时产生的扰动。当椭球尺寸远小于波长时,在准静态近似情况下应有 $D \equiv D_0$,即二者对椭球外电场的响应相同。这就是内部匀质化原理的本质。

利用 MATLAB 编写程序,解方程组(5-62),可以得到 D_0 的表达式,其形式过于复杂,此处暂不给出。再由 $D \equiv D_0$,解得等效介电常数的表达式为

$$\varepsilon_e = \varepsilon_1\left\{1 + \frac{2R_1(\xi_2)(\varepsilon_2 - \varepsilon_1)}{R_1(\xi_1)[2\varepsilon_1 + (N_1 - N_2)(\varepsilon_1 - \varepsilon_2)R_1(\xi_2)]}\right\} \tag{5-63}$$

其中: N_2 的值为

$$N_2 = \int_{\xi_2}^\infty \frac{\mathrm{d}s}{(s+a_1^2)R_1(s)} = \frac{2}{a_2 b_2 c_2}N_2^x$$

上面已经提到 $a_1^2 - a_2^2 = b_1^2 - b_2^2 = c_1^2 - c_2^2 = -\xi_2$ 且 $\xi_1 = 0$,因此有

$$R_1(\xi_1) = a_1 b_1 c_1, R_1(\xi_2) = a_2 b_2 c_2$$

对式(5-63)进行化简,可得

$$\varepsilon_e = \varepsilon_1\left[1 + \frac{(\varepsilon_2 - \varepsilon_1)\lambda}{\varepsilon_1 + (\varepsilon_1 - \varepsilon_2)(\lambda N_1^x - N_2^x)}\right] \tag{5-64}$$

其中

$$\lambda = \frac{a_2 b_2 c_2}{a_1 b_1 c_1}$$

这就是双层椭球的等效介电常数的最终结果。

下面的 MATLAB 程序正是对上述过程进行符号推演的具体实现。

```
syms ep_1 ep_2 ep_0 N1 N2 R1 R2 ep_r ep_e    % 定义符号变量
A = [- 1 1 - N2/2 0;
    - ep_2 ep_1 ep_1/R2 - ep_1 * N2/2 0;
```

```
        0 1 - N1/2 N1/2;
        0 ep_1 ep_1/R1 - ep_1 * N1/2 ep_0 * N1/2 - ep_0/R1];
m = [0;0;1;ep_0];
C = A\m;                              % C = [C2 C1 D1 D0]
D0 = C(4);                           % D0 的表达式
A = [1 N1/2;ep_e ep_0 * N1/2 - ep_0/R1];
m = [1;ep_0];
C = A\m;
D = C(2);                            % D 的表达式
ep_r = solve(D == D0,ep_e);         % 求解方程,得到 ep_e
pretty(simple(ep_r))                % 显示 ep_e 的表达式
```

5.6　无限大半平面的衍射——特殊函数的应用

借助于惠更斯-菲涅尔原理可以解释和描述光束通过各种形状的障碍物时所产生的衍射现象。讨论时,通常可以根据光源和考察点到障碍物的距离把衍射现象分为两类。第一类是障碍物到光源和考察点的距离都是有限的,或其中之一为有限的,称为菲涅尔衍射,又称近场衍射;第二类是障碍物到光源和考察点的距离可认为是无限远的,即实际上使用的是平行光束,这种衍射称为夫琅禾费衍射,又称远场衍射。

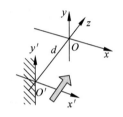

图 5-14　半无限大平板的衍射示意图

采用标量衍射理论,考察平行光垂直入射到一个半无限大平板时发生的衍射情况,如图 5-14 所示。平板占据的位置为 $x'<0$,与观察屏之间的距离为 d。

则观察屏上电磁波的复振幅分布为

$$U(x,y) = A \int_{-\infty}^{\infty} \int_{0}^{\infty} \frac{\mathrm{e}^{-jkR}}{R} \mathrm{d}x'\mathrm{d}y' \tag{5-65}$$

其中: A 为半无限大平板上的电磁场的幅度,且有

$$R = \left[(x'-x)^2 + (y'-y)^2 + d^2 \right]^{1/2}$$

考虑到观察屏到半无限大平面的距离非常大,所以可以将上式近似用牛顿公式表示为

$$R \approx d + \frac{(x'-x)^2 + (y'-y)^2}{2d}$$

代入式(5-65),并注意到幅度和相位对精度要求的差异,整理得到

$$U(x,y) = \frac{A}{d}\mathrm{e}^{-jkd} \int_{-\infty}^{\infty} \int_{0}^{\infty} \exp\left\{ -\mathrm{j}\frac{\pi}{2}\frac{2}{\lambda d}\left[(x'-x)^2 + (y'-y)^2 \right] \right\} \mathrm{d}x'\mathrm{d}y'$$

做变量替换

$$u = \sqrt{\frac{2}{\lambda d}}(x'-x), \quad v = \sqrt{\frac{2}{\lambda d}}(y'-y)$$

则有

$$U(x,y) = \frac{A\lambda}{2}\mathrm{e}^{-jkd} \int_{-\zeta}^{\infty} \mathrm{e}^{-\mathrm{j}\frac{\pi}{2}u^2} \mathrm{d}u \int_{-\infty}^{\infty} \mathrm{e}^{-\mathrm{j}\frac{\pi}{2}v^2} \mathrm{d}v \tag{5-66}$$

其中

$$\zeta = \sqrt{\frac{2}{\lambda d}}x$$

利用菲涅尔积分的定义,式(5-66)可以写作

$$U(x,y)=\frac{A\lambda}{2}e^{-jkd}\int_{-\zeta}^{\infty}\left[\cos\frac{\pi}{2}u^2-j\sin\frac{\pi}{2}u^2\right]du\int_{-\infty}^{\infty}\left[\cos\frac{\pi}{2}v^2-j\sin\frac{\pi}{2}v^2\right]dv$$

其中

$$C(x)=\int_0^x\cos\frac{\pi t^2}{2}dt, S(x)=\int_0^x\sin\frac{\pi t^2}{2}dt \tag{5-67}$$

考虑到被积函数的奇偶性,即

$$U(x,y)=\frac{A\lambda}{2}e^{-jkd}\left[C(\infty)-jS(\infty)+C(\zeta)-jS(\zeta)\right]$$
$$\left[2C(\infty)-j2S(\infty)\right] \tag{5-68}$$

由于 $C(\infty)=S(\infty)=0.5$,式(5-68)可以化简为

$$U(x,y)=\frac{A\lambda}{2}e^{-jkd}\left[\frac{1}{2}-j\frac{1}{2}+C(\zeta)-jS(\zeta)\right](1-j)$$

所以,观察屏上的光强为

$$I=\frac{A^2\lambda^2}{2}\left[\left(\frac{1}{2}+C(\zeta)\right)^2+\left(\frac{1}{2}+S(\zeta)\right)^2\right]=I_0\left[\left(\frac{1}{2}+C(\zeta)\right)^2+\left(\frac{1}{2}+S(\zeta)\right)^2\right] \tag{5-69}$$

下面的 MATLAB 代码就计算了光场分布的情况。

```
zeta = -5:0.1:5;                    % 定义 zeta 区间,它与 x 成正比
C = mfun('FresnelC',zeta);          % 计算菲涅尔余弦积分值
S = mfun('FresnelS',zeta);          % 计算菲涅尔正弦积分值
I0 = 1;
I = (C+1/2).^2+(S+1/2).^2;          % 计算光场强度
plot(zeta,I);                       % 绘制曲线
% figure; plot(C,S);                % 绘制考纽螺线
```

图 5-15 给出了观察屏上 x 轴上的光场分布。从图 5-15 中可以看出,在几何光学中光线照射不到的位置($x<0$),光强不为零;在靠近几何光学生成的阴影边界处($x>0$),光强是明暗分布的,直到距离边界很远的地方,光强才稳定下来。

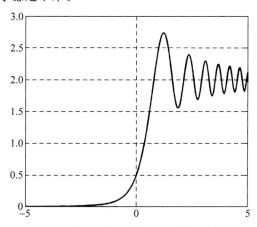

图 5-15 观察屏上 x 轴方向上看到的情况

事实上,利用符号工具箱中的 mfun 函数很容易得到 $C(\infty)=S(\infty)=0.5$。在 MATLAB 命令行下输入 mfun('FresnelC',inf)或 mfun('FresnelS',inf),则可得到其积分值,即 0.5。

另外,当自变量取值一致时,分别以菲涅尔余弦积分和正弦积分作为横纵坐标,可以绘制所谓的考纽螺线,如图 5-16 所示。只需在上述代码部分增加一条指令即可(上面代码中注释掉的最后一行)。

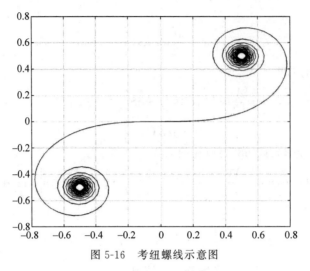

图 5-16　考纽螺线示意图

5.7　变分法及其在电磁理论中的应用

如前所述,泛函求极值的过程中,利用变分法可以得到其对应的必要条件,即所谓的欧拉-拉格朗日方程,一般情况下,它对应于一个二阶的微分方程或者方程组。而在电磁理论中,需要求解的电磁方程往往归结为亥姆霍兹方程或者泊松方程,也是一个二阶的微分方程。于是,通过泛函求极值的方法,为间接求解电磁方程提供了额外的途径。本节介绍如何利用符号工具箱的演算功能,完成相关题目的计算。

5.7.1　泛函取极值的必要条件

在 3.1.1 节中已经知道,当泛函的变量函数为一个一元函数,且该变量函数通过两个定点,即 $y(x_0)=a$,$y(x_1)=b$ 时,则有如下泛函取极值的条件:

$$\frac{\partial F}{\partial y} - \frac{\mathrm{d}}{\mathrm{d}x}\frac{\partial F}{\partial y'} = 0 \tag{5-70}$$

其中: $J[y] = \int_{x_0}^{x_1} F(x,y,y')\mathrm{d}x$ 为已知泛函。此式又称为欧拉-拉格朗日方程,一般来讲,是一个二阶微分方程。

当泛函的变量函数是三元函数时,有 $J[u] = \iiint F(x,y,z,u,u_x,u_y,u_z)\mathrm{d}x\,\mathrm{d}y\,\mathrm{d}z$,则同样地,其所对应的欧拉-拉格朗日方程为

$$\frac{\partial F}{\partial u} - \frac{\partial}{\partial x}\frac{\partial F}{\partial u_x} - \frac{\partial}{\partial y}\frac{\partial F}{\partial u_y} - \frac{\partial}{\partial z}\frac{\partial F}{\partial u_z} = 0 \tag{5-71}$$

很明显地,这对应于一个二阶的偏微分方程。

例如,对于泛函 $J[u]=\dfrac{1}{2}\iiint |\nabla u|^2 \mathrm{d}V=\dfrac{1}{2}\iiint (u_x^2+u_y^2+u_z^2)\mathrm{d}V$,当变量函数满足一定的边界条件时,其所对应的欧拉-拉格朗日方程为

$$\frac{\partial F}{\partial u}-\frac{\partial}{\partial x}\frac{\partial F}{\partial u_x}-\frac{\partial}{\partial y}\frac{\partial F}{\partial u_y}-\frac{\partial}{\partial z}\frac{\partial F}{\partial u_z}=0-2u_{xx}-2u_{yy}-2u_{zz}=0 \tag{5-72}$$

上式也就是 $\Delta u=0$,这正是电磁理论中的拉普拉斯方程。

表 5-1 给出了电磁理论中常见的电磁方程形式及其所对应的泛函以及泛函取极值的必要条件。

表 5-1　电磁方程形式

方　程　形　式	对应的泛函	泛函取极值的条件
泊松方程	$J[\phi]=\dfrac{1}{2}\int[\|\nabla\phi\|^2+2g\phi]\mathrm{d}V$	$\Delta\phi=g$
拉普拉斯方程	$J[\phi]=\dfrac{1}{2}\int\|\nabla\phi\|^2\mathrm{d}V$	$\Delta\phi=0$
齐次亥姆霍兹方程	$J[\phi]=\dfrac{1}{2}\int[\|\nabla\phi\|^2-k^2\phi^2]\mathrm{d}V$	$\Delta\phi+k^2\phi=0$
非齐次亥姆霍兹方程	$J[\phi]=\dfrac{1}{2}\int[\|\nabla\phi\|^2-k^2\phi^2+2g\phi]\mathrm{d}V$	$\Delta\phi+k^2\phi=g$

5.7.2　求解泛函极值的瑞利-里兹方法

如表 5-1 所述,泛函求极值所对应的必要条件,正好对应着电磁理论中的各种微分方程。因此,如果有办法利用其他方式求得对应泛函的极值,则该极值函数必定满足相应的微分方程,或者说,通过变分的方法,得到了电磁方程定解问题的解。瑞利-里兹方法,就是求解泛函极值的常用方法。

假设 $J[u]=\iiint F(x,y,z,u,u_x,u_y,u_z)\mathrm{d}x\mathrm{d}y\mathrm{d}z$ 为电磁问题所对应的泛函,$u(x,y,z)$ 为所求的未知函数。瑞利-里兹方法假设可以用基函数序列将待求函数展开,即

$$u(x,y,z)=\sum_n c_n\phi_n(x,y,z)$$

将其代入相应的泛函中,则可以将原泛函转换为未知系数 c_n 的一般函数 $J(c_n)$。根据多元函数微积分的结论易知,该函数要想取极值,必须满足

$$\frac{\partial J(c_n)}{\partial c_n}=0 \quad n=1,2,\cdots \tag{5-73}$$

将上述代数方程组联立求解,即可得到待定系数 c_n,进而求得未知函数。当级数展开取有限项时,可以得到原始问题的近似解。实际应用中,可以选择很少的几项做展开,就能够得到原始问题的较高精度的解,这正是变分法的优势。由此可见,将泛函极值问题转换为函数极值问题,就是瑞利-里兹方法的核心。

上述基函数的选择是有讲究的,一般情况下,根据未知函数所满足的边界条件,可以选择三角函数、多项式、正交函数系等;在数值求解的情况下,往往将待求区域分解为离散的单元,此时,往往采取子域基函数展开,而这就是有限元法的基础。

5.7.3　利用符号工具箱实现瑞利-里兹方法求解

1. 利用瑞利-里兹方法求解泛函极值

用瑞利-里兹方法求解泛函 $J[y] = \int_0^1 (y'^2 - y^2 + 2xy)\mathrm{d}x$ 的极值函数的近似值，并与精确值做比较。已知，$y(0) = y(1) = 0$。

该泛函对应的欧拉-拉格朗日方程为

$$y'' + y = x \tag{5-74}$$

在满足 $y(0) = y(1) = 0$ 的边界条件下，该方程对应的解为

$$y = x - \frac{1}{\sin 1}\sin x \tag{5-75}$$

如果考虑采用瑞利-里兹方法，考虑到极值函数所满足的边界条件，可以设

$$y = \left(\sum_n c_n x^n\right) x(x-1) \tag{5-76}$$

如果考虑取一项近似，则 $y = c_0 x(x-1)$，代入到原泛函，可以得到

$$J(c_0) = \frac{c_0(9c_0 + 5)}{30}$$

于是有

$$\frac{\partial J}{\partial c_0} = \frac{3c_0}{5} + \frac{1}{6} = 0$$

求解，可得

$$c_0 = -\frac{5}{18}$$

上述过程可以使用 MATLAB 的符号工具箱进行推演，容易得到如下代码：

```
syms x c0                                        % 定义符号变量
y = c0 * x * (1 - x);                            % 定义未知函数的展开形式
phi(c0) = int(diff(y,x)^2 - y^2 + 2 * x * y,x,0,1)   % 定义泛函对应的普通函数
c = solve(diff(phi(c0),c0) == 0,c0);             % 求解展开系数
Y = subs(y,c0,c);                                % 将展开系数代入未知函数
Ay = - double(1/sin(1)) * sin(x) + x;            % 精确解
fplot(Y,[0,1],'r');                              % 绘制瑞利-里兹方法得到的函数
hold on;                                         % 保持模式打开，以便对比两条曲线
fplot(Ay,[0,1],'g');                             % 绘制精确解
legend('Approx','Accurate','location','North');  % 标注两条曲线
```

该程序运行结果如图 5-17 所示。从图中可以看出，近似解（Approx）与精确解（Accurate）具有相似的形状。

如果考虑取两项，则 $y = (c_0 + c_1 x)x(x-1)$，代入到原泛函，可以得到

$$J(c_0, c_1) = \frac{3c_0^2}{10} + \frac{3c_0 c_1}{10} + \frac{c_0}{6} + \frac{13c_1^2}{105} + \frac{c_1}{10}$$

于是有

$$\frac{\partial J}{\partial c_0} = \frac{3c_0}{5} + \frac{3c_1}{10} + \frac{1}{6} = 0$$

$$\frac{\partial J}{\partial c_1} = \frac{3c_0}{10} + \frac{26c_1}{105} + \frac{1}{10} = 0$$

联立求解,可得

$$c_0 = -\frac{71}{369}, \quad c_1 = -\frac{7}{41}$$

以上过程可以采用 MATLAB 进行符号工具的推演,代码如下:

```
syms x c0 c1                                      % 定义符号变量
y = (c0 + c1 * x) * x * (1 - x);                  % 定义未知函数的展开形式
phi(c0,c1) = int(diff(y,x)^2 - y^2 + 2 * x * y,x,0,1);   % 定义泛函对应的普通函数
c = solve(diff(phi(c0,c1),c0) == 0,diff(phi(c0,c1),c1) == 0,c0,c1);
                                                  % 求解展开系数
Y = subs(y,[c0,c1],[(c.c0),(c.c1)]);              % 将展开系数代入未知函数
Ay = - double(1/sin(1)) * sin(x) + x;             % 精确解
fplot(Y,[0,1],'ro');                              % 绘制瑞利-里兹方法得到的函数
hold on;                                          % 保持模式打开,以便对比两条曲线
fplot(Ay,[0,1],'g');                              % 绘制精确解
legend('Approx','Accurate','location','North');   % 标注两条曲线
```

该程序运行结果如图 5-18 所示。

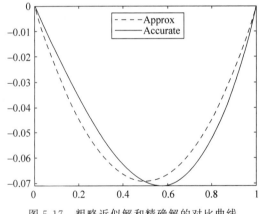

图 5-17 粗略近似解和精确解的对比曲线

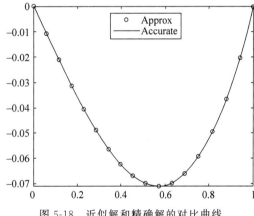

图 5-18 近似解和精确解的对比曲线

从对比曲线可以看出:即使选择两项作为近似,变分法也可以得到很高的精度。此外,当使用更多的近似项时,手工近似和求解非常麻烦,MATLAB 的符号推演就更加能够体现出优势。

2. 一维泊松方程的瑞利-里兹方法求解

用瑞利-里兹方法求解一维泊松方程对应的定解问题,即

$$\begin{cases} \dfrac{d^2\phi}{dx^2} = x + 1 & 0 < x < 1 \\ \phi \mid_{x=0} = 0 \qquad \phi \mid_{x=1} = 1 \end{cases} \tag{5-77}$$

并与精确值做比较。

容易看出,该问题对应的解析解为

$$y = \frac{1}{6}x^3 + \frac{1}{2}x^2 + \frac{1}{3}x \tag{5-78}$$

如果考虑采用瑞利-里兹方法,考虑到极值函数所满足的边界条件,可以设

$$y = \left(\sum_n c_n x^n\right)x(x-1) + x \tag{5-79}$$

如果考虑取三项近似,则 $y = (c_0 + c_1 x + c_2 x^2)x(x-1) + x$,代入到原泛函,可以得到

$$J(c_0, c_1, c_2) = \frac{c_0^2}{6} + \frac{c_0 c_1}{6} + \frac{c_0 c_2}{10} + \frac{c_0}{4} + \frac{c_1^2}{15} + \frac{c_1 c_2}{10} + \frac{2c_1}{15} + \frac{3c_2^2}{70} + \frac{c_2}{12} + \frac{4}{3}$$

于是有

$$\frac{\partial J}{\partial c_0} = \frac{c_0}{3} + \frac{c_1}{6} + \frac{c_2}{10} + \frac{1}{4} = 0$$

$$\frac{\partial J}{\partial c_1} = \frac{c_0}{6} + \frac{2c_1}{15} + \frac{c_2}{10} + \frac{2}{15} = 0$$

$$\frac{\partial J}{\partial c_2} = \frac{c_0}{10} + \frac{c_1}{10} + \frac{3c_2}{35} + \frac{1}{12} = 0$$

联立求解,可得

$$c_0 = -\frac{2}{3}, c_1 = -\frac{1}{6}, c_2 = 0$$

此时,对应的“近似解”为

$$\tilde{y} = \left(-\frac{2}{3} - \frac{1}{6}x\right)x(1-x) + x = \frac{1}{6}x^3 + \frac{1}{2}x^2 + \frac{1}{3}x$$

可以看出:此时,近似解就等于精确解。

以上过程可以采用 MATLAB 进行符号工具的推演,代码如下:

```
syms x c0 c1 c2                                    % 定义符号变量
y = (c0 + c1 * x + c2 * x^2) * x * (1 - x) + x;    % 定义未知函数的展开形式
phi(c0,c1,c2) = int(0.5 * diff(y,x)^2 + y * (x + 1),x,0,1)   % 定义泛函对应的普通函数
c = solve(diff(phi(c0,c1,c2),c0) == 0,diff(phi(c0,c1,c2),c1) == 0,diff(phi(c0,c1,c2),c2) == 0,c0,c1,c2);
                                                   % 求解展开系数
Y = subs(y,[c0,c1,c2],[(c.c0),(c.c1),(c.c2)]);     % 将展开系数代入未知函数
Ay = 1/6 * x^3 + 1/2 * x^2 + 1/3 * x;              % 精确解
fplot(Y,[0,1],'ro');                               % 绘制瑞利-里兹方法得到的函数
hold on;                                           % 保持模式打开,以便对比两条曲线
fplot(Ay,[0,1],'g');                               % 绘制精确解
hold off;
legend('Approx','Accurate','location','North');    % 标注两条曲线
```

该程序运行结果如图 5-19 所示。从图中可以看出,近似解与精确解完全重合。

3. 一维泊松方程的有限元法求解

在前面的求解过程中,所有的展开函数使用的都是全域函数,即基函数与待求函数的定义域完全相同,可以称为全域基函数。大多数情况下,尤其是对于大型复杂问题,一般将定义域分成若干子域,从而可以定义在子域上的基函数,进一步将未知函数利用子域基函数展开。这就是有限元方法的基础。本节利用有限元方法来求解前述一维泊松方程对应的定解问题。

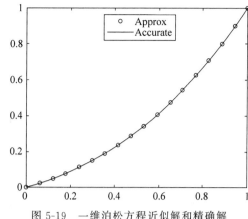

参考表 5-1 中的内容，则该泊松方程对应的泛函为 $J[\phi]=\dfrac{1}{2}\displaystyle\int[|\nabla\phi|^2+2g\phi]\mathrm{d}V$，结合一维情况，有

$$J[\phi]=\frac{1}{2}\int_0^1[|\phi_x|^2+2g\phi]\mathrm{d}x$$

$$=\frac{1}{2}\int_0^1|\phi_x|^2\mathrm{d}x+\int_0^1(x+1)\phi\,\mathrm{d}x \quad (5\text{-}80)$$

与前面的全域基函数不同，可以定义子域基函数。如图 5-20(a) 所示，将定义域划分成 4 个区间，则在每个区间，电势函数可以采用线性插值的形式得到，即

图 5-19 一维泊松方程近似解和精确解
的对比曲线

$$\phi(x)=\phi_i\,\frac{x_{i+1}-x}{x_{i+1}-x_i}+\phi_{i+1}\,\frac{x-x_i}{x_{i+1}-x_i} \quad (5\text{-}81)$$

其中，x_i 是区间的左端点；x_{i+1} 是区间的右端点；ϕ_i 是分割点 i 所对应的电势值。如图 5-20(a) 所示，$i=0,1,2,3,4$，且 $\phi_0=0$，$\phi_4=1$。因此，每个区间上的电势值，都可以使用本区间上的线性"基函数"展开，比如，对于区间 0，其对应的函数展开为

$$\phi(x)=\phi_1\,\frac{x}{1/4}=4\phi_1 x$$

其他各个区间可以类似得到。将各个区间的电势函数代入泛函，并将泛函表示为各个区间的积分之和，则

$$J[\phi]=\sum_0^3\left[\frac{1}{2}\int_{x_i}^{x_{i+1}}\left(\frac{\phi_{i+1}-\phi_i}{x_{i+1}-x_i}\right)^2\mathrm{d}x+\int_{x_i}^{x_{i+1}}(x+1)\left(\phi_i\,\frac{x_{i+1}-x}{x_{i+1}-x_i}+\phi_{i+1}\,\frac{x-x_i}{x_{i+1}-x_i}\right)\mathrm{d}x\right]$$

则可以得到对应的函数为

$$J(f_1,f_2,f_3)=\frac{3f_2}{8}-\frac{5f_1}{24}-\frac{57f_3}{16}+2f_3^2+\frac{f_1(96f_1+25)}{48}+$$

$$2(f_1-f_2)^2+2(f_3-f_2)^2+\frac{269}{96}$$

对上述函数求极值，则有

$$\frac{\partial J}{\partial f_1}=8f_1-4f_2+\frac{5}{16}=0$$

$$\frac{\partial J}{\partial f_2}=8f_2-4f_1-4f_3+\frac{3}{8}=0$$

$$\frac{\partial J}{\partial f_3}=8f_3-4f_2-\frac{57}{16}=0$$

于是求得

$$f_1=\frac{15}{128},\quad f_2=\frac{5}{16},\quad f_3=\frac{77}{128}$$

上述过程对应的 MATLAB 代码如下：

```
syms x                    % 定义符号变量 x
syms f [1,3]              % 定义符号变量 f1,f2,f3
```

```
d = 1/4;                                           % 区间间隔
node = [0 f 1];                                    % 区间节点处的电势值,用符号表示
J = 0;                                             % 给 J 赋初值
for i = 1:4                                         % 对 4 个区间循环
phi = node(i) * ((i) * d - x)/(d) + node(i + 1) * (x - (i - 1) * d)/d;  % 定义未知函数的展开形式
tmp = int(0.5 * (node(i + 1) - node(i))^2/d^2 + phi * (x + 1), x, i * d, (i + 1) * d)
                                                   % 定义泛函对应的普通函数
J = J + tmp;                                        % 做累加
end
F = solve(diff(J,f1) == 0, diff(J,f2) == 0, diff(J,f3) == 0, f1, f2, f3);  % 求解展开系数
node = [0 F. f1 F. f2 F. f3 1];                     % 重新定义区间端点对应的电势
for i = 1:4
phi = node(i) * ((i) * d - x)/(d) + node(i + 1) * (x - (i - 1) * d)/d;
                                                   % 计算区间内电势函数的展开形式
fplot(phi,[(i - 1) * d, (i) * d]); hold on;        % 绘制该区间的电势函数
end
Ay = 1/6 * x^3 + 1/2 * x^2 + 1/3 * x;              % 精确解
fplot(Ay,[0,1],'ko');                              % 绘制精确解
hold off;
legend('S1','S2','S3','S4','Acc','location','North');  % 标注两条曲线,Si 表示第 i 个区间
```

程序运行后的结果如图 5-20(b)所示。其中圆圈表示的是精确解,实线表示的是数值计算的结果。可以看出,二者吻合得非常好。

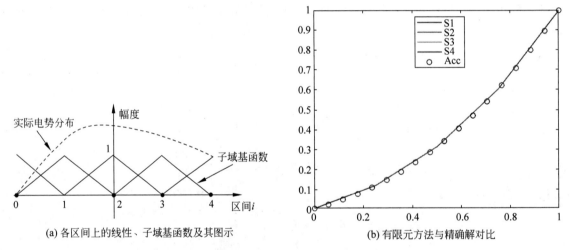

(a) 各区间上的线性、子域基函数及其图示   (b) 有限元方法与精确解对比

图 5-20 子域基函数图示以及有限元法与精确解对应曲线比较

5.8 小结

本章介绍了 MATLAB 环境中的符号工具箱。利用该符号工具箱的强大功能,可以辅助进行符号推演,从而将人们从烦琐、易错的劳动中解脱出来,大大提高工作效率。以变换电磁理论的推演、线性方程组求解、张量对角化、椭球坐标系、半无限大平板的衍射和变分法数值计算为例,详细介绍了各个相关命令、函数及其实际应用。符号推演得到的结果相对复杂,因此要通过各种方式进行简化,并需要人工介入,在应用的时候必须留意。

在电磁理论的学习过程中,会遇到很多所谓的"特殊函数",如贝塞尔函数、勒让德多项式、球汉克尔函数等。事实上,很多"特殊函数"都可以在分离变量的过程中得到,并蕴含在施图姆-刘维尔本征值问题的求解中,它们具有一系列相似的性质。同时,通过深入学习,可知"特殊函数"并不特殊,只不过它们一般都采用级数形式表示,看起来复杂且不为众人所知罢了。在 MATLAB 环境中,内置了几乎所有常见的"特殊函数",是分析和求解电磁场的重要工具。

6.1 柱坐标系下的分离变量法与系列柱函数

柱坐标系下对拉普拉斯方程和亥姆霍兹方程分离变量,能够得到贝塞尔函数等一系列特殊函数。本节将详细介绍这些函数的来龙去脉,并利用 MATLAB 绘制它们的曲线,基于这些特殊函数解决电磁问题。

6.1.1 拉普拉斯方程的分离变量法

对于三维场,圆柱坐标系内的拉普拉斯方程为

$$\frac{1}{r}\frac{\partial}{\partial r}\left(r\frac{\partial \phi}{\partial r}\right)+\frac{1}{r^2}\frac{\partial^2 \phi}{\partial \varphi^2}+\frac{\partial^2 \phi}{\partial z^2}=0 \tag{6-1}$$

应用分离变量法,设 $\phi(r,\varphi,z)=R(r)\Phi(\varphi)Z(z)$,将其代入式(6-1),并将各项乘以 $\frac{r^2}{R\Phi Z}$,得

$$\frac{r}{R}\frac{\mathrm{d}}{\mathrm{d}r}\left(r\frac{\mathrm{d}R}{\mathrm{d}r}\right)+\frac{1}{\Phi}\frac{\mathrm{d}^2\Phi}{\mathrm{d}\varphi^2}+\frac{r^2}{Z}\frac{\mathrm{d}^2 Z}{\mathrm{d}z^2}=0 \tag{6-2}$$

式中,第二项仅是 φ 的函数。要使上式对任何 r、φ、z 的值都成立,第二项必须等于一个常数,并令其为 $-n^2$,则有

$$\frac{r}{R}\frac{\mathrm{d}}{\mathrm{d}r}\left(r\frac{\mathrm{d}R}{\mathrm{d}r}\right)+\frac{r^2}{Z}\frac{\mathrm{d}^2 Z}{\mathrm{d}z^2}=-\frac{1}{\Phi}\frac{\mathrm{d}^2\Phi}{\mathrm{d}\varphi^2}=n^2$$

故得

$$\frac{\mathrm{d}^2\Phi}{\mathrm{d}\varphi^2}+n^2\Phi=0 \tag{6-3}$$

和

$$\left[\frac{1}{rR}\frac{\mathrm{d}}{\mathrm{d}r}\left(r\frac{\mathrm{d}R}{\mathrm{d}r}\right)-\frac{n^2}{r^2}\right]+\frac{1}{Z}\frac{\mathrm{d}^2Z}{\mathrm{d}z^2}=0 \tag{6-4}$$

一般情况下,由于势函数的单值性要求 $\phi(\varphi+2\pi)=\phi(\varphi)$,即待求的解对 φ 呈现周期性(此即周期性边界条件)。事实上,式(6-3)附加上述周期性边界条件,构成所谓的本征值问题。对其分情况讨论求解可知,n^2 必须大于或等于0(如果小于0,则方程对应的通解为双曲或者指数函数的形式,不可能是周期函数),且 n 只能取自然数,此时对应的本征函数为

$$\Phi_n(\varphi)=B_{1n}\sin n\varphi+B_{2n}\cos n\varphi \quad n=0,1,2,\cdots \tag{6-5}$$

注意:$n=0$ 时,$\Phi(\varphi)=C$。也就是说,势函数的分布与水平方位角无关。这称为轴对称的情况。

对式(6-4)移项,并注意到移项后等式两侧分别是 r 和 z 的函数,则可以得到

$$\frac{1}{rR}\frac{\mathrm{d}}{\mathrm{d}r}\left(r\frac{\mathrm{d}R}{\mathrm{d}r}\right)-\frac{n^2}{r^2}=-\frac{1}{Z}\frac{\mathrm{d}^2Z}{\mathrm{d}z^2}=k_z^2$$

由此得

$$\frac{\mathrm{d}^2Z}{\mathrm{d}z^2}+k_z^2Z=0 \tag{6-6}$$

和

$$\frac{1}{r}\frac{\mathrm{d}}{\mathrm{d}r}\left(r\frac{\mathrm{d}R}{\mathrm{d}r}\right)-\left(\frac{n^2}{r^2}+k_z^2\right)R=0 \tag{6-7}$$

对式(6-6)而言,其求解过程分三种情况讨论。由于式(6-7)也包含分离常数 k_z^2,所以,在开展上述讨论时,需要对上述两式同时进行。

(1) 当分离常数 $k_z^2=0$ 时,式(6-6)的解很容易得到,即

$$Z(z)=C_1z+C_2 \tag{6-8}$$

此时,式(6-7)变为

$$r^2\frac{\mathrm{d}^2R}{\mathrm{d}r^2}+r\frac{\mathrm{d}R}{\mathrm{d}r}-n^2R=0 \tag{6-9}$$

式(6-9)是欧拉方程,当 $n\neq0$ 时,它的解是

$$R_n(r)=A_{1n}r^n+A_{2n}r^{-n} \tag{6-10}$$

分离常数 $n=0$ 时,式(6-10)的两个线性无关解相同,必须另找另外一个解,最终得

$$R_0(r)=A_{10}\ln r+A_{20} \tag{6-11}$$

综上,并考虑叠加原理,拉普拉斯方程的通解为

$$\phi(r,\varphi,z)=\sum_{n=1}^{\infty}(A_{1n}r^n+A_{2n}r^{-n})(B_{1n}\sin n\varphi+B_{2n}\cos n\varphi)(C_1z+C_2)+$$
$$(A_{10}\ln r+A_{20})(C_1z+C_2) \tag{6-12}$$

注意:$C_1=0$ 时,$Z(z)=C$。此时,势函数的分布与 z 无关。这就是二维平面场的情况。

在二维情况下,拉普拉斯方程的通解为

$$\phi(r,\varphi)=\sum_{n=1}^{\infty}(A_{1n}r^n+A_{2n}r^{-n})(B_{1n}\sin n\varphi+B_{2n}\cos n\varphi)+$$
$$A_{10}\ln r+A_{20} \tag{6-13}$$

(2) 当分离常数 $k_z^2<0$ 时,$k_z=\pm\mathrm{j}\gamma$ 为虚数,而 γ 为实数,式(6-6)变为

$$\frac{\mathrm{d}^2Z}{\mathrm{d}z^2}-\gamma^2Z=0 \tag{6-14}$$

其解为

$$Z(z)=C_1'e^{\gamma z}+C_2'e^{-\gamma z}=C_1\sinh\gamma z+C_2\cosh\gamma z \tag{6-15}$$

这时,式(6-7)变为

$$\frac{\mathrm{d}^2R}{\mathrm{d}r^2}+\frac{1}{r}\frac{\mathrm{d}R}{\mathrm{d}r}+\left(\gamma^2-\frac{n^2}{r^2}\right)R=0 \tag{6-16}$$

上式经过简单的变换,$x=\gamma r$,可以转换为标准的 n 阶贝塞尔方程,其解为

$$R(r)=A_1J_n(\gamma r)+A_2N_n(\gamma r) \tag{6-17}$$

其中:$J_n(x)$ 称为贝塞尔函数或第一类贝塞尔函数;$N_n(x)$ 称为诺依曼函数或第二类贝塞尔函数。

上述求通解方法一般通过级数展开的方法进行,繁杂、冗长且与大多数应用无关,因此可以不拘泥于方程求解过程,而专注于解的形式即可。感兴趣的读者可以参考其他图书。在 6.1.3 节将专门介绍 MATLAB 绘制这两个函数的方法,贝塞尔函数和诺依曼函数的图像如图 6-1 所示,故待求势函数为

$$\phi(r,\varphi,z)=\sum_{n=1}^{\infty}(A_{1n}J_n(\gamma r)+A_{2n}N_n(\gamma r))(B_{1n}\sin n\varphi+B_{2n}\cos n\varphi)\times$$
$$(C_{1n}\sinh\gamma z+C_{2n}\cosh\gamma z) \tag{6-18}$$

其中:A_{1n}、A_{2n}、B_{1n}、B_{2n}、C_{1n}、C_{2n} 均为待定常数。

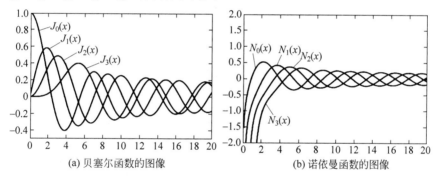

(a) 贝塞尔函数的图像   (b) 诺依曼函数的图像

图 6-1 贝塞尔函数和诺依曼函数的图像

(3) 当分离常数 $k_z^2>0$ 时,k_z 为实数,式(6-6)的解则为

$$Z(z)=C_1\sin k_z z+C_2\cos k_z z \tag{6-19}$$

此时令 $x=\mathrm{j}k_z r$,代入式(6-7),仍可得标准的 n 阶贝塞尔方程,其解为

$$R(r)=A_1'J_n(\mathrm{j}k_z r)+B_1'N_n(\mathrm{j}k_z r)=A_1I_n(k_z r)+B_1K_n(k_z r) \tag{6-20}$$

其中:$I_n(x)$ 和 $K_n(x)$ 分别称为虚宗量贝塞尔函数和虚宗量汉克尔函数,它们的图像如图 6-2 所示。

因此,待求势函数为

$$\phi(r,\varphi,z)=\sum_{n=1}^{\infty}[A_{1n}I_n(k_z r)+A_{2n}K_n(k_z r)](B_{1n}\sin n\varphi+B_{2n}\cos n\varphi)\times$$
$$(C_{1n}\sin k_z z+C_{2n}\cos k_z z) \tag{6-21}$$

其中:A_{1n}、A_{2n}、B_{1n}、B_{2n}、C_{1n} 和 C_{2n} 均为待定常数。

综上所述,柱坐标系下对拉普拉斯方程分离变量,其通解的形式也有三种情况。具体应用时该使用哪种情况,也要结合具体的边界条件来分析确定。一般情况下,对于圆柱坐标系内的边值问题,

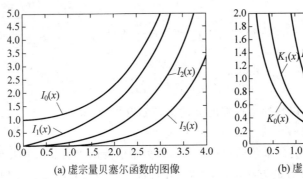 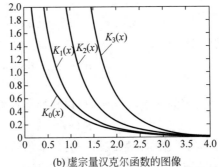

(a) 虚宗量贝塞尔函数的图像   (b) 虚宗量汉克尔函数的图像

图 6-2   前几个虚宗量贝塞尔函数和虚宗量汉克尔函数的图像

由于角向具有周期性,角向 φ 的解总是由正弦和余弦组合的三角函数;径向和 z 轴方向的函数形式互相有依赖。柱坐标系下拉普拉斯方程分离变量的情况总结如表 6-1 所示。

6.1.2   亥姆霍兹方程的分离变量法

圆柱坐标系内的亥姆霍兹方程为

$$\frac{1}{r}\frac{\partial}{\partial r}\left(r\frac{\partial \phi}{\partial r}\right)+\frac{1}{r^2}\frac{\partial^2 \phi}{\partial \varphi^2}+\frac{\partial^2 \phi}{\partial z^2}+k^2\phi=0 \tag{6-22}$$

亥姆霍兹方程与波动方程密切相关,它的解一般是复数,表示电磁场的相量形式。亥姆霍兹方程的解与 $e^{j\omega t}$ 相乘并取实部(或者虚部,二者均可,本书中取实部),即可得到波动方程在时谐情形下的瞬时解。

与 6.1.1 节的方法相类似,应用分离变量法,设 $\phi(r,\varphi,z)=R(r)\Phi(\varphi)Z(z)$,将其代入式(6-22),并整理得

$$\frac{r}{R}\frac{\mathrm{d}}{\mathrm{d}r}\left(r\frac{\mathrm{d}R}{\mathrm{d}r}\right)+\frac{1}{\Phi}\frac{\mathrm{d}^2\Phi}{\mathrm{d}\varphi^2}+\frac{r^2}{Z}\frac{\mathrm{d}^2Z}{\mathrm{d}z^2}+k^2r^2=0 \tag{6-23}$$

类比 6.1.1 节的结论,得

$$\frac{\mathrm{d}^2\Phi}{\mathrm{d}\varphi^2}+n^2\Phi=0 \tag{6-24}$$

$$\frac{\mathrm{d}^2Z}{\mathrm{d}z^2}+k_z^2Z=0 \tag{6-25}$$

和

$$r\frac{\mathrm{d}}{\mathrm{d}r}\left(r\frac{\mathrm{d}R}{\mathrm{d}r}\right)+(k_c^2r^2-n^2)R=0 \tag{6-26}$$

其中

$$k_c^2=k^2-k_z^2 \tag{6-27}$$

式(6-24)附加上述周期性边界条件构成所谓的本征值问题。对应的本征函数为

$$\Phi_n(\varphi)=B_{1n}\sin n\varphi+B_{2n}\cos n\varphi \quad n=0,1,2,\cdots \tag{6-28}$$

注意:$n=0$ 时,$\Phi(\varphi)=C$。也就是说,势函数的分布与水平方位角无关。这称为轴对称的情况。

表 6-1　柱坐标系下拉普拉斯方程分离变量的情况总结

边界条件	径向函数	角向函数	z 向函数	备注
平行平面场（解与 z 无关）	$\left\{{r^n \atop r^{-n}}\right\}_{n\neq 0}\left\{{1 \atop \ln r}\right\}_{n=0}$　柱内情况，无对数函数和负次幂函数　$\phi(r,\varphi,z)=\sum_{n=1}(A_{1n}r^n+A_{2n}r^{-n})(B_{1n}\sin n\varphi+B_{2n}\cos n\varphi)(C_1 z+C_2)+(A_{10}\ln r+A_{20})(C_1 z+C_2)$	$\left\{{\sin n\varphi \atop \cos n\varphi}\right\}$	常数	n 为 0 时，对应轴对称的情况　一般情况下，$C_1=0$
$\phi\big|_{r=a}=0$　或　$\left.\dfrac{\partial\phi}{\partial r}\right|_{r=a}=0$	$\left\{{J_n(\gamma r) \atop N_n(\gamma r)}\right\}$　柱内情况，无诺依曼函数　$\phi(r,\varphi,z)=\sum_{n=0}^{\infty}(A_{1n}J_n(\gamma r)+A_{2n}N_n(\gamma r))(B_{1n}\sin n\varphi+B_{2n}\cos n\varphi)\times(C_{1n}\sinh\gamma z+C_{2n}\cosh\gamma z)$	$\left\{{\sin n\varphi \atop \cos n\varphi}\right\}$	$\left\{{e^{\gamma z} \atop e^{-\gamma z}}\right\}$ 或 $\left\{{\sinh\gamma z \atop \cosh\gamma z}\right\}$　z 向无界：指数函数　z 向有界：双曲函数	$\gamma=\dfrac{x_i^{(n)}}{a}$，$x_i^{(n)}$ 表示 n 阶贝塞尔函数（或其导数）的第 i 个根
$\phi\big|_{z=0}=0$　$\phi\big|_{z=h}=0$	$\left\{{I_n(k_z r) \atop K_n(k_z r)}\right\}$　$\phi(r,\varphi,z)=\sum_{m=1}^{\infty}\sum_{n=0}^{\infty}\left[A_{1n}I_n(k_z r)+A_{2n}K_n(k_z r)\right](B_{1n}\sin n\varphi+B_{2n}\cos n\varphi)\times\sin k_z z$	$\left\{{\sin n\varphi \atop \cos n\varphi}\right\}$	$\sin\dfrac{m\pi}{h}z$	$k_z=\dfrac{m\pi}{h}$，　$m=1,2,3,\cdots$
$\left.\dfrac{\partial\phi}{\partial z}\right|_{z=0}=0$　$\left.\dfrac{\partial\phi}{\partial z}\right|_{z=h}=0$	$\left\{{I_n(k_z r) \atop K_n(k_z r)}\right\}$　$\phi(r,\varphi,z)=\sum_{m=0}^{\infty}\sum_{n=0}^{\infty}\left[A_{1n}I_n(k_z r)+A_{2n}K_n(k_z r)\right](B_{1n}\sin n\varphi+B_{2n}\cos n\varphi)\times\cos k_z z$	$\left\{{\sin n\varphi \atop \cos n\varphi}\right\}$	$\cos\dfrac{m\pi}{h}z$	$k_z=\dfrac{m\pi}{h}$，　$m=0,1,2,\cdots$
$\phi\big|_{z=0}=0$　$\left.\dfrac{\partial\phi}{\partial z}\right|_{z=h}=0$	$\left\{{I_n(k_z r) \atop K_n(k_z r)}\right\}$　$\phi(r,\varphi,z)=\sum_{m=0}^{\infty}\sum_{n=0}^{\infty}\left[A_{1n}I_n(k_z r)+A_{2n}K_n(k_z r)\right](B_{1n}\sin n\varphi+B_{2n}\cos n\varphi)\times\sin k_z z$	$\left\{{\sin n\varphi \atop \cos n\varphi}\right\}$	$\sin\dfrac{(2m+1)\pi}{2h}z$	$k_z=\dfrac{(2m+1)\pi}{2h}$，　$m=0,1,2,\cdots$
$\left.\dfrac{\partial\phi}{\partial z}\right|_{z=0}=0$　$\phi\big|_{z=h}=0$	$\left\{{I_n(k_z r) \atop K_n(k_z r)}\right\}$　$\phi(r,\varphi,z)=\sum_{m=0}^{\infty}\sum_{n=0}^{\infty}\left[A_{1n}I_n(k_z r)+A_{2n}K_n(k_z r)\right](B_{1n}\sin n\varphi+B_{2n}\cos n\varphi)\times\cos k_z z$	$\left\{{\sin n\varphi \atop \cos n\varphi}\right\}$	$\cos\dfrac{(2m+1)\pi}{2h}z$	$k_z=\dfrac{(2m+1)\pi}{2h}$，　$m=0,1,2,\cdots$

注：表格中给出的表达式和解释是一般情况下的表达式及其解释，对于特殊的情形，可能还要做额外处理；对于通解形式的选择，不需要生搬硬套，根据唯一性定理，只要满足拉普拉斯方程和边界条件即可。

与拉普拉斯方程不同,在大多数情况下,式(6-25)中的分离常数 $k_z^2 > 0$,所以其解为

$$Z(z) = C_1 \sin k_z z + C_2 \cos k_z z \tag{6-29}$$

或者

$$Z(z) = C_1 e^{-jk_z z} + C_2 e^{jk_z z} \tag{6-30}$$

其中,式(6-29)表示的驻波形式对应 z 轴两端封闭的情形,如谐振腔(圆柱形);式(6-30)表示的是行波形式,表示的是 z 轴延伸到无穷远的情形,如波导(圆柱形)。将上述两个方程与时谐因子相乘并取实部,很容易得到上述结论。在 6.1.5 节中用 MATLAB 给出了这两种情形的示意图。在具体应用时,对于行波,往往选择沿 z 轴正向传播的波作为研究对象,从而令 $C_2 = 0$。

对于式(6-26),当 $k_c^2 = k^2 - k_z^2 > 0$ 时,其解为

$$R(r) = A_1 J_n(k_c r) + B_1 N_n(k_c r) \tag{6-31}$$

式(6-31)表示的是径向的驻波形式。与 z 轴方向类似,径向也可以是行波形式,此时对应的解为

$$R(r) = A_1 H_n^{(1)}(k_c r) + B_1 H_n^{(2)}(k_c r) \tag{6-32}$$

上式的两个函数分别称为第一类和第二类汉克尔函数。它们与贝塞尔函数和诺依曼函数的关系为

$$H_n^{(1)}(x) = J_n(x) + jN_n(x) \tag{6-33a}$$

$$H_n^{(2)}(x) = J_n(x) - jN_n(x) \tag{6-33b}$$

且在大宗量近似的情形下,有

$$J_v(x) \sim \sqrt{\frac{2}{\pi x}} \cos(x - v\pi/2 - \pi/4)$$
$$N_v(x) \sim \sqrt{\frac{2}{\pi x}} \sin(x - v\pi/2 - \pi/4) \tag{6-34}$$

因此,必定有

$$H_v^{(1)}(x) \sim \sqrt{\frac{2}{\pi x}} e^{j(x - v\pi/2 - \pi/4)}$$
$$H_v^{(2)}(x) \sim \sqrt{\frac{2}{\pi x}} e^{-j(x - v\pi/2 - \pi/4)} \tag{6-35}$$

从上面的定义和各个函数的大宗量近似可以看出,贝塞尔函数、诺依曼函数和两类汉克尔函数之间的相互关系与余弦函数、正弦函数、复指数函数的关系非常相似。因此可以对比理解。

同样的道理,可以判断式(6-32)中沿径向发散的波和汇聚的波。多数情况下,仅研究发散的波即可,因此,式(6-32)中令 $A_1 = 0$。

对于式(6-26),如果 $k_c^2 = -\gamma^2 = k^2 - k_z^2 < 0$,则有 $\gamma^2 = k_z^2 - k^2 > 0$,且

$$r \frac{\mathrm{d}}{\mathrm{d}r} \left(r \frac{\mathrm{d}R}{\mathrm{d}r} \right) - (\gamma^2 r^2 + n^2) R = 0 \tag{6-36}$$

此方程实际上是 n 阶的虚宗量贝塞尔方程,与上节内容类似地有

$$R(r) = A_1 I_n(\gamma r) + B_1 K_n(\gamma r)$$

表 6-2 给出了亥姆霍兹方程在柱坐标系下分离变量的情况总结。

表 6-2 柱坐标系下亥姆霍兹方程分离变量的情况总结

边界条件	径向函数	角向函数	z 向函数	备注
$\phi\big|_{r=a}=0$ (TM) 或 $\dfrac{\partial\phi}{\partial r}\big|_{r=a}=0$ (TE)	$\begin{Bmatrix} J_n(k_c r) \\ N_n(k_c r) \end{Bmatrix}$ 柱内情况，无诺依曼函数	$\begin{Bmatrix} \sin n\varphi \\ \cos n\varphi \end{Bmatrix}$	$\begin{Bmatrix} e^{-jk_z z} \\ e^{jk_z z} \end{Bmatrix}$ 一般只考虑 z 向传播模式	$k_c=\dfrac{x_i^{(n)}}{a}$，$x_i^{(n)}$ 表示 n 阶贝尔函数（或其导数）的第 i 个根
	$\phi(r,\varphi,z)=(A_1 J_n(k_c r)+A_2 N_n(k_c r))(B_1\sin n\varphi+B_2\cos n\varphi)\times(C_1 e^{-jk_z z}+C_2 e^{jk_z z})$			一般对应于金属圆波导、同轴线波导中的 TE、TM 模式分析 $k_c^2=k^2-k_z^2$
$\phi\big|=0$	$\begin{Bmatrix} I_n(\gamma r) \\ K_n(\gamma r) \end{Bmatrix}$ 一般选择衰减的虚宗量汉克尔函数	$\begin{Bmatrix} \sin n\varphi \\ \cos n\varphi \end{Bmatrix}$	$\begin{Bmatrix} e^{-jk_z z} \\ e^{jk_z z} \end{Bmatrix}$ 一般只考虑 z 向传播模式	$\gamma^2=k_z^2-k^2>0$
	$\phi(r,\varphi,z)=(A_1 I_n(\gamma r)+A_2 K_n(\gamma r))(B_1\sin n\varphi+B_2\cos n\varphi)\times(C_1 e^{-jk_z z}+C_2 e^{jk_z z})$			此情形一般对应于光纤、介质波导等问题（如光纤包层）
$\dfrac{\partial\phi}{\partial r}\big|_{r=a}=0$，且 $\phi\big|_{z=0}=0$ $\phi\big|_{z=h}=0$	$\begin{Bmatrix} J_n(k_c r) \\ N_n(k_c r) \end{Bmatrix}$ 柱内情况，无诺依曼函数	$\begin{Bmatrix} \sin n\varphi \\ \cos n\varphi \end{Bmatrix}$	$\sin\dfrac{m\pi}{h}z,\ m=1,2,3,\cdots$	$k_c=\dfrac{x_i^{(n)}}{a}$，$x_i^{(n)}$ 表示 n 阶贝尔函数导数的第 i 个根
	$\phi(r,\varphi,z)=\left(A_1 J_n\!\left(\dfrac{x_i^{(n)}}{a}r\right)+A_2 N_n\!\left(\dfrac{x_i^{(n)}}{a}r\right)\right)(B_1\sin n\varphi+B_2\cos n\varphi)\times\sin\dfrac{m\pi}{h}z$			圆柱谐振腔、同轴线谐振腔的 TE 模式求解
$\phi\big|_{r=a}=0$，且 $\dfrac{\partial\phi}{\partial z}\big|_{z=0}=0$ $\dfrac{\partial\phi}{\partial z}\big|_{z=h}=0$	$\begin{Bmatrix} J_n(k_c r) \\ N_n(k_c r) \end{Bmatrix}$ 柱内情况，无诺依曼函数	$\begin{Bmatrix} \sin n\varphi \\ \cos n\varphi \end{Bmatrix}$	$\cos\dfrac{m\pi}{h}z,\ m=0,1,2,\cdots$	$k_c=\dfrac{x_i^{(n)}}{a}$，$x_i^{(n)}$ 表示 n 阶贝尔函数的第 i 个根
	$\phi(r,\varphi,z)=\left(A_1 J_n\!\left(\dfrac{x_i^{(n)}}{a}r\right)+A_2 N_n\!\left(\dfrac{x_i^{(n)}}{a}r\right)\right)(B_1\sin n\varphi+B_2\cos n\varphi)\times\cos\dfrac{m\pi}{h}z$			圆柱谐振腔、同轴线谐振腔的 TM 模式求解

续表

边界条件	径向函数	角向函数	z向函数	备注
$\phi\|_{z=0}=0$ $\phi\|_{z=h}=0$	$\left\{\begin{array}{c}H_n^{(1)}(k_c r)\\H_n^{(2)}(k_c r)\end{array}\right\}$ 一般只考虑径向发散的波	$\left\{\begin{array}{c}\sin n\varphi\\\cos n\varphi\end{array}\right\}$	$\sin\dfrac{m\pi}{h}z,\quad m=1,2,3,\cdots$	z 向函数的选择与边界条件相匹配
$\phi(r,\varphi,z)=(A_1 H_n^{(1)}(k_c r)+A_2 H_n^{(2)}(k_c r))(B_1\sin n\varphi+B_2\cos n\varphi)\times\sin\dfrac{m\pi}{h}z$				此情形一般对应于径向传输线的 TE 问题
$\dfrac{\partial\phi}{\partial z}\Big\|_{z=0}=0$ $\dfrac{\partial\phi}{\partial z}\Big\|_{z=h}=0$	$\left\{\begin{array}{c}H_n^{(1)}(k_c r)\\H_n^{(2)}(k_c r)\end{array}\right\}$ 一般只考虑径向发散的波	$\left\{\begin{array}{c}\sin n\varphi\\\cos n\varphi\end{array}\right\}$	$\cos\dfrac{m\pi}{h}z,\quad m=0,1,2,\cdots$	
$\phi(r,\varphi,z)=(A_1 H_n^{(1)}(k_c r)+A_2 H_n^{(2)}(k_c r))(B_1\sin n\varphi+B_2\cos n\varphi)\times\cos\dfrac{m\pi}{h}z$				此情形一般对应于径向传输线的 TM 模式

注：表格中给出的表达式和解释是一般情况下的表达式及其解释，对于特殊的情形，可能还要做额外处理；对于通解形式的选择，不需要生搬硬套，根据唯一性定理，只要满足亥姆兹方程和边界条件即可。

6.1.3 用 MATLAB 绘制贝塞尔函数等曲线

在前面柱坐标系下分离变量的过程中,遇到了几个以外国人名字命名的函数,如贝塞尔函数、诺依曼函数、虚宗量贝塞尔函数和虚宗量汉克尔函数等,它们被冠之以"特殊函数"。但特殊函数并不"特殊"。事实上,在很多语言如 MATLAB 中,上述特殊函数都是内置的函数,可以直接调用。

例如,要绘制 $J_0(x)$,可以这样操作:

```
x = [0:0.1:20];          % 定义自变量取值范围
y = besselj(0,x);        % 计算 0 阶贝塞尔函数的函数值
plot(x,y);               % 绘图
```

要绘制 $N_1(x)$,可以使用下面的 MATLAB 代码操作:

```
x = [0:0.1:20];          % 定义自变量取值范围
y = bessely(1,x);        % 计算 1 阶诺依曼函数的函数值
plot(x,y);               % 绘图
```

如果要绘制 $I_2(x)$,则可以这样编程实现:

```
x = [0:0.1:4];           % 定义自变量取值范围
y = besseli(2,x);        % 计算 2 阶虚宗量贝塞尔函数的函数值
plot(x,y);               % 绘图
```

最后,如果要绘制 $K_3(x)$,则可以这样操作:

```
x = [0:0.1:4];           % 定义自变量取值范围
y = besselk(3,x);        % 计算 3 阶虚宗量汉克尔函数的函数值
plot(x,y);               % 绘图
```

图 6-1 和图 6-2 就是利用 MATLAB 绘制的贝塞尔函数等的曲线,大家要仔细观察,注意其变化趋势和特点。例如,贝塞尔函数、诺依曼函数有无穷多个根,虚宗量贝塞尔函数和虚宗量汉克尔函数没有实数根等。结合式(6-34),可以更容易理解这些性质。

6.1.4 用 MATLAB 求解贝塞尔函数及其导数的根

可以用 MATLAB 的 fzero 函数实现函数求根。在很多情况下,需要对求得的根进行排序,而且不能遗漏、不能重复。因此,对求根过程必须慎重,要仔细审核。例如,可以绘制函数的图像,以验证是否正确等。本节给出了贝塞尔函数及其导数求根的程序代码。

1. 贝塞尔函数求根

下面的代码给出 m 阶贝塞尔函数的前 n 个根。fzero 函数需要给出根附近的一个估计值,为此,在选择第一个估计值时,使用 m 阶贝塞尔函数的小宗量近似,即

$$J_m(x) \approx \frac{1}{m!}\left(\frac{x}{2}\right)^m - \frac{1}{(m+1)!}\left(\frac{x}{2}\right)^{m+2} + \cdots \tag{6-37}$$

令其为 0,则可以得到

$$x \approx 2\sqrt{m+1} \tag{6-38}$$

此值可以作为 m 阶贝塞尔函数的第一个根的估计值。当根的个数比较多时,可以利用前一个根,估

计下一个根的数值。这时可以使用贝塞尔函数的大宗量近似，即式(6-34)，将其近似看作周期为2π的余弦函数，所以，相邻的两个根，大小相差为π。

```
symsx
m = 03;                                    % 3 阶贝塞尔函数
no = 10;                                    % 前 10 个根
x0 = 2 * sqrt(m + 1);                       % 第一个根的初始值
root(1) = fzero(@(x) besselj(m,x),x0);      % 找出第一个根，记录在 root 里面
    for lp = 2:no
        root(lp) = fzero(@(x) besselj(m,x),root(lp - 1) + pi);
                                            % 循环，基于前一个根，找出第二个根
    end
root.'                                      % 显示这 10 个根
ezplot(besselj(m,x),[0,30])                 % 绘制图像以验证
```

顺便给出其他柱函数的小宗量近似如下：

$$\begin{cases} J_0(x) \approx 1 - \dfrac{1}{4}x^2 \\[2mm] N_0(x) \approx \dfrac{2}{\pi}\left(\ln\dfrac{x}{2} + C\right) \\[2mm] J_m(x) \approx \dfrac{1}{m!}\left(\dfrac{x}{2}\right)^m \\[2mm] N_m(x) \approx -\dfrac{(m-1)!}{\pi}\left(\dfrac{2}{x}\right)^m \ (m \neq 0) \end{cases} \tag{6-39}$$

2. 贝塞尔函数导数求根

下面的程序用于计算 m 阶贝塞尔函数导函数的前 n 个根。对于 0 阶贝塞尔函数，由于其第一个根为 0，所以做了特殊处理。其他的阶次，根据函数驻点、根和导函数根的关系，选择了 $\sqrt{m+1}$ 为初始值。

```
m = 0;                              % 函数阶数
no = 10;                             % 前 10 个根
syms x                              % 定义符号变量
y = diff(besselj(m,x),x);           % 求导函数
y = char(y);                        % 将 y 定义为导函数
x0 = sqrt(m + 1);                   % 选择初值
if m == 0
    root(1) = fzero(y,3);           % 0 阶导函数的第一个根
else
    root(1) = fzero(y,x0);          % m 阶导函数的第一个根
end
for lp = 2:no
    root(lp) = fzero(y,root(lp - 1) + pi);   % 利用前一个根，估计下一个根
end
root.'                              % 显示结果
ezplot(y,[0,30]);                   % 验证结果
```

将上述程序运行结果汇总在一起，则可以得到如表 6-3 所示的内容。

表 6-3 贝塞尔函数及其导数的前 10 个根

函数	1	2	3	4	5	6	7	8	9	10
$J_0(x)$	2.4048	5.5201	8.6537	11.7915	14.9309	18.0711	21.2116	24.3525	27.4935	30.6346
$J_0'(x)$	3.8317	7.0156	10.1735	13.3237	16.4706	19.6159	22.7601	25.9037	29.0468	32.1897
$J_1(x)$	3.8317	7.0156	10.1735	13.3237	16.4706	19.6159	22.7601	25.9037	29.0468	32.1897
$J_1'(x)$	1.8412	5.3314	8.5363	11.7060	14.8636	18.0155	21.1644	24.3113	27.4571	30.6019

6.1.5 行波和驻波的 MATLAB 展示

6.1.2 节提到行波和驻波的概念,在本节将给出这两种情形的 MATLAB 展示。为了更清晰地描述波的情况,图中都取 $C_2 = 0$,且将各个表达式与时谐因子 $e^{j\omega t}$ 相乘并取实部,从而得到瞬时值。下面的代码就给出了式(6-29)、式(6-30)随时间变化的情形。

```
kz = pi;                                    % 定义 kz
z = linspace(0,6,1000);                     % 定义 z 的取值范围
T = 10;                                     % 波的周期
omega = 2 * pi/T;                           % 波的角频率
t = (0:4)/4 * T/4;                          % 设置 5 个观察时刻
for lp = 1:length(t)
    U(lp,:) = sin(kz * z) * cos(omega * t(lp));    % 对每个观察时刻拍照
end
subplot(2,2,1);
plot(z,U);                                  % 绘制在各个观察时刻波的情况
t = (4:8)/4 * T/4;                          % 再看 5 个时刻
for lp = 1:length(t)
    U(lp,:) = sin(kz * z) * cos(omega * t(lp));    % 记录式(6-29)波形数据
end
subplot(2,2,2);
plot(z,U);                                  % 在另外一个窗口绘制,以便于观察
t = (0:4)/4 * T/2;                          % 设置 5 个观察时刻
for lp = 1:length(t)
    U(lp,:) = cos(omega * t(lp) - kz * z);         % 记录式(6-30)对应的波形
end
subplot(2,2,3);
plot(z,U);                                  % 绘制波形
t = (4:8)/4 * T/2;                          % 另选 5 个时刻值
for lp = 1:length(t)
    U(lp,:) = cos(omega * t(lp) - kz * z);         % 记录波形数据
end
subplot(2,2,4);                             % 在另外一个窗口,显示波形,以便于观察
plot(z,U);
```

图 6-3(a)和图 6-3(b)所示是驻波的情况,分别显示了前 1/4 周期、前 1/2 周期内波的情况。从中可以看出,随着时间变化,波的形状未发生变化,波的幅度随时间的推移而同比例减小,一直到 0;然后又反向同比例增大。并周而复始重复前面的过程。在此过程中,波也没有向正或者负方向移动,而是原地做步调一致的振动。波腹(最大振动)、波节位置(振动为零)固定,十分明显。图 6-3(c)和图 6-3(d)所示是行波的情形,分别表示了前半个周期和后半个周期之内波的传输情形。与驻波不同,随着时间的推移,波逐步从左向右平移,不存在固定的波腹和波节。

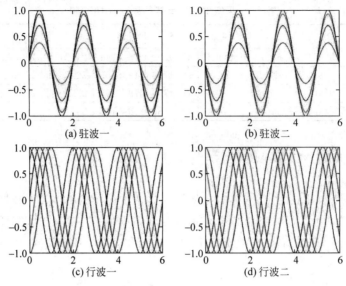

图 6-3　行波和驻波

对于各个柱函数,考虑到它们与三角函数的相似性(大宗量近似),可以用类似的方法展示驻波和行波的情形。在此不再赘述。

6.1.6　加载介质的开放式圆柱谐振腔及其应用

对于图 6-4 所示的配置,两个半径为 b 的圆形平行金属板,距离为 h,沿轴线共轴嵌入半径为 a 的介质柱,这实际上是一个开放的谐振系统,可以用来测试材料的介电常数。系统支持所谓的 TE_{0mn}

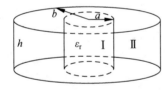

图 6-4　介质加载的圆柱形谐振腔示意图

模式。采用博格尼斯函数法,则纵向磁场可以表示为标量函数 V 的函数,且该系统满足博格尼斯函数法所规定的定理 1 和定理 2,即 V 是柱坐标系下亥姆霍兹方程的解。考虑到电磁场在 z 方向是驻波状态,采用分离变量法,可以得到

$$V_1 = A_1 J_0(k_{c1} r)\begin{Bmatrix}\sin(\beta z)\\\cos(\beta z)\end{Bmatrix} \tag{6-40a}$$

$$V_2 = A_2 K_0(k_{c2} r)\begin{Bmatrix}\sin(\beta z)\\\cos(\beta z)\end{Bmatrix} \tag{6-40b}$$

可以看到,V 函数关于柱轴对称,即角向函数为常数。这就是 TE_{0mn} 中 0 的含义。其中,$k_{c1}^2 = k_1^2 - \beta^2$,$k_{c2}^2 = \beta^2 - k_0^2$,$k_0$,$k_1$ 是空气和介质中的波数。上述径向函数的选择,是保证电磁场在介质柱内为驻波,空气中是沿径向迅速衰减的波。由于 z 方向的边界条件(切向电场为 0),易知 $\beta = \dfrac{n\pi}{h}$,$n = 1$,$2,3,\cdots$,且上式中的三角函数应该选择正弦形式。于是,利用博格尼斯函数法,参考式(4-61),图中 Ⅰ、Ⅱ 两个区域的场可以表示为

$$H_{z1} = A_1 J_0(k_{c1} r)\sin\left(\frac{\pi}{h} z\right) k_{c1}^2 \tag{6-41a}$$

$$H_{z2} = -A_2 K_0(k_{c2} r)\sin\left(\frac{\pi}{h} z\right) k_{c2}^2 \tag{6-41b}$$

其中

$$k_{c1} = \sqrt{k_1^2 - \left(\frac{\pi}{h}\right)^2}$$

$$k_{c2} = \sqrt{\left(\frac{\pi}{h}\right)^2 - k_0^2}$$

这里,选择 $n=1$,以确定主模式。

　显然有

$$k_1^2 > \left(\frac{\pi}{h}\right)^2 > k_0^2 \tag{6-42}$$

于是

$$\frac{\pi}{h}\frac{1}{\sqrt{\varepsilon_r}} \leqslant k_0 \leqslant \frac{\pi}{h} \tag{6-43}$$

其中:ε_r 是材料的介电常数。

　同样,根据式(4-63),有

$$H_{\phi 1} = 0 \quad H_{r1} \neq 0 (法向分量,不考虑)$$

$$E_{r1} = 0 \quad E_{\phi 1} = \mathrm{j}\omega\mu_0 \cdot A_1 k_{c1} J_0'(k_{c1}r)\sin\left(\frac{\pi}{h}z\right)$$

类似地,有

$$H_{\phi 2} = 0 \quad H_{r2} \neq 0 (法向分量,不考虑)$$

$$E_{r2} = 0 \quad E_{\phi 2} = \mathrm{j}\omega\mu_0 A_2 k_{c2} K_0'(k_{c2}r)\sin\left(\frac{\pi}{h}z\right)$$

由柱侧的边界条件,$H_{z1} = H_{z2}$,$E_{\phi 1} = E_{\phi 2}(r=a)$,得

$$A_1 k_{c1}^2 J_0(k_{c1}a) = -A_2 k_{c2}^2 K_0(k_{c2}a) \tag{6-44a}$$

$$A_1 k_{c1} J_0'(k_{c1}a) = A_2 k_{c2} K_0'(k_{c2}a) \tag{6-44b}$$

即

$$\begin{bmatrix} k_{c1}^2 J_0(k_{c1}a) & k_{c2}^2 K_0(k_{c2}a) \\ k_{c1} J_0'(k_{c1}a) & -k_{c2} K_0'(k_{c2}a) \end{bmatrix} \begin{bmatrix} A_1 \\ A_2 \end{bmatrix} = 0 \tag{6-45}$$

若想使得方程有非零解,则

$$\begin{vmatrix} k_{c1}^2 J_0'(k_{c1}a) & k_{c2}^2 K_0(k_{c2}a) \\ k_{c1} J_0'(k_{c1}a) & -k_{c2} K_0'(k_{c2}a) \end{vmatrix} = 0 \tag{6-46}$$

即

$$k_{c1} J_0(k_{c1}a) K_0'(k_{c2}a) + k_{c2} J_0'(k_{c1}a) K_0(k_{c2}a) = 0 \tag{6-47}$$

注意到

$$J_0'(x) = -J_1(x), K_0'(x) = -K_1(x) \tag{6-48}$$

则

$$k_{c1} J_0(k_{c1}a) K_1(k_{c2}a) + k_{c2} J_1(k_{c1}a) K_0(k_{c2}a) = 0 \tag{6-49}$$

这就是系统的特征方程。当介质柱的介电常数和几何尺寸为已知时,利用特征方程可以求得谐振频率,一般选择频率最低的那个,并将其编号为 $m=1$,也就是主模的谐振频率;如果利用实验测得了谐振频率,则可以通过特征方程反演得到介电常数。这正是介质柱谐振法测量材料的机理。由上述分析可知,此谐振系统的主模式为 TE_{011} 模式。

第6章 电磁理论中特殊函数以及基于MATLAB的应用

151

下面的程序用于计算系统的谐振频率。

```
d = 40e - 3;                                          % 介质柱直径,单位为 m
h = 15e - 3;                                          % 介质柱高度,单位为 m
epsilon = 4.56;                                       % 介电常数
a = d/2;                                              % 半径,单位为 m
beta = pi/h;                                          % 计算 beta
c = 3e8;                                              % 真空中的光速,单位为 m/s
kmin = beta/sqrt(epsilon);
delta = (beta - kmin)/500;                            % 将 k0 的变化区间划分为 500 份时的区间长度
k0i = linspace(kmin + delta, beta - delta, 10);       % 将 k0 的区间划分为 10 份
y = char_dielectric(k0i, a, h, epsilon);              % 计算对应区间节点的函数值
plot(k0i, y);                                         % 绘制特征方程对应的函数
y = y > 0;                                            % 区分函数值的正(1)负(0)
y = diff(y);                                          % 求差分,非零表示函数值有变号
I = find(y);                                          % 寻找非零值对应的指标
ind = I(1);                                           % 找到第一函数值变号的位置
x0 = [k0i(ind) k0i(ind + 1)];                         % 找到特征方程的变号区间
[k0, fval] = fzero(@char_dielectric, x0, [], a, h, epsilon);   % 在此区间内求根
lambda0 = 2 * pi./k0;                                 % 谐振波长
freq0 = c./lambda0/1e9                                % 谐振频率,单位为 GHz
```

特征方程式(6-46)对应的函数如下:

```
function y = char_dielectric(k0, a, h, epsilon)       % 函数
beta = pi/h;                                          % beta
kc1 = sqrt(k0.^2 * epsilon - beta^2);                 % kc1
kc2 = sqrt(beta^2 - k0.^2);                           % kc2
y = kc1.* besselj(0, kc1 * a).* besselk(1, kc2 * a) + ...
kc2.* besselj(1, kc1 * a).* besselk(0, kc2 * a);      % 特征方程
```

下面的 MATLAB 代码用于给定谐振频率计算介质柱的介电常数。

```
d = 40e - 3;                                          % 介质柱直径,单位为 m
h = 15e - 3;                                          % 介质柱高度,单位为 m
freq0 = 5.8244;                                       % 谐振频率,单位为 GHz
c = 3e8;                                              % 真空中的光速,单位为 m/s
lambda0 = c./freq0/1e9;                               % 谐振波长,单位为 m
k0 = 2 * pi/lambda0;                                  % 谐振时的波数
a = d/2;                                              % 半径,单位为 m
beta = pi/h;                                          % 计算 beta
eps_min = beta^2/k0^2 + 1e - 4;                       % 介电常数的最小值
eps_max = 30;                                         % 人为设置介电常数最大值为 30
epsil = linspace(eps_min, eps_max, 10);               % 将 epsilon 的区间划分为 10 份
y = char_dielectric(k0, a, h, epsil);                 % 计算对应区间节点的函数值
plot(epsil, y);                                       % 绘制特征方程对应的函数
y = y > 0;                                            % 区分函数值的正(1)负(0)
y = diff(y);                                          % 求差分,非零表示函数值有变号
I = find(y);                                          % 寻找非零值对应的指标
ind = I(1);                                           % 找到第一函数值变号的位置
x0 = [epsil(ind) epsil(ind + 1)];                     % 找到特征方程的变号区间
fun = @ (epsilon) char_dielectric(k0, a, h, epsilon);
[epsilon, fval] = fzero(fun, x0)                      % 在此区间内求根
```

为了验证上述理论的正确性,首先运行第一个程序。设置 $d = 40e-3$m;$h = 15e-3$m;epsilon = 4.56。计算得到的谐振频率为 5.82GHz。

接下来,运行第二个程序,预测介质柱的介电常数。设置 $d=40\mathrm{e}-3\mathrm{m}$;$h=15\mathrm{e}-3\mathrm{m}$;谐振频率 freq0$=5.8244\mathrm{GHz}$。计算得到的介电常数为 4.57。

由此可见,上述理论和代码是可信的。

6.1.7 贝塞尔波束简介

由 6.1.2 节分离变量的过程可知,对于亥姆霍兹方程,可以有如下形式的解:

$$E(r,\varphi,z)=A_0 J_n(k_c r)\mathrm{e}^{jn\varphi}\mathrm{e}^{-jk_z z}$$

其中:$k_c^2=k^2-k_z^2,n\in\mathbf{N}$。

这就是所谓的贝塞尔波束。它最大的特点就是无衍射的特性。众所周知,衍射是电磁波的重要特点,正是由于衍射特性的限制,波束在传输的过程中会逐渐展宽,强度下降。而贝塞尔波束不同,在其传播的过程中,光的强度不发生变化,即

$$I(r,\varphi,z)=|E(r,\varphi,z)|^2=|A_0 J_n(k_c r)|^2$$

该强度与 z 无关。图 6-5 给出了 0 阶和 1 阶贝塞尔的光强分布。从中可以看出,二者在轴线上的强度分布有显著差别,0 阶贝塞尔波束中心为一个亮斑;而 1 阶贝塞尔波束中间为一个暗斑。

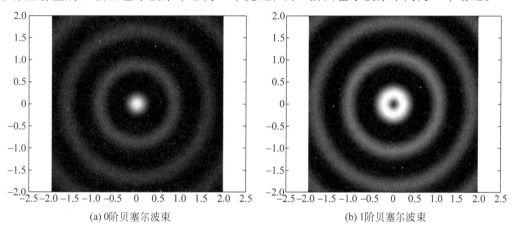

(a) 0 阶贝塞尔波束 (b) 1 阶贝塞尔波束

图 6-5 0 阶和 1 阶贝塞尔波束的场强分布图

贝塞尔波束的另一个重要特性是它的自恢复或自重建特性。也就是说,当在贝塞尔波束中放置一个障碍物,光场会在一段距离后又重新恢复为原来的光场分布,就像障碍物不存在一样。

在实验中,贝塞尔波束可以用环缝透镜法、轴棱锥法、全息法、法珀腔法、光纤端面角锥法等产生。利用人工电磁超材料产生贝塞尔波束,也是近年来研究较多的一种新方法。

6.2 球坐标系下的分离变量法与特殊函数

6.2.1 拉普拉斯的分离变量法

在球坐标系内,拉普拉斯方程可表示为

$$\frac{1}{r^2}\frac{\partial}{\partial r}\left(r^2\frac{\partial\phi}{\partial r}\right)+\frac{1}{r^2\sin\theta}\frac{\partial}{\partial\theta}\left(\sin\theta\frac{\partial\phi}{\partial\theta}\right)+\frac{1}{r^2\sin^2\theta}\frac{\partial^2\phi}{\partial\varphi^2}=0 \tag{6-50}$$

采用分离变量法,令 $\phi(r,\theta,\varphi)=R(r)\Theta(\theta)\Phi(\varphi)$,将其代入式(6-50),并将各项乘以 $\dfrac{r^2\sin^2\theta}{R\Theta\Phi}$,得

$$\frac{\sin^2\theta}{R}\frac{\mathrm{d}}{\mathrm{d}r}\left(r^2\frac{\mathrm{d}R}{\mathrm{d}r}\right)+\frac{\sin\theta}{\Theta}\frac{\mathrm{d}}{\mathrm{d}\theta}\left(\sin\theta\frac{\mathrm{d}\Theta}{\mathrm{d}\theta}\right)+\frac{1}{\Phi}\frac{\mathrm{d}^2\Phi}{\mathrm{d}\varphi^2}=0 \tag{6-51}$$

上式中最后一项仅为 φ 的函数,前两项仅是 r、θ 的函数,要使上式对所有的 r、θ、φ 值都成立,必有

$$\frac{1}{\Phi}\frac{\mathrm{d}^2\Phi}{\mathrm{d}\varphi^2}=-m^2 \tag{6-52}$$

即

$$\frac{\mathrm{d}^2\Phi}{\mathrm{d}\varphi^2}+m^2\Phi=0 \tag{6-53}$$

其中：m 为分离常数。

与柱坐标系下的情况相同,大多数情况下,角向函数还应满足周期性边界条件,即 $\Phi(\varphi)=\Phi(\varphi+2\pi)$。这个条件与式(6-53)一起构成了所谓的本征值问题。容易得到,式(6-53)的解为

$$\Phi_m(\varphi)=C_m\sin m\varphi+D_m\cos m\varphi \tag{6-54}$$

其中：m 取自然数。

由式(6-51)可得

$$\frac{1}{R}\frac{\mathrm{d}}{\mathrm{d}r}\left(r^2\frac{\mathrm{d}R}{\mathrm{d}r}\right)+\frac{1}{\Theta\sin\theta}\frac{\mathrm{d}}{\mathrm{d}\theta}\left(\sin\theta\frac{\mathrm{d}\Theta}{\mathrm{d}\theta}\right)-\frac{m^2}{\sin^2\theta}=0 \tag{6-55}$$

可见,上式中第一项仅为 r 的函数,而后两项仅为 θ 的函数,故已将变量分离。设分离常数为 λ,则有

$$\frac{1}{R}\frac{\mathrm{d}}{\mathrm{d}r}\left(r^2\frac{\mathrm{d}R}{\mathrm{d}r}\right)=-\frac{1}{\Theta\sin\theta}\frac{\mathrm{d}}{\mathrm{d}\theta}\left(\sin\theta\frac{\mathrm{d}\Theta}{\mathrm{d}\theta}\right)+\frac{m^2}{\sin^2\theta}=\lambda$$

由此得

$$\frac{\mathrm{d}}{\mathrm{d}r}\left(r^2\frac{\mathrm{d}R}{\mathrm{d}r}\right)-\lambda R=0 \tag{6-56}$$

和

$$\frac{1}{\Theta\sin\theta}\frac{\mathrm{d}}{\mathrm{d}\theta}\left(\sin\theta\frac{\mathrm{d}\Theta}{\mathrm{d}\theta}\right)-\frac{m^2}{\sin^2\theta}=-\lambda \tag{6-57}$$

令 $x=\cos\theta$,考虑到 $\dfrac{\mathrm{d}}{\mathrm{d}\theta}=\dfrac{\mathrm{d}}{\mathrm{d}x}\dfrac{\mathrm{d}x}{\mathrm{d}\theta}=-\sin\theta\dfrac{\mathrm{d}}{\mathrm{d}x}$,代入式(6-57),并将 $\Theta(\theta)$ 改为 $P(x)$,得

$$\frac{\mathrm{d}}{\mathrm{d}x}\left[(1-x^2)\frac{\mathrm{d}P}{\mathrm{d}x}\right]+\left(\lambda-\frac{m^2}{1-x^2}\right)P=0 \tag{6-58}$$

或

$$(1-x^2)\frac{\mathrm{d}^2P}{\mathrm{d}x^2}-2x\frac{\mathrm{d}P}{\mathrm{d}x}+\left(\lambda-\frac{m^2}{1-x^2}\right)P=0 \tag{6-59}$$

式(6-58)或式(6-59)称为连带勒让德方程,其求解牵涉所谓的自然边界条件和相应的本征值问题。众所周知,在没有电荷的有限远区域,一个电势值不可以为无穷大。体现在上述方程,就是当 $x=\pm1$ 时,或者说在球坐标系下的极轴上,P 为有限值,此即自然边界条件。事实上,函数值有限这

个看似"平常"的条件,竟然隐含着对上述方程的"严格"要求。具体到参变量 λ 上,就要求

$$\lambda = n(n+1) \quad n = 0,1,2,\cdots \tag{6-60}$$

这就是上述方程与自然边界条件所要求的本征值。于是,方程变为

$$(1-x^2)\frac{\mathrm{d}^2 P}{\mathrm{d}x^2} - 2x\frac{\mathrm{d}P}{\mathrm{d}x} + \left[n(n+1) - \frac{m^2}{1-x^2}\right]P = 0 \tag{6-61}$$

这个方程称为连带(或缔合)勒让德方程,其解为 n 次 m 阶连带(或缔合)勒让德多项式,即

$$P_n^m(x) = P_n^m(\cos\theta) = (1-x^2)^{\frac{m}{2}}\frac{\mathrm{d}^m}{\mathrm{d}x^m}P_n(x) = (1-x^2)^{\frac{m}{2}}\frac{1}{2^n n!}\frac{\mathrm{d}^{(n+m)}}{\mathrm{d}x^{(n+m)}}(x^2-1)^n$$

$$(m \leqslant n, \ |x| \leqslant 1) \tag{6-62}$$

式(6-61)有两个独立的解 $P_n^m(x)$ 与 $Q_n^m(x)$,但当 $\theta = 0, \pi$ 即 $x = \pm 1$ 时,第二类连带勒让德函数 $Q_n^m(x) \to \infty$,故包含球坐标系的极轴在内的问题,将只含有连带勒让德函数 $P_n^m(x)$,而 $Q_n^m(x)$ 不应计入。

由式(6-56)和式(6-60),可得

$$r^2\frac{\mathrm{d}^2 R}{\mathrm{d}r^2} + 2r\frac{\mathrm{d}R}{\mathrm{d}r} - n(n+1)R = 0 \tag{6-63}$$

这是一个欧拉型方程,其解为

$$R_n(r) = A_n r^n + B_n r^{-(n+1)} \tag{6-64}$$

显然,当研究球内的问题时,因为包含了 $r = 0$ 这个点,所以上述解中应该除去负次幂。

因此,考虑叠加原理,则三维场边值问题的待求势函数为

$$\phi(r,\theta,\varphi) = \sum_{n=0}^{\infty}\sum_{m=0}^{n}\left[A_n r^n + B_n r^{-(n+1)}\right]P_n^m(\cos\theta)(C_m\sin m\varphi + D_m\cos m\varphi) \tag{6-65}$$

6.2.2 轴对称情况下势函数的通解表达式

现在考虑一个特殊情况。如果场分布与坐标变量 φ 无关,即为轴对称场,则式(6-54)中分离常数 $m = 0$,于是,式(6-59)变为

$$(1-x^2)\frac{\mathrm{d}^2 P}{\mathrm{d}x^2} - 2x\frac{\mathrm{d}P}{\mathrm{d}x} + \lambda P = 0 \tag{6-66}$$

上式称为勒让德方程。它也具有幂级数的解,称为勒让德多项式或勒让德函数。由于自然边界条件的限制,由式(6-61)和式(6-62)可知,方程的解可以表示为

$$P_n(x) = P_n^0(x) = \frac{1}{2^n n!}\frac{\mathrm{d}^n}{\mathrm{d}x^n}(x^2-1)^n \quad (-1 \leqslant x \leqslant 1) \tag{6-67}$$

前几个勒让德多项式为

$$P_0(x) = 1$$

$$P_1(x) = x = \cos\theta$$

$$P_2(x) = \frac{1}{2}(3x^2-1) = \frac{1}{2}(3\cos^2\theta - 1) = \frac{1}{4}(3\cos 2\theta + 1)$$

$$P_3(x) = \frac{1}{2}(5x^3-3x) = \frac{1}{2}(5\cos^3\theta - 3\cos\theta) = \frac{1}{8}(5\cos 3\theta + 3\cos\theta)$$

从上面各式可以看出,当 n 为奇数时,勒让德多项式只有奇次项,$P_n(x)$ 为奇函数,而当 n 为偶

数时,则只有偶次项,$P_n(x)$为偶函数,即$P_n(-x)=(-1)^nP_n(x)$;且当$x=1$,即$\theta=0$时,$P_n(1)=1$;而当$x=-1$,即$\theta=\pi$时,$P_n(-1)=(-1)^n$。图6-6(b)给出了前几个勒让德多项式的图像。

除了式(6-67)外,式(6-66)还有另一个独立解$Q_n(x)$,称为第二类勒让德函数,但它在$\theta=0,\pi$时趋于无限大,故当球坐标的轴($\theta=0,\pi$)也包括在所考虑的区域中时,不应计入这第二个解;在有些特殊问题中应计入,兹从略。

因此,轴对称二维场的待求势函数为

$$\phi(r,\theta)=\sum_{n=0}^{\infty}[A_nr^n+B_nr^{-(n+1)}]P_n(\cos\theta) \tag{6-68}$$

综上所述,无论与方位角φ无关的轴对称二维场还是一般的三维场,径向的解总是欧拉方程的解,即$A_nr^n+B_nr^{-(n+1)}$,若含球心($r=0$)在内的问题,其解中不会出现r的负幂次项;极角θ方向的解是勒让德多项式(轴对称二维场)或连带勒让德多项式(三维场),如果包含极轴在内的问题,其解内不会出现第二类勒让德函数$Q_n(\cos\theta)$或第二类连带勒让德函数$Q_n^m(\cos\theta)$,因它们在极轴上时均为无穷大;角向φ的解则是由正弦和余弦组合的三角函数(三维场)。

6.2.3 亥姆霍兹方程的分离变量法

在球坐标系内,亥姆霍兹方程可表示为

$$\frac{1}{r^2}\frac{\partial}{\partial r}\left(r^2\frac{\partial\phi}{\partial r}\right)+\frac{1}{r^2\sin\theta}\frac{\partial}{\partial\theta}\left(\sin\theta\frac{\partial\phi}{\partial\theta}\right)+\frac{1}{r^2\sin^2\theta}\frac{\partial^2\phi}{\partial\varphi^2}+k^2\phi=0 \tag{6-69}$$

与拉普拉斯方程类似,令$\phi(r,\theta,\varphi)=R(r)\Theta(\theta)\Phi(\varphi)$,将其代入式(6-69),并将各项乘以$\dfrac{r^2\sin^2\theta}{R\Theta\Phi}$,得

$$\frac{\sin^2\theta}{R}\frac{d}{dr}\left(r^2\frac{dR}{dr}\right)+\frac{\sin\theta}{\Theta}\frac{d}{d\theta}\left(\sin\theta\frac{d\Theta}{d\theta}\right)+\frac{1}{\Phi}\frac{d^2\Phi}{d\varphi^2}+k^2r^2\sin^2\theta=0 \tag{6-70}$$

方程左侧倒数第二项仅为φ的函数,要使上式对所有的r、θ、φ值都成立,必有

$$\frac{1}{\Phi}\frac{d^2\Phi}{d\varphi^2}=-m^2 \tag{6-71}$$

即

$$\frac{d^2\Phi}{d\varphi^2}+m^2\Phi=0 \tag{6-72}$$

其中:m为分离常数。

大多数情况下,角向函数还应满足周期性边界条件,即$\Phi(\varphi)=\Phi(\varphi+2\pi)$。这个条件与式(6-72)一起构成了所谓的本征值问题。容易得到,式(6-72)的解为

$$\Phi_m(\varphi)=C_m\sin m\varphi+D_m\cos m\varphi \tag{6-73}$$

其中:m取自然数。

由式(6-70)可得

$$\frac{1}{R}\frac{d}{dr}\left(r^2\frac{dR}{dr}\right)+k^2r^2+\frac{1}{\Theta\sin\theta}\frac{d}{d\theta}\left(\sin\theta\frac{d\Theta}{d\theta}\right)-\frac{m^2}{\sin^2\theta}=0 \tag{6-74}$$

上式中前面两项仅为r的函数,而后两项仅为θ的函数,故已将变量分离。设分离常数为λ,则有

$$\frac{1}{R}\frac{d}{dr}\left(r^2\frac{dR}{dr}\right)+k^2r^2=-\frac{1}{\Theta\sin\theta}\frac{d}{d\theta}\left(\sin\theta\frac{d\Theta}{d\theta}\right)+\frac{m^2}{\sin^2\theta}=\lambda$$

由此得

$$\frac{1}{\Theta\sin\theta}\frac{d}{d\theta}\left(\sin\theta\frac{d\Theta}{d\theta}\right)-\frac{m^2}{\sin^2\theta}=-\lambda \tag{6-75}$$

$$\frac{d}{dr}\left(r^2\frac{dR}{dr}\right)+(k^2r^2-\lambda)R=0 \tag{6-76}$$

类似地，令 $x=\cos\theta$，代入式(6-75)，并将 $\Theta(\theta)$ 改为 $P(x)$，得

$$\frac{d}{dx}\left[(1-x^2)\frac{dP}{dx}\right]+\left(\lambda-\frac{m^2}{1-x^2}\right)P=0 \tag{6-77}$$

式(6-77)结合极轴上的自然边界条件，构成本征值问题，且有

$$\lambda=n(n+1)\quad n=0,1,2,\cdots \tag{6-78}$$

对应的本征函数为 $P_n^m(x)$。因此，有

$$\Theta(\theta)=P_n^m(\cos\theta)$$

上述过程与拉普拉斯方程分离变量的过程完全一致，只有径向函数满足的方程显著不同，即

$$r^2\frac{d^2R}{dr^2}+2r\frac{dR}{dr}+\left[k^2r^2-n(n+1)\right]R=0 \tag{6-79}$$

令

$$x=kr,\quad R(r)=\sqrt{\frac{\pi}{2x}}y(x)$$

则有

$$x^2\frac{d^2y}{dx^2}+x\frac{dy}{dx}+\left[x^2-\left(n+\frac{1}{2}\right)^2\right]y=0 \tag{6-80}$$

这个是 $n+\dfrac{1}{2}$ 阶的贝塞尔方程，其解为

$$\{J_{n+1/2}(x),N_{n+1/2}(x)\}\quad\text{或}\quad\{H_{n+1/2}^{(1)}(x),H_{n+1/2}^{(2)}(x)\} \tag{6-81}$$

于是，定义如下函数

$$j_n(x)=\sqrt{\frac{\pi}{2x}}J_{n+1/2}(x) \tag{6-82}$$

$$n_n(x)=\sqrt{\frac{\pi}{2x}}N_{n+1/2}(x) \tag{6-83}$$

$$h_n^{(1)}(x)=\sqrt{\frac{\pi}{2x}}H_{n+1/2}^{(1)}(x) \tag{6-84}$$

$$h_n^{(2)}(x)=\sqrt{\frac{\pi}{2x}}H_{n+1/2}^{(2)}(x) \tag{6-85}$$

分别称为球贝塞尔函数、球诺依曼函数和球汉克尔函数(第一类、第二类)。因此，径向函数最终可以表示为

$$R(r)=A_nj_n(kr)+B_nn_n(kr) \tag{6-86}$$

或者

$$R(r)=A_nh_n^{(1)}(kr)+B_nh_n^{(2)}(kr) \tag{6-87}$$

球坐标系下通解的表达形式为

$$\phi(r,\theta,\varphi) = \sum_{n=0}^{\infty} \sum_{m=0}^{n} \left[A_n j_n(kr) + B_n n_n(kr) \right] P_n^m(\cos\theta)(C_m \sin m\varphi + D_m \cos m\varphi) \qquad (6\text{-}88)$$

或者

$$\phi(r,\theta,\varphi) = \sum_{n=0}^{\infty} \sum_{m=0}^{n} \left[A_n h_n^{(1)}(kr) + B_n h_n^{(2)}(kr) \right] P_n^m(\cos\theta)(C_m \sin m\varphi + D_m \cos m\varphi) \qquad (6\text{-}89)$$

在上面的表达式中,球贝塞尔函数和球诺依曼函数表示的是驻波;球汉克尔函数表示的是行波。这个从以上函数的大宗量近似,并结合电磁场的相量表示即可明确识别出来,即

$$\begin{cases} j_n(x) \sim \dfrac{1}{x} \cos\left(x - \dfrac{n+1}{2}\pi \right) \\[3mm] n_n(x) \sim \dfrac{1}{x} \sin\left(x - \dfrac{n+1}{2}\pi \right) \end{cases} \qquad (6\text{-}90)$$

$$\begin{cases} h_n^{(1)}(x) \sim \dfrac{1}{x}(-\mathrm{j})^{n+1} \mathrm{e}^{\mathrm{j}x} \\[3mm] h_n^{(2)}(x) \sim \dfrac{1}{x}(\mathrm{j})^{n+1} \mathrm{e}^{-\mathrm{j}x} \end{cases} \qquad (6\text{-}91)$$

因此,有

$$\begin{cases} j_n(x)\mathrm{e}^{\mathrm{j}\omega t} = j_n(kr)\mathrm{e}^{\mathrm{j}\omega t} & \text{驻波} \\[2mm] n_n(x)\mathrm{e}^{\mathrm{j}\omega t} = n_n(kr)\mathrm{e}^{\mathrm{j}\omega t} & \text{驻波} \\[2mm] h_n^{(1)}(x)\mathrm{e}^{\mathrm{j}\omega t} = h_n^{(1)}(kr)\mathrm{e}^{\mathrm{j}\omega t} & \text{汇聚波} \\[2mm] h_n^{(2)}(x)\mathrm{e}^{\mathrm{j}\omega t} = h_n^{(2)}(kr)\mathrm{e}^{\mathrm{j}\omega t} & \text{发散波} \end{cases} \qquad (6\text{-}92)$$

由前面的推导过程可以发现,无论亥姆霍兹方程,还是拉普拉斯方程,它们在角向的函数(仰角、方位角)都是一样的,都可以表示为

$$Y_{nm}(\theta,\varphi) = P_n^m(\cos\theta)\cos m\varphi \qquad n=0,1,2,\cdots; \quad m=0,1,\cdots,n \qquad (6\text{-}93)$$

或者

$$Y_{nm}(\theta,\varphi) = P_n^m(\cos\theta)\sin m\varphi \qquad n=0,1,2,\cdots; \quad m=0,1,\cdots,n \qquad (6\text{-}94)$$

也可以用复指数函数表示,即

$$Y_{nm}(\theta,\varphi) = P_n^{|m|}(\cos\theta)\mathrm{e}^{\mathrm{j}m\varphi} \qquad n=0,1,2,\cdots; \quad m=0,\pm1,\cdots,\pm n \qquad (6\text{-}95)$$

这些函数都可以看作定义在一个半径为常数的球面上的二元函数,也称为球函数。

6.2.4 利用 MATLAB 绘制勒让德多项式的曲线

有了前面的贝塞尔函数等作基础,现在讨论一下勒让德多项式的情况。和熟悉的正弦、余弦函数一样,勒让德多项式、连带勒让德多项式等也不是什么"特殊"的函数,在很多应用软件如 MATLAB 环境下,勒让德多项式等是作为内置函数出现的,可以直接使用。

```
x = [-1:0.01:1];              % x 取值范围
m = 0;
n = 5;
y = legendre(n,x);            % 计算所有的 n 阶连带勒让德多项式
y = y(m+1,:);                 % 第 m+1 行,即为所求的 Pₙᵐ,本例给出的是 P₅
plot(x,y);                    % 绘制曲线
```

MATLAB 可以一次计算所有的连带勒让德多项式。可以根据需要自行选择,如上面示例的就是计算 P_5 的情况。如果要选择 P_5^3,则如下:

```
m = 3;
n = 5;
y = legendre(n,x);              % 计算所有的 n 阶连带勒让德多项式
y = y(m + 1,:);                 % 第 m + 1 行,即为所求的 Pₙᵐ,本例给出的是 P₅³
plot(x,y);                      % 绘制曲线
```

利用上面的绘图命令,图 6-6(a)给出了是几个连带勒让德多项式的情况;图 6-6(b)给出了前几个勒让德多项式的曲线。

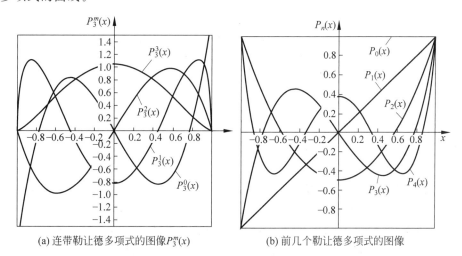

(a) 连带勒让德多项式的图像 $P_3^m(x)$　　　　　(b) 前几个勒让德多项式的图像

图 6-6　勒让德多项式等的图像

也可以用 MATLAB 绘制比较典型的球函数,如图 6-7 所示。具体代码如下。

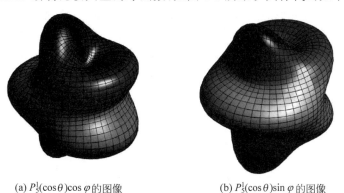

(a) $P_5^1(\cos\theta)\cos\varphi$ 的图像　　　　　(b) $P_5^1(\cos\theta)\sin\varphi$ 的图像

图 6-7　典型的球函数图像

```
r0 = 8;                              % 设置参考球面半径
amp = 3;                             % 设置球函数的最大幅度
n = 5;                               % 设置次数
m = 1;                               % 设置阶数
theta = linspace(0,pi,40);          % 在仰角方向选择 40 个点
phi = linspace(0,2 * pi,50);        % 在水平方位角方向选择 50 个点
[phi,theta] = meshgrid(phi,theta);  % 生成网格数据,并存储在 phi 和 theta 两个矩阵中
Ymn = legendre(n,cos(theta(:,1)));  % 计算 Pnm(cos(theta)),注意包含了所有阶数
```

```
Ymn = Ymn(m + 1, :)';              % 选取 m 阶的数据,保存在 Ymn 列矢量中
yy = Ymn;                          % 以下操作,将 Ymn 延拓为形如 theta 矩阵的形式
for lp = 2: size(theta, 2)
    yy = [yy Ymn];
end;
yy = yy. * sin(m * phi);           % 或者 yy = yy. * cos(order * phi)  计算球函数值
mag = max(max(abs(yy)));           % 取最大值以便归一化
rho = r0 + amp * yy/mag;           % 归一化,并计算函数值距离球形的长度
r = rho. * sin(theta);
x = r. * cos(phi);                 % 曲面 x 坐标
y = r. * sin(phi);                 % 曲面 y 坐标
z = rho. * cos(theta);             % 曲面 z 坐标
surf(x, y, z)                      % 绘制曲面
light                              % 以下用于修饰曲面,可以忽略
lighting phong                     % 设置光照模式为 phong
axis equal off                     % x、y 等比例显示,关闭坐标轴
view(40, 30);                      % 视角
camzoom(1.5)                       % 相机拉近,放大
```

在本程序中,以半径 r_0 的球面为参考,将所绘球函数先做归一化处理,再调整为幅度为 amp 的二元函数,并相对于参考球面绘制出来。

6.2.5 球形谐振腔中的模式分析

图 6-8 球形谐振腔
示意图

考虑一个内外半径分别为 a 和 b 的球形谐振腔,如图 6-8 所示。可以使用博格尼斯函数法分析其中的电磁场分布和谐振频率等。相对于其他形状的谐振腔,如矩形、柱形等,由于球形坐标系不满足博格尼斯函数法的定理 1 和定理 2,因此,推导步骤稍微复杂一些。

仅考虑球形谐振腔的 TE 模式,并设 $V = rF$,则 F 满足球坐标系下的亥姆霍兹方程,因此,有

$$F = [A_n j_n(kr) + B_n n_n(kr)] P_n^m(\cos\theta)$$
$$[C_m \sin m\varphi + D_m \cos m\varphi] \tag{6-96}$$

考虑到正弦和余弦函数对应的场分布在空间分布是相似的(二者可以通过旋转坐标轴重叠,这个称为模式简并),因此可以只考虑余弦函数形式,于是

$$F = [A_n j_n(kr) + B_n n_n(kr)] P_n^m(\cos\theta) \cos m\varphi \tag{6-97}$$

所以

$$V = r [A_n j_n(kr) + B_n n_n(kr)] P_n^m(\cos\theta) \cos m\varphi \tag{6-98}$$

根据博格尼斯函数法对应公式(4-68),则可以得到

$$E_\theta = \mathrm{j}\omega\mu \frac{m}{\sin\theta} [A_n j_n(kr) + B_n n_n(kr)] P_n^m(\cos\theta) \sin m\varphi \tag{6-99a}$$

$$E_\varphi = -\mathrm{j}\omega\mu \sin\theta [A_n j_n(kr) + B_n n_n(kr)] P_n^{m\prime}(\cos\theta) \cos m\varphi \tag{6-99b}$$

$$E_r = 0 \tag{6-99c}$$

$$H_\theta = -\frac{\sin\theta}{r} \{A_n [j_n(kr) + krj_n'(kr)] + B_n [n_n(kr) + krn_n'(kr)]\} P_n^{m\prime}(\cos\theta) \cos m\varphi$$

$$\tag{6-99d}$$

$$H_\varphi = \frac{-m}{r\sin\theta}\{A_n[j_n(kr) + krj_n'(kr)] + B_n[n_n(kr) + krn_n'(kr)]\} \, P_n^m(\cos\theta)\sin m\varphi \quad (6\text{-}99e)$$

$$H_r = \{A_n k[krj_n''(kr) + krj_n(kr) + 2j_n'(kr)] + B_n k[krn_n''(kr) +$$
$$krn_n(kr) + 2n_n'(kr)]\} \cdot P_n^m(\cos\theta)\cos m\varphi \quad (6\text{-}99f)$$

考虑到

$$\begin{cases} xj_n'' + xj_n + 2j_n' = \dfrac{n(n+1)}{x}j_n \\ xn_n'' + xn_n + 2n_n' = \dfrac{n(n+1)}{x}n_n \end{cases} \quad (6\text{-}100)$$

$$H_r = \{A_n j_n(kr) + B_n n_n(kr)\} \cdot \frac{n(n+1)}{r} \cdot P_n^m(\cos\theta)\cos m\varphi \quad (6\text{-}101)$$

以上就是球形谐振腔中的场分布。考虑到 $r = a, b$ 处的边界条件(切向电场为零,或者法向磁场为零),则有

$$\begin{cases} A_n j_n(ka) + B_n n_n(ka) = 0 \\ A_n j_n(kb) + B_n n_n(kb) = 0 \end{cases} \quad (6\text{-}102)$$

于是得特征方程为

$$\begin{vmatrix} j_n(ka) & n_n(ka) \\ j_n(kb) & n_n(kb) \end{vmatrix} = 0 \quad (6\text{-}103)$$

即

$$j_n(ka)n_n(kb) - j_n(kb)n_n(ka) = 0 \quad (6\text{-}104)$$

利用上式即可求得谐振频率,并得到球形谐振腔中的场分布。

关于式(6-100)的证明,可以使用 MATLAB 工具箱实现。代码如下:

```
syms x n
jn = sqrt(pi/2/x) * besselj(n + 1/2, x);
nn = sqrt(pi/2/x) * bessely(n + 1/2, x);
jn2 = diff(jn, 2);
nn2 = diff(nn, 2);
jn1 = diff(jn, 1);
nn1 = diff(nn, 1);
tmp1 = x * jn2 + x * jn + 2 * jn1;
tmp2 = x * nn2 + x * nn + 2 * nn1;
pretty(simplify(tmp1))
pretty(simplify(tmp2))
```

MATLAB 输出如下:

```
 1/2   1/2                           / 1 \3/2
2    pi    n besselj(n + 1/2, x) (n + 1) | - |
                                      \ x /
-----------------------------------------------------
                    2

 1/2   1/2                           / 1 \3/2
2    pi    n bessely(n + 1/2, x) (n + 1) | - |
                                      \ x /
-----------------------------------------------------
                    2
```

上述结果与式(6-100)完全符合。下面的代码分析了一个内外半径分别为 $0.1\,\mathrm{m}$、$0.5\,\mathrm{m}$ 的球形谐振腔,计算了 TE_{101} 模式的谐振频率。

```matlab
a = 0.1;
b = 0.5;
c = 3e8;                                      % 光速
n = 1;                                        % TE101 模式,n = 1,m = 0
m = 0;
lambda0 = 10 * b;                             % 大致估计一个谐振波长,作为寻根的依据
k0 = 2 * pi/lambda0;                          % 计算 k0 的一个下限
k0i = linspace(1 * k0,10 * k0,5000);         % 绘图观察,看区间内有无变号
y = char_sphere(k0i,a,b,n);
plot(k0i,y); grid on;                         % 绘制曲线
x0 = [1 * k0 10 * k0];                        % 确定变号区间
[k0,fval] = fzero(@char_sphere,x0,[],a,b,n);  % 找根
lambda0 = 2 * pi./k0;                         % 计算谐振波长
freq0 = c./lambda0                            % 显示谐振频率,单位为 Hz
```

代码中牵涉的特征方程对应的函数如下:

```matlab
function y = char_sphere(k0,a,b,n)           % 定义函数
xa = k0 * a;
xb = k0 * b;
jna = sqrt(pi/2./xa).*besselj(n + 1/2,xa);   % 球贝塞尔函数
nna = sqrt(pi/2./xa).*bessely(n + 1/2,xa);   % 球汉克尔函数
jnb = sqrt(pi/2./xb).*besselj(n + 1/2,xb);
nnb = sqrt(pi/2./xb).*bessely(n + 1/2,xb);
y = jna.*nnb - jnb.*nna;                      % 式(6-104)对应的特征方程表述
```

对上述谐振腔的分析,可以得到 TE_{101} 的谐振频率为 $4.4752\mathrm{e}+08\,\mathrm{Hz}$。

在得到了谐振频率之后,可以进一步绘制该模式对应的场分布,如下示意。这些代码用于绘制电场强度的 E_φ 分量。

```matlab
omega = 2 * pi * freq0;                       % 计算角频率
mu0 = 4 * pi * 1e - 7;                        % 真空磁导率
jn = @(n,x) sqrt(pi/2./x).*besselj(n + 1/2,x);  % 定义函数
nn = @(n,x) sqrt(pi/2./x).*bessely(n + 1/2,x);  % 定义函数
% 绘制过 z 轴的纵截面的场分布瞬时值
phi = linspace(0,2 * pi,100);                 % 角度范围,以 x 方向为始边
r = linspace(a,b,50);                         % 径向范围
[R,PHI] = meshgrid(r,phi);                    % 定义网格
X = R.*cos(PHI);                              % 转换为直角坐标
Z = R.*sin(PHI);                              % 转换为直角坐标
theta = pi/2 - PHI;                           % phi 与球坐标系下的 theta 互余
E_phi = omega * mu0 * sin(theta).*[jn(n,k0 * R) - nn(n,k0 * R).*jn(n,k0 * a)/nn(n,k0 * a)];
                                              % 瞬时值
E_phi = ( - (X < 0) + (X >= 0)).*E_phi;       % 将 X < 0 的场值做相反数处理(场关于 z 轴对称)
figure;                                       % 准备图
pcolor(X,Z,E_phi);                            % 伪彩色图
shading interp;
colorbar;
% 绘制过赤道平面的场分布瞬时值,即 theta = pi/2
figure;
phi = linspace(0,2 * pi,100);                 % 定义角度范围
r = linspace(a,b,50);                         % 定义半径范围
```

```
[R,PHI] = meshgrid(r,phi);                              % 定义网格
X = R. * cos(PHI);                                      % 转换为直角坐标网格
Z = R. * sin(PHI);
E_phi = omega * mu0 * sin(pi/2). * [jn(n,k0 * R) − nn(n,k0 * R). * jn(n,k0 * a)/nn(n,k0 * a)];
                                                        % 瞬时值
pcolor(X,Z,E_phi);                                      % 伪彩色图
shading interp;
colorbar;
% 绘制一个球面上的场值分布
figure;
phi = linspace(0,2 * pi,50);                            % 定义水平方位角角度范围
r = (a + b)/2;                                          % 取最中间的一个球面分析
theta = linspace(0,pi,50);                              % 定义头顶仰角范围
[THETA,PHI] = meshgrid(theta,phi);                      % 定义球面网格
E_phi = omega * mu0 * sin(THETA). * [jn(n,k0 * r) − nn(n,k0 * r). * jn(n,k0 * a)/nn(n,k0 * a)];
                                                        % 瞬时值
X = r. * sin(THETA). * cos(PHI);                        % 转换为直角坐标
Y = r. * sin(THETA). * sin(PHI);
Z = r. * cos(THETA);
surfc(X,Y,Z,E_phi);                                     % 绘制曲面,并用色彩表示场值
shading interp;
```

上述代码所产生的图像如图 6-9 所示。

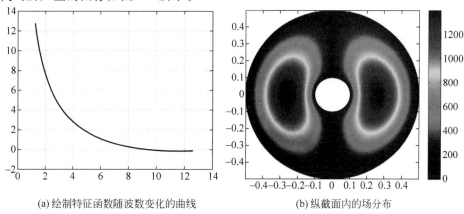

(a) 绘制特征函数随波数变化的曲线   (b) 纵截面内的场分布

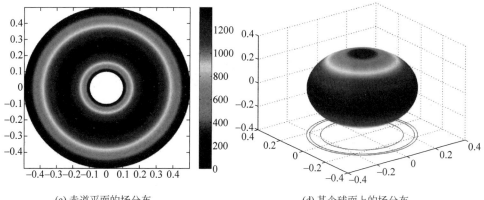

(c) 赤道平面的场分布   (d) 某个球面上的场分布

图 6-9　球形谐振腔相关曲线与场分布图

6.3 施图姆-刘维尔本征值问题与特殊函数

无论是柱坐标系还是球坐标系,在分离变量的时候,都出现了所谓的本征值问题。本节对此作了总结,并给出了施图姆-刘维尔本征值问题及其性质。

6.3.1 施图姆-刘维尔本征值问题及其性质

下面的方程称为施图姆-刘维尔本征值问题:

$$\begin{cases} \dfrac{\mathrm{d}}{\mathrm{d}x}\left[k(x)\dfrac{\mathrm{d}y}{\mathrm{d}x}\right]-q(x)y+\lambda\rho(x)y=0 \quad (a\leqslant x\leqslant b)\\ (\text{第一、第二、第三类或自然边界条件}) \end{cases} \tag{6-105}$$

其中:$k(x),q(x),\rho(x)\geqslant0$,为已知函数,$\lambda$ 是常数,即待求的本征值。

对于二阶常微分方程,如果能够化为上述本征值问题的标准形式,则下面的结论必然成立。

(1) 若 $k(x),k'(x),q(x)$ 在 (a,b) 上连续,且最多以 $x=a$,$x=b$ 为一阶极点,则存在无限多个本征值 $\lambda_1\leqslant\lambda_2\leqslant\lambda_3\leqslant\lambda_4\leqslant\cdots\leqslant\lambda_n\leqslant\cdots$,且 $\lambda_n\geqslant0$。相应有无限多个本征函数 $y_1(x),y_2(x),y_3(x),y_4(x),\cdots$。

(2) 对应于不同本征值 λ_n 的本征函数 $y_n(x)$ 在区间 $[a,b]$ 上带权重正交,即

$$\int_a^b\rho(x)y_m(x)y_n(x)\mathrm{d}x=0 \quad n\neq m \tag{6-106}$$

$l(x)$ 也称为权函数。

(3) 所有的本征函数 $y_1(x),y_2(x),\cdots,y_n(x)$ 是完备的,即若函数 $f(x)$ 满足广义的狄利克雷条件:具有连续一阶导数和逐段连续二阶导数;满足本征函数组 $y_n(x)(n=1,2,\cdots)$ 所满足的边界条件,则必定可以展开为绝对且一致收敛的广义傅里叶级数,即

$$f(x)=\sum_{n=1}^{\infty}f_ny_n(x) \tag{6-107}$$

其中:f_n 称为广义傅里叶系数。

例如,如果 $a=0,b=l,k(x)$ 为常数,$q(x)=0,\rho(x)$ 为常数,且选择第一类齐次边界条件,则施图姆-刘维尔本征值问题变为

$$\begin{cases} y''+\lambda y=0\\ y(0)=0,\quad y(l)=0 \end{cases} \tag{6-108}$$

容易求得

$$\begin{cases} \lambda_n=\dfrac{n^2\pi^2}{l^2}\\ y_n=c\sin\dfrac{n\pi x}{l} \end{cases} \tag{6-109}$$

可以看出,上述三条性质都是满足的。

6.3.2 施图姆-刘维尔方程的标准化

对于一般的二阶常微分方程

$$y'' + a(x)y' + b(x)y + \lambda c(x)y = 0 \qquad (6\text{-}110)$$

如果要化为标准形式的施图姆-刘维尔型方程,需要在方程两边都乘以函数 $k(x)$,则

$$k(x)y'' + k(x)a(x)y' + k(x)b(x)y + \lambda k(x)c(x)y = 0$$

整理,并凑标准形式,得

$$\frac{d}{dx}\left[k(x)\frac{dy}{dx}\right] - k'(x)\frac{dy}{dx} + k(x)a(x)y' + k(x)b(x)y + \lambda k(x)c(x)y = 0$$

$$\qquad (6\text{-}111)$$

对比标准形式,有

$$-k'(x) + k(x)a(x) = 0 \qquad (6\text{-}112)$$

容易解得

$$k(x) = e^{\int a(x)dx} \qquad (6\text{-}113)$$

于是,标准形式为

$$\frac{d}{dx}\left[e^{\int a(x)dx}\frac{dy}{dx}\right] + \left[b(x)e^{\int a(x)dx}\right]y + \lambda\left[c(x)e^{\int a(x)dx}\right]y = 0 \qquad (6\text{-}114)$$

将方程化为施图姆-刘维尔标准形式,对于识别权函数、认识方程的性质是非常重要的。

6.3.3 特殊函数本征值问题

本节将总结常用的特殊函数本征值问题。从中可以看出,它们都满足施图姆-刘维尔本征值问题的性质,且所有的特殊函数都可以在 MATLAB 环境下直接或间接使用。因此,"特殊函数"不特殊。

1. 连带勒让德方程本征值问题

球坐标系下分量变量,曾得到如下的方程:

$$\frac{1}{\Theta\sin\theta}\frac{d}{d\theta}\left(\sin\theta\frac{d\Theta}{d\theta}\right) - \frac{m^2}{\sin^2\theta} = -\lambda \qquad (6\text{-}115)$$

令 $x = \cos\theta$,并将 $\Theta(\theta)$ 改为 $P(x)$,则有

$$\begin{cases} \dfrac{d}{dx}\left[(1-x^2)\dfrac{dy}{dx}\right] - \dfrac{m^2}{1-x^2}y + \lambda y = 0 \\ y(\pm 1) \text{ 有限} \end{cases} \qquad (6\text{-}116)$$

可以看出,这就是施图姆-刘维尔方程的标准形式,且

$$a = -1, \quad b = 1, \quad k(x) = 1-x^2, \quad q(x) = \frac{m^2}{1-x^2}, \quad \rho(x) = 1$$

对上述本征值问题采用级数解法进行求解,可得

$$\begin{cases} \lambda_n = n(n+1) \quad n = 0,1,2,\cdots \\ y_n(x) = P_n^m(x) \end{cases} \qquad (6\text{-}117)$$

2. 勒让德方程本征值问题

对于连带勒让德方程,如果 $m = 0$,则有

$$\begin{cases} \dfrac{\mathrm{d}}{\mathrm{d}x}\left[(1-x^2)\dfrac{\mathrm{d}y}{\mathrm{d}x}\right]+\lambda y=0 \\ y(\pm 1)\text{ 有限} \end{cases} \tag{6-118}$$

这依然是施图姆-刘维尔方程的标准形式。

$$a=-1,\quad b=1,\quad k(x)=1-x^2,\quad q(x)=0,\quad \rho(x)=1$$

对上述本征值问题采用级数解法进行求解,可得

$$\begin{cases} \lambda_n=n(n+1)\quad n=0,1,2,\cdots \\ y_n(x)=P_n(x) \end{cases} \tag{6-119}$$

3. 贝塞尔方程本征值问题

在柱坐标系下分离变量的过程中,遇到了如下形式的方程,即

$$r^2\frac{\mathrm{d}^2R}{\mathrm{d}r^2}+r\frac{\mathrm{d}R}{\mathrm{d}r}+(\lambda r^2-m^2)R=0 \tag{6-120}$$

对上述方程做适当变形,则有

$$r\frac{\mathrm{d}^2R}{\mathrm{d}r^2}+\frac{\mathrm{d}R}{\mathrm{d}r}-\frac{m^2}{r}R+\lambda rR=0$$

即

$$\frac{\mathrm{d}}{\mathrm{d}r}\left[r\frac{\mathrm{d}R}{\mathrm{d}r}\right]-\frac{m^2}{r}R+\lambda rR=0 \tag{6-121}$$

这就是施图姆-刘维尔方程的标准形式,且满足

$$a=0,\quad b=r_0,\quad k(r)=r,\quad q(r)=\frac{m^2}{r},\quad \rho(r)=r$$

如果在 $r=r_0$ 处附加三类齐次边界条件,即

$$R\mid_{r=r_0}=0,\quad R\mid_{r=0}<\infty \tag{6-122a}$$

$$R'\mid_{r=r_0}=0,\quad R\mid_{r=0}<\infty \tag{6-122b}$$

$$R+HR'\mid_{r=r_0}=0,\quad R\mid_{r=0}<\infty \tag{6-122c}$$

则构成本征值问题,对应的本征值和本征函数为

$$\lambda=\left[x_n^{(m)}/r_0\right]^2,\quad R(r)=A\,J_m(x_n^{(m)}r/r_0)\quad n=1,2,3,\cdots \tag{6-123}$$

其中:$x_n^{(m)}$ 分别是 m 阶贝塞尔函数、m 阶贝塞尔函数的导数或者它们线性组合所得方程的第 n 个根,即

$$\begin{cases} J_n(x_n^{(m)})=0 \\ J_n'(x_n^{(m)})=0 \\ J_n(x_n^{(m)})+HJ_n'(x_n^{(m)})=0 \end{cases} \tag{6-124}$$

4. 拉盖尔方程本征值问题

对于如下的拉盖尔方程:

$$xy''+(1-x)y'+\lambda y=0 \tag{6-125}$$

将其做标准化处理,可以得到

$$\begin{cases} \dfrac{d}{dx}\left[x\,e^{-x}\dfrac{dy}{dx}\right]+\lambda e^{-x}y=0 \\[3mm] y(0)\text{ 有限;当 } x\to\infty,y \text{ 的增长不快于 } e^{\frac{1}{2}x} \end{cases} \tag{6-126}$$

可以看出,相对于施图姆-刘维尔方程的标准形式,有

$$a=0,\quad b=+\infty,\quad k(x)=xe^{-x},\quad q(x)=0,\quad \rho(x)=e^{-x}$$

对方程做级数求解,则可以得到所谓的拉盖尔多项式,有

$$\lambda=n,\quad y=L_n(x)\quad n=0,1,2,\cdots \tag{6-127}$$

5. 厄米特方程本征值问题

下面的方程称为厄米特方程:

$$y''-2xy'+\lambda y=0 \tag{6-128}$$

对其做标准化处理,可以得到

$$\begin{cases} \dfrac{d}{dx}\left[e^{-x^2}\dfrac{dy}{dx}\right]+\lambda e^{-x^2}y=0 \\[3mm] x\to\pm\infty,y \text{ 的增长不快于 } e^{\frac{1}{2}x^2} \end{cases} \tag{6-129}$$

可见,$a=-\infty,b=+\infty,k(x)=e^{-x^2},q(x)=0,\rho(x)=e^{-x^2}$。对此方程做幂级数求解,可以得到所谓的厄米特多项式,且有

$$\lambda=2n,\quad y=H_n(x)\quad n=0,1,2,\cdots \tag{6-130}$$

6. 球贝塞尔方程本征值问题

在球坐标系下亥姆霍兹方程分离变量的过程中,得到了径向函数所满足的方程形式,即

$$r^2\dfrac{d^2R}{dr^2}+2r\dfrac{dR}{dr}+[k^2r^2-n(n+1)]R=0 \tag{6-131}$$

观察知,对应的施图姆-刘维尔标准形式方程为

$$\dfrac{d}{dr}\left(r^2\dfrac{dR}{dr}\right)-n(n+1)R+\lambda r^2R=0 \tag{6-132}$$

如果在 $r=r_0$ 的边界附加三类齐次边界条件,即

$$R\mid_{r=r_0}=0,\quad R\mid_{r=0}<\infty \tag{6-133a}$$

$$R'\mid_{r=r_0}=0,\quad R\mid_{r=0}<\infty \tag{6-133b}$$

$$R+HR'\mid_{r=r_0}=0,\quad R\mid_{r=0}<\infty \tag{6-133c}$$

则构成本征值问题,对应的本征值和本征函数为

$$\lambda=k^2=[x_m^{(n)}/r_0]^2,\quad R(r)=A\,j_n(x_m^{(n)}r/r_0)\quad m=1,2,3,\cdots \tag{6-134}$$

其中:$x_m^{(n)}$ 分别是 n 阶球贝塞尔函数、n 阶球贝塞尔函数的导数或者它们线性组合所得方程的第 m 个根,即

$$\begin{cases} j_n(x_m^{(n)})=0 \\ j_n'(x_m^{(n)})=0 \\ j_n(x_m^{(n)})+Hj_n'(x_m^{(n)})=0 \end{cases} \tag{6-135}$$

6.4 椭圆积分

椭圆积分最早在计算椭圆周长时提出,在很多物理问题中都具有重要应用,如圆环电流的磁场、圆形线圈之间的互感等。首先介绍一下椭圆积分的相关概念和 MATLAB 中的椭圆积分表示,然后举例对相关电磁问题进行 MATLAB 辅助求解。

6.4.1 椭圆积分的相关定义

椭圆积分的表示形式有多种,勒让德形式的椭圆积分定义如下:

$$F(\varphi, k) = \int_0^{\varphi} \frac{1}{\sqrt{1-k^2\sin^2\theta}} \mathrm{d}\theta \tag{6-136a}$$

$$E(\varphi, k) = \int_0^{\varphi} \sqrt{1-k^2\sin^2\theta} \, \mathrm{d}\theta \tag{6-136b}$$

$$\Pi(\varphi, a^2, k) = \int_0^{\varphi} \frac{1}{(1-a^2\sin^2\theta)\sqrt{1-k^2\sin^2\theta}} \mathrm{d}\theta \tag{6-136c}$$

分别称为第一、第二、第三类不完全椭圆积分。其中,k 称为模数。在实际应用中,不同的表达方式稍有差异。例如,系数前面是正号还是负号,系数有无平方等,在应用中需要留意。另外一种常用的表达式,就是在上式的基础上选取 $m = k^2 = \sin^2\alpha$ 得到的。

完全椭圆积分是积分上限固定为 $\frac{\pi}{2}$ 的椭圆积分,因此,这三类椭圆积分的表达式为

$$K(k) = \int_0^{\pi/2} \frac{1}{\sqrt{1-k^2\sin^2\theta}} \mathrm{d}\theta = F\left(\frac{\pi}{2}, k\right) \tag{6-137a}$$

$$E(k) = \int_0^{\pi/2} \sqrt{1-k^2\sin^2\theta} \, \mathrm{d}\theta = E\left(\frac{\pi}{2}, k\right) \tag{6-137b}$$

$$\Pi(a^2, k) = \int_0^{\pi/2} \frac{1}{(1-a^2\sin^2\theta)\sqrt{1-k^2\sin^2\theta}} \mathrm{d}\theta = \Pi\left(\frac{\pi}{2}, a^2, k\right) \tag{6-137c}$$

除此之外,还有所谓的互补第一类、第二类、第三类完全椭圆积分等,即

$$K'(k) = \int_0^{\pi/2} \frac{1}{\sqrt{1-k'^2\sin^2\theta}} \mathrm{d}\theta = F\left(\frac{\pi}{2}, k'\right) \tag{6-138a}$$

$$E'(k) = \int_0^{\pi/2} \sqrt{1-k'^2\sin^2\theta} \, \mathrm{d}\theta = E\left(\frac{\pi}{2}, k'\right) \tag{6-138b}$$

$$\Pi'(a^2, k) = \int_0^{\pi/2} \frac{1}{(1-a^2\sin^2\theta)\sqrt{1-k'^2\sin^2\theta}} \mathrm{d}\theta = \Pi\left(\frac{\pi}{2}, a^2, k'\right) \tag{6-138c}$$

在这些表达式中,$k' = \sqrt{1-k^2}$,称为余模数。需要注意的是,对于第一类完全椭圆积分,习惯上用字母 K 来表示,而非 F。应用中需小心。

6.4.2 MATLAB 环境下的对应函数简介

MATLAB 提供了上述定义的全部椭圆积分。只是因为定义略有不同,因此在使用中要注意引

用方式。MATLAB 下的三类不完全椭圆积分为

$$F(\varphi,m)=\int_0^\varphi \frac{1}{\sqrt{1-m\sin^2\theta}}\mathrm{d}\theta \tag{6-139a}$$

$$E(\varphi,m)=\int_0^\varphi \sqrt{1-m\sin^2\theta}\,\mathrm{d}\theta \tag{6-139b}$$

$$\Pi(n,\varphi,m)=\int_0^\varphi \frac{1}{(1-n\sin^2\theta)\sqrt{1-m\sin^2\theta}}\mathrm{d}\theta \tag{6-139c}$$

三类完全椭圆积分为

$$K(m)=\int_0^{\pi/2}\frac{1}{\sqrt{1-m\sin^2\theta}}\mathrm{d}\theta=F\left(\frac{\pi}{2},m\right) \tag{6-140a}$$

$$E(m)=\int_0^{\pi/2}\sqrt{1-m\sin^2\theta}\,\mathrm{d}\theta=E\left(\frac{\pi}{2},m\right) \tag{6-140b}$$

$$\Pi(n,m)=\int_0^{\pi/2}\frac{1}{(1-n\sin^2\theta)\sqrt{1-m\sin^2\theta}}\mathrm{d}\theta=\Pi\left(n,\frac{\pi}{2},m\right) \tag{6-140c}$$

与之相对应，三类互补形式的完全椭圆积分也稍有差异，即

$$K'(m)=K(1-m) \tag{6-141a}$$
$$E'(m)=E(1-m) \tag{6-141b}$$
$$\Pi'(n,m)=\Pi(n,1-m) \tag{6-141c}$$

其中：$K(m)$、$E(m)$、$\Pi(n,m)$ 分别是第一类、第二类、第三类完全椭圆积分。

MATLAB 环境下的三类椭圆积分的引用方式如表 6-4 所示。对比公式，其含义不言自明。由于 MATLAB 可以通过识别参数个数来调用具体的函数形式，因此，完全椭圆积分和不完全椭圆积分可以采用相同的函数名称。需要指出的是，由于定义方式的差异，当需要使用椭圆积分时，必须注意调用函数中参数的数值。例如，要计算第一类完全椭圆积分的值 $K(k)$，在引用的时候，需要使用 ellipticK(k*k)，即考虑到 $m=k^2$ 的关系。如果调用 ellipticK(k)，则得不到正确的结果。

表 6-4 　MATLAB 下的椭圆积分函数及其格式

类　　型	第一类椭圆积分	第二类椭圆积分	第三类椭圆积分
不完全椭圆积分	ellipticF(phi,m)	ellipticE(phi,m)	ellipticPi(n,phi,m)
完全椭圆积分	ellipticK(m)	ellipticE(m)	ellipticPi(n,m)
互补型完全椭圆积分	ellipticCK(m)	ellipticCE(m)	ellipticCPi(n,m)

6.4.3　椭圆积分在电磁场中的应用与 MATLAB 辅助计算

1. 带电环形导线在周围产生的电场

一个带电环形导线，半径为 a，电荷线密度为 ρ_l，以环面为 xOy 平面，以垂直于环面的轴线为 z 轴，建立球坐标系，如图 6-10 所示。大多数教材中都会给出轴线上的电势分布和电场强度分布，下面利用椭圆积分计算空间中任意一点的电势和电场分布。

由于题目具有轴对称性，取场点的位置为 $(r,\theta,0)$，位置矢量为 $\boldsymbol{r}=r\sin\theta\boldsymbol{e}_x+r\cos\theta\boldsymbol{e}_z$；设电荷元

的位置为 $\left(a, \dfrac{\pi}{2}, \varphi'\right)$，$\boldsymbol{r}' = a\cos\varphi'\boldsymbol{e}_x + a\sin\varphi'\boldsymbol{e}_y$，则

$$\mathrm{d}\phi = \frac{\rho_l \mathrm{d}l'}{4\pi\varepsilon_0 R} = \frac{\rho_l a\,\mathrm{d}\varphi'}{4\pi\varepsilon_0 R} \tag{6-142}$$

其中

$$R = \sqrt{r^2 + a^2 - 2ar\sin\theta\cos\varphi'}$$

$$\phi = \frac{\rho_l a}{4\pi\varepsilon_0}\int_0^{2\pi}\frac{\mathrm{d}\varphi'}{R} = \frac{\rho_l a}{4\pi\varepsilon_0}\int_0^{2\pi}\frac{\mathrm{d}\varphi'}{\sqrt{r^2 + a^2 - 2ar\sin\theta\cos\varphi'}}$$

$$= \frac{\rho_l a}{\pi\varepsilon_0}\frac{1}{\sqrt{r^2 + a^2 + 2ar\sin\theta}}K(k) \tag{6-143}$$

利用 $\boldsymbol{E} = -\nabla\phi$，可得

$$E_r = -\frac{\rho_l a}{\pi\varepsilon_0}\frac{1}{2r\sqrt{r^2 + a^2 + 2ar\sin\theta}}\left[\frac{a^2 - r^2}{r^2 + a^2 - 2ar\sin\theta}E(k) - K(k)\right] \tag{6-144a}$$

$$E_\theta = -\frac{\rho_l a}{\pi\varepsilon_0}\frac{\cot\theta}{2r\sqrt{r^2 + a^2 + 2ar\sin\theta}}\left[\frac{a^2 + r^2}{r^2 + a^2 - 2ar\sin\theta}E(k) - K(k)\right] \tag{6-144b}$$

这里用到了下面的公式：

$$\frac{\partial K(k)}{\partial k} = \frac{E(k)}{(1-k^2)k} - \frac{K(k)}{k} \tag{6-145}$$

上面的表达式中，$k^2 = \dfrac{4ar\sin\theta}{r^2 + a^2 + 2ar\sin\theta}$。

2. 椭圆形载流导线在中心处产生的磁感应强度

如图 6-11 所示，有一个椭圆形的载流线圈，其半长轴和半短轴分别为 a、b，其中电流为 I，利用毕奥-萨伐尔定律计算中心处的磁感应强度。取椭圆的参数方程为

$$\begin{cases} x = a\cos\varphi' \\ y = b\sin\varphi' \end{cases} \tag{6-146}$$

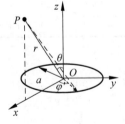

图 6-10　带电圆环在周围的电场示意图

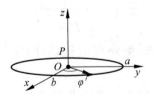

图 6-11　椭圆载流线圈示意图

设电流元的位置矢量为 $\boldsymbol{r}' = a\cos\varphi'\boldsymbol{e}_x + b\sin\varphi'\boldsymbol{e}_y$，取场点的位置为 $(0,0,0)$，则由毕奥-萨伐尔定律，有

$$\mathrm{d}\boldsymbol{B} = \frac{\mu_0 I}{4\pi R^2}\mathrm{d}\boldsymbol{l}' \times \boldsymbol{e}_R = \frac{\mu_0 I}{4\pi R^3}\mathrm{d}\boldsymbol{l}' \times \boldsymbol{R} = -\frac{\mu_0 I}{4\pi r'^3}\mathrm{d}\boldsymbol{l}' \times \boldsymbol{r}' \tag{6-147}$$

则

$$\mathrm{d}\boldsymbol{l}' = (-a\sin\varphi'\boldsymbol{e}_x + b\cos\varphi'\boldsymbol{e}_y)\mathrm{d}\varphi', \qquad r' = \sqrt{a^2\cos^2\varphi' + b^2\sin^2\varphi'}$$

代入上式,并对整个椭圆进行积分,得到

$$\boldsymbol{B} = \int \mathrm{d}\boldsymbol{B} = \boldsymbol{e}_z \frac{\mu_0 I}{4\pi}ab \int_0^{2\pi} \frac{\mathrm{d}\varphi'}{R^3} = \boldsymbol{e}_z \frac{\mu_0 I}{4\pi}ab \int_0^{2\pi} \frac{\mathrm{d}\varphi'}{\left[\sqrt{a^2\cos^2\varphi' + b^2\sin^2\varphi'}\right]^3}$$

$$= \boldsymbol{e}_z \frac{\mu_0 I}{\pi}ab \int_0^{\pi/2} \frac{\mathrm{d}\varphi'}{\left[\sqrt{a^2 - (a^2-b^2)\sin^2\varphi'}\right]^3} = \boldsymbol{e}_z \frac{\mu_0 I}{\pi}ab \int_0^{\pi/2} \frac{\mathrm{d}\varphi'}{a^3\left[\sqrt{1 - e^2\sin^2\varphi'}\right]^3}$$

$$= \boldsymbol{e}_z \frac{\mu_0 Ib}{\pi a^2}\Pi(e^2, e) \tag{6-148}$$

其中

$$e^2 = \frac{a^2 - b^2}{a^2}$$

利用第三类椭圆积分与第二类椭圆积分之间的关系,上式还可以表示为

$$\boldsymbol{B} = \boldsymbol{e}_z \frac{\mu_0 Ib}{\pi a^2(1-e^2)}E(e) = \boldsymbol{e}_z \frac{\mu_0 I}{\pi b}E(e) \tag{6-149}$$

3. 载流圆环在周围产生的矢量势

如图 6-12 所示,考虑一个半径为 a 的载流圆环(线圈),在其周围所产生的矢量势。

由于题目具有轴对称性,取场点的位置为$(r,\theta,0)$,位置矢量为 $\boldsymbol{r} = r\sin\theta\boldsymbol{e}_x + r\cos\theta\boldsymbol{e}_z$;设电流元的位置为$\left(a, \frac{\pi}{2}, \varphi'\right)$,$\boldsymbol{r}' = a\cos\varphi'\boldsymbol{e}_x + a\sin\varphi'\boldsymbol{e}_y$,则

$$\mathrm{d}\boldsymbol{A} = \frac{\mu_0 I\,\mathrm{d}\boldsymbol{l}'}{4\pi R} \tag{6-150}$$

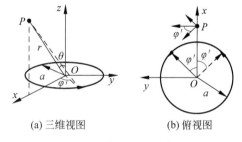

(a) 三维视图   (b) 俯视图

图 6-12 载流线圈示意图

考虑对称性,如图 6-12(b)示意,仅考虑对最终积分有作用的项,则有

$$\mathrm{d}\boldsymbol{A} = \frac{\mu_0 I\,\mathrm{d}l'}{4\pi R}\cos\varphi'\boldsymbol{e}_\varphi \tag{6-151}$$

其中

$$R = \sqrt{r^2 + a^2 - 2ar\sin\theta\cos\varphi'}$$

于是,有

$$\boldsymbol{A} = \frac{\mu_0 Ia}{4\pi}\int_0^{2\pi} \frac{\cos\varphi'\,\mathrm{d}\varphi'}{R}\boldsymbol{e}_\varphi = \frac{\mu_0 Ia}{4\pi}\int_0^{2\pi} \frac{\cos\varphi'\,\mathrm{d}\varphi'}{\sqrt{r^2 + a^2 - 2ar\sin\theta\cos\varphi'}}\boldsymbol{e}_\varphi$$

$$= \frac{\mu_0 Ia}{4\pi}\int_0^{2\pi}\left[-\frac{1}{2ar\sin\theta}\sqrt{r^2 + a^2 - 2ar\sin\theta\cos\varphi'} + \frac{r^2 + a^2}{2ar\sin\theta}\frac{1}{\sqrt{r^2 + a^2 - 2ar\sin\theta\cos\varphi'}}\right]\mathrm{d}\varphi'\boldsymbol{e}_\varphi$$

$$= \frac{\mu_0 Ia}{\pi}\frac{1}{2ar\sin\theta\sqrt{r^2 + a^2 + 2ar\sin\theta}}\left[-(r^2 + a^2 + 2ar\sin\theta)E(k) + (r^2 + a^2)K(k)\right]\boldsymbol{e}_\varphi$$

$$= \frac{\mu_0 Ia}{\pi}\frac{1}{\sqrt{r^2 + a^2 + 2ar\sin\theta}}\left[\frac{2}{k^2}[K(k) - E(k)] - K(k)\right]\boldsymbol{e}_\varphi \tag{6-152}$$

其中

$$k^2 = \frac{4ar\sin\theta}{r^2 + a^2 + 2ar\sin\theta}$$

在得到了矢量势之后,利用 $\boldsymbol{B} = \nabla \times \boldsymbol{A}$ 即可得到空间的磁感应强度分布。正如前面利用 $\boldsymbol{E} = -\nabla\phi$ 得到电场强度一样。这里不再赘述。在下面的小节里,基于叠加原理,直接利用毕奥-萨伐尔定律求得磁感应强度分布。

4. 利用 MATLAB 计算两个线圈的互感

如图 6-13(a)所示,两个共轴的线圈,其半径分别为 a 和 b,可以利用椭圆积分计算它们之间的互感。假设线圈 l_1 中有电流 I 流过,则其在周围产生的矢量势可以用式(6-152)表示。该线圈磁场穿过另外一个线圈,且在其中产生磁通。且有

$$\psi = \oint \boldsymbol{A} \cdot \mathrm{d}\boldsymbol{l} = 2\pi b A \tag{6-153}$$

于是,二者之间的互感可以计算为

$$M = \frac{\psi}{I} = \frac{2\mu_0 ab}{\sqrt{r^2 + a^2 + 2ar\sin\theta}} \left[\frac{2}{k^2}[K(k) - E(k)] - K(k) \right] \tag{6-154}$$

互感的计算也可以直接利用诺依曼公式进行,参考图 6-13(b)。该公式可以表示为

$$M = \frac{\mu_0}{4\pi} \oint_{l_1} \oint_{l_2} \frac{\mathrm{d}\boldsymbol{l}_1 \cdot \mathrm{d}\boldsymbol{l}_2}{R} = \frac{\mu_0}{4\pi} \oint_{l_1} \oint_{l_2} \frac{\mathrm{d}\boldsymbol{l}_1 \mathrm{d}\boldsymbol{l}_2 \cos\varphi}{R}$$
$$= \frac{\mu_0}{4\pi} \int_0^{2\pi} \int_0^{2\pi} \frac{ab\cos(\varphi_2 - \varphi_1)\mathrm{d}\varphi_1 \mathrm{d}\varphi_2}{[a^2 + b^2 + h^2 - 2ab\cos(\varphi_2 - \varphi_1)]^{1/2}} \tag{6-155}$$

当满足 $a, b \ll h$ 时,近似地有

$$M \approx \frac{\mu_0 \pi a^2 b^2}{2(b^2 + h^2)^{3/2}} \tag{6-156}$$

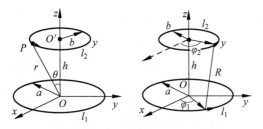

(a) 利用矢量势计算   (b) 利用诺依曼公式计算

图 6-13　共轴互感线圈示意图

下面的 MATLAB 代码用于计算两个共轴线圈之间的互感,并将它们做对比。

```
a = 0.1;                                    %线圈 1 半径
b = linspace(0.01 * a, a, 1000);            %线圈 2 半径
h = 5 * a;                                   %二者间距
mu0 = 4 * pi * 1e - 7;                       %真空磁导率
theta = atan(b/h);                          %张角 theta
r = sqrt(b.^2 + h^2);                        %r
tmp = r.^2 + a^2 + 2 * a * r. * sin(theta);  %中间变量
```

```
k2 = 4 * a * r. * sin(theta)./tmp;                          %k平方
M = 2 * mu0 * a * b./sqrt(tmp). * (2./k2. * (ellipticK(k2) - ellipticE(k2)) - ellipticK(k2));
                                                            %式(6-154)
M = M * 1e9;                                                %转换单位为nH
plot(b/a,M);                                                %绘制曲线,默认为蓝色线条
%近似方法,计算互感
b = linspace(0.01 * a,1 * a,50);                            %半径b
M0 = mu0 * pi * a^2 * b.^2/2./(h^2 + b.^2).^(3/2);          %近似方法
hold on;                                                    %设置绘图模式:可以叠加
plot(b/a,M0 * 1e9,'ro');                                    %绘制结果,并用红色圆圈表示
%数值积分的方法,计算互感
b = linspace(0.01 * a,a,50);
for lp = 1:length(b)
    M = @(phi1,phi2)
mu0/(4 * pi) * a * b(lp) * cos(phi2 - phi1)./(sqrt(a^2 + (b(lp))^2 + h^2 - 2 * a * b(lp) *
cos(phi2 - phi1)));                                         %定义函数
    Mind(lp) = integral2(M,0,2 * pi,0,2 * pi);              %做数值积分
end
plot(b/a,Mind * 1e9,'g * ');                                %绘制曲线,用绿色*表示
legend('special function', 'approximate method', 'numerical integration);
```

其输出结果如图 6-14 所示。从图 6-14 中可以看出,解析法和数值法得到的结果吻合得非常好。近似法所得结果,在前述近似条件满足时,与二者也可重合。因此,可以根据实际情况选择合适的方法。

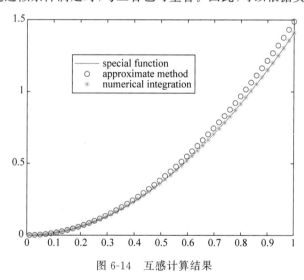

图 6-14　互感计算结果

5. 载流圆环在周围产生的磁感应强度

视考虑载流圆环在周围产生的磁感应强度,如图 6-12 所示。由于题目具有轴对称性,取场点的位置为 $(r,\theta,0)$,位置矢量为 $\boldsymbol{r} = r\sin\theta\boldsymbol{e}_x + r\cos\theta\boldsymbol{e}_z$;设电流元的位置为 $\left(a,\dfrac{\pi}{2},\varphi'\right)$,$\boldsymbol{r}' = a\cos\varphi'\boldsymbol{e}_x + a\sin\varphi'\boldsymbol{e}_y$,则由毕奥-萨伐尔定律,有

$$\mathrm{d}\boldsymbol{B} = \frac{\mu_0 I}{4\pi R^2}\mathrm{d}\boldsymbol{l}' \times \boldsymbol{e}_R = \frac{\mu_0 I}{4\pi R^3}\mathrm{d}\boldsymbol{l}' \times \boldsymbol{R} \tag{6-157}$$

其中

$$\mathrm{d}\boldsymbol{l}' = a\left(-\sin\varphi'\boldsymbol{e}_x + \cos\varphi'\boldsymbol{e}_y\right)\mathrm{d}\varphi'$$

$$\boldsymbol{R} = \boldsymbol{r} - \boldsymbol{r}' = (r\sin\theta - a\cos\varphi')\boldsymbol{e}_x - a\sin\varphi'\boldsymbol{e}_y + r\cos\theta\boldsymbol{e}_z \tag{6-158}$$

$$R = \sqrt{r^2 + a^2 - 2ar\sin\theta\cos\varphi'} \tag{6-159}$$

于是,有

$$\mathrm{d}\boldsymbol{B} = \frac{\mu_0 Ia}{4\pi R^3}\mathrm{d}\varphi'\left[r\cos\theta\cos\varphi'\boldsymbol{e}_x + r\cos\theta\sin\varphi'\boldsymbol{e}_y + (a - r\sin\theta\cos\varphi')\boldsymbol{e}_z\right] \tag{6-160}$$

其中第二项所涉及的积分,因为是奇函数的积分,所以为零,不再罗列。

利用基矢之间的关系,即

$$\begin{cases} \boldsymbol{e}_x = \sin\theta\boldsymbol{e}_r + \cos\theta\boldsymbol{e}_\theta \\ \boldsymbol{e}_z = \cos\theta\boldsymbol{e}_r - \sin\theta\boldsymbol{e}_\theta \end{cases} \tag{6-161}$$

代入式(6-160),并积分

$$\boldsymbol{B} = \frac{\mu_0 Ia}{4\pi}\int_0^{2\pi}\left[\frac{a\cos\theta}{R^3}\boldsymbol{e}_r + \frac{r\cos\varphi' - a\sin\theta}{R^3}\boldsymbol{e}_\theta\right]\mathrm{d}\varphi' \tag{6-162}$$

于是,有

$$B_r = \frac{\mu_0 Ia}{\pi}\frac{1}{(r^2 + a^2 + 2ar\sin\theta)^{\frac{3}{2}}}\left[a\cos\theta\Pi(k^2, k)\right] \tag{6-163a}$$

$$B_\theta = \frac{\mu_0 Ia}{\pi}\frac{1}{(r^2 + a^2 + 2ar\sin\theta)^{\frac{3}{2}}}\left[\frac{a^2 + r^2 - 2a^2\sin^2\theta}{2a\sin\theta}\Pi(k^2, k) - \frac{a^2 + r^2 + 2ar\sin\theta}{2a\sin\theta}K(k)\right] \tag{6-163b}$$

其中

$$k^2 = \frac{4ar\sin\theta}{r^2 + a^2 + 2ar\sin\theta}$$

考虑到

$$\Pi(k^2, k) = \frac{E(k)}{1 - k^2} \tag{6-164}$$

上式还可以表示为

$$B_r = \frac{\mu_0 Ia}{\pi}\frac{a\cos\theta}{\sqrt{r^2 + a^2 + 2ar\sin\theta}}\left[\frac{E(k)}{r^2 + a^2 - 2ar\sin\theta}\right] \tag{6-165a}$$

$$B_\theta = \frac{\mu_0 Ia}{\pi}\frac{1}{\sqrt{r^2 + a^2 + 2ar\sin\theta}}\frac{1}{2a\sin\theta}\left[\frac{a^2 + r^2 - 2a^2\sin^2\theta}{r^2 + a^2 - 2ar\sin\theta}E(k) - K(k)\right] \tag{6-165b}$$

6.5 小结

本章主要介绍了电磁理论中经常遇到的几个特殊函数,如柱函数(贝塞尔函数、诺依曼函数、汉克尔函数)、球函数、连带勒让德多项式、勒让德多项式、三类椭圆积分等。通过对球坐标系、柱坐标系下拉普拉斯方程和亥姆霍兹方程分离变量,了解了柱函数和球函数的来龙去脉,并结合具体的电磁问题,利用 MATLAB 进行了相关分析。本章还对施图姆-刘维尔本征值问题及其性质、椭圆积分及其应用等进行了较为详细的介绍。通过在电磁分析中利用 MATLAB 进行辅助分析可以看出,"特殊函数"不特殊,这是需要大家牢记的一个观点。

遗传算法(Genetic Algorithm,GA)是通过模拟生物进化的过程优化目标问题。在遗传算法中,生物中的基因对应优化问题中的变量组合,一个解则代表一个个体。通过生物基因的交叉与变异改变种群的性状(目标函数值),通过进化过程中优胜劣汰的规则挑选出优秀的个体(目标函数值的大或小),最终通过一代一代的重复模拟生物的进化过程,得到一个适合生存于特定环境的种群,并以此解出优化问题的全局最优解。目前,遗传算法已经在信号处理、机器学习等领域有了广泛的应用并且得到了进一步的发展,是目前非常通用、流行的计算机算法之一。

7.1 电磁理论中的优化问题

电磁理论里面有很多问题,最终都可以归结为优化问题,而且是非线性优化问题。因此,掌握优化理论和算法具有重要意义。下面给出了几个具有代表性的电磁优化问题。

7.1.1 微带天线的优化问题

微带天线是一种利用印制电路板(Printed Circuit Board,PCB)技术制造在电路板上的天线,包括接地板、介质基板和辐射单元三部分。通过同轴线或者微带结构,可以给辐射单元馈电,从而在垂直于介质基板的方向形成电磁辐射。在上述过程中,馈电的位置、辐射单元的形状和尺寸,都是在设计中需要重点考虑的因素。在设计的众多模型中,存在一个最优的馈电位置和贴片形状、尺寸,使得天线的性能(如匹配带宽、方向性)等达到最优。

在上述优化问题中,天线的性能如带宽、方向性系数就是目标函数,而馈电点的位置、辐射单元的尺寸和形状等就是设计变量。微带天线设计的过程,就是对这些设计变量进行优化,从而找到最优或者次优解。图7-1(a)给出了具有圆形贴片的微带天线的示意图。

7.1.2 多层吸波材料的设计问题

在吸波材料的设计中,也会遇到优化问题。例如覆盖在金属表面上的多层介

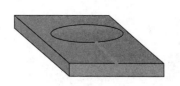  

(a) 微带天线　　　　　(b) 多层吸波(隐形)装置　　　(c) 全介质隐形装置

图 7-1　典型的几个电磁优化问题示意图

质吸波材料,各个介质层的厚度、介电常数、磁导率等参数,在设计中都可以选择。人们总是希望通过优化,使得电磁波垂直(斜)入射到这种材料的时候,反射系数最小,工作带宽最宽,材料厚度最薄。

这也是一个典型的非线性、多目标优化问题。反射系数、工作带宽、材料厚度等就是目标函数,而介质层的厚度、电磁参数就是自由变量。图 7-1(b)给出了二维情况下的示意图。

7.1.3　全介质电磁隐形装置的设计问题

可以利用全介质材料实现电磁隐形装置,该装置能够覆盖在金属目标表面,大大降低目标的雷达散射截面。在二维情况下,考虑一个柱形的隐形装置。它由介质材料和空气混合而成,且介质与空气在横截面内的分布不固定。例如,在 (x, y) 位置处,既可以是介质,也可以是空气,最终分布由优化之后得到的雷达散射截面确定。确定了介质分布,就可以用 3D 打印的方式加工该电磁隐形装置。

上述过程也是一个对介质分布做优化的电磁优化问题。图 7-1(c)给出了二维情况下的示意图。其中的各个白色单元代表的就是空气。

7.2　遗传算法应用

遗传算法是一种经典的寻优算法,在寻优过程中借鉴了进化论中的基因组合原理。遗传算法相较于其他算法具有更好的全局调整和搜索的能力,并且它的自适应的搜索过程使得该算法更加高效。对于电磁场领域的很多问题,采用这种算法求解都可以准确、高效地得到结果。

7.2.1　概念和术语

从数学上看,所有的优化方法都是在自变量满足一定限制条件的情况下,对多元函数进行求最小值(或者最大值)的操作,并且返回该最值对应的最优自变量。遗传算法也是如此,但因为该方法是模拟自然界的进化规律,所以有部分术语需要进一步解释。具体如下。

(1) 适应度函数:通常指待优化的函数,也就是人们常说的目标函数,它是设计变量 X 的函数。在遗传算法中,通常是对目标函数寻找最小值。

(2) 基因或基因片段:通常情况下,优化过程中的所有自由变量都放在一个矢量 X 中,从而构成了一个基因串;其中每一个变量都可以看作一个基因片段。

(3) 个体:遗传算法中,变量 X 的每个可取值就表示一个个体。将这个变量 X 的取值代入适应度函数中所得到的数值称为该个体的适应度值。

（4）种群和代数：一组变量 X 的可取值的集合称为种群；其数量称为种群大小。可以使用一个矩阵表示种群，其每一行表示一个个体。在遗传算法中，通过对当前的种群进行各种操作，从而得到新的种群，实现种群的演化。在这个过程中，不同的种群称为"代"。由父代种群可以产生子代种群。主要的操作有如下三种。

① 选择：从父代通过一定的规则选择个体，进而产生子代。

② 交叉：组合两个父代个体的基因，从而产生子代个体。

③ 变异：对父代个体的基因做随机变化，从而产生新个体。

7.2.2 遗传算法运算流程

MATLAB 环境下，利用遗传算法分析计算，大致按照如下的流程进行。

（1）对遗传算法的运行参数进行赋值。参数包括种群规模、变量个数、交叉概率、变异概率以及遗传算法的终止进化代数。

（2）建立区域描述器，设置求解变量的约束条件，设置变量的取值范围。

（3）在步骤（2）的变量取值范围内，随机产生初始群体，代入适应度函数计算适应度值。

（4）按选择概率使用选择算子进行选择操作。

（5）按交叉概率利用交叉算子执行交叉操作。

（6）按变异概率执行离散变异操作。

（7）计算并得到局部最优解中每个个体的适应值，并执行最优个体保存策略。

（8）判断是否满足遗传算法的终止进化代数，不满足则返回步骤（4），满足则输出运算结果。

7.2.3 遗传算法的函数实现

MATLAB 环境下内置遗传算法函数 ga，当在 m 文件里面调用遗传算法函数时，大致有以下几种情况。

1. 基本用法

X = ga(fitnessfcn,nvars,A,b,Aeq,beq,lb,ub,nonlcon,options)

说明：

（1）X：表示经过遗传算法计算得到的最优解 X^*，一般是一个 n 维矢量。

（2）fitnessfcn：目标函数，或者适应度函数，它是设计变量 X 的函数。

（3）nvars：变量个数，即矢量 X 的维度，如 n。每个自由变量都代表一段基因。

（4）A，b：变量 X 所满足的不等式条件，即

$$A \cdot X \leqslant b \tag{7-1}$$

其中：A 是一个 $n \times n$ 的矩阵；b 是一个 $n \times 1$ 的矢量。如果没有该不等式条件，则设置这两个矩阵为空矩阵[]。

（5）Aeq，beq：$n \times n$ 的矩阵和 $n \times 1$ 的矢量，表示变量 X 所满足的等式条件，即

$$A_{eq} \cdot X = b_{eq} \tag{7-2}$$

如果没有该等式条件,则设置这两个矩阵为空矩阵[]。

(6) lb,ub: $n \times 1$ 的矢量,对应于各个变量的取值范围,即下限和上限

$$lb \leqslant \pmb{X} \leqslant \pmb{ub} \tag{7-3}$$

如果变量没有上下限,则设置这两个矩阵为空矩阵[];如果个别变量无下限,可以设置相应的 $lb(i)=-\inf$;同样地,可以设置相应的 $ub(i)=\inf$,表示相应的变量无上限。

(7) nonlcon: 针对变量 $\pmb{X}$ 的非线性限制条件。nonlcon 表示 $\pmb{X}$ 的一个函数,其返回值为 C 和 C_{eq},要求满足

$$C(\pmb{X}) \leqslant 0, \quad C_{eq}(\pmb{X}) = 0 \tag{7-4}$$

(8) options: 用于设置 ga 算法的相关参数,可以使用 gaoptimset 函数完成相关设置。

遗传算法 ga 的核心,就是在满足上述各个限制的情况下,对变量 $\pmb{X}$ 的空间进行搜索,最终得到适应度函数 fitnessfcn 的(局部)最小值,并把此时的变量 $\pmb{X}$ 返回。

如果限制变量 $\pmb{X}$ 中的个别元素为整型变量,则 ga 的格式如下:

```
X = ga(fitnessfcn,nvars,A,b,[],[],lb,ub,nonlcon,intcon,options)
```

其中,intcon 中给出了整型变量对应的其在 $\pmb{X}$ 中的指标;此时,针对 $\pmb{X}$ 的等式约束条件必须设置为空;也不可以设置非线性的等式条件。ga 中其他参数的含义与上面介绍的相同。

2. 多个返回变量

一般情况下,ga 返回设计变量的最优值 $\pmb{X}^*$(即使得适应度函数最小的变量值)。但是某些情况下,还需要返回其他的变量,此时,可以采用如下格式:

```
[X,FVAL,EXITFLAG,OUTPUT,POPULATION,SCORES] = ga(FITNESSFCN,…)
```

说明:

(1) X: 设计变量最优值。

(2) FVAL: 对应的适应度函数的值。

(3) EXITFLAG: ga 运行结束的标志。

(4) OUTPUT: 一个结构变量,包含各代的输出结果和其他信息。

(5) POPULATION: 种群矩阵,每一行表示最终种群的一个个体。

(6) SCORES: 最终种群的得分值,是一个列矢量。

3. 选择项设置

如前所述,ga 在运行的过程中,有很多参数都是可以自行定制的,从而极大地增加了算法的灵活性和适应性。可以通过 optimset 函数完成各种选择项的设置。具体格式如下:

```
options = optimset('PARAM1',VALUE1,'PARAM2',VALUE2,…)
```

其中,PARAM 等参数表示可选项的名字,对应的 VALUE 是设置的具体值。

例如,options=optimset('PopulationSize',100),将种群数量设置为 100。

通过下述函数,可以显示 ga 算法默认的选择项设置。为简洁起见,仅列出了几个选择项设置供大家参考。

```
options = optimset(@ga)
options =
```

```
Display: 'final'
...
TolFun: 1.0000e - 06
...
TolCon: 1.0000e - 06
```

7.3 遗传算法的图形界面

为方便遗传算法的应用，MATLAB 专门提供了图形界面。在 MATLAB 命令行窗口输入 optimtool，即可打开优化工具箱。选择 Solver 为 Genetic Algorithm，即可进入遗传算法工具箱的设置和应用。与命令行方式相比，使用图形界面更加简单，而且可以将设置和运行结果通过接口转换为 m 文件，所以非常方便，对于初学者尤其如此。

7.3.1 问题设置和结果显示

图 7-2 给出了优化工具箱的图形界面。

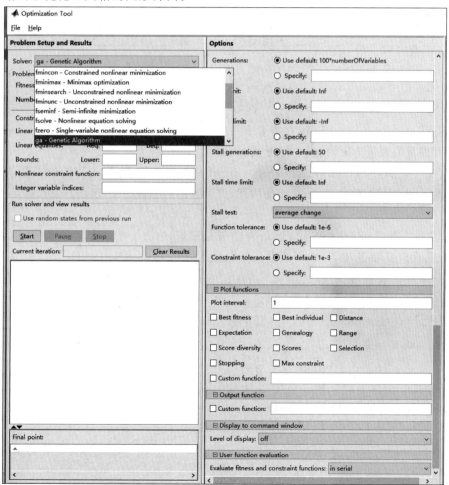

图 7-2 优化工具箱界面示意

上述图形界面大致可以分为左、右两部分,左侧为问题定义和结果显示;右侧为算法的选择项设置。左侧各部分的功能和使用说明如下。

(1) 求解器(Solver):选择 ga。

(2) 问题(Problem):需要解决的问题定义,又包含两个设置选项,如图 7-3 所示。

① 适应度函数(Fitness function):待优化的目标函数,即适应度函数。填写的格式为@funname,其中,funname.m 是编写的目标函数 m 文件。遗传算法的核心就是要使得目标函数值最小。

② 变量个数(Number of variables):目标函数中自由变量的数目。如果用矢量 X 表示自变量,则 X 的长度就是自由变量的数目。通过类比生物进化的过程,遗传算法可以得到一组“最优”的变量,使得目标函数值最小。

(3) 约束(Constraints):目标函数自变量 X 的约束条件设置,共有 5 个选项,如图 7-4 所示。

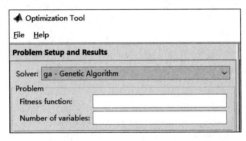

图 7-3　问题定义示意

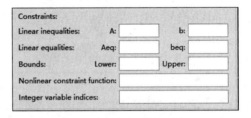

图 7-4　变量约束条件设置

① 线性不等式(Linear inequalities):$A * X \leqslant b$。其中,A 是矩阵,b 是矢量。

② 线性等式(Linear equalities):$A_{eq} * X = b_{eq}$。其中,A_{eq} 是矩阵,b_{eq} 是矢量。

③ 取值范围(Bounds):填写独立变量的取值范围。在 Lower 中填写变量的取值下限,在 Upper 中填写变量的取值上限,均以矢量形式表示。

④ 非线性约束函数(Nonlinear constraint function):需要编写非线性约束函数的 m 文件,如nonlcon.m,则在此处填写@nonlcon。如前所述,该函数的返回值为 C 和 C_{eq},要求满足

$$C(X) \leqslant 0, \quad C_{eq}(X) = 0$$

⑤ 整型变量下标(Integer variable indices):矢量形式,给出了整型变量在 X 中的下标。通过该下标,可以表明在自变量 X 中,哪几个变量只能取整数值。

(4) 运行求解器并观察结果(Run solver and view results):包含以下几个内容,如图 7-5 所示。

① 从上次运行中选择随机状态(Use random states from previous run):一般不选。

② 单击启动按钮(Start)即可开始运行遗传算法;单击暂停按钮(Pause)则暂停遗传算法的执行;单击终止按钮(Stop)则结束当前运行的遗传算法。

③ 清除结果(Clear Results):用于清除当前显示的结果。

④ 当前代数(Current iteration):将显示当前运行的代数。

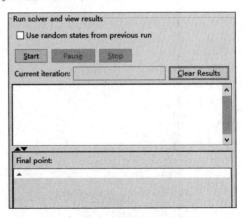

图 7-5　运行求解器并观察结果

⑤ 最终结果(Final point)：显示最优解对应的变量 X 的取值。

7.3.2　遗传算法选择项设置

图 7-2 图形界面右侧 Options 部分是遗传算法参数的设定，在命令行方式下，可以通过 optimset 命令设置。选择项比较复杂，共分为 14 类，如图 7-6 所示，具体解释如下。

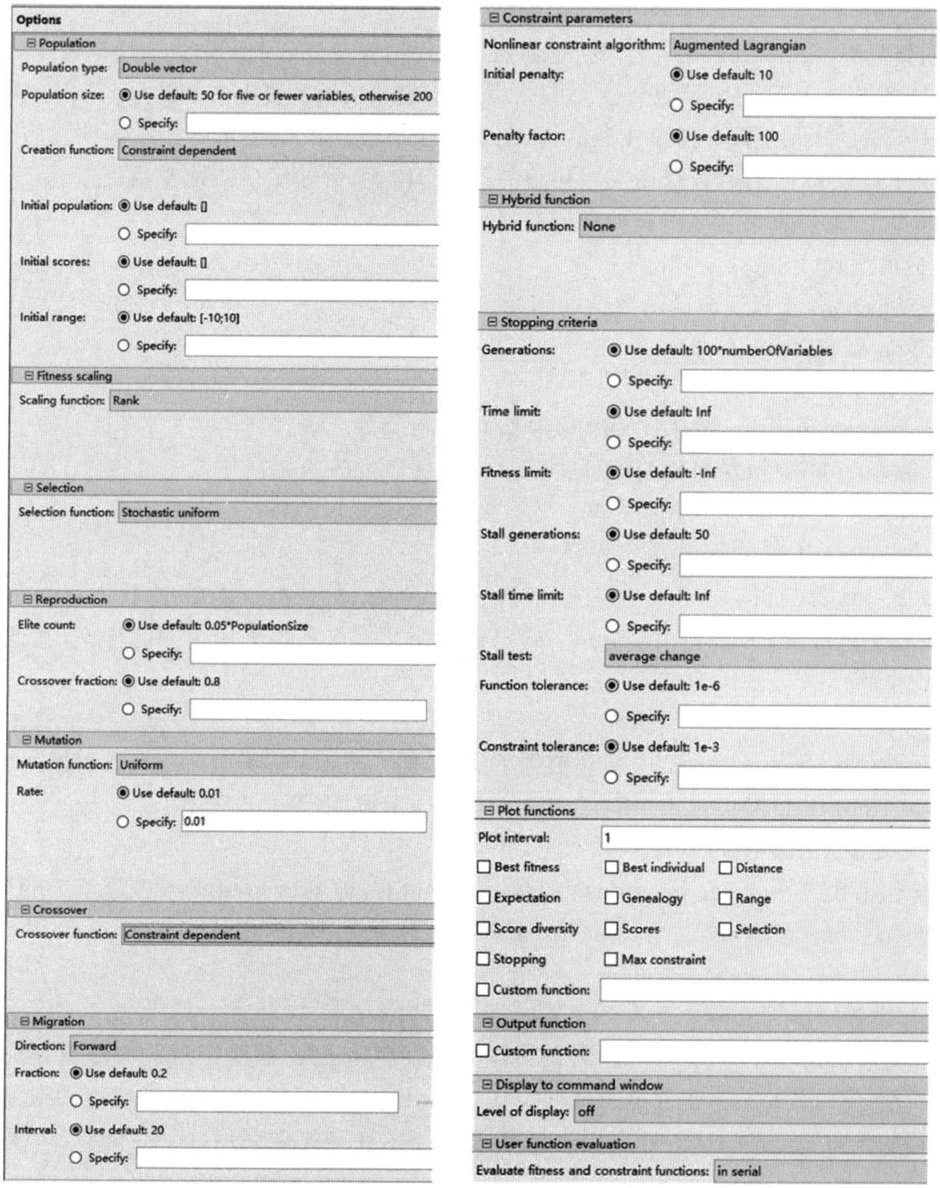

图 7-6　Options 设置页面

1) 种群参数设定(Population)

(1) 种群编码方式(Population type)：有双精度矢量、二进制串和个人定制三种选择，默认为 Double vector。

（2）种群大小（Population size）：默认为50,定义每一代种群的个体数量。种群规模越大,遗传算法的运行速度越慢,但算法逃出局部最小值的概率也越大。

（3）创建函数（Creation function）：用于创建初始种群。

（4）初始种群（Initial population）：如果不指定初始种群,则系统将运用创建函数创建初始种群。

（5）初始种群的得分值（Initial scores）：如果此处没有定义初始得分值,则系统应用适应度函数来计算初始得分。

（6）初始范围（Initial range）：用于指定初始种群中的各变量的上下限。初始范围用一个矩阵表示,该矩阵行数为2,列数为变量的个数。其中,第一行描述初始种群中变量的取值下限,第二行描述初始种群中变量的取值上限。需要注意的是,此处设置的上下限,与图形界面左侧设置的 Bounds 是不同的。这里设置的上下限,仅仅用于对初始种群进行限制,例如使得初始变量更接近最优解（大致了解最优解的范围）。而后者对所有的种群都是适用的。

2）适应度设置（Fitness scaling）

Scaling function：变换适应度函数值的函数。其中有 4 个选项,即 Rank（分值排位）、Proportional（成比例）、Top 和 Shift linear 等。

3）选择设置（Selection）

选择函数（Selection function）：如何从种群中选择父母,从而产生出子代种群。有如下几个选项,即 Stochastic uniform（随机均匀）、Uniform（均匀选择）、Roulette（轮盘赌选择）、Tournament（锦标赛选择）、Remainder 和 Shift linear 等。

4）子代设置（Reproduction）

（1）精英个体数（Elite count）：直接保留到下一代的个体（精英个体）的个数。

（2）交叉的概率（Crossover fraction）：确定通过交叉操作产生子代个体的比率,其他的都是由变异操作产生的。

5）变异设置（Mutation）

变异函数（Mutation function）：具体有如下操作,即 Constraint dependent（限制相关）、Gaussian（高斯形式）、Uniform（均匀）、Adaptive feasible（自适应可能性）等。

6）交叉设置（Crossover）

交叉操作函数（Crossover function）：具体有如下内容,即 Scattered（随机交叉）、Single point（单点交叉）、Two points（双点交叉）、Intermediate（加权交叉）、Heuristic（启发式）、Arithmetic（算术平均）。

7）迁移设置（Migration）

如果指定种群的大小为一个矢量,则在种群中可以存在子群,各个子群的大小就是矢量中的元素数值。所谓迁移,就是一个子群中的最优个体进入另外一个子群,替换该子群中的最差个体。可以指定迁移的方向（direction,双向,单向）、概率（fraction,迁移的概率）和频率（interval,间隔多少代做迁移）。

8）限定参数设置（Constrained parameters）

使用默认值即可。

9）混合函数设置（Hybrid function）

可以提供一个最小化函数,该函数在遗传算法结束后运行。可选项有 None（无）、Fminsearch

（无约束最小值,函数不需要连续）、Patternsearch（有约束或者无约束条件下求最小值）、Fminunc（无约束最小值,函数必须连续）、Fmincon（有约束最小值）。

10）结束条件设置（Stopping criteria）

用于指定算法的结束条件。Generations 和 Time limit 指定代数和时间的最大极限。Fitness limit 指定 fitness 值的上限,该数值小于某一阈值时就可以算作收敛了。Stall generations 表示在规定的代数内,适应度函数的加权平均变化小于 Function tolerance 时,算法停止运行；Stall time limit 指经历多长时间（以秒为单位）,最优值都没有出现变化时即收敛。

此外,还可以设置 Function tolerance,即函数容忍度数值等。

11）绘图设置（Plot functions）

与图形输出有关,例如,Plot interval 指定多少代输出一次,默认为 1。Best Fitness 和 Best individual 表示将最优值和相应个体输出到图像上。

12）输出函数（Output function）

用于指定一个函数,该函数在 ga 的每一代计算结束后都会被自动调用。

13）命令窗口显示设置（Display to command window）

用于设置在程序运行过程中,有多少信息输出到命令窗口,有 Off（关闭）、Final（最终）、Iterative（逐次）、Diagnose（诊断）4 个选项。一般不做设置。

14）用户函数计算（User function evaluation）

用于说明用户提供的适应度函数和限制函数是如何计算的。In serial 表示串行计算；Vectorized 表示矢量化计算（一个函数调用,计算所有个体的适应度函数和限制函数）；In parallel 表示并行计算。一般不做设置。

需要指出的是,对于大多数选择项,都可以使用默认选项而不影响优化结果。初学者可以通过多次"试错"的方法,掌握该优化工具。

7.4 利用遗传算法寻找函数的最小值

从简单的情况开始,首先尝试利用遗传算法来计算函数的最小值。由于优化工具箱的图形用户界面（Graphical User Interface,GUI）能够极大简化遗传算法的编程过程,因此,首先介绍图形界面下遗传算法工具箱的使用。

7.4.1 利用图形界面寻找 Rastrigin 函数的最小值

Rastrigin 函数是一个人为定义的函数,经常用于测试遗传算法的性能。在二维情况下,Rastrigin 函数的表达式为

$$\text{Ras}(x) = 20 + x_1^2 + x_2^2 - 10(\cos(2\pi x_1) + \cos(2\pi x_2)) \tag{7-5}$$

利用下面的代码很容易得到该函数的图像,如图 7-7 所示。

```
x = linspace( -5,5,500);
[X,Y] = meshgrid(x,x);                        %创建直角坐标网格
Z = 20 + X.^2 + Y.^2 - 10 * (cos(2 * pi * X) + cos(2 * pi * Y));   %计算函数值
surfc(X,Y,Z);                                 %绘制曲面和等高线
shading interp;
```

```
colormap winter;
figure;
contour(X,Y,Z);                              % 单独绘制等高线
```

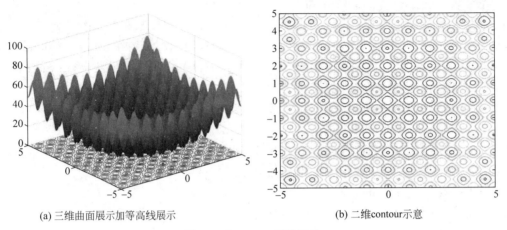

(a) 三维曲面展示加等高线展示　　　　　　(b) 二维contour示意

图 7-7　Rastrigin 函数图示

由图 7-7 可知,Rastrigin 函数有诸多的极大值和极小值,而且最小值位于(0,0)的位置,函数值为 0。如果使用普通的求极值的程序,很容易陷入局部最小值。现考虑使用遗传算法的图形界面,对此函数求最小值。

(1) 在 MATLAB 命令行下面输入 optimtool,进入优化工具箱界面。

(2) 选择求解器为遗传算法。

(3) 适应度函数选择为@rastriginsfcn。需要注意的是,优化工具箱内置此函数,所以可以直接引用。

(4) 变量个数:2。

(5) 上下限:分别设置为−5、5。

(6) 在"绘图"部分选择"最佳适应度函数"。

经过上述简单的设置,并采用其他默认的设置条件,即可运行遗传算法。单击"开始"按钮,则遗传算法开始工作,当前迭代次数不断更新;显示窗口显示当前的运行结果;同时,MATLAB 弹出一个图形窗口,显示最佳适应度函数和平均适应度函数的变化情况。程序结束时,结果如图 7-8 和图 7-9 所示。

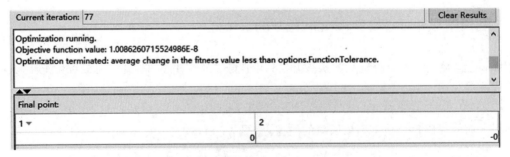

图 7-8　遗传算法运行结束时的结果显示

从图 7-8 中可以看出,经过 77 代的运算,遗传算法得到的最佳适应度函数为 1.0086260715524986E-8,此时,对应的两个变量均为 0。而且从图 7-9 可以直观地看到,适应度函数值随着代数的增加,迅速

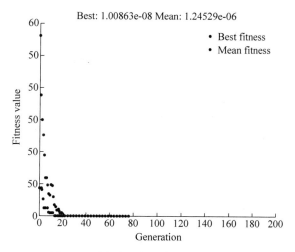

图 7-9 适应度函数随代数变化的情况

收敛到最小值,即数值 0。由此可见,即使针对 Rastrigin 这种多极值函数,遗传算法的计算仍然具有很好的适应性和有效性。

7.4.2 利用脚本寻找 Rastrigin 函数的最小值

在某些情况下,使用 MATLAB 脚本语言,基于遗传算法程序进行编程也是很有意义的。在这种情况下,可以采用图形界面的代码生成功能,产生相应的代码。

在图 7-2 所示的图形界面中,通过选择 File(文件)菜单,再单击 Generate Code(生成代码)命令,就可以生成一个 MATLAB 的 m 文件。如果设置该 m 文件名称为 rastrigin_ga. m,那么打开此脚本文件,就可以发现,这是一个函数文件,内容如下。

```
function [x,fval,exitflag,output,population,score] = rastrigin_ga(nvars,lb,ub)
%% This is an auto generated MATLAB file from Optimization Tool.
%% Start with the default options
options = gaoptimset;
%% Modify options setting
options = gaoptimset(options,'Display','off');
options = gaoptimset(options,'PlotFcns',{ @gaplotbestf });
[x,fval,exitflag,output,population,score] = ...
ga(@rastriginsfcn,nvars,[],[],[],[],lb,ub,[],[],options);
```

在上述代码中,加粗的代码是最核心的代码,一个表示函数的变量,分别是在 7.4.1 节中设置的变量个数,以及下限和上限;另一个是应用遗传算法的主函数 ga。其他的代码都是对 ga 选择项的设置,如上面图形界面中设置显示的“最佳适应度函数”等。可以通过图形界面和代码的对比,加深对 ga 函数的理解,尤其是选择项的理解。

在命令行下面运行 rastrigin_ga(2, -5, 5),即可得到与图形界面一致的结果。

MATLAB 在命令行下显示的两个变量取值如下:

```
 1.0e - 04 *
0.0681   - 0.3756
```

可以看出,优化得到的两个变量的结果非常接近 0。

事实上,如果将代码部分的函数定义去掉,再在程序头部补充三个参数的数值(即变量个数、下限和上限值 2、−5、5 等),就可以将上述代码变为普通的脚本文件,执行起来更加灵活。很多情况下,都需要将遗传算法和其他的问题嵌套起来进行计算,此时,利用脚本实现对程序的有效控制显得尤为重要。

7.5 利用遗传算法设计多层吸波材料

下面利用遗传算法设计一个背覆金属的多层吸波材料,并给出其详细的设计思路和编程代码。

7.5.1 分层媒质的传输线表示

分层媒质是电磁领域研究较多的对象之一,对其中电磁现象的分析,除了可以使用麦克斯韦方程组,以"场"的形式来处理之外,还可以基于电压、电流的概念,使用"路"的概念来研究。在这种情况下,可以把分层媒质当作一段长度为 d,传播常数为 β,而特性阻抗为 Z_c 的传输线来看待,从而可以大大降低计算的难度,且容易理解。

图 7-10(a)给出的是一个分层媒质构成的吸波材料,材料的最右侧覆盖有金属导体板;均匀平面电磁波从空气中斜入射到该吸波材料上,入射角度为 θ。图中电场强度的方向与入射平面垂直,称为横电模式(Transverse Electric,TE);与之相对应,如果磁场强度与入射平面垂直,则称为横磁模式(Transverse Magnetic,TM)。图 7-10(b)给出了该分层媒质所对应的传输线形式。

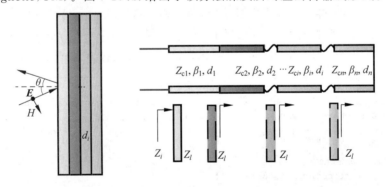

(a) 分层吸波材料及TE电磁波入射情形　　　　(b) 等效传输线表示

图 7-10　分层媒质及其等效传输线表示

以第 i 层媒质为例,假设材料的相对介电常数为 ε_r,介电常数为 ε,相对磁导率为 μ_r,磁导率为 μ,则在 TE 模式下,其对应的传输线参数如式(7-6)、式(7-7)所示。为简洁起见,各个参数对应的下标 i 忽略不写。

$$\beta = k_z = k_0 \sqrt{\varepsilon_r \mu_r - \sin^2\theta} \tag{7-6}$$

$$Z_c = \frac{\omega\mu}{\beta} \tag{7-7}$$

其中

$$k_0 = \omega\sqrt{\varepsilon_0 \mu_0} \tag{7-8}$$

式(7-8)表示真空中的波数。

对于 TM 模式,相应传输线的参数为

$$\beta = k_z = k_0 \sqrt{\varepsilon_r \mu_r - \sin^2 \theta} \qquad (7-9)$$

$$Z_c = \frac{\beta}{\omega \varepsilon} \qquad (7-10)$$

于是,由多层媒质构成的吸波材料,可以用图 7-10(b)所示的传输线级联来表示。其中,右侧的金属背板可以用终端短路线来表示。为了计算电磁波在吸波材料表面处的反射,可以从右向左,依次计算每段传输线所对应的输入阻抗。例如,最右端第 n 段的输入阻抗,可以看作终端短路的传输线的输入阻抗,即

$$Z_i = j Z_c \tan(\beta d) \qquad (7-11)$$

该输入阻抗对于左侧的传输线来讲,可以看作前面传输线的终端负载 Z_1。于是,左侧相邻传输线的输入阻抗可以用式(7-12)计算,即

$$Z_i = Z_c \frac{Z_1 + j Z_c \tan(\beta d)}{Z_c + j Z_1 \tan(\beta d)} \qquad (7-12)$$

其中:Z_c、β、Z_1、d 是对应于左侧传输线的特性阻抗、传播常数、负载阻抗和长度。依次向左侧重复上述过程,直至得到空气和介质分界面的输入阻抗,也就是空气对应传输线的负载阻抗 Z_{l0}。则在空气和介质分界面处的反射系数可以表示为

$$R = \frac{Z_{l0} - Z_{c0}}{Z_{l0} + Z_{c0}} \qquad (7-13)$$

其中:Z_{c0} 是空气对应传输线的特征阻抗。

对于 TE 模式,其表达式为

$$Z_{c0} = \frac{Z_0}{\cos \theta} \qquad (7-14)$$

对于 TM 模式,其表达式为

$$Z_{c0} = Z_0 \cos \theta \qquad (7-15)$$

其中:$Z_0 = 120\pi$,是真空中的波阻抗。

以上过程就是利用传输线法分析分层吸波材料反射系数的标准方法。

7.5.2 单层媒质构造吸波材料

在大多数情况下,吸波材料都覆盖在金属物体表面,以达到降低金属目标的电磁波散射的目的。此时,一部分电磁波进入吸波材料内部,由于材料有损耗,因此电磁能转换为热能,从而降低了反射的电磁波能量。

在最简单的情况下,可以利用一块厚度为 d,介电常数为 $\varepsilon = \varepsilon' - j\varepsilon''$ 的材料,构成吸波体,如图 7-11 所示。当电磁波从空气中进入吸波材料时,在分界面上发生反射,一次反射波为 E_{r1};另有部分电磁波进入吸波材料内部,传输一段距离之后,被金属板反射,重新入射到空气和介质的分界面上;根据反射和折射定律,同样地,有一部分电磁波被界面反射,而一部分电磁波透射进入空气中去,形成空气界面上的二次

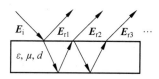

图 7-11 电磁波入射到吸波材料表面时的情形

反射波 E_{r2}；以此类推，还有三次反射波等。根据叠加原理，空气中的总的反射电磁波应该是所有反射波的叠加，即

$$E_r = E_{r1} + E_{r2} + \cdots \tag{7-16}$$

由于材料有损耗，因此，这些反射波的幅度越来越小，一次反射波和二次反射波等起主要作用。同时，不同的反射波走过的波程不同，如果一次反射波与二次反射波间的相位差为 $180°$，那么它们之间就会出现"相干相消"的效果，换句话说，反射到空气中的电磁波显著减少。参照图 7-11 可知，在电磁波垂直入射的情况下，两次反射波之间的相位差为(空气界面和金属表面由半波损失引起的反射相位差已经抵消)

$$\Delta\phi = kd = \frac{2\pi}{\lambda}2d \tag{7-17}$$

其中：$k = \omega\sqrt{\varepsilon\mu}$，是电磁波的波数。

令该相位差为 π，则可以得到

$$d = \frac{\lambda}{4} = \frac{\lambda_0}{4n} \tag{7-18}$$

其中：$n = \sqrt{\varepsilon_r\mu_r}$，是材料的折射率。

对于普通的介质来讲，$n = \sqrt{\varepsilon_r}$。换句话说，当介质板的厚度为介质中波长的 1/4 时，则反射的电磁波最小。

图 7-12 给出了背覆金属的单层吸波材料的情况，此材料的介电常数为 $7-0.5j$，厚度为 4mm。由式(7-18)，可以近似得到该吸波材料对应的吸收峰在 7GHz 附近。理论计算的结果也验证了公式的正确性。

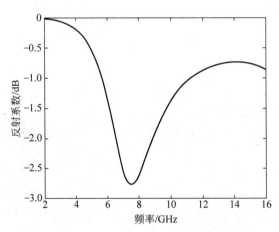

图 7-12　单层吸波材料对应的反射系数

通常情况下，对吸波材料的要求，既要厚度薄，又要质量轻，同时还要求吸波性能好，机械强度高等。在低频情况下，对材料厚度的要求尤其突出(否则吸波材料太厚)。然而，单层介电材料往往达不到要求。因此，近年来，人们在吸波领域引入了磁性吸波材料，这是因为磁性材料的磁导率大于1，从而使得其折射率比一般情况下的介电材料要大，因此可以把吸波材料做得很薄。与此同时，基于不同厚度、不同材料的多层吸波材料也被提出，通过对厚度、材料的优选，可以达到相对优秀的吸波效果。这种类型的吸波材料设计，很容易用遗传算法加以实现。

7.5.3 多层吸波材料的"基因表示"

下面利用遗传算法设计一个多层吸波材料,如图 7-13 所示。图 7-13(a)所示是背覆金属的多层吸波材料的示意图,该吸波材料由多层不同的材料构成,且各层厚度不一。图 7-13(b)所示是用遗传算法优化该吸波材料时的示意图,设计中所涉及的各层的自由变量分别用 x_n 和 d_n 表示,分别代表第 n 层的材料和对应的厚度。这样该吸波材料就可以用一串长度为 $2n$ 的变量表示出来,形式上很像生物体内的染色体或者基因片段。遗传算法能够对很多这样的基因片段进行交叉、变异、进化等操作,并最终得到最优的基因结果。

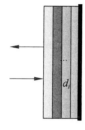 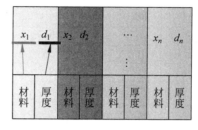

(a) 分层吸波材料　　　　(b) 自由变量串接构成"基因串"

图 7-13　分层吸波材料及其对应的"基因串"表示

在设计中,一共使用了 12 种材料,其中包括磁性材料和普通的介质等。因此,对于材料变量,其取值为 1~12 的整数值;而厚度变量,可以取大于 0 而小于某一上限的连续实数。所需磁性材料是利用非常细小的羰基铁粉与石蜡混合而成的,通过不同的体积比,可以得到具有不同电磁参数的磁性材料。利用矢量网络分析仪,可以测得对应磁性材料的电磁参数随频率变化的曲线。图 7-14 给出了材料 1 的电磁参数随频率变化的曲线。

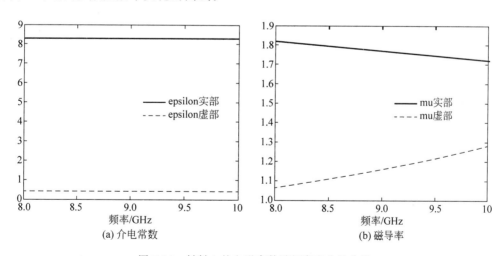

图 7-14　材料 1 的电磁参数随频率变化的曲线

由于矢量网络分析仪测得的是离散频点下的数据,因此,在具体应用过程中,利用 MATLAB 下的多项式拟合函数,可以得到介电常数和磁导率随频率变化的连续曲线。在设计中采用 4 次多项式拟合,因此只需给出拟合多项式的系数即可。表 7-1 给出了设计中所涉及的 12 种材料的具体情况。可以结合后面的关于材料的函数 material.m 深入理解表 7-1 中的内容。

表 7-1　遗传算法中用到的材料参数

材料	参　数	P_4	P_3	P_2	P_1	P_0
1	ε_r,实部	0.0000	−0.0004	0.0129	−0.1382	8.7489
	ε_r,虚部	0.0001	−0.0038	0.0509	−0.2643	0.7960
	μ_r,实部	0.0001	−0.0036	0.0533	−0.4260	3.2494
	μ_r,虚部	0.0001	−0.0026	0.0346	−0.1758	1.1735
2	ε_r,实部	0.0001	−0.0031	0.0432	−0.2708	9.0864
	ε_r,虚部	−0.0001	0.0036	−0.0420	0.1780	0.1556
	μ_r,实部	0.0000	−0.0014	0.0309	−0.3723	3.3142
	μ_r,虚部	0.0000	−0.0007	0.0075	−0.0258	0.9943
3	ε_r,实部	−0.0000	0.0009	−0.0036	−0.0513	7.3471
	ε_r,虚部	0.0000	−0.0009	0.0120	−0.0672	0.4250
	μ_r,实部	0.0001	−0.0033	0.0491	−0.3879	3.0683
	μ_r,虚部	0.0001	−0.0024	0.0322	−0.1567	1.0229
4	ε_r	16.3−1.3i				
	μ_r,实部		−0.0068	0.0545	0.0483	0.1666
	μ_r,虚部		−0.0087	0.1039	−0.4625	2.9279
5	ε_r	24.6−2.3i				
	μ_r,实部		0.0018	−0.0222	−0.1022	2.9637
	μ_r,虚部		0.0037	−0.0714	0.4072	0.0856
6	ε_r	31.8−4.1i				
	μ_r,实部		0.0000	−0.0002	−0.2221	3.3206
	μ_r,虚部		0.0047	−0.0872	0.4936	0.1003
7	ε_r	45.8−6.7i				
	μ_r,实部		0.0054	−0.1016	0.5830	0.1278
	μ_r,虚部		0.0021	−0.0295	−0.1686	3.6877
8	ε_r	64.5−10.5i				
	μ_r,实部		−0.0051	0.0781	−0.6352	4.5959
	μ_r,虚部		0.0080	−0.1532	0.8807	0.0646
9	ε_r	11.1−0.4i				
	μ_r,实部		0.0023	−0.0409	0.1544	0.6672
	μ_r,虚部		−0.0057	0.1247	−0.8831	3.3356
10	ε_r	50−5i				
	μ_r,实部		−0.0304	0.6621	−4.6036	11.5624
	μ_r,虚部		0.0329	−0.5791	2.5952	1.2000
11	ε_r	3−0.1i				
	μ_r	1				
12	ε_r	7−0.5i				
	μ_r	1				

为了在程序中方便引用上述数据,在 MATLAB 中编制了函数 material(index,frequency)。函数的输入参数为材料编号和频率,返回变量为该材料对应的介电常数和磁导率。程序如下所示。

```
function [epsilon mu] = material(index,frequency)
    f_freq = frequency;
switch index    % 根据材料编号,计算材料的电磁参数
```

```
case 1
    p_epr = [0.0000    - 0.0004    0.0129    - 0.1382    8.7489];    % 介电常数拟合系数
    p_epi = [0.0001    - 0.0038    0.0509    - 0.2643    0.7960];    % 介电常数拟合系数
    p_mur = [0.0001    - 0.0036    0.0533    - 0.4260    3.2494];    % 磁导率拟合系数
    p_mui = [0.0001    - 0.0026    0.0346    - 0.1758    1.1735];    % 磁导率拟合系数
    f_mui = polyval(p_mui,f_freq);                                  % 计算磁导率虚部
    f_mur = polyval(p_mur,f_freq);                                  % 计算磁导率实部
    mu = f_mur - i * f_mui;                                         % 磁导率
    f_epi = polyval(p_epi,frequency);                               % 计算介电常数虚部
    f_epr = polyval(p_epr,frequency);                               % 计算介电常数实部
    epsilon = f_epr - i * f_epi;                                    % 介电常数
case 2                                                              % 2 号材料
    p_epr = [  0.0001    - 0.0031    0.0432    - 0.2708    9.0864];
    p_epi = [- 0.0001      0.0036    - 0.0420    0.1780    0.1556];
    p_mur = [  0.0000    - 0.0014    0.0309    - 0.3723    3.3142];
    p_mui = [  0.0000    - 0.0007    0.0075    - 0.0258    0.9943];
    f_mui = polyval(p_mui,f_freq);
    f_mur = polyval(p_mur,f_freq);
    mu = f_mur - i * f_mui;
    f_epi = polyval(p_epi,frequency);
    f_epr = polyval(p_epr,frequency);
    epsilon = f_epr - i * f_epi;
case 3                                                              % 3 号材料
    p_epr = [- 0.0000      0.0009    - 0.0036    - 0.0513    7.3471];
    p_epi = [  0.0000    - 0.0009    0.0120    - 0.0672    0.4250];
    p_mur = [  0.0001    - 0.0033    0.0491    - 0.3879    3.0683];
    p_mui = [  0.0001    - 0.0024    0.0322    - 0.1567    1.0229];
    f_mui = polyval(p_mui,f_freq);
    f_mur = polyval(p_mur,f_freq);
    mu = f_mur - i * f_mui;
    f_epi = polyval(p_epi,frequency);
    f_epr = polyval(p_epr,frequency);
    epsilon = f_epr - i * f_epi;
case 4                                                              % 4 号材料
    p_mui = [- 0.0068      0.0545    0.0483    0.1666];
    p_mur = [- 0.0087      0.1039    - 0.4625    2.9279];
    f_mui = polyval(p_mui,f_freq);
    f_mur = polyval(p_mur,f_freq);
    mu = f_mur - i * f_mui;
    epsilon = (16.3 - 1.3i) * ones(1,length(frequency));
case 5                                                              % 5 号材料
    p_mur = [0.0018    - 0.0222    - 0.1022    2.9637];
    p_mui = [0.0037    - 0.0714    0.4072    0.0856];
    f_mui = polyval(p_mui,f_freq);
    f_mur = polyval(p_mur,f_freq);
    mu = f_mur - i * f_mui;
    epsilon = (24.6 - 2.3i) * ones(1,length(frequency));
case 6                                                              % 6 号材料
    p_mur = [0.0000    - 0.0002    - 0.2221    3.3206];
    p_mui = [0.0047    - 0.0872    0.4936    0.1003];
    f_mui = polyval(p_mui,f_freq);
    f_mur = polyval(p_mur,f_freq);
    mu = f_mur - i * f_mui;
    epsilon = (31.8 - 4.1i) * ones(1,length(frequency));
```

```
case 7                                                        %7号材料
    p_mui = [0.0054    -0.1016     0.5830     0.1278];
    p_mur = [0.0021    -0.0295    -0.1686     3.6877];
    f_mui = polyval(p_mui,f_freq);
    f_mur = polyval(p_mur,f_freq);
    mu = f_mur - i * f_mui;
    epsilon = (45.8 - 6.7i) * ones(1,length(frequency));
case 8                                                        %8号材料
    p_mur = [-0.0051     0.0781    -0.6352     4.5959];
    p_mui = [ 0.0080    -0.1532     0.8807     0.0646];
    f_mui = polyval(p_mui,f_freq);
    f_mur = polyval(p_mur,f_freq);
    mu = f_mur - i * f_mui;
    epsilon = (64.5 - 10.5i) * ones(1,length(frequency));
case 9                                                        %9号材料
    p_mui = [ 0.0023    -0.0409     0.1544     0.6672];
    p_mur = [-0.0057     0.1247    -0.8831     3.3356];
    f_mui = polyval(p_mui,f_freq);
    f_mur = polyval(p_mur,f_freq);
    mu = f_mur - i * f_mui;
    epsilon = (11.1 - 0.4i) * ones(1,length(frequency));
case 10                                                       %10号材料
    p_mur = [-0.0304     0.6621    -4.6036    11.5624];
    p_mui = [ 0.0329    -0.5791     2.5952     1.2000];
    f_mui = polyval(p_mui,f_freq);
    f_mur = polyval(p_mur,f_freq);
    mu = f_mur - i * f_mui;
    epsilon = (50 - 5i) * ones(1,length(frequency));
case 11                                                       %11号材料
    mu = ones(1,length(frequency));
    epsilon = (3 - 0.1i) * ones(1,length(frequency));
case 12                                                       %12号材料
    mu = ones(1,length(frequency));
    epsilon = (7 - 0.5i) * ones(1,length(frequency));
end
```

7.5.4 多层吸波材料的遗传算法设计

考虑采用5层媒质实现8~12GHz频段下的吸波材料,则对应的自由变量个数为10个。其中材料变量取1~12的整数,为整型变量;限制吸波材料的厚度不超过3mm,则平均每层的厚度小于0.6mm。因此,各个厚度变量的取值范围为[0,0.6]。据此,编制主程序,实现遗传算法,代码如下。该程序可以实现对目标函数即电磁波反射系数的最小化。

```
TEorTM = 01;                          % 电磁波模式,1表示TE,0表示TM
freq = linspace(8,12,100);            % 频率,单位是GHz
CtrlAngInc = 0;                       % 电磁波的入射角度,0表示垂直入射
NIND = 90;                            % 种群数量
MAXGEN = 300;                         % 最大迭代的代数
Nlayer = 5;                           % 吸波材料的层数,这里是5层
TThick = 3;                           % 吸波层厚度限制为最大3mm
LThick = TThick/Nlayer;               % 每一层的平均厚度限制
```

```
NVAR = 2 * NLAYER;                                      % 自由变量的个数,10 个
MAT = 12;                                               % 构成吸波材料的材料种类,12 种
LB = repmat([1,0],[1,NLAYER]);                          % 设置各层的变量下限
UB = repmat([MAT,LThick],[1,NLAYER]);                   % 设置各层的变量上限
OPTIONS = gaoptimset('PopulationSize',NIND,'TolFun',1e - 10,'Generations',MAXGEN);
                                                        % 设置遗传算法的选择项参数
f = @(x)ObjRefl(x,TEorTM,freq,CtrlAngInc,Nlayer);      % 遗传算法的目标函数
[x fval] = ga(f,NVAR,[],[],[],[],LB,UB,[],[1:2:2 * Nlayer],OPTIONS);   % 运行遗传算法
[ObjV refl_freq] = ObjRefl(x,TEorTM,freq,CtrlAngInc,NLAYER);
r = abs(refl_freq);
optr = 20 * log10(r);
plot(freq,optr,'r'); hold on;
material_no = x(1,[1:2:2 * Nlayer])
material_thick = x(1,[2:2:2 * Nlayer])
```

程序中涉及的目标函数是电磁波入射到吸波材料时的反射系数,如下所示。

```
function [REFLECTION refl_freq] = ObjRefl(x,TEorTM,freq,CtrlAngInc,NLayer)
    c = 3e8;                                            % 光速
    REFLECTION = [ ];
    theta = CtrlAngInc;                                 % 入射角度
    eta0 = 120 * pi;                                    % 真空中的波阻抗
    zl = 0;                                             % 负载阻抗的初值,设置为 0
    for   layer = 1:NLayer
        index = 2 * (NLayer - layer) + 1;              % 最里层的材料编号在变量 x 中的位置
        mindex = x(index);                             % 取出材料编号
        [eps mu] = material(mindex,freq);             % 计算材料的参数
        k0 = 2 * pi * freq * 1e9/c;                   % 计算 k0,真空中的波数
        kzi = k0 . * sqrt(mu . * eps - (sin(theta))^2);  % 计算材料中 z 方向的波数
        kzi = (real(kzi)> 0). * kzi - (real(kzi)< 0). * kzi;   % 确保 kzi 的实部为正数
        if TEorTM == 1                                % 电磁模式
            zc = 2 * pi * freq * 1e9. * mu * 4 * pi * (1e - 7)./kzi;  % TE 模式的特征阻抗
        else
            zc = kzi./(2 * pi * freq * 1e9. * (eps) * 8.854 * (1e - 12));  % TM 模式的特征阻抗
        end
            thickness = (x(index + 1)) * 1e - 3;     % 取出当前材料的厚度数据
        if layer == 1                                 % 判断是否是背覆金属的那一层
            zi = j * zc. * tan(kzi * thickness);     % 背覆金属的那一层,输入阻抗
        else
            zi = zc. * (zl + j * zc. * tan(kzi * thickness))./(zc + j * zl. * tan(kzi * thickness));
                                                      % 其他层,对应的输入阻抗计算
        end
        zl = zi;                                      % 新的负载阻抗为刚刚计算的输入阻抗
    end                                               % 转到下一层,重新计算
    if TEorTM == 1
        zc = eta0/cos(theta);                         % TE 模式,空气对应的特征阻抗
    else
        zc = eta0 * cos(theta);                       % TM 模式,空气对应的特征阻抗
    end
    reflect = (zl - zc)./(zl + zc);                   % 计算反射系数
    REFLECTION = reflect;
    refl_freq = reflect;                              % 不求和
    REFLECTION = (max(abs(REFLECTION)'))';            % 求最大值,并作为目标函数
```

在上述程序中,取反射系数的最大值作为目标函数。由于遗传算法是对目标函数求最小值,因

此,在运行遗传算法之后,可以得到一个反射系数普遍较小的优化结果。当然,也可以根据自己的需要,设置其他的目标函数。例如,可以选择平均的反射系数作为目标函数,则遗传算法可以得到平均反射系数很小的优化结果,此时,可以用下面的语句替换上述程序中的最后一条语句。

```
REFLECTION = sum(abs(REFLECTION)')'/length(freq);          % 求和且平均
```

此外,本程序具备计算斜入射时反射系数的功能。因此,也可以以某些特定角度下的反射系数作为目标函数,从而使得吸波材料具有宽角度功能。在此不一一赘述。

经过遗传算法优化之后得到的吸波材料,其对应的材料编号和厚度如表 7-2 所示。

表 7-2   经过遗传算法优化得到的吸波材料配置

参　　数	第 1 层	第 2 层	第 3 层	第 4 层	第 5 层
材料编号	3	1	11	5	8
材料厚度/mm	0.3962	0.5517	0.6000	0.4051	0.4061

该优化后的吸波材料对应的反射系数曲线如图 7-15 所示。

从图 7-15 中可以看出,优化之后的吸波材料在 8～12GHz 频段内都具有非常小的反射,而且其厚度不足 3mm(2.3591mm),即最短工作波长的 1/8。作为对照,考虑由等厚度的 5 种材料构成的吸波涂层,总厚度 3mm,随机选择此 5 种材料为 2、4、3、8、7,则对应的反射系数如图 7-16 所示。对比可知,遗传算法可以大大提升吸波材料的性能。

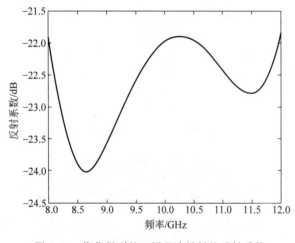

图 7-15   优化得到的 5 层吸波材料的反射系数   图 7-16   未优化的吸波材料对应的反射系数

遗传算法在初始种群的选择上具有随机性,因此每次运行遗传算法,得到的结果并不相同。表 7-3 所示是遗传算法给出的另外一组优化结果。

表 7-3   另外一组优化参数

参　　数	第 1 层	第 2 层	第 3 层	第 4 层	第 5 层
材料编号	6	1	4	2	11
材料厚度/mm	0.1856	0.4900	0.1878	0.5443	0.4262

图 7-17 给出的是对应的反射系数随频率变化的情况。与前面的结果相比,该吸波涂层的厚度为 1.8339mm,但是吸波性能并没有显著的下降。

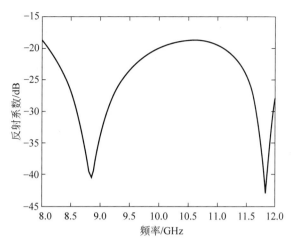

图 7-17   第二次优化得到的 5 层吸波材料的反射系数

7.5.5   均匀介质层的斜入射传输线理论模型计算

前面所优化设计的吸波材料,电磁波是垂直入射的,相对比较简单。本节针对电磁波斜入射的情况进行分析。所使用的吸波材料包括三层,其中第一层材料和第三层材料为磁性材料,中间层的材料为普通电介质;电磁波以 45°入射角斜入射下的三层结构示意图如图 7-18 所示。相应的 TE 和 TM 极化下的仿真和理论计算值如图 7-19 所示。

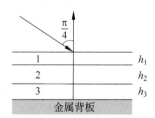

图 7-18   45°斜入射三层结构示意图

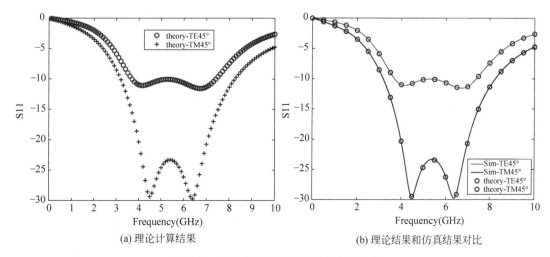

(a) 理论计算结果   (b) 理论结果和仿真结果对比

图 7-19   理论计算和实际仿真结果对比图

根据 7.5.1 节的论述,采用等效传输线的方法进行分析。由于层数较少,所以采用直接编程计算的方法。如果层数较多,可以考虑采用循环语句进行优化,读者可以根据各自的情况加以修改。

MATLAB 程序如下:

```matlab
theta = pi/4;                                              % 入射角
freq = [0.1:0.1:10];                                       % 频率范围,GHz
% 材料 1 参数,相对介电常数实部、虚部、磁导率实部,虚部的多项式拟合形式
ere1 = 0.0009 * freq.^3 − 0.0123. * freq.^2 − 0.0603 * freq + 22.8368;
eim1 = − 0.0002 * freq.^3 + 0.0004 * freq.^2 + 0.0546 * freq + 1.1376;
e1 = ere1 − 1j. * eim1;                                    % 介电常数
ure1 = 0.0000 * freq.^3 + 0.0025 * freq.^2 − 0.1195 * freq + 2.2147;
uim1 = − 0.0006 * freq.^3 + 0.0187 * freq.^2 − 0.1739 * freq + 1.1132;
u1 = ure1 − j * uim1;                                      % 磁导率
e2 = 4.4;                                                  % 材料 2 的介电常数
u2 = 1;                                                    % 材料 2 的磁导率
% 材料 3 参数,相对介电常数实部、虚部、磁导率实部,虚部的多项式拟合形式
ere3 = 0.0036 * freq.^3 − 0.0219. * freq.^2 − 2.3739 * freq + 159.7637;
eim3 = − 0.0201 * freq.^3 + 0.4395 * freq.^2 + 0.7014 * freq + 16.5353;
e3 = ere3 − 1j. * eim3;                                    % 介电常数
ure3 = − 0.0012 * freq.^3 + 0.0581 * freq.^2 − 1.0575 * freq + 7.4895;
uim3 = − 0.0011 * freq.^3 + 0.0299 * freq.^2 − 0.3192 * freq + 3.8654;
u3 = ure3 − j * uim3;                                      % 磁导率
Z0 = 120 * pi;                                             % 真空中的波阻抗
h1 = 0.0004;                                               % 第一种材料的厚度
h2 = 0.004;                                                % 第二种材料的厚度
h3 = 0.0005;                                               % 第三种材料的厚度
c = 3e8;                                                   % 真空中的光速
lambda = c./freq/1e9;                                      % 真空波长
k0 = 2 * pi./lambda;                                       % 真空波数
omega = 2 * pi * freq * 1e9;                               % 角频率
u0 = 4 * pi * 1e − 7;                                      % 真空中的磁导率
ep0 = 8.854e − 12;                                         % 真空中的介电常数
beta = k0. * sqrt(e3. * u3 − (sin(theta))^2);              % 第三层的相移常数
Zc = omega. * u3 * u0./beta;                               % 第三层的特征阻抗
Zl = j. * Zc. * tan(h3. * beta);                           % 第三层的输入阻抗
beta = k0. * sqrt(e2. * u2 − (sin(theta))^2);              % 第二层的相移常数
Zc = omega. * u2 * u0./beta;                               % 第二层的输入阻抗
Zl = Zc. * (Zl + j * Zc. * tan(beta * h2))./(Zc + j * Zl. * tan(beta * h2)); % 第二层的输入阻抗
beta = k0. * sqrt(e1. * u1 − (sin(theta))^2);              % 第一层的相移常数
Zc = omega. * u1 * u0./beta;                               % 第一层的特征阻抗
Zl = Zc. * (Zl + j * Zc. * tan(beta * h1))./(Zc + j * Zl. * tan(beta * h1)); % 第一层的输入阻抗
Z0 = Z0./cos(theta);                                       % 真空中的特性阻抗
S11 = (Zl − Z0)./(Zl + Z0);                                % 反射系数
S11 = 20 * log10(abs(S11));                                % 取 dB 为单位
plot(freq,S11,'ro','LineWidth',1.5);                       % 绘制曲线
% TM45° 计算
beta = k0. * sqrt(e3. * u3 − (sin(theta))^2);              % 第三层的相移常数
Zc = beta./omega./e3/ep0;                                  % 第三层的特征阻抗
Zl = j. * Zc. * tan(h3. * beta);                           % 第三层的输入阻抗
beta = k0. * sqrt(e2. * u2 − (sin(theta))^2);              % 第二层的相移常数
Zc = beta./omega./e2/ep0;                                  % 第二层的特征阻抗
Zl = Zc. * (Zl + j * Zc. * tan(beta * h2))./(Zc + j * Zl. * tan(beta * h2)); % 第三层的输入阻抗
beta = k0. * sqrt(e1. * u1 − (sin(theta))^2);              % 第一层的相移常数
```

```
Zc = beta./omega./e1/ep0;                                          % 第一层的特征阻抗
Zl = Zc.*(Zl + j*Zc.*tan(beta*h1))./(Zc + j*Zl.*tan(beta*h1));    % 第一层的输入阻抗
Z0 = 120*pi.*cos(theta);                                           % 真空中的特性阻抗
S11 = (Zl − Z0)./(Zl + Z0);                                        % 反射系数
S11 = 20*log10(abs(S11));                                          % 取 dB 为单位
hold on;
plot(freq,S11,'b + ','LineWidth',1.5);                             % 绘制曲线
xlabel('Frequency(GHz)');                                          % 横轴标注
ylabel('S11');                                                     % 纵轴标注
legend('theory − TE45°','theory − TM45°');                         % 图例
```

7.6 其他优化算法及其应用

从前面介绍的优化工具箱 optimtool 可以看出,除了遗传算法之外,该工具箱还支持其他的优化算法,如 fmincon(受限制的非线性最小化)、fsolve(非线性方程求解)、lsqcurvefit(非线性曲线拟合)、simulannealbnd(模拟退火)等。与遗传算法相类似,通过在图形界面下进行参数的设定,很容易实现求最小值、方程求解、曲线拟合等功能。对于这些算法,在此不一一赘述,读者可以参照遗传算法的内容自行学习,并通过 MATLAB 联机帮助提供的实例熟练掌握。

7.7 小结

本章利用 MATLAB 下的遗传算法工具对电磁理论中的优化和仿真问题进行了讨论。首先对 MATLAB 下遗传算法的两种方式,即图形界面方式和脚本方式进行了详细的说明;然后利用该工具箱对数学上的函数极值问题进行了分析;最后,针对多层电磁吸波材料设计中的优化问题,给出了一个具体的实例,展示了如何使用解析方法分析、计算此类问题。MATLAB 下实现优化的工具很多,大家可以在遗传算法的基础上,"照葫芦画瓢"开展自学,并做到触类旁通。

第8章 MATLAB与人工电磁材料

关于人工电磁材料(Metamaterial)的研究是 21 世纪以来电磁领域的热点之一。近年来,一种二维的新型人工电磁材料,即人工电磁超表面(Metasurface),也引起了人们的广泛关注。本章介绍人工电磁材料的定义、分类、应用、实现以及与之相关的基础理论,即等效媒质理论,并探讨 MATLAB 在其中的应用。

8.1 人工电磁材料的定义

新型人工电磁材料,也称为人工超材料,是 21 世纪初兴起的人工复合结构功能材料。

2001 年,美国德州大学奥斯汀分校的 Rodger Walser 首先使用了 metamaterial 这一词,并且将其表述为"macroscopic composites having a man made, three-dimensional, periodic cellular architecture designed to produce an optimized combination, not available in nature, of two or more responses to specific excitation",即"宏观复合材料,具有人工制造的、三维、周期性结构,用于产生自然界所不具有的、针对特定激励的、两种或者两种以上响应的优化组合"。

美国国防部高级研究计划局(DARPA)在其关于人工电磁材料的项目中描述 "Metamaterials are a new class of ordered composites that exhibit exceptional properties not readily observed in nature",翻译成中文即"人工电磁材料是一种新型的、具有有序结构的复合材料,对外展现出超乎寻常的特性"。

互联网上维基百科则这样定义人工电磁材料,"a material which gains its properties from its structure rather than directly from its composition",也就是"人工电磁材料的性质来自于其结构,而非它的组成成分"。

根据百度百科的定义,"超材料"是指一些具有天然材料所不具备的超常物理性质的人工复合结构或复合材料。通过对材料的关键物理尺度上的结构有序设计,可以突破某些表观自然规律的限制,从而获得超出自然界固有的普通性质的超常材料功能。

从上述定义可以看出,人工超材料或人工电磁材料具有以下几个特点:超常规的物理性质;周期或准周期的人工单元结构;材料的宏观电磁性质主要取决于其单元结构,而不是材料本身的性质。由于人工电磁材料可以实现对电磁波的超常控制能力,具备很多新异的电磁特性,因此获得了科研领域的极大关注。美国

《科学》杂志在2003年、2006年先后两次将人工电磁材料(其中的左手材料)以及基于这种材料实现的电磁隐形衣列为当年全球十大科技进展。

狭义上讲,最初的人工电磁材料指具有负折射率(Negative Refractive Index,NRI)的所谓左手材料(Left-Handed Material,LHM),由于电磁波在其中传播时,电场、磁场以及波矢呈左手关系而得名,也称为后向波材料(Backward Wave Material,BWM)、双负材料(Double Negative Material,DNM)等,最早由苏联学者Veselago系统提出。Veselago预言了该种材料所具有的不同寻常的电磁特性,如负折射现象(2001年首次被实验验证)、逆切伦科夫辐射(2009年被实验验证)、逆多普勒效应等。后面的研究发现,左手材料还具有其他的新异特性,如逆古斯-汉欣位移、倏逝波放大、完美透镜效应等。

随着研究工作的深入,人工电磁材料的范围已经远远超出了左手材料或者负折射率的范围。目前研究者所广泛认同的新型人工电磁材料,应该涵盖所有由人工周期/非周期单元结构组成的、具有新颖电磁特性的人工功能复合材料,如渐变折射率材料(GRaded INdex material,GRIN)、极限参数电磁材料(如介电常数近零材料,Epsilon Near Zero,ENZ;磁导率近零材料,Mu Near Zero,MNZ等)、左手/右手复合传输线材料、电磁特性可控材料等。从这个意义上来讲,人工电磁材料实际上也包含了人们已经广泛研究的光子晶体材料(Photonic Crystal,PC)、电磁带隙材料(Electromagnetic Band Gap,EBG)、频率选择表面(Frequency Selective Surface,FSS)等。

8.2 人工电磁材料的分类

人工电磁材料的分类众多,根据材料电磁特性的不同,可以按照介电常数、磁导率取值的大小,将材料分为普通材料,左手材料(具有负的介电常数和磁导率,从而具有负的折射率),零折射率材料(具有零介电常数或者磁导率,从而具有零折射率),零介电常数、甚大介电常数材料,零磁导率、甚大磁导率材料,甚大折射率材料,渐变折射率材料等。理想导体、理想导磁体可以分别看作介电常数、磁导率为无穷大的材料。这些材料各自有不同的电磁特性,具有不同的特殊用处。

按照实现方式的不同,可以将人工电磁材料分为传输线型人工电磁材料、块状人工电磁材料、人工电磁超表面等。

按照工作方式不同,可以分为谐振型与非谐振型人工电磁材料。前者工作在谐振区域附近,电磁参数变化范围较大,但频带较窄,损耗也较大;后者远离谐振区域,有较宽的频带,损耗较小,但参数变化范围也小。

目前所研究的人工电磁媒质基本上都属于"静态型",即材料的电磁参数不随时间发生变化。人们对电磁参数的调控,大多数是通过对单元结构中几何参数的调整来实现。考虑到时间和空间变量的等效性和一致性,如果对人工电磁材料单元的特定参数进行动态调制,引入时变元素,必定会对人工电磁材料的设计引入更多的灵活性和自由度,并极大地拓展人工电磁材料的研究范围。这就是新型时变人工电磁材料。图8-1给出了人工电磁材料的分类示意图和演进。

此外,还可以按照工作频段、参数是否可控、空间维数、各向同性/异性等,进行更加详细的划分,在此不再赘述。

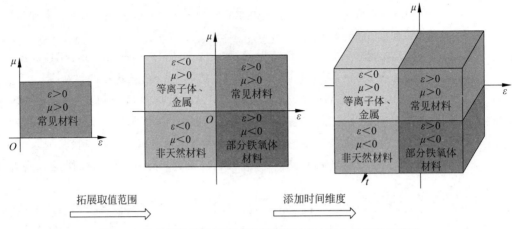

图 8-1 从普通材料到超材料再到新型时变人工电磁材料的演进

8.3 人工电磁材料的代表性应用

由于具有可控电磁参数,且这些参数在自然界中不存在或不易发现,因此,人工电磁材料具有重要的用途。下面简单列举几个具有代表性的具体应用。

8.3.1 高性能天线

基于人工电磁材料对电磁波的超强控制能力,可以用来设计各种高性能天线。

例如,Enoch 等基于零折射率材料设计的天线具有很强的方向性。图 8-2 给出了电磁波与零折射率材料交互的情况。图 8-2(a)显示,位于零折射率材料中的点源,其辐射的电磁波大都以垂直于材料表面的方向辐射出去,具有高方向性。这是因为电磁波从材料边界透出的时候,受折射定律限制,满足 $n_i\sin\theta_i = n_t\sin\theta_t$,$n_i \approx 0$ 导致折射角近似为零,从而使得电磁波垂直于表面出射。图 8-2(b)显示,当采用零折射率材料覆盖点源时,只有较小角度范围的电磁波可以透射进入材料,在材料内部传输,并垂直于材料表面辐射;其他角度范围的电磁波均被材料反射,进入不到材料内部。这是由于在左侧分界面处,零折射率材料的临界角近似为零,从而造成大部分电磁波被全反射的缘故。而进入到材料内部的电磁波,基于与图 8-2(a)同样的道理,可以高定向性辐射。

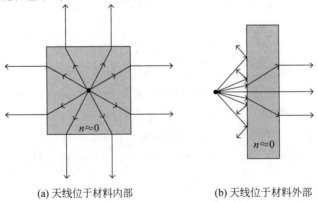

(a) 天线位于材料内部   (b) 天线位于材料外部

图 8-2 零折射率材料与电磁波的交互

基于上述原理,都可以设计和加工高指向性天线。

也可以利用人工电磁材料实现半反半透屏,实现高定向性天线。如图 8-3 所示,将微带天线作为激励源,放置在金属接地板和半反半透屏之间。电磁波在两个屏之间来回反射,并有部分电磁波透射出去。

当两个平行面板之间满足如下相位条件时,即

$$-2k_0h + \pi + \phi = 2m\pi \tag{8-1}$$

其中:m 为整数;ϕ 是半反半透屏的反射相位。

此时,沿轴线方向传播的电磁波不断得到加强,并最终沿平行板的法线方向辐射出去,形成高定向性天线。这里的工作原理与激光器有相似的地方。如果能够控制屏的反射相位 ϕ,还可以使得两个平板之间的距离缩小,从而减小天线的总尺寸。

此外,将变换光学论引入到天线设计中也能得到许多精巧的设计。图 8-4 给出的就是这样一个例子。图 8-4(a)所示是经典的抛物面天线示意图。激励天线位于焦点处,其辐射的电磁波被抛物面反射后,以平行波束的形式向远方传播。变换光学理论可以将上述天线所在区域进行变形,从而将抛物面天线拉伸成一条直线,如图 8-4(b)所示。同时,在图中阴影部分填充经过设计、计算的人工电磁材料,即可完成与抛物面天线完全相似的功能。基于这种理论,还可以将"抛物面"天线转换成其他所需的形状,极具灵活性和实用性。

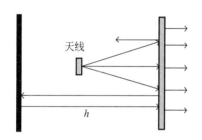

h

图 8-3　利用半反半透屏实现高定向性天线

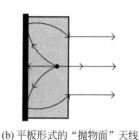

(a) 抛物面天线　　(b) 平板形式的"抛物面"天线

图 8-4　利用变换光学理论设计平板天线

另外,人工电磁材料在电小尺寸天线方面也具有重要的应用。基于隐形机理有人还提出了能够适用于复杂电磁环境的高性能隐形天线,并从数值上进行了仿真。这些天线都具有很好的应用前景。

8.3.2　电磁隐形衣

由于人工电磁材料具有特异性质,因此,基于这些电磁材料的新型器件研究也是人们关注的焦点。然而,长期以来并没有一个系统的方法论来支持这些器件的设计。2006 年,Pendry 等首次将变换光学引入到电磁隐形衣的设计中,得到了理论上最为优雅的隐形器件的设计。当电磁波照射到隐形衣时,电磁波将被沿着隐形衣的外层导引,而进入不到隐形区域;在离开隐形衣区域后,电磁波又可以恢复到入射前的状态,就像空间不存在任何障碍一样。2006 年 11 月,杜克大学的研究小组以人工电磁材料为基础,从实验上验证了该器件的可行性,从而彻底改变了隐形衣的设计现状。自此以后,针对电磁隐形衣的研究在全球范围内如火如荼地开展起来,历史上曾经研究过的多种隐形机制,又再一次重新焕发了活力,科学界掀起了"隐形"的热潮。

众所周知,基于变换光学理论所设计的电磁器件,其材料分布大多是非均匀、各向异性的,且有可能有奇异值存在,因此在实际应用中受到了很大的限制。这也就是基于变换光学理论的器件很难得到应用的一个原因。为了解决这个矛盾,Pendry 和 Li 等提出了所谓的准保角变换的理论,通过对变换函数进行优化,得到了一个"最优"的变换形式,基于这个理论所设计的电磁器件,其材料分布可以近似用非均匀、各向同性的材料来实现,也就是渐变折射率 GRIN 材料。此概念一经提出,很快在隐形地毯等领域得到了广泛的应用,成为大家关注的一个焦点。

事实上,Leonhardt 与 Pendry 在几乎同一时期提出了另外一种电磁隐形装置,这就是基于保角变换的隐形衣。尽管从本质上来看,二者都是基于坐标变换的机理,但是由于保角变换的特殊性,基于这种"光学保角变换"理论设计的装置具有各向同性的特点,相对容易实现。其缺点在于该隐形衣与电磁波的极化形式相关,且一般只能工作在二维情况下。

人工电磁超表面的出现也为设计超薄隐形地毯提供了可能,其大致工作原理是:利用人工电磁表面搭建一个可以与目标共形的超薄结构,该结构由电磁材料的单元组成,控制单元的几何尺寸以达到对反射相位的有效控制,从而实现当电磁波从头顶方向入射时,保证反射波沿原路返回,就像电磁波照射在一个平板上的效果一样。图 8-5 给出了这样的一个示意图。2015 年,美国加利福尼亚大学伯克利分校研究团队给出了光波段的三维皮肤隐形衣。他们运用纳米天线阵列对不规则物体表面相位进行调控,调控后的反射现象与镜面反射类似,从而实现隐形。该文章发表在美国《科学》杂志上,引起了广泛关注。

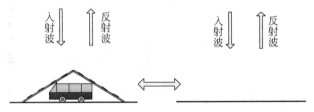

图 8-5　超薄隐形地毯示意图

纵观近年来电磁隐形衣的发展,以下几个趋势十分明显。

(1) 隐形机理多样化。尽管 Pendry 提出的隐形机制是基于变换光学的,而且这一方法也是迄今研究最为充分的一种,但其他隐形机制也先后被提出,典型的如 Engheta 等所提出的散射相消理论,Milton 等提出的反常本地谐振等。另外,通过在散射体周围布置有源的信号发射装置来抵消入射电磁波的影响,从而在散射体周围产生一个"静寂区",也可以有效实现隐身效果。

(2) 隐形频段广泛化。最早提出的隐形理论是针对微波展开的,但随着变换光学理论的成功应用,隐形的频段迅速向远红外、近红外、红外以及可见光波段发展,并且在近年来出现了重大突破。而将变换光学的理论应用到声学、热学领域,实现声学、热学隐形,也是一个重要的研究方向。此外,科学家还提出了针对物质波的隐形理论,极大地丰富了理论的应用范围。与此同时,考虑到时空坐标的类比,科学家们还提出了所谓的"历史编辑器",即实现时间域的隐形,并通过对光纤中的信号传输进行调控开展了验证。

(3) 工作带宽从点频到宽带过渡。Pendry 等所提出的隐形衣,从理论上来讲,只是对某一个频率适用,由于材料色散的影响,宽频带的隐形衣一直是一个巨大的挑战。但这个问题正在逐步得到改善,如采用多层结构,增加自由度的方法;采用可控人工电磁材料的方法,动态调制隐形衣的工作频段;采用其他隐形技术,如散射相消理论的方法;以及最近取得重大突破的光学、宽频隐形衣,采用普通介质材料所设计的微波段地毯式隐形衣等。

（4）从封闭的内部隐形衣向半开放的隐形衣乃至外部隐形衣过渡。理想的隐形大衣,隐形区域与外部完全电磁隔离,在实现了隐形的同时,也隔绝了内外的通信,这在大多数情况下都是人们所不希望看到的。因此,近年来提出了所谓的开放式的隐形衣,可以初步解决内、外通信的问题。最新的进展是所谓的外部隐形衣,即隐形衣在待隐形物体的外部,不需要包裹待隐形物体,但依然可以实现隐身效果。这从根本上解决了被隐形物体的通信问题。但由于隐形衣材料参数过于复杂,距离实际应用还有一段距离。基于这种方法,科学家们甚至可以实现"大变活人"的"幻觉光学",即将一种物体的散射图案变换为其他物体的散射样式,从而实现伪装的功能,这在军事领域具有重大的应用前景。前述的有源隐形机理,也可以实现外部隐形衣的功能,缺点是需要事先知道探测电磁波的电磁特性。

（5）从磁性隐形衣到非磁性隐形衣的转变。利用变换光学所设计的隐形大衣,一般来讲都是由磁性材料构成,在光学频段很难实现(几乎所有的材料,在光学频段,对磁的响应都非常弱)。因此,设计非磁性的隐形衣也是一个重要的研究方向。

（6）理论研究向实用化发展。任何一个理论,如果没有实际应用价值,那也不会有光明的前途,对隐形衣也是如此。因此,电磁隐形衣的另外一个研究趋势,就是逐步从理论研究向实验原形加工、实验测量过渡。因此,2010 年以来,高级别刊物发表的关于隐形的文章,绝大多数都包含实验的环节,而纯粹理论的研究,除非有重大的理论创新,否则都被拒之门外,相关文章的投稿也会受到更加严格的评审。除此之外,变换光学的应用范围,也迅速扩大开来,已经覆盖到电磁理论的各个应用领域。

除了上述的几个明显趋势,关于电磁隐形衣的研究,以下几个方向也值得考虑:无源器件向有源器件的转变(器件有源、无源);无"源"空间向有"源"空间的转变(虚拟空间有无电磁源);极化相关向极化无关转变;设计方式由点扩展向线扩展、面扩展转变;虚拟空间由欧氏空间向非欧氏空间转变;隐形材料由理想参数向实际参数转变;可控型电磁隐形衣、虚拟空间复杂化等也是研究的重要领域。

8.3.3　亚波长成像

亚波长成像,也称为超分辨率成像。在利用人工电磁材料实现亚波长成像之前,首先介绍一下衍射极限的问题。

1. 衍射极限

电磁波照射到物体所在平面如 xOy 平面,会发生衍射等现象,并最终在像平面上成像,如图 8-6 所示。物面和像面之间,电磁波必须满足波动方程,或者说是亥姆霍兹方程,即

$$\Delta \boldsymbol{E} + k^2 \boldsymbol{E} = 0 \qquad (8\text{-}2)$$

不管 $\boldsymbol{E}$ 的形式多么复杂,都可以用均匀平面波的形式求和得到,这实际上就是二维傅里叶变换的结果,即

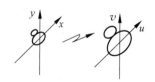

图 8-6　电磁成像示意图

$$\boldsymbol{E} = \iint \boldsymbol{E}(k_x, k_y) \mathrm{e}^{-\mathrm{j}(k_x x + k_y y + k_z z)} \, \mathrm{d}k_x \, \mathrm{d}k_y \qquad (8\text{-}3)$$

其中：$k_x^2 + k_y^2 + k_z^2 = k^2$，$k$ 是无界空间中的波数。

因此

$$\begin{cases} k_z = \sqrt{k^2 - k_x^2 - k_y^2}, & k^2 \geqslant k_x^2 + k_y^2 \\ k_z = -\mathrm{j}\sqrt{k_x^2 + k_y^2 - k^2}, & k^2 < k_x^2 + k_y^2 \end{cases} \tag{8-4}$$

所以有

$$\boldsymbol{E} = \iint \boldsymbol{E}(k_x, k_y) \mathrm{e}^{-\mathrm{j}(k_x x + k_y y)} \mathrm{e}^{-\mathrm{j}k_z z} \, \mathrm{d}k_x \, \mathrm{d}k_y \tag{8-5}$$

从傅里叶变换的性质可知，k_x，k_y 是空间角频率，其大小反映了图像在空间的变化；k_x，k_y 越大，反映图像在空间的细节越多；从式(8-4)可以看出，k_x，k_y 越大，k_z 越小；当 k_x，k_y 大到一定程度时，k_z 为纯虚数；结合式(8-5)可以看到，此时的均匀平面波是沿 z 方向衰减的波(也称为倏逝波)。由此可见，反映图像细节的信息很难传到像平面成像；到达像平面的电磁波能够反映的最大或者最多的细节，就是 $k_x = k$ 或者 $k_y = k$ 对应的情形，此时，物面上图像的变化大致为一个波长的量级(可以将图像想象为一个周期性的、黑白相间的棋盘格子)。这就是所谓的衍射极限。图像上小于波长的细节信息都传输不到像平面，因而也不可以被识别。

受上述衍射极限的限制，普通光学透镜的分辨率都存在一个下限，即透镜的工作波长。这个极限的存在，对于提高光学存储器的容量，提高集成电路的集成度等，都构成了极大的挑战。长期以来，人们提出了众多方法来提高其分辨率，如将透镜浸入油中以降低工作波长；另外，在光盘存储中，使用蓝光等短波长技术等。Pendry首先发现了左手材料的亚波长成像性质，并进行了详细的研究，从而掀开了人工电磁材料广泛应用于亚波长成像领域的序幕。

2. 利用左手材料实现亚波长成像

图8-7给出了左手材料超分辨率成像的示意图。在左手材料内部，由于波矢的法向与能流密度的方向相反，因此，式(8-4)在左手材料内部，需要修改为

$$\left. \begin{array}{l} k_z = -\sqrt{k^2 - k_x^2 - k_y^2} \\ k_z = \mathrm{j}\sqrt{k_x^2 + k_y^2 - k^2} \end{array} \right\} \tag{8-6}$$

由式(8-6)可知，对于空间分辨率很高的电磁波分量，当 k_x，k_y 很大时，也就是式(8-6)中的第二种情况，此时，对应的平面波分量，结合式(8-5)，应该为

$$\boldsymbol{E}(k_x, k_y) \mathrm{e}^{-\mathrm{j}(k_x x + k_y y)} \mathrm{e}^{\sqrt{k^2 - k_x^2 - k_y^2} z} \tag{8-7}$$

或者说，这些包含图像细节的信息非但没有衰减，而且在左手材料内部呈现放大的现象，也就是所谓的"倏逝波"放大。因此，左手材料可以实现超越衍射极限的超分辨率成像，如图8-7所示。图8-7(a)给出了一个负折射率材料成像过程中的场量的大小变化。从中可以看出，在正折射率材料中，包含图像细节的波沿透镜轴线方向衰减；但是进入到负折射率材料透镜之后，该电磁波的幅度逐渐增大；透射出透镜的电磁波，幅度继续衰减，但可以进入焦点处成像。正是因为包含有图像的细节信息，所以负折射率透镜可以实现"完美成像"。图8-7(b)展示的是左手材料透镜经过两次汇聚成像的机理。

Pendry之后，Zhang等从实验上验证了完美透镜的存在；Jacob等提出了所谓的hyperlens，该透镜基于各向异性人工电磁材料双曲型的色散曲线，可以容纳更多的倏逝波成分，因此可以大幅度提高

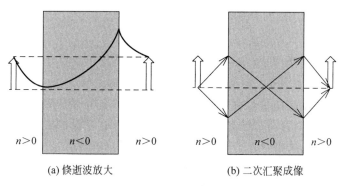

(a) 倏逝波放大	(b) 二次汇聚成像

图 8-7　左手材料超分辨率成像示意图

分辨率；Tsang 等提出了基于变换光学理论的完美透镜，并进行了数值仿真。

3. 双曲线型色散材料与超级透镜

首先考虑二维场景下各向异性材料中的色散方程。参考图 8-8，研究 TE^z 模式，则相关的电磁场分量为 E_x，E_y，H_z，相应的材料参数为 ε_x，ε_y，μ。

由麦克斯韦方程组，$\nabla \times \boldsymbol{E} = -\mathrm{j}\omega\mu H_z \boldsymbol{e}_z$ 和 $\nabla \times \boldsymbol{H} = \mathrm{j}\omega\boldsymbol{\Lambda}(\varepsilon_x, \varepsilon_y, \varepsilon_z)\boldsymbol{E}$，得到如下等式，即

$$\frac{\partial}{\partial x}(E_y) - \frac{\partial}{\partial y}(E_x) = -\mathrm{j}\omega\mu H_z \tag{8-8}$$

$$\frac{\partial H_z}{\partial y} = \mathrm{j}\omega\varepsilon_x E_x \tag{8-9}$$

$$\frac{\partial H_z}{\partial x} = -\mathrm{j}\omega\varepsilon_y E_y \tag{8-10}$$

考虑式(8-9)和式(8-10)，将电场分量用磁场表示，并代入式(8-8)，则得到关于磁场 z 分量的方程为

$$\frac{1}{\varepsilon_y}\frac{\partial}{\partial x}\left[\frac{\partial H_z}{\partial x}\right] + \frac{1}{\varepsilon_x}\frac{\partial}{\partial y}\left[\frac{\partial H_z}{\partial y}\right] = -\omega^2\mu H_z \tag{8-11}$$

考虑均匀平面波模式，即 $H_z = H_0 \mathrm{e}^{-\mathrm{j}(k_x x + k_y y)}$，代入式(8-11)，整理可以得到

$$\frac{k_x^2}{\varepsilon_{ry}} + \frac{k_y^2}{\varepsilon_{rx}} = k_0^2\mu_r \tag{8-12}$$

即

$$\frac{k_x^2}{k_0^2\varepsilon_{ry}\mu_r} + \frac{k_y^2}{k_0^2\varepsilon_{rx}\mu_r} = 1 \tag{8-13}$$

在正常情况下，式(8-13)表示的是一个椭圆，如图 8-9(a)所示。

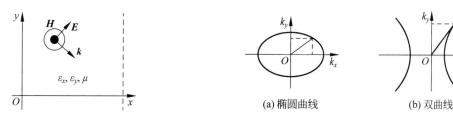

图 8-8　各向异性材料及其成像示意图

图 8-9　各向异性材料中的色散曲线

式(8-13)就是各向异性材料中的色散方程，它反映的是均匀平面波的波矢分量之间的关系。如

果以二维成像为例,如图 8-8 所示,假设 y 轴为物面,图中所示虚线为像平面,在物、像平面之间是各向异性材料,则电磁波可以分解成很多均匀平面波之和。但其波矢的各个分量之间,必须满足式(8-13)所规定的色散方程。如前所述,此时,k_y 表示物体 y 方向的空间变化率,此值越大,细节信息越充分。但由图 8-9(a)所示,无论均匀平面波的波矢如何变化,k_y 的变化范围不能超过图中的短半轴,即 $k_y \leqslant k_0 \sqrt{\varepsilon_{rx}\mu_r}$;或者说上述成像过程一定存在一个分辨率的极限。在各向同性的情形下,就是材料中的工作波长。因此,一个直观的想象,就是让椭圆的“短轴”变得很长,椭圆的离心率接近 1,这样就可以使得更多的细节信息被电磁波携带到像平面上,从而呈现出高分辨率的图像。

人工电磁材料的出现,为解决上述问题提供了新思路。可以设计一种新型人工电磁材料,其介电常数满足 $\varepsilon_x < 0, \varepsilon_y > 0$,此时,式(8-13)表示的曲线成为双曲线,如图 8-9(b)所示。可以发现,在这种情况下,无论 k_y 取多大值,都可以保证 k_x 依然是实数(平面波是传播的波,而非倏逝波)。也就是说,在像平面上可以得到“超分辨率”成像。

利用 $\varepsilon_x < 0, \varepsilon_y > 0$ 的材料,就可以构造所谓的超级透镜,即 hyperlens。

对于 TM^z 模式,类似的色散方程为

$$\frac{k_x^2}{\mu_{ry}} + \frac{k_y^2}{\mu_{rx}} = k_0^2 \varepsilon_r \tag{8-14}$$

上述推导过程依然成立,同样可以构造超级透镜。三维情景可以如法炮制,不再赘述。

8.3.4　利用人工电磁材料产生涡旋电磁波

随着无线通信技术的迅猛发展,无线电频谱已经成为一种宝贵的资源,如何提高频谱利用率,是摆在广大通信领域科研人员面前的一个重要问题。传统的复用方式包括极化复用、时分复用、频分复用、码分复用等,这些技术已经日趋成熟,挖掘潜力不大。2011 年,瑞典和意大利的科研人员第一次实现了利用传统电磁波和涡旋电磁波在相同频点进行无线通信的实验并取得了成功,被《自然》杂志誉为具有革命性的通信创新技术。

电磁涡旋通信是利用电磁波的轨道角动量进行信息有效传输的。由电动力学理论可知,电磁场既具有线性动量,也具有角动量。其中角动量包括两部分:一部分与极化相关,称为自旋角动量(Spin Angular Momentum,SAM),其宏观表现为左旋圆极化和右旋圆极化;另一部分称为轨道角动量(Orbital Angular Momentum,OAM),与波阵面相关。一般来讲,携带轨道角动量的电磁波波束,其波阵面呈螺旋状,也称为涡旋电磁波。

传统方式下,可以用螺旋波盘、光学全息、螺旋抛物面天线、阵列天线等方法产生涡旋电磁波。利用人工电磁超材料(尤其是超表面)对电磁波的相位调控能力,也是产生涡旋电磁波的有效手段。图 8-10 给出了涡旋电磁波的等相位面示意图。由于涡旋电磁波在通信领域的潜在应用,对它的研究是当前电磁领域的热点之一。

图 8-10　涡旋电磁波具有的螺旋相位

8.3.5 相关领域的类比实验

根据麦克斯韦方程组的协变性,当采用任意坐标变换将空间实现扭曲时,可将空间的变化用材料电磁参数的变化来等效,即使用人工电磁材料填充扭曲的区域。从这个角度来讲,一定区域内分布的人工电磁材料可以等效为空间的弯曲。因此,与广义相对论等密切相关的一些理论物理上的问题,尤其是其实验,可以通过人工电磁材料的方式来进行类比,这对于科学研究具有重要参考价值。典型的例子如电磁虫洞及磁单极子、黑洞、天体力学现象模拟、物质波隐形等。

此外,人工电磁材料在传感器、高性能吸波材料、太阳能电池、各种新型电磁器件实现等方面,也有广泛的应用。

8.4 人工电磁材料的实现方法

人工电磁材料的实现方法有很多种,这里简单列举具有代表性的几种实现方法。

8.4.1 利用金属丝和分裂环谐振器实现人工电磁材料

尽管左手材料的理论很早就被提出,但真正实现左手材料并进行实验验证还是 21 世纪的事情。Pendry 等最早注意到利用无限长金属丝构成的阵列能够产生极低频率的等离子体,并对此进行了细致的研究,他们发现,在波长远远大于阵列单元尺寸的时候,这个等效的"材料"具有如下的等效介电常数:

$$\varepsilon_{eff} = 1 - \frac{\omega_p^2}{\omega^2} \tag{8-15}$$

当工作频率低于等离子体频率 ω_p 时,材料具有负的介电常数。从此以后,利用细金属丝产生负介电常数材料,被广泛接受。

与此同时,Pendry 等还对利用金属结构加工磁性材料进行了研究。在对以分裂环谐振器(Split Ring Resonator,SRR)为代表的亚波长结构进行分析时,发现此种结构能够对磁场产生响应,并具有如下的等效磁导率:

$$\begin{aligned} \mu_{eff} &= 1 - \frac{\pi r^2/a^2}{1 - 3l/(\pi^2\mu_0\omega^2Cr^3) + i2l\rho/(\omega r\mu_0)} \\ &= 1 - \frac{F\omega^2}{\omega^2 - \omega_0^2 + i\omega\Gamma} \end{aligned} \tag{8-16}$$

通过对单元尺寸的调整,可以在一定频段内获得负的磁导率。同时,也可用该结构实现磁导率较大或接近 0 的新型人工电磁材料。

Smith 等在 Pendry 等工作的基础上,创造性地提出将金属丝结构与 SRR 单元融合到一个单元结构内,并利用 PCB 加工技术,首次制作了具有负折射率特性的左手材料,并对此进行了实验验证,从而开创了人工电磁材料研究的新纪元。他们的研究成果被《科学》杂志列入当年的十大科技发现,引起了科学界的极大兴趣。

8.4.2　利用亚波长金属贴片实现人工电磁材料

在 Smith 等利用 SRR 单元与金属丝结构加工制造出左手材料之后,利用亚波长金属贴片设计人工电磁材料,并利用 PCB 加工技术进行制造的方法得到了广泛的应用,成为微波段加工、制作各种人工电磁材料的有效手段。各种各样的单元结构被提出,并得到了深入的研究。比较典型的有各种变形的 SRR 结构、S 形结构及其变形、耶路撒冷十字结构、Omega 型结构、阿基米德螺旋结构、渔网结构、ELC 单元、H 形结构,以及上面各种结构的复合等。通过改变 PCB 上的金属图案的几何尺寸和相互位置,可以调整最终人工电磁材料的工作频段、工作带宽、等效电磁参数大小、极化特性、损耗等,从而设计出满足要求的材料。由于各种新颖电磁器件的实现都依赖于人工电磁材料基本单元,因此,这个方面的研究一直是一个热点,如何设计出宽频带、低损耗、极化无关、三维的人工电磁材料,始终是摆在工程人员面前的一个重要课题。一般情况下,通过商业软件全波仿真的方法,可以获得各种单元结构的等效电磁参数,例如本章最后一部分内容即为如此。这种方法的缺点是速度慢,物理概念不明晰。所以,如果用不太复杂的解析法,从简单的单元结构出发,计算得到等效电磁参数,也是一个富有挑战性的内容。

8.4.3　利用石墨烯加工电磁超材料

石墨烯(Graphene)是从石墨材料中剥离出来、由碳原子组成的只有一层原子厚度的二维晶体,具有非同寻常的导电性能,因而被广泛应用于电磁领域。研究表明,石墨烯支持表面等离激元等电磁模式;通过添加石墨烯,可以显著改变器件的性能。其电导率可由 Kubo 公式描述为

$$\sigma_{S,G}(\omega) = \sigma'_{S,G}(\omega) + j\sigma''_{S,G}(\omega) = \sigma_{intra}(\omega) + \sigma_{inter}(\omega) \tag{8-17}$$

其中:$\sigma_{intra}(\omega)$ 和 $\sigma_{inter}(\omega)$ 分别代表由带内电子-光子的散射和带间电子迁移过程对应的电导率,具体表述为

$$\sigma_{intra}(\omega) = j\frac{q^2}{\pi\hbar(\hbar\omega + j\Gamma_c)}\left[\mu_c + 2k_B T\ln(e^{-\mu_c/(k_B T)} + 1)\right] \tag{8-18}$$

$$\sigma_{inter}(\omega) = j\frac{q^2}{4\pi\hbar}\ln\left[\frac{2\mid\mu_c\mid - (\hbar\omega + j\Gamma_c)}{2\mid\mu_c\mid + (\hbar\omega + j\Gamma_c)}\right] \tag{8-19}$$

其中:ω 是工作频率;q 是电子的电量;$\hbar$ 是约化普朗克常数;k_B 是玻尔兹曼常数;T 是温度;μ_c 是指掺杂石墨烯的化学势;Γ_c 是阻尼系数。

假定石墨烯层相对于激发波长有一个非常薄的厚度δ(在具体分析过程中,令δ为0即可得到实际结果),则体电导率和表面电导率之间的关系可以表示为

$$\sigma_{V,G} = \sigma_{S,G}/\delta \tag{8-20}$$

由麦克斯韦方程可得到等效的体介电常数的公式,即

$$\varepsilon_{V,G}(\omega) = 1 + j\sigma_{V,G}(\omega)/(\varepsilon_0\omega) \tag{8-21}$$

容易看出,石墨烯的体介电常数是由多参数决定的,在工作频率和温度固定的情况下,可以通过化学势和阻尼系数等参数对它进行适当调控,这在实际应用中具有重要意义。

8.4.4 直流电型电磁超材料

超材料的种类较多,实现方式各异,比较常见的是单元谐振和材料掺杂。在直流情况下,材料的电导率起重要作用,对电导率的操控具有重要意义。就导电性能而言,导电材料和电阻网络是可以等效互换的,因此,基于该原理实现等效电导率材料是另一种非常灵活、实用的新方法。

如图 8-11 所示,对于一个各向异性的块状导电材料,在直角坐标系下,用直角坐标坐标网格将各向异性导电材料分割成微小的结构单元,即图 8-11(a)中所示的小长方体,每个长方体的长、宽、高分别为 Δx、Δy、Δz,三个方向的电导率分别为 σ_x、σ_y、σ_z。它们都可以近似用图 8-11(b)中的电阻来等效实现。于是,一块各向异性导电材料的问题被转换成了求解三维电阻网络的电阻值的问题。

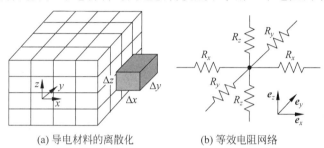

(a) 导电材料的离散化　　　　(b) 等效电阻网络

图 8-11　导电材料与电阻网络的等效关系

代入电阻公式 $R = \dfrac{L}{\sigma \cdot S}$,很容易得到三个方向电阻的近似计算公式为

$$R_x \approx \frac{\Delta x}{\sigma_x \Delta z \Delta y}, \quad R_y \approx \frac{\Delta y}{\sigma_y \Delta x \Delta z}, \quad R_z \approx \frac{\Delta z}{\sigma_z \Delta x \Delta y} \tag{8-22}$$

于是,可以搭建如图 8-11(b)所示的三维电阻网络,用于模拟实际的导电材料。

从上述推导可以看出,在直流电作用下,可以通过对电阻网络的合理设计,实现等同于非均匀各向异性导电材料的导电性能。值得注意的是,对于导热材料,同样可以借助此方法进行分析设计,原理类似。在二维情况下,图 8-11 中所示的三维网络降为二维,就成了普通的电阻电路了,搭建起来更加简单。

8.4.5 传输线型超材料

由于传输线能够引导电磁波沿着一定方向传播,其传播过程类似于自由空间中的导波媒质,所以可以用电压、电流波在传输线上的传播来等效模拟电磁波在媒质中的传播情况。传输线的传播常数 β 和特征阻抗 Z_c 分别与媒质中的传播常数 k 和波阻抗 η 相对应。当传输的电压波频率提高后,传输线将出现分布电感、分布电容效应(忽略损耗,如图 8-12 所示)。将均匀传输线用电路进行等效,假设其串联阻抗为 Z,并联导纳为 Y,则由传输线理论,该传输线对应的相移常数和特征阻抗分别为

$$\beta = \omega \sqrt{LC}, \quad Z_c = \sqrt{L/C} \tag{8-23}$$

其中:L、C 表示单位长度的电感和电容。

考虑到均匀平面波在无限大介质中的传播特性,即

$$k = \omega\sqrt{\varepsilon\mu}, \quad \eta = \sqrt{\mu/\varepsilon} \tag{8-24}$$

对比上述公式,显然有 $\varepsilon = C, \mu = L$,即 L, C 可以等效为材料的磁导率和介电常数。

具体实现的时候,沿传输线方向以周期 Δ 做离散化处理,即长度为 Δ 的传输线集中加载串联电感 L_R 和并联电容 C_R[如图 8-12(b)所示],因此,有

$$\varepsilon_R = \frac{C_R}{\Delta}, \quad \mu_R = \frac{L_R}{\Delta} \tag{8-25}$$

其中:下标 R 表示右手材料,即材料的电磁参数均为正数。

当然,具体实现的时候,也可以在长度为 Δ 的传输线上集中加载串联电容 ε_L 和并联电感 μ_L[如图 8-12(d)所示],此时有 $Z = 1/j\omega C = j\omega(-1/\omega^2 C)$,$Y = 1/j\omega L = j\omega(-1/\omega^2 L)$,对比上式,则有

$$\varepsilon_L = -\frac{1}{\omega^2 L_L \Delta}, \quad \mu_L = -\frac{1}{\omega^2 C_L \Delta} \tag{8-26}$$

其中:下标 L 表示左手材料,即材料的电磁参数均为负数。

由上面的公式可以看出,利用传输线结构,可以非常便利地实现左手、右手等效材料,从而给某些物理现象的实验验证提供了可能性。

当采用二维传输线网络时,如图 8-13 所示,还可以实现等效的各向异性的材料参数,如式(8-27)。其分析和实现方法与上述过程无实质差异。

$$\mu_{xe} = -j\left(\frac{1}{\omega d}\right)Z_y, \quad \mu_{ye} = -j\left(\frac{1}{\omega d}\right)Z_x, \quad \varepsilon_{ze} = -j\left(\frac{1}{\omega d}\right)\frac{1}{Z_g} \tag{8-27}$$

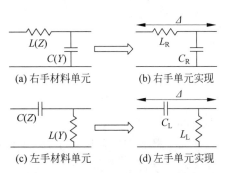

图 8-12 传输线型材料基本单元

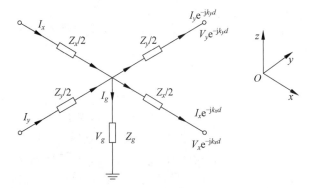

图 8-13 二维传输线网络单元

8.4.6 两种或者多种媒质混合获得人工电磁材料

通过在背景媒质里面以人工方法"掺杂",也是获得人工电磁材料的一个重要途径。当工作波长远远大于"杂质"的几何尺寸时,可以利用简单的方法获得所需的电磁参数。假设背景材料的折射率为 ε_b,掺入"杂质"的折射率为 ε_m,其体积占比为 f,则根据等效媒质的理论,该复合材料的等效介电常数为 $\varepsilon_e = \varepsilon_b(1-f) + \varepsilon_m f$。通过改变杂质的占比,可以动态调整材料的等效介电常数或者折射率,从而得到梯度折射率人工电磁材料。当 $\varepsilon_m = 1$ 时,实际上等价于在背景媒质里面打孔。基于这种方法,微波、光波段的隐形地毯先后被实验验证,各种透镜等也先后被设计并进行实验证明。

近年来,3D 打印技术日趋成熟。利用 3D 打印机可以非常灵活地打印各种三维超材料,并精确控制材料和空气的体积占比,因此,是实现人工电磁材料的一种重要方法。尤其值得一提的是,随着

技术进步,可用的商业打印材料,除了常规的 PLA 等介电材料之外,还可以使用一些磁性材料,这就为加工新型人工电磁材料提供了更多的灵活性。

此外,本书在 8.7 节详细给出了其他若干基于等效媒质理论的解析公式,可以用来计算几种材料混合时的等效电磁参数。

8.4.7 利用全介质谐振实现人工电磁材料

使用亚波长金属单元获得人工电磁材料,尽管得到了广泛的应用,但是这种方法也有其局限性,例如,金属固有的损耗,高频下加工的困难,较窄的工作频段以及电磁各向异性等。这些缺点在光波段显得更为突出。因此,人们提出了所谓的全介质人工电磁材料的设想。它的基本原理是:在背景材料里面嵌入亚波长的介质微粒,其介电常数一般远大于周围环境的介电常数。当电磁波入射到这些微粒上时,会激发各种电磁模式,并以散射电磁场的方式向外辐射。在这些模式中,处于主导地位的是磁偶极子和电偶极子模式,因此可以忽略其他高阶偶极模式。这样看来,掺入介质微粒的材料会在微粒的附近产生一个等效的电偶极子或者磁偶极子,众多的"偶极子"对电磁波的响应,可以用等效的块状媒质来考虑,也就是等效的介电常数或者磁导率。这个过程与普通材料中原子或者分子在外加电磁场的作用下形成电极化强度与磁化强度的机理基本相同。只要颗粒的尺寸比波长小,上述结论始终成立。理论上可以利用 Mie 散射理论获得介质微粒的散射场分布,通过与标准的偶极子场做对照,即可获得等效的电极化强度或者磁极化强度矢量,并借此得到电、磁极化率,最后根据 Clausius-Mossotti 公式(参见 8.7 节内容)获得等效的电磁参数。由于全介质人工电磁材料具有损耗小、频带宽、易于加工、能够向光波段扩展的特点,因此,对于这种材料的研究也是一个重要的课题。需要指出的是,当背景材料里面掺入的不是介质颗粒而是金属颗粒时,这种方法依然适用。

8.4.8 利用分层各向同性材料组合各向异性人工电磁材料

在人工电磁材料中,各向异性材料的研究也是值得重视的一个重要内容。通过分层均匀各向同性材料组合形成各向异性材料,也是一个非常好的思路。具体设计方法如图 8-14 所示。

图 8-14 中,由于各层材料在 xOy 平面内无限大,因此,在该平面内材料应该是各向同性的;沿 z 轴方向,等效材料的电磁参数显然不同。设两种材料的体积占比分别为 f_1、f_2,且 $f_1+f_2=1$,同时考虑在 x、y、z 三个方向分别设置假想的金属极板,从而构造出串联和并联的电容器,则在 x、y 方向,利用电容器并联理论有

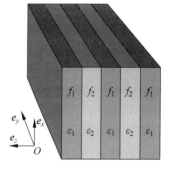

$$\varepsilon_{xx} = \varepsilon_{yy} = f_1\varepsilon_1 + f_2\varepsilon_2 \tag{8-28}$$

沿 z 轴方向,根据电容器串联理论,有

$$\frac{1}{\varepsilon_{zz}} = \frac{f_1}{\varepsilon_1} + \frac{f_2}{\varepsilon_2} \tag{8-29}$$

图 8-14 利用分层各向同性材料组合各向异性人工电磁材料示意图

采用这种方法所设计的多种新型电磁器件,已经在理论和实践中获得了证明,具有重要的应用价值。

8.4.9 实现人工电磁材料的其他方法

除了上述技术之外,加工制作人工电磁材料的方法还包括基于光子晶体实现人工电磁材料,利用手征材料、铁电材料实现人工电磁材料等。此外,利用丙酮、纯净水、液态金属等材料,实现特定人工材料的方法,也值得重视。可以想见,随着人工电磁材料研究的进一步深入,将会有更多的方法可供选择。

8.5 二维超材料——人工电磁超表面

近年来,一种二维人工电磁材料,即人工电磁超表面,也引起了人们的广泛关注。所谓电磁超表面,就是通过人工方式加工或者合成的具有特殊电磁性质的二维电磁表面。通过在亚波长的微小尺寸上进行几何或者电磁参数的设计,可以实现对反射或者透射幅度、相位的灵活控制,进而得到可控、特异的电磁特性,如广义斯奈尔定律、零(负)反射、负折射等。从某种意义上来讲,频率选择表面、人工磁导体、人工随机表面等,实际上也可以归为人工超表面的范畴。

8.5.1 广义的斯奈尔定律

电磁超表面是一种二维结构。根据工作特点,人工超表面也可以分为透射型和反射型超表面。图 8-15 给出了这两种超表面的示意图。在微波波段,对于反射型来讲,超表面的一侧是接地的金属板,电磁波无法穿过,只能有反射电磁波;而对透射型来讲,超表面结构无背覆金属板,既可产生反射,也可产生透射。

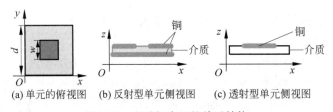

(a) 单元的俯视图 (b) 反射型单元侧视图 (c) 透射型单元侧视图

图 8-15   电磁超表面的单元结构

如前所述,人工电磁超表面的工作机理,通常是通过在光路中引入相位突变来对电磁波进行操纵,从而在电磁超表面的界面上使得电磁波的折射和反射出现了异常,具有与传统界面不同的新特性,最典型的就是广义斯奈尔定律。

如图 8-16 所示,一入射平面波以角度 θ_i 入射到两种材料的分界面上。在分界面上,通过人工方式引入相位的梯度变化,例如可以通过人工电磁超表面,实现分界面上的透射相位变化。根据费马原理,光的实际传播路径应该是诸多可能传播路径中光程取极值的一个。因此,在实际传播路径附近做一个"微小变形"时,对应光程(相位)的变分为零。

假设图中左侧实线为实际光路,右侧虚线无限接近真实光路,则它们之间的相位差为(考虑左侧光线超前右侧光线的相位)

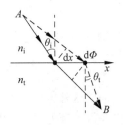

图 8-16   光的折射示意图

$$-k_0 n_i \sin\theta_i dx + (\Phi + d\Phi) + k_0 n_t \sin\theta_t dx - \Phi = 0 \tag{8-30}$$

如果沿界面方向相位梯度为常数,则由以上公式可以推导得到广义斯奈尔折射定律

$$\sin\theta_t n_t - \sin\theta_i n_i = -\frac{\lambda_0}{2\pi}\frac{d\Phi}{dx} \tag{8-31}$$

式(8-31)表明:在交界处沿界面方向,通过引入合适的相位梯度,折射光束就可以具有"任意"的方向。而对于这个引入了非零相位梯度后的斯奈尔定律,两个入射角 $\pm\theta_i$ 将导致不同的折射角。因此界面发生全反射时的临界角也有两种可能(假设 $n_t < n_i$):

$$\theta_c = \arcsin\left(\frac{n_t}{n_i} \pm \frac{\lambda_0}{2\pi n_i}\frac{d\Phi}{dx}\right) \tag{8-32}$$

同样地,对于反射而言,也有

$$\sin\theta_r - \sin\theta_i = -\frac{\lambda_0}{2\pi n_i}\frac{d\Phi}{dx} \tag{8-33}$$

其中:θ_r 为反射角。

显而易见,这种情况下,θ_r 和入射角 θ_i 存在非线性关系,明显区别于传统的镜面反射。类似地,由式(8-33)可知,入射角也存在一个临界值,即

$$\theta'_c = \arcsin\left(1 \pm \frac{\lambda_0}{2\pi n_i}\frac{d\Phi}{dx}\right) \tag{8-34}$$

当入射角大于这个临界值时,反射光束会逐渐消失。

相对于操控复杂的各向异性材料电磁参数实现超常物理特性而言,使用人工电磁超表面实现相位突变的方法原理简单、方便易行,因此得到了广泛应用。

8.5.2 电磁超表面的相控阵解释

如前所述,人工电磁表面具有超薄的厚度,在平面内使用"人工原子"按照一定规律排列。在外加电磁场的照射下,人工原子作为次波源,像单元天线一样向四周辐射,且可实现受控的电磁辐射强度和相位分布,从而完成灵活的电磁波波前调控,对外呈现特异的电磁特性,如反常的折射定律等,具有广阔的研究和应用前景。现结合相控阵的理论,对其中的一些电磁现象进行分析。

如图 8-17(a)所示,假设电磁波以角度 θ_i 入射到超表面。此时,各个小天线被激励,向四周做二次辐射,如图 8-17(b)所示。其中辐射到上半空间的电磁波就是反射电磁波。上述分析实际上就是惠更斯原理的典型应用。因此,可以把超表面当作平面天线阵来分析。与真正有源天线阵不同,超表面对应的天线阵是无源的;且对于天线阵中各个天线相位的控制,不是通过馈电网络来实现,而是通过波程差和各个单元的反射相位差来决定。对于图 8-17(b)中的天线来讲,相邻天线之间由"馈电"造成的相位差就包含了图 8-17(a)所示的波程差 $k_0 n_i \sin\theta_i dx$,以及相邻单元的反射相位差,记为 $d\phi$。因此,沿着图中所示 x 方向,右侧天线比左侧天线的"馈电"从相位上滞后了式(8-35)表示的数量。

$$\xi = k_0 n_i \sin\theta_i dx - d\phi \tag{8-35}$$

假设反射电磁波沿图 8-17(c)所示方向有最大辐射,则由图中可以看出,右侧天线辐射的电磁波比左侧天线要超前 $k_0 n_i \sin\theta_r dx$。根据天线阵中阵因子的计算结论可知,在最大辐射方向,各个单元天线总的相位差为零,即各个子波源同相位到达,从而实现同相叠加,即

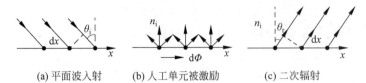

(a) 平面波入射　　　　(b) 人工单元被激励　　　　(c) 二次辐射

图 8-17　利用天线阵理论推导广义反射定律

$$k_0 n_i \sin\theta_i \mathrm{d}x - \mathrm{d}\phi = k_0 n_i \sin\theta_r \mathrm{d}x \tag{8-36}$$

此式经过整理,就是前面所描述的广义反射定律的公式,即

$$k_0 n_i \sin\theta_i - k_0 n_i \sin\theta_r = \frac{\mathrm{d}\phi}{\mathrm{d}x} \tag{8-37}$$

同样的道理,当均匀平面波入射到电磁超表面时,向下半空间辐射的电磁波就可以看作透射波。图 8-18 给出了相应的示意图。利用相似的分析过程,可以得到

$$k_0 n_i \sin\theta_i - k_0 n_t \sin\theta_t = \frac{\mathrm{d}\phi}{\mathrm{d}x} \tag{8-38}$$

这就是广义的折射定律。

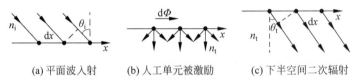

(a) 平面波入射　　　　(b) 人工单元被激励　　　　(c) 下半空间二次辐射

图 8-18　基于天线阵理论推导广义折射定律图示

通过对"人工原子"的几何结构如尺寸 w 进行调控,可以对反射电磁波的幅度、相位等进行操控(反射型主要是相位),从而实现对反射电磁波的灵活控制。典型情况下,可以设置一种"人工原子"的反射相位为 0,而另外一种单元结构的反射相位为 π。对这两种单元结构进行适当的排列,即可实现特定功能。

如图 8-19(a)所示,各个单元结构或者小天线只沿 x 方向周期排布,相位差为 $\pm\pi$,这实际上是一个一维情况。则可以断定,在垂直于表面的远处,各个单元(元天线)的辐射幅度相同,但是相位差为 π,所以无反射场;或者说,反射的最大方向一定不在平面法线方向。确定最大的反射方向,就可以用线性天线阵的理论。假设最大反射方向与 xOy 平面的夹角为 φ,则根据均匀直线式天线阵理论,有

$$kd\cos\varphi = \xi \tag{8-39}$$

这里,$\xi = \pm\pi$,假设 $d = \lambda$,代入上式,则 $\varphi = \pm\dfrac{\pi}{3}$。换句话说,当电磁波从垂直方向入射时,反射波束有两个,它们与 xOy 平面的夹角为 $\varphi = \pm\dfrac{\pi}{3}$。这个现象说明:电磁波入射到电磁超表面时,发生了反常反射,入射角为 0,但是反射角为 $\pm\dfrac{\pi}{6}$。

如图 8-19(b)所示,如果各个单元结构或者小天线沿 x、y 方向周期排布,相位差为 $\pm\pi$,则各个单元结构组成了一个均匀平面天线阵。确定最大的反射方向,就可以用平面天线阵的理论,有

$$kd\sin\theta\cos\varphi = \xi_x = \pm\pi, \quad kd\sin\theta\sin\varphi = \xi_y = \pm\pi \tag{8-40}$$

0	π	0	π
0	π	0	π
0	π	0	π
0	π	0	π

（a）排布方式一

0	π	0	π
π	0	π	0
0	π	0	π
π	0	π	0

（b）排布方式二

图 8-19　电磁超表面均匀平面天线阵

假设各个单元之间的间距依旧为工作波长，则可以求得

$$\theta_{\mathrm{m}} = \frac{\pi}{4}, \quad \varphi_{\mathrm{m}} = \pm\frac{\pi}{4} \quad \text{或} \quad \varphi_{\mathrm{m}} = \pm\frac{3\pi}{4}$$

可以看到，这种情况下，反射波束有 4 个，分布在 $\theta = \frac{\pi}{4}$ 的圆锥面上。

如果将上述电磁超表面覆盖在武器装备上，则敌方雷达发射电磁波探测时，反射电磁波不会返回到发射雷达的方向，也就无法被接收（这叫作单站雷达）。因此，可以实现电磁隐形的功能。

进一步地，如果将上述两种单元结构以随机的方式在平面内排布，这就构成了所谓的随机超表面。此时，电磁波垂直入射时，会出现类似漫射的效果，也可以用来隐形。

8.6　媒质的频散及其复介电常数

在经典电磁理论中，讨论媒质的频散是基于微观粒子的简单模型和经典力学理论进行推导的。其中最为著名的模型，就是洛伦兹（Lorentz）模型。本节将介绍洛伦兹模型，并给出其具体的推导过程。

8.6.1　洛伦兹模型

根据洛伦兹的频散介质模型，分子是由若干重粒子（如原子核）和围绕它们旋转的一些轻粒子（电子）组成的。在无极分子中，电子和原子核的电荷总量不仅相等，而且正负电荷中心重合，对外不呈现电偶极矩。但在有外电场作用下，这些无极分子正负电荷中心分离，形成电偶极矩。由于原子核的质量远大于电子的质量，相对于电子的位移，可近似认为原子核不动。

如图 8-20 所示，为简单计，假定质量为 m 的电子离开平衡位置的运动过程服从牛顿第二定律，电子在外电场作用下的运动方程为

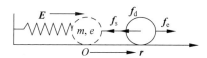

$$m\frac{\mathrm{d}^2\boldsymbol{r}}{\mathrm{d}t^2} + md\frac{\mathrm{d}\boldsymbol{r}}{\mathrm{d}t} + m\omega_0^2\boldsymbol{r} = e\boldsymbol{E} \tag{8-41}$$

图 8-20　洛伦兹模型示意图

其中：ω_0 是电子绕其平衡点振动的角频率；d 是阻尼系数；方程左侧第二项代表阻尼力 $\boldsymbol{f}_{\mathrm{d}}$，它与速度成正比；第三项代表弹性恢复力 $\boldsymbol{f}_{\mathrm{s}}$，与位移成正比；第一项则为合力 ma；方程右侧为电子所受的电场力 $\boldsymbol{f}_{\mathrm{e}}$。

设电场为正弦场，即 $\boldsymbol{E} = \boldsymbol{E}_{\mathrm{m}}\mathrm{e}^{\mathrm{j}\omega t}$，并假定式（8-41）的解的形式为

$$r = r_{\mathrm{m}} \mathrm{e}^{\mathrm{j}\omega t} \tag{8-42}$$

将式(8-42)代入式(8-41),可以解得

$$r_{\mathrm{m}} = \frac{e}{m} \frac{E_{\mathrm{m}}}{(\omega_0^2 - \omega^2) + \mathrm{j}\omega d} \tag{8-43}$$

由此可得电极化强度矢量的最大值,即

$$P_{\mathrm{m}} = ne r_{\mathrm{m}} = \frac{ne^2}{m} \frac{E_{\mathrm{m}}}{(\omega_0^2 - \omega^2) + \mathrm{j}\omega d} \tag{8-44}$$

其中:n 为单位体积中的电子数。

由于 $P_{\mathrm{m}} = \varepsilon_0 \chi_{\mathrm{e}} E_{\mathrm{m}}$,故可得电极化率为

$$\chi_{\mathrm{e}} = \frac{ne^2}{m\varepsilon_0} \frac{1}{(\omega_0^2 - \omega^2) + \mathrm{j}\omega d} \tag{8-45}$$

因此,介质的相对介电常数为

$$\varepsilon_{\mathrm{r}} = 1 + \chi_{\mathrm{e}} = 1 + \frac{ne^2}{m\varepsilon_0} \frac{1}{(\omega_0^2 - \omega^2) + \mathrm{j}\omega d} \tag{8-46}$$

定义 $\omega_{\mathrm{p}} = \sqrt{\dfrac{ne^2}{m\varepsilon_0}}$ 为介质的等离子体频率,则上式可以表示为

$$\varepsilon_{\mathrm{r}} = 1 + \chi_{\mathrm{e}} = 1 + \frac{\omega_{\mathrm{p}}^2}{(\omega_0^2 - \omega^2) + \mathrm{j}\omega d} \tag{8-47}$$

可见,介质的相对介电常数是一个复数,且与频率有关。用复数的代数式可表示为

$$\varepsilon_{\mathrm{r}}(\omega) = \varepsilon_{\mathrm{r}}'(\omega) - \mathrm{j}\varepsilon_{\mathrm{r}}''(\omega) \tag{8-48}$$

提取式(8-48)的实部和虚部,可得

$$\varepsilon_{\mathrm{r}}'(\omega) = 1 + \omega_{\mathrm{p}}^2 \frac{\omega_0^2 - \omega^2}{(\omega_0^2 - \omega^2)^2 + \omega^2 d^2} \tag{8-49}$$

和

$$\varepsilon_{\mathrm{r}}''(\omega) = \omega_{\mathrm{p}}^2 \frac{\omega d}{(\omega_0^2 - \omega^2)^2 + \omega^2 d^2} \tag{8-50}$$

图 8-21 给出了介质的介电常数实部和虚部随频率变化的典型曲线。

由式(8-49)和式(8-50)可以看出,相对介电常数与频率有关,即介质具有频散特性。图 8-21 中除去在 ω_0 附近很窄的一段频率范围内相对介电常数的实部 $\varepsilon_{\mathrm{r}}'$ 随频率的升高而急剧减小外,在其他范围都随频率升高而增大。$\varepsilon_{\mathrm{r}}'$ 随频率的升高而增大称为正常频散,$\varepsilon_{\mathrm{r}}'$ 随频率的升高而减小则称为反常频散。对大多数材料而言,由于原子的吸收频率 ω_0 几乎全部落在紫外光谱区,所以从无线电的射频波谱直到可见光谱域内,一般介质的 $\varepsilon_{\mathrm{r}}'$ 总是大于1。从图 8-21 中还可看出,在反常频散区域相对介电常数的虚部 $\varepsilon_{\mathrm{r}}''$ 很大,这表明能量被带电粒子吸收很多,损耗很大,因此该曲线被称为介质的吸收曲线。

电介质的复介电常数一般也可表示为

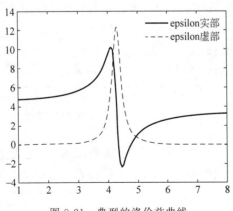

图 8-21　典型的洛伦兹曲线

$$\varepsilon(\omega)=\varepsilon'(\omega)-j\varepsilon''(\omega)=\varepsilon'(\omega)(1-jtan\delta_e)=|\varepsilon(\omega)|e^{-j\delta_e} \tag{8-51}$$

其中：δ_e 称为电损耗角；$\varepsilon(\omega)$ 的实部 $\varepsilon'(\omega)$ 表示介质原来介电常数的意义；$\varepsilon(\omega)$ 的虚部 $\varepsilon''(\omega)$ 反映出介质的损耗，即

$$\begin{cases}\varepsilon'(\omega)=\varepsilon_0\varepsilon_r'(\omega)\\ \varepsilon''(\omega)=\varepsilon_0\varepsilon_r''(\omega)\end{cases} \tag{8-52}$$

通常用损耗角正切值表示介质损耗的程度，即

$$tan\delta_e=\frac{\varepsilon''(\omega)}{\varepsilon'(\omega)}=\frac{\varepsilon_r''(\omega)}{\varepsilon_r'(\omega)} \tag{8-53}$$

电介质在高频下损耗增大的原因可解释为介质中存在着阻尼力，电介质的极化跟不上外加高频电场的变化，因而极化强度 P 的变化在相位上总是落后于电场强度 E。在很高的频率下，如微波频率，介质的损耗变得显著起来，许多介质都因损耗太大而不能应用，需要采用如聚四氟乙烯、聚苯乙烯等损耗较小的介质。

与电介质一样，磁介质的磁导率在高频下也是复数，即

$$\mu(\omega)=\mu'(\omega)-j\mu''(\omega)$$
$$=\mu'(\omega)(1-jtan\delta_m)=|\mu(\omega)|e^{-j\delta_m} \tag{8-54}$$

其中：δ_m 称为磁损耗角。

同样，它的正切值表示磁介质损耗的大小，即

$$tan\delta_m=\frac{\mu''(\omega)}{\mu'(\omega)}=\frac{\mu_r''(\omega)}{\mu_r'(\omega)} \tag{8-55}$$

磁导率的损耗同样随频率的升高而增大。在微波频率下，良好磁介质的 $tan\delta_m$ 在 10^{-3} 或 10^{-4} 及以下的数量级。

8.6.2　德鲁德模型

在导体的晶格上有固定的正离子，而在其周围则有运动的自由电子。当有外电场作用时，引起自由电子逆外电场方向漂移，与前述洛伦兹模型不同，自由电子并不受到恢复力的作用，但会受到晶格上正离子的反复碰撞和阻挡，使漂移电子的动量转移到晶格点上变为正离子的热振动，同时电子的运动也受到了阻尼。此阻尼作用与电子的速度成正比，可用 $-md\dfrac{dr}{dt}$ 表示，其中 m 和 d 分别为电子的质量和阻尼系数。因此，电子的运动方程可表示为

$$m\frac{d^2r}{dt^2}+md\frac{dr}{dt}=eE \tag{8-56}$$

与前述洛伦兹模型对照，这个方程实际上是 $\omega_0=0$ 的结果。据此，类比前述推导过程，可以得到导电媒质中的介电常数模型，即

$$\varepsilon_r=1-\frac{\omega_p^2}{\omega^2-j\omega d} \tag{8-57}$$

当阻尼因子非常小的时候，上式还可以简化为

$$\varepsilon_r=1-\frac{\omega_p^2}{\omega^2} \tag{8-58}$$

这时介电常数是一个实数。当工作频率大于等离子体频率时,介电常数为正;反之,介电常数为负。众所周知,在地球表面 $50\sim500\mathrm{km}$ 的高度是电离层。电离层中的电子密度大致为 $10^6/\mathrm{cm}^3$,因此,它所对应的等离子体频率约为 $10^7\mathrm{Hz}$。这也就解释了为什么对于低频电磁波来讲,无法穿透电离层而是被其反射(介电常数小于零,无法传输电磁波);而对于卫星通信来讲,其通信频率必须高于电离层所对应的最高等离子体频率(电离层是非均匀的)。

以金属银为例,$\omega_\mathrm{p}=9.176\mathrm{eV}$,阻尼因子为 $d=0.021\mathrm{eV}$,图 8-22 给出了利用德鲁德(Drude)模型绘制的介电常数实部和虚部的曲线,图中的星号曲线表示的是实验测量数据。从中可以看出,对于介电常数实部曲线,二者符合得非常好;对于虚部曲线,在波长较长、频率较低的部分,二者吻合得非常好,在短波长部分,二者有显著误差。

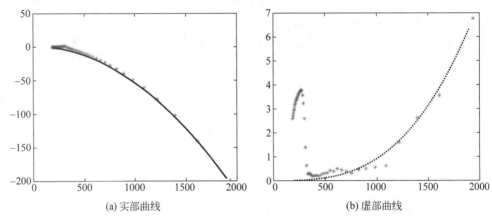

(a) 实部曲线   (b) 虚部曲线

图 8-22　德鲁德模型绘制的银的介电常数实部和虚部曲线

8.6.3　洛伦兹-德鲁德模型

在大多数情况下,由于材料的复杂性,单独的洛伦兹模型和德鲁德模型都无法准确地表示材料的电磁参数随频率的变化情况。因此,人们又提出了所谓的洛伦兹-德鲁德模型,即综合考虑二者的作用,也即

$$\varepsilon_\mathrm{r}=\varepsilon_\infty-\frac{\omega_\mathrm{p}^2}{\omega^2-\mathrm{j}\omega d}-\frac{f_1\omega_1^2}{(\omega^2-\omega_1^2)-\mathrm{j}\omega d_1} \tag{8-59}$$

其中:方程右侧第二项就是德鲁德模型;第三项是洛伦兹模型;f_1 是加权因子。

继续以银为例,采用洛伦兹-德鲁德模型进行分析,取 $\varepsilon_\infty=3.7180$,$\omega_\mathrm{p}=9.20936\mathrm{eV}$,阻尼因子为 $d=0.02\mathrm{eV}$,$\omega_1=4.2840\mathrm{eV}$,$d_1=0.3430\mathrm{eV}$,$f_1=0.4242$。重新绘制银的介电常数实部和虚部随波长变化的曲线,如图 8-23 所示。与单独的德鲁德模型相比,该复合模型的虚部与实验数据基本符合,其变化趋势基本一致。

可以想见,如果在洛伦兹-德鲁德模型中增加更多的洛伦兹项,可以得到更加精细的结果,这就是高阶的洛伦兹模型,即

$$\varepsilon_\mathrm{r}=\varepsilon_\infty-\frac{\omega_\mathrm{p}^2}{\omega^2-\mathrm{j}\omega d}-\sum\frac{f_n\omega_n^2}{(\omega^2-\omega_n^2)-\mathrm{j}\omega d_n} \tag{8-60}$$

结合前面的分析可知,高阶的洛伦兹模型,实际上是将材料内部电子的振动分成许多谐振频率不同的振动,然后再求和的结果;不同的阶次对应不同的振动,具有不同的谐振频率;所有的振动可

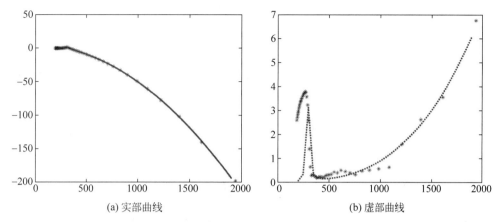

(a) 实部曲线 (b) 虚部曲线

图 8-23　洛伦兹-德鲁德模型绘制的银的介电常数实部和虚部曲线

以看作关于谐振频率的离散谱。如果将此概念再做进一步的扩充,即每一类振动都不是离散分布,而是连续分布,如高斯分布,所谓的谐振频率只不过是这些分布中概率最大的频率,那么,就可以得到所谓的 Brendel-Bormann 模型,即

$$\varepsilon_r = \varepsilon_\infty - \frac{\omega_p^2}{\omega^2 - \mathrm{j}\omega d} - \sum \chi_n \tag{8-61}$$

其中

$$\chi_n(\omega) = \frac{1}{\sqrt{2\pi}\,\sigma_n} \int_{-\infty}^{\infty} \exp\left[-\frac{(x-\omega_n)^2}{2\sigma_n^2}\right] \times \frac{f_n \omega_n^2}{(\omega^2 - x^2) + \mathrm{j}\omega d_n} \mathrm{d}x \tag{8-62}$$

8.6.4　基于 MATLAB 实现含模型数据拟合

事实上,在很多情况下,如同自然材料一样,人工电磁材料的电磁参数也满足洛伦兹-德鲁德模型。只是由于它们的获得是通过数值仿真得来的,因此,不容易看出相关模型的各个参数。这个时候,使用含模型的数据拟合就显得尤为重要。

下面举例对此进行说明。图 8-24(a)给出了一个人工电磁材料的介电常数特性,现考虑用三阶

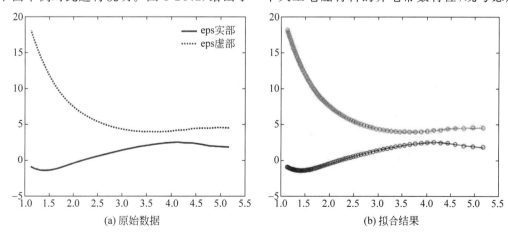

(a) 原始数据 (b) 拟合结果

图 8-24　含模型拟合的结果

洛伦兹模型来对其进行曲线拟合,即

$$\varepsilon_r = \varepsilon_\infty - \frac{\omega_p^2}{\omega^2 - j\omega d} - \sum_{n=1}^{3} \frac{f_n \omega_n^2}{(\omega^2 - \omega_n^2) - j\omega d_n} \tag{8-63}$$

最终拟合的结果如图 8-24(b)所示。可以看出,拟合得到的结果与原始数据吻合得非常好。表 8-1 给出了最终拟合得到的各个系数。

表 8-1   利用高阶洛伦兹模型进行数据拟合的结果

ε_∞	ω_p^2	d	d_1	$f_1\omega_1^2$	ω_1^2	d_2	$f_2\omega_2^2$	ω_2^2	d_3	$f_3\omega_3^2$	ω_3^2
1.6468	38.3753	3.2467	1.0840	2.2599	20.4199	4.8155	113.9957	40.2505	1.5209	15.3447	0.8165

上述拟合过程是通过 MATLAB 下的 lsqnonlin 求解器实现的。lsqnonlin 函数主要使用最小二乘法来计算如下的非线性最小化问题:

$$\min_x \| f(x) \|_2^2 = \min_x (f_1^2(x) + f_2^2(x) + \cdots + f_n^2(x)) \tag{8-64}$$

它的基本使用格式如下:

```
x = lsqnonlin(FUN,x0)
```

其中,FUN 是矢量 x 的已知函数(这里隐含着一个数学模型,如洛伦兹模型等),其返回值一般是一个矢量。lsqnonlin 能够从初始值 x0 出发,找到使得函数 FUN 的模方取得最小值的矢量 x 的值。关于初始值的估计,对于解的质量有很大影响,因此需要妥善处理。在更加复杂的情况下,自变量的取值会有一定的下限和上限;对该求解器需要额外的参数设定,以使其工作更高效、可靠;同时,使用者需要了解更多的信息,知道最终求解结果如何。因此,lsqnonlin 还有更加一般的引用形式,即

```
[x resnorm residual exitflag] = lsqnonlin(FUN,x0,lb,ub,options)
```

其中,lb 和 ub 是函数 FUN 的自变量 x 的取值下限和上限;options 用于设定求解器 lsqnonlin 的选择项,如最大迭代次数、结束条件等;x 是返回的最优解;resnorm 对应最优情况下的函数 FUN 返回值的模方;residual 是此时 FUN 的返回值;exitflag 表示求解器结束的标志。

以 lsqnonlin 为核心,实现上述含模型拟合的 MATLAB 代码如下:

```
A = [
5.16957           1.854         4.5139
    ...
1.12791         -0.89283       18.089
];                          % 矩阵 A 中给出了人工电磁材料所对应的介电常数
X = A(:,1);                 % 频率
e1 = A(:,2);                % 介电常数实部
e2 = A(:,3);                % 介电常数虚部
x0 = 1 * [ 2  2.1  0.01  0.01  0.8  16  0.02  0.4  14  0.03  0.1 12];
% 设置初始参数
options = optimset('TolFun',1e-6,'MaxFunEvals',5000);
% 设置 lsqnonlin 函数的选择项
[par,RESNORM] = lsqnonlin(@(x)fit2(x,X,e1,e2),x0,zeros(1,12),ones(1,12) * inf,options);
% 调用 lsqnonlin 函数,以 x0 为出发点,寻找最优变量 x,使得模型数据与已知数据吻合
% 最优变量存储在 par 变量中;RESNORM 返回的是模型数据与已知数据差的模值
Ac = fit2(par,X,e1,e2);                 % 计算最优变量对应的模型数据与已知数据的差值
numx = length(X);                       % 计算已知数据的长度
plot(X,e1,'ro',X,e2,'go',X,e1 + Ac(1:numx),'r',X,e2 + Ac(numx + 1:2 * numx),'g');
```

% 在同一个图像中绘制模型数据与已知数据

为了实现含模型的数据拟合,需要定义一个函数 fit2,例如:

```
function Diff = fit2(x,X,e1,e2)
% fit2 的自变量为所求变量 x、频率 X、介电常数的实部和虚部 e1 和 e2
% 三阶洛伦兹模型的表达形式为
% e = e1 + ie2 = a - b/(x^2 + icx) + m1/(n1 - x^2 - id1x) + m2/(n2 - x^2 - id2x) + m3/(n3 - x^2 - id3x)
a = x(1);        b = x(2);        c = x(3);        d1 = x(4);
m1 = x(5);       n1 = x(6);       d2 = x(7);       m2 = x(8);
n2 = x(9);       d3 = x(10);      m3 = x(11);      n3 = x(12);
% 以上命令用于从 x 矢量中获得各个参数的值
zerocomp = a - b./(X.^2 + i.* c * X) + m1./(n1 - X.^2 - i.* d1 * X) + m2./(n2 - X.^2 - i.* d2 * X) + m3./(n3
- X.^2 - i.* d3 * X) - (e1 + i.* e2);
% 利用模型计算得到的结果与实际结果的差是一个复数矢量
numx = length(X);                       % 实部长度
Diff = real(zerocomp);                  % 实部差值赋予 Diff
Diff(numx + 1:2 * numx) = imag(zerocomp);   % 虚部差值放在 Diff 矢量的后半部分
```

对函数 fit2 来讲,自由变量是三阶洛伦兹模型中的系数,总共有 12 个;已知的目标数据是频率 X、介电常数实部 e1 和虚部 e2 对应的三个矢量。对于任意一组系数,也就是 x 的值,fit2 能够得到依据模型计算得到的数据与目标数据的差值,并将其放置在 Diff 矢量中。如果 Diff 为零,则说明模型参数完全"正确";反之,则需要进一步对模型的参数进行优化,直至 Diff 的模值接近零。而这个优化的工作正是通过 lsqnonlin 函数来实现的。图 8-24 所示的结果充分说明了该非线性求解器的有效性和实用性。

8.7 等效媒质的几个解析公式

利用等效媒质理论是分析研究人工电磁材料的基本方法。如前所述,人工电磁材料的构成,或者采用各种基于 PCB 技术的单元结构,或者在基底材料中填充介质或者金属,其根本思想是模拟普通材料中的分子或者原子,在外界电磁场的作用下,能够产生一个等效的电偶极子或者磁偶极子,出现类似材料中的极化或者磁化的现象。只要背景材料中的波长远远大于填充物(金属、介质)的尺度(一般大于 10 倍),就可以使用该理论。此时,这种人工加工的特殊"材料",从宏观上也可以用等效的电磁参数,即介电常数和磁导率来表示。对于人工电磁材料的分析,也往往采用类似于固体物理中的方法,先分析单个单元(分子、原子)的极化或者磁化特性,再由此推导材料宏观的电磁参数。由于这部分内容的重要性,下面给出与此相关的若干公式,并给出简要的说明。

8.7.1 Clausius-Mossotti 公式

Clausius-Mossotti 公式反映的是原子的电极化度与材料宏观的介电常数之间的关系,即

$$\frac{\varepsilon_{\text{eff}} - \varepsilon_0}{\varepsilon_{\text{eff}} + 2\varepsilon_0} = \frac{n\alpha}{3\varepsilon_0} \tag{8-65}$$

其中:n 表示单位体积内的原子数目;α 为原子所对应的电极化度(polarizability),它与单个原子极化时所产生的电偶极矩的关系为

$$p = \varepsilon_0 \alpha E_{\text{loc}} \tag{8-66}$$

其中：E_{loc} 是激励该原子的本地场。

根据介质极化的理论，有

$$E_{\text{loc}} = E + P/(3\varepsilon_0) \tag{8-67}$$

其中：E 为该原子附近的宏观电磁场；P 为电极化强度，并且有

$$P = \varepsilon_0 \chi_e E \tag{8-68}$$

利用式(8-66)~式(8-68)，即可得到 Clausius-Mossotti 式(8-65)。当它应用到光学领域时，又被称为 Lorentz-Lorenz 式(大多情况下用折射率表述)。经过简单的代数推导，该公式还可以表示为

$$\varepsilon_{\text{eff}} = \varepsilon_0 \left[1 + \frac{n\alpha/\varepsilon_0}{1 - n\alpha/(3\varepsilon_0)} \right] \tag{8-69}$$

只要得到了电极化度，则根据式(8-69)即可得到材料的介电常数。在人工电磁材料设计中，对于规则的单元结构，可以利用解析的方法进行分析，得到该单元对应的电极化度，从而得到等效媒质的电参数。式(8-69)应用非常广泛。

8.7.2　Maxwell-Garnett 公式

对于半径为 r 的球形颗粒，设其介电常数为 ε，则容易用静电场的理论得到其电极化度的表达式为 $\alpha = 3\varepsilon_0 V \dfrac{\varepsilon - \varepsilon_0}{\varepsilon + 2\varepsilon_0}$，$V = \dfrac{4}{3}\pi r^3$，所以代入式(8-69)，有

$$\varepsilon_{\text{eff}} = \varepsilon_0 \left[1 + \frac{3f \dfrac{\varepsilon - \varepsilon_0}{\varepsilon + 2\varepsilon_0}}{1 - f \dfrac{\varepsilon - \varepsilon_0}{\varepsilon + 2\varepsilon_0}} \right] \tag{8-70}$$

其中：$f = nV$，表示材料的体积比。

式(8-70)就是著名的 Maxwell-Garnett 公式。当填充物、周围环境介电常数分别为 ε_i、ε_b 时，式(8-70)还可以推广为

$$\varepsilon_{\text{eff}} = \varepsilon_b \left[1 + \frac{3f \dfrac{\varepsilon_i - \varepsilon_b}{\varepsilon_i + 2\varepsilon_b}}{1 - f \dfrac{\varepsilon_i - \varepsilon_b}{\varepsilon_i + 2\varepsilon_b}} \right] \tag{8-71}$$

或者表示为

$$\varepsilon_{\text{eff}} = \varepsilon_b \left[\frac{1 + 2f \dfrac{\varepsilon_i - \varepsilon_b}{\varepsilon_i + 2\varepsilon_b}}{1 - f \dfrac{\varepsilon_i - \varepsilon_b}{\varepsilon_i + 2\varepsilon_b}} \right] \tag{8-72}$$

也可以表示为

$$\frac{\varepsilon_{\text{eff}} - \varepsilon_b}{\varepsilon_{\text{eff}} + 2\varepsilon_b} = f \frac{\varepsilon_i - \varepsilon_b}{\varepsilon_i + 2\varepsilon_b} \tag{8-73}$$

此式也被称为 Rayleigh 混合公式。当采用在背景材料中填充介质球或者金属球加工人工电磁材料时，这个公式具有重要的参考意义。

8.7.3 Bruggeman 公式

在等效媒质理论中,有另外一个非常著名的公式——Bruggeman 公式,即

$$(1-f)\frac{\varepsilon_b - \varepsilon_{eff}}{\varepsilon_b + 2\varepsilon_{eff}} + f\frac{\varepsilon_i - \varepsilon_{eff}}{\varepsilon_i + 2\varepsilon_{eff}} = 0 \tag{8-74}$$

将此公式整理,便可以得到关于等效介电常数的公式为

$$\varepsilon_{eff} = \frac{1}{4}\left[3f(\varepsilon_i - \varepsilon_b) + 2\varepsilon_b - \varepsilon_i + \sqrt{(1-3f)^2\varepsilon_i^2 + 2(2+9f-9f^2)\varepsilon_i\varepsilon_b + (3f-2)^2\varepsilon_b^2}\right] \tag{8-75}$$

该公式之所以被称为对称形式的,是因为将背景材料和填充材料对换之后,可以得到相同的结果。

Bruggeman 在推导两种材料(介电常数分别为 ε_b, ε_i)混合之后的等效电磁参数时,做了如下化简,将两种材料分别制作成一个半径为 a 的介质球,放在等效媒质的背景中,并假设空间有匀强电场 E_0 存在,如图 8-25 所示。

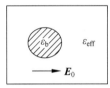 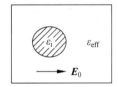

(a) 介电常数为 ε_b 的球置于匀强电场 E_0 中　(b) 介电常数为 ε_i 的球置于匀强电场 E_0 中

图 8-25　Bruggeman 公式的推导示意图

利用球坐标系下拉普拉斯方程的分离变量法,很容易得到准静态情况下的电场分布情况。以图 8-25(b)为例,介质球内外的电场强度为

$$\begin{cases} \boldsymbol{E}_e = \left(1 + 2\frac{\varepsilon_i - \varepsilon_{eff}}{\varepsilon_i + 2\varepsilon_{eff}}\frac{a^3}{r^3}\right)E_0\cos\theta\boldsymbol{e}_r + \left(-1 + \frac{\varepsilon_i - \varepsilon_{eff}}{\varepsilon_i + 2\varepsilon_{eff}}\frac{a^3}{r^3}\right)E_0\sin\theta\boldsymbol{e}_\theta \\ \boldsymbol{E}_i = \frac{3\varepsilon_{eff}}{2\varepsilon_{eff} + \varepsilon_i}\boldsymbol{E}_0 \end{cases} \tag{8-76}$$

图 8-25(a)所示的情况可以通过类似的方法得到。此时,就可以计算由于介质极化所产生的电位移矢量通量的差值,如图 8-26 所示。过原点做垂直于 z 轴方向(外电场方向)的一个圆面并计算穿过该表面的电位移通量,设圆的半径为 $R(R>a)$。

则根据图 8-26 所示,无介质球和有介质球时对应的电位移矢量的通量改变量为

$$\Delta\psi_1 = 2\pi\int_0^R r\,\mathrm{d}r(D_\theta\mid_{\theta=\pi/2} - \varepsilon_{eff}E_0) = \frac{2\pi a^3}{R}\varepsilon_{eff}E_0\left(\frac{\varepsilon_i - \varepsilon_{eff}}{\varepsilon_i + 2\varepsilon_{eff}}\right) \tag{8-77}$$

同样可以得到图 8-25(a)所对应的通量改变量 $\Delta\psi_2$。Bruggeman 认为,两种情况下,对应的电位移矢量通量的改变量,其加权平均值为零,即 $f\Delta\psi_1 + (1-f)\Delta\psi_2 = 0$ [f,$(1-f)$ 分别为两种材料的体积占比],代入 $\Delta\psi_1$ 和 $\Delta\psi_2$ 并整理,可得到对称形式的 Bruggeman 公式[式(8-74)]。

当混合物由多种材料填充而成时,对应的扩展公式为

$$\sum_i f_i\frac{\varepsilon_i - \varepsilon_{eff}}{\varepsilon_i + 2\varepsilon_{eff}} = 0 \tag{8-78}$$

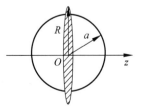

图 8-26　电位移矢量的通量计算图示

除了对称形式的 Bruggeman 公式,还提出了非对称的上述公

式。与对称形式不同,非对称的 Bruggeman 公式,交换两种材料之后得到的结果不同,即

$$\frac{\varepsilon_i - \varepsilon_{eff}}{\varepsilon_i - \varepsilon_b} = (1-f)\left(\frac{\varepsilon_{eff}}{\varepsilon_b}\right)^{1/3} \tag{8-79}$$

8.7.4 推广的 Maxwell-Garnett 公式

在等效媒质条件成立的情况下,当背景媒质中填充有多种亚波长颗粒时,利用推广的 Maxwell-Garnett 公式可以得到混合后媒质的等效电磁参数。假设每种颗粒的介电常数为 ε_i,背景介电常数为 ε_b,各颗粒的体积占比为 f_i,则等效介电常数为

$$\varepsilon_{eff} = \varepsilon_b + \frac{\frac{1}{3}\sum_{i=1}^{n} f_i(\varepsilon_i - \varepsilon_b)\sum_{k=1}^{3}\frac{\varepsilon_b}{\varepsilon_b + N_{ik}(\varepsilon_i - \varepsilon_b)}}{1 - \frac{1}{3}\sum_{i=1}^{n} f_i(\varepsilon_i - \varepsilon_b)\sum_{k=1}^{3}\frac{N_{ik}}{\varepsilon_b + N_{ik}(\varepsilon_i - \varepsilon_b)}} \tag{8-80}$$

其中: N_{ik} 是颗粒的去极化因子; $k=1,2,3$ 分别表示 x、y、z 三个方向。

例如,对于长度为 l、直径为 d 的柱状颗粒,其底面内的两个去极化因子约为 $N_{i1,2}=1/2$,轴向的去极化因子为 $N_{i3}=(d/l)^2\ln(l/d)$;对于球体来讲,其三个退极化因子相等,都为 $1/3$;对于椭球体,设其三个半轴的长度分别为 a_1,a_2,a_3,则有

$$N_k = \frac{a_1 a_2 a_3}{2}\int_0^{\infty}\frac{ds}{(s+a_k^2)\sqrt{(s+a_1^2)(s+a_2^2)(s+a_3^2)}} \tag{8-81}$$

8.7.5 Polder-van Santen 公式

Polder-van Santen 公式是一个覆盖范围较广的公式,含有参数 v,即

$$\frac{\varepsilon_{eff} - \varepsilon_b}{\varepsilon_{eff} + 2\varepsilon_b + v(\varepsilon_{eff} - \varepsilon_b)} = f\frac{\varepsilon_i - \varepsilon_b}{\varepsilon_i + 2\varepsilon_b + v(\varepsilon_{eff} - \varepsilon_b)} \tag{8-82}$$

当 $v=0$ 时,式(8-82)即为 Maxwell-Garnett 公式;当 $v=2$,式(8-82)即为 Bruggeman 公式;当 $v=3$ 时,式(8-82)即为相干势近似(Coherent Potential Approximation,CPA)的结果。

8.7.6 其他公式

除了上述解析公式之外,基于幂函数形式的加权平均公式也具有一定参考价值。公式形式为

$$\varepsilon_{eff}^{\beta} = f\varepsilon_i^{\beta} + (1-f)\varepsilon_b^{\beta} \tag{8-83}$$

当 $\beta=1$ 时,式(8-83)就是经常使用的加权平均的公式;当 $\beta=1/2$ 时,式(8-83)称为 Birchak 公式;当 $\beta=1/3$ 时,式(8-83)称为 Looyenga 公式;如果取

$$\ln\varepsilon_{eff} = f\ln\varepsilon_i + (1-f)\ln\varepsilon_b \tag{8-84}$$

则式(8-84)称为 Lichtenecker 公式。

8.8 基于 MATLAB 的等效参数提取方法

在大多数情况下,由于人工电磁材料单元结构的复杂性,很难通过解析的方法获得人工电磁材料的电磁参数表达式。因此,利用数值仿真或者实验测量的方法,间接获得材料的等效参数,也是常

用的方法。而基于散射参数反演的方法是提取人工电磁材料参数的有效途径。在数值仿真中,该方法模拟均匀平面电磁波垂直入射到一块无限大的、沿波的传播方向有一定厚度的人工电磁材料平板上(根据周期性条件,实际仿真时只需要对一个单元结构进行考虑,在单元结构的四周分别设置电壁、磁壁,而沿波的传播方向设置波端口),并据此获得电磁波的反射和透射系数;在实验测量中,通过接在矢量网络分析仪上的一对收发天线,测量得到介于这两个天线之间的人工电磁材料平板对电磁波的反射、透射系数。二者的理论基础都是电磁波穿过无限大平板时的反射与透射理论。

8.8.1 空间测量法

当均匀平面电磁波垂直入射到厚度为 d 的一块无限大介质板时,很容易得到其对应的反射、透射系数为

$$
\begin{cases}
t^{-1} = \left[\cos(nkd) - \dfrac{\mathrm{j}}{2}\left(z + \dfrac{1}{z}\right)\sin(nkd)\right]\mathrm{e}^{\mathrm{j}kd} \\
\dfrac{r}{t'} = -\dfrac{1}{2}\mathrm{j}\left(z - \dfrac{1}{z}\right)\sin(nkd)
\end{cases}
\tag{8-85}
$$

其中:$t' = t\exp(\mathrm{j}kd)$,为透射系数;r 为反射系数,分别对应于 $S_{12}=S_{21}$ 和 S_{11}。

根据式(8-85),容易得到

$$
\begin{cases}
\cos(nkd) = \dfrac{1}{2t'}[1-(r^2-t'^2)] \\
z = \pm\sqrt{\dfrac{(1+r)^2 - t'^2}{(1-r)^2 - t'^2}}
\end{cases}
\tag{8-86}
$$

于是得到

$$
\begin{cases}
\mathrm{Im}(n) = \pm\mathrm{Im}\left(\dfrac{\arccos\left(\dfrac{1}{2t'}[1-(r^2-t'^2)]\right)}{kd}\right) \\
\mathrm{Re}(n) = \pm\mathrm{Re}\left(\dfrac{\arccos\left(\dfrac{1}{2t'}[1-(r^2-t'^2)]\right)}{kd}\right) + \dfrac{2\pi m}{kd}
\end{cases}
\tag{8-87}
$$

式(8-86)、式(8-87)中正负号的选择标准是:折射率 n 的虚部为正;相对波阻抗 z 的实部为正;m 是一个整数,一般取 0(测量中要求样品的厚度不能太厚,需要测量多个厚度的结果并进行比对)。得到了 n 与 z 之后,根据 $\varepsilon = n/z$,$\mu = nz$ 即可获得等效媒质的电磁参数。需要指出的是,上述参数提取过程是 D. R. Smith 等基于 $\mathrm{e}^{-\mathrm{j}\omega t}$ 时谐因子提出的,所以在使用仿真软件数据进行参数提取时,需要将 S 参数做共轭操作,初学者一定要注意。参数提取过程中容易出现的问题在附录 A 中给出。

8.8.2 波导测量法

利用测量散射参数提取等效媒质的电磁参数,得到了广泛应用。在此基础上,还提出了基于波导的等效参数提取理论。本部分内容以矩形波导理论为基础,推导此方法的工作原理。图 8-27 给出了相应的示意图。

图 8-27 给出了介质加载矩形波导纵剖面和横截面的示意图。图中波导系统采用 BJ-100 型,$a=$

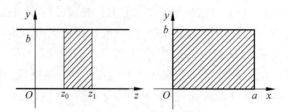

图 8-27 矩形波导内部加载有介质块的情况

2.286cm，$b=1.016\text{cm}$，其单模工作频段为 $8.2\sim12.5\text{GHz}$。当工作频率为 $\omega=2\pi f$ 时，其对应的波导波长为

$$\lambda_g = 2\pi/\beta = 1\bigg/\sqrt{\left(\frac{1}{\lambda}\right)^2 - \left(\frac{1}{\lambda_c}\right)^2} \quad(\text{cm}) \tag{8-88}$$

其中：$\lambda_c = 2a(\text{cm})$；$\lambda(\text{cm}) = 30/[f(\text{GHz})]$。

设介质片放在 $z_0=0$ 位置处，其厚度为 $z_1-z_0=d$，宽、高为矩形波导的内部尺寸 a、b，其对应的介电常数及磁导率为 ε、μ，相对参量为 ε_r、μ_r。则根据模式匹配的理论，可以得到 TE_{10} 模式对应的反射系数及透射系数分别为

$$\begin{cases} \Gamma = \dfrac{j\sin(\beta'd)(p^2-1)}{j\sin(\beta'd)(p^2+1)+2p\cos(\beta'd)} = S_{11} \\[3mm] T = \dfrac{2p}{j\sin(\beta'd)(p^2+1)+2p\cos(\beta'd)} = S_{12} \end{cases} \tag{8-89}$$

其中

$$p = \mu_r\beta/\beta' \tag{8-90}$$

$\beta = \sqrt{k_0^2-(\pi/a)^2}$ 为空气段波导内的相移常数；$k_0 = 2\pi f\sqrt{\varepsilon_0\mu_0}$ 为真空中的波数；π/a 为 TE_{10} 模式的截止波数；而

$$\beta' = \sqrt{k^2-(\pi/a)^2} \tag{8-91}$$

为介质填充段波导内的相移常数；

$$k = k_0 n = 2\pi f\sqrt{\varepsilon\mu} \tag{8-92}$$

为介质内的波数。

上面式子中，S 参数由实验测量或者仿真得到；工作频率 f 已知；波导尺寸、介质厚度已知；仅有的未知数即介质的两个参数：介电常数及磁导率。通过求解上述两个方程，可以得到材料的电磁参数。

根据式(8-89)，可以得到下面的结果：

$$\cos(\beta'd) = (1-\Gamma^2+T^2)/(2T) = A \tag{8-93}$$

$$p = \pm\sqrt{\frac{(\Gamma+1)^2-T^2}{(\Gamma-1)^2-T^2}} \tag{8-94}$$

上面的两个公式，与 Smith 等所得到的形式几乎一样(p 的地位与 z 相类似，β' 的地位与 n 相当)，因此可以仿照前面一节的参数提取过程进行推演。这里需要注意的是：Smith 等使用的是 $e^{-j\omega t}$ 时谐因子，而上面的推证使用的是 $e^{j\omega t}$ 时谐因子，与电磁仿真软件的仿真结果相一致。所以，在上述两个式子取正负的时候，与前节内容不同。

由式(8-93)和式(8-94)，可得

$$\beta'd = \pm \operatorname{arccos}A = \pm \operatorname{Re}(\operatorname{arccos}A) \pm j\operatorname{Im}(\operatorname{arccos}A) + 2\pi m$$

即

$$\beta' = [\pm \operatorname{Re}(\operatorname{arccos}A) \pm j\operatorname{Im}(\operatorname{arccos}A) + 2\pi m]/d \tag{8-95}$$

从而有

$$\begin{cases} \operatorname{Re}(\beta') = [\pm \operatorname{Re}(\operatorname{arccos}A) + 2\pi m]/d \\ \operatorname{Im}(\beta') = \pm \operatorname{Im}(\operatorname{arccos}A)/d \end{cases} \tag{8-96}$$

对于参数 p，要求其实部应该是大于零的；正负号的选择，还要保证 β' 的虚部为负值。实际应用时，为了解决复数的多值问题，d 的取值越小越好。此外，为了保证多值函数取值正确，测量样品的厚度要变化几次，然后再核准结果是否一致。

在利用式(8-94)、式(8-95)得到 p 和 β' 以后，利用式(8-90)～式(8-92)可以得到 ε,μ。

根据上述理论，可以搭建基于波导的测量系统，如图 8-28(a)所示。

利用该系统对聚四氟乙烯样品进行了测量，测量曲线如图 8-28(b)所示。聚四氟乙烯标称介电常数 $\varepsilon = 2.08$，比较测量值与标称值，得知搭建的波导测量系统和测试方案基本可行。

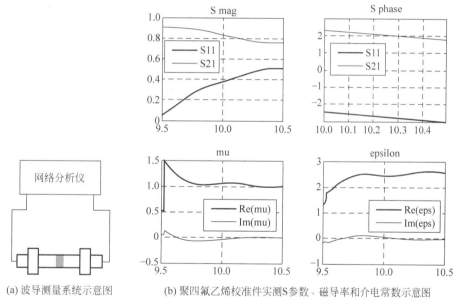

(a) 波导测量系统示意图　　(b) 聚四氟乙烯校准件实测S参数、磁导率和介电常数示意图

图 8-28　波导测量系统示意图及对于已知材料的测量结果

8.8.3　利用散射参数提取等效参数的 MATLAB 代码

如前所述，对应大部分人工电磁材料，都是通过电磁仿真手段，得到相应的 S 参数；然后，基于 S 参数反演得到其等效的介电常数和磁导率。考虑一种简单的人工电磁材料，它是由介电常数为 8 的球形介质分布在周期为 6mm 的点阵结构上所构成的。图 8-29 给出了该人工材料所对应的单元结构的示意图。

考虑球形介质的半径是周期的 1/10。对上述单元结构进行建模、扫频仿真，得到了相关的 S 参数，并以适当的途径存储在矩阵 num 中。下面的代码利用 8.8.1 节的内容，基于 S 参数反演得到了

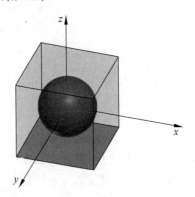

图 8-29   包含球形介质的单元结构

该人工材料的等效介电常数和磁导率。

num = [				
1	$-4.90\text{E}-05$	-0.000386769	0.992054742	-0.125806345
2	-0.000194575	-0.000754988	0.968347541	-0.249614392
3	-0.000431937	-0.00108659	0.929250793	-0.369455977
4	-0.000753437	-0.001364484	0.875384437	-0.483424924
5	-0.001148529	-0.001573046	0.80760652	-0.589710006
6	-0.001604088	-0.001698563	0.726997815	-0.68662582
7	-0.002104773	-0.001729627	0.634840735	-0.772638221
8	-0.002633453	-0.001657451	0.532596524	-0.846383726
9	-0.003171661	-0.001476127	0.421884035	-0.906686144
10	-0.003700095	-0.001182845	0.304459555	-0.952575132
11	-0.004199117	-0.000778024	0.18219321	-0.983308478
12	-0.004649221	-0.000265331	0.057037294	-0.998394039
13	-0.005031355	0.0003484	-0.069013288	-0.997602992
14	-0.005327076	0.001053242	-0.193961245	-0.980967861
15	-0.005518646	0.001836094	-0.315837629	-0.948767119
16	-0.005589414	0.002680425	-0.432718675	-0.901507694
17	-0.005524819	0.00356614	-0.542737174	-0.839918858
18	-0.005314064	0.004470167	-0.644107703	-0.764960617
19	-0.004951866	0.005368283	-0.735181507	-0.677830962
20	-0.004439127	0.00623801	-0.814523225	-0.579944255
21	-0.0037816	0.0070612	-0.880967395	-0.472866062
22	-0.00298689	0.007824126	-0.933593938	-0.358234867
23	-0.00206207	0.008513331	-0.971589046	-0.237761318
24	-0.001015713	0.009107646	-0.994045271	-0.113428236

```matlab
];                                      % 商业仿真软件仿真得到的 S 参数
freq = num(:,1);                        % 频率 GHz
S11re = num(:,2);                       % S11 实部
S11im = num(:,3);                       % S11 虚部
S12re = num(:,4);                       % S12 实部
S12im = num(:,5);                       % S12 虚部
r = S11re + i * S11im;                  % S11
t1 = S12re + i * S12im;                 % S12
d = 6e - 3;                             % 立方体边长,单位为 m
m = 0;
c = 3e8;                                % 光速,单位为 m/s
k0 = 2 * pi * freq * 1e9/c;             % 真空中的波数
k0d = (k0 * d);
r = conj(r); t1 = conj(t1);             % 两种傅里叶变换之间的转换
```

```
z = sqrt(((1 + r).^2 - t1.^2)./((1 - r).^2 - t1.^2));      % 计算相对波阻抗
check_sign = - 1 * (real(z)< 0) + (real(z)> = 0);
z = check_sign. * z;                                        % 确保 z 的实部为正
temp = acos((1 - (r.^2 - t1.^2))/2./t1)./(k0d);
n = temp + 2 * pi * m./(k0d);                               % 计算折射率 n
x_axis = freq * 1e9 * d/c;                                  % 将频率做归一化处理
subplot(2,2,1);                                             % 绘制 2×2 的图,绘制图 8-30(a)
plot(x_axis,real(z),'- b','linewidth',2);                  % 相对波阻抗的实部
hold on;
plot(x_axis,imag(z),'- .r','linewidth',2);                 % 相对波阻抗的虚部
title('Impedance z');                                      % 图的抬头为 Impedance
legend('Re','Im','Location','SouthWest');                  % 设置图例及其位置,实部 Re,虚部 Im
legend('boxoff','fontsize',10);                            % 设置图例边框关闭,字体大小为 10 磅
axis([0 0.5 0 1.2]);                                       % 设置横轴和纵轴的范围
subplot(2,2,2);                                            % 绘制 2×2 的图,绘制图 8-30(b)
plot(x_axis,real(n),'- b','linewidth',2);
hold on;
plot(x_axis,imag(n),'- .r','linewidth',2);
% 其他相似语句省略,请参考上一子图
epsilon = n./z;                                            % 计算介电常数
mu = n. * z;                                               % 计算磁导率
subplot(2,2,3);                                            % 绘制 2×2 的图,绘制图 8-30(c)
plot(x_axis,real(epsilon),'- b','linewidth',2);
hold on;
plot(x_axis,imag(epsilon),'- .r','linewidth',2);
% 其他相似语句省略,请参考上一子图
subplot(2,2,4);                                            % 绘制 2×2 的图,绘制图 8-30(d)
plot(x_axis,real(mu),'- b','linewidth',2);
hold on;
plot(x_axis,imag(mu),'- .r','linewidth',2);
% 其他相似语句省略,请参考上一子图
```

图 8-30 给出了 S 参数反演之后得到的电磁参数,即波阻抗、折射率、介电常数和磁导率的情况。作为对比,图 8-31 给出了同一复合介质利用"场平均法"进行反演得到的参数,从图中可以看出,二者吻合得非常好。

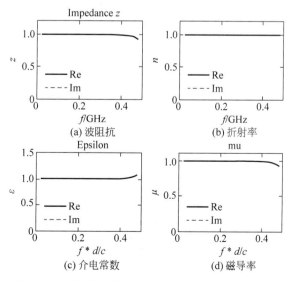

图 8-30　球形介质进行 S 参数反演之后得到的结果

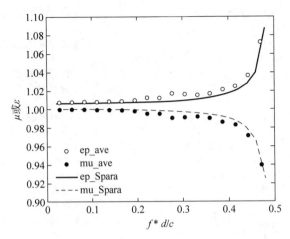

图 8-31　S参数反演与场平均法的结果对比

8.9　利用 MATLAB 实现计算全息成像

全息技术是基于光的干涉和衍射理论的成像技术,至今已成功应用于成像和测量等多个领域。"全息"意为"全部信息",包括光的振幅和相位两方面。光学全息主要解决的问题就是如何记录和重现光波的幅度和相位,即光波波前信息。随着计算机技术的发展,人们提出了计算全息术。它最主要的特点就是可以通过计算机模拟出波前记录与重现的过程,从而省去了复杂的光学设备。而近年来出现的电磁或者光学超表面,为记录全息图的信息提供了新途径,大大促进了该领域的发展。

8.9.1　全息成像的三种类型

1. 振幅型全息图

振幅型全息图的基本原理是调节光波在全息面上的透射率来获得特定的图像。全息面上的透射率一般通过干涉来控制实现。基本原理如图 8-32 所示:用分光镜将一束相干光分成两路,一路照射到物体表面然后作为物光波入射到全息底片,另一路作为参考光直接入射到全息底片,这两束相干光在底片上形成干涉条纹,其中物光波的全部信息就包含在干涉图样中,如式(8-97)所示。记录衍射图样的全息底片就是图中的记录介质,也就是全息面。根据参考光的传播方向是否与光学系统的轴线平行,可以将其分为共轴型和离轴型两种形式,图中给出的就是离轴型的全息系统。

$$I(x,y) = \mid O(x,y) + R(x,y) \mid^2$$
$$= \mid O(x,y) \mid^2 + \mid R(x,y) \mid^2 + O(x,y)R^*(x,y) + O^*(x,y)R(x,y) \quad (8\text{-}97)$$

其中:$O(x,y)$表示物光波,$R(x,y)$表示参考光。传统的光学全息通过曝光等方式将全息底片上式(8-97)的干涉场分布转换为透射率分布 $tI(x,y)$,其中 t 为材料的感光效率。在重建过程中,只需要用参考光 $R(x,y)$ 再次照射全息底片,其衍射光场中就包含了所需要的物光波分量 $O(x,y)$,如式(8-98)所示。近年来,采用电磁或者光学超表面的特性来记录全息信息,也取得了很好的效果。此外,具体在实现的时候,也可以不使用完全相同的参考光完成再现,甚至参考光的波长等都可以不一致。

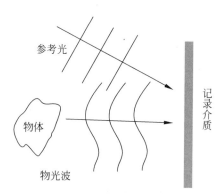

图 8-32　利用干涉获得全息图的基本原理

$$tI(x,y)R(x,y) = |O(x,y)|^2 R(x,y) + |R(x,y)|^2 R(x,y) +$$
$$O(x,y)|R(x,y)|^2 + O^*(x,y)R^2(x,y) \tag{8-98}$$

上式中第三项 $O(x,y)|R(x,y)|^2$ 就是物光信息,第四项是共轭物光信息。前面两项对成像并无实质作用,反而会影响成像质量,需要采用各种方法加以剔除。

2．相位型全息图

振幅型全息图意味着对光的幅度调控,而调控幅度会导致衍射效率的降低。相位型全息图的出现有效解决了成像效率低的问题,其对入射光强度的调制系数处处为 1。相位全息图正是通过改变光的相位,结合光的干涉与衍射理论,最终在成像面获得特定的衍射图样。因此,相位全息图的核心问题就是如何根据目标像来获得合适的全息面相位分布。常用的相位计算方法有 Gerchberg-Saxton(G-S)算法、遗传算法等。

3．复振幅型全息图

振幅型全息图由于引入了参考光,导致在波前重建时其衍射光场中除了实际需要的物光波外,还会存在共轭像与直流分量,使得成像质量下降。相位型全息图虽然避免了上述问题,但由于其仅调控光波相位而忽略幅度信息,也导致了部分信息的丢失,成像质量欠佳。因此,若能对光波的振幅和相位进行任意的独立调控,原则上就能实现任意的全息成像,这就是复振幅型全息图的工作原理。人工电磁表面也称为电磁超表面,具有强大的波前调控能力,非常适合用于光波的复振幅调控。

8.9.2　基于瑞利-索末菲公式的标量衍射理论

基尔霍夫根据波动方程和格林定理,在标量近似的情况下推导出了基尔霍夫衍射积分公式,准确预测了光的孔径衍射行为。后来索末菲修改了基尔霍夫理论中格林函数的形式,解决了其不自洽的问题,提出了瑞利-索末菲衍射积分公式,式(8-99)是该衍射积分公式在直角坐标系下的形式。

$$E(x,y) = \frac{z}{j\lambda} \iint A(\xi,\eta) \frac{e^{jkR}}{R^2} d\xi d\eta \tag{8-99}$$

图 8-33 给出了衍射面和成像面的示意图及变量定义。
其中:(x,y) 和 (ξ,η) 分别是成像面和衍射面的坐标,$E(x,y)$ 是成像面的光(电)场分布,$A(\xi,\eta)$ 是衍射平面的光(电)场分布,z 是两个平面间的距离,R 是两个平面上任意两点之间的距离。由式(8-99)

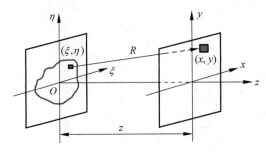

图 8-33　衍射面与成像面示意图及变量定义

可见,成像面上每一点的场分布由整个衍射平面共同作用而得到。

由图 8-33 可知,

$$R = \sqrt{(x-\xi)^2 + (y-\eta)^2 + z^2} \tag{8-100}$$

上式可以用泰勒级数展开,即

$$R = z\sqrt{1 + \frac{(x-\xi)^2 + (y-\eta)^2}{z^2}} = z + \frac{(x-\xi)^2 + (y-\eta)^2}{2z} - \frac{[(x-\xi)^2 + (y-\eta)^2]^2}{8z^3} + \cdots \tag{8-101}$$

如果取前两项,将其代入式(8-99)中,并考虑对于被积函数的幅度使用更粗略的近似,即 $R \approx z$,则有

$$E(x,y) = \frac{1}{\mathrm{j}\lambda z}\iint A(\xi,\eta)\mathrm{e}^{\mathrm{j}k\left[z + \frac{(x-\xi)^2 + (y-\eta)^2}{2z}\right]}\mathrm{d}\xi\mathrm{d}\eta \tag{8-102}$$

这相当于考虑泰勒级数展开式中第三项对应的相位远远小于 1 弧度,即

$$k\frac{[(x-\xi)^2 + (y-\eta)^2]^2}{8z^3} \ll 1$$

从而有

$$z^3 \gg \pi \left.\frac{[(x-\xi)^2 + (y-\eta)^2]^2}{4\lambda}\right|_{\max} \tag{8-103}$$

进一步对式(8-102)整理,得

$$E(x,y) = \frac{\mathrm{e}^{\mathrm{j}kz}\mathrm{e}^{\mathrm{j}k\frac{x^2+y^2}{2z}}}{\mathrm{j}\lambda z}\iint A(\xi,\eta)\mathrm{e}^{\mathrm{j}k\frac{\xi^2+\eta^2}{2z}}\mathrm{e}^{-\mathrm{j}\frac{2\pi}{\lambda z}(x\xi+y\eta)}\mathrm{d}\xi\mathrm{d}\eta \tag{8-104}$$

如果考虑下面形式的二维傅里叶变换:

$$\mathcal{F}[A(\xi,\eta)] = \iint A(\xi,\eta)\mathrm{e}^{-\mathrm{j}2\pi(f_x\xi+f_y\eta)}\mathrm{d}\xi\mathrm{d}\eta \tag{8-105}$$

则可以看出

$$E(x,y) = \frac{\mathrm{e}^{\mathrm{j}kz}\mathrm{e}^{\mathrm{j}k\frac{x^2+y^2}{2z}}}{\mathrm{j}\lambda z}\left.\mathcal{F}\left[A(\xi,\eta)\mathrm{e}^{\mathrm{j}k\frac{\xi^2+\eta^2}{2z}}\right]\right|_{f_x=\frac{x}{\lambda z},f_y=\frac{y}{\lambda z}} \tag{8-106}$$

式(8-106)表明,成像面的内容对应的是衍射平面经过适当修正之后的二维傅里叶变换。基于这一性质可以利用 FFT(快速傅里叶变换)实现衍射成像的快速计算。式(8-104)对应的就是菲涅耳近似的结果。在 $R \approx z + \dfrac{(x-\xi)^2 + (y-\eta)^2}{2z}$ 的近似基础之上,如果进一步要求

$$R \approx z + \frac{x^2+y^2}{2z} - \frac{x\xi+y\eta}{z} \tag{8-107}$$

则

$$E(x,y) = \frac{\mathrm{e}^{jkz}}{j\lambda z}\mathrm{e}^{jk\frac{x^2+y^2}{2z}}\iint A(\xi,\eta)\mathrm{e}^{-j\frac{2\pi}{\lambda z}(x\xi+y\eta)}\mathrm{d}\xi\mathrm{d}\eta \tag{8-108}$$

此公式对应的就是夫朗和费衍射的情形。此时成像面就是衍射平面的严格的傅里叶变换(再乘以一个复指数因子)。式(8-107)实际上忽略了衍射平面的二次项信息,可以认为它所对应的相位远小于1弧度,即

$$k\frac{\xi^2+\eta^2}{2z} \ll 1$$

因此,有

$$z \gg \pi\frac{\xi^2+\eta^2}{\lambda}\bigg|_{\max} \tag{8-109}$$

结合光路可逆原理,式(8-99)的逆过程表示为

$$A(\xi,\eta) = \frac{z}{j\lambda}\iint E(x,y)\frac{\mathrm{e}^{-jkR}}{R^2}\mathrm{d}x\,\mathrm{d}y \tag{8-110}$$

式(8-110)给出了由成像面的场分布获得衍射面场分布的一般公式。大多数情况下,当给出目标图像时,可以根据式(8-110)计算出全息面上的复振幅分布,将其量化后与超表面单元一一对应建模。当用平面波照射超表面时,基于式(8-99)在成像面上即可实现衍射成像,进而得到所需的目标光(电)场分布。

与式(8-99)的后续推导过程相似,可以得到菲涅尔近似和夫朗和费近似下的相应逆过程公式。

$$A(\xi,\eta) = \frac{\mathrm{e}^{-jkz}}{j\lambda z}\mathrm{e}^{-jk\frac{\xi^2+\eta^2}{2z}}\iint E(x,y)\mathrm{e}^{-jk\frac{x^2+y^2}{2z}}\mathrm{e}^{j\frac{2\pi}{\lambda z}(x\xi+y\eta)}\mathrm{d}x\,\mathrm{d}y \tag{8-111a}$$

$$A(\xi,\eta) = \frac{\mathrm{e}^{-jkz}}{j\lambda z}\mathrm{e}^{-jk\frac{\xi^2+\eta^2}{2z}}\iint E(x,y)\mathrm{e}^{j\frac{2\pi}{\lambda z}(x\xi+y\eta)}\mathrm{d}x\,\mathrm{d}y \tag{8-111b}$$

类比可以看到,

$$A(\xi,\eta) = \frac{\mathrm{e}^{-jkz}}{j\lambda z}\mathrm{e}^{-jk\frac{\xi^2+\eta^2}{2z}}\,\mathcal{F}^{-1}\left[E(x,y)\mathrm{e}^{-jk\frac{x^2+y^2}{2z}}\right]\bigg|_{f_x=\frac{\xi}{\lambda z},f_y=\frac{\eta}{\lambda z}} \tag{8-112a}$$

$$A(\xi,\eta) = \frac{\mathrm{e}^{-jkz}}{j\lambda z}\mathrm{e}^{-jk\frac{\xi^2+\eta^2}{2z}}\,\mathcal{F}^{-1}\left[E(x,y)\right]\bigg|_{f_x=\frac{\xi}{\lambda z},f_y=\frac{\eta}{\lambda z}} \tag{8-112b}$$

即衍射面上的场可以看作像平面上场分布的傅里叶逆变换。

细心的读者可能会发现,不同图书中关于衍射公式的引用形式并不相同。这是因为对于同一时谐场的表示,不同的作者采用了不同时谐因子的缘故,如 $\mathrm{e}^{-j\omega t}$ 或者 $\mathrm{e}^{j\omega t}$,因而造成不同书中关于球面波的表达形式不同,如 $\frac{\mathrm{e}^{jkR}}{R}$ 或者 $\frac{\mathrm{e}^{-jkR}}{R}$,而且傅里叶变换或者逆变换的形式也是互相颠倒的。读者可以参考本书附录 A 进一步深入了解。但无论采用哪一种形式,只要在同一个场景下坚持使用一种形式,就能够得到相同的结果,而不必过分拘泥于到底谁是正变换,谁是逆变换。

傅里叶变换可以加速衍射现象的计算过程。作为一个例子,MATLAB 联机帮助文件中给出了圆孔衍射的具体实例,代码如下。读者可以根据此例子,深入理解二维傅里叶变换及标量衍射的关

系。为简单起见,例子中省略了积分公式中的常数项等。

```
n = 2^10;                        % 衍射面大小
M = zeros(n);                    % 构造一个全零矩阵
I = 1:n;                         % 构造一个行向量
x = I - n/2;                     % x 方向的向量
y = n/2 - I;                     % y 方向的向量
[X,Y] = meshgrid(x,y);           % 创建衍射面上的网格
R = 30;                          % 小孔半径,30 个单位
A = (X.^2 + Y.^2 <= R^2);        % 选择小孔覆盖的那些元素
M(A) = 1;                        % 将衍射面上小孔覆盖的部分设置为1,其他为0
figure;                          % 显示结果
imagesc(M)                       % 显示小孔图像
axis image
DP = fftshift(fft2(M));          % 利用 FFT 计算衍射图案
figure;
imagesc(abs(DP))                 % 显示衍射图案
axis image
```

图 8-34 给出了程序运行的结果。

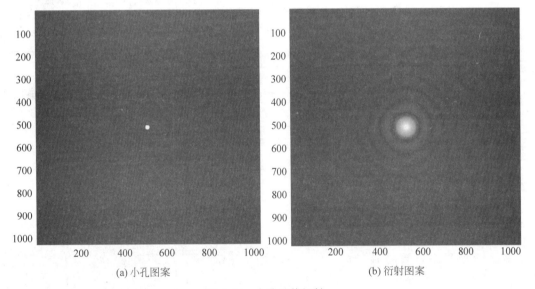

(a) 小孔图案　　　　　　　　(b) 衍射图案

图 8-34　小孔及其衍射

8.9.3　离轴全息及其实现

传统的全息成像通过记录物光和参考光干涉之后得到的干涉条纹,对记录介质的透过率进行线性调制;当再使用参考光照射这个介质时,便可以重现原始物体。具体在实现的时候,可以有共轴和离轴两种形式。图 8-32 给出的就是离轴的形式,即参考光方向与光学系统的轴线不同;反之就是共轴形式。采用离轴形式时,可以将物像、共轭像等分离开来,因此得到了较为广泛的应用。假设全息片上记录的信息如下:

$$I(x,y) = |O(x,y) + R(x,y)|^2$$
$$= |O(x,y)|^2 + |R(x,y)|^2 + O(x,y)R^*(x,y) + O^*(x,y)R(x,y)$$

假设参考光在全息片上的表达式为

$$R(x,y) = \mathrm{e}^{-\mathrm{j}(k\cos\alpha x + k\cos\beta y)} = \mathrm{e}^{-\mathrm{j}2\pi\left(\frac{\cos\alpha}{\lambda}x + \frac{\cos\beta}{\lambda}y\right)} \tag{8-113}$$

其中，$\cos\alpha$、$\cos\beta$ 是方向余弦。因为全息面位于 z 等于常数的坐标面上，因此不考虑 z 方向的方向余弦。对其做空间频率分析，即对上式求二维傅里叶变换，则有

$$\mathcal{F}[I(x,y)] = \mathcal{F}[|O(x,y)|^2] + \mathcal{F}[1] + \mathcal{F}[O(x,y)\mathrm{e}^{\mathrm{j}(k\cos\alpha x + k\cos\beta y)}] +$$
$$\mathcal{F}[O^*(x,y)\mathrm{e}^{-\mathrm{j}(k\cos\alpha x + k\cos\beta y)}]$$

假设 $\mathcal{F}[O(x,y)] = \widetilde{O}(f_x, f_y)$，其对应的最高频率成分为 f_{mx}、f_{my}，则上式中，

$$\mathcal{F}[|O(x,y)|^2] = \widetilde{O}(f_x, f_y) * [\widetilde{O}(-f_x, -f_y)]^* \tag{8-114}$$

中间的星号表示卷积。根据卷积的性质，这一项对应的最高频率成分为 $2f_{mx}$、$2f_{my}$；$\mathcal{F}[1]$ 是强度为 1 的参考光的频谱成分，对应空间频率的直流，是位于坐标原点的一个冲击函数；而根据位移定理，第三项和第四项相当于做了空间频率调制，因此对应物光的频谱发生了搬移，有

$$\mathcal{F}[O(x,y)\mathrm{e}^{\mathrm{j}(k\cos\alpha x + k\cos\beta y)}] = \widetilde{O}\left(f_x - \frac{\cos\alpha}{\lambda}, f_y - \frac{\cos\beta}{\lambda}\right) \tag{8-115}$$

$$\mathcal{F}[O^*(x,y)\mathrm{e}^{-\mathrm{j}(k\cos\alpha x + k\cos\beta y)}] = \left[\widetilde{O}\left(-f_x - \frac{\cos\alpha}{\lambda}, -f_y - \frac{\cos\beta}{\lambda}\right)\right]^* \tag{8-116}$$

由此可见，全息片上各个成像部分对应的空间频谱位置不同，因此有可能通过频谱搬移的形式，将各个成分分离开来，如图 8-35 所示。

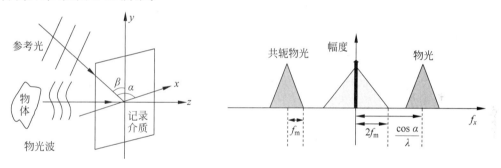

(a) 离轴全息示意图　　　　　　　　(b) 空间频谱分布示意图

图 8-35　离轴全息及对应的 x 方向空间频谱示意图

从图中可以看出，要想使得各个频谱成分不产生混叠，则要求在 x 方向，$\dfrac{\cos\alpha}{\lambda} \geqslant 3f_{mx}$。对于 y 方向同理可以得到，$\dfrac{\cos\beta}{\lambda} \geqslant 3f_{my}$。

上述推导过程实际上也可以解释全息图像重建的机理：当使用共轴（非离轴）的参考光照射全息片时（相当于全息片的内容与常数相乘），物光、共轭物光分布在成像区域中心的对称两侧；直流成分在中心；而与物光光场强度分布相关的内容，即式(8-114)对应部分，因为未发生偏移，所以在中心区域成像。如果使用原始参考光 $R(x,y)$ 或者其共轭 $R^*(x,y)$ 来进行全息重建（离轴重建），过程与此类似，只不过像的中心发生了偏移，而物光或共轭物光对应的像则位于区域中央。读者可以参考上述过程自行进行推导。

下面的程序针对字母 L 进行全息图的制作以及图像重建。其中字母 L 用绘图工具制作成 JPG 格式后存储；为方便起见，参考光选择位于 yOz 平面内，其与 z 轴的夹角为 θ，因此有，$\alpha = 90°$，$\beta = $

$90° - \theta$。具体如下：

$$R(x,y) = e^{-j2\pi\left(\frac{\sin\theta}{\lambda}y\right)} \tag{8-117}$$

因此，预测重建的物体及其共轭像应该在 y 方向有偏移，且随倾斜角度不同而不同。此外，MATLAB 计算物体图片对应的二维 FFT 时，默认的下标都是从 0 开始，不包含负的下标。而程序中图片位于坐标系中的中央，既有包含正的坐标，又有负的坐标。这相当于对平移之后的图片进行了快速傅里叶变换。因此，程序中对涉及的相位进行了校正。

```
n = 1024;                                      % 成像面的矩阵规模为 n×n
ims = 200;                                      % 将物体图像设置为 ims×ims 的大小
nu = n;                                         % 衍射面的矩阵规模为 nu×nu
z = 0.3;                                         % 衍射面与成像面的距离
lambda = 850e - 9;                              % 工作波长
k = 2 * pi/lambda;                              % 对应的波数
dx = 4.5e - 6;                                   % 成像面的分辨率
delta = lambda * z/n/dx;                        % 衍射面的分辨率
theta = asin(lambda * 3/2/delta)/pi * 180;
% 计算离轴全息对应的最小倾斜角,参考光线在 yOz 面内,theta 与文中 beta 互余
theta = 4/180 * pi;                             % 角度大小,与 beta 互余,参考光线在 yOz 面内
ksi = linspace( - nu/2,nu/2 - 1,nu) * delta;    % 行向量,用于定义衍射面矩阵
eta = ksi; % 行向量,用于定义衍射面矩阵
[Ksi,Eta] = meshgrid(ksi,eta);                  % 定义衍射面的网格矩阵
x = linspace( - n/2,n/2 - 1,n) * dx;            % 行向量,用于定义成像面矩阵
y = x;                                          % 行向量,用于定义成像面矩阵
[X,Y] = meshgrid(x,y);                          % 定义成像面矩阵
OI = imread('L.jpg');                           % 载入目标图像
pic = im2double(rgb2gray(OI));                  % 转换为灰度图像
pic = imresize(pic,[ims ims]);
% 调整目标图像尺寸为成像面的矩阵大小 ims×ims,注释后不改变原图大小
[row,col] = size(pic);                          % 获得图片大小
OI = zeros(n,n);                                % 设置全零矩阵
ind1 = round((n - row)/2);                      % 计算行号
ind2 = round((n - col)/2);                      % 计算列号
OI(ind1 + 1:ind1 + row,ind2 + 1:ind2 + col) = pic;  % 将物体图像周围填充 0
pic = OI;                                       % 保留以方便后期显示对比
phi = pi/lambda/z * (Ksi.^2 + Eta.^2);          % 计算相位因子
OI = OI. * exp(j * phi);                         % 乘以相位因子
HG = fft2(OI);                                   % 计算衍射平面的场分布
x1 = linspace(0,n - 1,n) * dx;                  % 行向量,用于定义成像面矩阵
y1 = x1;                                        % 行向量,用于定义成像面矩阵
[X1,Y1] = meshgrid(x1,y1);                       % 定义网格
HG = HG. * exp(j * 2 * pi * (X1 + Y1) * nu/2 * delta/lambda/z);
                                                % 根据傅里叶变换性质,将相位做校准
HG = fftshift(HG) * delta * delta;              % 将零频移至中心位置
phi = pi/lambda/z * (X.^2 + Y.^2);              % 计算相位因子
HG = HG. * exp(j * phi) * exp(j * k * z)/(j * lambda * z);
                                                % 乘以相位因子以及系数
mag = max(max(abs(HG)));                         % 找到最大值
R = mag * exp( - j * k * sin(theta) * (Y));     % 据此设置参考光的幅度,二者基本一致,效果最好
HG = abs(HG + R).^2;                             % 生成全息图片
% 下面的代码用于对生成的全息图片进行重建
phi = pi/lambda/z * (X.^2 + Y.^2);              % 设置相位因子
nHG = HG. * exp(j * phi);                        % 乘以相位因子
```

```
TI = fft2(nHG) * dx * dx;                    % 重建图像,目标图像
TI = fftshift(TI);                           % 将零频率搬移至中间位置
figure;                                      % 显示最终结果
subplot(1,3,1);
imagesc(pic);                                % 显示原始图像
axis image;
colormap hot;
subplot(1,3,2);
imagesc(abs(nHG));                           % 显示生成的全息图像
colormap hot;
axis image;
subplot(1,3,3);
imagesc(abs(TI));                            % 显示最终重建得到的图像
axis image;
colormap hot;
```

图 8-36 给出了字母 L 的原始图片,其对应的全息图以及重建图像。

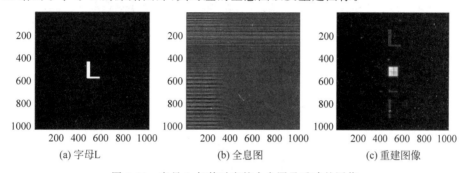

(a) 字母L   (b) 全息图   (c) 重建图像

图 8-36　字母 L 与其对应的全息图及重建的图像

当改变倾斜角度时,图 8-37 给出了重建图像的情况。可以看出,通过调整倾角可以改变像平面几个图像之间的距离,从而避免图像混叠。这正是离轴全息的优势。

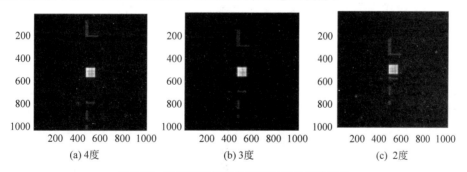

(a) 4度   (b) 3度   (c) 2度

图 8-37　选择不同倾斜角度时对应的重建图片

如果改变参考光的形式,如

$$R(x,y) = e^{-j2\pi\left(\frac{\sin\theta}{\lambda}x\right)} \tag{8-118}$$

则对应的重建图像如图 8-38 示意。此时,可以看到,像平面上的物光和共轭物光对应的像,沿水平方向产生搬移,因而也可以避免混叠现象发生。这个和前面理论推导是一致的。

也可以使用式(8-113)给出的一般的参考光的形式,则对应的重建的图像如图 8-39 示意。可以看出,此时重建图像在 x 和 y 方向都有偏移。读者可以结合前面的理论,自行修改代码进行分析。

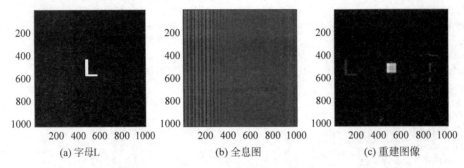

(a) 字母L　　　　　　(b) 全息图　　　　　　(c) 重建图像

图 8-38　修改参考光之后,字母 L 与其对应的全息图及重建的图像

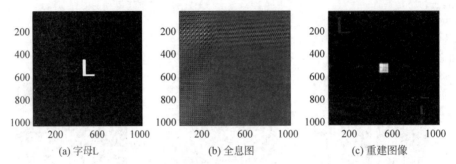

(a) 字母L　　　　　　(b) 全息图　　　　　　(c) 重建图像

图 8-39　采用一般形式的参考光之后,字母 L 与其对应的全息图及重建图像

8.9.4　G-S算法简介

在一般情况下,往往给出成像面上的光场分布或者是目标图像,利用前面所述式(8-110)计算得到衍射面上的光场分布;再利用式(8-99)计算得到成像面上的衍射场,并对照其与目标场分布的差异。因此,这是一个循环迭代的过程。尤其是在使用相位型全息成像时,往往忽略衍射面上光场分布的幅度信息,而仅仅使用相位信息进行成像,这就需要对相位分布进行反复迭代和优化,从而得到最终的成像效果。Gerchberg-Saxton(G-S)算法是经常采用的算法之一。其对应的流程图如图 8-40所示。

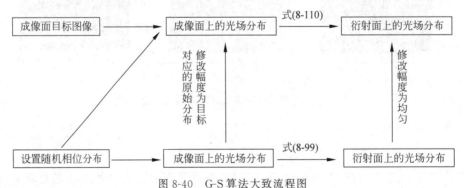

图 8-40　G-S算法大致流程图

首先,设置成像面上所需的目标图像,得到其对应的光场幅度分布,并随机设置其对应的相位分布;其次,利用式(8-110)计算得到衍射面上的光场分布;因为考虑的是相位型全息成像,所以设置对应的幅度分布都为 1,并代入式(8-99),计算得到成像面上的场分布;然后,根据目标图像的幅度

要求,设置新的成像面上的光场分布(不改变相位);接下来继续利用式(8-110)进行求解。如此循环,直至达到设定的循环次数。此时退出循环,利用所得衍射面上的相位分布,即可得到相应的目标图像。利用超表面可以非常容易地实现衍射平面的相位分布要求,从而完成其物理实现。

8.9.5 MATLAB 数值仿真实现相位型全息图

1. 基于"严格的"瑞利-索末菲公式

首先采用相对严格的瑞利-索末菲公式进行计算,为便于理解程序,编制形象化的流程,如图 8-41所示。

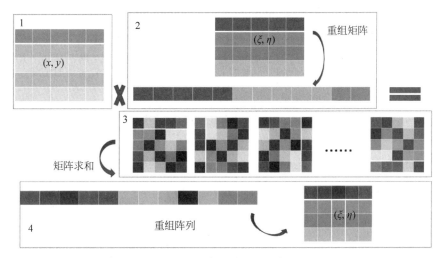

图 8-41 程序设计流程示意图

具体步骤如下:

(1)设置像平面上的坐标网格,获得成像平面的光场分布,并设置初始相位为随机均匀分布;

(2)编制衍射平面的坐标矩阵,并将其重组为一个阵列,便于计算;

(3)基于瑞利-索末菲公式,计算距离等中间量,用第(1)步所得光场矩阵,与第(2)步所得阵列相乘,得到一个新的阵列,并将新阵列中的每个页面都做矩阵求和(从而得到衍射面上任意像素的值);

(4)重组结果阵列,得到衍射平面上的场分布。

可以结合上述流程,对下面的 MATLAB 代码进行分析。

为了简便,这里采用的仿真目标图像是一个大写字母 T 型图样,如图 8-42所示。其中白色区域为 1,黑色区域为 0,相位为随机分布。所用波长为850nm,成像距离 z 为 $8\mu m$。其他数据可以参考代码。代码编写过程中,衍射面用希腊字母表示;成像面用罗马字母表示。其中,TI 表示目标图像,HG 代表全息片。

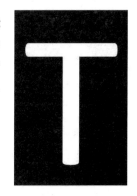

图 8-42 目标图像

```
n = 100;                    % 成像面的矩阵规模为 n×n,偶数
nu = 100;                   % 衍射面的矩阵规模为 nu×nu,偶数
count = 30;                 % 循环次数计数
z = 8e - 6;                 % 衍射面与成像面的距离
lambda = 850e - 9;          % 工作波长
```

```matlab
k = 2 * pi/lambda;                              % 对应的波数
dx = 300e - 9;                                  % 成像面的像素大小
delta = 200e - 9;                               % 衍射面的像素大小
ksi = linspace( - nu/2,nu/2 - 1,nu) * delta;    % 行向量,用于定义衍射面矩阵
eta = ksi;                                      % 行向量,用于定义衍射面矩阵
[Ksi,Eta] = meshgrid(ksi,eta);                  % 定义衍射面的网格矩阵
x = linspace( - n/2,n/2 - 1,n) * dx;            % 行向量,用于定义成像面矩阵
y = x;                                          % 行向量,用于定义成像面矩阵
[X,Y] = meshgrid(x,y);                          % 定义成像面网格矩阵
Kksi(1,1,:) = reshape(Ksi',1, nu * nu);         % 重新组织 Ksi 矩阵为 1×1×(nu×nu)的三维数组
Eeta(1,1,:) = reshape(Eta',1, nu * nu);         % 重新组织 Eta 矩阵为 1×1×(nu×nu)的三维数组
R1 = sqrt((X - Kksi).^2 + (Y - Eeta).^2 + z^2);
                                                % 成像面到衍射平面的距离 n×n×(nu×nu)三维数组
% 数组的每个页面为 n×n 大小,反映的是成像面上的各点到衍射面上某个像素点的距离
Xx(1,1,:) = reshape(X',1, n * n);               % 重新组织 Y 矩阵为 1×1×(n×n)的三维数组
Yy(1,1,:) = reshape(Y',1, n * n);               % 重新组织 X 矩阵为 1×1×(n×n)的三维数组
R = sqrt((Ksi - Xx).^2 + (Eta - Yy).^2 + z^2);  % 衍射面到成像面的距离,nu×nu×(n×n)的三维数组
% 数组的每个页面为 nu×nu 大小,反映的是衍射面上的各点到成像面上某个像素点的距离
TI = imread('T.jpg');                           % 载入目标图像
TI = im2double(rgb2gray(TI));                   % 转换为灰度图像
TI = imresize(TI,[n n]);                        % 调整目标图像尺寸为成像面的矩阵大小 n×n
mag = abs(TI);                                  % 记录图像的幅度值
phi = rand(n) * 2 * pi;                         % 设置 0 - 2×pi 区间的随机相位
TI = mag. * exp(j * phi);                       % 确定成像面上的场分布
for lp = 1:count
  HG = TI. * exp(j * k * R1)./R1.^2;            % n×n×(nu×nu)三维数组,每个页面 n×n 大小
  HG = sum(HG,[1 2]) * z * delta^2/j/lambda;    % 对每个页面求和,得到衍射面上各个像素的值
  HG = reshape(HG,nu,nu,1);                     % 将数组重新组织为 nu×nu 大小
  HG = exp(j * angle(HG));                      % 将幅度设置为1,即相位型全息图
  HG = HG. ';                                   % 调整行列位置,从而与衍射面的矩阵一致
  TI = HG. * exp( - j * k * R)./R.^2;           % 从衍射面到成像面进行计算,nu×nu×(n×n)
  TI = sum(TI,[1 2]) * dx^2 * z/j/lambda;       % 对三维数组每个页面进行求和,得到各个像素的值
  TI = reshape(TI,n,n,1);                       % 将数组重新组织为 n×n 大小
  TI = TI. ';                                   % 调整行列位置,从而与成像面矩阵一致
  TI = mag. * exp(j * angle(TI));               % 重新将幅度设置为目标图像的幅度,迭代
end
TI = HG. * exp( - j * k * R)./R.^2;             % 以下语句同上面循环部分,计算衍射面场分布
TI = sum(TI,[1 2]) * dx^2 * z/j/lambda;
TI = reshape(TI,n,n,1);
TI = TI. ';
subplot(1,3,1);
imagesc(mag);                                   % 显示所需的目标图像
axis image;
subplot(1,3,2);
imagesc(abs(TI));                               % 显示最终得到的成像面上的图像
axis image;
subplot(1,3,3);
imagesc(angle(HG));                             % 显示最终得到的衍射平面上的相位
axis image;
colormap hot;
```

程序运行结果如图 8-43 所示。可以看出,利用瑞利-索末菲公式,可以计算得到全息图,并能够重建原始目标图片。

运行上述程序可以看出,此程序速度较慢,大致需要 80s 的时间。这是因为里面有尺寸较大的

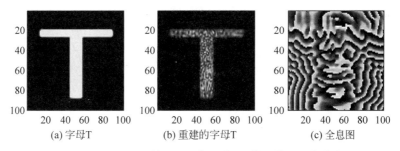

(a) 字母T   (b) 重建的字母T   (c) 全息图

图 8-43   基于 G-S 算法的目标图像、衍射图像和相位分布

三维数组的原因。如果要避免三维数组,就需要使用大量的 for 循环做嵌套,时间也比较冗长。因此,如果能够使用快速傅里叶变换进行计算,那么会大大提升运算速度。

2. 利用 FFT 加速的瑞利-索末菲公式

由前面论述可知,当满足一定条件的时候,成像面与衍射面之间可以构成一对傅里叶变换。因此,可以使用 FFT 进行快速计算。下面的程序就是重复前面的内容,完成衍射面上的相位计算,依然对前述字母 T 进行相位型全息图的生成,并利用衍射得到目标图像。需要指出的是,程序中通过 for 循环进行傅里叶变换时,并没有将场分布与二次项的相位因子做乘积。这是因为要连续、反复进行傅里叶变换和逆变换,因此前后两次相乘的结果正好抵消。读者可以通过分析前面的式(8-111)和式(8-112)加以体会。此外,积分号前面的常数,因为对场分布无影响,所以可以省略。

```
n = 100;                             % 成像面的矩阵规模为 n×n,偶数
nu = n;                              % 衍射面的矩阵规模为 nu×nu,偶数
count = 30;                          % 循环次数计数
z = 8e - 3;                          % 衍射面与成像面的距离
lambda = 850e - 9;                   % 工作波长
k = 2 * pi/lambda;                   % 对应的波数
delta = sqrt(lambda * z/n);          % 衍射面上的像素大小
dx = delta;                          % 成像面上的像素大小
ksi = linspace(0, nu - 1, nu) * delta;   % 行向量,用于定义衍射面矩阵
eta = ksi;                           % 行向量,用于定义衍射面矩阵
[Ksi, Eta] = meshgrid(ksi, eta);     % 定义衍射面的网格矩阵
x = linspace(0, n - 1, n) * dx;      % 行向量,用于定义成像面矩阵
y = x;                               % 行向量,用于定义成像面矩阵
TI = imread('T.jpg');                % 载入目标图像
TI = im2double(rgb2gray(TI));        % 转换为灰度图像
TI = imresize(TI, [n n]);            % 调整目标图像尺寸为成像面的矩阵大小 n×n
mag = abs(TI);                       % 记录图像的幅度值
phi = rand(n) * 2 * pi;              % 设置 0 - 2×pi 区间的随机相位
TI = mag. * exp(j * phi);            % 确定成像面上的场分布
for lp = 1:count
  HG = fft2(TI);                     % 计算衍射平面的场分布
  HG = HG. /abs(HG);                 % 设置衍射平面幅度为 1
  TI = ifft2(HG);                    % 利用衍射公式计算成像平面的场分布
  TI = mag. * exp(j * angle(TI));    % 修改幅度分布为目标图像幅度分布,相位不变
end
HG = fft2(TI);                       % 计算衍射面上的场分布
HG = exp(j * angle(HG));             % 将幅度设置为 1
TI = (ifft2(HG));                    % 计算成像平面的场分布
```

```
phi = pi/lambda/z * (Ksi.^2 + Eta.^2);          % 计算相位因子
HG = HG. * exp(j * phi);                         % 乘以相位因子
subplot(1,3,1);                                  % 绘制结果
imagesc(mag);                                    % 显示所需的目标图像
axis image;
subplot(1,3,2);
imagesc(abs(TI));                                % 显示最终得到的成像面上的图像
axis image;
subplot(1,3,3);
imagesc(angle(HG));                              % 显示最终得到的衍射平面上的相位分布
axis image;
colormap hot;
```

上面程序,对字母 T 对应的图片反复进行傅里叶变换和傅里叶逆变换,从而利用 G-S 算法得到衍射面上的相位分布图。图 8-44 给出了对应的原始图片,利用全息图生成的图片以及对应的相位型全息图。

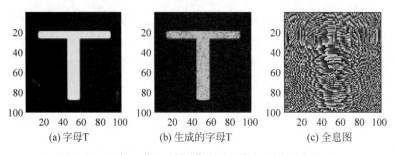

(a) 字母T　　　　　(b) 生成的字母T　　　　　(c) 全息图

图 8-44　目标图像、生成图像以及对应的相位型全息图

为了对上述结果进行验证,将上面程序中生成的全息图信息,即矩阵 HG 的内容,导入前面瑞利-索末菲公式中进行数值计算,结果如图 8-45 所示。

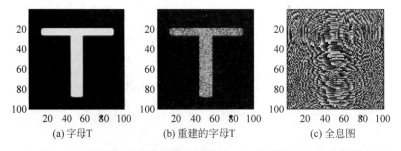

(a) 字母T　　　　　(b) 重建的字母T　　　　　(c) 全息图

图 8-45　利用瑞利-索末菲公式计算对 FFT 结果进行验证的情形

从图 8-45 中可以看出,FFT 计算结果完全正确。但是与瑞利-索末菲公式计算时间相比,其运行时间大大缩短(几乎不需要等待),而且可以进行大尺寸图片的运算,优势非常明显。

3. 全息图的其他验证

图 8-46 给出了对一个任意图片进行全息图生成和重建的结果。原始图片为兰州大学的徽标图案;可以看出,重建的图案与原始图片几乎一模一样;图中还给出了对应的相位型全息图,如图 8-46(c)所示。

如果将全息图的部分信息删除,仅保留剩余的另外一部分,依旧能够得到原始图像,只不过图像质量有所下降。图 8-47 以及图 8-48 给出了对应的情况,对比二者可以看出,即使保留全息片 1/4 的

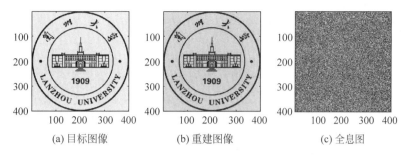

(a) 目标图像　　　　　(b) 重建图像　　　　　(c) 全息图

图 8-46　任意目标图像、重建图像以及对应的相位型全息图

内容,依然可以得到比较清晰的图像。这从另一方面证实了全息成像的优越性。

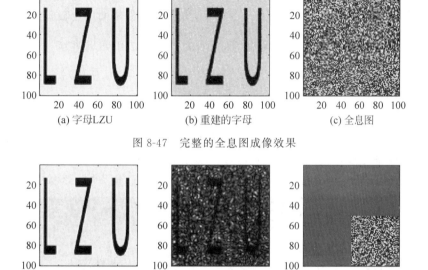

(a) 字母LZU　　　　　(b) 重建的字母　　　　　(c) 全息图

图 8-47　完整的全息图成像效果

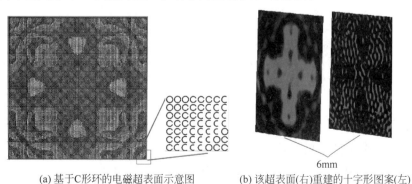

(a) 字母LZU　　　　　(b) 重建的字母　　　　　(c) 残缺的全息图

图 8-48　利用部分全息图成像的效果

最后,作为一个实例,我们给出了一个利用 C 形环作为基本单元的电磁超表面,并利用该超表面实现了十字形图案的全息图,同时在 CST 下进行了全波仿真。图 8-49 给出了超表面的示意图,以及全波仿真的结果,也从另外一个侧面验证了结果的正确性和可行性。

(a) 基于C形环的电磁超表面示意图　　　　　(b) 该超表面(右)重建的十字形图案(左)

图 8-49　电磁超表面以及 CST 下的仿真结果

8.9.6 利用全息技术生成涡旋波束

在 8.3.4 节中,提到了利用人工电磁材料产生涡旋电磁波的问题。实际上,以全息技术为基础,利用人工电磁超表面,很容易产生涡旋电磁波。本节主要介绍采用幅度型全息图产生涡旋电磁波的方法,也就是利用干涉的方法产生全息图,再通过瑞利-索末菲方式发生衍射,从而得到所需的涡旋波束。同时,利用干涉的方法,对所产生的涡旋波束进行检测。

1. 涡旋波束

涡旋波束是具有螺旋形相位面的电磁波,即其相位因子包含 $e^{jl\varphi}$ 部分。其中,φ 是以传播方向为轴的柱坐标系下的方位角,l 被称为拓扑荷。事实上,具有螺旋相位面的电磁波具有轨道角动量,而拓扑荷就与该角动量的大小有关。从角向看,其周期为 $\frac{2\pi}{l}$,因此,沿角向环绕一周,相位周期性地变化 l 次,每个周期都可以看作空间等相位面的一个分支。l 可正可负,所以对应有两种螺旋相位面。

当考虑涡旋电磁波沿 z 轴传播的时候,其电场强度可以表示为

$$E = A(r,\varphi,z)e^{j(\omega t - kz + l\varphi)} \tag{8-119}$$

这样表示是因为电场强度要满足亥姆霍兹方程,而单纯的 $e^{jl\varphi}$ 表示形式,并不满足亥姆霍兹方程。一般情况下,由于在柱轴位置 φ 的定义不明确,因此,场分布在柱轴处有个奇异点。这就造成涡旋电磁波的横向分布在轴线上没有场分布,大多数情况下形成一个"面包圈"的情形,如图 8-50 所示。

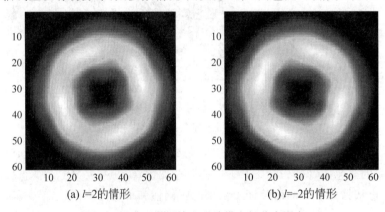

(a) $l=2$的情形   (b) $l=-2$的情形

图 8-50 典型的涡旋电磁波横向场分布图案

考虑特定时刻的等相位面,可以得到

$$\omega t_0 - kz + l\varphi = C$$

因此,有

$$z = \frac{l}{k}\varphi + \frac{\omega}{k}t_0 + C = A\varphi + B \tag{8-120}$$

这就是螺旋等相位面的方程形式。式中 A、B、C 均为常数。

以 $l=3$ 为例,下面的代码绘制了某一个横截面上特定时刻的相位分布。其结果如图 8-51 所示。可以看出,相位在角向有三个明显的周期分布,对应于空间的三个分支曲面;同时,图中还给出了等相位面的空间示意图,生动展现了三个曲面螺旋上升的情形;作为对比,还绘制了 $l=-3$ 的空间等

相位面。可以结合图像,深入理解涡旋电磁波的等相位面分布。

```
A = 2;                                          % 设置参数 A
B = 0;                                          % 设置参数 B
l = 3;                                          % 设置拓扑荷数
r = linspace(0,5,10);                           % 柱坐标系,径向网格向量划分
t = linspace(0,2 * pi);                         % 柱坐标系,角向网格向量划分
[R,T] = meshgrid(r,t);                          % 创建极坐标系网格
X = @(T) R. * cos(T);                           % 计算 X 值,使用函数形式
Y = @(T) R. * sin(T);                           % 计算 Y 值,使用函数形式
Z1 = l * T;                                     % 计算 l × phi
pcolor(X(T),Y(T),mod(Z1,2 * pi));               % 绘制等相位面的俯视图
colorbar;                                       % 显示色阶
figure;
Z2 = A * T + B;                                 % 等相位面
hold on                                         % 设置图形绘制模式,叠加模式打开
for i = 1:l
    g = surf(X(T + 2 * pi * i/l),Y(T + 2 * pi * i/l),Z2);    % 绘制等相位面
    set(g,'FaceColor',rand(1,3),'FaceAlpha',0.5)            % 设置随机颜色,透明
end
hold off                                        % 叠加模式关闭
axis equal                                      % 坐标轴等比例
view(14,18);                                    % 设置视角
axis off                                        % 不显示坐标轴
figure;
Z3 = - A * T + B;                               % 设置相反的拓扑荷数量
hold on
for i = 1:l
    g = surf(X(T + 2 * pi * i/l),Y(T + 2 * pi * i/l),Z3);
    set(g,'FaceColor',rand(1,3),'FaceAlpha',0.5)
end
hold off
axis equal
view(62,24);
axis off                                        % 不显示坐标轴
```

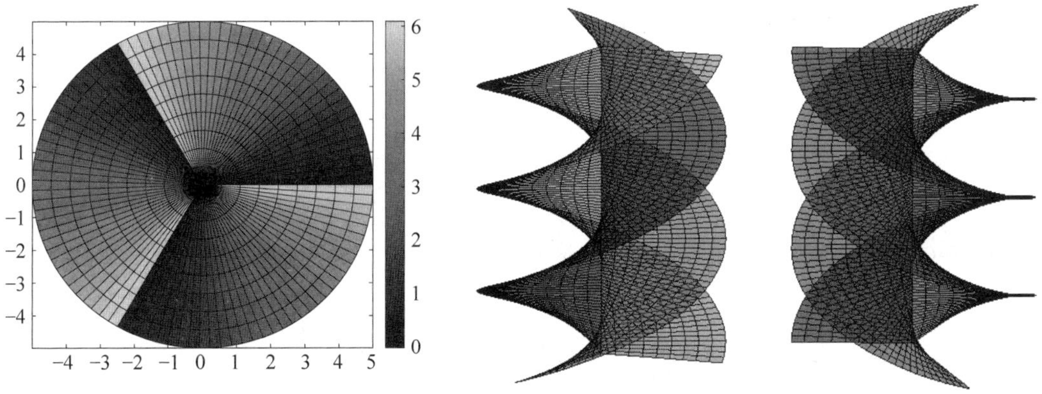

(a) 等相位面的俯视图   (b) l=3的等相位面   (c) l=−3的等相位面

图 8-51 横截面和空间的等相位面分布示意图

在绘制三维空间螺旋等相位面的基础之上,还可以通过动画的形式更加深入地展现其随空间和时间的变化过程。下面的代码基于式(8-120),就完成了这个操作。代码中假设 $C = 0$。需要注意的

是,在绘制三维螺旋等相位面的时候,要根据时间的变化对变量 T 进行更新。

```
omega = 2;                              % 设置角频率
k = 3;                                  % 设置波数
m = -3;                                 % 设置拓扑荷数
A = m/k;                                % 设置参数 1/k
B = omega/k;                            % 设置参数 B
num = 2;                                % 设置显示的螺旋的层数
r = linspace(0,5,10);                   % 柱坐标系,径向划分
t = linspace(0,2*pi*num);               % 柱坐标系,角向划分
[R,T] = meshgrid(r,t);                  % 创建极坐标系网格
X = @(T) R.*cos(T);                     % 计算 X 值,使用函数形式
Y = @(T) R.*sin(T);                     % 计算 Y 值,使用函数形式
time = 0;                               % 初始时间
Z = A*T+B*time;                         % 等相位面,式(8-120)中,C=0
col = rand(abs(m),3);                   % 设置随机矩阵,用于调整颜色
fg = figure;
hold on                                 % 设置图形绘制模式,叠加模式打开
for lp = 1:60
  for i = 1:abs(m)
    g = surf(X(T+2*pi*i/abs(m)+omega*time),Y(T+2*pi*i/abs(m)+omega*time),Z);
                                        % 绘等相位面
    set(g,'FaceColor',col(i,:),'FaceAlpha',0.5) % 设置随机颜色,透明
    axis equal                          % 坐标轴等比例
    view(14,18);                        % 设置视角
    axis off                            % 不显示坐标轴
  end
  mov(lp) = getframe(fg);               % 记录当前图片
  pause(0.1);                           % 适当暂停
  time = time + 0.1;                    % 修改时间
  clf;                                  % 清楚图框内的内容,关闭叠加绘制状态
  hold on;                              % 叠加绘制状态打开
end
movie(fg,mov);                          % 播放存储的动画,movie2avi 函数已经不再使用
```

此动画产生的图画不再展示,其某一时刻对应的一帧信息,可以参考图 8-51。如果需要将上述动画存到一个 GIF 文件中,可以将下面的代码加入最后 end 语句之前即可。

```
I = frame2im(mov(lp));
[x,map] = rgb2ind(I,256);                         % 将 RGB 图像 I 转换为索引图像 x,
                                                  % 关联颜色图为 map,量化等级 256
if lp == 1                                         % 第一帧图片
  imwrite(x,map,'spiral.gif','DelayTime',0.2);    % 创建文件,写入文件,动画间隔 0.2s
else
  imwrite(x,map,'spiral.gif','WriteMode','append','DelayTime',0.2); % 以追加形式写入文件
end
```

2. 用于产生涡旋电磁波波束的全息图及其检测

可以采用前面所述离轴全息的技术产生涡旋波束。尽管 $e^{il\varphi}$ 不是一个完整的电磁模式,但在下面的分析中,仅仅考虑与螺旋相位相关的部分,而忽略其幅度分布等次要因素。事实证明,这个做法是可靠的。将 $e^{il\varphi}$ 与一个同传播方向成小角度的均匀平面波做干涉,可以生成干涉图案,其原理如下:

$$| \ \mathrm{e}^{jl\varphi} + \mathrm{e}^{jkx} \ | = | \ 2 + 2\cos(l\varphi - kx) \ | = 4\cos^2\left(\frac{l\varphi - kx}{2}\right) \tag{8-121}$$

其中,$k = k_0\sin\theta$,θ 是一个非常小的角度,k_0 是真空中的波数。

下面的 MATLAB 代码绘制了干涉之后的强度分布,并在图 8-52 中展示出来。

```
x = linspace( - 5,5,100);              %直角坐标系,定义网格向量
y = x;                                 %直角坐标系,定义网格向量
[X,Y] = meshgrid(x,y);                 %创建直角坐标系网格
ks = 4;                                %k * sin(theta)
l = 1;                                 %拓扑荷
mask = X < 0;                          %定义矩阵,获得 X 小于零的位置
phi = atan(Y. /X) + pi * mask;         %计算反正切函数,并考虑 pi 相位问题
Z1 = exp(j * l * phi);                 %计算 l×phi
Z2 = exp(j * ks * X);                  %计算平面波
Z = abs(Z1 + Z2).^2;                   %二者干涉
figure;
subplot(2,3,1);
pcolor(X,Y,Z);                         %绘制干涉图案
shading interp;
Z1 = exp( - j * l * phi);              %计算 - l×phi
Z = abs(Z1 + Z2).^2;
subplot(2,3,4);
pcolor(X,Y,Z);                         %绘制干涉图案
shading interp;
...
Z = 4 * (cos(l * phi/2 - ks * X/2)).^2;  %另外一种计算方法
Z = Z.^2;
figure;
pcolor(X,Y,Z);                         %绘制图案
shading interp;
```

为节约空间,绘制全部拓扑荷的程序代码并没有完整给出来,但根据上述代码,很容易写出相关代码,在此不做赘述。此外,程序末尾给了利用式(8-121)进行计算的另一种方法,对结果进行侧面验证,证明了程序的正确性。

从图 8-52 中可以看出,涡旋波束与平面波干涉之后,形成了具有"叉型"结构的干涉图样。其中,分叉的位置位于原点。这是因为在柱坐标系下,原点处 $\mathrm{e}^{jl\varphi}$ 中关于角度的定义具有任意性,因此形成了一个奇异点;分叉的数量与拓扑荷的大小有关,等于拓扑荷的绝对值;分叉的开口方向与拓扑荷的正负有关,正值向上,负值向下。将上述干涉图案记录在感光胶片上(光波段),或者利用电磁超表面记录上述图案,当利用平面波再次照射全息图时,即可产生离轴的涡旋电磁波束。

根据上述性质,还可以利用平面波与涡旋波束的干涉图案,研究拓扑荷的大小和正负。

除了与倾斜的平面波产生干涉之外,还可以利用球面波与涡旋电磁波发生干涉,实现对拓扑荷的检测。假定点源距离全息面的距离为 z_s,则从该点源发出的球面波可以表示为

$$E_s = \frac{\mathrm{e}^{jkR}}{R} \tag{8-122}$$

其中:$R = \sqrt{x^2 + y^2 + z_s^2} = z_s\sqrt{1 + \frac{x^2 + y^2}{z_s^2}} \approx z_s + \frac{x^2 + y^2}{2z_s}$,表示从点源到干涉面(全息面)的距离。大多数情况下,可以采用近似的形式表示上述距离。则与前面所述平面波的形式类似,可以得到二

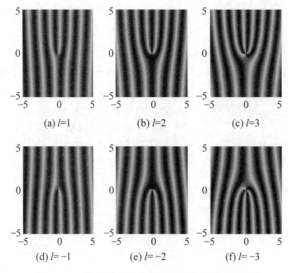

(a) $l=1$ (b) $l=2$ (c) $l=3$

(d) $l=-1$ (e) $l=-2$ (f) $l=-3$

图 8-52　涡旋波束与倾斜平面波干涉的结果

者干涉的结果,即 $|e^{jl\varphi}+e^{jkR}|$。这里面忽略了球面波的幅度变化,将其视为 1。一般情况下,点源距离全息面较远,且全息面较小,上述分析近似成立。下面的 MATLAB 代码对不同拓扑荷的情况进行了计算,并在图 8-53 中给出了干涉图案。读者可以修改程序中的参数,对上述情况做对比分析。

```matlab
x = linspace( -1.5,1.5,100);        %直角坐标系,定义网格向量
y = x;                              %直角坐标系,定义网格向量
[X,Y] = meshgrid(x,y);             %创建直角坐标系网格
k = 100;                           %定义波数 k
l = 1;                             %定义拓扑荷
zs = 10;                           %定义球面波波源到干涉面的距离
R = sqrt(X.^2 + Y.^2 + zs.^2);      %计算距离
mask = X < 0;                      %定义矩阵,获得 X 小于 0 的位置
phi = atan(Y./X) + pi * mask;       %计算反正切函数,并考虑 pi 相位问题
Z1 = exp(j * l * phi);             %计算 l×phi
Z2 = exp(j * k * R)./R;            %计算球面波
Z = abs(Z1 + Z2).^2;              %干涉
figure;
subplot(2,3,1);
pcolor(X,Y,Z);                     %绘制干涉图案
shading interp;
Z1 = exp( -j * l * phi);           %计算 -l×phi
Z = abs(Z1 + Z2).^2;
subplot(2,3,4);
pcolor(X,Y,Z);                     %绘制干涉图案
shading interp;
```

同样地,为节约空间,绘制全部拓扑荷的程序代码并没有完整给出,读者可以根据上述代码很容易写出相关代码,在此不做详细论述。

从图 8-53 中可以看出,涡旋波束与球面波干涉之后,形成了具有"螺旋"结构的干涉图样。其中,所有螺旋都从原点位置发出。螺旋臂的数量与拓扑荷的大小有关,等于拓扑荷的绝对值;螺旋的旋转方向与拓扑荷的正负有关,正值为逆时针方向旋转,负值为顺时针方向。根据上述性质,可以利用球面波与涡旋波束的干涉图案,研究拓扑荷的大小和正负。

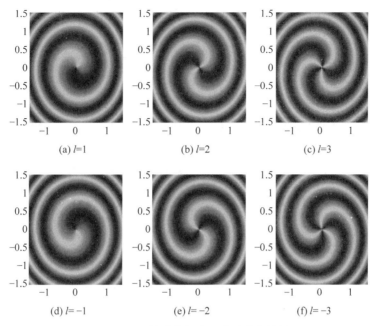

图 8-53　涡旋波束与球面波干涉的结果

此外,当具有相反拓扑荷的涡旋电磁波发生干涉的时候,有 $|\mathrm{e}^{jl\varphi}+\mathrm{e}^{-jl\varphi}|=2|\cos(l\varphi)|$。可以看出,该干涉模式沿角向有 l 个周期,总共有 $2l$ 个峰值。考虑到涡旋电磁波沿轴向场的幅度为零,因此,该干涉模式实际上可以生成 $2l$ 个明暗相间的区域。这个性质也可以在实际中用作检测拓扑荷,下一节中对此有详细介绍。

3. 涡旋波束的产生及检测

根据前面的描述,可以利用干涉法制作全息图,再基于瑞利-索末菲衍射理论,得到需要的涡旋电磁波。下面的 MATLAB 代码就完成了上述操作。其主要流程包括以下几部分:①制作"叉型"全息片,并将其设置为全息面;②对上述全息片,利用高斯波束照射,并利用二维 FFT 完成衍射计算,对应的平面称为成像面;③在成像面上做相位校准,并将零频率移至中心位置;④显示成像面上横切线上的场分布,确定两个涡旋电磁波的中心坐标,即"面包圈"的中心;⑤对于成像面上的衍射图案,截取中心部分放大显示;⑥截取左、右侧涡旋电磁波的场分布,并做插值;⑦将左、右两侧的涡旋电磁波分别与平面波(球面波)发生干涉,检测拓扑荷并显示;⑧将左、右两侧的涡旋电磁波叠加干涉,进一步验证拓扑荷并显示。

```
% 下面的代码用于产生特定拓扑荷的涡旋电磁波,涡旋波与平面波干涉生成全息片
m = 2;                          % 拓扑荷数
n = 512;                        % 全息片的矩阵规模为 n×n
N = 4096;                       % FFT 的点数,对全息片补 0 后以增加分辨率
nu = N;                         % 成像面的矩阵规模为 nu×nu
z = 1.2;                        % 球面波点源与全息片的距离
lambda = 800e - 9;              % 工作波长
k = 2 * pi/lambda;              % 对应的波数
dx = 4.5e - 6;                  % 全息片的分辨率
delta = lambda * z/N/dx;        % 成像面的分辨率
```

```
ind = round((N - n)/2);                              % 计算行号、列号,以方便补 0
x = linspace( - n/2,n/2 - 1,n) * dx;                 % 行向量,用于定义全息片矩阵
y = x;                                               % 行向量,用于定义全息片矩阵
[X,Y] = meshgrid(x,y);                               % 定义全息片矩阵
X = X + eps;                                          % 避免除 0 出现 NaN 错误
theta = 0.005;                                        % 平面波与 z 轴交角,用于产生倾斜的平面波
mask = X < 0;                                         % 用于计算反正切函数,X < 0,需要额外增加 PI
phi = atan(Y./X) + (pi * mask);                      % 用于计算反正切函数
Z1 = exp( - j * k * sin(theta) * (X));               % 据此设置平面波参考波束
Z2 = exp(j * m * phi);                               % 涡旋电磁波模式,拓扑荷为 m
film = (abs(Z1 + Z2)).^2;                             % 与平面波干涉的结果,即全息片
% 下面的代码用于对生成的全息图片进行重建,生成涡旋光束.全息面→成像面
r = sqrt(X.^2 + Y.^2);                               % 计算全息面上的半径
w = n/3 * dx;                                         % 计算高斯波束的腰宽
phi1 = pi/lambda/z * (r.^2);                          % 设置相位因子,衍射公式要求
HG = film. * exp(j * phi1);                           % 乘以相位因子,衍射公式要求
HG = HG. * exp( - r.^2/2/w^2);                        % 与高斯波束相乘,相当于高斯光束照射
% 此处对全息片做补 0 操作,以增加成像面上的分辨率
tmp = zeros(N,N);                                     % 构造零矩阵
tmp(ind:ind + n - 1,ind:ind + n - 1) = HG;           % 相当于在全息片周围补 0
nHG = tmp;                                            % nHG 为新的、补 0 之后的全息片
TI = fft2(nHG);                                       % 重建图像,目标图像,应该对应涡旋波束
x1 = linspace(0,nu - 1,nu) * dx;                      % 行向量,用于定义成像面矩阵
y1 = x1;                                              % 行向量,用于定义成像面矩阵
[X1,Y1] = meshgrid(x1,y1);                           % 定义网格
TI = TI. * exp(j * 2 * pi * (X1 + Y1) * nu/2 * delta/lambda/z);  % 根据傅里叶变换性质,将相位做校准
TI = TI. * exp(j * k * z)/(j * lambda * z);          % 衍射公式要求的积分号前面的系数
TI = fftshift(TI);                                    % 将零频率搬移至中间位置
ksi = linspace( - nu/2,nu/2 - 1,nu) * delta;         % 行向量,用于定义成像面矩阵
eta = ksi;                                            % 行向量,用于定义成像面矩阵
[Ksi,Eta] = meshgrid(ksi,eta);                       % 定义成像面的网格矩阵
phi = pi/lambda/z * (Ksi.^2 + Eta.^2);               % 衍射公式要求的系数
% TI = TI. * exp(j * phi);                            % 此语句见文中解释
figure;                                              % 显示最终结果
subplot(1,3,1);
imagesc(film);                                       % 显示原始全息片
axis image;
colormap hot;
subplot(1,3,2);
imagesc(abs(HG));                                    % 全息片被高斯波束照射的情况
colormap hot;
axis image;
subplot(1,3,3);
imagesc(abs(TI));                                    % 显示最终重建得到的涡旋波束
axis image;
colormap hot;
% 显示其他相关信息
figure;
x_cross = abs(TI(N/2,:));
plot(abs(x_cross));                                  % 绘制成像面横切线上的场分布
xcl = 1935; xcr = 2163;                              % 简单起见,从图中读出左、右两个面包圈
```

```matlab
yc = N/2; no = 30;                                    % 中心 y 坐标,截取的像素数
leftp = TI(yc − no:yc + no, xcl − no:xcl + no);       % 截取左侧面包圈
leftp = leftp. /max(max(abs(leftp)));                 % 归一化
rightp = TI(yc − no:yc + no, xcr − no:xcr + no);      % 截取右侧面包圈
rightp = rightp. /max(max(abs(rightp)));              % 归一化
wholep = TI(yc − no:yc + no, xcl − no:xcr + no);      % 截取所有衍射图案
figure;
subplot(1,3,1);
imagesc(abs(wholep));                                 % 全部衍射图案的放大区域
axis image;
colormap hot;
subplot(1,3,2);
imagesc(abs(leftp));                                  % 显示左侧面包圈图案
axis image;
colormap hot;
subplot(1,3,3);
imagesc(abs(rightp));                                 % 显示右侧面包圈图案
axis image;
colormap hot;
% 以下对成像面做插值,以增加像素点数
xy = [ − no:no] * lambda * z/N/dx;                    % 设定成像面上的网格向量
[X, Y] = meshgrid(xy, xy);                            % 定义网格
nxy = [ − no:1/8:no] * lambda * z/N/dx;               % 加密的网格向量
[nX, nY] = meshgrid(nxy, nxy);                        % 加密的网格
nleftp = interp2(X, Y, leftp, nX, nY, 'cubic');       % 插值
nrightp = interp2(X, Y, rightp, nX, nY, 'cubic');     % 插值
mask = nX < 0;                                        % 用于计算反正切函数,X < 0,需要额外增加 PI
phi = atan(nY. /nX) + (pi * mask);                    % 用于计算反正切函数
zs = z * 0.5;                                         % 球面波点源与成像面的距离
R = sqrt(nX.^2 + nY.^2 + zs^2);                       % 计算球面波与成像面上每个点的距离
ref = exp(j * k * R);                                 % 与球面波干涉的结果,注释后变成平面波
% ref = exp(j * k * sin(theta) * nX);                 % 与平面波干涉检测.注释后编程球面波
inp = abs(ref + nleftp).^2;                           % 计算左侧面包圈对应的干涉图案,检测拓扑荷

figure;
subplot(1,3,1);
imagesc(abs(inp));                                    % 显示左侧面包圈对应的干涉图案,检测拓扑荷
axis image;
colormap hot;
inp = (abs(ref + nrightp)).^2;                        % 计算右侧面包圈对应的干涉图案,检测拓扑荷
subplot(1,3,2);
imagesc(abs(inp));                                    % 显示右侧面包圈对应的干涉图案,检测拓扑荷
axis image;
colormap hot;
inp = (abs(nleftp + nrightp)).^2;
subplot(1,3,3);
imagesc(abs(inp));                                    % 显示两个面包圈叠加之后的干涉图案,检测拓扑荷
axis image;
colormap hot;
```

该程序运行所生成的全息片如图 8-54 所示。图 8-54(a)中给出了原始的全息图,从中可以看出,该全息图对应有两个向上开口的分叉,因此,对应的拓扑荷数为＋2,与程序中的设置符合;图 8-54(b)显

示的是用高斯波束照射到全息图上的情形。采用高斯波束照射,可以降低全息片对应的空间频率,同时,产生一个共轴的平面波相位,从而可以产生衍射并得到离轴的衍射图案(参考8.9.3节论述)。图 8-54(c)中给出了该全息片对应的衍射图案,其中,位于中心的是零级衍射,在这里对应于高斯波束的强度分布;位于左、右两侧的是−1 和 +1 级衍射图案,它们就是所需的涡旋电磁波。由于左、右两侧的图案是"共轭"的,因此所对应的拓扑荷是等值、异号的。后面的程序会对此进行检测。

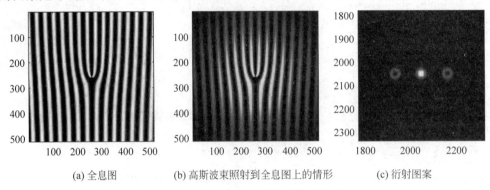

(a) 全息图   (b) 高斯波束照射到全息图上的情形   (c) 衍射图案

图 8-54   全息片及生成的涡旋波展示

程序对衍射图案做了横切,并显示了横切线上的场分布,如图 8-55 所示。

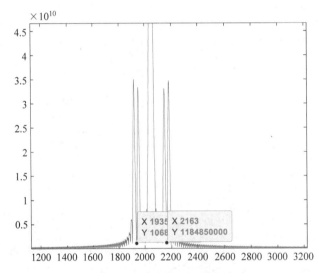

图 8-55   横切线上的场分布展示

从图 8-55 可以看出,中心场最强,对应衍射图案中间的实心光斑;在中心区域两侧,形成了两个"山谷"结构,它们就是衍射生成的空心"面包圈",也就是涡旋波束。从简化程序的角度考虑,从图中可以直接观察到这两个涡旋波束的中心位置,记录并可以进行后续处理。

程序对中心衍射图案进行了截取,并做了放大显示,如图 8-56 所示。从图中可以看出,两个涡旋波束非常明显,其场分布呈典型的"面包圈"形式;同时,它们对称性地位于中心实心圆斑两侧,符合前面所描述的离轴全息的结果。

为了验证所产生的涡旋电磁波的拓扑荷数,程序中对上述两个区域进行了数值插值,并分别与倾斜的平面波进行干涉;同时,将这两个涡旋波束也做了叠加,计算它们所对应的干涉模式,具体结果如图 8-57 所示。从图中可以看出涡旋波束与平面波发射干涉后,产生了对应的"叉型"干涉图样,

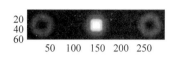
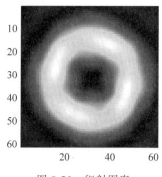
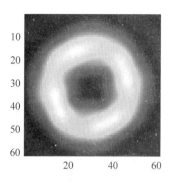

图 8-56　衍射图案

从分叉数量可以识别出其对应的拓扑荷数为2,且二者符号相反。将左右两侧对应的涡旋波束叠加干涉后,其图案如图 8-57(c)所示,可以看出,干涉图案包括 4=2×2 个亮斑,证明其是由 +2 和 -2 两个涡旋波的模式叠加后的结果。从另外一个侧面验证了结果的正确性。

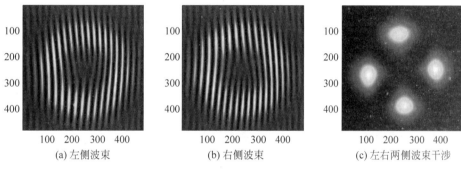

(a) 左侧波束　　　　　　　(b) 右侧波束　　　　　　　(c) 左右两侧波束干涉

图 8-57　生成涡旋电磁波的检测(平面波干涉)

　　程序产生的涡旋电磁波与球面波干涉的图案如图 8-58 所示。与平面波检测的情况类似,利用球面波对拓扑荷数检测,也可以得到正确的结果。

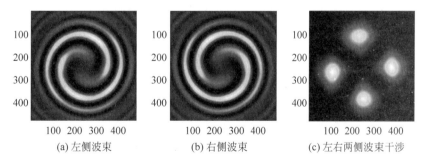

(a) 左侧波束　　　　　　　(b) 右侧波束　　　　　　　(c) 左右两侧波束干涉

图 8-58　生成涡旋电磁波的检测(球面波干涉)

　　程序中 FFT 变换之后,做了相位校准和零频率偏移的操作。其后有一条语句,TI=TI. * exp(j * phi),我们将其注释掉了。但细心的读者可以发现,根据衍射公式的要求,这个相位因子是应该保留的(与前面章节仅仅显示强度分布不同,后期的干涉,必须考虑相位)。实际上,该相位因子不影响成像面上的强度分布(单纯相位);同时,这个相位因子对应的是二次相位因子,在实际实验中,可以非常容易地通过一个薄透镜抵消掉;更重要的是,与大多数论文和实验结果相对照,没有这个相位因子,结果才是正确的,或者说,可以认为我们在程序中加入了一个薄透镜,从而抵消了这个二次相位因子。因此,在程序中,将上述语句注释掉,使其不产生作用。感兴趣的读者可以修改相关语句,进一步深入研究。

8.10 小结

本章对人工电磁材料的相关概念进行了回顾,主要包括人工电磁材料的定义、分类、应用、实现等;给出了二维人工电磁超材料,即电磁超表面的定义及其性质;对材料的色散模型,包括洛伦兹模型、德鲁德模型和高阶洛伦兹模型进行了较为详细的推导;同时,归纳了多种等效媒质的混合公式;给出了两种人工电磁材料的等效参数提取方法等。在经过理论推导和设计后,利用 MATLAB 完成了参数提取的任务。本章最后对基于电磁超表面开展计算全息成像并进行了研究。

任何需要辐射和接收电磁波的无线电技术设备（如通信、雷达、导航等）都配有天线。天线向空间辐射的电磁波能量在各个方向上的分布，即天线的方向性，常用方向图函数、主瓣宽度和方向性系数等参数来表征。因为方向图函数不仅对于理解天线的辐射特性具有很重要的意义，而且能够形象地表现天线的方向特性，所以天线方向图的可视化就显得尤为必要。此外，对天线的电流分布、输入阻抗、极化方式、轴比等参数的分析，也具有重要意义。本章重点讲述如何利用MATLAB对单元天线和阵列天线进行建模、可视化及特性分析。

9.1 天线方向图及其绘制

9.1.1 天线方向图

实际天线辐射的电磁波具有方向性，即它是非均匀球面波。天线的辐射电磁场在固定距离上随空间角坐标(θ,φ)分布的图形，称为天线的方向图，即辐射远区任一方向的场强与同一距离的最大场强之比和方向角之间的关系曲线。它是相对的空间方向图。表述方向图的函数也称为方向图因子，即方向图函数是表示天线相对的辐射场强与方向之间的关系，它是归一化场强方向图函数，即

$$F(\theta,\varphi) = \frac{|\boldsymbol{E}(\theta,\varphi)|}{|\boldsymbol{E}_{\max}|} \tag{9-1}$$

在三维坐标中，天线方向图是空间立体模型——三维曲面，称为立体方向图或空间方向图。立体方向图形象直观，但比较复杂且不实用。因此，实际上常用两个主要平面（主平面）上的方向图，即空间方向图与两个互相垂直的平面的交线，称为平面方向图。主平面的选取，需根据实际应用的方便而定。对架设在地面上的线天线，由于地面影响比较明显，通常采用水平平面和垂直平面为两个主平面。

天线的方向图是表征天线辐射特性（场强振幅、相位、极化）与空间角度关系的图形。测量场强振幅，就得到场强振幅方向图；测量功率，就得到功率方向图；测量极化，就得到极化方向图；测量相位，就得到相位方向图。若不另加说明，本章所说方向图均指场强振幅方向图。三维空间方向图的测绘十分麻烦，实际工作中，一般只需测得水平面和垂直面（即xOy平面和xOz平面）的方向图即可。

9.1.2　利用 polar 函数绘制天线二维方向图

一般情况下,方向图函数是球坐标系下方位角的函数,即 $F(\theta,\varphi)$。在球坐标系下绘制方向图的时候,可以定义函数 $r=F(\theta,\varphi)$,这样,在空间对 (r,θ,φ) 进行描点,所得曲面即为方向图。在二维情况下,可以使用 MATLAB 下的 polar(theta,rho)函数进行方向图绘制。例如对偶极子天线,$F(\theta)=\sin\theta$。可以定义函数 $r=F(\theta,\varphi)=\sin\theta$,然后在极坐标系下直接绘图。MATLAB 显示结果如图 9-1(a)所示。

```
theta = [ - pi:0.1:pi];          % 定义 θ 的取值范围
rho = abs(sin(theta));           % 定义方向图函数
polar(theta,rho);                % 利用 polar 函数绘制曲线
```

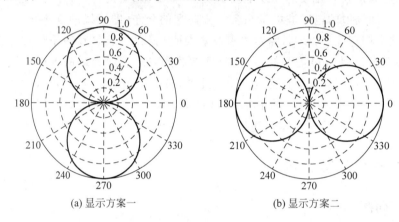

(a) 显示方案一　　　　　　　　　　(b) 显示方案二

图 9-1　偶极子的二维方向图

图 9-1(a)所示的图像与大家所熟知的"侧 8 字"相比,旋转了 90°。这是由于方向图函数使用的是球坐标系下的角度变量,θ 的计算是从 z 轴正方向开始的。而在 polar 函数中,θ 的计算是从 x 轴正向计起的。为了得到"正常"的方向图函数,可以将角度做适当转换,从而达到目的。下面的代码执行后,就可以得到如图 9-1(b)所示的方向图函数。

```
theta = [ - pi:0.1:pi];          % 定义 θ 的取值范围
rho = abs(sin(theta));           % 定义方向图函数
elevation = pi/2 - theta;        % 将球坐标系下的头顶仰角转换为相对于水平面的仰角
polar(elevation,rho);            % 利用 polar 函数绘制曲线
```

任意长度振子天线的远区辐射场的方向图函数为

$$F(\theta) = \frac{\cos\left(\dfrac{k_0 l}{2}\cos\theta\right) - \cos\dfrac{k_0 l}{2}}{\sin\theta} \tag{9-2}$$

其中:l 表示振子天线的长度。

基于式(9-2),利用 polar 函数绘制半波振子天线的方向图。MATLAB 显示结果如图 9-2 所示。事实上,可以将下面的程序进行改动而绘制任意长度阵子天线的方向图。

```
clear all; clc;                  % 清屏,清内存
labmda = 1e - 3;                 % 波长
k = 2 * pi./labmda;
L = labmda/2;                    % 天线臂长,其值可以按照自己的需求任意改动
```

```
theta = 0:pi/100:2 * pi;
rho = (cos(k * L/2 * cos(theta)) − cos(k * L/2))./sin(theta);
polar (theta,abs(rho),'b');                    % 极坐标
```

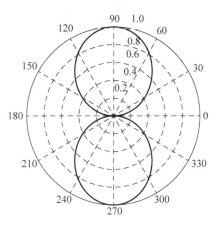

图 9-2　半波振子的二维方向图

9.1.3　利用 surf 函数绘制天线三维方向图

半波振子天线也是生活中经常使用的一种天线，在式(9-2)中令 $l = \lambda/4$，则其方向图函数可以表示为

$$F(\theta) = \frac{\cos\left(\dfrac{\pi}{2}\cos\theta\right)}{\sin\theta}$$

图 9-2 所示是利用 MATLAB 绘制的半波振子的二维方向图。当然，也可以利用 surf 函数对半波振子的三维方向图进行绘制。MATLAB 显示结果如图 9-3 所示。

```
clear all; clc;                                    % 清屏,清内存
theta = (0:pi/100:pi);                             % theta 矢量定义
phi = 0:pi/100:2 * pi;                             % phi 矢量定义
for m = 1:length(theta)
    E(m) = cos(pi * cos(theta(m))/2)/sin(theta(m)); % 计算方向图函数
  for n = 1:length(phi)
    x(m,n) = E(m) * sin(theta(m)) * cos(phi(n));   % 计算 x 坐标
    y(m,n) = E(m) * sin(theta(m)) * sin(phi(n));   % 计算 y 坐标
    z(m,n) = E(m) * cos(theta(m));                 % 计算 z 坐标
  end
end
surf(x,y,z);                                       % 绘制方向图函数
```

实际上，上述代码可以做进一步的优化，从而省略两个 for 循环语句，加快程序的运行速度，优化后的代码如下：

```
clc; clear;                                        % 清屏,清内存
theta = (0:pi/100:pi);                             % theta 矢量定义
phi = 0:pi/100:2 * pi;                             % phi 矢量定义
[Theta,Phi] = meshgrid(theta,phi);                 % 定义网格
E = cos(pi * cos(Theta)/2)./sin(Theta);            % 计算方向图函数
```

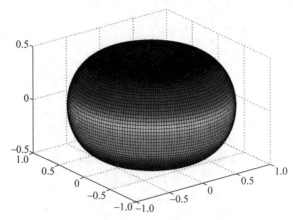

图 9-3　半波振子的三维方向图

```
x = E. * sin(Theta). * cos(Phi);              % 计算 x 坐标
y = E. * sin(Theta). * sin(Phi);              % 计算 y 坐标
z = E. * cos(Theta);                          % 计算 z 坐标
surf(x,y,z);                                  % 绘制三维方向图
```

9.2　天线阵及其方向图的绘制

9.2.1　天线阵和阵因子

　　若干辐射单元按一定规律排列起来所构成的天线系统,称为天线阵。组成天线阵的辐射单元称为阵元,阵元可以是任何类型的单一天线。按单元天线的排列方式可将天线阵分为直线阵、平面阵和立体阵。立体阵可从平面阵推广得到,平面阵可从直线阵推广得到,而直线阵可由二元阵推广得到。因此,二元阵是天线阵的基础。一般地,天线阵的方向图函数可表示为

$$F(\theta,\varphi) = f_0(\theta,\varphi) \cdot f_a(\theta,\varphi) \tag{9-3}$$

　　式(9-3)为方向图乘积定理。其中,第一个因子 $f_0(\theta,\varphi)$ 称为天线阵方向性函数的单元因子,它是由单元天线的类型(电流分布和振子类型)决定的;第二个因子 $f_a(\theta,\varphi)$ 称为阵因子,决定于天线间电流的比值、电流的相位差及它们间的相对位置。

　　N 个单元天线以相同取向、相等间距 d 排列在一条直线上,且它们的电流大小相等,相位以均匀比例递增或递减(如相邻两单元天线递减的相位差为 ξ),即为 N 元均匀直线式天线阵,如图 9-4 所示,则相邻天线在远区 P 点处的辐射波较前一天线的辐射波超前的相位是

$$\psi = k_0 d \cos\varphi - \xi$$

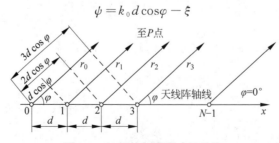

图 9-4　N 元均匀直线式天线阵

这个相位包含两部分,第一部分是由于后面天线因为波程差造成的相位超前项,第二部分是由于该天线因为馈电电流造成的相位滞后项。二者之差就是"净"的相位超前量。

根据叠加原理,可得远区 P 点处的合成辐射场为

$$\boldsymbol{E} = \boldsymbol{E}_0 + \boldsymbol{E}_1 + \boldsymbol{E}_2 + \cdots + \boldsymbol{E}_{N-1}$$
$$= \boldsymbol{E}_0 (1 + \mathrm{e}^{\mathrm{j}\psi} + \mathrm{e}^{\mathrm{j}2\psi} + \cdots + \mathrm{e}^{\mathrm{j}(N-1)\psi})$$

利用等比级数的求和公式,则远区的合成场强为

$$\boldsymbol{E} = \boldsymbol{E}_0 \frac{1 - \mathrm{e}^{\mathrm{j}N\psi}}{1 - \mathrm{e}^{\mathrm{j}\psi}} = \boldsymbol{E}_0 \frac{\mathrm{e}^{\mathrm{j}\frac{N}{2}\psi}(\mathrm{e}^{-\mathrm{j}\frac{N}{2}\psi} - \mathrm{e}^{\mathrm{j}\frac{N}{2}\psi})}{\mathrm{e}^{\mathrm{j}\frac{\psi}{2}}(\mathrm{e}^{-\mathrm{j}\frac{\psi}{2}} - \mathrm{e}^{\mathrm{j}\frac{\psi}{2}})} = \boldsymbol{E}_0 \frac{\sin\dfrac{N\psi}{2}}{\sin\dfrac{\psi}{2}}\mathrm{e}^{\mathrm{j}\frac{N-1}{2}\psi}$$

$$= \boldsymbol{E}_{0\max} f_0(\theta, \varphi) f_{\mathrm{a}}(\psi) \mathrm{e}^{-\mathrm{j}\left(k_0 r - \frac{N-1}{2}\psi\right)}$$

其中: $\boldsymbol{E}_{0\max}$ 是单元天线的振幅最大值矢量; $f_0(\theta, \varphi)$ 是它的方向图函数; $\mathrm{e}^{-\mathrm{j}\left(k_0 r - \frac{N-1}{2}\psi\right)}$ 是 N 元均匀直线式天线阵的相位因子。

于是, N 元天线阵的阵因子可以表示为

$$f_{\mathrm{a}}(\psi) = \left| \frac{\sin\dfrac{N\psi}{2}}{\sin\dfrac{\psi}{2}} \right| \tag{9-4}$$

其中: $\psi = k_0 d \cos\varphi - \xi \left(k_0 = \dfrac{2\pi}{\lambda}\right)$ 为自由空间波数。

对于阵因子,大家更关心的是其什么时候取最大值,从而据此确定天线阵的最大辐射方向。令 $\dfrac{\mathrm{d}f_{\mathrm{a}}(\psi)}{\mathrm{d}\psi} = 0$,则可以得到

$$\tan\frac{N\psi}{2} = N\tan\frac{\psi}{2}$$

这就是天线阵的阵因子取最大值的条件。利用观察法,很容易得到 $\psi = 0$。
即

$$\psi = k_0 d \cos\varphi_{\mathrm{m}} - \xi = 0$$

所以,最大辐射方向满足

$$\cos\varphi_{\mathrm{m}} = \frac{\xi}{k_0 d}$$

此时,有

$$\lim_{\psi \to 0} f_{\mathrm{a}}(\psi) = \lim_{\psi \to 0} \frac{\sin\dfrac{N\psi}{2}}{\sin\dfrac{\psi}{2}} = N$$

即阵因子的最大值为 N。

因此, N 元天线阵在 $\psi = 0$ 时得最大辐射方向,其辐射场为单元天线辐射场的 N 倍,而最大辐射方向(φ_{m})取决于相邻两元间的相位差 ξ。通过改变 ξ,就可以改变天线阵的最大辐射方向,这就是相控阵天线的基本原理。事实上,当相邻天线的"净"相位差为0时,沿着最大辐射方向,所有单元天线的辐射都是同相位到达,因此,在远场"同相位叠加",从而取得最大值。

为了比较不同天线阵的方向性,定义

$$\bar{f}_a(\psi) = \frac{f_a(\psi)}{N} = \left| \frac{\sin\dfrac{N\psi}{2}}{N\sin\dfrac{\psi}{2}} \right|$$

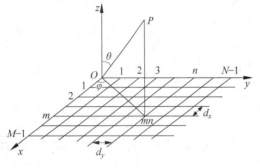

图 9-5　均匀平面天线阵

为归一化阵因子。它的方向图与原来的方向图完全一样,只是缩小为原来的 $\dfrac{1}{N}$,其最大值为 1。

若沿 x 方向和 y 方向分别有 M 和 N 个结构与取向全同、电流振幅相等的单元天线,电流的相位沿 x、y 方向递增或递减,分别为 ξ_x 和 ξ_y,而且两相邻单元天线的间距分别为 d_x 与 d_y,即可构成 $M \times N$ 元均匀平面天线阵,如图 9-5 所示。

取该天线阵中的代表单元 (m,n),设此单元天线相对于原点的单元天线 0 的相位因子为 $e^{-j(m\xi_x+n\xi_y)}$(即由于馈电电流造成的相位滞后因子)。平面阵的阵因子为两直线阵的阵因子的乘积,即

$$f_a(\theta,\varphi) = f_{ax}(\theta,\varphi)f_{ay}(\theta,\varphi) = \left[\sum_{m=0}^{M-1}e^{jm\psi_x}\right]\left[\sum_{n=0}^{N-1}e^{jn\psi_y}\right] \tag{9-5a}$$

同样的道理,可以计算该 $M \times N$ 元均匀平面阵的阵因子为

$$f_a(\theta,\varphi) = \left| \frac{\sin\left(\dfrac{M}{2}\psi_x\right)}{\sin\dfrac{\psi_x}{2}} \frac{\sin\left(\dfrac{N}{2}\psi_y\right)}{\sin\dfrac{\psi_y}{2}} \right| \tag{9-5b}$$

其中:(θ,φ) 是电磁波的辐射方向;$\psi_x = k_0 d_x \sin\theta\cos\varphi - \xi_x$ 和 $\psi_y = k_0 d_y \sin\theta\sin\varphi - \xi_y \left(k_0 = \dfrac{2\pi}{\lambda}\right)$ 为自由空间波数。

这里也考虑了在相应辐射方向由于波程因素造成的相位超前量。

类比均匀直线天线阵,可以得到均匀平面阵的最大辐射方向。由 $f_{ax}(\theta,\varphi)$ 和 $f_{ay}(\theta,\varphi)$ 的最大辐射条件 $\psi_x = 0$ 和 $\psi_y = 0$,可分别得

$$\begin{cases} \sin\theta_m\cos\varphi_m = \dfrac{\xi_x}{k_0 d_x} \\[3mm] \sin\theta_m\sin\varphi_m = \dfrac{\xi_y}{k_0 d_y} \end{cases}$$

联解上式,即可得到均匀平面天线阵的主瓣指向,即主向角 θ_m 和 φ_m 应分别满足:

$$\tan\varphi_m = \frac{\xi_y d_x}{\xi_x d_y}, \quad \sin\theta_m = \sqrt{\left(\frac{\xi_x}{k_0 d_x}\right)^2 + \left(\frac{\xi_y}{k_0 d_y}\right)^2}$$

因此,改变 ξ_x 和 ξ_y,即可改变主向角 θ_m 和 φ_m。

9.2.2　四元端射式天线阵的方向图绘制

在端射式天线阵中,各单元天线上电流的相位应依次滞后一个角度 ξ,这个角度 ξ 在数值上等于

相邻两单元天线之间的距离在 $\varphi=0°$ 方向上所引起的相位差 $k_0 d$。当 $\xi=k_0 d$ 时,两相邻单元天线所产生的场在 $\varphi=0°$ 方向上的波程所引起的相位差 $k_0 d$ 正好与它们自身电流的相位差 $\xi=k_0 d$ 相补偿,从而使得在 $\varphi=0°$ 方向上所有单元天线产生的场同相叠加而达到最大值。

端射式等幅直线阵的阵因子为

$$f_a(\varphi) = \left| \frac{\sin\left[\dfrac{N k_0 d}{2}(\cos\varphi - 1) \right]}{\sin\left[\dfrac{k_0 d}{2}(\cos\varphi - 1) \right]} \right| \tag{9-6a}$$

其归一化形式为

$$f_a(\varphi) = \left| \frac{\sin\left[\dfrac{N k_0 d}{2}(\cos\varphi - 1) \right]}{N \sin\left[\dfrac{k_0 d}{2}(\cos\varphi - 1) \right]} \right| \tag{9-6b}$$

接下来,考虑一个由 4 个理想点源天线(方向图函数为 1,方向图为一个球面)构成的四元端射式天线阵。该天线阵沿 x 轴方向排列,单元之间的距离为 $d=\lambda/2$。利用 polar 函数和 surf 函数绘制四元端射式天线阵的平面方向图和立体方向图。MATLAB 显示结果如图 9-6 和图 9-7 所示。

```matlab
phi = linspace(0,2 * pi);              % 方位角
theta = linspace(0,pi);                % 头顶仰角
lambda = 1;                            % 波长
k0 = 2 * pi/lambda;                    % 波数
d = lambda/2;                          % 单元间距
N = 4;                                 % 单元天线个数
f = sin(N * k0 * d/2 * (cos(phi) - 1))./(sin(k0 * d/2 * (cos(phi) - 1)) * N);
                                       % 归一化方向图函数,x0y 平面
figure
polar(phi,f)                           % 绘制二维方向图函数
title('2D plot')                       % 设置标题
y1 = (f. * sin(phi))' * cos(theta);    % 绕 x 轴旋转得到曲面,计算 y 值
z1 = (f. * sin(phi))' * sin(theta);    % 绕 x 轴旋转得到曲面,计算 z 值
x1 = (f. * cos(phi))' * ones(size(theta)); % 绕 x 轴旋转得到曲面,计算 x 值
figure
surf(x1,y1,z1)                         % 绘制曲面
title('3D plot')                       % 设置标题
axis equal                             % 设置各个轴等比例显示
```

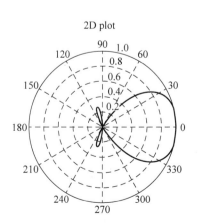

图 9-6 四元端射式天线阵的 H 面方向图

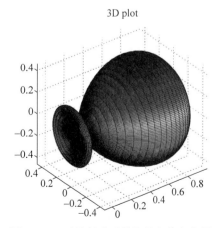

图 9-7 四元端射式天线阵的立体方向图

9.2.3 天线阵方向图随各参数的变化动态

根据以上的理论分析,可以运用 MATLAB 仿真完成进一步的分析,例如给出天线阵方向图随各参数的变化动态,程序如下。其 MATLAB 运行结果如图 9-8 所示。

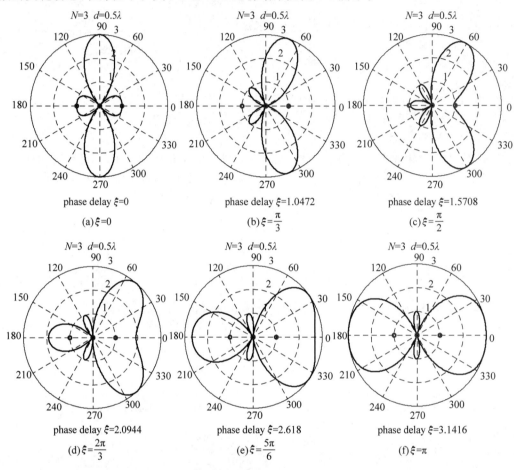

图 9-8 三个偶极子构成的均匀直线阵方向图随相位滞后量 ξ 的变化(天线间距为 $d = 0.5\lambda$)

```
clc;
clear all;
N = 3;                                    % 偶极子个数
lamda = 1;
d = 0.5 * lamda;                          % 0.5λ
xi = pi;                                  % 天线单元的相位差
dip = [1:N];k = 2 * pi/lamda;
phi = [0:2 * pi/800:2 * pi];              % 方位角
framemax = 48;M = moviein(framemax);      % moviein(n)函数用于建立一个足够大的 n 列矩阵
                                          % 该矩阵用来保存 n 幅画面的数据,以备播放
set(gcf,'Position',[100 100 640 480])     % 设置绘图的大小,将图像设置为距屏幕
                                          % 左下角 [100,100],图像大小设置为 640×480 像素

for n = 1:framemax
u = k * d * cos(phi) - xi/framemax * (n - 1);   % [0:pi]
```

```
F = abs(sin(N * (u/2))./sin(u/2));                    % 阵因子
pp = polar(phi,abs(F),'r');                           % 绘制极坐标图
set(pp,'LineWidth',2);
title(['N = ',num2str(N),'   d = ',num2str(d),'\lambda '],'fontsize',18)
                                                      % λ title(图形名称)
xlabel(['phase delay \xi = ',num2str(xi/framemax * (n))],'Color','k','fontsize',18)
                                                      % xlabel(x轴说明)
                                                      % num2str 数值转换为字符串
hold on
plot(N * cos(phi),N * sin(phi),'b','LineWidth',2);    % 画圆,N 为阵因子的最大值
plot(dip - N/2 - 0.5,dip * 0,'o','linewidth',3)       % 画三个偶极子的位置( - 1,0),(0,0),(1,0)
axis equal                       % 纵、横坐标轴采用等长刻度
mov(n) = getframe(gcf);
                                 % 截取一幅画面信息(称为动画中的一帧),一幅画面信息形成一个很大的列矢量
pause(0.01);
hold off
end
movie2avi(mov,'偶极子天线阵.avi');
```

图 9-8 给出了三个偶极子天线构成的均匀天线阵在电流相位滞后量 ξ 分别为 0、$\frac{\pi}{3}$、$\frac{\pi}{2}$、$\frac{2\pi}{3}$、$\frac{5\pi}{6}$ 及 π 时的方向图,黑点为排列的三个偶极子天线。以上程序还可以导出动画,给出当 ξ 连续变化时方向图的动态变化情况。从图 9-8 中可以看出,随着相位 ξ 由 0 逐步增加到 π,该天线阵的方向图函数,其最大辐射方向逐步从垂直方向移动到水平方向,真正实现了相控的功能。

9.3 电磁超表面远区方向图的 MATLAB 绘制方法

在 8.5 节中,已经介绍了人工电磁表面,并利用天线阵理论分析了电磁波在经过该种超表面时的反射和透射特点。在 8.5.2 节中,利用天线阵理论,采用解析法,分析了电磁波垂直入射到一种电磁超表面时,反射波束分成两束、四束的情景。本节将采用数值计算的方法,重新分析计算该电磁超表面的反射特性,并绘制方向图以更加直观的形式验证理论的正确性。

考虑一个具有 6×6 个单元的反射型电磁超表面结构,相邻单元间的尺寸为一个工作波长,其示意图如图 9-9(a)所示。电磁波垂直入射到单元结构上,被完全反射,反射系数的幅度为 1,如图 9-9(b)所示;但是反射相位有 0 和 π 两种情形,从而可以构造不同的排布方式,分别如图 9-9(c)和图 9-9(d)所示。分别考虑图 9-9(c)和图 9-9(d)两种反射相位分布情形下的电磁反射问题。

下面的 MATLAB 代码可以利用叠加原理计算该电磁超表面对入射电磁波的反射结果。

```
freq = 1e + 9;                                        % 工作频率
omega = 2 * pi * freq;
c = 3e8;                                              % 光速
lambda = c/freq;                                      % 波长
k = 2 * pi/lambda;                                    % 波数
m = 6;n = 6;                                          % 反射面的尺寸
reflect_phi = repmat([1 0],m,n/2);                    % 相位矩阵如图 9-9(c)所示情景
 % reflect_phi = repmat(eye(2),m/2,n/2);              % 相位矩阵如图 9-9(d)所示情景
reflect_amp = ones(size(reflect_phi));               % 幅度矩阵
reflect_phi = reflect_phi. * pi;                      % 相位矩阵
d = lambda;                                           % 单元间距
M = 500;N = 500;                                      % 方位角离散化的个数
```

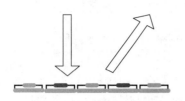

(a) 侧视图

(b) 反射幅度

1	1	1	1	1	1
1	1	1	1	1	1
1	1	1	1	1	1
1	1	1	1	1	1
1	1	1	1	1	1
1	1	1	1	1	1

(c) 反射相位1

0	π	0	π	0	π
0	π	0	π	0	π
0	π	0	π	0	π
0	π	0	π	0	π
0	π	0	π	0	π
0	π	0	π	0	π

(d) 反射相位2

0	π	0	π	0	π
π	0	π	0	π	0
0	π	0	π	0	π
π	0	π	0	π	0
0	π	0	π	0	π
π	0	π	0	π	0

图 9-9 反射型电磁超表面及其幅度、相位示意图

```
theta = linspace(0,pi/2,M);phi = linspace(0,pi * 2,N);      % theta 方向 M 份; phi 方向 N 份
[THETA,PHI] = meshgrid(theta,phi);                          % 构造网格
E_total = zeros(M,N);                                       % 初始电场强度,各方向均为 0
for ii = 1:1:m                                              % 循环 m×n 次,叠加原理计算远场
for jj = 1:1:n
E_total = E_total + reflect_amp(ii,jj). * exp(1i. * (reflect_phi(ii,jj) + k. * d. * ((jj - 1/2). *
cos(PHI) + (ii - 1/2). * sin(PHI)). * sin(THETA)));
                                                            % 叠加原理,见式(9-5a),位置从单元中心计算
end
end
Ex = abs(E_total). * sin(THETA). * cos(PHI);
Ey = abs(E_total). * sin(THETA). * sin(PHI);
Ez = abs(E_total). * cos(THETA);                            % 电场三个分量
Exx = sin(THETA). * cos(PHI);Eyy = sin(THETA). * sin(PHI);  % 将方位角转换为直角坐标
Ezz = abs(E_total);                                         % 方位角上对应的电场模值
% ********************************************************************
figure;
surf(Ex,Ey,Ez,'EdgeColor','none');                         % 绘制立体方向图
xlabel('Ex','fontsize',12,'fontweight','b','color','r');
ylabel('Ey','fontsize',12,'fontweight','b','color','b');
zlabel('Ez','fontsize',12,'fontweight','b');
grid off;
% ********************************************************************
figure(2)
contourf(Exx,Eyy,Ezz,'LineStyle','none');                  % 绘制等高线并填充
hold on;
theta0 = pi/6;phi0 = [0 pi];                                % 图 9-9(c)解析计算的结果
% theta0 = pi/4;phi0 = [pi/4:pi/2:7 * pi/4];                % 图 9-9(d)解析计算的结果
x0 = sin(theta0) * cos(phi0);
y0 = sin(theta0) * sin(phi0);
plot(x0,y0,'w + ');                                         % 绘制解析结果以验证
axis equal
```

图 9-10 给出了相位分布 1 的情形。从中可以看出,在该种相位分布下,垂直入射的电磁波被反射后,沿两个主要波束方向传播,利用前面天线阵计算的最大辐射方向,以两个白色"+"号的形式绘制在图 9-10(b)中,此结果与数值计算结果完全相符,参考式(8-39)计算解析结果。

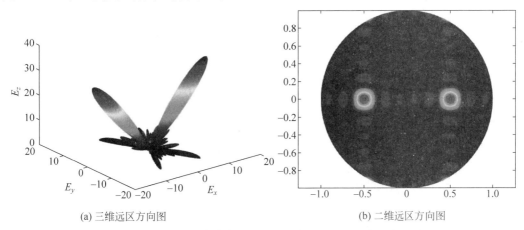

(a) 三维远区方向图   (b) 二维远区方向图

图 9-10　相位分布 1 下电磁超表面的远区方向图

图 9-11 给出了相位分布 2 对应的情形。从中可以看出,数值计算与解析分析的结果完全一致。其中,解析分析的结果参见式(8-40)。

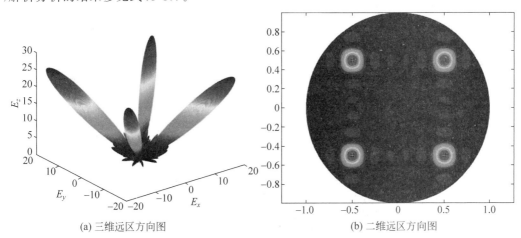

(a) 三维远区方向图   (b) 二维远区方向图

图 9-11　相位分布 2 下电磁超表面的远区方向图

9.4　Antenna Toolbox 的应用简介

Antenna Toolbox 提供了设计、分析单元天线和阵列天线并使其可视化的功能和应用程序,可以使用具有参数化几何结构的预定义单元或任意平面单元设计独立的天线或创建阵列天线。

9.4.1　Antenna Toolbox 中 pattern 函数简介

Antenna Toolbox 中的 pattern 函数用于绘制天线或者天线阵在某个特定工作频率下的辐射方向图,在 Antenna Toolbox 中一般默认其远场半径为波长的 100 倍。其一般格式如下:

```
pattern(object,frequency)
```

其中,object 是某个已经定义了的天线或者天线阵的名称；frequency 是指定的工作频率。

pattern(object,frequency,azimuth,elevation)用于在指定方位角和仰角的情况下,绘制天线或者天线阵的方向图。

patternCustom(magE,theta,phi)用于绘制天线的三维电场方向图,magE 是在特定的方位角和仰角时的电场矢量。

patternCustom(magE,theta,phi,Name,Value)可以使用额外选项指定一个或者多个 name-value 组合。name-value 具有一定的关系,如名称是方位角,相应的值就是方位角的取值,不同 name-value 之间使用逗号隔开,而且名称必须使用单引号。例如,patternCustom(magE,theta,phi, 'CoordinateSystem','rectangular','Slice','phi','SliceValue',0);用于在直角坐标系中绘制当方位角为零时的二维天线方向图。

patternAzimuth(object,frequency,elevation)用于绘制在指定工作频率下的天线或者天线阵的二维方向图,如果仰角没有指定,则默认为 0°。

directivity=patternAzimuth(object,frequency,elevation),其返回值为某个天线或者天线阵在指定工作频率下的方向性系数,如果仰角没有指定,则默认为 0°。

patternElevation(object,frequency,azimuth)用于绘制在指定工作频率下的天线或者天线阵的二维方向图,如果方位角没有指定,则默认为 0°。

directivity=patternElevation(object,frequency,azimuth),其返回值为某个天线或者天线阵在指定工作频率下的方向性系数,如果方位角没有指定,则默认为 0°。

以下是利用 pattern 函数绘制偶极子天线的三维电场方向图。MATLAB 的显示结果如图 9-12 所示。

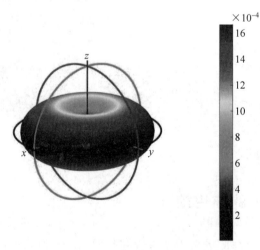

图 9-12　偶极子的三维方向图

具体代码如下：

```
d = dipole;                                          % 定义一个偶极子天线 d
[efield,az,el] = pattern(d,75e6,'Type','efield');    % 计算工作频率为 75MHz 时偶极子天线 d
                                                     % 的电场幅值、方位角和仰角

phi = az';                                           % 提取天线的方位角
```

```
theta = (90 - el);                              % 提取天线的头顶仰角
MagE = efield';                                 % 提取天线的电场强度
patternCustom(MagE,theta,phi);                  % 绘制三维电场方向图
```

　　上面这个例子中使用了 d = dipole 这样的一条命令,用来定义一个偶极子天线 d。事实上,在 Antenna Toolbox 中还有很多类似的天线和天线阵可以直接定义,至于每个天线和天线阵的具体参数,可以参考 MATLAB R2019a 帮助文件查阅。

　　此外,还可利用 patternFromSlices 函数进行二维方向图的三维方向图重构。MATLAB 运行结果如图 9-13 所示。

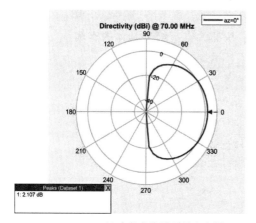

(a) 方位角为0°时的方向图

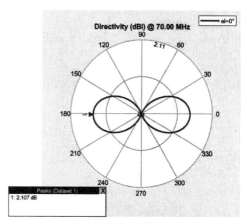

(b) 仰角为0°时的方向图

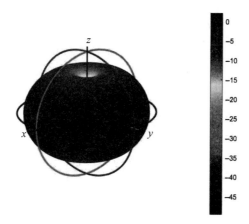

(c) 重构的三维方向图

图 9-13　偶极子的二维方向图和重构的三维方向图

```
clear;
clc;
ant = dipole;                                   % 定义一个电偶极子天线
freq = 70e6;                                    % 频率
ele = - 90:5:90;                                % 仰角
azi = - 180:1:180;                              % 方位角
vertSlice = patternElevation(ant,freq,0,'Elevation',ele);
                                                % 调用 patternElevation 函数创建二维图
theta = 90 - ele;
```

```
figure;
patternElevation(ant,freq,0,'Elevation',ele);          % 绘制二维方向图
figure;
patternAzimuth(ant,freq,0,'Azimuth',azi);              % 绘制二维方向图
patternFromSlices(vertSlice,theta);
                    % 调用 patternFromSlices 函数,利用二维方向图重构三维方向图
```

对图 9-13(b)而言,其取值为 2.1~2.11,因此,图形实际上近似为一圆形,而非侧"8"字。

9.4.2 天线的设计与分析

利用 Antenna Toolbox 进行天线分析,简单、方便、快捷。本节给出具体的实例。

1. 天线的设计

下面将给出如何用 Antenna Toolbox 对天线进行建模和可视化的详细过程。

1) 使用天线库定义单元天线

```
hx = helix          % 使用天线模型与分析库中的螺旋天线单元创建一个螺旋天线 hx
```

MATLAB 运行结果如下:

```
hx =
  helix with properties:
                Radius: 0.0220
                 Width: 1.0000e-03
                 Turns: 3
               Spacing: 0.0350
      WindingDirection: 'CCW'
         FeedStubHeight: 1.0000e-03
      GroundPlaneRadius: 0.0750
                  Tilt: 0
              TiltAxis: [1 0 0]
                  Load: [1×1 lumpedElement]
```

2) 显示天线结构

```
show(hx)     % 显示螺旋天线 hx 的结构(一个螺旋天线包含一个螺线型的导体和一个底平
             % 面,天线的底平面就是 xOy 平面)
```

MATLAB 运行结果如图 9-14 所示。

3) 修改天线参数

```
hx = helix('Radius',28e-3,'Width',1.2e-3,'Turns',4)
             % 修改螺旋天线的参数(Radius = 28e-3,Width = 1.2e-3,Number of Turns = 4)
show(hx)     % 显示天线特性并观察天线结构的变化
```

MATLAB 运行结果如下,且修改后的螺旋天线的结构如图 9-15 所示。

```
hx =
  helix with properties:
                Radius: 0.0280
                 Width: 0.0012
                 Turns: 4
               Spacing: 0.0350
```

```
     WindingDirection: 'CCW'
      FeedStubHeight: 1.0000e - 03
   GroundPlaneRadius: 0.0750
                Tilt: 0
            TiltAxis: [1 0 0]
                Load: [1x1 lumpedElement]
```

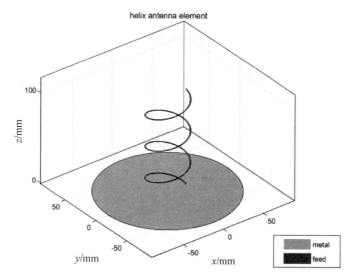

图 9-14　螺旋天线的结构

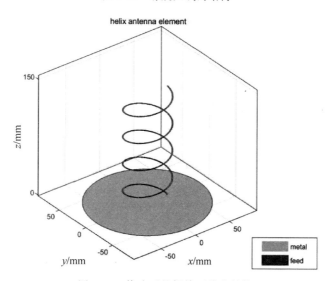

图 9-15　修改后的螺旋天线的结构

2. 天线的分析

1）立体辐射图的绘制

使用 pattern 函数可绘制螺旋天线的辐射方向图。天线辐射方向图是指在离天线一定距离处，辐射场的相对场强（归一化模值）随方向变化的图形，是对天线辐射特性的图形描述方法，可以从天线方向图中观察到天线的各项参数。

```
pattern(hx,1.8e9)
```

MATLAB 显示结果如图 9-16 所示。

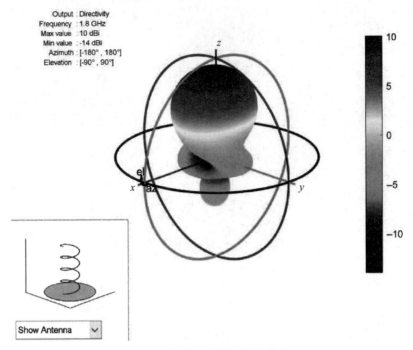

图 9-16　螺旋天线的立体辐射图

　　此外,还可以使用 patternAzimuth 和 patternElevation 函数绘制天线在特定频率下的二维辐射方向图,即方位角方向图和仰角方向图。天线方向图是表征天线辐射特性与空间角度关系的三维图形,然而通常采用通过天线最大辐射方向上的两个相互垂直的平面方向图来表示。

　　patternAzimuth(sElem,FREQ)函数是绘制天线 sElem 在特定工作频率 FREQ 下的二维方向图,该方向图是仰角为 0°时的方位角方向图。

　　patternElevation(sElem,FREQ)函数是绘制天线 sElem 在特定工作频率 FREQ 下的二维方向图,该方向图是方位角为 0°时的仰角方向图。

　　例如:

```
patternAzimuth(hx,1.8e9)
figure
patternElevation(hx,1.8e9)
```

　　计算所得螺旋天线的方位角方向图和仰角方向图分别如图 9-17 和图 9-18 所示。

　　2) 计算天线的方向性系数

　　使用 pattern 函数还可计算天线的方向性系数。理想的点源天线辐射没有方向性,在各方向上辐射强度相等,立体辐射图是一个球体。以理想的点源天线作为标准与实际天线进行比较,在相同的辐射功率下,某天线产生于某点的电场强度平方与理想的点源天线在同一点产生的电场强度平方的比值称为该点的方向性系数。

```
Directivity = pattern(hx,1.8e9,0,90)
```

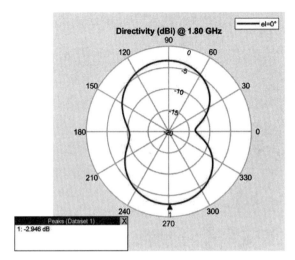

图 9-17 螺旋天线的方位角方向图

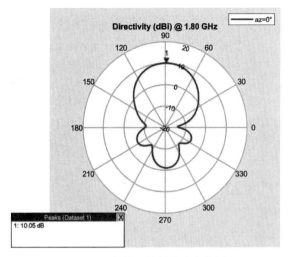

图 9-18 螺旋天线的仰角方向图

MATLAB 显示直角坐标系下 $(0,0,1)$ 位置处的电磁场,结果如下:

```
Directivity =
    10.0430
```

3)计算天线的电场和磁场

使用 EHfields 函数可计算天线在空间一点的电场和磁场的 x、y、z 分量。

```
[E,H] = EHfields(hx,1.8e9,[0;0;1])
```

MATLAB 显示结果如下:

```
E =
  - 0.5241 - 0.5727i
  - 0.8760 + 0.5252i
  - 0.0036 + 0.0006i
H =
    0.0023 - 0.0014i
  - 0.0014 - 0.0015i
    0.0    - 0.0000i
```

4)绘制天线的极化方式

使用 pattern 函数中的极化属性可以绘制天线的极化方式。根据天线在最大辐射(或接收)方向上电场矢量的取向,天线极化方式可分为线极化、圆极化和椭圆极化。线极化又分为水平极化、垂直极化和 $\pm45°$ 极化。反射天线和接收天线应具有相同的极化方式。一般地,移动通信中多采用垂直极化或 $\pm45°$ 极化方式。下面这个例子绘制的是螺旋天线的右旋圆极化方式的辐射方向图。

```
pattern(hx,1.8e9,'Polarization','RHCP')
```

MATLAB 运行结果如图 9-19 所示。

5)计算天线的轴比

使用 axialRatio 函数可计算天线的轴比。一般情况下,任意极化波的瞬时电场矢量的端点轨迹为一椭圆,椭圆的长轴 $2a$ 和短轴 $2b$ 之比称为天线的轴比 AR。椭圆极化波的特性可用三个参数来描述,即旋转方向、椭圆极化轴比和椭圆的倾角。其中,旋转方向有左旋和右旋两个方向。轴比也是

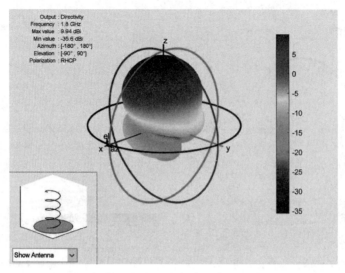

图 9-19　螺旋天线的右旋圆极化方式的辐射方向图

椭圆极化天线的一个重要的性能指标,它代表圆极化的纯度。当椭圆极化轴比为无穷大时,即为线极化;轴比为 1 时,即为圆极化。轴比不大于 3dB 的带宽,定义为天线的圆极化带宽。它是衡量通信设备对不同方向的信号增益差异性的重要指标。椭圆的倾角,表示的是椭圆长轴与 x 轴之间的夹角。下面的语句用来计算天线在特定方向的轴比。

```
ar = axialRatio(hx,1.8e9,20,30)
```

MATLAB 显示结果如下:

```
ar =
    23.6240
```

上述结果表示该螺旋天线在 1.8GHz 的频率下,在方位角为 20°、仰角为 30°的方向上,轴比为 23.624。

6) 计算天线的波瓣宽度

使用 beamwidth 函数可计算天线的波瓣宽度。波瓣宽度是定向天线常用的一个很重要的参数,它是指天线的辐射方向图中低于峰值 3dB 处所成夹角的大小。下面的语句用于计算天线在特定频率和方位下的波束宽度。

```
[bw,angles] = beamwidth(hx,1.8e9,0,1:1:360)
```

MATLAB 显示结果如下:

```
bw =
    57.0000
angles =
    60        117
```

以上结果表明,该螺旋天线在 1.8GHz 频率下,在 0°方位角对应的 xOz 平面上,对应的波束宽度为 57°;其起始角度为 60°和 117°。

7) 计算天线的输入阻抗

使用 impedance 函数可计算并绘制天线的输入阻抗。天线和馈线的连接处称为天线的输入端或馈电点。对于线天线来说,天线输入端的电压与电流的比值称为天线的输入阻抗。对于口面型天线,则常用馈线上电压驻波比来表示天线的阻抗特性。一般情况下,天线的输入阻抗是复数,实部称为输入电阻,以 R_i 表示;虚部称为输入电抗,以 X_i 表示。下面的语句用于绘制天线在某一频段的阻抗曲线。

```
impedance(hx,1.7e9:1e6:2.2e9)
```

MATLAB 运行结果如图 9-20 所示。

8) 计算天线的反射系数

可以使用 sparameters 函数计算天线的反射系数 S_{11}。反射系数为反射波振幅与入射波振幅之比,它是用来衡量阻抗匹配优劣的一个参数。一般地,阻抗匹配的优劣用 4 个参数来衡量,即反射系数、行波系数、驻波比和回波损耗,这 4 个参数之间有固定的数值关系,使用哪一个均出于习惯。

```
S = sparameters(hx,1.7e9:1e6:2.2e9,72)
rfplot(S)
```

MATLAB 运行结果如下,且螺旋天线的反射系数如图 9-21 所示。

```
S =
  sparameters: S - parameters object
      NumPorts: 1
   Frequencies: [501 × 1 double]
    Parameters: [1 × 1 × 501 double]
     Impedance: 72
  rfparam(obj,i,j) returns S - parameter Sij
```

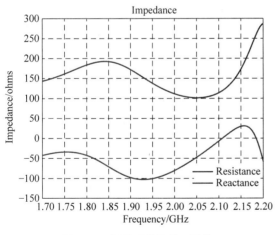

图 9-20   螺旋天线的输入阻抗

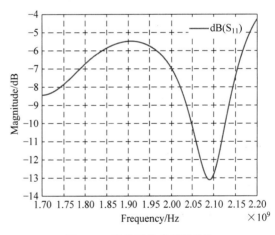

图 9-21   螺旋天线的反射系数

9) 计算天线的回波损耗

可以使用 returnLoss 函数计算并绘制天线的回波损耗。回波损耗是反射系数绝对值的倒数,以分贝值表示。回波损耗的值在 0dB 和无穷大之间,其值越大表示匹配越好。0 表示全反射,无穷大表示完全匹配。在移动通信系统中,一般要求回波损耗大于 14dB。下面的语句用于绘制天线在某一频段的回波损耗。

```
returnLoss(hx,1.7e9:1e6:2.2e9,72)
```

MATLAB 运行结果如图 9-22 所示。

10）计算天线的电压驻波比

可以使用 vswr 函数计算并绘制天线的电压驻波比（Voltage Standing Wave Ratio，VSWR）。电磁波从甲介质传导到乙介质中，由于介质不同使得电磁波的能量会有一部分被反射，从而在甲区域形成"行驻波"。电压驻波比指的就是行驻波的电压峰值与电压谷值之比，此值也可以通过反射系数的模值计算。电压驻波比 VSWR＝电压最大值/电压最小值＝(1＋反射系数模值)/(1－反射系数模值)。从能量传输的角度考虑，理想的 VSWR 为 1∶1，此时为行波传输状态，在传输线中，称为阻抗匹配；最差时 VSWR 为无穷大，此时反射系数模值为 1，为纯驻波状态，称为全反射，没有能量传输。由此可知，驻波比越大，反射功率越高，传输效率越低。下面的语句用来计算天线在某一频段的电压驻波比。

```
vswr(hx,1.7e9:1e6:2.2e9,72)
```

MATLAB 运行结果如图 9-23 所示。

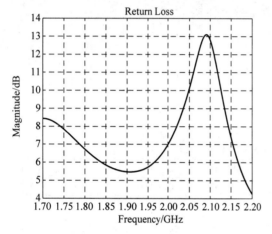

图 9-22　螺旋天线的回波损耗

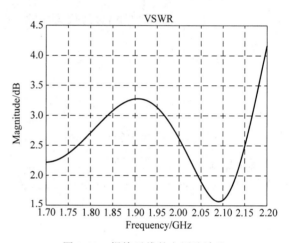

图 9-23　螺旋天线的电压驻波比

9.4.3　天线阵的设计与分析

除了单个天线，Antenna Toolbox 还支持天线阵的建模和分析。本节将给出具体的实例。

1. 天线阵的设计

MATLAB 提供各种天线供用户选择。可以从目录中选择天线或确定自定义单元，设计线形、矩形、圆形和共形等各种类型的天线阵列。下面这个例子将给出如何通过 Antenna Toolbox 创建和可视化一个天线阵。

1）创建天线阵

可以使用阵列库中的 rectangularArray 创建一个矩形天线阵 ra，一般默认天线单元为偶极子天线。

```
ra = rectangularArray
```

MATLAB 运行结果如下：

```
ra =
```

```
rectangularArray with properties:
            Element: [1 × 1 dipole]
               Size: [2 2]
         RowSpacing: 2
      ColumnSpacing: 2
            Lattice: 'Rectangular'
      AmplitudeTaper: 1
         PhaseShift: 0
               Tilt: 0
           TiltAxis: [1 0 0]
```

2）天线阵平面结构的可视化

可以使用 layout 函数在 xOy 平面绘制天线阵中每个单元天线的位置,一般默认矩形阵列是由 4 个偶极子单元天线构成的一个 2×2 的矩形。

```
layout(ra)
```

MATLAB 运行结果如图 9-24 所示。

3）天线阵立体结构的可视化

可以使用 show 函数展示矩形天线阵的立体结构。

```
show(ra)
```

MATLAB 运行结果如图 9-25 所示。

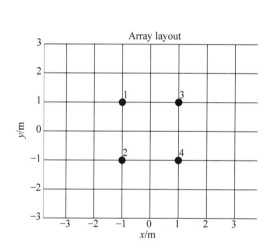

图 9-24　4 个偶极子单元天线构成的矩形
天线阵的平面结构

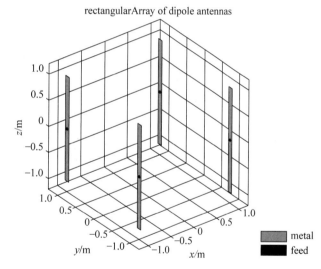

图 9-25　4 个偶极子单元天线构成的矩形
天线阵的立体结构

2. 天线阵的分析

1）绘制天线阵的辐射方向图

可以使用 pattern 函数绘制矩形天线阵在特定频率下的辐射方向图。

```
pattern(ra,70e6)
```

MATLAB 运行结果如图 9-26 所示。

可以使用 patternAzimuth 和 patternElevation 函数绘制矩形天线阵列在特定频率下的方位角

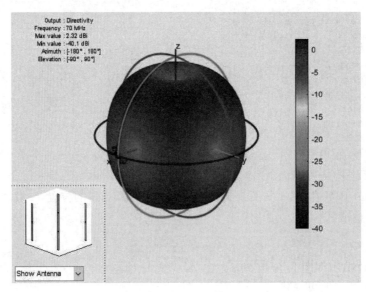

图 9-26　矩形天线阵的辐射方向图

方向图和仰角方向图,分别如图 9-27 和图 9-28 所示。

```
patternAzimuth(ra,70e6)
figure
patternElevation(ra,70e6)
```

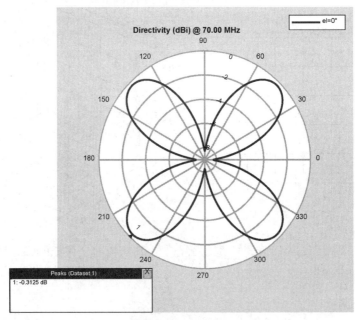

图 9-27　矩形天线阵的方位角方向图

2) 计算天线阵的方向性系数

可以使用 pattern 函数计算矩形天线阵在特定频率和方向下的方向性系数。

```
[Directivity] = pattern(ra,70e6,0,90)
```

MATLAB 运行结果如下:

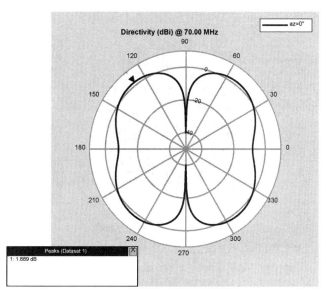

图 9-28　矩形天线阵的仰角方向图

```
Directivity =
  - 39.9599
```

3）计算天线阵的电场和磁场

可以使用 EHfields 函数计算天线阵在空间中某一点的电场和磁场的 x、y、z 分量。

```
[E,H] = EHfields(ra,70e6,[0;0;1])
```

MATLAB 运行结果如下：

```
E =
  - 0.0000 - 0.0000i
  - 0.0000 + 0.0006i
  - 1.3273 - 0.0772i
H =
    1.0e - 05  *
  - 0.1281 - 0.3103i
  - 0.0000 - 0.0000i
    0.0000 + 0.0000i
```

4）绘制天线阵的极化方式

可以使用 pattern 函数中的极化属性绘制天线阵的不同极化方式的辐射方向图。图 9-29 给出的是矩形天线阵的左旋圆极化方式的辐射方向图。

```
pattern(ra,70e6,'Polarization','LHCP')
```

5）计算天线阵的波瓣宽度

可以使用 beamwidth 函数计算矩形天线阵的波瓣宽度。

```
[bw,angles] = beamwidth(ra,70e6,0,1:1:360)
```

MATLAB 运行结果如下：

```
bw =
    44.0000
```

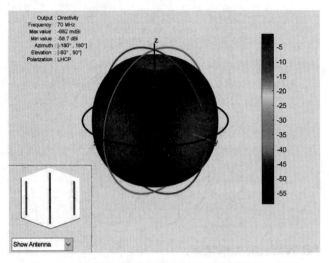

图 9-29　矩形天线阵的左旋圆极化方式的辐射方向图

```
   44.0000
angles =
   108    152
    28     72
```

6) 计算天线阵的有源阻抗

可以使用 impedance 函数计算并绘制天线阵的有源阻抗。有源阻抗或扫描阻抗指的是阵列天线中所有单元天线都被激活时的每个单元天线的输入阻抗。可以通过指定单元天线的序号来分别观察每个单元天线的输入阻抗,也可以通过改变单元天线的序号同时观察全部单元天线的输入阻抗。

```
impedance(ra,60e6:1e6:70e6)
```

单元天线 1 的输入阻抗如图 9-30 所示;单元天线 1~4 的输入阻抗如图 9-31 所示。

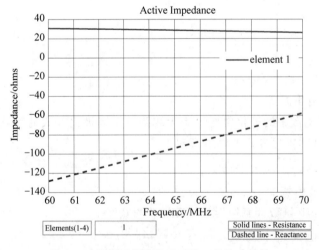

图 9-30　矩形天线阵单元天线 1 的输入阻抗

7) 计算天线阵的反射系数

可以使用 sparameters 函数计算矩形天线阵的反射系数,并将其保存在一个结构中。对于 N 元

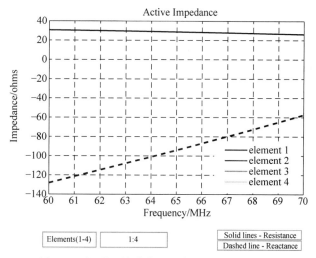

图 9-31 矩形天线阵单元天线 1～4 的输入阻抗

天线阵来讲,包括如下反射系数: $S_{11}, S_{12}, \cdots, S_{NN}$,总共有 N^2 个。下面的语句就用来计算四元天线阵在某一个频段的反射系数,并利用 rfplot 函数将其绘制出来。函数中的数字 72 表示的是参考阻抗,用于计算相应的反射系数。

```
S = sparameters(ra,60e6:1e6:70e6,72)
rfplot(S)
```

MATLAB 运行结果如下,且矩形天线阵的反射系数如图 9-32 所示。

```
S =
  sparameters: S - parameters object
       NumPorts: 4
    Frequencies: [11 × 1 double]
     Parameters: [4 × 4 × 11 double]
      Impedance: 72
  rfparam(obj,i,j) returns S - parameter Sij
```

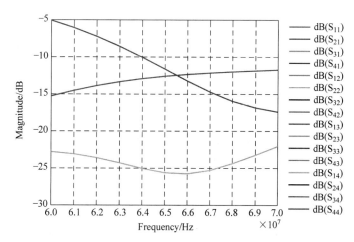

图 9-32 矩形天线阵的反射系数

8) 计算天线阵的回波损耗

可以使用 returnLoss 函数计算并绘制阵列天线的回波损耗。同样地,可以通过改变单元天线的序号来分别观察每个单元天线的回波损耗,或者同时观察所有单元天线的回波损耗。

```
returnLoss(ra,60e6:1e6:70e6,72)
```

单元天线 1 的回波损耗如图 9-33 所示;单元天线 1～4 的回波损耗如图 9-34 所示。

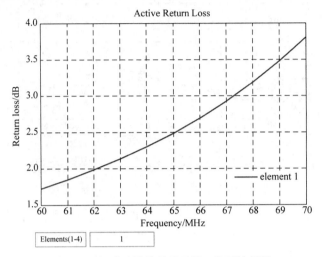

图 9-33　矩形天线阵单元天线 1 的回波损耗

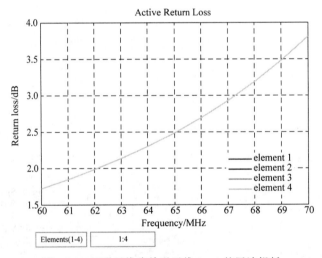

图 9-34　矩形天线阵单元天线 1～4 的回波损耗

9.5　利用 MATLAB 计算整流天线中肖特基二极管的输入阻抗

一方面,随着通信技术的飞速发展和通信设备的广泛应用,环境中充斥着各种频率的电磁辐射,如何对环境中散布的电磁能量进行高效收集成为这些年研究的重要课题。另一方面,无线传感网络的快速发展及部署,对节点电源技术也提出了很高的要求,利用环境能量对节点供电成为一个很好的备选方案。上述技术的实施都需要利用整流天线对微波能进行高效收集、整流,肖特基二极管由于具有较低的结电容和较高的工作频率,起到了非常重要的作用。由于二极管是典型的非线性器件,对其输入阻抗的分析具有一定的特殊性。本节基于 MATLAB 对此做详细分析。

9.5.1 肖特基二极管的电路模型

本节以安捷伦公司生产的零偏置肖特基二极管 AGILENT HSMS-28xx 作为研究对象,其具有低阈值电压和结电容的特点。图 9-35(a)给出的是一个封装后的 HSMS-2850,在一个芯片内,封装了两个完全一样的二极管。此封装后的等效电路模型如图 9-35(b)所示。

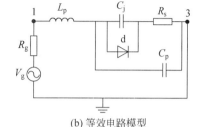

(a) HSMS-2850的封装照片   (b) 等效电路模型

图 9-35　肖特基二极管 HSMS-2850 及其等效电路模型

图 9-35 中,V_g 和 R_g 分别是外接信号源的电压和内阻;C_j 表示结电容,R_s 表示衬底电阻,d 表示非线性二极管,这三部分构成肖特基二极管自身的模型;C_p 和 L_p 分别表示由于封装产生的寄生电容和寄生电感,与前面三部分共同构成封装后的 HSMS-2850 等效电路模型。

假设外加激励的形式如下:

$$V_g = V_{gm}\cos(\omega t) \tag{9-7}$$

同时,假设 I_g 为干路总电流,V_d 为非线性二极管两端电压,I_d 为非线性二极管支路电流。则利用基尔霍夫定律,可以得到

$$V_g = R_g I_g + L_p \frac{\mathrm{d}I_g}{\mathrm{d}t} + V_d + R_s\left(I_d + C_j \frac{\mathrm{d}V_d}{\mathrm{d}t}\right) \tag{9-8}$$

$$I_g = C_j \frac{\mathrm{d}V_d}{\mathrm{d}t} + I_d + C_p \frac{\mathrm{d}}{\mathrm{d}t}\left(V_g - R_g I_g - L_p \frac{\mathrm{d}I_g}{\mathrm{d}t}\right) \tag{9-9}$$

同时,二极管的伏安特性可以用下面的公式来表示,即

$$I_d = I_s\left(\mathrm{e}^{\frac{q}{nkT}V_d} - 1\right) \tag{9-10}$$

其中,I_s 为二极管的饱和电流,$q = 1.6\mathrm{e}^{-19}\,\mathrm{C}$ 为电子电量,$k = 1.3806488\mathrm{e}^{-23}\,\mathrm{J/K}$ 为玻尔兹曼常数,n 为二极管的理想因子,T 为二极管的工作温度,单位用开尔文表示。

将这些公式整理,并将式(9-10)代入式(9-8)和式(9-9),容易得到

$$\frac{\mathrm{d}V_d}{\mathrm{d}t} = \frac{1}{R_s C_j}\left[V_g - R_g I_g - L_p \frac{\mathrm{d}I_g}{\mathrm{d}t} - V_d - R_s I_s\left(\mathrm{e}^{\frac{q}{nkT}V_d} - 1\right)\right] \tag{9-11}$$

$$\frac{\mathrm{d}I_g}{\mathrm{d}t} = \frac{1}{C_p R_g}\left[C_p \frac{\mathrm{d}V_g}{\mathrm{d}t} + C_j \frac{\mathrm{d}V_d}{\mathrm{d}t} + I_s\left(\mathrm{e}^{\frac{q}{nkT}V_d} - 1\right) - I_g - C_p L_p \frac{\mathrm{d}^2 I_g}{\mathrm{d}t^2}\right] \tag{9-12}$$

为方便起见,做如下变量代换:$x = V_d$,$y = I_g$,$z = \dfrac{\mathrm{d}I_g}{\mathrm{d}t}$,并考虑将式(9-12)代入式(9-11),则有

$$\frac{\mathrm{d}x}{\mathrm{d}t} = \frac{1}{R_s C_j}\left[-x - R_s I_s\left(\mathrm{e}^{\frac{q}{nkT}x} - 1\right) - R_g y - L_p z + V_g\right] \tag{9-13}$$

$$\frac{\mathrm{d}y}{\mathrm{d}t} = z \tag{9-14}$$

$$\frac{\mathrm{d}z}{\mathrm{d}t} = \frac{1}{C_p L_p R_s} \left[-x - (R_s + R_g) y - (C_p R_g R_s + L_p) z + V_g + C_p R_s \frac{\mathrm{d}V_g}{\mathrm{d}t} \right] \qquad (9\text{-}15)$$

上面的式(9-13)、式(9-14)、式(9-15)是对二极管进行分析的核心公式。这是一个一阶线性微分方程组,如果附加合适的初始条件,则可以用数值方法求解,而这正是本节的目的。

9.5.2　利用 ode113 等函数计算二极管输入阻抗等参数

当利用二极管做整流时,其对应的电路如图 9-36 所示,其中 R_L 是整流电路的负载。对比图 9-35

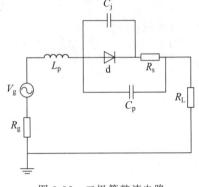

图 9-36　二极管整流电路

和图 9-36 可知,只需将后者中的负载电阻 R_L 包括在激励源的内阻 R_g 中,则二者的分析情况完全一样。当利用程序计算得到了相关电流、电压之后,即可计算二极管的阻抗、负载功率等参数。

需要说明的是,由于二极管是典型的非线性电路器件,因此,当使用单频信号激励时,电路中除了有基频成分,还会产生二次谐波、三次谐波、高次谐波及直流成分。因此,需要对计算所得的时域电压、电流做傅里叶级数展开,从而得到各个谐波分量。

比如,对于时变信号 $f(t)$ 的基波成分,有

$$a_1 = \frac{2}{T} \int_0^T f(t) \cos(\omega t) \, \mathrm{d}t \qquad (9\text{-}16)$$

$$b_1 = \frac{2}{T} \int_0^T f(t) \sin(\omega t) \, \mathrm{d}t \qquad (9\text{-}17)$$

基波 $a_1 \cos(\omega t) + b_1 \sin(\omega t)$ 对应的相量为 $a_1 - \mathrm{j}b_1$。这是因为

$$\mathrm{Re}(a_1 - \mathrm{j}b_1) \, \mathrm{e}^{(\mathrm{j}\omega t)} = a_1 \cos(\omega t) + b_1 \sin(\omega t) \qquad (9\text{-}18)$$

对于直流成分,有

$$a_0 = \frac{1}{T} \int_0^T f(t) \, \mathrm{d}t \qquad (9\text{-}19)$$

在具体计算的时候,由于各时域信号是经过数值方法得到的,因此,可以采用求和来近似计算积分,从而快速计算。

此外,在无线能量收集装置中,一般都采用功率源进行仿真和计算,而前面的电路分析中采用了电压源进行分析。因此,需要对这两种源进行互换。当功率源的功率为 P_{in}、内阻为 R_g 时,对应的电压源峰值为 V_{gm},内阻也为 R_g。而且,二者之间有如下的关系:

$$V_{gm} = 2 \sqrt{2 P_{in} R_g} \qquad (9\text{-}20)$$

表 9-1 给出了常用肖特基二极管的参数列表,便于读者在编程中使用。

表 9-1　常用肖特基二极管的参数列表

参　　数	HSMS-2860	HSMS-2850	HSMS-2820
寄生电感(nH)	2	2	2
寄生电容(pF)	0.08	0.08	0.08
结电容(pF)	0.18	0.18	0.7
串联电阻(Ω)	5	25	6
理想因子	1.08	1.06	1.08
饱和电流(A)	$5 \times 10\mathrm{e}{-8}$	$3 \times 10\mathrm{e}{-6}$	$2.2 \times 10\mathrm{e}{-8}$

下面是 MATLAB 程序：

```matlab
freq = 2.45e9;                                          % 定义工作频率
pin = linspace( - 20,5,20);                             % 定义输入功率范围,单位为 dBm
Rg0 = 50;                                               % 激励的内阻
Rl = 50;                                                % 负载直流电阻
Rg = Rg0 + Rl;
for lp = 1:length(pin)
    pinw = 10^(pin(lp)/10)/1000;                        % 转换功率
    Vgm = 2 * sqrt(2 * pinw * Rg0);                     % 计算等效激励电压源的幅度
    T = 1/freq;                                         % 激励信号的周期
    omega = 2 * pi * freq;                             % 角频率
    [t Y] = ode113(@diode,[0,30 * T],[0,0,0],[],Vgm,omega,Rg);
    axis([20 * T 21 * T - inf inf]);
    ind = find(t <(21 * T));                           % 找出 21 个周期之前的数据
    tmp = t(ind);                                       % 找出对应的时间
    ind = find(tmp >(20 * T));                          % 找出 20 个周期之后的数据
    time = t(ind);                                      % 找出对应的时间,对应 20~21 一个周期
    ig = Y(ind,2);                                      % 电流 Ig
    Vs = Vgm * cos(omega * time);                       % 激励源
    v = Vs - ig * Rg;                                   % 二极管两端的电压
    dt = diff(time); dt = [dt; 0];                      % 找出步长
    I = sum(ig. * dt)/T;                                % 取平均值,得到直流成分式(9-19)
    P = I^2 * Rl;                                       % 计算负载上的平均功率
                                                        % 计算二极管阻抗
    av1 = 2/T * sum(v. * cos(omega * time). * dt);      % 式(9-16)电压
    bv1 = 2/T * sum(v. * sin(omega * time). * dt);      % 式(9-17)电压
    ai1 = 2/T * sum(ig. * cos(omega * time). * dt);     % 式(9-16)电流
    bi1 = 2/T * sum(ig. * sin(omega * time). * dt);     % 式(9-17)电流
    zdio = (av1 - j * bv1)/(ai1 - j * bi1);             % 复数阻抗
    rdio(lp) = real(zdio);                              % 阻抗实部
    xdio(lp) = imag(zdio);                              % 阻抗虚部
end
plot(pin,rdio,'r',pin,xdio,'g');                        % 绘制阻抗随功率变化的曲线
xlabel('pin');
ylabel('Zdio');
Legend('real','imag');
```

上面程序中牵涉的函数 diode 如下所示,主要用于实现核心的三个公式。

```matlab
function dy = diode(t,y,Vgm,omega,Rg)
% y1 = Vd; y2 = Ig;y3 = Ig'; 输入参数
% 以下给出了二极管的相关参数
dy = zeros(3,1);                                        % 初始化
Rs = 5;                                                 % 串联电阻
N = 1.08;                                               % 理想因子
T = 300;                                                % 温度
q = 1.6e - 19;                                          % 电子电量
k = 1.38e - 23;                                         % 玻尔兹曼常数
alpha = q/N/k/T;                                        % alpha 参数
Lp = 2e - 9;                                            % 寄生电感
Cp = 0.08e - 12;                                        % 寄生电容
Cj = 0.18e - 12;                                        % 结电容
Is = 5e - 8;                                            % 饱和电流
Vg = Vgm * cos(omega * t);                              % 定义信号源
```

```
Id = Is * (exp(alpha * y(1)) - 1);                              % 二极管电流
dy(1) = 1/Rs/Cj * ( - y(1) - Rs * Id - Rg * y(2) - Lp * y(3) + Vg); % 式(9-13)
dy(2) = y(3);                                                   % 式(9-14)
Vg1 = - Vgm * sin(omega * t) * omega;                          % 激励源求导结果
dy(3) = 1/Lp/Cp/Rs * ( - y(1) - (Rs + Rg) * y(2) - (Lp + Cp * Rg * Rs) * y(3) + Vg + Cp * Rs * Vg1);
                                                               % 式(9-15)
```

针对表 9-1 中的 HSMS2860,在 2.45GHz 下进行计算,程序运行得到的结果如图 9-37 所示。其中横轴对应的输入功率单位为 dBm,实线为电阻,星号线为电抗。

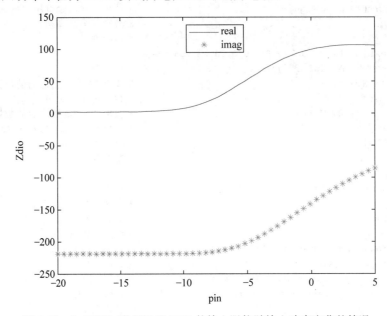

图 9-37   2.45GHz 下 HSMS-2860 的输入阻抗随输入功率变化的情况

9.6   小结

本章主要介绍了如何利用 MATLAB 分析天线和天线阵。首先介绍利用 MATLAB 函数绘制天线的方向图函数、天线阵的方向图函数,包括二维曲线和三维曲面两种情形;接下来利用 MATLAB,结合天线阵的概念,对一种电磁超表面的散射特性进行了数值计算,绘制了远场方向图;然后,利用高版本 MATLAB 所提供的天线工具箱,举例对典型的天线和天线阵进行了详细的分析;最后,对整流天线中肖特基二极管的输入阻抗进行了数值计算。事实上,在第 11 章还会利用线天线的积分方程对振子天线进行矩量法求解,并得到其方向图图像。所有这些工作汇总在一起,就构成了 MATLAB 在天线领域的应用。

为了解决电磁理论概念抽象、时空分布复杂等教学难题,本章介绍 MATLAB 在该领域驻波与行波、电磁波的反射与透射等方面动画演示中的应用。主要介绍 MATLAB 动画技术分类、特点和实施步骤,并通过实例为其教学应用提供指导和借鉴。在 MATLAB 中实现动画制作需要用到 getframe、movie 和 movie2avi 等函数,本章先简单介绍相关函数,然后再运用函数完成实例演示。

10.1 动画演示函数简介

MATLAB 中,创建动画的过程分两步。第一步,调用 getframe 函数生成每个帧的信息。getframe 函数可以捕捉每一个帧画面,并将画面数据保存为一个结构。一般配合 for 循环语句得到一系列动画帧,并按顺序存储于一个阵列中,从而完成动画矩阵的建立。第二步,调用 movie2avi 函数将阵列中的一系列动画帧转换成视频 avi 文件,这样可以实现脱离 MATLAB 环境的动画播放。如果需要实时播放而不保存在文件中,则使用 movie 命令播放这些动画帧序列即可。

编程的基本思路如下:定义时间变量、空间变量和相应的函数式,通过循环不断增加时间变量,作图并保持一定时间后擦除原图,再重新作图,并在一段时间内连续演示,这样就形成了动画。

getframe 函数有以下 3 种调用格式:

(1) F=getframe,从当前图形框中得到动画帧。

(2) F=getframe(h),从图形句柄 h 中得到动画帧。

(3) F=getframe(h,rect),从图形句柄 h 的指定区域 rect 中得到动画帧。

movie2avi 函数调用形式如下:

movie2avi(mov,"filename"),将 getframe 捕捉到的一系列帧图像 mov 转换并写入 filename 中。

movie 函数使用比较简单,其基本格式如下:

movie(mov,n,fps),将保存在 mov 变量中的帧序列按照 fps 设定的速度(帧/秒)播放 n 次。如果采用默认设置,也可以简单用 movie(mov)来播放动画帧序列。

在后续的各节中,将结合电磁场理论课程中的具体案例说明函数的用法。

10.2 驻波与行波

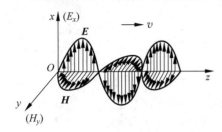

图 10-1 均匀平面波的电场和磁场

在理想介质中传播的电磁波,其电场和磁场没有传播方向上的纵向分量,而只有与传播方向垂直的横向分量,且场量在横向截面上分布均匀,故这类电磁波称为均匀平面波,又可称为横电磁(Transverse ElectroMagnetic, TEM)波。均匀平面波的电场矢量 $\boldsymbol{E}$ 和磁场矢量 $\boldsymbol{H}$ 在时间上同相位,在空间上互相垂直,如图 10-1 所示。

为讨论方便,先考虑沿 z 方向行进的波,若电场只有 E_x 分量,则磁场只有 H_y 分量,其瞬时值可以写为

$$\boldsymbol{E}(z,t) = E_{\mathrm{m}}\cos(\omega t - kz)\boldsymbol{e}_x \qquad (10\text{-}1)$$

其中:kz 代表初始相位;k 为波数。

均匀平面波的磁场强度矢量 $\boldsymbol{H}$ 可以写为

$$\boldsymbol{H}(z,t) = \frac{1}{Z}\boldsymbol{e}_z \times \boldsymbol{E}(z,t) = \frac{E_{\mathrm{m}}}{Z}\cos(\omega t - kz)\boldsymbol{e}_y \qquad (10\text{-}2)$$

其中

$$Z = \frac{E}{H} = \frac{\omega\mu}{k} = \sqrt{\frac{\mu}{\varepsilon}} \qquad (10\text{-}3)$$

为电磁波在介质中的波阻抗,此值取决于媒质参量 ε 和 μ。在自由空间中,波阻抗为

$$Z_0 = \sqrt{\frac{\mu_0}{\varepsilon_0}} = 120\pi = 377\Omega \qquad (10\text{-}4)$$

电磁波在无限大空间中传播,电磁场能量向前不断传播,这样的电磁波叫行波。电磁波入射到理想导体表面时会发生全反射,反射波与入射波叠加形成驻波。驻波的特点是:随着时间的变化,电磁波沿 z 方向分布的最大值(波腹)和最小值(波节)的位置固定不变。驻波上每一点电磁场数值大小随时间变化,但波形与时间无关。

一维的电磁波问题最简单,6.1.5 节中已提到运用 plot 函数实现其波形演示,这里运用 movie2avi 函数实现沿 z 方向传输的正弦波动画,对于沿其他方向传播的电磁波,可以类比式(10-1)和式(10-2)并参考图 10-1 写出。代码如下:

```
omega = 2 * pi;                        % 设定行波角频率
t = 0;                                 % 设置时间变量初始值
z = 0:0.01:15;                         % 传输距离
k = 1;                                 % 波数
for i = 1:300                          % 总帧数
    y = sin(omega * t - k * z);
    plot(z,y);
    axis([0 15 -2 2]);                 % 观察范围
    hold on;
    mov(i) = getframe(gcf);            % 捕捉当前图像作为一帧
    pause(0.1);                        % 波形显示 0.1s
    t = t + 0.1;                       % 时间变量变化微小量
    hold off;
end;
movie2avi(mov,'正弦波传播.avi');          % 和前面的循环配合,实现动画输出为 avi 文件
```

行波动画截图如图 10-2(a)所示。当两列同频率但传输方向相反的行波相遇时,驻波将会形成,可以运用 movie2avi 函数做出沿 z 方向和 $-z$ 方向两列行波叠加而成的驻波动画。代码如下:

```
omega = 2 * pi;                          % 设置角频率
t = 0;                                   % 设置时间变量初始值
z = 0:0.01:30;                           % 传输距离
k = 1;
for i = 1:300                            % 帧数
    y1 = sin(omega * t - k * z);
    y2 = sin(omega * t + k * z);
    y = y1 + y2;
    plot(z,y1,'b',z,y2,'g',z,y,'r');
    axis([0,30, - 2.5,2.5]);             % 观察范围
    hold on;
    mov(i) = getframe(gcf);              % 捕捉当前图像作为一帧
    pause(0.1);                          % 波形显示 0.1s
    t = t + 0.01;                        % 时间变量变化微小量
    hold off;
end;
movie2avi(mov,'驻波的形成.avi');          % 和前面的循环配合,实现动画输出为 avi 文件
```

驻波动画截图如图 10-2(b)所示。从图中可以看出,实线("——")、虚线("………")表示的两个行波相向而行,它们叠加之后形成了加粗实线("——")的驻波。驻波尽管随时间做简谐振动,但是该振动仅局限于原地,波不会向前或者向后传播,因此称为"驻波"。

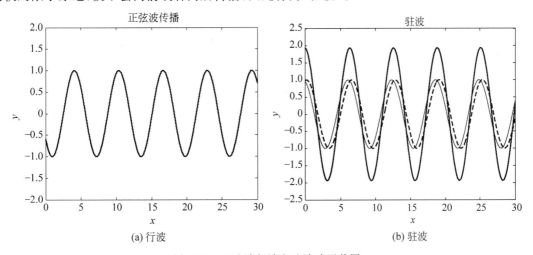

图 10-2 正弦波行波和驻波动画截图

结合 MATLAB 中的 quiver3 函数,可以画出三维空间中电磁波传播时的电磁场矢量分布情况,给出直观的均匀平面波在均匀媒质中的传输过程及电场与磁场在电磁波传播过程中的变化规律。quiver3 函数的调用形式如下:

```
quiver3(x,y,z,u,v,w)
```

用于在 (x,y,z) 确定的点处绘制分量 (u,v,w) 确定的矢量。

下面的程序利用动画绘制了沿 x 方向传播的均匀平面波。具体 MATLAB 代码如下:

```
t = 0;                                   % 设置初始时间
k = 2;                                   % 设置波数
```

```
omega = 2 * pi;                              % 设置角频率
x = (0:0.1:10);                              % 沿传播方向设置的离散点
nill = zeros(size(x));                       % 零矢量
for i = 1:300
E = cos(omega * t - k * x);                  % 电场 Ey 表达式
H = 0.3. * cos(omega * t - k * x);           % 磁场 Hz 表达式
quiver3(x,nill,nill,nill,E,nill,'r ');       % 沿 x 轴方向,绘制电场箭头图
hold on                                      % 保持
quiver3(x,nill,nill,nill,nill,H,'b ');       % 沿 x 轴方向,绘制磁场箭头图
axis([0,10, -1,1, -1,1]); view(20,40);       % 观察范围和视角
mov(i) = getframe(gcf);                      % 捕捉动画帧
pause(0.1);                                  % 暂停 0.1s
t = t + 0.01;
hold off
end
movie2avi(mov,'电磁波传播动画.avi ');          % 转换并保存动画
```

动画截图如图 10-3 所示。

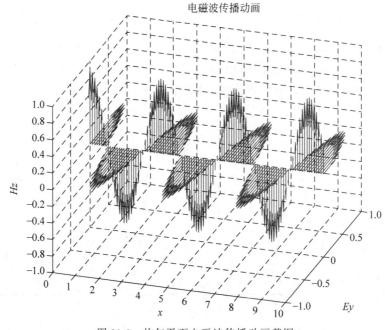

图 10-3　均匀平面电磁波传播动画截图

10.3　电磁波的反射与透射

　　在无界连续的均匀媒质中,电磁波沿直线传播。如果电磁波在传播过程中遇到媒质的分界面,将会发生反射与折射现象。入射到两种媒质分界面上的电磁波将分为两部分:一部分能量被反射回原媒质中成为反射波,另一部分电磁能量透射入另一媒质中而成为透射波。

　　设均匀电磁波以一定的角度入射到两种介质形成的无限大平面的分界面上,如图 10-4 所示,$z = 0$ 的平面为介质 1 和介质 2 的分界面。入射波的入射线与分界面法线所构成的平面称为入射面,即 $y = 0$ 的平面。入射线与法线之间的夹角 θ_i 称为入射角,反射线和折射线与法线之间的夹角 θ_r 和

θ_t 分别称为反射角和折射角。图中电场和磁场的方向均为参考方向。

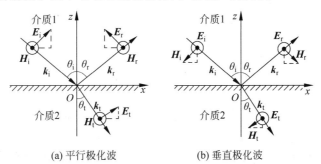

(a) 平行极化波　　　　(b) 垂直极化波

图 10-4　平行极化波和垂直极化波的反射和折射

一个任意极化方向的入射平面波,总可以分解为相对于入射面的平行极化波和垂直极化波。所谓平行极化波是指 E 在入射面内极化,如图 10-4(a)所示,又称 TM 波;而垂直极化波是指 E 在垂直于入射面的方向极化,如图 10-4(b)所示,又称 TE 波。本节中结合 quiver 函数、movie2avi 函数实现透射波与反射波的动画演示,给出均匀平面波在媒质界面的反射和透射传输过程。

对于这两种不同的极化波,反射角和折射角与入射角满足相同的反射定律和折射定律,即

$$\theta_r = \theta_i \tag{10-5}$$

$$\frac{\sin\theta_t}{\sin\theta_i} = \frac{\sqrt{\varepsilon_{r1}}}{\sqrt{\varepsilon_{r2}}} = \frac{n_1}{n_2} \tag{10-6}$$

但波的振幅关系却完全不同,下面分开来讨论。

10.3.1　垂直极化波斜入射到两种介质界面

假设入射波、反射波和折射波的方向分别沿着各自波矢量 k_i、k_r 和 k_t 的方向,如图 10-4(b)所示,相应的电场强度可分别表示为

$$\begin{cases} E_i = E_{im} e^{j(\omega t - k_i \cdot r)} e_y \\ E_r = E_{rm} e^{j(\omega t - k_r \cdot r)} e_y \\ E_t = E_{tm} e^{j(\omega t - k_t \cdot r)} e_y \end{cases} \tag{10-7}$$

瞬时值形式为

$$\begin{cases} E_i = E_{im}\cos(\omega t - k_i \cdot r)e_y \\ E_r = E_{rm}\cos(\omega t - k_r \cdot r)e_y \\ E_t = E_{tm}\cos(\omega t - k_t \cdot r)e_y \end{cases} \tag{10-8}$$

其中

$$\begin{cases} k_i \cdot r = k_{ix}x + k_{iz}z = k_1\sin\theta_i x - k_1\cos\theta_i z \\ k_r \cdot r = k_{rx}x + k_{rz}z = k_1\sin\theta_r x + k_1\cos\theta_r z \\ k_t \cdot r = k_{tx}x + k_{tz}z = k_2\sin\theta_t x - k_2\cos\theta_t z \end{cases} \tag{10-9}$$

其中

$$k_1 = \omega\sqrt{\varepsilon_1\mu_0} = k_0\sqrt{\varepsilon_{r1}} = k_0 n_1, \quad k_2 = \omega\sqrt{\varepsilon_2\mu_0} = k_0\sqrt{\varepsilon_{r2}} = k_0 n_2$$

利用介质分界面上电磁场的边界条件 $E_{1y}=E_{2y}$，$H_{1x}=H_{2x}$，有

$$\begin{cases} E_{iy}+E_{ry}=E_{ty} \\ H_{ix}+H_{rx}=H_{tx} \end{cases} \tag{10-10}$$

于是有

$$\begin{cases} E_{im}+E_{rm}=E_{tm} \\ -\dfrac{E_{im}}{Z_1}\cos\theta_i+\dfrac{E_{rm}}{Z_1}\cos\theta_r=-\dfrac{E_{tm}}{Z_2}\cos\theta_t \end{cases} \tag{10-11}$$

定义垂直极化波的反射系数 $\Gamma_\perp=\dfrac{E_{rm}}{E_{im}}$ 与传输系数(即折射系数或透射系数) $T_\perp=\dfrac{E_{tm}}{E_{im}}$，同时考虑到反射定律 $\theta_r=\theta_i$，则式(10-11)变为

$$\begin{cases} 1+\Gamma_\perp=T_\perp \\ 1-\Gamma_\perp=\dfrac{Z_1\cos\theta_t}{Z_2\cos\theta_i}T_\perp \end{cases} \tag{10-12}$$

解式(10-12)，可得反射系数 $\Gamma_\perp$ 与传输系数 $T_\perp$ 分别为

$$\Gamma_\perp=\frac{E_{rm}}{E_{im}}=\frac{Z_2\cos\theta_i-Z_1\cos\theta_t}{Z_2\cos\theta_i+Z_1\cos\theta_t}=\frac{\sqrt{\varepsilon_1}\cos\theta_i-\sqrt{\varepsilon_2}\cos\theta_t}{\sqrt{\varepsilon_1}\cos\theta_i+\sqrt{\varepsilon_2}\cos\theta_t}$$

$$=\frac{\cos\theta_i-\sqrt{\dfrac{\varepsilon_2}{\varepsilon_1}-\sin^2\theta_i}}{\cos\theta_i+\sqrt{\dfrac{\varepsilon_2}{\varepsilon_1}-\sin^2\theta_i}} \tag{10-13}$$

和

$$T_\perp=\frac{E_{tm}}{E_{im}}=\frac{2Z_2\cos\theta_i}{Z_2\cos\theta_i+Z_1\cos\theta_t}=\frac{2\sqrt{\varepsilon_1}\cos\theta_i}{\sqrt{\varepsilon_1}\cos\theta_i+\sqrt{\varepsilon_2}\cos\theta_t}$$

$$=\frac{2\cos\theta_i}{\cos\theta_i+\sqrt{\dfrac{\varepsilon_2}{\varepsilon_1}-\sin^2\theta_i}} \tag{10-14}$$

式(10-13)还可以表示为

$$\Gamma_\perp=-\frac{\sin(\theta_i-\theta_t)}{\sin(\theta_i+\theta_t)} \tag{10-15}$$

式(10-14)还可以表示为

$$T_\perp=\frac{2\cos\theta_i\sin\theta_t}{\sin(\theta_i+\theta_t)} \tag{10-16}$$

由式(10-13)和式(10-14)可得，传输系数 $T_\perp$ 总是正值，这说明折射波与入射波的电场强度总是同相位；而反射系数 $\Gamma_\perp$ 则可正可负。当 $\varepsilon_1>\varepsilon_2$ 时，$\theta_t>\theta_i$，$\sin(\theta_i-\theta_t)<0$，$\Gamma_\perp$ 为正值，反射波与入射波的电场强度的相位相同；反之，当 $\varepsilon_1<\varepsilon_2$ 时，$\Gamma_\perp$ 为负值，相位差为 π，即有半波损失。

于是，入射波、反射波和透射波的电场表达式可写为

$$\begin{cases} \boldsymbol{E}_i=E_{im}\cos(\omega t-\boldsymbol{k}_i\cdot\boldsymbol{r})\boldsymbol{e}_y \\ \boldsymbol{E}_r=\Gamma_\perp E_{im}\cos(\omega t-\boldsymbol{k}_r\cdot\boldsymbol{r})\boldsymbol{e}_y \\ \boldsymbol{E}_t=T_\perp E_{im}\cos(\omega t-\boldsymbol{k}_t\cdot\boldsymbol{r})\boldsymbol{e}_y \end{cases} \tag{10-17}$$

若 $\varepsilon_{r1}=1$，$\varepsilon_{r2}=2$，$\theta_i=\dfrac{\pi}{4}$，则可以计算得到反射角和折射角 $\theta_r=\dfrac{\pi}{4}$，$\theta_t=\dfrac{\pi}{6}$，且 $\Gamma_\perp=\sqrt{3}-2$，$T_\perp=\sqrt{3}-1$，于是

$$
\begin{cases}
\boldsymbol{k}_i \cdot \boldsymbol{r} = k_1 \dfrac{\sqrt{2}}{2}(x-z) \\[2mm]
\boldsymbol{k}_r \cdot \boldsymbol{r} = k_1 \dfrac{\sqrt{2}}{2}(x+z) \\[2mm]
\boldsymbol{k}_t \cdot \boldsymbol{r} = k_2 \dfrac{1}{2}(x-\sqrt{3}z)
\end{cases}
\tag{10-18}
$$

代入电场表达式，可分别得到入射场、反射场和透射场的电场矢量表达式，运用 quiver 函数和 getframe 函数即可实现矢量可视化并完成波的传播动画。MATLAB 代码如下：

```
omega = 2 * pi;                                    % 设置角频率
c = 3 * 10^8;                                      % 光速
k0 = 1;                                            % 真空中的波数
epsilonr1 = 1;                                     % 介质 1 的相对介电常数
epsilonr2 = 2;                                     % 介质 2 的相对介电常数
k1 = k0 * sqrt(epsilonr1);                         % 介质 1 中的波数
k2 = k0 * sqrt(epsilonr2);                         % 介质 2 中的波数
gama = sqrt(3) - 2;                                % 反射系数设定
trans = sqrt(3) - 1;                               % 透射系数设定
a = k0 * 15/100;                                   % 步长因子
x1 = (0:a:k0 * 15);                                % 入射路径 x 坐标
z1 = (k0 * 15: - a:0);                             % 入射路径 z 坐标
x2 = (k0 * 15:a:k0 * 30);                          % 反射路径 x 坐标
z2 = (0:a:k0 * 15);                                % 反射路径 z 坐标
x3 = (k0 * 15:a:k0 * 30);                          % 折射路径 x 坐标
z3 = (0: - a: - k0 * 15). * sqrt(3);              % 折射路径 z 坐标,注意到折射角为 30°
Ei = zeros(size(x1));                              % 入射场初始化
Er = zeros(size(x1));                              % 反射场初始化
Et = zeros(size(x1));                              % 透射场初始化
l = zeros(size(x1));                               % 定义一个全零矢量
t = 0;                                             % 设置初始时间
for i = 1:300
if i < = 101                                       % 电磁波入射并传播到分界面
    Ei(1:i) = cos(omega * t - k1 * sqrt(2)/2 * (x1(1:i) - z1(1:i)));   % 设置电场值
    quiver3(x1,l,z1,l,Ei,l);                       % 绘制入射电场
end;
if i > 101                                         % 开始发生反射和透射
    Ei = cos (omega * t - k1 * sqrt(2)/2 * (x1 - z1));   % 计算入射波表达式
if i < = 202                                       % 反射波、透射波没有传出研究区域
    Er(1:i - 101) = gama * cos(omega * t - k1 * sqrt(2)/2 * (x2(1:i - 101) + z2(1:i - 101)));
                                                   % 反射波
    Et(1:i - 101) = trans * cos(omega * t - k2/2 * (x3(1:i - 101) - sqrt(3) * z3(1:i - 101)));
                                                   % 透射波
end;
if i > 202                                         % 反射波、透射波已经传播出研究区域
    Er = gama * cos(omega * t - k1 * sqrt(2)/2 * (x2 + z2));   % 反射波
    Et = trans * cos(omega * t - k2/2 * (x3 - sqrt(3) * z3));  % 透射波
end
```

```
quiver3(x1,l,z1,l,Ei,l);                                    % 绘制入射波
hold on
quiver3(x2,l,z2,l,Er,l);                                    % 绘制反射波
hold on
quiver3(x3,l,z3,l,Et,l);                                    % 绘制透射波
end;
axis([0,k0 * 30, − k0 * 5,k0 * 5, − k0 * 15,k0 * 15]); view(k0 * 10 + i,k0 * 20);
                                                            % 设置范围和视角
mov(i) = getframe(gcf);                                     % 捕捉动画帧
pause(0.01);                                                % 暂停
t = t + 0.001;                                              % 时间增加
hold off
end
movie2avi(mov,'垂直极化波入射到介质表面.avi');                 % 存储
```

动画截图如图 10-5 所示。可以看到,动画开始时,垂直极化波从区域外进入研究区域,沿入射波路径照射到介质分界面;接下来,界面上发生反射和透射,电磁波分别沿反射和透射路径传播;最后,电磁波的波前传出研究区域,整个区域内都有垂直极化波,并随时间做简谐振动。需要注意的是,为了使波传播的规律看起来更直观,程序里的波数是人为设定的,并没有严格按照 $k = \omega/c$ 进行计算。这个假设对整个动画演示并无影响。

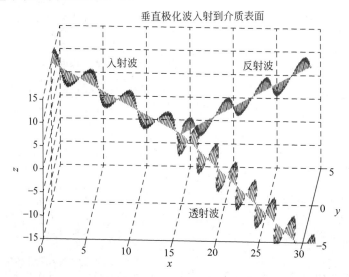

图 10-5　垂直极化波入射到两种介质界面的动画截图

10.3.2　平行极化波斜入射到两种介质界面

如图 10-4(a)所示,对于平行极化波,E 矢量在入射面内,即电场强度只有 x 方向分量和 z 方向分量,磁场强度只有 y 方向分量。电场的复数表达式为

$$\begin{cases} \boldsymbol{E}_{i} = \boldsymbol{E}_{im} \mathrm{e}^{\mathrm{j}(\omega t - \boldsymbol{k}_{i} \cdot \boldsymbol{r})} \\ \boldsymbol{E}_{r} = \boldsymbol{E}_{rm} \mathrm{e}^{\mathrm{j}(\omega t - \boldsymbol{k}_{r} \cdot \boldsymbol{r})} \\ \boldsymbol{E}_{t} = \boldsymbol{E}_{tm} \mathrm{e}^{\mathrm{j}(\omega t - \boldsymbol{k}_{t} \cdot \boldsymbol{r})} \end{cases} \tag{10-19}$$

其中,各项的相位因子相同,入射波、反射波和透射波的电场幅值均包含两个分量,即

$$\begin{cases} \boldsymbol{E}_{im} = E_{im}\cos\theta_i \boldsymbol{e}_x + E_{im}\sin\theta_i \boldsymbol{e}_z \\ \boldsymbol{E}_{rm} = -E_{rm}\cos\theta_r \boldsymbol{e}_x + E_{rm}\sin\theta_r \boldsymbol{e}_z \\ \boldsymbol{E}_{tm} = E_{tm}\cos\theta_t \boldsymbol{e}_x + E_{tm}\sin\theta_t \boldsymbol{e}_z \end{cases} \tag{10-20}$$

$$\begin{cases} \boldsymbol{k}_i \cdot \boldsymbol{r} = k_{ix}x + k_{iz}z = (k_1\sin\theta_i)x - (k_1\cos\theta_i)z \\ \boldsymbol{k}_r \cdot \boldsymbol{r} = k_{rx}x + k_{rz}z = (k_1\sin\theta_r)x + (k_1\cos\theta_r)z \\ \boldsymbol{k}_t \cdot \boldsymbol{r} = k_{tx}x + k_{tz}z = (k_2\sin\theta_t)x - (k_2\cos\theta_t)z \end{cases} \tag{10-21}$$

根据边界条件 $E_{1x} = E_{2x}$，$H_{1y} = H_{2y}$，有

$$\begin{cases} E_{im}\cos\theta_i - E_{rm}\cos\theta_r = E_{tm}\cos\theta_t \\ \dfrac{E_{im}}{Z_1} + \dfrac{E_{rm}}{Z_1} = \dfrac{E_{tm}}{Z_2} \end{cases} \tag{10-22}$$

由反射定律，式(10-22)可表示为

$$\begin{cases} (E_{im} - E_{rm})\cos\theta_i = E_{tm}\cos\theta_t \\ E_{im} + E_{rm} = \dfrac{Z_1}{Z_2}E_{tm} \end{cases} \tag{10-23}$$

如果定义平行极化波的反射系数 $\Gamma_{/\!/} = \dfrac{E_{rm}}{E_{im}}$ 与传输系数 $T_{/\!/} = \dfrac{E_{tm}}{E_{im}}$，则式(10-23)变为

$$\begin{cases} 1 - \Gamma_{/\!/} = \dfrac{\cos\theta_t}{\cos\theta_i}T_{/\!/} \\ 1 + \Gamma_{/\!/} = \dfrac{Z_1}{Z_2}T_{/\!/} \end{cases} \tag{10-24}$$

解此联立方程组，对于非磁性介质，波阻抗为 $Z_1 = \sqrt{\dfrac{\mu_0}{\varepsilon_1}}$ 与 $Z_2 = \sqrt{\dfrac{\mu_0}{\varepsilon_2}}$，并考虑到折射定律，可得

$$\begin{aligned} \Gamma_{/\!/} &= \frac{E_{rm}}{E_{im}} = \frac{Z_1\cos\theta_i - Z_2\cos\theta_t}{Z_1\cos\theta_i + Z_2\cos\theta_t} = \frac{\sqrt{\varepsilon_2}\cos\theta_i - \sqrt{\varepsilon_1}\cos\theta_t}{\sqrt{\varepsilon_2}\cos\theta_i + \sqrt{\varepsilon_1}\cos\theta_t} \\ &= \frac{\dfrac{\varepsilon_2}{\varepsilon_1}\cos\theta_i - \sqrt{\dfrac{\varepsilon_2}{\varepsilon_1} - \sin^2\theta_i}}{\dfrac{\varepsilon_2}{\varepsilon_1}\cos\theta_i + \sqrt{\dfrac{\varepsilon_2}{\varepsilon_1} - \sin^2\theta_i}} \end{aligned} \tag{10-25}$$

和

$$\begin{aligned} T_{/\!/} &= \frac{E_{tm}}{E_{im}} = \frac{2Z_2\cos\theta_i}{Z_1\cos\theta_i + Z_2\cos\theta_t} = \frac{2\sqrt{\varepsilon_1}\cos\theta_i}{\sqrt{\varepsilon_2}\cos\theta_i + \sqrt{\varepsilon_1}\cos\theta_t} \\ &= \frac{2\sqrt{\dfrac{\varepsilon_2}{\varepsilon_1}}\cos\theta_i}{\dfrac{\varepsilon_2}{\varepsilon_1}\cos\theta_i + \sqrt{\dfrac{\varepsilon_2}{\varepsilon_1} - \sin^2\theta_i}} \end{aligned} \tag{10-26}$$

由折射定律，式(10-25)还可以表示为

$$\Gamma_{/\!/} = \frac{\tan(\theta_i - \theta_t)}{\tan(\theta_i + \theta_t)} \tag{10-27}$$

式(10-26)还可以表示为

$$T_{/\!/} = \frac{2\cos\theta_i\sin\theta_t}{\sin(\theta_i+\theta_t)\cos(\theta_i-\theta_t)}$$

(10-28)

由式(10-26)可见,传输系数 $T_{/\!/}$ 总是正值,说明折射波与入射波的电场强度的相位相同。反射系数 $\Gamma_{/\!/}$ 则可正、可负或为 0。当它为负值时,反射波与入射波的电场强度的相位相反,这相当于"损失"了半个波长,故称为半波损失。以下的程序通过动画的方式给出反射系数分别为正、负或 0 时的反射和折射情况。

```matlab
omega = 3e8;                                    % 设置角频率
c = 3e8;                                        % 光速
k0 = omega/c;                                   % 真空中的波数
E0 = 4;                                         % 电场强度幅度
epsilonr1 = 2;                                  % 介质 1 的相对介电常数
epsilonr2 = 1;                                  % 介质 2 的相对介电常数
n1 = sqrt(epsilonr1);                           % 介质 1 的折射率
n2 = sqrt(epsilonr2);                           % 介质 2 的折射率
thetai = pi/6;                                  % 入射角
thetar = thetai;                               % 反射角
thetat = asin(n1/n2 * sin(thetai));            % 透射角
k1 = k0 * n1;                                   % 介质 1 的波数
k2 = k0 * n2;                                   % 介质 2 的波数
gama = (n2 * cos(thetai) - n1 * cos(thetat))/(n2 * cos(thetai) + n1 * cos(thetat));
                                                % 反射系数计算公式
trans = 2 * n1 * cos(thetai)/(n2 * cos(thetai) + n1 * cos(thetat));
                                                % 透射系数计算公式

dm = 15;
a = k0 * dm/100;                               % 空间步长
dt = a/c/n2;                                    % 时间步长
x1 = (0:a:k0 * dm);                            % 入射路径 x 坐标
z1 = (k0 * dm: - a:0) * cot(thetai);          % 入射路径 z 坐标
x2 = (k0 * dm:a:k0 * dm * 2);                  % 反射路径 x 坐标
z2 = (0:a:k0 * dm) * cot(thetar);             % 反射路径 z 坐标
x3 = (k0 * dm:a:k0 * dm * 2);                  % 透射路径 x 坐标
z3 = (0: - a: - k0 * dm) * cot(thetat);       % 透射路径 z 坐标
Eix = zeros(size(x1));                          % 以下语句初始化电场
Eiz = zeros(size(x1));
Erx = zeros(size(x1));
Erz = zeros(size(x1));
Etx = zeros(size(x1));
Etz = zeros(size(x1));
l = zeros(size(x1));                            % 设置一个零矢量
t = 0;                                          % 设置初始时间
for i = 1:220
    if i < = 101                                % 波尚未入射到界面
        Eix(1:i) = E0 * cos(thetai) * cos(omega * t - (k1 * sin(thetai) * x1(1:i) - k1 *
cos(thetai) * z1(1:i)));
        Eiz(1:i) = E0 * sin(thetai) * cos(omega * t - (k1 * sin(thetai) * x1(1:i) - k1 *
cos(thetai) * z1(1:i)));
        quiver3(x1,l,z1,Eix,l,Eiz,0);          % 计算并绘制入射电场
    end;
    if i > 101
        Eix = E0 * cos(thetai) * cos (omega * t - (k1 * sin(thetai) * x1 - k1 * cos(thetai) * z1));
        Eiz = E0 * sin(thetai) * cos (omega * t - (k1 * sin(thetai) * x1 - k1 * cos(thetai) * z1));
```

```
                                              % 波入射到界面,计算入射电场
        if i <= 202                           % 波入射到界面,以下计算反射、透射电场
Erx(1:i-101) =-E0 * gama * cos(thetar) * cos(omega * t - (k1 * sin(thetar) * x2(1:i-101) + k1 * cos
(thetar) * z2(1:i-101)));
Erz(1:i-101) = E0 * gama * sin(thetar) * cos(omega * t - (k1 * sin(thetar) * x2(1:i-101) + k1 * cos
(thetar) * z2(1:i-101)));
Etx(1:i-101) = E0 * trans * cos(thetat) * cos(omega * t - (k2 * sin(thetat) * x3(1:i-101) - k2 * cos
(thetat) * z3(1:i-101)));
Etz(1:i-101) = E0 * trans * sin(thetat) * cos(omega * t - (k2 * sin(thetat) * x3(1:i-101) - k2 * cos
(thetat) * z3(1:i-101)));
        end;
        if i > 202                            % 波传出研究区域,计算电场
            Erx =- E0 * gama * cos(thetar) * cos(omega * t - (k1 * sin(thetar) * x2 + k1 *
cos(thetar) * z2));
            Erz = E0 * gama * sin(thetar) * cos(omega * t - (k1 * sin(thetar) * x2 + k1 *
cos(thetar) * z2));
            Etx = E0 * trans * cos(thetat) * cos(omega * t - (k2 * sin(thetat) * x3 - k2 *
cos(thetat) * z3));
            Etz = E0 * trans * sin(thetat) * cos(omega * t - (k2 * sin(thetat) * x3 - k2 *
cos(thetat) * z3));
        end
        quiver3(x1,l,z1,Eix,l,Eiz,0);          % 绘制入射场
        hold on
        quiver3(x2,l,z2,Erx,l,Erz,1);          % 绘制反射场
        hold on
        quiver3(x3,l,z3,Etx,l,Etz,0);          % 绘制透射场
    end;
axis([0,k0 * dm * 2, - k0 * dm/3,k0 * dm/3, - k0 * dm,k0 * dm]); view(k0/2 * dm + i,k0 * dm);
                                              % 设置显示范围和视角
    mov(i) = getframe(gcf);                    % 获取动画帧
    pause(0.01);                               % 暂停
    t = t + dt;                                % 时间步进
    hold off
end
```

动画截图如图 10-6 所示。

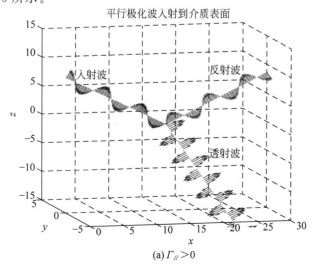

(a) $\Gamma_{//} > 0$

图 10-6　平行极化波入射到两种介质界面的动画截图

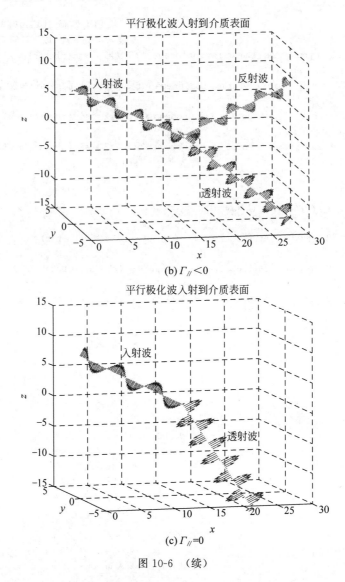

(b) $\Gamma_{/\!/} < 0$

(c) $\Gamma_{/\!/} = 0$

图 10-6　（续）

10.3.3　电磁波入射到介质——理想导体界面

如果电磁波以一定的入射角入射到理想导体表面,有

$$
\begin{cases}
\Gamma_{/\!/} = 1 \\
\Gamma_{\perp} = -1 \\
T_{/\!/} = T_{\perp} = 0
\end{cases}
\tag{10-29}
$$

也就是说,无论平行极化波还是垂直极化波在理想导体的表面上都将发生全反射,而不能透射入理想导体内部,即 $E_{\mathrm{tm}/\!/} = E_{\mathrm{tm}\perp} = 0$。反射波的方向由反射定律 $\theta_{\mathrm{r}} = \theta_{\mathrm{i}}$ 给出。对于平行极化波,由式(10-29)得

$$
E_{\mathrm{rm}/\!/} = E_{\mathrm{im}/\!/}
\tag{10-30}
$$

对于垂直极化波,则有半波损失现象,即

$$
E_{\mathrm{rm}\perp} = -E_{\mathrm{im}\perp}
\tag{10-31}
$$

运用 MATLAB 编程实现垂直极化波入射到理想导体表面的入射波与反射波动态传输情况。代码如下：

```
k = 2;                                                   % 设置波数
omega = 2 * pi;                                          % 设置角频率
x1 = (0:0.3:30);
z1 = (30: - 0.3:0);
x2 = (30:0.3:60);
z2 = (0:0.3:30);
Ei = zeros(size(x1));                                    % 入射场电场
Er = zeros(size(x1));                                    % 反射场电场
l = zeros(size(x1));
t = 0;                                                   % 设置初始时间
for i = 1:300
    if i < = 101
        Ei(1:i) = cos(20 * pi * t - 0.35 * (x1(1:i) - z1(1:i)));
        quiver3(x1,l,z1,l,Ei,l);
    end;
    if i > 101
        Ei = cos(20 * pi * t - 0.35 * (x1 - z1));
        if i < = 202
            Er(1:i - 101) = - cos(20 * pi * t - 0.35 * (x2(1:i - 101) + z2(1:i - 101)));
        end;
        if i > 202
            Er = - cos(20 * pi * t - 0.35 * (x2 + z2));
        end
        quiver3(x1,l,z1,l,Ei,l);
        hold on
        quiver3(x2,l,z2,l,Er,l);
    end;
    axis([0,60, - 10,10,0,30]); view(20 + i,40);          % 视角
    mov(i) = getframe(gcf);
    pause(0.01);
    t = t + 0.001;
    hold off
end
movie2avi(mov,'垂直极化波入射到理想导体表面.avi');
```

动画截图如图 10-7 所示。可以看出,在介质导体分界面上反射波与入射波存在 180° 相位差,即存在半波损失。

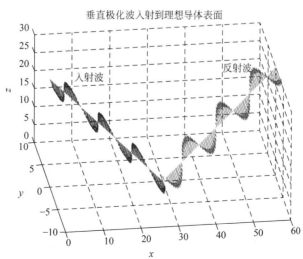

图 10-7　垂直极化波斜入射到介质——理想导体界面的动画截图

平行极化波入射到理想导体表面的入射波与反射波动态传输情况运用以下 MATLAB 程序代码实现：

```
omega = 2 * pi;                          % 设置角频率
c = 3 * 10^8;
k0 = 1;                                  % 为了使波传播的规律看起来更直观,未用真实的 k0 = w/c
epsilonr1 = 1;                           % 介质 1 的相对介电常数
epsilonr2 = 3;                           % 介质 2 的相对介电常数
n1 = sqrt(epsilonr1);
n2 = sqrt(epsilonr2);
thetai = pi/6;                           % 入射角
thetar = thetai;                         % 反射角
thetat = asin(n1/n2 * sin(thetai));      % 透射角
k1 = k0 * n1;
k2 = k0 * n2;                            % 设置基本的电磁波参数
gama = 1;                               % 反射系数计算公式
dm = 15;
a = k0 * dm/100;
x1 = (0:a:k0 * dm);
z1 = (k0 * dm: - a:0);
x2 = (k0 * dm:a:k0 * dm * 2);
z2 = (0:a:k0 * dm);
Eix = zeros(size(x1));
Eiz = zeros(size(x1));
Erx = zeros(size(x1));
Erz = zeros(size(x1));
l = zeros(size(x1));
t = 0;                                   % 设置初始时间
for i = 1:300
    if i < = 101
        Eix(1:i) = cos(thetai) * cos(omega * t - (k1 * sin(thetai) * x1(1:i) - k1 *
cos(thetai) * z1(1:i)));
        Eiz(1:i) = sin(thetai) * cos(omega * t - (k1 * sin(thetai) * x1(1:i) - k1 *
cos(thetai) * z1(1:i)));
        quiver3(x1,l,z1,Eix,l,Eiz);
    end;
    if i > 101
        Eix = cos(thetai) * cos (omega * t - (k1 * sin(thetai) * x1 - k1 * cos(thetai) * z1));
        Eiz = sin(thetai) * cos (omega * t - (k1 * sin(thetai) * x1 - k1 * cos(thetai) * z1));
        if i < = 202
            Erx(1:i - 101) = - gama * cos(thetar) * cos(omega * t - (k1 * sin(thetar) * x2(1:i - 101) + k1 *
cos(thetar) * z2(1:i - 101)));
            Erz(1:i - 101) = gama * sin(thetar) * cos(omega * t - (k1 * sin(thetar) * x2(1:i - 101) + k1 *
cos(thetar) * z2(1:i - 101)));
        end;
        if i > 202
            Erx = - gama * cos(thetar) * cos(omega * t - (k1 * sin(thetar) * x2 + k1 *
cos(thetar) * z2));
            Erz = gama * sin(thetar) * cos(omega * t - (k1 * sin(thetar) * x2 + k1 * cos(thetar) * z2));
        end
        quiver3(x1,l,z1,Eix,l,Eiz);
        hold on
        quiver3(x2,l,z2,Erx,l,Erz);
    end;
    axis([0,k0 * dm * 2, - k0 * dm/3,k0 * dm/3, - k0 * dm,k0 * dm]); view(k0/2 * dm + i,k0 * dm);
                                         % 视角
```

```
    mov(i) = getframe(gcf);
    pause(0.01);
    t = t + 0.001;
    hold off
end
movie2avi(mov,'平行极化波入射到理想导体表面.avi');
```

动画截图如图 10-8 所示。可以看出,在介质导体分界面上反射波与入射波是同相位的,即不存在半波损失。

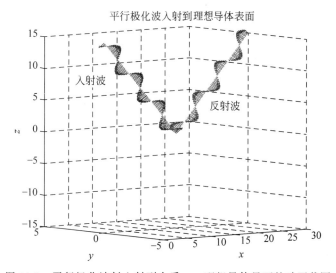

图 10-8　平行极化波斜入射到介质——理想导体界面的动画截图

若电磁波垂直入射于介质和导体的分界面,则属于正入射情形。此时因入射面不确定,故没有垂直极化与平行极化的区别,但反射定律、折射定律和菲涅耳公式仍然成立。由 $\theta_r=0$ 知反射波沿界面的法线方向传播。令入射角 $\theta_i=0$,由平行极化波或垂直极化波的结果可得反射系数和传输系数分别为

$$\begin{cases} \Gamma = -1 \\ T = 0 \end{cases} \tag{10-32}$$

若电磁波沿 $-z$ 方向入射到理想介质与理想导体的分界面上,而电场 $\boldsymbol{E}$ 沿 $+x$ 方向且磁场 $\boldsymbol{H}$ 沿 $-y$ 方向,则可得介质中入射波、反射波及合成电场强度分别为

$$\boldsymbol{E}_i = E_{im} e^{j\beta z} \boldsymbol{e}_x \tag{10-33}$$

$$\boldsymbol{E}_r = E_{rm} e^{-j\beta z} \boldsymbol{e}_x \tag{10-34}$$

$$\boldsymbol{E} = \boldsymbol{E}_i + \boldsymbol{E}_r = (E_{im} e^{j\beta z} + E_{rm} e^{-j\beta z}) \boldsymbol{e}_x = E_{im} (e^{j\beta z} - e^{-j\beta z}) \boldsymbol{e}_x$$

$$= j2E_{im} \sin\beta z \boldsymbol{e}_x = 2E_{im} \sin\beta z\, e^{j\frac{\pi}{2}} \boldsymbol{e}_x \tag{10-35}$$

写成瞬时值形式为

$$\boldsymbol{E}_i = E_{im} \cos(\omega t + \beta z) \boldsymbol{e}_x \tag{10-36}$$

$$\boldsymbol{E}_r = E_{rm} \cos(\omega t - \beta z) \boldsymbol{e}_x \tag{10-37}$$

$$\boldsymbol{E} = 2E_{im} \sin\beta z \cos\left(\omega t + \frac{\pi}{2}\right) \boldsymbol{e}_x = -2E_{im} \sin\beta z \sin\omega t \boldsymbol{e}_x \tag{10-38}$$

由此可见,因为电磁波在理想导体表面上的全反射,故介质中入射波和反射波的合成电场与磁场沿 z 方向与行波不同。随着时间的变化,电磁波沿 z 方向分布的最大值(称为波腹)和最小值(称为波节)的位置固定不变,故称为驻波。驻波的分布形状与时间无关,而随时间只改变其数值的大小。这就是驻波的明显特征。因此,无论电场还是磁场,其反射波与入射波叠加而形成驻波。这里运用 MATLAB 编写行波入射到理想导体表面进而形成驻波的过程。代码如下:

```matlab
omega = 2 * pi;                          % 设置角频率
c = 3 * 10^8;
k0 = 1;                                  % 为了使波传播的规律看起来更直观,未用真实的 k0 = w/c
epsilonr1 = 1;                           % 介质 1 的相对介电常数
epsilonr2 = 3;                           % 介质 2 的相对介电常数
n1 = sqrt(epsilonr1);
k1 = k0 * n1;                            % 设置基本的电磁波参数
gama = - 1;                              % 反射系数计算公式
dm = 15;
a = k0 * dm/100;
z1 = (k0 * dm: - a:0);
x1 = zeros(size(z1)) + 15;
x2 = zeros(size(z1)) + 15;
z2 = (0:a:k0 * dm);
Eix = zeros(size(x1));
Eiz = zeros(size(x1));
Erx = zeros(size(x1));
Erz = zeros(size(x1));
l = zeros(size(x1));
t = 0;                                   % 设置初始时间
for i = 1:300
    if i < = 101
        Eix(1:i) = cos(omega * t + k1 * z1(1:i));
        quiver3(x1,l,z1,Eix,l,Eiz);
    end;
    if i > 101
        Eix = cos(omega * t + k1 * z1);
        if i < = 202
            Erx(1:i - 101) = gama * cos(omega * t - k1 * z2(1:i - 101));
        end;
        if i > 202
            Erx = - gama * cos(omega * t - k1 * z2);
        end
        quiver3(x1,l,z1,Eix,l,Eiz);
        hold on
        quiver3(x2,l,z2,Erx,l,Erz);
    end;
    axis([0,k0 * dm * 2, - k0 * dm/3,k0 * dm/3, - k0 * dm,k0 * dm]);
    view(k0/2 * dm,k0 * dm);             % 视角
    mov(i) = getframe(gcf);
    pause(0.01);
    t = t + 0.001;
    hold off
end
movie2avi(mov,'平行极化波垂直入射到理想导体表面.avi');
```

驻波形成后动画截图如图 10-9 所示。

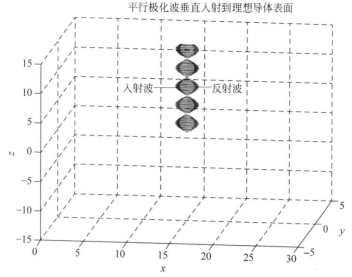

图 10-9　行波垂直入射到介质——理想导体界面后形成驻波的动画截图

10.4　电磁波的极化

电磁波的极化描述电磁波传播过程中电场强度的方向,确切地说,传播方向上任意点处的电场矢量端点随时间变化所描绘的轨迹称为极化。极化可分为线极化、圆极化和椭圆极化。线极化波的合成电场的大小虽随时间变化,但方向保持在一直线上,其动画制作可在二维平面内实现。圆极化波合成电场的大小不随时间变化,矢量的末端却在一个圆上以恒定角速度旋转。如果迎着波的传播方向看去,矢量沿逆时针方向旋转,称这种圆极化波为右旋圆极化波;反之,若电场矢量是顺时针方向旋转的,则称为左旋圆极化波。左旋与右旋极化波的判定是极化教学内容中的难点,在学习这部分内容时仅依据概念和静态图形较难区分左旋和右旋极化波的传播,借助 MATLAB 进行动画演示可以帮助学生轻松地学习理解。椭圆极化波左旋与右旋极化的判断与圆极化波相同,其动画实现可通过修改圆极化程序中三角函数前的系数得到。

考虑简单情形,假设均匀平面波沿$+x$方向传播,则电场强度矢量 E 的一般瞬时值和复矢量可分别表示为

$$E = E_{ym}\cos(\omega t - \beta x)e_y + E_{zm}\cos(\omega t - \beta x - \psi)e_z \qquad (10\text{-}39)$$

和

$$E = (E_{ym}e_y + E_{zm}e^{-j\psi}e_z)e^{-j\beta x} \qquad (10\text{-}40)$$

其中:ψ 是 E_z 分量滞后 E_y 分量的相位角。

对于一般情形下波的极化,实质上就是确定电场强度合成矢量末端的轨迹。可分为下述 3 种情形来讨论。

10.4.1　线性极化波

若式(10-40)中电场强度 E 的两个横向分量的相位相同或反相,即 $\psi = 0, \pi$,则式(10-39)各分量可写为

$$E_y = E_{ym}\cos(\omega t - \beta x) \tag{10-41}$$

$$E_z = \pm E_{zm}\cos(\omega t - \beta x) \tag{10-42}$$

在 $x = 0$ 的等相面,有

$$E_y = E_{ym}\cos\omega t \tag{10-43}$$

$$E_z = \pm E_{zm}\cos\omega t \tag{10-44}$$

它们的合成电场强度模值为

$$E = \sqrt{E_y^2 + E_z^2} = \sqrt{E_{ym}^2 + E_{zm}^2}\cos\omega t \tag{10-45}$$

合成场强与 x 轴的夹角则为

$$\varphi = \arctan\frac{E_z}{E_y} = \pm\arctan\frac{E_{zm}}{E_{ym}} \tag{10-46}$$

可见,φ 是一个常数,与 t 无关。尽管合成场强的大小沿传输方向按余弦规律变化,但其方向始终保持在一条直线上,即 $\boldsymbol{E}$ 矢量末端的轨迹是一条斜率为 E_z/E_y 的直线,因此称这种波为线性极化波。下面给出了沿 x 方向传输 $\psi = 0$ 时的线性极化波 MATLAB 动画演示程序。

```
x = (0:0.3:30);                            % 传输距离
beta = 0.8;
Eym = 1;
Ezm = 2;
l = zeros(size(x));                        % 设置 l 为与 x 尺寸相同的零矢量
t = 0;                                      % 时间变量
for i = 1:1500                             % 帧数
    omega = 2 * pi;
    Ey = Eym * cos(omega * t - beta * x);  % 电场横向 y 分量
    Ez = Ezm * cos(omega * t - beta * x);  % 电场横向 z 分量
    quiver3(x,l,l,l,Ey,Ez);                % 以(x,0,0)为起点画出传输方向上每一点的电场矢量图
    axis([0,30, -4,4, -4,4]); view(20,40);  % 观察范围
    pause(0.01);                           % 矢量图显示 0.01s
    mov(i) = getframe(gcf);                % 捕捉当前图像作为一帧
    t = t + 0.01;                          % 时间变量变化微小量
end;
hold off;
movie2avi(mov,'线性极化波.avi');            % 和前面的循环配合,实现动画输出为 avi 文件
```

动画截图如图 10-10 所示。在 x 为常数(一般取 0)的等相面上也可以观察到相同的规律,只要将程序中的 x 设为常数,t 设为变数,即可实现时间轴上的观察。

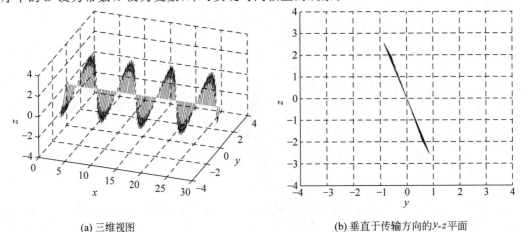

(a) 三维视图   (b) 垂直于传输方向的 y-z 平面

图 10-10 线性极化波的 MATLAB 动画截图

10.4.2 圆极化波

若 $E_{ym} = E_{zm} = E_m$，且 $\psi = \pm\dfrac{\pi}{2}$，则式(10-39)各分量可写为

$$E_y = E_m \cos(\omega t - \beta x) \tag{10-47}$$

$$E_z = E_m \cos\left(\omega t - \beta x \mp \frac{\pi}{2}\right) = \pm E_m \sin(\omega t - \beta x) \tag{10-48}$$

在 $x = 0$ 的等相面上，则有

$$E_y = E_m \cos\omega t \tag{10-49}$$

$$E_z = \pm E_m \sin\omega t \tag{10-50}$$

合成场强大小为

$$E = \sqrt{E_y^2 + E_z^2} = E_m \tag{10-51}$$

合成场强矢量 $\boldsymbol{E}$ 与 y 轴的夹角为

$$\varphi = \arctan\frac{E_z}{E_y} = \pm\omega t \tag{10-52}$$

可见，沿着传输方向 x 传播时，合成场强矢量 $\boldsymbol{E}$ 的大小不变，但 $\boldsymbol{E}$ 矢量的末端却在一个圆上以恒定角速度旋转。因此，称这种波为圆极化波。如果迎着波的传播方向看去，当 E_z 较 E_y 滞后 90°时，即式(10-52)中取正号，$\boldsymbol{E}$ 矢量沿逆时针方向旋转，称这种圆极化波为右旋圆极化波；反之，当 E_y 较 E_x 超前 90°时，即式(10-52)中取负号，$\boldsymbol{E}$ 矢量沿顺时针方向旋转，则称为左旋圆极化波。

下面给出了沿 x 方向传输 $\psi = -\dfrac{\pi}{2}$ 时的左旋圆极化波 MATLAB 动画演示程序。

```
x = (0:0.3:30);                      % 传输距离
l = zeros(size(x));
t = 0;                               % 时间变量
for i = 1:1500                       % 帧数
    omega = 2 * pi;
    Ey = cos(omega * t - 0.8 * x);        % 电场横向 y 分量
    Ez = cos(omega * t - 0.8 * x + pi/2); % 电场横向 z 分量
    quiver3(x,l,l,l,Ey,Ez);          % 以(x,0,0)为起点画出传输方向上每一点的电场矢量图
    axis([0,30, - 4,4, - 4,4]); view(20,40);  % 观察范围
    pause(0.01);                     % 矢量图显示 0.01s
    mov(i) = getframe(gcf);          % 捕捉当前图像作为一帧
    t = t + 0.01;                    % 时间变量变化微小量
end;
hold off;
movie2avi(mov,'左旋圆极化波.avi');    % 和前面的循环配合,实现动画输出为 avi 文件
```

程序运行得到的动画截图如图 10-11 所示。

如果将程序中的

```
Ez = cos(omega * t - 0.8 * x + pi/2);
```

修改为

```
Ez = cos(omega * t - 0.8 * x - pi/2);
```

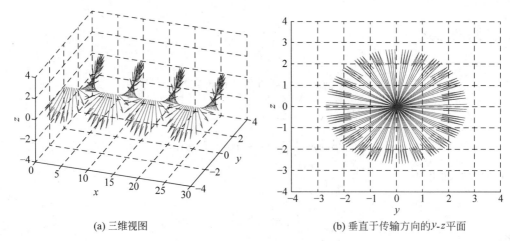

(a) 三维视图   (b) 垂直于传输方向的 y-z 平面

图 10-11   左旋圆极化波的动画截图

即可得到右旋圆极化波的传播动画,如图 10-12 所示。

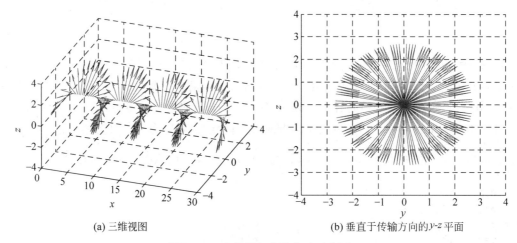

(a) 三维视图   (b) 垂直于传输方向的 y-z 平面

图 10-12   右旋圆极化波的动画截图

10.4.3   椭圆极化波

在一般情况下,电场强度 $\boldsymbol{E}$ 的两个横向分量 E_z 和 E_y 的振幅与相位都不相同,即 $\psi \neq 0, \pi, E_{zm} \neq E_{ym}$,且电场分量的瞬时值式分别为

$$E_y = E_{ym}\cos(\omega t - \beta x) \tag{10-53}$$

$$E_z = E_{zm}\cos(\omega t - \beta x - \psi) \tag{10-54}$$

在 $x = 0$ 的等相面上,有

$$E_y = E_{ym}\cos\omega t \tag{10-55}$$

$$E_z = E_{zm}\cos(\omega t - \psi) \tag{10-56}$$

为消去上面二式中的 ωt,将式(10-55)化为

$$\cos\omega t = \frac{E_y}{E_{ym}} \tag{10-57}$$

则有 $\sin\omega t = \sqrt{1-\cos^2\omega t} = \sqrt{1-\dfrac{E_y^2}{E_{ym}^2}}$，从而可以将式(10-56)化为

$$\frac{E_z}{E_{zm}} = \cos(\omega t - \psi) = \cos\omega t \cos\psi + \sin\omega t \sin\psi = \frac{E_y}{E_{ym}}\cos\psi + \sqrt{1-\frac{E_y^2}{E_{ym}^2}}\sin\psi$$

即有

$$\frac{E_z}{E_{zm}} - \frac{E_y}{E_{ym}}\cos\psi = \sqrt{1-\frac{E_y^2}{E_{ym}^2}}\sin\psi \tag{10-58}$$

由此得

$$\frac{E_y^2}{E_{ym}^2} - \frac{2E_y E_z}{E_{ym}E_{zm}}\cos\psi + \frac{E_z^2}{E_{zm}^2} = \sin^2\psi \tag{10-59}$$

这是一个椭圆方程。表明合成场强矢量 $\boldsymbol{E}$ 的末端在一个椭圆上旋转。当 $\psi>0$(即 E_z 滞后于 E_y)时,迎着波的传播方向看去, $\boldsymbol{E}$ 矢量沿逆时针方向旋转。此时 $\boldsymbol{E}$ 矢量的旋转方向与波的传播方向之间符合右手螺旋关系,称这种椭圆极化波为右旋椭圆极化波;反之, $\boldsymbol{E}$ 矢量沿顺时针方向旋转,则称为左旋椭圆极化波。

下面给出了沿 x 方向传输 $\psi=0$ 时的右旋椭圆极化波 MATLAB 动画演示程序。

```
x = (0:0.3:30);                      % 传输距离
l = zeros(size(x));
t = 0;                               % 时间变量
for i = 1:500                        % 帧数
    Eym = 1;
    Ezm = 3;
    omega = 2 * pi;
    Ey = Eym * cos(omega * t - 0.8 * x);          % 电场横向分量
    Ez = Ezm * cos(omega * t - 0.8 * x - pi/4);   % 电场横向分量
    quiver3(x,l,l,l,Ey,Ez);          % 以(x,0,0)为起点画出传输方向上每一点的电场矢量图
    axis([0,30, - 4,4, - 4,4]); view(20,40);  % 观察范围
    pause(0.01);                     % 矢量图显示 0.01s
    mov(i) = getframe(gcf);          % 捕捉当前图像作为一帧
    t = t + 0.01;                    % 时间变量变化微小量
end;
hold off;
movie2avi(mov,'右旋椭圆极化波.avi');    % 和前面的循环配合,实现动画输出为 avi 文件
```

动画截图如图 10-13(a)、(b)所示。将程序中的

```
Ez = Ezm * cos(omega * t - 0.8 * x - pi/4);
```

修改为

```
Ez = Ezm * cos(omega * t - 0.8 * x + pi/4);
```

即可得到左旋椭圆极化波的传播动画,动画截图如图 10-13(c)和图 10-13(d)所示。

由于极化表述的是在垂直于波的传播方向的横截面内电场强度矢量末端的轨迹,因此,可以直接在此横截面内绘制电场强度随时间的变化曲线,从而直观地观察到电磁波的极化方式。为达到这一目的,可以在均匀平面电磁波的一般表达式(10-53)、式(10-54)中,取 $x=0$ 的平面为横截面,完成这一工作。下面的代码就展示了这个过程。

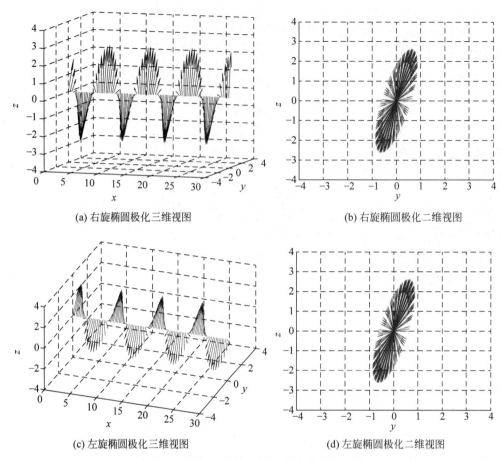

(a) 右旋椭圆极化三维视图　　　　　　　　(b) 右旋椭圆极化二维视图

(c) 左旋椭圆极化三维视图　　　　　　　　(d) 左旋椭圆极化二维视图

图 10-13　右旋、左旋椭圆极化波的动画截图

```
clc; clear;                                      % 清屏,清内存
t = 0;                                           % 时间变量 t 赋初值
x = 0;                                           % 沿传播方向取一个截面,x = 0
Eym = 1; Ezm = 1; phi = 0 * pi/2;                % 两个电场分量的设置,修改可以得到不同极化
Scope = 1.5 * max([Eym Ezm]);                    % 设置显示范围
omega = 2 * pi;                                  % 角频率
for i = 1:100                                     % 循环 100 次,获取 100 帧数据
Ey = Eym * cos(omega * t - 0.8 * x);             % 电场横向分量 Ey
Ez = Ezm * cos(omega * t - 0.8 * x - phi);       % 电场横向分量 Ez
quiver(0,0,Ey,Ez,1);                             % 以(0,0)为起点绘制电场矢量箭头图
% plot(Ey,Ez,' * ');                             % 另外一种展示方式
axis equal;                                      % 等比例显示
% hold on;                                       % 绘图保持模式打开
axis([ - Scope Scope  - Scope Scope]);           % 设置显示范围
pause(0.01);                                     % 矢量图显示 0.01s
mov( i ) = getframe(gcf);                         % 捕捉当前图像作为一帧
t = t + 0.01;                                    % 时间变量变化微小量
end;
movie2avi(mov,'极化波.avi');                       % 将所有帧的数据转换为 avi 文件并保存
```

　　在上述程序中,可以通过修改电场两个分量的幅度和相位差,从而获得不同的极化方式。程序中 plot 语句和 hold on 语句被暂时注释,可以根据需要将其取消注释,于是获得不同的动画展现方

式。图 10-14 展示了几种不同的极化状态和展现方式。

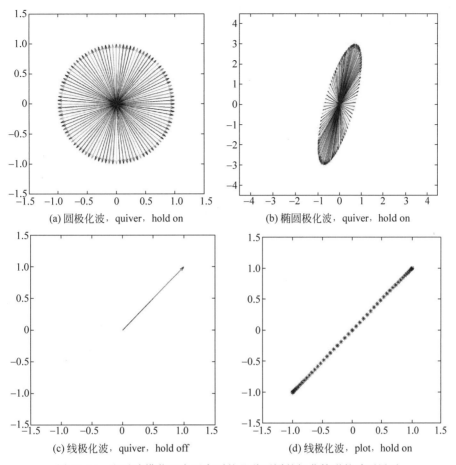

(a) 圆极化波，quiver，hold on (b) 椭圆极化波，quiver，hold on

(c) 线极化波，quiver，hold off (d) 线极化波，plot，hold on

图 10-14 电磁波横截面内观察到的几种不同的极化情形的动画展示

10.5 矩形波导中传输的电磁波

当电磁波在传播方向上遇到介质——理想导体界面时，无论入射角如何，电磁波都将在界面上发生全反射。入射波与反射波的合成波沿分界面方向以行波传播，而在横向为驻波形式。这种有界空间中传播的电磁波的特性不同于横电磁波，微波技术中的波导就是基于此实现电磁能量的导行传输。本节运用 MATLAB 实现矩形波导中的电磁波传播的动画制作，从而使抽象复杂的物理问题可以直观形象地展现出来。

在如图 10-15 所示的直角坐标系中，取波导内壁面为 $x=0$ 和 $x=a$，$y=0$ 和 $y=b$；z 轴为波的传播方向。在一定频率下，矩形波导管内电磁波满足亥姆霍兹方程

$$\nabla^2 \boldsymbol{E} + k^2 \boldsymbol{E} = 0 \qquad (10\text{-}60)$$

其中

$$k = \omega \sqrt{\varepsilon\mu} = \frac{2\pi}{\lambda}$$

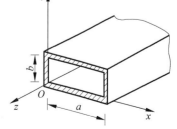

图 10-15 矩形波导结构

对于沿 z 方向传播的波,相应的传播因子为 $e^{j(\omega t - k_z z)}$。因此,电场强度可以表示为 $\boldsymbol{E}(x,y,z) = \boldsymbol{E}(x,y)e^{j(\omega t - k_z z)}$,代入式(10-60),得

$$\left(\frac{\partial^2}{\partial x^2} + \frac{\partial^2}{\partial y^2}\right)\boldsymbol{E}(x,y) + (k^2 - k_z^2)\boldsymbol{E}(x,y) = 0 \tag{10-61}$$

在直角坐标系中,电场强度的每一个分量都满足式(10-61),运用分离变量法可解得

$$\begin{cases} E_x = A_1 \cos k_x x \sin k_y y\, e^{-jk_z z} \\ E_y = A_2 \sin k_x x \cos k_y y\, e^{-jk_z z} \\ E_z = A_3 \sin k_x x \sin k_y y\, e^{-jk_z z} \end{cases} \tag{10-62}$$

其中

$$k_x = \frac{m\pi}{a}, \quad k_y = \frac{n\pi}{b} \quad (m,n = 0,1,2,\cdots) \tag{10-63}$$

A_1, A_2, A_3 为待定常数,由边界条件确定,而磁场 $\boldsymbol{H}$ 由麦克斯韦方程可得:

$$\boldsymbol{H} = \frac{j}{\omega\mu} \nabla \times \boldsymbol{E} \tag{10-64}$$

从式(10-62)可以看出,电磁波在矩形波导中沿 x、y 方向为驻波,沿 z 方向为行波。m 和 n 分别代表沿矩形两边的半波数。矩形波导中存在两种模式,通常将 $E_z = 0$ 的模称为横电(TE)波,将 $H_z = 0$ 的模称为横磁(TM)波。TE 波和 TM 波又根据 (m,n) 的值的不同而分为 TE_{mn} 和 TM_{mn}。一般情形下,波导中存在的模是这两种独立模的叠加。

在式(10-60)中,k 为介质中的波数,它由激励频率 ω 决定;k_x、k_y 则由式(10-63)决定,取决于波导管壁的几何尺寸和模数 (m,n) 的大小。当波数 $k < \sqrt{k_x^2 + k_y^2}$ 时,k_z 成为纯虚数,这时传播因子 $e^{-jk_z z}$ 变为实负指数,即为衰减因子。在这种情形下,电磁波不再是沿 z 方向传播的行进波,而是在 z 方向的衰减波。于是,将能够在波导中传播的最小波数称为截止波数,用 k_c 表示,则 $k_c = \sqrt{k_x^2 + k_y^2}$。相应的最小频率称为截止频率 f_c,即有

$$f_c = \frac{1}{2\sqrt{\varepsilon\mu}} \sqrt{\left(\frac{m}{a}\right)^2 + \left(\frac{n}{b}\right)^2} \tag{10-65}$$

相应的截止波长 λ_c 为

$$\lambda_c = \frac{2\pi}{\sqrt{k_x^2 + k_y^2}} = \frac{2}{\sqrt{\left(\frac{m}{a}\right)^2 + \left(\frac{n}{b}\right)^2}} \tag{10-66}$$

TE_{10} 模是矩形波导中最常用的一种模式,它具有最低的截止频率和最长的截止波长,因此称其为矩形波导的基模。当工作频率 $f > f_{c(\mathrm{TE}_{10})}$ 时,波导中只传输 TE_{10} 模,即实现单模传输。此时有 $m=1, n=0, k_x = \frac{\pi}{a}, k_y = 0$,由式(10-62)和式(10-64)知,$\mathrm{TE}_{10}$ 模电磁场的各场分量复数表达式为

$$\begin{cases} H_z = H_0 \cos\frac{\pi x}{a} e^{-jk_z z} \\ E_y = -\frac{j\omega\mu a}{\pi} H_0 \sin\frac{\pi x}{a} e^{-jk_z z} \\ H_x = \frac{jk_z a}{\pi} H_0 \sin\frac{\pi x}{a} e^{-jk_z z} \\ E_x = E_z = H_y = 0 \end{cases} \tag{10-67}$$

其中：H_0 为待定常数，它是波导内 TE_{10} 模的 H_z 振幅，其值由激励波导内场的功率决定。

瞬时值表达式为

$$
\begin{cases}
H_z = H_0 \cos\dfrac{\pi x}{a}\cos(\omega t - k_z z) \\[2mm]
E_y = \dfrac{\omega\mu a}{\pi} H_0 \sin\dfrac{\pi x}{a}\sin(\omega t - k_z z) \\[2mm]
H_x = -\dfrac{k_z a}{\pi} H_0 \sin\dfrac{\pi x}{a}\sin(\omega t - k_z z) \\[2mm]
E_x = E_z = H_y = 0
\end{cases}
\tag{10-68}
$$

运用 MATLAB 编程绘出 TE_{10} 模在波导中传输的动态图，具体 MATLAB 程序如下：

```
ao = 22.86;bo = 10.16;                    % 矩形波导尺寸,单位为 mm
u = 4 * pi * 10^( - 7);                    % 磁导率
d = 8;                                     % 箭头个数
H0 = 1;
f = 9.84 * 10^9;                           % 工作频率
T = 1/f;
t = 0;
a = ao/1000;                               % 单位换算成 m
b = bo/1000;                               % 单位换算成 m
lamdac = 2 * a;                            % TE10 模的截止波长
lamda0 = 3 * 10^8/f;                       % 工作波长
if(lamda0 > lamdac)
        return;
else
        clf;                              % 工作波长大于截止波长则模式截止,停止运算
lamdag = lamda0/((1 - (lamda0/lamdac)^2)^0.5);
                                          % 波导波长
c = lamdag;                               % 传输方向长度取一个波导波长
Beta = 2 * pi/lamdag;                     % 相移常数
w = Beta * 3 * 10^8;                      % 角频率
t = 0;                                    % 初始时刻
x = 0:a/d:a;
y = 0:b/d:b;
z = 0:c/d:c;
[x1,y1,z1] = meshgrid(x,y,z);
    for i = 1:30
        hx = - Beta. * a. * H0. * sin(pi./a. * x1). * sin(w * t - Beta. * z1)./pi;
        hz = H0. * cos(pi./a. * x1). * cos(w * t - z1. * Beta);
        hy = zeros(size(y1));             % 磁场的三个分量赋值
        H = quiver3(z1,x1,y1,hz,hx,hy,'b');
        hold on;
        x2 = x1 - 0.001;
        y2 = y1 - 0.001;
        z2 = z1 - 0.001;
        ex = zeros(size(x2));
        ey = w. * u. * a. * H0. * sin(pi./a. * x2). * sin(w * t - Beta. * z2)./pi;
        ez = zeros(size(z2));             % 电场的三个分量赋值
        E = quiver3(z2,x2,y2,ez,ex,ey,'r');
```

```
        view( - 25,60);
        mov(i) = getframe(gcf);
        hold on
        pause(0.01);
        t = t + T * 0.1;
        hold off
    end
end
movie2avi(mov,'矩形波导中的 TE 模.avi');
```

如图 10-16 所示为 $t=0,\dfrac{1}{4}T,\dfrac{1}{2}T,\dfrac{3}{4}T$ 这 4 个时刻电力线和磁力线的截图。

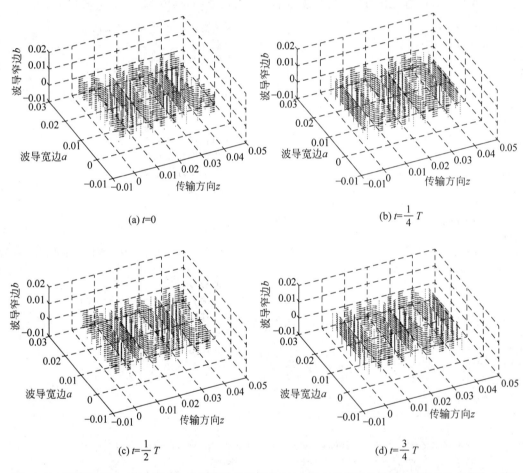

(a) $t=0$

(b) $t=\dfrac{1}{4}T$

(c) $t=\dfrac{1}{2}T$

(d) $t=\dfrac{3}{4}T$

图 10-16　矩形波导中 TE_{10} 模在 4 个时刻的电磁场分布(水平方向实线为磁场,垂直方向虚线为电场)

10.6　谐振腔中的谐振模式

谐振腔是中空的金属腔,电磁波可以在腔内以某种特定频率振荡,形成激励源。本节以矩形谐振腔为例来求谐振腔内电磁场的解。在如图 10-15 所示的直角坐标系中,设金属内壁面分别为 $x=0$ 和 $x=a$,$y=0$ 和 $y=b$,$z=0$ 和 $z=c$,从而构成一个封闭的长方体金属腔。腔内电场和磁场均满足

亥姆霍兹方程。设 $u(x,y,z)$ 表示电磁场中任意一个分量,则

$$\nabla^2 u + k^2 u = 0 \tag{10-69}$$

在直角坐标系中运用分离变量法,令

$$u(x,y,z) = X(x)Y(y)Z(z) \tag{10-70}$$

代入式(10-69),可分离成三个常微分方程

$$\begin{cases} \dfrac{\mathrm{d}^2 X}{\mathrm{d}x^2} + k_x^2 X = 0 \\[2mm] \dfrac{\mathrm{d}^2 Y}{\mathrm{d}y^2} + k_y^2 Y = 0 \\[2mm] \dfrac{\mathrm{d}^2 Z}{\mathrm{d}z^2} + k_z^2 Z = 0 \end{cases} \tag{10-71}$$

$$k_x^2 + k_y^2 + k_z^2 = k^2 \tag{10-72}$$

解式(10-71),可得 $u(x,y,z)$ 的通解为

$$u(x,y,z) = (A_1 \cos k_x x + B_1 \sin k_x x)(A_2 \cos k_y y + B_2 \sin k_y y) \cdot$$
$$(A_3 \cos k_z z + B_3 \sin k_z z) \tag{10-73}$$

其中:A_i、$B_i(i=1,2,3)$ 为待定常数。

如 $u(x,y,z)$ 具体表示 $\boldsymbol{E}$ 的某一分量时,所满足的相应边界条件对这些常数有一定的约束。运用 6 个边界上的边界条件可以分析得到,矩形谐振腔中存在两种独立的模式,分别称为 $\mathrm{TE}_{mnl}(E_z=0)$ 和 $\mathrm{TM}_{mnl}(H_z=0)$ 模。矩形谐振腔中各模式的谐振频率可以由下式求得:

$$\omega_{mnl} = \frac{\pi}{\sqrt{\varepsilon\mu}} \sqrt{\left(\frac{m}{a}\right)^2 + \left(\frac{n}{b}\right)^2 + \left(\frac{l}{c}\right)^2} \tag{10-74}$$

又称为本征频率。该参数只与谐振腔的几何尺寸和谐振模式参数 m,n,l 有关。这里假设 $a=22.86\mathrm{mm}$,$b=10.16\mathrm{mm}$,$c=22.86\mathrm{mm}$,用 MATLAB 编程实现 TE_{101} 模在谐振腔中的动态显示。已知 TE_{101} 模的场表达式为

$$\begin{cases} H_x = -H_0 \dfrac{a}{c} \sin\dfrac{\pi}{a}x \cos\dfrac{\pi z}{c} \\[3mm] H_z = H_0 \cos\dfrac{\pi}{a}x \sin\dfrac{\pi z}{c} \\[3mm] E_y = -\mathrm{j}\dfrac{\omega\mu a}{\pi} H_0 \sin\dfrac{\pi}{a}x \sin\dfrac{\pi z}{c} \\[3mm] E_x = E_z = H_y = 0 \end{cases} \tag{10-75}$$

其中:H_0 为待定常数,它是谐振腔内 TE_{101} 模的 H_z 振幅,由激励波导内场的功率决定。

瞬时值表达式为

$$\begin{cases} H_x = -H_0 \dfrac{a}{c} \sin\dfrac{\pi}{a}x \cos\dfrac{\pi z}{c} \cos\omega t \\[3mm] H_z = H_0 \cos\dfrac{\pi}{a}x \sin\dfrac{\pi z}{c} \cos\omega t \\[3mm] E_y = \dfrac{\omega\mu a}{\pi} H_0 \sin\dfrac{\pi}{a}x \sin\dfrac{\pi z}{c} \sin\omega t \\[3mm] E_x = E_z = H_y = 0 \end{cases} \tag{10-76}$$

以 TE_{101} 模为例,运用 MATLAB 编程绘出谐振腔中的电磁场的动态振荡图。代码如下:

```
a = 22.86;b = 10.16;c = 22.86;                      % 谐振腔尺寸,单位为 mm
a = a/1000; b = b/1000; c = c/1000;                 % 转换单位为 m
d = 8;                                              % 决定矢量的密集程度
H0 = 1;                                             % 磁场 z 分量振幅
f = 2.9153 * 10^10;T = 1/f;                         % 频率和周期
t = 0;
lc = 2 * a;                                         % TE101 截止波长
l0 = 3 * 10^8/f;                                    % 工作波长
u = 4 * pi * 10^( - 7);                             % 磁导率
if(l0 > lc)
        return;
else
        clf;
    lg = l0/((1 - (l0/lc)^2)^0.5);                  % 波导波长
    Beta = 2 * pi/lg;                               % 相移常数
    w = Beta * 3 * 10^8;                            % 角频率
    x = 0:a/d:a;
    y = 0:b/d:b;
    z = 0:c/d:c;
    [x1,y1,z1] = meshgrid(x,y,z);
    for i = 1:30
        hx = - a/c * H0. * sin(pi./a. * x1). * cos(pi./c. * z1) * cos(w * t);
        hz = H0. * cos(pi./a. * x1). * sin(pi./c. * z1). * cos(w * t);
        hy = zeros(size(y1));                       % 磁场的三个分量
        H = quiver3(z1,x1,y1,hz,hx,hy,'b');
        hold on;
        x2 = x1 - 0.001;
        y2 = y1 - 0.001;
        z2 = z1 - 0.001;
        ex = zeros(size(x2));
        ey = w. * u. * a. * H0. * sin(pi./a. * x2). * sin(pi./c. * z2). * sin(w * t)./pi;
        ez = zeros(size(z2));                       % 电场的三个分量
        E = quiver3(z2,x2,y2,ez,ex,ey,'r');
        view( - 25,60);
        mov(i) = getframe(gcf);
        hold on
        pause(0.01);
        t = t + T * 0.1;
        hold off
    end
end
movie2avi(mov,'矩形谐振腔中的 TE101 模.avi');
```

如图 10-17 所示为 $t = 0, \frac{1}{4}T, \frac{1}{2}T, \frac{3}{4}T$ 这 4 个时刻电力线和磁力线的分布图。可以从中观察到谐振腔中电磁场的明显驻波特征。

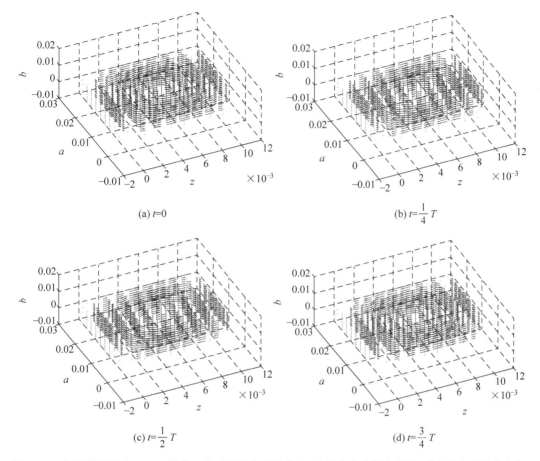

图 10-17　矩形谐振腔中 TE_{101} 模在 4 个时刻的电磁场分布(水平方向实线为磁场,垂直方向虚线为电场)

10.7　小结

　　本章主要介绍了 MATLAB 在电磁波行波与驻波、电磁波反射与透射问题、电磁波极化、矩形波导中的模式传输和谐振腔中的谐振模式等三维可视化问题中的应用。运用 MATLAB 中 getframe、movie、movie2avi 等动画制作函数,quiver3 矢量绘制函数等实现了解析电磁场的辅助分析和动画制作,将复杂抽象的电磁波问题可视化。本章的内容还可以引入其他复杂的电磁场景中,从而提升对电磁问题的理解。

第11章 基于MATLAB的常用电磁代码及其应用

电磁场边值问题根据不同的边界条件有不同的方法,在现代电磁工程中对于边界不复杂的问题可用解析法得到精确解,包括直接积分法、分离变量法、镜像法、多极展开、保角变换等;较复杂的边值问题,用解析法不能得到解答,需用数值法,如有限差分法、矩量法、有限元法、边界元法等。当边界条件或者场域边界的几何形状过于复杂,很难用解析法进行计算时,数值计算法的优势就发挥出来了。数值法中,通常以差分代替微分,以有限求和代替积分,从而将偏微分方程问题化为求解差分方程或代数方程的过程。随着计算机技术的飞速发展,数值计算方法得到越来越广泛的应用,并在电磁场计算方法中占有重要的地位。

11.1 有限差分法

在电磁场数值分析的计算方法中,有限差分(Finite Difference,FD)法是应用最早的一种方法,直到今天,它仍然以其简单、直观的特点而得到广泛应用。无论常微分方程还是偏微分方程、初值问题或边值问题,以及高阶或非线性方程,该方法都可以使用。它的基本思想是先把连续的定解区域用有限个离散点构成的网格来代替,这些离散点称为网格的节点;然后在网格节点上,按适当的数值微分公式把定解问题中的微分项用差分来近似,从而把原问题离散化为差分格式,并将微分方程转化为代数方程组。最终将连续场域内的问题转化为离散系统的问题,解此方程组即可得到原问题在离散的网格节点上的近似解。利用插值算法便可从离散解得到定解问题在整个区域上的近似解。有限差分方法具有简单、灵活和通用性强等特点,容易在计算机上实现。

11.1.1 差分的基本概念

设有 x 的解析函数 $y=f(x)$,函数 y 对 x 的导数为

$$\frac{\mathrm{d}y}{\mathrm{d}x} = \lim_{\Delta x \to 0} \frac{\Delta y}{\Delta x} = \lim_{\Delta x \to 0} \frac{f(x+\Delta x)-f(x)}{\Delta x} \tag{11-1}$$

其中:$\mathrm{d}y$ 和 $\mathrm{d}x$ 分别为函数和自变量的微分;$\dfrac{\mathrm{d}y}{\mathrm{d}x}$ 为函数对自变量的导数,又称微商;Δy 和 Δx 分别称为函数和自变量的差分;$\dfrac{\Delta y}{\Delta x}$ 为函数对自变量的差商。

函数的差分有三种形式：

$$\Delta y = f(x + \Delta x) - f(x) \tag{11-2}$$

$$\Delta y = f(x) - f(x - \Delta x) \tag{11-3}$$

$$\Delta y = f(x + \Delta x) - f(x - \Delta x) \tag{11-4}$$

式(11-2)~式(11-4)分别称为前向差分、后向差分和中心差分。与这三种差分形式对应的差商形式分别为

$$\frac{\Delta y}{\Delta x} = \frac{f(x + \Delta x) - f(x)}{\Delta x} \tag{11-5}$$

$$\frac{\Delta y}{\Delta x} = \frac{f(x) - f(x - \Delta x)}{\Delta x} \tag{11-6}$$

$$\frac{\Delta y}{\Delta x} = \frac{f(x + \Delta x) - f(x - \Delta x)}{2\Delta x} \tag{11-7}$$

由式(11-1)可知，当自变量的差分趋于0时，就可以由差商表示导数。因此，在数值计算中常用差商近似代替导数。

由二阶导数的定义式也可得到二阶差商

$$\frac{\mathrm{d}^2 y}{\mathrm{d}x^2} = \lim_{\Delta x \to 0} \frac{\Delta}{\Delta x}\left(\frac{\Delta y}{\Delta x}\right) = \lim_{\Delta x \to 0} \frac{1}{\Delta x}\left(\frac{f(x + 2\Delta x) - 2f(x + \Delta x) + f(x)}{\Delta x}\right) \tag{11-8}$$

偏导数也可用差商近似表示，从而将偏微分方程化为差分方程(代数方程)。

也可以运用泰勒级数展开得到函数导数的有限差分形式。解析函数 $f(x)$ 在 x_0 附近点 x 的泰勒级数展开式写为

$$f(x) = f(x_0) + f'(x_0)(x - x_0) + \cdots + \frac{f^{(n)}(x_0)}{n!}(x - x_0)^n + \cdots \tag{11-9}$$

则任一点 x 处的泰勒级数写为

$$f(x + \Delta x) = f(x) + f'(x)\Delta x + \frac{f''(x)}{2}\Delta x^2 + \cdots + \frac{f^{(n)}(x)}{n!}\Delta x^n + \cdots \tag{11-10}$$

其中：Δx 为 x 微小变化量。

根据近似要求的不同，可以用泰勒展开的有限项来近似表示 $f(x + \Delta x)$。只保留泰勒级数的前两项，有

$$f(x + \Delta x) \doteq f(x) + f'(x)\Delta x \tag{11-11}$$

于是可以得到一阶差分式(11-5)。

11.1.2　二维静态电磁场差分方程的导出

在二维平面场中，可以把场域划分为许多足够小的正方形网格，如图11-1所示，每个网格的边长为 h(称为步长)，两组平行线的交点称为网格的节点。设0点电位为 ϕ_0，0点周围网格节点1、2、3、4的电位分别为 ϕ_1、ϕ_2、ϕ_3、ϕ_4。现在推导一个用 ϕ_1、ϕ_2、ϕ_3、ϕ_4 表示 ϕ_0 的公式。

因电势函数 ϕ 在场域内处处可微，因此可以运用式(11-10)得到以下关系式：

$$\phi_1 = \phi_0 - h\frac{\partial \phi}{\partial x}\bigg|_{(x_0, y_0)} + \frac{1}{2!}h^2\frac{\partial^2 \phi}{\partial x^2}\bigg|_{(x_0, y_0)} - \frac{1}{3!}h^3\frac{\partial^3 \phi}{\partial x^3}\bigg|_{(x_0, y_0)} + \cdots \tag{11-12}$$

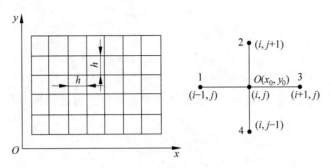

图 11-1　正方形网格节点和点(i,j)的表示

$$\phi_3 = \phi_0 + h\frac{\partial \phi}{\partial x}\bigg|_{(x_0,y_0)} + \frac{1}{2!}h^2\frac{\partial^2 \phi}{\partial x^2}\bigg|_{(x_0,y_0)} + \frac{1}{3!}h^3\frac{\partial^3 \phi}{\partial x^3}\bigg|_{(x_0,y_0)} + \cdots \tag{11-13}$$

将式(11-12)和式(11-13)相加,有

$$\phi_1 + \phi_3 = 2\phi_0 + h^2\frac{\partial^2 \phi}{\partial x^2}\bigg|_{(x_0,y_0)} + \cdots \tag{11-14}$$

h 很小时忽略四阶以上的高次项,得

$$\frac{\partial^2 \phi}{\partial x^2}\bigg|_{(x_0,y_0)} = \frac{(\phi_1 + \phi_3 - 2\phi_0)}{h^2} \tag{11-15}$$

同理可得

$$\frac{\partial^2 \phi}{\partial y^2}\bigg|_{(x_0,y_0)} = \frac{(\phi_2 + \phi_4 - 2\phi_0)}{h^2} \tag{11-16}$$

将式(11-15)和式(11-16)相加,有

$$\left(\frac{\partial^2 \phi}{\partial x^2} + \frac{\partial^2 \phi}{\partial y^2}\right)\bigg|_{(x_0,y_0)} = \frac{(\phi_1 + \phi_2 + \phi_3 + \phi_4 - 4\phi_0)}{h^2} \tag{11-17}$$

二维静态电磁场中,场域中每一点的 ϕ 均满足泊松方程,即有

$$\nabla^2 \phi = \frac{\partial^2 \phi}{\partial x^2} + \frac{\partial^2 \phi}{\partial y^2} = F(x,y) \tag{11-18}$$

其中: $F(x,y)$ 为场源。

对于 0 点,由式(11-17)和式(11-18),有

$$\frac{(\phi_1 + \phi_2 + \phi_3 + \phi_4 - 4\phi_0)}{h^2} = F(x_0,y_0)$$

从而得到泊松方程的有限差分形式

$$\phi_0 = \frac{1}{4}(\phi_1 + \phi_2 + \phi_3 + \phi_4) - \frac{1}{4}h^2 F(x_0,y_0) \tag{11-19}$$

令 $F(x_0,y_0)=0$,则得到无源场对应的拉普拉斯方程的有限差分形式

$$\phi_0 = \frac{1}{4}(\phi_1 + \phi_2 + \phi_3 + \phi_4) \tag{11-20}$$

设网格的(i,j)节点的电位为 $\phi_{i,j}$,其上、下、左、右 4 个节点的电位值分别为 $\phi_{i,j+1}$、$\phi_{i,j-1}$、$\phi_{i-1,j}$、$\phi_{i+1,j}$,如图 11-1 所示,则它们之间的关系为

$$\phi_{i,j} = \frac{1}{4}(\phi_{i,j+1} + \phi_{i,j-1} + \phi_{i-1,j} + \phi_{i+1,j}) \qquad (11\text{-}21)$$

式(11-21)表明,当一个二维无源区场域被剖分为一系列正方形网格时,场域中任一节点的电位等于围绕它的 4 个节点电位的平均值,这就是规则正方形网格内某点电位所满足的拉普拉斯方程的差分形式,又称差分方程。对每一个网格点写出类似的式子,就得到方程数与未知电位的网格点数相等的线性方程组。定解问题中给出的已知边界条件在离散化后则成为边界上节点的已知电位值。

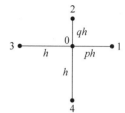

图 11-2 边界线附近的节点

如果求解的问题边界较复杂,对于近邻边界的节点,其边界不一定正好落在正方形网格的节点上,而可能是如图 11-2 所示的情况。其中,1、2 为边界线上的节点,p、q 为小于 1 的正数。仿照上面的过程,可以推得

$$\phi_1 = \phi_0 + ph \frac{\partial \phi}{\partial x}\bigg|_{(x_0,y_0)} + \frac{1}{2!}(ph)^2 \frac{\partial^2 \phi}{\partial x^2}\bigg|_{(x_0,y_0)} + \frac{1}{3!}(ph)^3 \frac{\partial^3 \phi}{\partial x^3}\bigg|_{(x_0,y_0)} + \cdots$$

$$(11\text{-}22)$$

$$\phi_3 = \phi_0 - h \frac{\partial \phi}{\partial x}\bigg|_{(x_0,y_0)} + \frac{1}{2!}h^2 \frac{\partial^2 \phi}{\partial x^2}\bigg|_{(x_0,y_0)} - \frac{1}{3!}h^3 \frac{\partial^3 \phi}{\partial x^3}\bigg|_{(x_0,y_0)} + \cdots \qquad (11\text{-}23)$$

于是,有

$$\phi_1 + p\phi_3 = (1+p)\phi_0 + \frac{1}{2}p(1+p)h^2 \frac{\partial^2 \phi}{\partial x^2}\bigg|_{(x_0,y_0)} + \cdots \qquad (11\text{-}24)$$

当忽略高阶项时,得

$$\frac{\partial^2 \phi}{\partial x^2}\bigg|_{(x_0,y_0)} = \frac{2(\phi_1 + p\phi_3 - (1+p)\phi_0)}{p(1+p)h^2} \qquad (11\text{-}25)$$

同理有

$$\frac{\partial^2 \phi}{\partial y^2}\bigg|_{(x_0,y_0)} = \frac{2(\phi_2 + q\phi_4 - (1+q)\phi_0)}{q(1+q)h^2} \qquad (11\text{-}26)$$

从而得到,邻近边界节点处拉普拉斯方程的差分格式为

$$\frac{\phi_1}{p(1+p)} + \frac{\phi_2}{q(1+q)} + \frac{\phi_3}{1+p} + \frac{\phi_4}{1+q} - \left(\frac{1}{p} + \frac{1}{q}\right)\phi_0 = 0 \qquad (11\text{-}27)$$

其中:ϕ_1,ϕ_2 是函数 ϕ 在边界上的值,对于第一类边界条件对应的定解问题,它们的值是已知的。

11.1.3 二维静态电磁场差分方程的求解

由 11.1.2 节的分析可以看出,场域内的每个节点都有一个差分方程,场域内部节点的个数就等于差分方程的个数。若节点位于场域的边界上,则这些边界节点的电位值由边界条件给出(对第一类边界条件而言)。对场域中各节点逐一列出对应的差分方程,组成差分方程组。然后选择一定的代数解法,以算出各离散节点上待求的电位值。

计算差分方程一般采用迭代法,首先看一个简单的迭代法例子。如图 11-3 所示为一个正方形截面的无限长金属盒,盒子两侧和底部电位为 0,顶部电位为 1000V,求盒内的电位分布。

如图 11-3 所示,在盒内取 3×3 个离散的电位节点,电位在场域内的分布满足拉普拉斯方程,因此其差分方程为式(11-21),用简单迭代法求解。步骤如下:

(1) 给场域内部节点赋电位初始值,为简单起见,可取 $\phi_1^{(0)} = \phi_2^{(0)} = \cdots = \phi_9^{(0)} = 0$。

(2) 将零次解代入差分方程式(11-21),得出内部节点电位值的一次迭代解,它们分别为

$$\phi_1^{(1)} = \frac{\phi_2^{(0)} + 1000 + 0 + \phi_4^{(0)}}{4} = 250$$

$$\phi_2^{(1)} = \frac{\phi_3^{(0)} + 1000 + \phi_1^{(0)} + \phi_5^{(0)}}{4} = 250$$

$$\phi_3^{(1)} = \frac{\phi_2^{(0)} + 1000 + 0 + \phi_6^{(0)}}{4} = 250$$

$$\phi_4^{(1)} = \frac{\phi_1^{(0)} + 0 + \phi_5^{(0)} + \phi_7^{(0)}}{4} = 0$$

同理有

$$\phi_5^{(1)} = \phi_6^{(1)} = \phi_7^{(1)} = \phi_8^{(1)} = \phi_9^{(1)} = 0$$

求出一次解的 9 个节点电位值后,零次解中的 9 个节点电位值将被一次解中的相应电位值取代,在计算机内存中不保留,从而节约了存储空间。

(3) 重复上述步骤,令每一个内部节点上的二次解电位等于该节点周围 4 个相邻节点一次解电位值的平均值,并用二次解电位值覆盖内存中原一次解的电位值。

这样迭代一次又一次地继续下去,各节点电位值变化将越来越小,这时,可以取这些节点上的电位值为该边值问题的数值解。

从有限差分法的原理可以看出,节点数量越多,计算越准确。由于编写计算机程序的需要,每一网格节点的位置用双下标 (i,j) 予以识别,如图 11-4 所示。规定迭代的运算顺序为:从左上角开始进行迭代计算,即 i 小的先做,对固定的 i,j 小的先做。由式(11-21)可以得到节点 (i,j) 迭代到第 $(n+1)$ 次时的近似值,应由如下迭代公式算得:

$$\phi_{i,j}^{(n+1)} = \frac{1}{4}(\phi_{i-1,j}^{(n+1)} + \phi_{i,j-1}^{(n+1)} + \phi_{i+1,j}^{(n)} + \phi_{i,j+1}^{(n)}) \qquad (11-28)$$

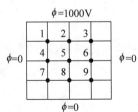
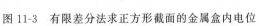

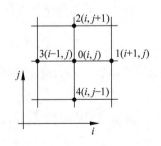

图 11-3　有限差分法求正方形截面的金属盒内电位　　　图 11-4　节点用双下标 (i,j) 标号

在迭代法应用中,还要涉及迭代解收敛程度的检验问题。通常的处理方法是:迭代一直进行到所有内节点上相邻两次迭代解的近似值满足条件

$$|\phi_{i,j}^{(n+1)} - \phi_{i,j}^{(n)}| < W \qquad (11-29)$$

时终止迭代。也就是将式(11-29)作为检查迭代解收敛程度的依据,W 给出最大的允许误差。

上述迭代过程对应的 MATLAB 程序如下:

```
M = 5; N = 5;                                    % 设置节点数
X = ones(M,N);                                   % 初始化电位矩阵
X(1,:) = ones(1,N) * 1000;                       % 设置上边界条件
X(M,:) = zeros(1,N);                             % 设置下边界条件
X(:,1) = zeros(M,1);                             % 设置左边界条件
X(:,N) = zeros(M,1);                             % 设置右边界条件
XX = X; maxw = 1;                                % XX、maxw 初始化
while(maxw > 1e - 9)                             % 只要精度达不到要求,持续对场量进行更新
    for i = 2:M - 1
        for j = 2:N - 1
            XX(i,j) = 1/4 * (XX(i - 1,j) + XX(i,j - 1) + X(i + 1,j) + X(i,j + 1));
                                                 % 运用迭代公式
        end
    end
    maxw = max(max(abs(XX - X)));                % 找出先后两次电位矩阵中差值最大的一个
    X = XX;                                      % 更新电位矩阵
end
contour(XX,20)                                   % 利用等位线显示电位
```

运行后得到各节点上电位值如下:

```
0    1000                1000                1000                0
0    428.571428570864    526.785714285149    428.571428571146    0
0    187.499999999435    249.999999999435    187.499999999718    0
0    71.4285714282889    98.2142857140032    71.4285714284302    0
0    0                   0                   0                   0
```

可以运用 MATLAB 中的 contour 函数绘制等位线,如图 11-5(a)所示。如果需要提高计算精度,只需要减小允许误差的值;如果希望得到区域中较好的电位连续性,可以将 M、N 值增大。图 11-5(b)所示为 $M = N = 12$ 的运行结果。

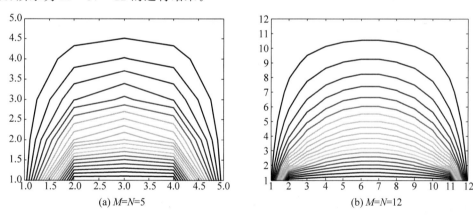

(a) $M=N=5$ (b) $M=N=12$

图 11-5　等势线图

使用有限差分法求解电磁场边值问题是可行的,只要将网格取得足够小,就可以将离散的点看成连续的,从而达到求解连续场域电位分布的目的。随着计算机技术的发展,求解差分方程的过程变得越来越简单,也有人提出了超松弛迭代法,它拥有比简单迭代法更快的收敛。在电磁场计算中,保证计算精度、减少计算工作量和提高计算速度是数值算法长期努力的方向。

若将上例中的无限长槽横截面改为矩形,盒子两侧和底部电位为零,槽的盖板电位为 $\phi\big|_{y=b} = \sin\dfrac{\pi}{a}x$。则在直角坐标系中,矩形槽的电位函数 ϕ 满足拉普拉斯方程,即

$$\frac{\partial^2 \phi}{\partial x^2} + \frac{\partial^2 \phi}{\partial y^2} = 0$$

在4个边界上,ϕ满足第一类边界条件,即

$$\phi(x,y)|_{x=0} = 0, \quad \phi(x,y)|_{x=a} = 0$$

$$\phi(x,y)|_{y=0} = 0, \quad \phi(x,y)|_{y=b} = \sin\frac{\pi}{a}x$$

设$a=40,b=20$,利用有限差分法求解,取步长为$h=1$,x、y方向的网格数分别为$M=41,N=21$,共有$20\times40=800$个网孔和$21\times41=861$个节点,其中槽内节点(电位待求点)有$19\times39=741$个,边界节点(电位已知点)有$861-741=120$个。上述MATLAB程序只需要将前三行程序替换如下:

```
a = 40;b = 20;           % 矩形区域的长为40,宽为20
M = 41;N = 21;           % 设置网格节点数为41×21
X = ones(M,N);           % 设置行列二维数组
x = linspace(0,a,N);     % 顶部边界横坐标
X(1,:) = sin(pi/a * x);  % 顶部边界电位设置
```

便可求解该问题。最终等势线如图11-6所示。

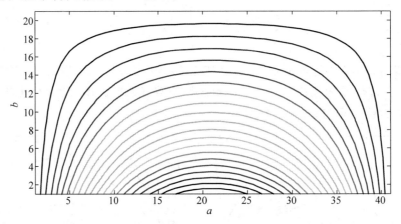

图11-6　等势线:$M=41,N=21$,迭代次数为1082

当边界条件为第二类齐次边界条件时,边界上的电位值未知。此时,可参考11.1.5节,对式(11-21)做适当修改即可。

如果边界形状为曲线,则节点的划分需要更多工作量,这里以半圆形截面的无限长金属盒为例进行分析,其横截面如图11-7所示,电位ϕ满足第一类边界条件,半圆形边界电位为1V,直线边界电位为零,且圆半径为$R=10$,求盒内的电位分布。

因为MATLAB数组下标只能取非负数,将半圆圆心置于直角坐标系(R,R)处,圆的方程为$(x-R)^2+(y-R)^2=R^2$。

满足条件$(i\times h-R)^2+(j\times h-R)^2>R^2$的节点处于圆边界外,满足$(i\times h-R)^2+(j\times h-R)^2<R^2$的节点则处于圆边界内。

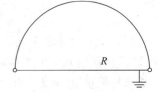

图11-7　无限长金属盒横截面1

仍然沿用正方形网格,取步长为$h=0.1$,直线边界上节点数为$R/h+1$,圆形边界则不一定全部都落到矩形网格节点上,只有少数满足$(i\times h-R)^2+(j\times h-R)^2=R^2$的节点刚好处于圆边界上。

这里用圆外最近的节点来构造近似的圆形边界,当网格划分足够细时,这样的近似是合理的。本例中节点总数为 18386 个,编写 MATLAB 程序求解该问题,运行后等势线如图 11-8 所示。

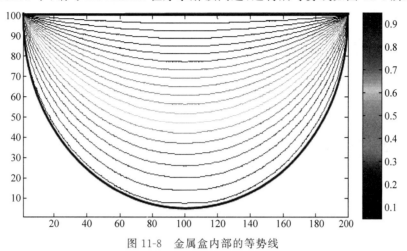

图 11-8 金属盒内部的等势线

MATLAB 代码如下:

```
clc;clear;                                          % 求解半圆形区域定解问题
R = 10;                                             % 圆半径
h = 0.1;                                            % 步长
V = 1;                                              % 圆形边界上的电势值
M = 2 * R/h;                                        % 直线边界上的节点数为 M + 1
X = zeros(M/2,M);
% 设定边界条件,圆边界条件电势为 V
for i = 1:1:M/2
    for j = 1:1:M
        if(( - R + j * h)^2 + ( - R + i * h)^2 == R^2)        % 圆上的节点
            X(i,j) = V;
        elseif j == floor((sqrt(R^2 - (i * h - R)^2) + R)/h) - 1  % 半圆右侧边界最近的节点
            X(i,j) = V;
        elseif j == floor(( - sqrt(R^2 - (i * h - R)^2) + R)/h) + 1  % 半圆左侧边界最近的节点
            X(i,j) = V;
        elseif i == floor(( - sqrt(R^2 - (j * h - R)^2) + R)/h) + 1  % 半圆其他节点
            X(i,j) = V;
        elseif ( - R + j * h)^2 + ( - R + i * h)^2 > R^2     % 圆外区域设定和边界相同
            X(i,j) = V;
        end
    end
end
% 设定边界条件,直线边界条件电势为 0
for j = 1:1:M
    X(M/2,j) = 0;
end
XX = X;maxw = 1;w = 0;                              % maxw,w 赋初值
n = 0;                                              % 迭代次数 n 赋初值
while(maxw > 1e - 9)
    n = n + 1;                                      % 迭代次数加 1
    maxw = 0;
    for i = 2:M/2 - 1
        for j = 2:M - 1
```

```
            if (j * h - R)^2 + (i * h - R)^2 <= R^2                    %圆内及圆上节点
                XX(i,j) = 1/4 * (XX(i-1,j) + XX(i,j-1) + X(i+1,j) + X(i,j+1));
                                                                        %迭代公式
            end
            w = abs(XX(i,j) - X(i,j));
            if(w > maxw) maxw = w; end
        end
    end
    X = XX;
end
contour(XX,20)
```

运用类似的建模方法,可以编程求解如图 11-9 所示的定解问题。图中的圆形横截面分成了上下两个部分,彼此绝缘,且上面半圆的电势为 1V,下面半圆接地。具体 MATLAB 代码如下:

```
clc;clear;                                                          %求解圆形区域定解问题
R = 10;                                                             %圆半径;
h = 0.1;                                                            %步长;
V = 1;                                                              %圆形边界;
M = 2 * R/h;                                                        %节点数;
X = zeros(M,M);
%设定边界条件,上半圆边界电势为 V
for i = 1:1:M/2
    for j = 1:1:M
        if((-R+j*h)^2 + (-R+i*h)^2 == R^2)                         %上半圆上的结点
            X(i,j) = V;
        elseif j == floor((sqrt(R^2 - (i*h-R)^2) + R)/h) - 1        %上半圆右侧边界节点
            X(i,j) = V;
        elseif j == floor((-sqrt(R^2 - (i*h-R)^2) + R)/h) + 1      %上半圆左侧边界节点
            X(i,j) = V;
        elseif i == floor((-sqrt(R^2 - (j*h-R)^2) + R)/h) + 1      %上半圆其余节点
            X(i,j) = V;
        elseif (-R+j*h)^2 + (-R+i*h)^2 > R^2
            X(i,j) = V;
        end
    end
end
%设定边界条件,下半圆边界条件电势为 0
for i = M/2:1:M
    for j = 1:1:M
        if((-R+j*h)^2 + (-R+i*h)^2 == R^2)                         %下半圆上的节点
            X(i,j) = 0;
        elseif j == floor((sqrt(R^2 - (i*h-R)^2) + R)/h) - 1        %下半圆右侧边界节点
            X(i,j) = 0;
        elseif j == floor((-sqrt(R^2 - (i*h-R)^2) + R)/h) + 1      %下半圆左侧边界节点
            X(i,j) = 0;
        elseif i == floor((sqrt(R^2 - (j*h-R)^2) + R)/h) - 1       %下半圆其余节点
            X(i,j) = 0;
        elseif (-R+j*h)^2 + (-R+i*h)^2 > R^2
            X(i,j) = 0;
        end
    end
end
```

```
end
XX = X;maxw = 1;w = 0;                                        % maxw,w 赋初值
n = 0;                                                        % 迭代次数 n 赋初值
while(maxw > 1e - 9)
    n = n + 1;                                                % 迭代次数加一
    maxw = 0;
    for i = 2:M - 1
        for j = 2:M - 1
            if (j * h - R)^2 + (i * h - R)^2 < = R^2         % 刚好在圆内
              XX(i,j) = 1/4 * (XX(i - 1,j) + XX(i,j - 1) + X(i + 1,j) + X(i,j + 1));
                                                              % 迭代公式
            end
            w = abs(XX(i,j) - X(i,j));
             if(w > maxw) maxw = w; end
        end
      end
    X = XX;
end
contour(XX,20)
```

图 11-10 给出了该金属盒内的等势线分布图。

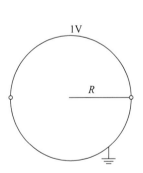

图 11-9 无限长金属盒横截面

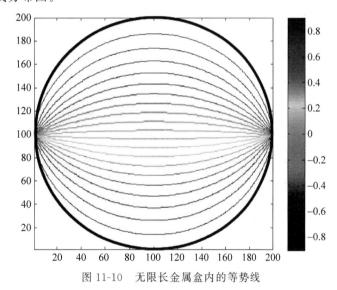

图 11-10 无限长金属盒内的等势线

11.1.4 TM 模差分方程的导出

当波导内填充无耗介质时,可以采用纵向场法求解波导内的电场。对于 TM 模式,无纵向磁场分量,即 $H_z = 0$。波导中的纵向电场分量 E_z 满足二维标量波动方程,即亥姆霍兹方程,这里用函数 u 代替 E_z,写出方程

$$\frac{\partial^2 u}{\partial x^2} + \frac{\partial^2 u}{\partial y^2} + k_c^2 u = 0 \tag{11-30}$$

其中:k_c 为截止波数。

在波导壁上 u 满足第一类齐次边界条件,即 $u|_\Gamma = 0$(Γ 为波导边界)。对所求解区域进行如图 11-1 所示的网格划分,运用式(11-17)可将式(11-30)转化为有限差分形式

$$u_1 + u_2 + u_3 + u_4 - 4u_0 + k_c^2 h^2 u_0 = 0 \tag{11-31}$$

将式(11-31)应用于第 i 个网格节点,有

$$u_{i+1,j} + u_{i-1,j} + u_{i,j+1} + u_{i,j-1} - 4u_{i,j} + k_c^2 h^2 u_{i,j} = 0 \tag{11-32}$$

即

$$4u_{i,j} - (u_{i+1,j} + u_{i-1,j} + u_{i,j+1} + u_{i,j-1}) = k_c^2 h^2 u_{i,j} \tag{11-33}$$

对所有网格节点应用式(11-33),可以得到以各节点场量 $u_i(i=1,2,\cdots,n)$ 为未知数的 n 个差分方程,由此构成的差分方程组可以用矩阵形式表示为

$$[K][u] = \beta[u] \tag{11-34}$$

这样,波导内各点纵向电场的求解问题归结为矩阵特征值的求解问题。式(11-34)中,$[K]$ 为矩阵系数;$[u]$ 为各网格节点上的待求场量 u_i 组成的列矢量;$\beta = (k_c h)^2 = (2\pi h/\lambda_c)^2$ 为特征值;$\lambda_c = 2\pi/k_c$ 为截止波长。

理想的矩形波导如图 11-11 所示,设该波导各边尺寸选取 $a=5, b=4$,基于以上推导可以实现矩形波导中的基本模式分析。结合式(11-33),运用迭代法可以得到基模 TM_{11} 模的截止特性。MATLAB 代码如下:

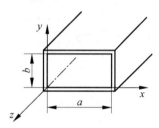

图 11-11 矩形波导示意图

```
a = 5;b = 4;                                    %矩形区域的长为5,宽为4
M = 51;N = 41;                                  %设置网格节点数为51×41
h = a/(M - 1);                                  %设置步长
X = ones(M,N);                                  %设置行列二维数组,存储解
X(1,:) = zeros(1,N);                            %设置上边界条件
X(M,:) = zeros(1,N);                            %设置下边界条件
X(:,1) = zeros(M,1);                            %设置左边界条件
X(:,N) = zeros(M,1);                            %设置右边界条件
XX = X;maxw = 1;                                %maxw、xx 赋初值
kc = 0.15;                                      %kc 赋初值,决定求解模式
n = 0;                                          %迭代次数 n 赋初值
while(maxw > 1e - 9)
    n = n + 1;                                  %迭代次数加1
    for i = 2:M - 1
        for j = 2:N - 1
            XX(i,j) = 1/4 * (XX(i - 1,j) + XX(i,j - 1) + X(i + 1,j) + X(i,j + 1)) + 1/4 * kc^2 *
h^2 * XX(i,j);                                  %运用迭代公式
            kc = sqrt((4 - (XX(i - 1,j) + XX(i,j - 1) + X(i + 1,j) + X(i,j + 1))/XX(i,j))/h^2);
                                                %运用迭代公式
        end
    end
    maxw = max(max(abs(XX(i,j) - X(i,j))));
    X = XX;
end
lamdac = 2 * pi/kc;                             %输出 TM11 模的截止波长
```

如果要对矩形波导中的所有模式进行完整分析,还需要求解式(11-34)对应的本征值问题矩阵方程。代码如下:

```
a = 5;b = 4;                                    % 矩形区域的长为 5,宽为 4
M = 51;N = 41;                                  % 设置网格节点数为 51×41
h = a/(M - 1);                                  % 网格间距
X = ones(M,N);                                  % 设置行列二维数组
K = zeros((M - 2) * (N - 2),(M - 2) * (N - 2)); % 初始化 K 矩阵
for i = 1:(M - 2) * (N - 2)                     % K 矩阵中除了对角线上的元素为 1,还有特殊位置
                                                % 为 - 1/4,其他位置均为 0
    if(i - N + 2) > 0                           % 上(i,j + 1)
        K(i,i - N + 2) = - 0.25;
    end;
    if(i + N - 2) < = (M - 2) * (N - 2)         % 下(i,j - 1)
        K(i,i + N - 2) = - 0.25;
    end;
    temp = rem(i,(N - 2));
    if temp~ = 1                                % 左(i - 1,j)
        K(i,i - 1) = - 0.25;
    end;
    if temp~ = 0                                % 右(i + 1,j)
        K(i,i + 1) = - 0.25;
    end;
        K(i,i) = 1;
end
[V,D] = eig(K);
lambda = diag(D);
kc = sqrt((4 * lambda)/h^2);
lambda_c = 2 * pi./kc;
```

表 11-1 列出了采用两种不同网格划分的有限差分法计算截止波长结果,并与解析法计算得到的理论值进行了比较。第一种网格划分采用 $(25+1) \times (20+1)$,步长为 0.2;第二种网格划分采用 $(50+1) \times (40+1)$,步长为 0.1。可以看出,有限差分法的计算精度随步长的减小而增大,只要将求解区域足够细化,有限差分法得到的数值结果将无限地接近解析法精确值。

表 11-1 矩形波导$(a=5,b=4)$中 TM 模的截止波长数值解与理论值的比较

波导中的 TM 模	理论值	有限差分法 (26×21)	相对误差(%) (26×21)	有限差分法 (51×41)	相对误差(%) (51×41)
TM_{11}	6.2470	6.2525	0.08	6.2483	0.02
TM_{12}	4.2400	4.2493	0.22	4.2423	0.05
TM_{21}	3.7139	3.7274	0.36	3.7173	0.09
TM_{22}	3.1235	3.1345	0.35	3.1262	0.09
TM_{31}	3.0769	3.0930	0.52	3.0809	0.13
TM_{13}	2.5766	2.5991	0.87	2.5822	0.22
TM_{32}	2.5607	2.5740	0.52	2.5641	0.13

11.1.5 TE 模差分方程的导出

对于波导内的 TE 模式,无纵向电场分量,即 $E_z = 0$。波导中的纵向磁场分量 H_z 满足亥姆霍兹

方程,如果用函数 u 代替 H_z,则可以写出方程

$$\frac{\partial^2 u}{\partial x^2} + \frac{\partial^2 u}{\partial y^2} + k_c^2 u = 0 \tag{11-35}$$

其中:k_c 为 TE 模的截止波数。

在波导壁上 u 满足第二类齐次边界条件,即 $\left.\dfrac{\partial u}{\partial n}\right|_\Gamma = 0$($\Gamma$ 为波导边界)。因为式(11-35)与式(11-30)形式相同,区域内网格节点处的差分方程形式和 TM 模相同,但因为边界条件不同,边界上节点处的差分方程形式发生变化。对于如图 11-11 所示的矩形波导,4 个边界上($x=0,a$;$y=0,b$)节点的差分方程形式发生变化。如图 11-12 所示为左边界上一个网格节点 0,左边节点 3 实际上不存在,但因为 $\dfrac{\partial u}{\partial n}=0$,即在边界上 u 沿 x 方向无变化,因此可以取 $u_3 = u_1$,这样该节点处的差分方程写为

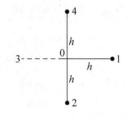

图 11-12　左边界的一个
网格节点

$$2u_1 + u_2 + u_4 - 4u_0 + k_c^2 h^2 u_0 = 0 \tag{11-36}$$

将相同的方法应用于 4 个边界上的所有网格节点,便可以求得以边界网格节点上的待求场量为未知数的差分方程。

令式(11-36)中取 $k_c = 0$,则可用于拉普拉斯方程下第二类齐次边界条件的处理,不再赘述。

求解差分方程,即可计算如图 11-11 所示的理想矩形波导的 TE 模式的截止波长。MATLAB 程序如下。

```
M = 26; N = 21;                                      % 本例中 M 为 26;N 为 21
a = 5; b = 4;                                        % 矩形波导的长取 5,高取 4
h = a/(M − 1);
X = ones(M,N);                                       % 设置行列二维数组
A = zeros(M * N,M * N);
for k1 = 2:M − 1                                     % 非边界上的点
    for k2 = 2:N − 1
        k_count = (k1 − 1) * N + k2;
        A(k_count,k_count − N) = − 0.25;
        A(k_count,k_count + N) = − 0.25;
        A(k_count,k_count − 1) = − 0.25;
        A(k_count,k_count + 1) = − 0.25;
        A(k_count,k_count) = 1;
    end
end
for i = 1:M * N
  flag_up = 0; flag_right = 0; flag_down = 0; flag_left = 0;
  if i < = N                                         % 上(i,j + 1)
     flag_up = 1;
  end;
  if i > = (M − 1) * N + 1                            % 下(i,j − 1)
     flag_down = 1;
  end;
   temp = rem(i,N);
   if temp == 1                                      % 左(i − 1,j)
      flag_left = 1;
   end;
   if temp == 0                                      % 右(i + 1,j)
      flag_right = 1;
```

```
end;
    if flag_up == 1&flag_left == 1                              % 左顶点
        A(i,i + 1) = - 0.5; A(i,i + N) = - 0.5; A(i,i) = 1;
    end
    if flag_up == 1&flag_left～ = 1&flag_right～ = 1               % 上边界点
        A(i,i - 1) = - 0.25;A(i,i + 1) = - 0.25;A(i,i + N) = - 0.5;
        A(i,i) = 1;
    end
    if flag_up == 1&flag_right == 1                             % 右顶点
        A(i,N - 1) = - 0.5;
        A(i,i + N) = - 0.5;
        A(i,i) = 1;
    end
    if flag_down == 1&flag_left == 1                            % 左底点
        A(i,i + 1) = - 0.5; A(i,i - N) = - 0.5; A(i,i) = 1;
    end
    if flag_down == 1&flag_left～ = 1&flag_right～ = 1             % 下边界点
        A(i,i - 1) = - 0.25; A(i,i + 1) = - 0.25; A(i,i - N) = - 0.5;
        A(i,i) = 1;
    end
    if flag_down == 1&flag_right == 1                           % 右底点
        A(i,i - 1) = - 0.5; A(i,i - N) = - 0.5; A(i,i) = 1;
    end
    if flag_down～ = 1&flag_left == 1&flag_up～ = 1               % 左边界点
        A(i,i - N) = - 0.25;A(i,i + 1) = - 0.5;A(i,i + N) = - 0.25;
        A(i,i) = 1;
    end
    if flag_down～ = 1&flag_up～ = 1&flag_right == 1              % 右边界点
        A(i,i - 1) = - 0.5; A(i,i + N) = - 0.25; A(i,i - N) = - 0.25; A(i,i) = 1;
    end
end
[V,D] = eig(A); lambda = diag(D);lambda = sort(lambda); lambda(1) = [];
kc = sqrt((4 * lambda)/h1^2);
lambda_c = 2 * pi./kc;
```

表 11-2 列出了采用两种不同网格划分的有限差分法计算截止波长的结果,并与解析法理论值进行了比较。

表 11-2 矩形波导($a = 5, b = 4$)中 TE 模的截止波长数值解与理论值的比较

波导中的 TE 模	理论值	有限差分法 (26×21)	相对误差(%) (26×21)	有限差分法 (51×41)	相对误差(%) (51×41)
TE_{10}	10.0000	10.0066	0.07	10.0016	0.02
TE_{01}	8.0000	8.0082	0.10	8.0021	0.03
TE_{11}	6.2470	6.2525	0.55	6.2483	0.02
TE_{20}	5.0000	5.0132	0.09	5.0033	0.07
TE_{12}	4.2400	4.2493	0.22	4.2423	0.06
TE_{02}	4.0000	4.0165	0.41	4.0041	0.10
TE_{21}	3.7139	3.7274	0.36	3.7173	0.09

在 TM 和 TE 波分析过程中,取波导的长和宽($a = 5, b = 4$)不变,但步长 h 是变化的,分别取 $h = 0.2$(网格划分 26×21)和 $h = 0.1$(网格划分 51×41)。通过表 11-1 和表 11-2 的比较可以发现增加网格的精度,即增加行、列的个数,把网格细分就可以得到相对精确的解。对截止波长的求解如此,同样对于求解波导内的 TM 和 TE 波的传输特性,把网格分得越精细,分析传输特性的准确度也就越高。

11.2 矩量法

矩量法(Method of Moments,MoM)是一种将连续方程离散化为代数方程组的方法,对求解微分方程和积分方程均适用。由于求解过程中需要计算广义矩量,故得名。矩量法是求解电磁场边界值问题中一种行之有效的数值方法。这种方法概念上相当简单:利用未知场的积分形式方程去确定给定媒质中的场分布。矩量法在由导线或金属棒构成的线天线和由金属面或介质面构成的面天线的分析和研究方面应用最广。它在处理近场和远场参量时,具有精确性和灵活性。对于天线问题可以建立描述天线表面感应电流的积分方程,求出该电流即可进一步得到天线的辐射特性。

本节首先介绍矩量法原理。然后,通过一个简单的静电场中求解电势分布的例子,运用积分形式的势函数方程得到电荷分布,进一步根据解析理论得到周围电势分布,从而对矩量法有一个初步认识。最后,运用矩量法求解半波对称振子天线的 Hallén 方程,分析天线电流分布和天线的方向图。为方便阅读,将半波对称振子天线的两个重要方程的推导列到11.2.4节。

11.2.1 矩量法原理

电磁场与微波技术相关课程中,很多微积分方程均可以归结为以下形式的算子方程:

$$L(f) = g \tag{11-37}$$

其中:L 为算子,可以是微分方程、差分方程或积分方程;g 是已知激励函数;f 为未知响应函数。

这样,问题转化为在给定 g 和 L 的前提下求解 f。一般情况下,方程(11-37)的求解是有难度的,但如果 L 为线性算子,则方程的求解可以由矩量法实现。

令

$$f(z') = \sum_{n=1}^{N} \alpha_n f_n(z') \tag{11-38}$$

其中:α_n 为待定系数;$f_n(z')$ 为已知基函数,其定义域和 $f(z')$ 相同。

理论上有许多基函数可供选择,只要它们是线性独立的即可。基函数可以是分段函数,也可以是闭合函数;既可以是局部函数,也可以是全局函数。

将式(11-38)代入式(11-37),有

$$\sum_{n=1}^{N} \alpha_n L(f_n(z')) = g \tag{11-39}$$

选定了基函数之后,问题转化为如何求出方程(11-39)中的 N 个待定系数 $\alpha_n(n=1,2,\cdots,N)$。求出 N 个未知量需要 N 个线性独立的方程,可以运用待求解问题中 N 个点处的边界条件确定,这种方法叫点匹配法,是矩量法中最简单的处理方法。

代入 $z=z_m$ 边界处的边界条件,有

$$\sum_{n=1}^{N} \alpha_n L(f_n(z_m)) = g_m \quad (m=1,2,\cdots,N)$$

写为矩阵形式有

$$[Z_{mn}][I_n] = [V_m]$$

其中

$$Z_{mn} = L(f_n(z_m))$$
$$I_n = \alpha_n$$
$$V_m = g_m$$

这样,系数 α_n 可以由矩阵求逆的方法求得,即

$$[I_n] = [Z_{mn}]^{-1}[V_m] \tag{11-40}$$

代入式(11-38)便可以得到未知函数 $f(z')$。

更一般的情况下,可以选择一个所谓的权函数或者检验函数 $w_m(z')$,将其与方程式(11-39)相乘并在定义域上做积分,则有

$$\sum_{n=1}^{N} \alpha_n \int_a^b L(f_n(z'))w_m(z')\,\mathrm{d}z' = \int_a^b g(z')w_m(z')\,\mathrm{d}z' \tag{11-41}$$

此时,仍然可以定义如下方程组:

$$[Z_{mn}][I_n] = [V_m] \tag{11-42}$$

其中

$$Z_{mn} = \int_a^b L(f_n(z'))w_m(z')\,\mathrm{d}z' \tag{11-43a}$$

$$I_n = \alpha_n \tag{11-43b}$$

$$V_m = \int_a^b g(z')w_m(z')\,\mathrm{d}z' \tag{11-43c}$$

对式(11-42),仿照式(11-40)进行求解,即可得到基函数对应的未知系数。可以看出,当选择 $w_m(z') = \delta(z'-z_m)$ 时,即可得到上述点匹配的结果。

11.2.2 MATLAB 编程流程图

MATLAB 软件在矩阵处理方面有其独特的优势。MATLAB 实现矩量法编程流程图如图 11-13 所示。

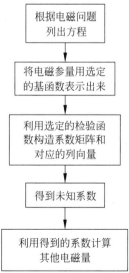

图 11-13 矩量法编程流程图

11.2.3 矩量法解决静电场问题

在静态场中,分布于一定体积 v 内的电荷在场点 (x,y,z) 处产生的电势可以写为

$$V(x,y,z) = \int_v \frac{\rho_v(x',y',z')\mathrm{d}v'}{4\pi\varepsilon R} \tag{11-44}$$

其中: $\rho_v(x',y',z')$ 为空间 (x',y',z') 点处的电荷体密度; R 为源点 (x',y',z') 和场点 (x,y,z) 之间的距离。

然而,很多待求解问题中源电荷分布是未知的,只知道电荷所在区域中的电势分布。运用矩量法,可以由已知电势分布计算出体积 v 内的电荷密度,进而求解出空间任意点的电势。

首先假设源区域中的电荷分布为

$$\begin{aligned}\rho_v(x',y',z') &= \alpha_1\rho_1(x',y',z') + \alpha_2\rho_2(x',y',z') + \cdots + \alpha_n\rho_n(x',y',z')\\ &= \sum_{i=1}^n \alpha_i\rho_i(x',y',z')\end{aligned} \tag{11-45}$$

其中: $\rho_i(x',y',z')|_{i=1}^n$ 为预选取的电荷分布函数; α_i 为待定常数。

将式(11-45)代入式(11-44),有

$$V(x,y,z) = \frac{1}{4\pi\varepsilon}\int_v \frac{\sum\limits_{i=1}^n \alpha_i\rho_i(x',y',z')}{R}\mathrm{d}v' \tag{11-46}$$

在离散化的场区域中,也可以写作

$$V_j = V(x_j,y_j,z_j) = \sum_{i=1}^n \alpha_i \frac{1}{4\pi\varepsilon}\int_{v_i'} \frac{\rho_i(x',y',z')}{R_{ji}}\mathrm{d}v_i' \tag{11-47}$$

其中: $j=1,2,\cdots,n$ 。

于是,空间中任意一点的电势可以用电势函数的线性组合来表示,即

$$V_j = \sum_{i=1}^n \alpha_i V_{ji} \tag{11-48}$$

其中

$$V_{ji} = \frac{1}{4\pi\varepsilon}\int_{v_i'} \frac{\rho_i(x',y',z')}{R_{ji}}\mathrm{d}v_i \tag{11-49}$$

其中: V_{ji} 表示第 i 个电荷密度 $\rho_i(x',y',z')$ 在第 j 个点产生的电势。

如果源区域中各节点的电势分布 $V_1,V_2,\cdots,V_n$ 是已知的,则有

$$\begin{cases}V_1 = \alpha_1 V_{11} + \alpha_2 V_{12} + \cdots + \alpha_n V_{1n}\\ V_2 = \alpha_1 V_{21} + \alpha_2 V_{22} + \cdots + \alpha_n V_{2n}\\ \quad\quad\quad\quad\quad\vdots\\ V_j = \alpha_1 V_{j1} + \alpha_2 V_{j2} + \cdots + \alpha_n V_{jn}\\ \quad\quad\quad\quad\quad\vdots\\ V_n = \alpha_1 V_{n1} + \alpha_2 V_{n2} + \cdots + \alpha_n V_{nn}\end{cases} \tag{11-50}$$

也可以写为以下矩阵形式:

$$\boldsymbol{V}_S = \boldsymbol{V}\boldsymbol{A} \tag{11-51}$$

其中

$$
\boldsymbol{V}_S = \begin{bmatrix} V_1 \\ \vdots \\ V_j \\ \vdots \\ V_n \end{bmatrix}, \quad \boldsymbol{V} = \begin{bmatrix} V_{11} & & V_{1j} & & V_{1n} \\ \vdots & \ddots & \vdots & \ddots & \vdots \\ V_{j1} & & V_{jj} & & V_{jn} \\ \vdots & \ddots & \vdots & \ddots & \vdots \\ V_{n1} & & V_{nj} & & V_{nn} \end{bmatrix}, \quad \boldsymbol{A} = \begin{bmatrix} \alpha_1 \\ \vdots \\ \alpha_j \\ \vdots \\ \alpha_n \end{bmatrix}
$$

$\boldsymbol{V}$ 矩阵中的每一项可以由选定的 $\rho_i(x',y',z')$ 代入式(11-49)求得。因此,待定系数可由矩阵运算直接得到,即

$$\boldsymbol{A} = \boldsymbol{V}^{-1}\boldsymbol{V}_S \tag{11-52}$$

确定出待定系数后,根据式(11-45)即可计算出源区域中的电荷分布 $\rho_v(x',y',z')$,进而由式(11-47)计算出空间中任意点的电势分布。下面结合一个实例来阐述矩量法的具体应用。

假设空间中有长为 $h=30\mathrm{cm}$、半径为 $1\mathrm{mm}$ 的细圆柱导体,柱体表面电压为 $1\mathrm{V}$,运用矩量法求出导体中的电荷密度。图 11-14(a)给出了细圆柱导体的示意图,因为圆柱的轴对称特征,可以将问题降维成二维问题。又因为导体圆柱 $h \gg a$,可以假设电荷分布集中于轴线,且线密度为 ρ_h,如图 11-14(b)所示。

为方便理解,将导体分为三个单元,如图 11-15 所示,且假设每一个单元的电荷都集中于单元的中心,且 $\rho_1=1,\rho_2=1,\rho_3=1$,可以计算得到距离 $R_{11},R_{12},R_{13},R_{21},R_{22},R_{23},R_{31},R_{32},R_{33}$ 分别为

$$R_{11} = R_{22} = R_{33} = a = 0.001\mathrm{m}$$

$$R_{12} = R_{21} = R_{23} = R_{32} = \sqrt{0.001^2 + 0.1^2}\,\mathrm{m}$$

$$R_{31} = R_{13} = \sqrt{0.001^2 + 0.2^2}\,\mathrm{m}$$

运用式(11-48)也可以计算出矩阵 $\boldsymbol{V}$ 中的每个元素,即

$$V_{11} = V_{22} = V_{33} = \frac{1}{4\pi\varepsilon_0}\frac{1 \times 0.1}{0.001} = 9 \times 10^{11}\,\mathrm{V}$$

$$V_{12} = V_{21} = V_{23} = V_{32} = \frac{1}{4\pi\varepsilon_0}\frac{1 \times 0.1}{\sqrt{0.001^2 + 0.1^2}} = 8.999 \times 10^9\,\mathrm{V}$$

$$V_{13} = V_{31} = \frac{1}{4\pi\varepsilon_0}\frac{1 \times 0.1}{\sqrt{0.001^2 + 0.2^2}} = 4.499 \times 10^9\,\mathrm{V}$$

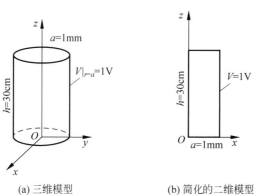

(a) 三维模型　　　　(b) 简化的二维模型

图 11-14　导体棒示意图

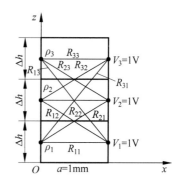

图 11-15　三个单元构成的圆柱导体模型

将求得的参数与已知条件 $V_S = \begin{bmatrix} 1 \\ 1 \\ 1 \end{bmatrix}$ 代入式(11-51),求得

$$A = \begin{bmatrix} 1.095 \times 10^{-12} \\ 1.089 \times 10^{-12} \\ 1.095 \times 10^{-12} \end{bmatrix}$$

于是三个单元对应的电荷线密度分别为

$$\rho_1 = 1.095 \times 10^{-12} \, \text{C/m}$$
$$\rho_2 = 1.089 \times 10^{-12} \, \text{C/m}$$
$$\rho_3 = 1.095 \times 10^{-12} \, \text{C/m}$$

上述的单元离散太过粗糙,要得到准确的电荷分布,需要进一步将单元细化,令 $N = 200$,借助 MATLAB 编程实现电荷密度的求解。代码如下:

```
clc; clear;                                          %清除屏幕和内存
N = 200;                                             %设置单元数目为 200
a = 0.001;                                           %导体圆柱的半径
h = 0.3;                                             %导体圆柱长度
Dh = h/N;                                            %将细圆柱导体分成 N 段
e0 = 8.854e-12;                                      %真空中的介电常数
z = linspace(Dh/2, h - Dh/2, N);                    %各个区间的 z 坐标
ro = ones(N,1);                                      %基函数,每个区间均为 1
for m = 1:N
    for n = 1:N
        V(m,n) = 1/4/pi/e0 * ro(n) * Dh/sqrt((z(m) - z(n))^2 + a^2);    %设置系数矩阵
    end
end
V0 = ones(N,1);                                      %圆柱边界上的电势边界条件
alpha = V\V0;                                        %计算系数,即每个区间的电荷密度
figure;                                              %绘图验证表面电势是否为 1V
Vc = V * alpha;                                      %计算表面电势
plot(Vc);                                            %绘图显示每个区间上的电势
roavg = sum(alpha.* ro)/N;                           %计算细导体棒的平均电荷密度
L = h;
r = linspace(0.001, 0.2, 200);                       %设置距离导体棒轴线的距离
V_ana = roavg/(2 * pi * e0) * (log(L/2 + sqrt((L/2)^2 + r.^2)) - log(r));
                                                     %利用公式计算导体中垂面(线)上的电势分布
figure;
plot(r, V_ana, 'g:');                                %解析解,虚线
hold on;                                             %叠加绘图
for m = 1:length(r)                                  %利用叠加原理,绘制导体中垂线上电势分布
    for n = 1:N
        R = sqrt((z(n) - h/2)^2 + (r(m))^2);         %(r,h/2),(z(n),0)两点之间距离
        Vn(n) = 1/4/pi/e0 * alpha(n) * Dh/R;         %计算第 n 个电荷产生的电势
    end
    V_mom(m) = sum(Vn);                              %求和,得到所有区间电荷产生的电势
end
plot(r, V_mom, 'r');                                 %绘制数值解,实线
figure;
plot(alpha);                                         %绘制电荷密度分布
```

　　上述程序中,首先将各个区间上的电荷密度当作未知数,并组装其对应的系数矩阵 **V**,利用导体表面上的电势分布得到导体上每个区间的电荷密度分布;在此基础之上,利用该电荷分布验证导体表面上的电势分布,如图 11-16(a)所示。可以看出,每个区间上的电势都在 1V 左右,说明矩量法结果正确、可靠。接下来,将导体柱近似看作一个长度为 L 的线电荷,并计算其对应的线电荷密度(取各段的平均值),并利用式(11-53)计算该导线中垂面上的电势分布,如图 11-16(b)中的虚线所示。为了再次核对矩量法的有效性,程序中利用矩量法同样计算得到了导体柱中垂面上的电势分布,并以实线绘制在图 11-16(b)中。从图中可以看出,二者吻合得非常好。图 11-16(c)给出了矩量法得到的电荷密度分布。从图中可以看出,电荷分布关于导体中心呈对称性;两端电荷密度较大,中间电荷密度小;除去两个端点之外,电荷分布近似均匀。以上结果充分表明了矩量法的有效性和可靠性。

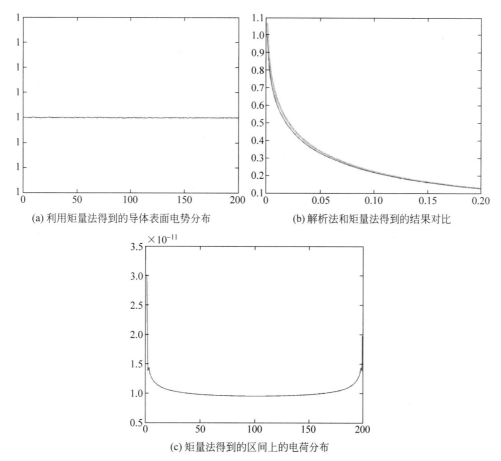

(a) 利用矩量法得到的导体表面电势分布　　　　(b) 解析法和矩量法得到的结果对比

(c) 矩量法得到的区间上的电荷分布

图 11-16　矩量法所求的结果展示

　　有限长线电荷在其中垂面上产生的电势可以用式(11-53)求得,即

$$V = \frac{\rho_l}{2\pi\varepsilon_0}\left[\ln\left(\frac{L}{2} + \sqrt{\left(\frac{L}{2}\right)^2 + r^2}\right) - \ln r\right] \tag{11-53}$$

其中:L 为线电荷长度;r 为场点和线电荷距离。

　　将矩量法求得的平均电荷密度代入式(11-53)即可得到中垂面上任一点的电势分布。

11.2.4 半波对称振子天线的 Pocklington 方程和 Hallén 方程

半波对称振子天线是一种典型的低增益辐射组件,其感应电流分布在零阶近似的情况下,数学处理非常方便,其传输函数、频域和时域的辐射场均可以用解析函数表达出来。因此,通过分析其天线辐射机理和特性,对弄清楚宽带和超宽带天线如何工作具有重要意义。

本节以半波对称振子天线为例,详细推导半波对称振子天线的 Pocklington 方程和 Hallén 方程,并利用矩量法求解后者,得到半波振子天线上的电流分布,分析对应的电场和磁场的分布情况。

对于较细的线天线,其电流分布可以用正弦分布来表示,即

$$I_e(x'=0,y'=0,z') = \begin{cases} I_0 \sin\left[k\left(\dfrac{l}{2}-z'\right)\right], & 0 \leqslant z' \leqslant l/2 \\ I_0 \sin\left[k\left(\dfrac{l}{2}+z'\right)\right], & -l/2 \leqslant z' \leqslant 0 \end{cases} \tag{11-54}$$

但对于横向尺寸不可忽略的圆柱天线(一般直径 $d > 0.05\lambda$),其电流分布就不能用正弦函数表示了。求该圆柱天线的电流分布一般需要导出积分方程,并运用矩量法求解该方程。求出电流分布之后,便可以在此基础上讨论天线的输入阻抗和方向图函数。该求解思路和方法可以推广到结构更复杂的天线中去。

假设对称振子天线放在 z 轴线上,原点位于中点,如图 11-17 所示。为简化分析,做如下假设:①电流沿导线轴流动,体电流密度 J 可以用线电流 I 来近似,体电荷密度 ρ 用线电荷密度 σ 近似;②忽略天线端面的角向电流 I_φ 和径向电流 I_ρ;③天线上电流仅为长度变量 z' 的函数,即 $I = I(z')$,与 ρ、φ 无关。$I(z')$ 表示位于线天线表面的等效线电流。

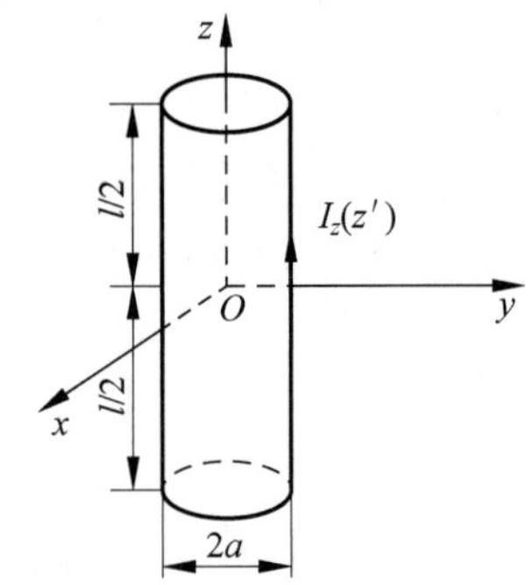

当外加馈电信号或有接收电场 E_i 作用时,对称振子天线上将产生电流,可以将电流分布按基函数展开,这里选用分段均匀的函数作为基函数。

图 11-17 对称振子天线示意图

由对称振子天线的电流分布可知,空间中矢量磁位 A 只有 e_z 分量,所以 $A = A_z e_z$,且

$$A_z(\rho,z) = \mu \int_{-l/2}^{l/2} I(z')G(z,z')\mathrm{d}z' \tag{11-55}$$

其中:$G(z,z')$ 为格林函数,表达式为

$$G(z,z') = \frac{\exp(-jkR)}{4\pi R} \tag{11-56}$$

其中:$R = \sqrt{(x-x')^2+(y-y')^2+(z-z')^2} = \sqrt{\rho^2+a^2-2\rho a\cos(\varphi-\varphi')+(z-z')^2}$ 为电流元与场点之间的距离;$k = \dfrac{2\pi}{\lambda}$ 为波数。

由散射场和磁矢势的关系,有

$$\begin{aligned} E &= -j\omega A - j\frac{1}{\omega\mu\varepsilon}\nabla(\nabla \cdot A) \\ &= -j\frac{1}{\omega\mu\varepsilon}(k^2 A + \nabla(\nabla \cdot A)) \end{aligned} \tag{11-57}$$

可以得到电场 z 分量的表达式为

$$j\omega\mu\varepsilon E_z^s = \left(k^2 + \frac{\partial^2}{\partial z^2}\right)A_z$$

即

$$j\omega\varepsilon E_z^s = \left(k^2 + \frac{\partial^2}{\partial z^2}\right)\int_{-l/2}^{l/2} I(z')G(z,z')\mathrm{d}z' \tag{11-58}$$

在导体表面,切向电场为零,则有 $e_z \cdot E_i = -E_z^s$,其中,E_i 为外源所产生的入射场。于是有

$$-j\omega\varepsilon E_z^i(\rho = a) = \left(\frac{\partial^2}{\partial z^2} + k^2\right)\int_{-l/2}^{l/2} I(z')G(z,z')\mathrm{d}z' \tag{11-59}$$

式(11-59)称为 Pocklington 积分公式。考虑式(11-56),也可以写出更简便的形式,即

$$-j\omega\varepsilon E_z^i(\rho = a) = \int_{-l/2}^{l/2} I(z')\frac{\exp(-jkR)}{4\pi R^5}\left[(1+jkR)(2R^2 - 3a^2) + (kaR)^2\right]\mathrm{d}z' \tag{11-60}$$

当观察点位于天线轴线上,即 $\rho = 0$ 时,有 $R = \sqrt{a^2 + (z-z')^2}$。

如果圆柱的长度远大于半径($l \gg a$),而且半径远小于波长($a \ll \lambda$),则圆柱断面的影响可以忽略不计,而考虑电导率为无限大的导线边界条件是圆柱表面切向电场为零,以及圆柱端点电流为零,即 $I\left(z' = \pm\dfrac{l}{2}\right) = 0$。考虑在圆柱表面电场切矢量为零,有

$$\frac{\mathrm{d}^2 A_z}{\mathrm{d}z^2} + k^2 A_z = 0 \tag{11-61}$$

因为电流密度的对称性($J(-z') = J(z')$),则磁矢势也是 z' 的偶函数,即 $A(-z') = A(z')$,因此,方程(11-61)的解可以写为

$$-j\sqrt{\mu\varepsilon}\left[B_1\cos kz + C_1\sin k|z|\right] \tag{11-62}$$

其中:B_1、C_1 为待定常数。

载流导线的磁矢势也可以直接由表达式

$$A_z\big|_{\rho=a} = \mu\int_{-l/2}^{l/2} I(z')G(z,z')\mathrm{d}z' \tag{11-63}$$

得到,则式(11-62)和式(11-63)相等,即可以得到

$$\int_{-l/2}^{l/2} I(z')G(z,z')\mathrm{d}z' = -j\sqrt{\frac{\varepsilon}{\mu}}\left[B_1\cos kz + C_1\sin k|z|\right] \tag{11-64}$$

假设对称振子天线外加 δ 间隙电压 V_0 在中心馈电,即令 $e_z \cdot E_i(z) = V_0\delta(z)$,其中 V_0 为电压,$\delta(z)$ 为狄拉克函数。则有 $C_1 = V_0/2$,将 $-j\sqrt{\dfrac{\varepsilon}{\mu}}B_1$ 定义为新的常数 B,可以由具体天线中的边界条件确定出,$Z_0 = \sqrt{\dfrac{\mu}{\varepsilon}} = 120\pi$ 为自由空间的波阻抗。则式(11-64)重新写为

$$\int_{-l/2}^{l/2} I(z')G(z,z')\mathrm{d}z' = B\cos kz - j\frac{V_0}{2Z_0}\sin k|z| \tag{11-65}$$

该方程为对称振子天线的 Hallén 方程。

使用矩量法分析的时候,式(11-65)中的系数 B 也作为未知变量,与电流分布系数共同求解。同

时,要注意电流分布在导线的两端为零。

运用 MATLAB 实现对称半波振子天线的矩量法求解。在进行后期计算天线的 E 面和 H 面方向图的时候,对每段天线都近似看作一个电偶极子,考虑它们与放置在原点处的标准偶极子天线的相位差,并用叠加原理获得远区电场分布,进而获得方向图函数。为方便起见,给出电偶极子的电场分布,即式(11-66)。其中忽略了电场的常系数。

$$\boldsymbol{E} = \mathrm{j}\frac{I\Delta l k_0^2}{4\pi\omega\varepsilon_0 r}\sin\theta\, \mathrm{e}^{-\mathrm{j}k_0 r}\boldsymbol{e}_\theta = \mathrm{j}\frac{I\Delta l}{2\lambda_0 r}Z_0\sin\theta\, \mathrm{e}^{-\mathrm{j}k_0 r}\boldsymbol{e}_\theta \tag{11-66}$$

代码如下:

```
lambda = 1;                                    % 工作波长
N = 500;                                        % 天线分成 N 段
a = 0.00001;                                     % 天线的半径
h = 0.5;
L = h * lambda;                                 % 振子天线长度为半个波长
DL = L/N;                                        % 将线分成 N 段
e0 = 8.854e - 012;                               % 介电常数
u0 = 4 * pi * 10^( - 7);                          % 磁导率
k = 2 * pi/lambda;                               % 波数
Z0 = sqrt(u0/e0);                                % 真空波阻抗
z = linspace( - L/2 + DL/2,L/2 - DL/2,N);        % 每段中间位置坐标
for m = 1:N
    for n = 1:N
            rmn = sqrt((z(m) - z(n))^2 + a^2);    % 源点到天线表面场点的距离
            Z(m,n) = DL * exp( - j * k * rmn)/(4 * pi * rmn);  % 运用点匹配法后的矩阵元素
        end
            Z(m,N + 1) = - cos(k * z(m));
            g(m) = sin(k * abs(z(m)))/(j * 2 * Z0);   % 式(11-65)右侧,构成矩阵 gm
end
Z(:,N) = [];                                     % 去除第 N 段的贡献,电流为零
Z(:,1) = [];                                     % 去除第一段的贡献,电流为零
I = Z\g';                                         % 求得电流 I 和系数 B
I(N - 1) = [];                                    % 去除系数 B
I = [0; I;0];                                     % 将第一段和第 N 段的电流补充上
Current = abs(I);
x = linspace( - L/2,L/2,N);
figure(1);
plot(x,Current,'linewidth',1);                   % 绘制电流分布
theta = linspace(0,2 * pi,360);                  % 角度范围
theta1 = pi/2 - theta;                           % 转换为 x 轴与矢径方向的角度
for m = 1:length(theta1)
    for n = 1:N
        F1(m,n) = I(n). * exp(j * k * z(n) * cos(theta1(m))) * DL * sin(theta1(m));
% 由电流分布和电偶极子的电场公式求出 I(n)天线单元产生的电场
    end
end
F2 = sum(F1');                                   % 所有单元的电场叠加
F = F2/max(abs(F2));                             % E 面方向图函数
figure(2);
polar(theta,abs(F));                             % 画出 E 面方向图
```

```
figure(3)
FF = [ ];
phi = 0:pi/180:2 * pi;                                        %水平面角度范围
for lp = 1:length(phi)
for n = 1:N
tmp(n) = I(n) * DL * exp(i * k * DL * n * cos(pi/2)) * sin(pi/2);   %H面单元天线产生的电场
end;
FF = [FF sum(tmp)];                                          %将各单元贡献叠加
end;
polar(phi,abs(FF)/max(abs(FF)));                             %画出H面方向图
```

以上程序计算了半波振子天线的电流分布和周围空间的电场,并可以画出电流沿天线的分布,如图 11-18 所示。进而计算出方向图函数,E 面及 H 面的平面方向图分别如图 11-19 和图 11-20 所示。可以看出,$\theta=0$ 时辐射场为 0,主瓣的最大辐射方向出现在 $\theta=\dfrac{\pi}{2}$ 的位置。为便于对比,图 11-19 中的角度在程序中做了处理。图中 90° 方向为 z 轴正方向。由图 11-20 可知,对称振子极坐标下的 H 面方向图是圆形,方向图函数与 φ 无关。

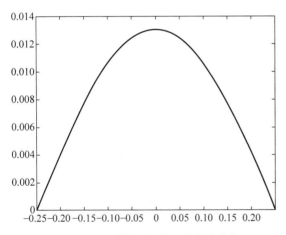

图 11-18　对称振子天线上的电流分布

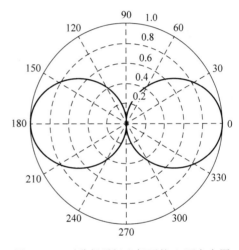

图 11-19　对称振子极坐标下的 E 面方向图

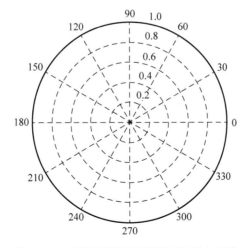

图 11-20　对称振子极坐标下的 H 面方向图

11.3 有限元法

有限元法(Finite Element Method,FEM)以变分原理为基础,将所要求解的边值问题转化为相应的变分问题,即泛函求极值问题,然后将待解区域进行分割,离散成有限个单元的集合。二维问题一般采用三角形单元或矩形单元,三维空间可采用四面体或多面体单元。每个单元的顶点称为节点。进而将变分问题离散化为普通多元函数的极值问题,即最终归结为一组多元的代数方程组,编程求解该代数方程组即可得到待求边值问题的数值解。

与其他数值法相比较,有限元法在适应场域边界几何形状和媒质物理性质变异情况的复杂问题求解上有以下突出优点。

(1)不受几何形状和媒质分布的复杂程度限制。

(2)不同媒质分界面上的边界条件是自动满足的。

(3)不必单独处理第二、三类边界条件。

(4)离散点配置比较灵活,通过控制有限单元剖分密度和单元插值函数的选取,可以充分保证所需的数值计算精度。

(5)可方便地编写通用计算程序,使之构成模块化的子程序集合。

(6)从数学理论意义上讲,有限元作为应用数学的一个分支,它使微分方程的解法与理论面目一新,推动了泛函分析与计算方法的发展。

11.3.1 有限元法的基本原理

这里以二维问题为代表,将二维区域划分为有限个单元,而每个单元可以是三角形、四边形,即称为有限元。下面将以三角形有限元为例对有限元法的基本原理做较为详尽的阐释。

在几何上,已知三个顶点即可表达一个三角形,而单个三角形内部各处的物理量可以由三个顶点处物理量的线性组合表示,即为线性插值原理。

如图 11-21(a)所示,将平面区域划分为若干单元 e,令每一个单元 e 上三个节点的物理量分别为 ϕ_i、ϕ_j 和 ϕ_k,如图 11-21(b)所示。对任意一个三角形单元 e,其内部物理量 Φ_e 可以由三个顶点的物理量线性插值而得到。假设顶点 i 的贡献表示为

$$\Phi_i = (a_i + b_i x + c_i y)\phi_i = \psi_i \phi_i \tag{11-67}$$

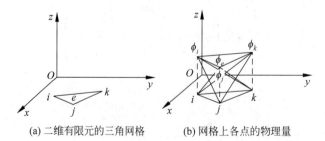

(a) 二维有限元的三角网格　　(b) 网格上各点的物理量

图 11-21　有限元网格

其中：ϕ_i 是顶点 i 的电势；$\psi_i = a_i + b_i x + c_i y$，称为形函数，且满足

$$\psi_i = \begin{cases} 1 & (x,y) = (x_i, y_i) \\ 0 & (x,y) = (x_j, y_j) \quad \text{或} \quad (x,y) = (x_k, y_k) \end{cases} \tag{11-68}$$

故也可以写出以下线性方程组：

$$\begin{cases} 1 = a_i + b_i x_i + c_i y_i & \text{(11-69a)} \\ 0 = a_i + b_i x_j + c_i y_j & \text{(11-69b)} \\ 0 = a_i + b_i x_k + c_i y_k & \text{(11-69c)} \end{cases}$$

或写成矩阵形式为

$$\begin{bmatrix} 1 & x_i & y_i \\ 1 & x_j & y_j \\ 1 & x_k & y_k \end{bmatrix} \begin{bmatrix} a_i \\ b_i \\ c_i \end{bmatrix} = \begin{bmatrix} 1 \\ 0 \\ 0 \end{bmatrix} \tag{11-70}$$

由上式可以求得形函数的系数

$$a_i = \frac{x_j y_k - x_k y_j}{2s_e} \tag{11-71}$$

$$b_i = \frac{y_j - y_k}{2s_e} \tag{11-72}$$

$$c_i = \frac{x_k - x_j}{2s_e} \tag{11-73}$$

其中：s_e 为三角形面积，可以由下式确定：

$$s_e = \frac{1}{2} \begin{vmatrix} 1 & x_i & y_i \\ 1 & x_j & y_j \\ 1 & x_k & y_k \end{vmatrix} \tag{11-74}$$

由于涉及三角形面积，为保证 s_e 始终大于 0，要求三角形顶点 i,j,k 按照逆时针顺序排布。同理有

$$\Phi_j = (a_j + b_j x + c_j y)\phi_j = \psi_j \phi_j \tag{11-75}$$

$$\Phi_k = (a_k + b_k x + c_k y)\phi_k = \psi_k \phi_k \tag{11-76}$$

则单元 e 上的物理量 Φ_e 写为

$$\begin{aligned} \Phi_e(x,y) &= (a_i + b_i x + c_i y)\phi_i + (a_j + b_j x + c_j y)\phi_j + (a_k + b_k x + c_k y)\phi_k \\ &= \psi_i \phi_i + \psi_j \phi_j + \psi_k \phi_k \end{aligned} \tag{11-77}$$

根据上述推导，若已知三角形单元的顶点坐标，则可以求得形函数的系数。当三角形各顶点处物理量已知时，可以由式（11-77）确定出三角形单元中任意位置的物理量。

根据有限元法的基本思想，为求得整个区域中的物理量 ϕ，下一步需要将 ϕ 的边值问题转化为其等价的变分问题。此处以静电场为例，已知静电场的边值问题为

$$\begin{cases} \dfrac{\partial^2 \phi}{\partial x^2} + \dfrac{\partial^2 \phi}{\partial y^2} = 0 \\ \phi \mid_{L_i} = C_i \end{cases} \tag{11-78}$$

该方程对应的变分问题为

$$\text{Minimize}: J[\phi] = \iint \frac{\varepsilon}{2}\left[\left(\frac{\partial \phi}{\partial x}\right)^2 + \left(\frac{\partial \phi}{\partial y}\right)^2\right] \mathrm{d}x\,\mathrm{d}y \tag{11-79}$$

其中：$\phi|_{L_i} = C_i$。

如果略去推导过程，则单元 e 上的电势 Φ_e 满足

$$J[\Phi_e] = \iint \frac{\varepsilon}{2}\left[\left(\frac{\partial \Phi_e}{\partial x}\right)^2 + \left(\frac{\partial \Phi_e}{\partial y}\right)^2\right]\mathrm{d}x\,\mathrm{d}y = \iint \frac{\varepsilon}{2}\left(\frac{\partial \Phi_e}{\partial x}\right)^2\mathrm{d}x\,\mathrm{d}y + \iint \frac{\varepsilon}{2}\left(\frac{\partial \Phi_e}{\partial y}\right)^2\mathrm{d}x\,\mathrm{d}y \tag{11-80}$$

又

$$\frac{\partial \Phi_e}{\partial x} = b_i\phi_i + b_j\phi_j + b_k\phi_k \tag{11-81}$$

$$\frac{\partial \Phi_e}{\partial y} = c_i\phi_i + c_j\phi_j + c_k\phi_k \tag{11-82}$$

所以

$$\iint \frac{\varepsilon}{2}\left(\frac{\partial \Phi_e}{\partial x}\right)^2 \mathrm{d}x\,\mathrm{d}y = \frac{\varepsilon s_e}{2}(b_i\phi_i + b_j\phi_j + b_k\phi_k)^2 = \frac{\varepsilon s_e}{2}\left\{[b_i \quad b_j \quad b_k]\begin{bmatrix}\phi_i\\\phi_j\\\phi_k\end{bmatrix}\right\}^2$$

$$= \frac{\varepsilon s_e}{2}[\phi_i \quad \phi_j \quad \phi_k]\begin{bmatrix}b_ib_i & b_ib_j & b_ib_k\\b_jb_i & b_jb_j & b_jb_k\\b_kb_i & b_kb_j & b_kb_k\end{bmatrix}\begin{bmatrix}\phi_i\\\phi_j\\\phi_k\end{bmatrix} \tag{11-83}$$

$$= \frac{\varepsilon s_e}{2}\boldsymbol{A}\boldsymbol{K}_1\boldsymbol{A}^\mathrm{T}$$

其中

$$\boldsymbol{K}_1 = \begin{bmatrix}b_ib_i & b_ib_j & b_ib_k\\b_jb_i & b_jb_j & b_jb_k\\b_kb_i & b_kb_j & b_kb_k\end{bmatrix} \tag{11-84}$$

$$\boldsymbol{A} = [\phi_i\phi_j\phi_k] \tag{11-85}$$

同理

$$\iint \frac{\varepsilon}{2}\left(\frac{\partial \Phi_e}{\partial y}\right)^2 \mathrm{d}x\,\mathrm{d}y = \frac{\varepsilon s_e}{2}[\phi_i \quad \phi_j \quad \phi_k]\begin{bmatrix}c_ic_i & c_ic_j & c_ic_k\\c_jc_i & c_jc_j & c_jc_k\\c_kc_i & c_kc_j & c_kc_k\end{bmatrix}\begin{bmatrix}\phi_i\\\phi_j\\\phi_k\end{bmatrix}$$

$$= \frac{\varepsilon s_e}{2}\boldsymbol{A}\boldsymbol{K}_2\boldsymbol{A}^\mathrm{T} \tag{11-86}$$

其中

$$\boldsymbol{K}_2 = \begin{bmatrix}c_ic_i & c_ic_j & c_ic_k\\c_jc_i & c_jc_j & c_jc_k\\c_kc_i & c_kc_j & c_kc_k\end{bmatrix} \tag{11-87}$$

因此

$$J[\Phi_e] = \frac{\varepsilon s_e}{2}\boldsymbol{A}\boldsymbol{K}_e\boldsymbol{A}^\mathrm{T} \tag{11-88}$$

其中

$$\boldsymbol{K}_e = \boldsymbol{K}_1 + \boldsymbol{K}_2 \tag{11-89}$$

写为

$$
\begin{bmatrix}
K_{ii}^{(e)} & K_{ij}^{(e)} & K_{ik}^{(e)} \\
K_{ji}^{(e)} & K_{jj}^{(e)} & K_{jk}^{(e)} \\
K_{ki}^{(e)} & K_{kj}^{(e)} & K_{kk}^{(e)}
\end{bmatrix}
$$

这里需要说明的是,矩阵中的 i、j、k 是节点的整体(全局)编号。接下来在 $\boldsymbol{K}_e$ 的基础上,按照节点编号顺序设置行与列,将 $\boldsymbol{K}_e$ 扩充为 $\boldsymbol{K}_e'$,构成 N 阶方阵(N 为节点个数)。具体的扩充方法:对每一个单元 e,原 $\boldsymbol{K}_e$ 的 9 个元素按照其节点 i、j、k 的编号放入 N 阶矩阵的相应位置,其余元素都为 0。例如,元素 $K_{ij}^{(e)}$ 在整体矩阵中的实际位置是第 i 行第 j 列,因此必须合成到整体矩阵的第 i 行第 j 列元素上。从而得到

$$J[\boldsymbol{\Phi}_e'] = \frac{\varepsilon}{2} \boldsymbol{B}(s_e \boldsymbol{K}_e') \boldsymbol{B}^\mathrm{T} \tag{11-90}$$

其中,矩阵 $\boldsymbol{B}$ 由式(11-85)中的矩阵 $\boldsymbol{A}$ 将其所有元素按照上述整体编号处理扩充而来。对所有的单元将式(11-90)叠加,在整个二维区域内有

$$J[\boldsymbol{\Phi}] = \sum_e J[\boldsymbol{\Phi}_e'] = \frac{\varepsilon}{2} \boldsymbol{B}\boldsymbol{K}\boldsymbol{B}^\mathrm{T} \tag{11-91}$$

其中

$$\boldsymbol{K} = \sum_e s_e \boldsymbol{K}_e' \tag{11-92}$$

令

$$\frac{\partial J}{\partial \boldsymbol{\Phi}} = 0$$

使得 J 取最小值,有

$$\boldsymbol{K}\boldsymbol{B}^\mathrm{T} = 0 \tag{11-93}$$

至此,对所求区域中的内部节点就建立起了一个代数方程,称此式为有限元方程。具体的电磁场问题中,除了方程之外,还需要满足具体的边界条件。结合边界条件,求解式(11-93)则可得到具体问题的解,即所有节点上的电势 $\{\phi_i\}$,也即原边值问题的数值解。

边界条件分为媒质交界面衔接条件和场域边界条件。其中,媒质交界面衔接条件不需要另行处理。场域边界条件中的第二类或第三类边界条件在变分问题中已被包含在泛函达到极值的要求之中,是自动满足的,不必另行处置。对于第一类边界条件,则必须作为定解条件列出,故其变分问题求极值函数时必须在满足这一类边界条件的函数中去寻求。因此称这类边界条件为加强边界条件,其相应的变分问题称为条件变分问题。

对非齐次第一类边界条件的处理最复杂,具体处理方法如式(11-94)所示。假设第 i 个节点处为第一类边界条件,且 $\phi_i = v_i$,则合成整体系数矩阵之后对 $\boldsymbol{K}$ 矩阵和式(11-93)等号右侧零矢量进行修正,即将该节点编号对应行的主元素 K_{ii} 置 1,其他元素均置 0;将方程(11-93)右侧列矢量对应元素设为边界上的已知电势值,即 $g_i = v_i$;对于右侧列矢量中节点编号不是 i 的元素,将其从数值上减去 $K_{ji}v_i$,从而去除系数矩阵中节点 i 的贡献。矩阵的最终修正结果如式(11-94)所示。11.3.2 节例

题中给出了第一类边界条件的具体处理过程。

$$
\begin{array}{ccc}
K & B^{\mathrm{T}} & g
\end{array}
$$

$$
\begin{bmatrix}
 & & \text{第 } i \text{ 列} & & \\
0 & 0\cdots1\cdots0 & 0 \\
 & & & & \\
\text{第 } j \text{ 行}\cdots & &
\end{bmatrix}
\begin{bmatrix}
\phi_i
\end{bmatrix}
=
\begin{bmatrix}
\vdots \\
v_i \\
\vdots \\
g_j - K_{ji}v_i \\
\vdots
\end{bmatrix}
\tag{11-94}
$$

图 11-22 给出了应用 FEM 分析电磁场波导问题时的编程流程图。

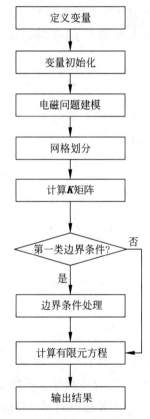

图 11-22 FEM 编程流程图

11.3.2 有限元法案例求解

如图 11-23 所示为一微波传输系统的横截面,外导体长为 $a_1 = 1.2\mathrm{m}$,宽为 $b_1 = 0.9\mathrm{m}$,电压为 0V,内导体极薄,且 $a_2 = 0.4\mathrm{m}$,$b_2 = 0.1\mathrm{m}$,假设内导体电压为 1V。运用有限元方法计算内部电位并画出截面内电位的等势图。

为使问题简单化,考虑系统内介质为空气,且假设内导体无限薄。网格划分和编号示例如图 11-24 所示。

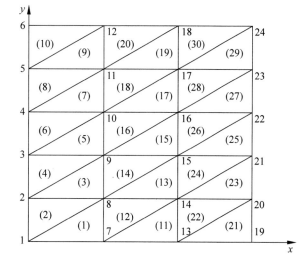

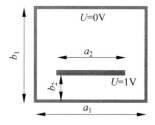

图 11-23　求解边值问题的横截面示意图

图 11-24　横截面网格划分

MATLAB 程序代码如下：

```
%%%%%%%%%% 模型定义及[K]矩阵计算 %%%%%%%%%%%%%%
lx = 1.2; ly = 0.9;                                    % 设置矩形长度
llx = 0.4;lrx = 0.8;                                   % 导体金属左端和右端的横坐标
lyy = 0.1;                                             % 内导体在纵坐标下的位置,导体无限薄
dx = 0.04; dy = 0.01;                                  % 三角有限元 x、y 方向长度分别为 0.04、0.01
square = dx * dy/2;                                    % 三角有限单元面积
nx = lx/dx;
nx = round(nx);
ny = ly/dy;                                            % nx、ny 分别为 x 方向、y 方向有限元个数
node_number = (nx + 1) * (ny + 1);                     % 节点个数
node_number = round(node_number);
x = zeros(1,node_number);                              % 定义一维数组,存放节点横坐标
y = zeros(1,node_number);                              % 定义一维数组,存放节点纵坐标
for nxi = 1:(nx + 1)
    for nyi = 1:(ny + 1)
        x((nxi - 1) * (ny + 1) + nyi) = (nxi - 1) * dx;    % 节点横坐标
        y((nxi - 1) * (ny + 1) + nyi) = (nyi - 1) * dy;    % 节点纵坐标
    end
end
element_number = 2 * nx * ny;                          % 有限元个数
e = zeros(element_number,3);                           % 每行三个元素,表示单元的逆时针节点
for nxj = 1:nx
  for nyj = 1:ny
    e(2 * ((nxj - 1) * ny + nyj) - 1,1) = nyj + (nxj - 1) * ny + nxj - 1;
    e(2 * ((nxj - 1) * ny + nyj),1) = nyj + (nxj - 1) * ny + nxj - 1;
                                        % 单元节点 1,i
    e(2 * ((nxj - 1) * ny + nyj) - 1,2) = nyj + (nxj - 1) * ny + nxj + ny;
    e(2 * ((nxj - 1) * ny + nyj),2) = nyj + (nxj - 1) * ny + nxj + ny + 1;
                                        % 单元节点 2,j
    e(2 * ((nxj - 1) * ny + nyj) - 1,3) = nyj + (nxj - 1) * ny + nxj + ny + 1;
    e(2 * ((nxj - 1) * ny + nyj),3) = nyj + (nxj - 1) * ny + nxj;
                                        % 单元节点 3,k
  end
end
```

```matlab
K = zeros(node_number,node_number);
% 定义矩阵K,共 element_number 个有限元,计算每个有限元子矩阵[Ke],组合成大矩阵[K]
for m = 1:element_number
    mi = 1;mj = 2;mk = 3;
    i = e(m,mi);j = e(m,mj);k = e(m,mk);                    % 产生节点编号 i,j,k
    Kii = ((y(j) - y(k))^2 + (x(j) - x(k))^2)/(4 * square); % 计算组合后的矩阵 K
    K(i,i) = K(i,i) + Kii;                                  % Kii
    Kjj = ((y(i) - y(k))^2 + (x(i) - x(k))^2)/(4 * square);
    K(j,j) = K(j,j) + Kjj;                                  % Kjj
    Kkk = ((y(i) - y(j))^2 + (x(i) - x(j))^2)/(4 * square);
    K(k,k) = K(k,k) + Kkk;                                  % Kkk
    Kij = ((y(j) - y(k)) * (y(k) - y(i)) + (x(j) - x(k)) * (x(k) - x(i)))/(4 * square);
    K(i,j) = K(i,j) + Kij;
    K(j,i) = K(j,i) + Kij;                                  % Kij 和 Kji 运用对称性
    Kjk = ((y(k) - y(i)) * (y(i) - y(j)) + (x(k) - x(i)) * (x(i) - x(j)))/(4 * square);
    K(j,k) = K(j,k) + Kjk;
    K(k,j) = K(k,j) + Kjk;                                  % Kjk 和 Kkj
    Kki = ((y(i) - y(j)) * (y(j) - y(k)) + (x(i) - x(j)) * (x(j) - x(k)))/(4 * square);
    K(k,i) = K(k,i) + Kki;                                  % Kki 和 Kik
    K(i,k) = K(i,k) + Kki;
end
%%% 强制边界处理(即中间有一个电压为 1V 的导体带),假设导体无限薄
V1 = 1;                                                     % 内导体上电压
nd1_start = llx/dx * (ny + 1) + lyy/dy + 1;                 % 计算内导体上节点全局编码
nd1_end = lrx/dx * (ny + 1) + lyy/dy + 1;
nd1 = nd1_start:(ny + 1):nd1_end;                           % 计算外导体上节点全局编码
nd2_1 = 1:ny + 1;                                           % 左侧边缘的节点编号
nd2_2 = ny + 2:(ny + 1):round(lx/dx * (ny + 1)) + 1;        % 下侧边缘的节点编号
nd2_3 = ny + 2 + ny:(ny + 1):round(lx/dx * (ny + 1)) + 1 + ny; % 上侧边缘的节点编号
nd2_4 = round(lx/dx * (ny + 1)) + 2: round(lx/dx * (ny + 1)) + ny; % 右侧边缘的节点编号
nd2 = [nd2_1 nd2_2 nd2_3 nd2_4];                            % 一维数组,元素分别为边界节点编号
N1 = length(nd1);                                           % 内导体节点个数
N2 = length(nd2);                                           % 外导体节点个数
g = zeros(node_number,1);                                   % [K]{B} = {g},g 初始化,全部元素为 0
for i = 1:N1
    for j = 1:node_number
        if j ~ = nd1(i)
            g(j) = g(j) - K(j,nd1(i)) * V1;                 % 对所有内导体对应节点处修正 g
        end
    end
end
g(nd1) = V1;                                                % 内导体强制边界条件
g(nd2) = 0;                                                 % 外导体强制边界条件
for i = 1:N1
    K(nd1(i),:) = 0;
    K(:,nd1(i)) = 0;
    K(nd1(i),nd1(i)) = 1;                                   % 修改 K 矩阵
end
for i = 1:N2
    K(nd2(i),:) = 0;
    K(:,nd2(i)) = 0;
    K(nd2(i),nd2(i)) = 1;                                   % 修改 K 矩阵
end
u = K\g;                                                    % 解方程得到电势 u
u_updown = u';
u1 = reshape(u_updown,ny + 1,nx + 1);                       % 列矢量转换成矩阵排布
```

```
xx = 0:dx:lx;
yy = 0:dy:ly;
[X,Y] = meshgrid(xx,yy);                          % 形成栅格
figure
mesh(X,Y,u1);                                     % 画电位三维曲面图
axis equal
figure
contour(X,Y,u1,20)                                % 画等电位线图
hold on
[Gx,Gy] = gradient(u1,dx,dy);                     % 计算电场矢量
quiver(X,Y, - Gx, - Gy,1,'r');                    % 画出电场矢量
axis equal
axis([0 1.2 0 0.9])
```

计算得到矩形区域中的电位后,对区域中电位做了三维分布图,如图 11-25 所示。可以很清晰地观察到电位在矩形区域中的变化。图 11-26 中等位线给出了区域中的电势分布规律,而电场线给出了矩形区域中任意位置的电场方向,可以看到电场线由内导体发出,在外导体终止。

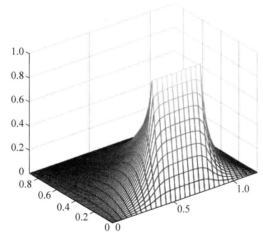

图 11-25 矩形区域中电位的分布图

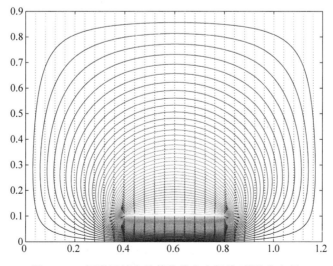

图 11-26 矩形区域中的等位线和电场线(箭头为电场)

11.4　时域有限差分法

时域有限差分(Finite Difference Time Domain,FDTD)法于 1966 年由 K. S. Yee 提出并迅速发展,是一种已经获得广泛应用并且有很大发展前景的时域数值计算方法。其核心思想是运用 Yee 氏网格的空间离散方式,将麦克斯韦微分方程在时间和空间域上进行差分化。利用蛙跳式算法(Leap Frog Algorithm)对空间域内的电场和磁场进行交替计算,通过时间域上更新来模仿电磁场的变化,达到数值计算的目的。用该方法分析问题的时候要考虑研究对象的几何参数、材料参数、计算精度、计算复杂度、计算稳定性等多方面的问题。其优点是能够直接模拟场的分布,精度比较高,是使用比较多的数值模拟的方法之一。该方法能方便、精确地预测实际工程中的大量复杂电磁问题,应用范围几乎涉及所有电磁领域,成为电磁工程界和理论界研究的一个热点。目前,FDTD 法日趋成熟,并成为分析大部分实际电磁问题的首选方法。

11.4.1　FDTD 法基本原理

若在无源空间中媒质是均匀线性各向同性的,假设电导率为 $\sigma=0$,则 $\boldsymbol{J}=\sigma\boldsymbol{E}=0$,即麦克斯韦方程组微分形式为

$$\begin{cases}\nabla\times\boldsymbol{H}=\dfrac{\partial\boldsymbol{D}}{\partial t}\\[2mm]\nabla\times\boldsymbol{E}=-\dfrac{\partial\boldsymbol{B}}{\partial t}\\[2mm]\nabla\cdot\boldsymbol{B}=0\\[2mm]\nabla\cdot\boldsymbol{D}=\rho\end{cases}\tag{11-95}$$

其中:$\boldsymbol{H}$、$\boldsymbol{B}$、$\boldsymbol{E}$、$\boldsymbol{D}$ 分别为磁场强度、磁感应强度、电场强度、电位移矢量。

考虑自由空间($\varepsilon=\varepsilon_0,\mu=\mu_0$)中传播的 TM 模式正弦电磁波,电磁场只有 E_z、H_x、H_y 三个分量不为 0,则方程(11-95)写为

$$\frac{\partial H_y}{\partial x}-\frac{\partial H_x}{\partial y}=\varepsilon_0\frac{\partial E_z}{\partial t}$$
$$\frac{\partial E_z}{\partial y}e_x-\frac{\partial E_z}{\partial x}e_y=-\mu_0\frac{\partial H_x}{\partial t}e_x-\mu_0\frac{\partial H_y}{\partial t}e_y\tag{11-96}$$

也可以重写为

$$\begin{cases}\dfrac{\partial H_x}{\partial t}=-\dfrac{1}{\mu_0}\dfrac{\partial E_z}{\partial y}\\[2mm]\dfrac{\partial H_y}{\partial t}=\dfrac{1}{\mu_0}\dfrac{\partial E_z}{\partial x}\\[2mm]\dfrac{\partial E_z}{\partial t}=\dfrac{1}{\varepsilon_0}\left(\dfrac{\partial H_y}{\partial x}-\dfrac{\partial H_x}{\partial y}\right)\end{cases}\tag{11-97}$$

推导 FDTD 公式时,采用如图 11-27 所示的 Yee 氏元胞网格划分方法,将空间划分为一个个 Yee 网格元,Δx,Δy,Δz 分别代表空间变量 x,y,z 的步长,Δt 代表时间步长。

电场和磁场被交叉放置,电场分量位于网格单元每条棱的中心,磁场分量位于网格单元每个面

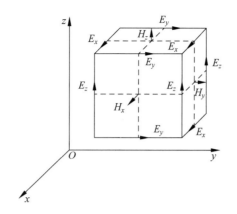

图 11-27　Yee 氏网格及其电磁场分量分布

的中心,每个磁场(电场)分量都有 4 个电场(磁场)分量环绕。这样不仅保证了介质分界面上切向场分量的连续性条件得到自然满足,而且还允许微分方程在空间上进行中心差分运算。

当网格划分足够小的时候,就可以用中心差分代替一阶导数,再结合 Yee 网格的节点位置,即可改写微分方程组,可得到二维情况下的差分方程。

整个空间划分为 Yee 网格后,式(11-97)可写为

$$
\begin{cases}
\dfrac{E_z^{n+\frac{1}{2}}(i,j)-E_z^{n-\frac{1}{2}}(i,j)}{\Delta t}=\dfrac{1}{\varepsilon_0}\left[\dfrac{H_y^n\left(i+\frac{1}{2},j\right)-H_y^n\left(i-\frac{1}{2},j\right)}{\Delta x}-\right.\\
\qquad\qquad\left.\dfrac{H_x^n\left(i,j+\frac{1}{2}\right)-H_x^n\left(i,j-\frac{1}{2}\right)}{\Delta y}\right]\\[4mm]
\dfrac{H_x^{n+1}\left(i,j+\frac{1}{2}\right)-H_x^n\left(i,j+\frac{1}{2}\right)}{\Delta t}=-\dfrac{1}{\mu_0}\dfrac{E_z^{n+\frac{1}{2}}(i,j+1)-E_z^{n+\frac{1}{2}}(i,j)}{\Delta y}\\[4mm]
\dfrac{H_y^{n+1}\left(i+\frac{1}{2},j\right)-H_y^n\left(i+\frac{1}{2},j\right)}{\Delta t}=\dfrac{1}{\mu_0}\dfrac{E_z^{n+\frac{1}{2}}(i+1,j)-E_z^{n+\frac{1}{2}}(i,j)}{\Delta x}
\end{cases}
$$

(11-98)

一般情况下,$\Delta x=\Delta y$,且 $\Delta t\cdot c\leqslant\Delta x$,其中 c 为光速。不妨设 $\Delta t\cdot c=S_c\Delta x$,称 S_c 为稳定性因子。显然有 $0<S_c\leqslant1$。很多情况下,稳定性因子为 0.5,于是式(11-98)可以简化为

$$E_z^{n+\frac{1}{2}}(i,j)-E_z^{n-\frac{1}{2}}(i,j)=\frac{1}{2}Z_0$$

$$\left[\left(H_y^n\left(i+\frac{1}{2},j\right)-H_y^n\left(i-\frac{1}{2},j\right)\right)-\left(H_x^n\left(i,j+\frac{1}{2}\right)-H_x^n\left(i,j-\frac{1}{2}\right)\right)\right]$$

$$H_x^{n+1}\left(i,j+\frac{1}{2}\right)-H_x^n\left(i,j+\frac{1}{2}\right)=-\frac{1}{2Z_0}(E_z^{n+\frac{1}{2}}(i,j+1)-E_z^{n+\frac{1}{2}}(i,j))$$

$$H_y^{n+1}\left(i+\frac{1}{2},j\right)-H_y^n\left(i+\frac{1}{2},j\right)=\frac{1}{2Z_0}(E_z^{n+\frac{1}{2}}(i+1,j)-E_z^{n+\frac{1}{2}}(i,j))$$

其中:$Z_0=\sqrt{\dfrac{\mu_0}{\varepsilon_0}}=120\pi$,为自由空间的波阻抗。

由式(11-98)得到如下的场量更新方程：

$$
\begin{cases}
E_z^{n+\frac{1}{2}}(i,j) = E_z^{n-\frac{1}{2}}(i,j) + \dfrac{\Delta t}{\varepsilon_0 \Delta x}\left[H_y^n\left(i+\dfrac{1}{2},j\right) - H_y^n\left(i-\dfrac{1}{2},j\right)\right] - \\
\qquad\qquad \dfrac{\Delta t}{\varepsilon_0 \Delta y}\left[H_x^n\left(i,j+\dfrac{1}{2}\right) - H_x^n\left(i,j-\dfrac{1}{2}\right)\right] \\
H_x^{n+1}\left(i,j+\dfrac{1}{2}\right) = H_x^n\left(i,j+\dfrac{1}{2}\right) - \dfrac{\Delta t}{\mu_0 \Delta y}\left[E_z^{n+\frac{1}{2}}(i,j+1) - E_z^{n+\frac{1}{2}}(i,j)\right] \\
H_y^{n+1}\left(i+\dfrac{1}{2},j\right) = H_y^n\left(i+\dfrac{1}{2},j\right) + \dfrac{\Delta t}{\mu_0 \Delta x}\left[E_z^{n+\frac{1}{2}}(i+1,j) - E_z^{n+\frac{1}{2}}(i,j)\right]
\end{cases}
\tag{11-99}
$$

式(11-99)在编程中具有重要的意义。

11.4.2 Mur 吸收边界条件

由于计算机内存容量的限制，在大多数情况下应用 FDTD 法进行分析时，需要把网格进行人为的"截断"处理，从而可以先在有限的区域内进行仿真计算，然后再将此结果转换到远区。这也是大多数电磁仿真软件所必须面对的问题。FDTD 法采用吸收边界条件(Absorbing Boundary Condition,ABC)或完全匹配层(Perfect Matching Layer,PML)来解决这个问题。当采用 ABC 或者 PML 时，电磁波在有限区域内传播与在无限空间传播具有相同的效果：当电磁波照射到边界时，没有任何反射发生或者反射非常小。

经常使用的 ABC 是由 Mur 提出的。简单起见，这里给出一阶情况下的吸收边界条件，即

$$
E_z^{n+\frac{1}{2}}(1,j) = E_z^{n-\frac{1}{2}}(2,j) + \frac{S_c - 1}{S_c + 1}\left[E_z^{n+\frac{1}{2}}(2,j) - E_z^{n-\frac{1}{2}}(1,j)\right]
\tag{11-100}
$$

式(11-100)给出了区域左边边界(即 $i=1$)对应的场量更新方程。

当处理区域右边边界(即 $i=M$)时，类似地有

$$
E_z^{n+\frac{1}{2}}(M,j) = E_z^{n-\frac{1}{2}}(M-1,j) + \frac{S_c - 1}{S_c + 1}\left[E_z^{n+\frac{1}{2}}(M-1,j) - E_z^{n-\frac{1}{2}}(M,j)\right]
\tag{11-101}
$$

对上、下边界的处理与式(11-100)、式(11-101)类似，这里不再赘述。

二阶 Mur 吸收边界条件为

$$
\begin{aligned}
E_z^{n+\frac{1}{2}}(1,j) = {} & \frac{-1}{1/S_c' + 2 + S_c'}\Big\{(1/S_c' - 2 + S_c')\big[E_z^{n+\frac{1}{2}}(3,j) + E_z^{n-1-\frac{1}{2}}(1,j)\big] + \\
& 2(S_c' - 1/S_c')\big[E_z^{n-\frac{1}{2}}(1,j) + E_z^{n-\frac{1}{2}}(3,j) - E_z^{n+\frac{1}{2}}(2,j) - E_z^{n-1-\frac{1}{2}}(2,j)\big] - \\
& 4(1/S_c' + S_c')E_z^{n-\frac{1}{2}}(2,j)\Big\} - E_z^{n-1-\frac{1}{2}}(3,j)
\end{aligned}
\tag{11-102}
$$

其中

$$
S_c' = S_c / \sqrt{\varepsilon_r \mu_r}
$$

由式(11-102)可以看出，二阶吸收边界条件牵涉边界内部相邻的 2 个节点、3 个时刻的场值，因此实施起来更为复杂。

事实上，相对于 Mur 吸收边界条件，完全匹配层的性能更加优秀。但其编程实现相对复杂，故在此不做进一步介绍。感兴趣的读者可以参考相关书籍。

11.4.3 MATLAB 程序和结果可视化

应用 FDTD 法分析电磁场问题时的编程流程图如图 11-28 所示。

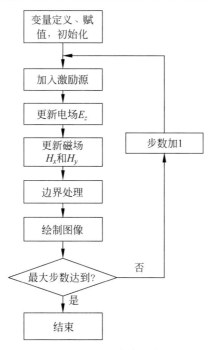

图 11-28 FDTD 法编程流程图

按照以上思路编程可以实现给定电磁波源在自由空间的传播分析。下面的程序演示了一个随时间做正弦变化的电磁波在空间的传输过程。程序中使用了一阶 Mur 吸收边界条件,用于模拟无限大的空间。MATLAB 代码如下:

```
c = 3e8;                           % 自由空间光速
mu_0 = 4.0 * pi * 1.0e - 7;        % 磁导率
eps_0 = 8.854e - 12;               % 介电常数
Nx = 100;                          % x 轴上的 Yee 元胞数
Ny = 100;                          % y 轴上的 Yee 元胞数
Nt = 300;                          % 时间步数
f_0 = 10e9;                        % 激励源频率
omega = 2.0 * pi * f_0;            % 激励源角频率
lambda = c/f_0;                    % 参考波长
Dx = lambda/20;                    % 参考 Yee 元胞宽度
Dy = lambda/20;
X = Nx * Dx;                       % 仿真区域 x 方向长度
Y = Ny * Dy;                       % 仿真区域 y 方向长度
Sc = 0.5;                          % 稳定性因子
Dt = Sc/c * Dx;                    % 参考时间步长
                                   % 以下做初始化操作
Ez0 = zeros(Nx,Ny);                % 上一时刻的电场值
Ez1 = zeros(Nx,Ny);                % 当前时刻的电场值
Hx0 = zeros(Nx,Ny);
```

```matlab
Hx1 = zeros(Nx,Ny);
Hy0 = zeros(Nx,Ny);
Hy1 = zeros(Nx,Ny);                                    % 激励源的位置和初始化
Nx_Source = round(0.5 * (Nx + 1));                     % 激励源横坐标
Ny_Source = round(0.5 * (Nx + 1));                     % 激励源纵坐标
for n = 1:Nt
    t = Dt * n;
    cycles = 1;                                        % 正弦波激励一个周期的时间
            if t < cycles * 2.0 * pi/(omega)
                pulse = 0.03 * sin(omega * t);
            else
                pulse = 0;                             % 一个周期之后,激励源为 0
            end
    Ez0(Nx_Source,Ny_Source) = Ez0(Nx_Source,Ny_Source) + pulse; % 激励源设置
    CHy = Dt/mu_0/Dx;                                  % 计算场更新方程的系数
    CHx = Dt/mu_0/Dy;
    CEzHy = Dt/eps_0/Dx;
    CEzHx = Dt/eps_0/Dy;
                                                       % 以下完成区域内磁场更新
    for i = 1:Nx
        Hx1(i,1:Ny - 1) = Hx0(i,1:Ny - 1) - CHx. * (Ez0(i,2:Ny) - Ez0(i,1:Ny - 1));
    end
    for i = 1:Nx - 1
        Hy1(i,1:Ny) = Hy0(i,1:Ny) + CHy. * (Ez0(i + 1,1:Ny) - Ez0(i,1:Ny));
    end
    for i = 2:Nx - 1
        Ez1(i,2:Ny - 1) = Ez0(i,2:Ny - 1) + CEzHy. * (Hy1(i,2:Ny - 1) - Hy1(i - 1,2:Ny - 1)) - CEzHx. *
(Hx1(i,2:Ny - 1) - Hx1(i,1:Ny - 2));
    end
                                                       % 以下完成边界值更新
Ez1(1,2:Ny - 1) = Ez0(2,2:Ny - 1) + (Sc - 1)/(Sc + 1). * (Ez1(2,2:Ny - 1) - Ez0(1,2:Ny - 1));
                                                       % Mur ABC,左侧边界
    Ez1(2:Nx - 1,Ny) = Ez0(2:Nx - 1,Ny - 1) + (Sc - 1)/(Sc + 1). * (Ez1(2:Nx - 1,Ny - 1) -
Ez0(2:Nx - 1,Ny));                                     % Mur ABC,上部边界
Ez1(2:Nx - 1,1) = Ez0(2:Nx - 1,2) + (Sc - 1)/(Sc + 1). * (Ez1(2:Nx - 1,2) - Ez0(2:Nx - 1,1));
                                                       % Mur ABC,底部边界
    Ez1(Nx,2:Ny - 1) = Ez0(Nx - 1,2:Ny - 1) + (Sc - 1)/(Sc + 1). * (Ez1(Nx - 1,2:Ny - 1) -
Ez0(Nx,2:Ny - 1));                                     % Mur ABC,右侧边界
                                                       % 四个角点,取相邻节点的平均值
    Ez1(1,1) = .5 * (Ez1(1,2) + Ez1(2,1));
    Ez1(Nx,1) = .5 * (Ez1(Nx - 1,1) + Ez1(Nx,2));
    Ez1(1,Ny) = .5 * (Ez1(1,Ny - 1) + Ez1(2,Ny));
    Ez1(Nx,Ny) = .5 * (Ez1(Nx - 1,Ny) + Ez1(Nx,Ny - 1));
    Hx0 = Hx1;                                         % 更新变量,为下个时刻做准备
    Hy0 = Hy1;
    Ez0 = Ez1;

                                                       % 绘图
    i = 1:Nx;                                          % 区域设置
    j = 1:Ny;
    surf(i * Dx,j * Dy,Ez0); shading interp;           % 绘制曲面,以下语句用于修饰图像
    axis([0 Nx * Dx 0 Ny * Dy - 0.03 0.03]);
    set(gca,'XTick',[1 Nx/4 Nx/2 3 * Nx/4 Nx] * Dx,'FontSize',8);
    set(gca,'XTickLabel',[0 X/4 X/2 3 * X/4 X],'FontSize',8);
    xlabel('x in m');
```

```
        set(gca,'YTick',[1 Ny/4 Ny/2 3 * Ny/4 Ny] * Dy,'FontSize',8);
        set(gca,'YTickLabel',[0 Y/4 Y/2 3 * Y/4 Y],'FontSize',8);
        ylabel('y in m');
        zlabel('Amplitude of Ez');
        pause(0.005);                                       % 暂停时间
        tmp(n) = max(max(abs(Ez0)));                        % 记录场值的最大值
end
figure;
plot(tmp);                                                 % 绘制场值随时间变化的情况
```

程序运行后得到正弦电磁波的传播过程，截图如图 11-29 所示。其中，图 11-29(a) 给出了时间步数为 60 时的情况；图 11-29(b) 给出了时间步数为 120 时的情况。可以看出，点源发出的柱面波向四周传播；当到达边界的时候，由于使用了吸收边界条件，因此反射比较小。尽管如此，图像中仍能观察到反射波的存在。如果需要进一步完善吸收边界，则可以考虑采用完美匹配层加以改进。

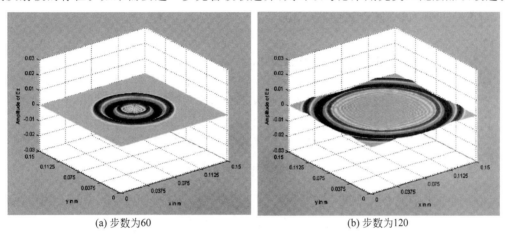

(a) 步数为60　　　　　　　　　　　　　(b) 步数为120

图 11-29　基于 FDTD 法模拟正弦波的传播过程

FDTD 法在电磁场数值分析方面有很大的优越性，而 MATLAB 具有强大的数据处理和图形处理功能，可以快速地编出高效的数值运算程序。在处理复杂问题时，还需要考虑数值稳定性、数值色散和吸收边界条件、匹配边界等问题。

11.5　小结

本章介绍了电磁场问题求解的常用数值算法，包括有限差分法、矩量法、有限元法和时域有限差分法。首先简要介绍了数值算法的基本原理，然后结合简单经典的电磁场问题实例，包括静电场电势的泊松方程问题、微波波导中模式的亥姆霍兹方程问题、天线辐射 Hallén 方程问题等，运用 MATLAB 编程实现了对应问题的求解与可视化。

附录A 傅里叶变换的几种形式及其关系

傅里叶变换在电子信息类、电气类的专业课程中反复出现,但是不同的教材、不同的课堂、不同的期刊中,所出现的傅里叶变换的形式却是"千奇百怪",初学者极易"上当受骗"。因此,有必要对傅里叶变换的不同形式及其之间的关系进行梳理,以方便大家的深入学习。

A.1 傅里叶积分定理

众所周知,对于非周期函数 $f(x)$,如果满足如下条件:

该函数在任意有限区间上满足狄利克雷条件,也就是:①处处连续,或有有限个第一类间断点(可去间断点或阶跃间断点);②有有限个极值点。同时,函数 $f(x)$ 在区间 $(-\infty,\infty)$ 上绝对可积,即 $\int_{-\infty}^{\infty} |f(x)| \, \mathrm{d}x < \infty$,则该函数的傅里叶积分存在。而且,在函数连续处,该傅里叶积分的值等于 $f(x)$;在间断点处,该傅里叶积分的值等于 $\dfrac{[f(x+0)+f(x-0)]}{2}$。

大多数情况下,使用如下形式的傅里叶变换公式,即

$$\begin{cases} f(x) = \dfrac{1}{2\pi} \int_{-\infty}^{\infty} F(\omega) \mathrm{e}^{\mathrm{j}\omega x} \, \mathrm{d}\omega \\ F(\omega) = \int_{-\infty}^{\infty} f(x) \mathrm{e}^{-\mathrm{j}\omega x} \, \mathrm{d}x \end{cases} \tag{A-1}$$

很多本科生都学过郑君里先生的教材《信号与系统》,其中便使用的是这种形式。第二式称为傅里叶变换式,即将函数变换为其频率域的"像函数";第一式称为逆变换式,即将"像函数"重新映射为函数本身。如果将函数看作一个信号,则第一式反映的就是将一个任意信号转换为许多复三角信号之和。

A.2 几种不同形式的傅里叶变换

绝大多数人熟悉的傅里叶变换形式就是式(A-1)的形式。但实际上,从傅里叶变换的推导过程中可以看出,还可以有如下形式的傅里叶变换存在,即

$$\begin{cases} f(x) = \int_{-\infty}^{\infty} F(\omega) \mathrm{e}^{\mathrm{j}\omega x} \, \mathrm{d}\omega \\ F(\omega) = \dfrac{1}{2\pi} \int_{-\infty}^{\infty} f(x) \mathrm{e}^{-\mathrm{j}\omega x} \, \mathrm{d}x \end{cases} \tag{A-2}$$

上式与式(A-1)的差别,在于常数因子的位置不同,并无实质差别。梁昆淼先生的《数学物理方法》一书中,采用的就是这种形式。此外,还有人提出了如下对称形式的傅里叶变换对,即

$$\begin{cases} f(x) = \dfrac{1}{\sqrt{2\pi}} \displaystyle\int_{-\infty}^{\infty} F(\omega) e^{j\omega x} \, d\omega \\ F(\omega) = \dfrac{1}{\sqrt{2\pi}} \displaystyle\int_{-\infty}^{\infty} f(x) e^{-j\omega x} \, dx \end{cases} \tag{A-3}$$

但在实际应用中,很少使用式(A-3)这种变换形式。上述三种形式的傅里叶变换的定义不同,即对于同一个函数,其傅里叶变换相差一个系数;且傅里叶变换的性质稍有不同(如卷积性质)。因此读者在阅读图书的时候,如果发现傅里叶变换和自己理解的不同,则有可能是因为定义不同的缘故。

实际上,与式(A-1)相对应,还有一套傅里叶变换对,在科研领域的应用也非常广泛,这就是式(A-4)给出的变换形式,值得重点介绍一下。

$$\begin{cases} f(x) = \dfrac{1}{2\pi} \displaystyle\int_{-\infty}^{\infty} F(\omega) e^{-j\omega x} \, d\omega \\ F(\omega) = \displaystyle\int_{-\infty}^{\infty} f(x) e^{j\omega x} \, dx \end{cases} \tag{A-4}$$

可以看出,与普通的傅里叶变换形式相比,该变换式是用 $-j$ 代替 j 得到的。大家还可以把脑洞打开,对上述变换对也可以类比式(A-2)和式(A-3),重新定义另外两个变换对,在此不再赘述。这里需要着重指出的是,式(A-4)对应的傅里叶变换给电磁场领域的学习带来了"诸多不便"。

A.3 傅里叶变换与"相量"

大家在学习电路与系统,或者学习时谐电磁场时,都遇到过相量(phasor)表达式。也就是对于随时间做正弦(或者余弦,下同)变化的信号,可以用复数形式来表示。相量形式转换为瞬时值形式,只需将相量乘以时谐因子 $e^{j\omega t}$,并取实部(或者虚部)即可。

例如,$i(t) = I_m \cos(\omega t + \varphi)$,其相量形式可以表示为 $I_m e^{j\varphi} = I_m \angle \varphi$。相量的好处在于,对于瞬时值的导数和积分,可以分别用相量与 $j\omega$ 的乘积和商表示出来,如表 A-1 所示。

表 A-1 信号的瞬时值和相量表示

类　型	瞬时值形式	相量形式
原始信号	$i(t) = I_m \cos(\omega t + \varphi)$	$I_m e^{j\varphi}$
导数	$i'(t) = -\omega I_m \sin(\omega t + \varphi)$	$j\omega I_m e^{j\varphi}$
积分	$\displaystyle\int i(t) dt = \dfrac{1}{\omega} I_m \sin(\omega t + \varphi)$	$\dfrac{I_m}{j\omega} e^{j\varphi}$

实际上,相量后面的理论基础就是傅里叶变换。众所周知,我们研究的大多数电路和系统,包括电磁场在内,都是所谓的线性时不变系统,都满足叠加原理。而傅里叶变换也是一个线性的变换。当把一个系统整体上做了傅里叶变换之后,其中任意位置、任意时刻的信号 $f(t)$ 就变成了一系列复信号之和 $\left(f(t) = \dfrac{1}{2\pi} \displaystyle\int_{-\infty}^{\infty} F(\omega) e^{j\omega t} \, d\omega \right)$。由于这些信号形式完全一样,所以可以单独取一个频率为 ω 的形如 $F(\omega) e^{j\omega t}$ 的复信号(这恰恰就是相量的形式),单独研究它的特性。最后,把所得相量形式的结果再积分,就得到系统的最终响应。这实际上就是在纷繁变幻的世界中,抓住主要矛盾的典型

代表。顺便说一下,与三角信号一样,冲击信号也是基础信号,因此,研究系统的冲击响应才具有重要意义。

表 A-2 给出了信号求导和积分后的傅里叶变换特性。对比表 A-1 和表 A-2 就可以看出二者的相似之处。

表 A-2　导数和积分的傅里叶变换特性

类　　型	时 域 形 式	频 域 形 式
原始信号	$f(t) = \dfrac{1}{2\pi}\displaystyle\int_{-\infty}^{\infty} F(\omega)\mathrm{e}^{\mathrm{j}\omega t}\,\mathrm{d}\omega$	$F(\omega) = \displaystyle\int_{-\infty}^{\infty} f(t)\mathrm{e}^{-\mathrm{j}\omega t}\,\mathrm{d}t$
导数信号	$f'(t)$	$\mathrm{j}\omega F(\omega)$
积分信号	$\displaystyle\int f(t)\,\mathrm{d}t$	$\dfrac{F(\omega)}{\mathrm{j}\omega}$

由此得到结论,相量的本质就是信号的傅里叶变换。它对应的就是一个信号的频域形式,只不过省略掉了时谐因子 $\mathrm{e}^{\mathrm{j}\omega t}$。

如果大家能够理解这个概念,则依托式(A-4),也可以定义时谐因子为 $\mathrm{e}^{-\mathrm{j}\omega t}$ 形式的相量。这是因为,由式(A-4)可以看出,任何一个信号都可以看作一系列形如 $F(\omega)\mathrm{e}^{-\mathrm{j}\omega t}$ 的复信号的和的形式。表 A-3 给出了采用 $\mathrm{e}^{-\mathrm{j}\omega t}$ 作为时谐因子时瞬时值和相量的表达形式。同样的道理,表 A-4 给出了这种情况下的傅里叶变换及其性质。

表 A-3　瞬时值和相量的另一种表示

类　　型	瞬 时 值 形 式	相 量 形 式
原始信号	$i(t) = I_\mathrm{m}\cos(\omega t + \varphi)$	$I_\mathrm{m}\mathrm{e}^{-\mathrm{j}\varphi}$
导数信号	$i'(t) = -\omega I_\mathrm{m}\sin(\omega t + \varphi)$	$-\mathrm{j}\omega I_\mathrm{m}\mathrm{e}^{-\mathrm{j}\varphi}$
积分信号	$\displaystyle\int i(t)\,\mathrm{d}t = \dfrac{1}{\omega}I_\mathrm{m}\sin(\omega t + \varphi)$	$\dfrac{I_\mathrm{m}}{-\mathrm{j}\omega}\mathrm{e}^{-\mathrm{j}\varphi}$

表 A-4　另外一种傅里叶变换导数和积分的特性

类　　型	时 域 形 式	频 域 形 式
原始信号	$f(t) = \dfrac{1}{2\pi}\displaystyle\int_{-\infty}^{\infty} F(\omega)\mathrm{e}^{-\mathrm{j}\omega t}\,\mathrm{d}\omega$	$F(\omega) = \displaystyle\int_{-\infty}^{\infty} f(t)\mathrm{e}^{\mathrm{j}\omega t}\,\mathrm{d}t$
导数信号	$f'(t)$	$-\mathrm{j}\omega F(\omega)$
积分信号	$\displaystyle\int f(t)\,\mathrm{d}t$	$\dfrac{F(\omega)}{-\mathrm{j}\omega}$

A.4　两种形式傅里叶变换的后果

实际应用中,式(A-1)和式(A-4)是大家经常遇到的傅里叶变换的两种形式。对于初学者来讲,这两种形式的变换,对电磁场与微波技术领域的学习,造成了很大的困扰。

1. 导数与积分的傅里叶变换形式不同

这个结果在表 A-2 和表 A-4 中已经清楚无误地表示出来了。

2. Maxwell 方程组的形式不同

在大多数情况下,人们研究的都是时谐电磁场。因此,麦克斯韦方程组使用时谐形式表示。由于两种傅里叶变换形式的不同,以及两种相量表达形式的不同,造成麦克斯韦方程组的形式不同,如下示意。

如果采用 $e^{j\omega t}$ 作为时谐因子,则方程形式为

$$\begin{cases} \nabla \times \boldsymbol{H} = j\omega\varepsilon\boldsymbol{E} + \boldsymbol{J} \\ \nabla \times \boldsymbol{E} = -j\omega\mu\boldsymbol{H} \\ \nabla \cdot \boldsymbol{B} = 0 \\ \nabla \cdot \boldsymbol{E} = \dfrac{\rho}{\varepsilon} \end{cases} \tag{A-5}$$

如果采用 $e^{-j\omega t}$ 作为时谐因子,则方程形式为

$$\begin{cases} \nabla \times \boldsymbol{H} = -j\omega\varepsilon\boldsymbol{E} + \boldsymbol{J} \\ \nabla \times \boldsymbol{E} = j\omega\mu\boldsymbol{H} \\ \nabla \cdot \boldsymbol{B} = 0 \\ \nabla \cdot \boldsymbol{E} = \dfrac{\rho}{\varepsilon} \end{cases} \tag{A-6}$$

3. 正向传输的波的形式不同

由于时谐因子不同,因此,在不同的坐标系中,对于正向传输的电磁波,其形式有很大的差别。

例如,在直角坐标系中,均匀平面电磁波的表达形式为 $\boldsymbol{E}_m e^{j(\omega t - \boldsymbol{k} \cdot \boldsymbol{r})}$ 或者 $\boldsymbol{E}_m e^{-j\boldsymbol{k} \cdot \boldsymbol{r}}$;这实际上是采用了 $e^{j\omega t}$ 作为时谐因子;反之,则均匀平面电磁波的形式为 $\boldsymbol{E}_m e^{j(\boldsymbol{k} \cdot \boldsymbol{r} - \omega t)}$ 或者 $\boldsymbol{E}_m e^{j\boldsymbol{k} \cdot \boldsymbol{r}}$。沿 z 轴正向传输的均匀平面波,在这两种情况下,其表达形式分别为 $\boldsymbol{E}_m e^{-jkz}$ 和 $\boldsymbol{E}_m e^{jkz}$。本书在第 6 章详细介绍了波的传播方向问题,读者可以再仔细参考。

在柱坐标系中,沿半径方向向外扩散的柱面波,在 $e^{j\omega t}$ 时谐因子下,表示为 $H_n^{(2)}(k_c r)$;而在 $e^{-j\omega t}$ 时,其表达形式为 $H_n^{(1)}(k_c r)$。

在球坐标系下,沿半径方向向外扩散的球面波,在 $e^{j\omega t}$ 时谐因子下,可以表示为 $h_n^{(2)}(kr)$;而在 $e^{-j\omega t}$ 时,其表达形式为 $h_n^{(1)}(kr)$。

对于这些电磁波的形式选择,读者稍不留意,就会出现混淆。

4. 介电常数和磁导率的表达形式不同

在 $e^{j\omega t}$ 时谐因子下,介电常数表示为 $\varepsilon = \varepsilon' - j\varepsilon''$,磁导率表示为 $\mu = \mu' - j\mu''$;而在 $e^{-j\omega t}$ 时,其表达形式为 $\varepsilon = \varepsilon' + j\varepsilon''$ 和 $\mu = \mu' + j\mu''$。

这个问题在实际应用中影响最大。很多读者在进行电磁仿真时,直接引用了别的参考文献中的数据,有可能造成仿真错误。两种时谐因子下,介电常数和磁导率是共轭的关系;从一种情景转换到另一情景,需要对材料参数做相应转换。这也就解释了为什么不同教材中,关于材料参数的洛伦兹模型等,其形式上稍有差异(j 变换为 $-j$)。

近年来,随着人工电磁材料的出现,负折射率、负介电常数、负磁导率、有源材料等概念也层出不穷,这给两种时谐因子下材料电磁参数的识别和判断带来了更大的挑战。大家在处理这类问题时,

一定要小心谨慎。

5. 相位超前和滞后不同

仍以均匀平面波为例,在两种时谐因子下,沿 z 轴正向传输的波,其对应的形式不同,分别为 $E_m e^{-jkz}$ 和 $E_m e^{jkz}$。因此,同样传输一段距离 Δz,在计算相位差的时候,得到的结果不同。前者的相位差为 $-k\Delta z$,相位滞后;而后者为 $k\Delta z$,相位超前。这个问题比较隐晦,尤其在计算波程差的时候,极易出现问题。如果作者采用的是 $e^{-j\omega t}$ 的时谐因子,而读者按照 $e^{j\omega t}$ 的时谐因子来分析,永远得不到正确的结果。

此外,采用不同的时谐因子,集总器件的阻抗或者导纳不同;采用不同的时谐因子,计算所得的反射、透射系数不同。这在进行人工电磁材料参数提取时很容易出现错误。表 A-5 给出了两种时谐因子下常用物理量的表示差异。

表 A-5 两种时谐因子下常用物理量的差异

参 数	$e^{j\omega t}$	$e^{-j\omega t}$
麦克斯韦方程组	$\nabla \times H = j\omega\varepsilon E + J$ $\nabla \times E = -j\omega\mu H$ $\nabla \cdot B = 0$ $\nabla \cdot E = \dfrac{\rho}{\varepsilon}$	$\nabla \times H = -j\omega\varepsilon E + J$ $\nabla \times E = j\omega\mu H$ $\nabla \cdot B = 0$ $\nabla \cdot E = \dfrac{\rho}{\varepsilon}$
介电常数	$\varepsilon = \varepsilon' - j\varepsilon''$	$\varepsilon = \varepsilon' + j\varepsilon''$
磁导率	$\mu = \mu' - j\mu''$	$\mu = \mu' + j\mu''$
均匀平面电磁波	$E_m e^{-jk \cdot r}$	$E_m e^{jk \cdot r}$
向外扩散的柱面波	$H_n^{(2)}(k_c r)$	$H_n^{(1)}(k_c r)$
向外扩散的球面波	$h_n^{(2)}(kr)$	$h_n^{(1)}(kr)$

表 A-5 中的内容也可以作为识别时谐因子的一个参考。

本书中大多数情况下采用的时谐因子为 $e^{j\omega t}$ 形式;有时为了与原始材料的形式一致,也会采用 $e^{-j\omega t}$ 作为时谐因子。根据表 A-5,很容易识别这两种形式。

对于常用的电磁仿真软件,如 CST、COMSOL、HFSS 等,其使用的时谐因子都是 $e^{j\omega t}$ 形式。

而广大作者经常引用的 D. R. Smith 等的参数提取文章,其计算模型中采用的是 $e^{-j\omega t}$ 形式。当从仿真软件导出数据时,一定要注意将 S 参数取共轭操作。

另外,建议在撰写论文的时候,务必直接给出自己所用的时谐因子形式,以免引起不必要的误会。有些论文中,不同部分的公式使用了不同的时谐因子,更是不妥。

在实践中，经常会涉及由近场数据获得远场数据的过程。最简单的例子，在天线的电磁仿真中，需要用近场仿真的数据得到远场的方向图函数；在实验中，利用 2D-Mapper 等二维场映射设备，只能测量近场电磁场分布，很多时候，需要根据近场数据，计算得到远区的场。近远场变换在计算远区方向图、雷达散射截面时具有重要意义。

如图 B-1 所示，由曲面 S、S' 所包围的区域是观测区域，设为 V。两个曲面的正方向如图 B-1 所示。其间有电荷、电流、磁荷、磁流分布，区域外部也有可能有电磁源(图中虚线部分)，但对观测区域而言，并不可见。根据斯特拉顿-朱公式，则区域 V 内部任意一点的场都可以用区域内的电磁源和边界上的场值表示出来，即

$$E(r) = \int_V \left[-j\omega\mu G_0(r,r_0) J(r_0) - J_m(r_0) \times \nabla_0 G_0(r,r_0) + \frac{\rho(r_0)}{\varepsilon} \nabla_0 G_0(r,r_0) \right] dV_0 -$$

$$\iint_{S+S'} \left\{ -j\omega\mu G_0(r,r_0) [n \times H(r_0)] + [n \times E(r_0)] \times \nabla_0 G_0(r,r_0) + [n \cdot E(r_0)] \nabla_0 G_0(r,r_0) \right\} dS_0 \qquad (B-1)$$

$$H(r) = \int_V \left[-j\omega\varepsilon G_0(r,r_0) J_m(r_0) + J(r_0) \times \nabla_0 G_0(r,r_0) + \frac{\rho_m(r_0)}{\mu} \nabla_0 G_0(r,r_0) \right] dV_0 -$$

$$\iint_{S+S'} \left\{ j\omega\varepsilon G_0(r,r_0) [n \times E(r_0)] + [n \times H(r_0)] \times \nabla_0 G_0(r,r_0) + [n \cdot H(r_0)] \nabla_0 G_0(r,r_0) \right\} dS_0 \qquad (B-2)$$

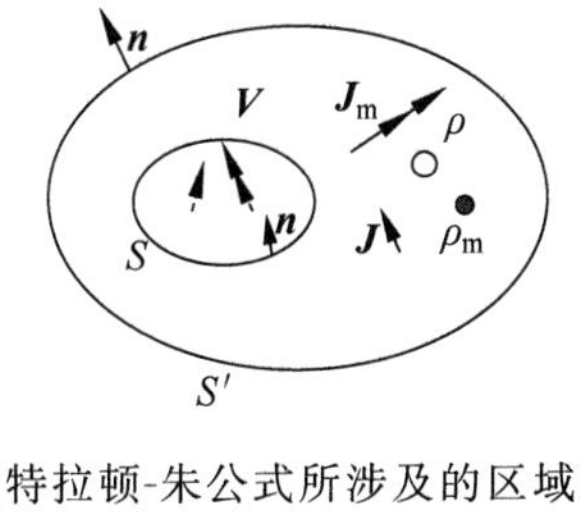

图 B-1 斯特拉顿-朱公式所涉及的区域示意图

其中：$G_0(\boldsymbol{r},\boldsymbol{r}_0)=\dfrac{\mathrm{e}^{-jkR}}{4\pi R}=\dfrac{\mathrm{e}^{-jk|\boldsymbol{r}-\boldsymbol{r}_0|}}{4\pi|\boldsymbol{r}-\boldsymbol{r}_0|}$ 为自由空间亥姆霍兹方程的格林函数。

当考虑空间 V 无限大而且 S 和 S' 不存在时，上面两式中的面积分为 0，于是有

$$\boldsymbol{E}(\boldsymbol{r})=\int_V\left[-j\omega\mu G_0(\boldsymbol{r},\boldsymbol{r}_0)\boldsymbol{J}(\boldsymbol{r}_0)-\boldsymbol{J}_m(\boldsymbol{r}_0)\times\nabla_0 G_0(\boldsymbol{r},\boldsymbol{r}_0)+\frac{\rho(\boldsymbol{r}_0)}{\varepsilon}\nabla_0 G_0(\boldsymbol{r},\boldsymbol{r}_0)\right]\mathrm{d}V_0 \quad(\text{B-3})$$

$$\boldsymbol{H}(\boldsymbol{r})=\int_V\left[-j\omega\varepsilon G_0(\boldsymbol{r},\boldsymbol{r}_0)\boldsymbol{J}(\boldsymbol{r}_0)+\boldsymbol{J}(\boldsymbol{r}_0)\times\nabla_0 G_0(\boldsymbol{r},\boldsymbol{r}_0)+\frac{\rho_m(\boldsymbol{r})}{\mu}\nabla_0 G_0(\boldsymbol{r},\boldsymbol{r}_0)\right]\mathrm{d}V_0 \quad(\text{B-4})$$

当考虑空间无源时，上面两式的体积分为 0，于是

$$\boldsymbol{E}(\boldsymbol{r})=-\iint_{S'+S}\{-j\omega\mu G_0(\boldsymbol{r},\boldsymbol{r}_0)[\boldsymbol{n}\times\boldsymbol{H}(\boldsymbol{r}_0)]+[\boldsymbol{n}\times\boldsymbol{E}(\boldsymbol{r}_0)]\times\nabla_0 G_0(\boldsymbol{r},\boldsymbol{r}_0)+$$
$$[\boldsymbol{n}\cdot\boldsymbol{E}(\boldsymbol{r}_0)]\nabla_0 G_0(\boldsymbol{r},\boldsymbol{r}_0)\}\mathrm{d}S_0 \quad(\text{B-5})$$

$$\boldsymbol{H}(\boldsymbol{r})=-\iint_{S'+S}\{j\omega\varepsilon G_0(\boldsymbol{r},\boldsymbol{r}_0)[\boldsymbol{n}\times\boldsymbol{E}(\boldsymbol{r}_0)]+[\boldsymbol{n}\times\boldsymbol{H}(\boldsymbol{r}_0)]\times\nabla_0 G_0(\boldsymbol{r},\boldsymbol{r}_0)+$$
$$[\boldsymbol{n}\cdot\boldsymbol{H}(\boldsymbol{r}_0)]\nabla_0 G_0(\boldsymbol{r},\boldsymbol{r}_0)\}\mathrm{d}S_0 \quad(\text{B-6})$$

当考虑 S' 为无限大封闭曲面，而源全部限制在 S 面内时，上面的问题变为一个外域问题。且考虑到辐射条件，S' 面上的积分为 0，于是，可以得到远区的场表示为

$$\boldsymbol{E}(\boldsymbol{r})=-\iint_S\{-j\omega\mu G_0(\boldsymbol{r},\boldsymbol{r}_0)[\boldsymbol{n}\times\boldsymbol{H}(\boldsymbol{r}_0)]+[\boldsymbol{n}\times\boldsymbol{E}(\boldsymbol{r}_0)]\times\nabla_0 G_0(\boldsymbol{r},\boldsymbol{r}_0)+$$
$$[\boldsymbol{n}\cdot\boldsymbol{E}(\boldsymbol{r}_0)]\nabla_0 G_0(\boldsymbol{r},\boldsymbol{r}_0)\}\mathrm{d}S_0 \quad(\text{B-7})$$

$$\boldsymbol{H}(\boldsymbol{r})=-\iint_S\{j\omega\varepsilon G_0(\boldsymbol{r},\boldsymbol{r}_0)[\boldsymbol{n}\times\boldsymbol{E}(\boldsymbol{r}_0)]+[\boldsymbol{n}\times\boldsymbol{H}(\boldsymbol{r}_0)]\times\nabla_0 G_0(\boldsymbol{r},\boldsymbol{r}_0)+$$
$$[\boldsymbol{n}\cdot\boldsymbol{H}(\boldsymbol{r}_0)]\nabla_0 G_0(\boldsymbol{r},\boldsymbol{r}_0)\}\mathrm{d}S_0 \quad(\text{B-8})$$

以上两式便可以用来计算远区的辐射场。实际应用的时候，通过全波仿真或者 2D-Mapper 的测量，获得 S 面上的场分布，利用上式即可获得远区场分布，并计算得到辐射模式或者散射截面。这个式子也称为矢量形式的基尔霍夫公式，它实际上就是惠更斯原理的数学表达式。需要提出的是，如果考虑在曲面 S、S' 上的法线方向指向区域内部，则只需将上述曲面积分前面的正、负号取反即可。

附录C 编制函数对MATLAB绘制的图形进行美化和修饰

在本书的编撰过程中，主要聚焦在功能实现和电磁理论解释，因此，对正文中所涉及的 MATLAB 代码，省去了很多修饰的部分和无关轻重的细节。但实际上，在真正的应用中，对于书中 MATLAB 代码生成的各种图形，需要做额外的修饰和美化，才能达到更高的标准。下面的 MATLAB 代码就给出了经常需要修改的部分。与在图形窗口通过手工方式修改图形属性的方法相比，采用函数形式更加灵活、方便、快捷。常用的函数及命令有：

```
set(gca,'FontName','times','FontSize',20,'fontweight','b');
%针对当前的图形窗口,设置字体、字号等属性
xlabel('text','fontsize',14,'fontweight','b');    %对 x 轴进行标注
ylabel('text','fontsize',14,'fontweight','b');    %对 y 轴进行标注
set(gca,'XTick',position);                        %设置 x 轴的刻度位置
axis([xmin xmax ymin ymax]);              %设置两个坐标轴的显示范围
set(gca,'linewidth',width,'ticklength',length);
                              %设置当前窗口线宽、刻度线长度
legend('string1','string2', … position);         %标注图例
legend('boxoff','fontsize',size);        %图例不绘制线框,设置字体大小
title('text');                           %设置图片的标题
text(x,y,'\leftarrow text');             %在相应位置处对曲线进行标注
annotation('arrow',[x1 x2],[y1 y2])      %添加箭头标注
```

其他可以对 MATLAB 进行图像修饰的指令还有：

```
set(ha,'xscale','linear')
%将 x 轴上刻度单位设置为线性坐标型,ha 为图形窗口的句柄,下同
set(ha,'xscale','log')          %将 x 轴上刻度单位设置为对数坐标型
set(ha,'xdir','normal')         %将 x 轴上的坐标值增加的方向设置为正方向
set(ha,'xdir','reverse')        %将 x 轴上的坐标值增加的方向设置为反方向
set(ha,'xlim',[x1,x2])          %将 x 轴上的取值范围设置为[x1,x2]
set(ha,'xgrid','on')            %添加分割 x 轴的坐标网线
set(ha,'xgrid','off')           %删除分割 x 轴的坐标网线
```

下面的 MATLAB 代码绘制了正弦和余弦两条曲线,并对其中的曲线性质进行了修饰。该程序用到了上述大多数函数,可以从中体会这些函数的作用和使用方法。图 C-1 给出了最终的曲线绘制结果。

```
x = linspace(0,2 * pi,200);     %x 取值范围和数据个数
y1 = sin(x);                    %余弦函数
y2 = cos(x);                    %正弦函数
p = plot(x,y1,'r',x,y2,':');    %绘制两条曲线
set(p,'LineWidth',3);           %设置曲线的线宽
```

```
set(gca,'FontName','times','FontSize',20,'fontweight','b');
% 针对当前的图形窗口,设置字体、字号等属性
xlabel('x','fontsize',20,'fontweight','b');                              % 对 x 轴进行标注
ylabel('y','fontsize',20,'fontweight','b');                              % 对 y 轴进行标注
set(gca,'XTick',[0:pi/2:2 * pi]);                                        % 设置 x 轴的刻度位置
set(gca,'XTickLabel',{'0','pi/2','pi','3 * pi/2','2 * pi'});             % 设置刻度数字
axis([0 7 - inf inf]);                                                    % 设置两个坐标轴的显示范围
set(gca,'linewidth',1.5,'ticklength',[0.02 0.02]);                      % 设置当前窗口线宽、刻度线长度
legend('sin','cos','NorthEast');                                         % 标注图例
legend('boxoff','fontsize',10);                                          % 图例不绘制线框,设置字体大小
title('y = sinx and cosx');                                              % 设置图片的标题
text(pi,0,'\leftarrow sine');                                            % 在相应位置处对曲线进行标注
annotation('textarrow',[0.1,0.65],[0.2,0.5],'string','cosine');         % 添加箭头标注
set(gca,'xgrid','on');                                                   % 添加分割 x 轴的坐标网线
```

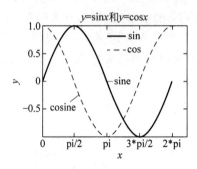

图 C-1　利用函数对图形进行修饰

在电磁场与微波技术中,与射线追踪理论相似,也可以使用几何光学的方法设计电磁器件,如简单透镜的设计。本附录就给出了三种典型透镜的设计,供大家参考使用。需要指出的是,在相位推导中,隐含的时谐因子为 $e^{-j\omega t}$。

D.1　偏折透镜

如图 D-1 所示,一个厚度为 t 的薄介质块在垂直方向有变化的折射率分布,水平光线从左至右垂直于介质入射,离开介质表面的时候,以 φ 角度出射,等相位面始终垂直于传播方向。设透镜下边缘的折射率为 n_0,沿 y 方向任意一点的折射率为 $n(y)$,并且假设光线在透镜里面沿水平方向传播。则对于 $y=0$ 处入射的光线,其对应的相位变化为(至图中等相位面)

$$\phi(0) = k_0 n_0 t$$

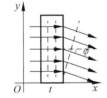

图 D-1　偏折透镜的示意图

对于上面 y 处的光线,相位变化为(至图中等相位面)

$$\phi(y) = k_0 n(y)t + k_0 \cdot n_0 \cdot y \cdot \sin\varphi$$

二者应该相等,所以

$$n(y) = n_0 - \frac{y}{t}\sin\varphi \tag{D-1}$$

D.2　聚焦透镜

如图 D-2 所示,设透镜的光轴在 x 轴上,轴线上的折射率为 n_0,沿 y 方向任意一点的折射率分布为 $n(y)$。则根据几何光学的原理,当平行光入射到平板透镜上时,经过透镜的汇聚,聚焦到透镜后方距离镜面为 f 的焦点上。假设光线在透镜内近似沿直线传播,则有下式成立

$$k_0 n(y)t + k_0 \sqrt{f^2 + y^2} = k_0 n_0 t + k_0 f \tag{D-2}$$

化简,可得到如下的折射率分布的式子:

$$n(y) = n_0 - \frac{\sqrt{f^2 + y^2} - f}{t} \tag{D-3}$$

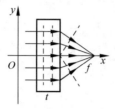

图 D-2 聚焦平板透镜的结构示意图

D.3 单曲面聚焦介质透镜的设计理论

前面两种平板透镜主要是根据几何光学的理论来设计折射率的分布。此外,也可以利用光程相等的原理设计单曲面聚焦介质透镜,其示意图如图 D-3 所示。

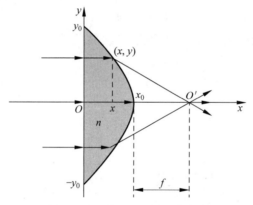

图 D-3 单曲面聚焦介质透镜示意图

图 D-3 中,O' 为透镜的焦点,x_0 为单曲面透镜的曲面中心位置,f 为单曲面透镜的焦距,y_0 为透镜口径大小的控制参数,透镜的折射率为一常数 n。利用光程相等原理,求解单曲面聚焦透镜的曲面轨迹方程,可得

$$n x_0 + f = n x + \sqrt{[(x_0 - x) + f]^2 + y^2} \tag{D-4}$$

求解式(D-4),可得单曲面透镜的曲面轨迹方程为

$$x = \left(x_0 + \frac{f}{n+1}\right) - \sqrt{\left(\frac{f}{n+1}\right)^2 + \frac{y^2}{n^2 + 1}} \tag{D-5}$$

如前所述,MATLAB 提供符号计算的功能,可以完成对已知函数的傅里叶变换。表 E-1 给出了常用函数的傅里叶变换形式及其 MATLAB 计算方法。

表 E-1 常用函数的傅里叶变换形式及其 MATLAB 计算方法

序号	原 函 数	像 函 数	MATLAB 程序
1	$\exp(-a^2 x^2)$	$\dfrac{\sqrt{\pi}}{a}\exp\left(-\dfrac{\omega^2}{4a^2}\right)$	syms a x assume(a,'real') fourier(exp(−a^2. * x^2))
2	$\exp(-a\lvert x\rvert)$	$\dfrac{2a}{a^2+\omega^2}$	syms x a fourier(exp(−a. * (abs(x))))
3	$H(x)\exp(-ax)$	$\dfrac{a-\mathrm{j}\omega}{a^2+\omega^2}$	syms x a assume(a > 0) fourier(heaviside(x) * exp(−a * x))
4	$\operatorname{sgn} x\,\exp(-a\lvert x\rvert)$	$-\dfrac{2\mathrm{j}\omega}{a^2+\omega^2}$	syms x a assume(a > 0); fourier(sign(x). * exp(−a * abs(x)))
5	$\exp(\mathrm{j}\omega_0 x-a\lvert x\rvert)$	$\dfrac{2a}{a^2+(\omega-\omega_0)^2}$	syms x a w0 assume(a > 0) assume(w0 > 0) f＝exp(j * w0 * x−a * abs(x)) fourier(f)
6	$H(x)\exp(\mathrm{j}\omega_0 x-ax)$	$\dfrac{a+\mathrm{j}(\omega_0-\omega)}{a^2+(\omega_0-\omega)^2}$	syms x a w0 assume(a > 0) assume(w0 > 0) f＝exp(j * w0 * x−a * x) * heaviside(x) fourier(f)
7	$\begin{cases} 1 & (\lvert x\rvert\leqslant L)\\ 0 & (\lvert x\rvert> L)\end{cases}$	$\dfrac{2\sin\omega L}{\omega}$	syms x L w assume(w > 0) assume(L,'real') y＝−heaviside(x−L)＋ heaviside(x+L); fourier(y)

序号	原 函 数	像 函 数	MATLAB 程序
8	$\begin{cases} \exp(j\omega_0 x) & (\lvert x\rvert \leqslant L) \\ 0 & (\lvert x\rvert > L) \end{cases}$	$\dfrac{2\sin(\omega_0-\omega)L}{\omega_0-\omega}$	syms x L w w0 assume(w > 0) assume(w0 > 0) assume(L,'real') y=(−heaviside(x−L)+heaviside(x+L)) * exp(j * w0 * x); fourier(y)
9	$\begin{cases} \cos\omega_0 x & \lvert x\rvert \leqslant 0 \\ 0 & \lvert x\rvert > 0 \end{cases}$	$\dfrac{\sin(\omega-\omega_0)L}{\omega-\omega_0}+$ $\dfrac{\sin(\omega+\omega_0)}{\omega+\omega_0}$	syms x L w w0 assume(w > 0) assume(w0 > 0) assume(L,'real') y=(−heaviside(x−L)+heaviside(x+L)) * cos(w0 * x); fourier(y)
10	$\begin{cases} \sin\omega_0 x & (\lvert x\rvert \leqslant L) \\ 0 & (\lvert x\rvert > L) \end{cases}$	$j\left[\dfrac{\sin(\omega+\omega_0)L}{\omega+\omega_0}-\right.$ $\left.\dfrac{\sin(\omega-\omega_0)L}{\omega-\omega_0}\right]$	syms x L w w0 assume(w > 0) assume(w0 > 0) assume(L,'real') y=(−heaviside(x−L)+heaviside(x+L)) * sin(w0 * x); fourier(y)
11	$\begin{cases} 1-\dfrac{\lvert x\rvert}{L} & \lvert x\rvert \leqslant 0 \\ 0 & \lvert x\rvert > 0 \end{cases}$	$L\left\{\dfrac{\sin(\omega L/2)}{\omega L/2}\right\}^2$	syms x L w assume(L > 0), assume(x,'real') assume(w > 0) y=(−heaviside(x−L)+heaviside(x+L)) * (1−abs(x)/L) fourier(y)
12	$\begin{cases} \dfrac{x}{L} & \lvert x\rvert \leqslant L \\ 0 & \lvert x\rvert > L \end{cases}$	$\dfrac{2j}{\omega}\left(\cos\omega L-\dfrac{\sin\omega L}{\omega L}\right)$	clc;clear syms x L w assume(L > 0), assume(x,'real') assume(w > 0) y=(−heaviside(x−L)+heaviside(x+L)) * (x/L) fourier(y)
13	$\begin{cases} \dfrac{\lvert x\rvert}{L} & \lvert x\rvert \leqslant L \\ 0 & \lvert x\rvert > L \end{cases}$	$2L\left\{\dfrac{\sin\omega L}{\omega L}-\right.$ $\left.2\left(\dfrac{\sin(\omega L/2)}{\omega L}\right)^2\right\}$	syms x L w assume(L > 0), assume(x,'real') assume(w > 0) y=(−heaviside(x−L)+heaviside(x+L)) * (abs(x)/L) fourier(y)

序号	原 函 数	像 函 数	MATLAB 程序
14	$\exp(ja^2x^2)$	$\sqrt{\dfrac{\pi}{2}}\,\dfrac{(1+j)}{a}\exp(j\omega^2/4a^2)$	syms x a w assume(a~=0) assume(w > a) f=exp(j * a^2 * x^2) fourier(f)
15	$\dfrac{\sin\omega_0 x}{x}$	$\begin{cases} \pi & \|\omega\| \leqslant \omega_0 \\ 0 & \|\omega\| > \omega_0 \end{cases}$	syms w0 x assume(w0,'real') fourier(sin(w0 * x)./x)
16	$\dfrac{1}{\|x\|^\nu}$ $(0<\mathrm{Re}\nu<1)$	$2\sin\dfrac{\nu\pi}{2}\dfrac{\Gamma(1-\nu)}{\|\omega\|^{1-\nu}}$	syms x w v assume(1 > v > 0) assume(x~=0) f=1/(abs(x))^v fourier(f)
17	$\exp(j\omega_0 x)$	$2\pi\delta(\omega-\omega_0)$	syms w0 x assume(w0 > 0) fourier(exp(j * w0 * x))
18	$\cos\omega_0 x$	$\pi\{\delta(\omega-\omega_0)+\delta(\omega+\omega_0)\}$	syms w0 x assume(w0 > 0) fourier(cos(w0 * x))
19	$\sin\omega_0 x$	$\pi\{\delta(\omega+\omega_0)-\delta(\omega-\omega_0)\}$	syms w0 x assume(w0 > 0) fourier(sin(w0 * x))
20	$\cos^2\omega_0 x$	$\pi\left\{\dfrac{1}{2}\delta(\omega+2\omega_0)+\delta(\omega)+\dfrac{1}{2}\delta(\omega-2\omega_0)\right\}$	syms w0 x assume(w0 > 0) fourier((cos(w0 * x)).^2)
21	$\delta(x)$	1	syms x fourier(dirac(x))
22	$\delta(x-x_0)$	$\exp(-j\omega x_0)$	syms x0 x assume(x0 > 0) fourier(dirac(x−x0))
23	$\delta(x-x_0)+\delta(x+x_0)$	$2\cos\omega x_0$	syms x0 x assume(x0 > 0) fourier(dirac(x−x0)+dirac(x+x0))
24	1	$2\pi\delta(\omega)$	syms x w assume(x > 0) y=sign(x) fourier(y)
25	$\mathrm{sgn}x$	$-\dfrac{2j}{\omega}$	syms x fourier(sign(x))
26	$H(x)$	$\pi\delta(\omega)-\dfrac{j}{\omega}$	syms x fourier(heaviside(x))

序号	原　函　数	像　函　数	MATLAB 程序
27	$H(x)(1-\exp(-ax))$	$\pi\delta(\omega)-\dfrac{a}{a^2+\omega^2}$ $-\mathrm{j}\,\dfrac{a^2}{\omega(a^2+\omega^2)}$	syms a x fourier(heaviside(x).*(1-exp(-a*x)))
28	$\begin{cases}1 & \|x\|\geqslant L\\ 0 & \|x\|<L\end{cases}$	$2\left\{\pi\delta(\omega)-\dfrac{\sin\omega L}{\omega}\right\}$	syms x L w assume(w,'real') y=1-heaviside(L+x)+heaviside(x-L) fourier(y)

需要注意的是,如同附录 A 所示,MATLAB 下的傅里叶变换有多种形式可以选择,它们可以统一表示为

$$\begin{cases}f(x)=\dfrac{1}{2\pi c}\displaystyle\int_{-\infty}^{\infty}F(\omega)\mathrm{e}^{-\mathrm{j}s\omega x}\,\mathrm{d}\omega\\[2ex]F(\omega)=c\displaystyle\int_{-\infty}^{\infty}f(x)\mathrm{e}^{\mathrm{j}s\omega x}\,\mathrm{d}x\end{cases}$$

在默认情况下,$c=1,s=-1$,与大家经常使用的形式一致。如果需要修改这些默认的选项,可以使用如下命令:

```
oldVal = sympref('FourierParameters',[c  s])
```

该函数的返回值为设置之前的参数值,存储在变量 oldVal 中。

例如,如果设定傅里叶变换形式为梁昆淼先生《数学物理方法》一书的形式,可以这样定义:

```
oldVal = sympref('FourierParameters',[1/(2*sym(pi))  -1])
```

使用命令 sympref('FourierParameters','default'),则恢复傅里叶变换的默认设置。

附录 F 拉普拉斯变换及其 MATLAB 实现

MATLAB 提供的符号计算功能还可以完成对已知函数的拉普拉斯变换。表 F-1 给出了常用函数的拉普拉斯变换形式及其 MATLAB 计算方法。

表 F-1　常用函数的拉普拉斯变换形式及其 MATLAB 计算方法

序号	原　函　数	像　函　数	MATLAB 代码
1	1	$\dfrac{1}{s}$	syms t s assume(s > 0) assume(t > 1) laplace(sign(t))
2	t^n (n 为整数)	$\dfrac{n!}{p^{(n+1)}}$	syms t syms n integer laplace(t. ^n)
3	t^a ($a > -1$)	$\dfrac{\Gamma(a+1)}{s^{a+1}}$	syms t a assume(a > -1) laplace(t. ^a)
4	e^{xt}	$\dfrac{1}{s-x}$	syms x t laplace(exp(x * t))
5	$\sin\omega t$	$\dfrac{\omega}{s^2+\omega^2}$	syms w t laplace(sin(w * t))
6	$\cos\omega t$	$\dfrac{s}{s^2+\omega^2}$	syms w t laplace(cos(w * t))
7	$\sinh\omega t$	$\dfrac{\omega}{s^2-\omega^2}$	syms w t laplace(sinh(w * t))
8	$\cosh\omega t$	$\dfrac{s}{s^2-\omega^2}$	syms w t laplace(cosh(w * t))
9	$\mathrm{e}^{-xt}\sin\omega t$	$\dfrac{\omega}{(s+x)^2+\omega^2}$	syms x t w laplace(exp(−x * t) * sin(w * t))
10	$\mathrm{e}^{-xt}\cos\omega t$	$\dfrac{s+x}{(s+x)^2+\omega^2}$	syms x t w laplace(exp(−x * t) * cos(w * t))
11	$\mathrm{e}^{-xt}t^a$	$\dfrac{\Gamma(a+1)}{(s+x)^{a+1}}$	syms x t a syms a integer assume(a >= 0) laplace(exp(−x * t) * t^a)

序号	原 函 数	像 函 数	MATLAB 代码
12	$\dfrac{1}{\sqrt{\pi t}}$	$\dfrac{1}{\sqrt{s}}$	syms t laplace((pi * t). ^ − (1/2))
13	$\dfrac{1}{\sqrt{\pi t}}\mathrm{e}^{-a^2/4t}$	$\dfrac{\exp(-a\sqrt{s})}{\sqrt{s}}$	syms t a laplace((pi * t). ^ − (1/2). * exp(−a^2. / (4 * t)))
14	$\dfrac{1}{\sqrt{\pi t}}\mathrm{e}^{-2a\sqrt{t}}$	$\dfrac{1}{\sqrt{s}}\exp\left(\dfrac{a^2}{s}\right)\mathrm{erfc}\left(\dfrac{a}{\sqrt{s}}\right)$	syms a t laplace(((pi * t)^(−1/2)) * exp(−2 * a * (t)^(1/2)))
15	$\dfrac{1}{\sqrt{a\pi}}\sin 2\sqrt{at}$	$\dfrac{1}{s\sqrt{s}}\exp\left(-\dfrac{a}{s}\right)$	syms t a s assume(a >= 0) f = 1/(pi * a)^(1/2) * sin(2 * (a * t)^(1/2)) laplace(f, t, s)
16	$\dfrac{1}{\sqrt{a\pi}}\cos 2\sqrt{at}$	$\dfrac{1}{\sqrt{s}}\exp\left(-\dfrac{a}{s}\right)$	syms t a s f = cos(2 * a^(1/2) * t^(1/2))/(pi * t)^(1/2) laplace(f, t, s)
17	$\mathrm{erf}(\sqrt{at})$	$\dfrac{\sqrt{a}}{s\sqrt{s+\sqrt{a}}}$	syms t a s assume(a >= 0) f = erf((t * a)^(1/2)) laplace(f, t, s)
18	$\mathrm{erfc}\left(\dfrac{a}{2\sqrt{t}}\right)$	$\dfrac{1}{s}\mathrm{e}^{-a\sqrt{s}}$	syms t a s assume(a > 0) f = erfc(a/(2 * t^(1/2))) laplace(f, t, s)
19	$\mathrm{e}^{t}\,\mathrm{erfc}(\sqrt{t})$	$\dfrac{1}{(s+\sqrt{s})}$	syms t s f = exp(t) * erfc(t^(1/2)) laplace(f, t, s)
20	$\dfrac{1}{\sqrt{\pi t}}-\mathrm{e}^{t}\,\mathrm{erfc}(\sqrt{t})$	$\dfrac{1}{1+\sqrt{s}}$	syms t s f = 1/(pi * t)^(1/2) − exp(t) * erfc(t^(1/2)) laplace(f, t, s)
21	$\dfrac{1}{\sqrt{\pi t}}\exp(-at)+$ $\sqrt{a}\,\mathrm{erfc}\sqrt{at}$	$\dfrac{\sqrt{s+a}}{s}$	syms t a s f = (exp(−a * t)) * (pi * t)^(−1/2) + (a)^(1/2) * erf((a * t)^(1/2)) laplace(f)
22	$J_0(t)$	$\dfrac{1}{\sqrt{s^2+1}}$	syms t laplace(besselj(0, t))
23	$J_n(t)$	$\dfrac{\left(\sqrt{s^2+1}-s\right)^n}{\sqrt{s^2+1}}$	syms t n assume(t > 0) assume(n > 0) laplace(besselj(n, t))
24	$\dfrac{J_n(at)}{t}$	$\dfrac{1}{na^n}\left(\sqrt{s^2+a^2}-s\right)^n$	syms t n s a assume(n >= 1) laplace((besselj(n, a * t)). /t)

序号	原 函 数	像 函 数	MATLAB 代码
25	$\mathrm{e}^{-at}I_0(bt)$	$\dfrac{1}{\sqrt{(s+a)^2-b^2}}$	syms t a b laplace(besseli(0,b * t) * exp(−a * t))
26	$b^n\,\mathrm{e}^{-bt}I_n(bt)$	$\dfrac{\left\{\sqrt{s^2+2bs}-(s+b)\right\}^n}{\sqrt{s^2+2bs}}$	syms t a b n laplace(besseli(n,b * t) * exp(−b * t) * b^n)
27	$J_0(2\sqrt{t})$	$\dfrac{1}{s}\exp\left(-\dfrac{1}{s}\right)$	syms t assume(t > 0) laplace(besselj(0,2 * t^(1/2)))
28	$t^{\frac{n}{2}}J_n(2\sqrt{t})$	$\dfrac{1}{s^{n+1}}\mathrm{e}^{-\frac{1}{s}}$	syms t a s n assume(s > 0) f=t^(n/2) * besselj(n,2 * t^(1/2)) laplace(f,t,s)
29	$\dfrac{\exp(bt)-\exp(at)}{t}$	$\ln\dfrac{a-s}{b-s}$	syms t a b laplace((exp(b * t)−exp(a * t))/t)
30	sit 即 $\displaystyle\int_t^\infty\dfrac{\sin x}{x}\mathrm{d}x$	$\dfrac{\pi}{2s}-\dfrac{\arctan s}{s}$	syms x s t assume(t~=0) assume(s~=0) f=int(sin(x)./x,t,inf); laplace(f,t,s)
31	cit 即 $-\displaystyle\int_t^\infty\dfrac{\cos x}{x}\mathrm{d}x$	$\dfrac{1}{s}\ln\dfrac{1}{\sqrt{s^2+1}}$	syms x s t assume(t > 0) assume(s > 0) f=−int(cos(x)./x,t,inf); laplace(f,t,s)
32	$-\mathrm{ei}(-t)$ 即 $\displaystyle\int_t^\infty\dfrac{\exp(-x)}{x}\mathrm{d}x$	$\dfrac{1}{s}\ln(1+s)$	syms t x assume(x~=0) assume(t > 0) f=(exp(−x)/x) laplace(int(f,t,inf))

附录 G TM 和 TE 电磁模式

为了简化分析，人们通常把电磁波区分成不同的模式，如在波导系统里面，电磁波可以划分成横电模式（Transverse Electric，TE）和横磁模式（Transverse Magnetic，TM）等。既然有"横"，那么一定就有"纵"，横向电场和横向磁场就是相对于"纵向"而言的。

在波导系统里面，波导的轴线方向（一般是 z 轴方向）就是纵向，相对于该方向，如果电磁波的电场只是分布于横截面内，无纵向分量，就称为 TE 模式；反之，如果电磁波的磁场只是分布于横截面内，无纵向分量，就是 TM 模式。

在一般情况下，人们把波的传播方向当作纵向，垂直于该传播方向的面就是横向截面。同样的道理，也可以定义 TE 和 TM 模式。例如，均匀平面电磁波，也被称作 TEM 波，就是因为相对于传播方向，电场和磁场都在垂直于传播方向的横截面内。

也可以定义某个方向为纵向，从而确定电磁模式。例如，图 G-1 所示的两种媒质分界面处的反射和透射，对于图 G-1(a) 所示的平行极化波，相对于传播方向是均匀平面电磁波，即 TEM 波，但相对于 x 轴的方向，电场在纵向有分量（参见图中虚线部分的场分解），而磁场没有纵向分量，只有横向分量，就可以看作 TM 模式（有些书上称为 p 波）；而对于图 G-1(b) 所示的垂直极化波，相对于 x 轴方向，磁场有纵向分量，电场只有横向分量，就是 TE 模式（有些书上也称为 s 波）。

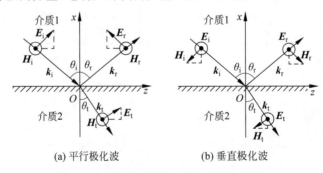

(a) 平行极化波   (b) 垂直极化波

图 G-1　两种媒质分界面处的反射和折射

在具体使用中，如果不明确指明"纵"向，就会给交流和理解造成问题，对于初学者尤其如此。

例如，在仿真二维的电磁场时，电磁波（不一定是均匀平面波）在平面内传播。对于电场垂直于该二维平面、磁场位于平面内的情形（类似于图 G-1 中的垂直极化），此电磁模式可以称为 TE 模式；与此相对应，对于磁场垂直于该二维平面、电场位于平面内的情形（类似于图 G-1 中的平行极化），此电磁模式可以称为 TM 模式。这种分类是基于波的传播方向为纵向而得到的。但是，如果选择垂直于二维平面的方向（如 z 轴方向）为纵向，则上述电磁模式分别为 TM 模式和 TE 模式。二者正好相反。在某些商用电磁仿真软件中，其电磁模式的命名规则就是后者。

TE 和 TM 模式理解的不同，如同前述傅里叶变换的几种类型一样，会对电磁计算造成不必要的错误。为了避免这些歧义的发生，在提及 TE 或者 TM 模式时，最好的方法就是明确告知"纵向"的定义，如 TE^z、TM^x 等，就是指相对于 z 轴或者 x 轴方向，该电磁模式是 TE 或者 TM 模式，从而彻底消除误解。

H.1　雷达散射截面的定义

雷达散射截面(Radar Cross Section,RCS)的计算是电磁隐身领域的一个重要课题,如图 H-1 所示。发射雷达所发射电磁波为 $\boldsymbol{E}_i$,该电磁波沿 $\boldsymbol{e}_i$ 方向照射到探测目标上时,目标反射电磁波,形成散射场,即 $\boldsymbol{E}_s$。部分散射场沿 $\boldsymbol{e}_s$ 方向辐射,进入到距离散射目标中心 R 处的 P 点,并被接收雷达接收。一般情况下,雷达距离目标的距离都比较远,所以入射电磁波和散射电磁波均可以视为平面波。则上述情况下,以 $\boldsymbol{e}_i$ 方向入射、以 $\boldsymbol{e}_s$ 方向散射的散射目标,所对应的雷达散射截面定义为

$$\sigma(\boldsymbol{e}_i,\boldsymbol{e}_s)=\frac{4\pi R^2\mid \boldsymbol{E}_s\mid^2}{\mid \boldsymbol{E}_i\mid^2} \tag{H-1}$$

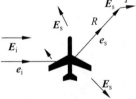

图 H-1　雷达散射截面示意

雷达散射截面具有面积的量纲。它表示的是:假设电磁波被目标均匀散射到四面八方,且令各个方向散射波的电场强度均为 P 点处的散射场场强,此时所对应的散射总功率,如果用入射方向的电磁波来提供,需要入射电磁波照射多大的面积才能获得同样的功率。不同的散射方向,对应的散射截面不同;不同的入射方向,对应的散射截面也不同;雷达散射截面是入射方向和散射方向的函数。在图 H-1 所示的探测情形中,发射雷达和接收雷达方位不同,称之为双站雷达;反之,如果发射和接收雷达在一个位置,称之为单站雷达。

有时候,将雷达散射截面与 $1\mathrm{m}^2$(或者其他单位面积)相比,再取对数,此时得到的数值,其单位是 dBSM。

$$\sigma\mathrm{dBSM}=10\log_{10}[\sigma/1] \tag{H-2}$$

H.2　二维情况下的散射宽度计算

利用斯特拉顿-朱公式和等效原理,容易获得目标的散射场和散射截面计算公式。以二维情况为例,考虑 TM^z 模式的情形,即电场沿 z 轴方向,磁场位于 xOy 平面内,如图 H-2 所示。

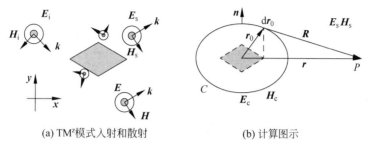

(a) TM^z模式入射和散射　　　　　(b) 计算图示

图 H-2　二维雷达散射截面计算

图 H-2(a)中,平面波 $\boldsymbol{E}_i$ 入射到菱形目标上,并激发出散射场 $\boldsymbol{E}_s$,二者叠加构成了空间中的总场 $\boldsymbol{E}$。为了计算该目标的散射截面,需要计算得到空间任意一点的散射场,如图 H-2(b)所示。用任意形状的闭合曲线 C 包围该散射目标,并将曲线内部看作一个黑盒。则由前述近远场转换公式可知,只要知道了边界 C 上的电磁场分布,则空间任意一点的电磁场即可求得。

在二维情况下,亥姆霍兹方程的格林函数为

$$G_0(\boldsymbol{r},\boldsymbol{r}_0) = -\frac{\mathrm{j}}{4}H_2^{(2)}(kR) = -\frac{\mathrm{j}}{4}H_2^{(2)}(k\mid \boldsymbol{r}-\boldsymbol{r}_0\mid) \tag{H-3}$$

代入式(B-7),将 $\mathrm{d}S_0$ 看作 $\mathrm{d}\boldsymbol{r}_0 * 1$,并注意到法线方向与电场的极化方向垂直,则空间任意一点 P 处对应的散射电场为

$$\boldsymbol{E}(\boldsymbol{r}) = \iint_S \{-\mathrm{j}\omega\mu G_0(\boldsymbol{r},\boldsymbol{r}_0)[\boldsymbol{n}\times\boldsymbol{H}(\boldsymbol{r}_0)] + [\boldsymbol{n}\times\boldsymbol{E}(\boldsymbol{r}_0)]\times\nabla_0 G_0(\boldsymbol{r},\boldsymbol{r}_0)\}\mathrm{d}\boldsymbol{r}_0$$

$$\tag{H-4}$$

注意到 P 点到散射目标的距离非常远($R\to\infty$),所以可以使用汉克尔函数的大宗量近似,即

$$H_n^{(2)}(x) \sim \sqrt{\frac{2}{\pi x}}\,\mathrm{e}^{-\mathrm{j}(x-n\pi/2-\pi/4)} \tag{H-5}$$

于是

$$G_0(\boldsymbol{r},\boldsymbol{r}_0) \approx -\frac{\mathrm{j}}{4}\sqrt{\frac{2}{\pi kR}}\,\mathrm{e}^{-\mathrm{j}kR} \tag{H-6}$$

$$\nabla_0 G_0 = -\nabla G_0 \approx \frac{1}{4}\sqrt{\frac{2k}{\pi R}}\,\mathrm{e}^{-\mathrm{j}kR}\boldsymbol{e}_R = \mathrm{j}kG_0\boldsymbol{e}_R \tag{H-7}$$

代入式(H-4),考虑到 $R\approx r-\boldsymbol{r}_0\cdot\boldsymbol{e}_r$ 并整理,得

$$\boldsymbol{E}(\boldsymbol{r}) = \mathrm{j}k\iint_S G_0\{-Z_0[\boldsymbol{n}\times\boldsymbol{H}(\boldsymbol{r}_0)] + [\boldsymbol{n}\cdot\boldsymbol{e}_r\boldsymbol{E}(\boldsymbol{r}_0)]\}\mathrm{d}\boldsymbol{r}_0$$

$$= \frac{k}{4}\sqrt{\frac{2}{\pi kR}}\,\mathrm{e}^{-\mathrm{j}kR}\iint_S \mathrm{e}^{\mathrm{j}k\boldsymbol{r}_0\cdot\boldsymbol{e}_r}\{-Z_0[\boldsymbol{n}\times\boldsymbol{H}(\boldsymbol{r}_0)] + [\boldsymbol{n}\cdot\boldsymbol{e}_r\boldsymbol{E}(\boldsymbol{r}_0)]\}\mathrm{d}\boldsymbol{r}_0 \tag{H-8}$$

将上述表达式代入散射宽度的表达式,有

$$\sigma = \frac{2\pi R \mid \boldsymbol{E}_s \mid^2}{\mid \boldsymbol{E}_i \mid^2} \tag{H-9}$$

得

$$\sigma = \frac{k}{4 \mid E_i \mid^2} \left| \iint_S \mathrm{e}^{jkr_0 \cdot e_r} \left\{ -Z_0 \left[\boldsymbol{n} \times \boldsymbol{H}(\boldsymbol{r}_0) \right] + \left[\boldsymbol{n} \cdot \boldsymbol{e}_r \boldsymbol{E}(\boldsymbol{r}_0) \right] \right\} \mathrm{d}\boldsymbol{r}_0 \right|^2 \tag{H-10}$$

可以证明,上式与式(H-11)是等价的。

$$\sigma = \frac{k_0 \mid \boldsymbol{e}_r \times \oint_C \left[(\boldsymbol{n} \times \boldsymbol{E}_c) - Z_0 \boldsymbol{e}_r \times (\boldsymbol{n} \times \boldsymbol{H}_c) \right] \exp(jkr_0 \cdot \boldsymbol{e}_r) \mathrm{d}\boldsymbol{r}_0 \mid^2}{4 \mid \boldsymbol{E}_i \mid^2} \tag{H-11}$$

其中:Z_0 为真空中的波阻抗;C 表示散射体的表面边界或者包围散射体的封闭边界;$\boldsymbol{e}_r$ 为散射方向单位矢量;k_0 为真空中的波数。

需要指出的是,上述推演仅针对 TM^z 模式有效;如果需要分析 TE^z 模式,则只需应用对偶原理进行简单替换即可,在此不做赘述。

H.3　利用 MATLAB 计算散射宽度

下面的程序用于针对式(H-10)计算任意截面目标的二维散射宽度。其中的电磁场数据从商业仿真软件仿真得到或者通过实验测试得到。这些数据位于包围任意散射体的一个半径为 0.2 的一个圆周上(可以根据实际情况调整)。式(H-10)中,被积分项 $\boldsymbol{n} \cdot \boldsymbol{e}_r \boldsymbol{E}(\boldsymbol{r}_0)$ 存储在 A 矢量中;$-Z_0 [\boldsymbol{n} \times \boldsymbol{H}(\boldsymbol{r}_0)]$ 存储在 B 矢量中;程序用求和代替积分,并计算散射宽度。程序中的相关变量可以参照图 H-3。注意,本程序中的数据实际上是在仿真软件中,对一个半径为 0.1m 的金属柱仿真得到的结果,但不影响本程序应用于其他复杂目标。

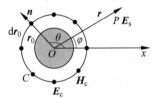

图 H-3　编程计算示意图

```matlab
Ez = [...].';                                   % 测量或者从仿真软件得到的电场数据
Hx = [...].';                                   % 测量或者从仿真软件得到的磁场数据
Hy = [...].';                                   % 测量或者从仿真软件得到的磁场数据
E_i = 1;
rho = 0.2;                                      % 封闭边界的半径,与仿真或测量半径一致
pts = length(Ez);                               % 从仿真软件导出或测量的数据个数
k0 = 2 * pi/0.3;                                % 波数
phi = 0:1:360;                                  % 散射方向
delta = 2 * pi/pts;                             % 相邻测试点之间的角度间隔
dr0 = 2 * pi/pts * rho;                         % 相邻测试点之间的距离间隔
eta = 120 * pi;                                 % 真空中的波阻抗
for lp = 1:length(phi)                          % 针对每一个散射方向计算 RCS
    for j = 1:pts                               % 用求和近似计算封闭边界上的积分
        theta = j * delta;                      % 第 j 个测试点对应的角度
        factor_exp = exp(i * k0 * rho * cos(phi(lp) * pi/180 - theta));
        A(j) = Ez(j) * cos(theta - phi(lp)/180 * pi);
        B(j) = Hx(j) * sin(theta) * eta - Hy(j) * cos(theta) * eta;
        C(j) = (A(j) + B(j)) * factor_exp * dr0;
    end
    D = abs(sum(C));                            % 用求和代替积分
    final_res(lp) = k0 * (D)^2/(4 * E_i^2);     % 散射宽度
```

```
end
plot(phi,10 * log10(final_res),'o');                          % 绘制曲线
```

程序运行结果如图 H-4 所示。

为了验证上述程序的正确性,对均匀平面波垂直入射到金属柱的情况也进行了解析分析,现将远区散射场的表达式列举如下:

$$E_s(r,\theta) = -\frac{E_0 J_0(ka)}{H_0^{(2)}(ka)} H_0^{(2)}(kr) - 2E_0 \sum_n (-j)^n \frac{J_n(ka)}{H_n^{(2)}(ka)} H_n^{(2)}(kr) \cos n\theta$$

(H-12)

取半径为 0.1m 的金属柱,电磁波频率设置为 1GHz(波长为 0.3m),取远区为波长的 1000 倍。编制 MATLAB 程序如下:

```
E0 = 1;                                              % 入射电场幅度为 1
a = 0.1;                                             % 金属柱半径为 1
k = 2 * pi/0.3;                                      % 波数
theta = 0:2:360;                                     % 散射方向
r = 2 * pi/k;                                        % 波长
r = 1000 * r;                                        % 远区位置
appro_term = 200;                                    % 取 200 项作为近似
for loop = 1:length(theta)                           % 针对每个散射方向,计算远区散射电场的大小
    tmp_e = - E0 * besselj(0,k * a) * besselh(0,2,k * r)/besselh(0,2,k * a);
    for lp = 1:appro_term                            % 计算 200 项求和
tmp_e = tmp_e - 2 * E0 * ( - i)^lp * besselj(lp,k * a) * besselh(lp,2,k * r) * cos(lp * theta(loop) * pi/
180)/besselh(lp,2,k * a);
    end
    E(loop) = tmp_e;                                 % 远区散射电场
end
sigma = 2 * pi * abs(E).^2 * r;                      % 散射宽度
plot(theta,10 * log10(sigma));                       % 绘制曲线
```

该程序计算的散射宽度曲线如图 H-5 中的圆圈所示。图 H-5 中还给出了数值计算的结果。二者对比可以看出,数值法和解析法所得结果一致。

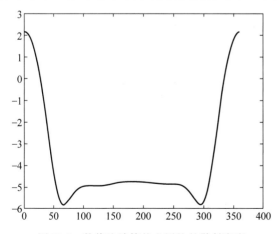

图 H-4 数值法计算的金属柱的散射宽度

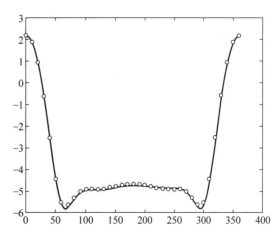

图 H-5 解析法所得散射宽度及其与数值法的对比

球贝塞尔函数、球诺依曼函数的定义为

$$j_n(x) = \sqrt{\frac{\pi}{2x}} J_{n+1/2}(x) \tag{I-1}$$

$$n_n(x) = \sqrt{\frac{\pi}{2x}} N_{n+1/2}(x) \tag{I-2}$$

其中：J、N 是贝塞尔、诺依曼函数。

表 I-1 给出了 0 阶（$n=0$）球贝塞尔函数、球诺依曼函数及其导数的前 10 个根。

表 I-1　0 阶球贝塞尔函数、球诺依曼函数及其导数的前 10 个根

序号	1	2	3	4	5	6	7	8	9	10
$j_0(x)$	3.1416	6.2832	9.4248	12.5664	15.7080	18.8496	21.9911	25.1327	28.2743	31.4159
$n_0(x)$	1.5708	4.7124	7.8540	10.9956	14.1372	17.2788	20.4204	23.5619	26.7035	29.8451
$j_0'(x)$	4.4934	7.7253	10.9041	14.0662	17.2208	20.3713	23.5195	26.6661	29.8116	32.9564
$n_0'(x)$	2.7984	6.1213	9.3179	12.4865	15.6441	18.7964	21.9456	25.0929	28.2389	31.3841

用于实现上述求根结果的 MATLAB 代码如下：

```
syms x;
n = 0;
% f = sqrt(pi/2./x). * besselj(n + 1/2,x);   % 球贝塞尔函数时使用,球
                                             % 汉克尔函数时注释掉
f = sqrt(pi/2./x). * bessely(n + 1/2,x);     % 球诺依曼函数时使用,球
                                             % 贝塞尔函数时注释掉
f = diff(f,x);                               % 函数使用; 导函数时将注
                                             % 释去掉
f = matlabFunction(f);                       % 转换为函数
x0 = pi;
root(1) = fzero(f,x0);
for lp = 2:10
  root(lp) = fzero(f,root(lp - 1) + pi);
end
h = ezplot(f,[0,40]);
hold on;
plot(root,zeros(length(root)),'ro');
```

科研领域对绘图的要求是很严格的,除了常规的曲线,还有可能遇到特殊的绘图形式。本节结合实例介绍相关绘图形式。

J.1 双 y 轴曲线

一般情况下绘制曲线,都只有一个 y 轴,但是 MATLAB 支持两个 y 轴,即一部分曲线使用左侧的 y 轴绘制,另外一部分使用右侧的 y 轴绘制。当两条曲线的变化范围差别很大的时候,一条 y 轴不容易观察到两条曲线,而这种双 y 轴绘制方式会带来极大的灵活性。MATLAB 下使用 plotyy 函数来实现上述功能。其基本使用格式如下:

```
[AX,H1,H2] = plotyy(x,y1,x,y2)
```

其中,x 是自变量;y1 和 y2 分别是左侧和右侧 y 轴所绘制的函数;AX 返回的是 y 轴的句柄。AX(1)是左侧 y 轴,AX(2)是右侧 y 轴。H1 和 H2 分别是相对于这两个轴的曲线的句柄。可以通过这些句柄来设置图像和曲线。下面的代码用于绘制 0 阶贝塞尔函数和诺依曼函数,其中前者使用左侧的 y 轴,后者使用右侧的 y 轴。具体绘制曲线如图 J-1 所示。

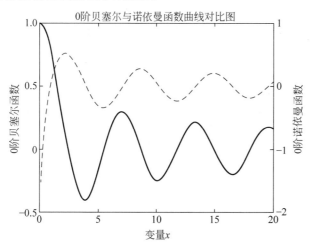

图 J-1 双 y 轴曲线绘制示意

```
x = 0:0.1:20;                                    % 自变量在 0－20 范围内取值,且步长为 0.1
y1 = besselj(0,x);                               % 定义 y1 为自变量取值 x 时的 0 阶贝塞尔函数
y2 = bessely(0,x);                               % 定义 y2 为自变量取值 x 时的 0 阶诺依曼函数
[AX,H1,H2] = plotyy(x,y1,x,y2);
% 绘制双 Y 轴曲线,AX(1) 是左边的坐标轴,AX(2) 是右边的坐标轴
set(H1,'LineStyle','－','LineWidth',2);          % 设置曲线属性,即线宽和线形
set(H2,'LineStyle','－－','LineWidth',2);        % 设置曲线属性,即线宽和线形
xlabel('变量 x');                                % 添加 x 轴标签
ylabel(AX(1),'0 阶贝塞尔函数');                   % 添加左侧 y 轴标签
ylabel(AX(2),'0 阶诺依曼函数');                   % 添加右侧 y 轴标签
title('0 阶贝塞尔与诺依曼函数');                   % 添加图形的标题
grid on;
```

在更高版本的 MATLAB 中引入了 yyaxis 命令,以确定当前绘制区域是在左侧还是右侧,使用起来更加方便,在此不做赘述。

J.2 对数坐标曲线

一般情况下绘制曲线,坐标轴变量往往都是线性变化。但在很多工程问题中,曲线斜率 $\Delta y/\Delta x$ 随 x 的变换而急速增大或减小,若采用线性变化的坐标轴变量,往往不容易反映出有效信息,且绘制的曲线往往不美观。而通过对数据进行对数变换,在对数坐标系中描绘数据点绘制曲线往往更能直观反映出数据的某些特征。

对数坐标变换一般可分为单轴对数坐标变换与双轴坐标对数变换两种。在 MATLAB 下使用 loglog 函数可以实现双对数转换,即 x 轴和 y 轴都采用对数坐标。使用 semilogx 和 semilogy 函数实现单轴对数坐标转换,用法大致如下:

(1) loglog(x,y)表示 x,y 坐标都是对数坐标。

(2) semilogx(x,y)表示 x 坐标是对数坐标系。

(3) semilogy(x,y)表示 y 坐标是对数坐标系。

同时,与 plot 函数相似,也可以在绘制曲线的时候,直接指明线形、颜色和数据点对应的符号等。

下面的代码分别用于绘制双轴线性坐标、双轴对数坐标、y 轴对数坐标、x 轴对数坐标。具体绘制曲线如图 J-2 所示。

```
x = logspace(－1,2);
% 创建行矢量,第一个元素为 10^－1,最后一个元素为 10^2,总数为 50 个元素的等比数列
y = log10(x);                                    % 定义 y 为自变量取值 x 时的对数函数
figure;
plot(x,y,'－o');                                 % 绘制 y－x 图像
title('log10(x)')
grid on;                                         % 添加网格
figure;
z = exp(x);                                      % 定义 z 为自变量取值 x 时的指数函数
loglog(x,z,'－s');                               % 绘制 x,y 坐标都是对数坐标的曲线
title('exp(x)');
grid on;                                         % 添加网格
figure;
semilogy(x,10.^x,'－s');                         % 绘制 y 坐标是对数坐标的曲线
```

```
title('10^x');
grid on;                                    % 添加网格
figure;
semilogx(x,x.^2,'- o');                     % 绘制 x 坐标是对数坐标的曲线
title('x^2');
grid on;                                    % 添加网格
```

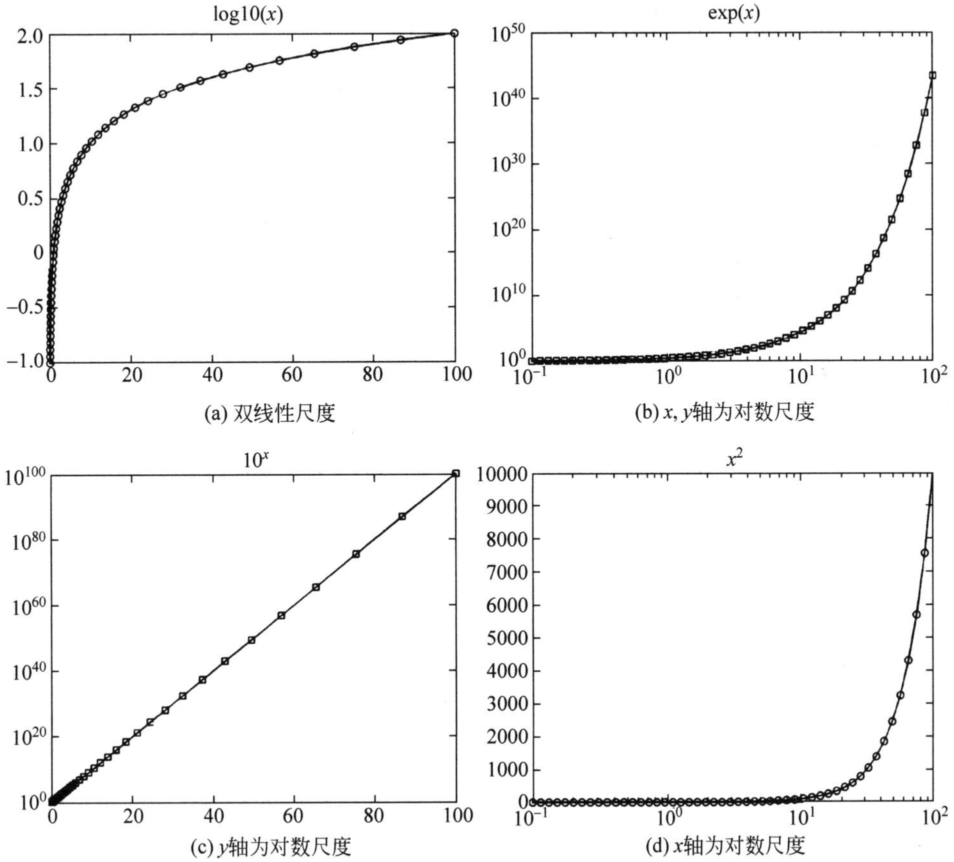

(a) 双线性尺度　(b) x, y轴为对数尺度　(c) y轴为对数尺度　(d) x轴为对数尺度

图 J-2　对数尺度曲线示意图

J.3　绘制带误差的曲线

在实验测量中，由于设备精度的限制，所得数据往往具有一定的误差。为了能够全面表征测试数值的情况，经常需要在图中既给出测量值，还要标注其误差。MATLAB 环境下自带有绘制误差函数的函数 errorbar。其使用方法非常简单，如下所示：

```
errorbar(x,y,err);
```

其中，x 表示自变量；y 表示自变量所对应的数据点；err 就是每个数据点所对应的误差。下面的 MATLAB 代码就绘制了带有误差的曲线。具体绘制曲线如图 J-3 所示。

```
x = 1:10:100;                           % 定义自变量 x 为 1 × 10 的矩阵
y = [20 30 45 40 60 65 80 75 95 90];    % 定义 y 为 1 × 10 的矩阵
```

```
err = [5 8 2 9 3 3 8 3 9 3];          % 定义误差值 err 为 1×10 的矩阵
errorbar(x, y, err)                    % 绘制 y-x 图像, 并在每个数据点绘制垂直误差条
```

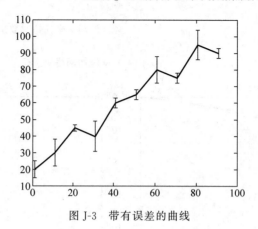

图 J-3　带有误差的曲线

首先考虑线性、时不变、因果系统的性质,在此基础之上,将介质的介电常数看作一个线性、时不变、因果系统的冲激响应,以此得到 Kramers-Kronig 公式。

K.1 线性、时不变、因果系统

对于一个线性、时不变系统 $L[y(t)] = x(t)$,有如下性质成立:

$$L[ay_1(t) + by_2(t)] = ax_1(t) + bx_2(t) \tag{K-1}$$

其中:a、b 为常数,$L[y_i(t)] = x_i(t)$,$i = 1,2$。

且

$$L[y(t - t_0)] = x(t - t_0) \tag{K-2}$$

如果知道了系统的冲激响应 $h(t)$(也可以理解为时域上的格林函数),即系统对冲激函数的响应

$$L[h(t)] = \delta(t) \tag{K-3}$$

则系统对于任意输入 $x(t)$ 的响应 $y(t)$ 可以表示为

$$y(t) = x(t) * h(t) = \int_{-\infty}^{\infty} x(\tau) h(t - \tau) \mathrm{d}\tau \tag{K-4}$$

如果用频域表示,对式(K-4)采用傅里叶变换,则有

$$Y(\omega) = X(\omega) H(\omega) \tag{K-5}$$

其中:$H(\omega)$ 也称为系统的传递函数。

$$H(\omega) = F[h(t)] = \int_{-\infty}^{\infty} h(t) \mathrm{e}^{-j\omega t} \mathrm{d}t \tag{K-6}$$

如果该系统能够物理实现,则其必须满足因果律,即系统的响应必须发生在激励之后。用数学公式表示为

$$h(t) = 0, \quad t < 0 \tag{K-7}$$

这是因为:在 $t < 0$ 时,系统的激励并未到达,所以响应为 0;只有 $t > 0$ 之后,系统才有响应。因此,因果系统的冲激响应具有如下性质:

$$h(t) = h(t) u(t) \tag{K-8}$$

其中

$$u(t) = \begin{cases} 0, & t \leqslant 0 \\ 1, & t > 0 \end{cases} \tag{K-9}$$

式(K-9)表示的是大家所熟知的阶跃函数。对式(K-8)进行傅里叶变换,并注意到

傅里叶变换的性质,则有

$$H(\omega) = \frac{1}{2\pi}H(\omega) * \left[\frac{j}{\omega} + \pi\delta(\omega)\right] \tag{K-10}$$

其中

$$F[u(t)] = \frac{j}{\omega} + \pi\delta(\omega) \tag{K-11}$$

式(K-10)可以进一步表示为

$$2\pi H(\omega) = H(\omega) * \frac{j}{\omega} + \pi H(\omega) \tag{K-12}$$

也就是

$$H(\omega) = \frac{1}{\pi}H(\omega) * \frac{j}{\omega} \tag{K-13}$$

如果将 $H(\omega)$ 写成实部和虚部的形式,则有

$$\text{Re}[H(\omega)] = -\frac{1}{\pi}\text{Im}[H(\omega)] * \frac{1}{\omega} = \frac{1}{\pi}\int_{-\infty}^{\infty}\frac{\text{Im}[H(\omega')]}{\omega'-\omega}d\omega' \tag{K-14a}$$

$$\text{Im}[H(\omega)] = \frac{1}{\pi}\text{Re}[H(\omega)] * \frac{1}{\omega} = -\frac{1}{\pi}\int_{-\infty}^{\infty}\frac{\text{Re}[H(\omega')]}{\omega'-\omega}d\omega' \tag{K-14b}$$

式(K-14)就是 Kramers-Kronig 关系式(简写为 K-K 关系),它反映的是因果系统的传递函数(单位冲激响应的傅里叶变换)实部与虚部之间的关系。换句话说,因果系统的传递函数,其实部和虚部不独立,二者通过 K-K 关系联系起来。从数学上看,因果系统传递函数的实部和虚部满足希尔伯特变换的关系。

K.2 介电常数所满足的 K-K 关系

对于介质的极化来讲,从一定程度上可以看作介质(系统)在外加电场作用下的响应。如果考虑介质的洛伦兹模型,则上述"线性系统"的概念更容易理解。考虑线性、时不变和因果性的情况下,材料中的电极化强度和电场强度之间有如下关系:

$$\boldsymbol{P}(\omega) = \varepsilon_0\chi_e(\omega)\boldsymbol{E}(\omega) = \varepsilon_0[\varepsilon_r(\omega)-1]\boldsymbol{E}(\omega) \tag{K-15}$$

对比式(K-5),容易看出,对于介质而言,$\varepsilon_0[\varepsilon_r(\omega)-1]$ 就是系统的"传递函数"。对于满足因果关系的、可以物理实现的介质而言,这个"传递函数"必须满足 K-K 关系,即

$$\varepsilon'_r(\omega)-1 = \frac{1}{\pi}\int_{-\infty}^{\infty}\frac{\varepsilon''_r(\omega')}{\omega'-\omega}d\omega' \tag{K-16a}$$

$$\varepsilon''_r(\omega) = -\frac{1}{\pi}\int_{-\infty}^{\infty}\frac{\varepsilon'_r(\omega')-1}{\omega'-\omega}d\omega' \tag{K-16b}$$

注意,方便起见,式(K-16)两侧都除以真空中的介电常数,从而得到了用相对介电常数表达的关系式。

由式(K-6),对于任意实变函数 $h(t)$,其傅里叶变换满足

$$H^*(\omega) = \int_{-\infty}^{\infty}h(t)e^{j\omega t}dt = H(-\omega) \tag{K-17}$$

因此

$$\mathrm{Re}[H(\omega)] = \mathrm{Re}[H(-\omega)], \quad \mathrm{Im}[H(\omega)] = -\mathrm{Im}[H(-\omega)] \tag{K-18}$$

对于介电常数,显然应该满足上述关系,于是有

$$\varepsilon_r'(\omega) = \varepsilon_r'(-\omega), \quad \varepsilon_r''(\omega) = -\varepsilon_r''(-\omega) \tag{K-19}$$

利用式(K-19)的关系,则式(K-16)可以另写为

$$\varepsilon_r'(\omega) - 1 = \frac{2}{\pi} \int_0^\infty \frac{\omega' \varepsilon_r''(\omega')}{\omega'^2 - \omega^2} \mathrm{d}\omega' \tag{K-20a}$$

$$\varepsilon_r''(\omega) = -\frac{2}{\pi} \int_0^\infty \frac{\omega[\varepsilon_r'(\omega') - 1]}{\omega'^2 - \omega^2} \mathrm{d}\omega' \tag{K-20b}$$

考虑到

$$\int_0^\infty \frac{1}{\omega'^2 - \omega^2} \mathrm{d}\omega' = 0 \tag{K-21}$$

式(K-20b)还可以简写作

$$\varepsilon_r''(\omega) = -\frac{2}{\pi} \int_0^\infty \frac{\omega \varepsilon_r'(\omega')}{\omega'^2 - \omega^2} \mathrm{d}\omega' \tag{K-22}$$

式(K-20a)和式(K-22)就是另一种形式的 K-K 关系,可重写为

$$\begin{cases} \varepsilon_r'(\omega) - 1 = \dfrac{2}{\pi} \displaystyle\int_0^\infty \dfrac{\omega' \varepsilon_r''(\omega')}{\omega'^2 - \omega^2} \mathrm{d}\omega' \\[4mm] \varepsilon_r''(\omega) = -\dfrac{2}{\pi} \displaystyle\int_0^\infty \dfrac{\omega \varepsilon_r'(\omega')}{\omega'^2 - \omega^2} \mathrm{d}\omega' \end{cases} \tag{K-23}$$

参 考 文 献

[1] 王竹溪,郭敦仁.特殊函数概论[M].北京:北京大学出版社,2004.

[2] 吴崇试.数学物理方法[M].2版.北京:北京大学出版社,2015.

[3] 梁昆淼,刘法,缪国庆.数学物理方法 [M].4版.北京:高等教育出版社,2010.

[4] 林为干,符果行,邬琳若,刘仁厚.电磁场理论[M].北京:人民邮电出版社,1996.

[5] 张克潜,李德杰.微波与光电子学中的电磁理论[M].北京:电子工业出版社,2001.

[6] 赵克玉.微波原理与技术[M].北京:高等教育出版社,2006.

[7] 许福永,赵克玉.电磁场与电磁波[M].北京:科学出版社,2010.

[8] 梅中磊,曹斌照,李月娥,等.电磁场与电磁波[M].北京:清华大学出版社,2018.

[9] 李允博.新型人工电磁表面的理论、设计及系统级应用[D].南京:东南大学,2016.

[10] Balanis C A. Antenna theory: Analysis and design [M]. 3rd Edition. Hoboken: John Wiley and Sons,2005.

[11] 威廉·H.哈伊特,Jr.,约翰·A.比克,Engineering electromagnetics[M].北京:机械工业出版社,2002.

[12] Guru B S,Hiziroglu H R. Electromagnetic field theory fundamentals[M].2版.北京:机械工业出版社,2005.

[13] Smith D R,Schultz S,Markos P,and Soukoulis C M. Determination of effective permittivity and permeability of metamaterials from reflection and transmission coefficients[J]. Physical Review B,2002,65: 195104.

[14] Johnson P B,Christy R W. Optical constants of the noble metals [J]. Physical Review B,1972,6: 4370.

[15] Li C,Li F. Two-dimensional electromagnetic cloaks with arbitrary geometries[J]. Optics Express,2008,16 (17): 13414.

[16] Leonhardt U. Optical conformal mapping[J]. Science,2006,312(5781): 1777.

[17] Pendry J B,Schurig D,Smith D R. Controlling electromagnetic fields. [J]. Science,2006,312(5781): 1780.

[18] Gömöry F,Solovyov M,Souc J,et al. Experimental realization of a magnetic cloak. [J]. Science,2012,335 (6075): 1466.

[19] Zeng L,Zhao Y,Zhao Z,et al. Electret electrostatic cloak[J]. Physica B,Physics of Condensed Matter,2015, 462: 70.

[20] Lan C,Yang Y,Geng Z,et al. Electrostatic field invisibility cloak[J]. Scientific Reports,2015,5: 16416.

[21] Souc J,Solovyov M,Gömöry F,et al. A quasistatic magnetic cloak[J]. New Journal of Physics,2013,15 (5): 053019.

[22] Kurs A,Karalis A,Moffatt R,et al. Wireless power transfer via strongly coupled magnetic resonances[J]. Science,2007,317(5834): 83.

[23] Cui T J,Qi M Q,Wan X,et al. Coding metamaterials,digital metamaterials and programmable metamaterials [J]. Light Science & Applications,2014,3(10): e218.

[24] Shelby R A,Smith D R,Schultz S. Experimental verification of a negative index of refraction[J]. Science,2001, 292(5514): 77.

[25] Veselago V G. Reviews of topical problems: the electrodynamics of substances with simultaneously negative values of ε and μ[J]. Physics-Uspekhi,1968,10(4): 509.

[26] Vasquez F G,Milton G W,Onofrei D. Active exterior cloaking for the 2D Laplace and Helmholtz equations. [J]. Physical Review Letters,2009,103(7): 073901.

[27] Ma Q,Mei Z L,Zhu S K,Jin T Y,Cui T J. Experiments on active cloaking and illusion for Laplace equation[J]. Physical Review Letters,2013,111(17): 173901.

[28] Yang F,Mei Z L,Jin T Y,Cui T J. dc electric invisibility cloak[J]. Physical Review Letters,2012,109 (5): 053902.

[29] Sui S,Ma H,Wang J,Pang Y,Feng M,Xu Z and Qu S. Absorptive coding metasurface for further radar cross section reduction[J]. Journal of Physics D: Applied Physics,2018,51: 065603.

［30］ 易学华,付凤兰,胡武平,等.点电荷电场的 MATLAB 作图［J］.井冈山大学学报（自然科学版）,2006,27 (10)：44.

［31］ 杨宁,梅中磊.几种电力线绘制方法总结［J］.电气电子教学学报,2018,40(03)：110.

［32］ 刘正岐,刘仁义,付文羽.完全椭圆积分在电磁学中的应用研究［J］.甘肃高师学报,2000,5：17.

［33］ Schurig D,Pendry J B,Smith D R. Calculation of material properties and ray tracing in transformation media ［J］. Optics Express,2006,14(21)：9794.

［34］ Narimanov E E,Kildishev A V. Optical black hole：Broadband omnidirectional light absorber［J］. Applied Physics Letters,2009,95(4)：41106.

［35］ Sihvola A,Lindell I V. Polarizability and effective permittivity of layered and continuously inhomogeneous dielectric spheres［J］. Journal of Electromagnetic Waves and Applications,1990,4(1)：1.

［36］ Schneider J. B. Understanding the Finite-Difference Time-Domain Method［M/OL］.（2023-06-21）［2023-10-23］. www. eecs. wsu. edu/～schneidj/ufdtd,2010.

［37］ 郑君里,应启珩,杨为理.信号与系统［M］.2 版.北京：高等教育出版社,2000.